炼钢氧枪技术

袁章福　潘贻芳　编著

北　京
冶　金　工　业　出　版　社
2007

内 容 提 要

本书重点介绍了氧枪在炼钢过程中的应用，强调了氧气炼钢的重要性。本书共9章，分别为：国内外转炉氧枪系统的发展和电弧炉炼钢用氧技术、可压缩气流的理论基础、喷头射流的冷态测试方法、射流特性、氧气射流与熔池的相互作用、转炉用氧枪的设计、氧枪在转炉溅渣护炉中的应用、电弧炉炼钢用氧技术、煤氧炼钢技术和炉外精炼用氧枪技术等。在气流的理论基础和射流特性的基础上，通过冷态测试和模拟实验方法研究炼钢过程中氧气射流与熔池的作用机理和传递现象，提出炼钢炉气和熔池流动的数学模型和经验公式，便于完善炼钢用氧枪或氧燃枪的设计、改造和提高生产率。

本书可以作为从事钢铁冶金以及化学工程与技术的科技工作者、管理人员和现场技术工人的参考学习资料，也可用于钢铁冶金、化学工程专业的研究生或本科生的教学参考书。

图书在版编目(CIP)数据

炼钢氧枪技术/袁章福等编著．—北京：冶金工业出版社，2007.2

ISBN 978-7-5024-4203-3

Ⅰ. 炼… Ⅱ. 袁… Ⅲ. 炼钢—吹氧管 Ⅳ. TF724.3

中国版本图书馆 CIP 数据核字（2007）第013178号

出 版 人 曹胜利（北京沙滩嵩祝院北巷39号，邮编100009）
责任编辑 刘小峰（010-64027931；forrest_liuxf@sohu.com）
美术编辑 李 心 责任校对 符燕蓉 李文彦 责任印制 牛晓波
北京兴顺印刷厂印刷；冶金工业出版社发行；各地新华书店经销
2007年2月第1版，2007年2月第1次印刷
787mm×1092mm 1/16；20.75印张；499千字；318页；1-4000册
58.00 元
冶金工业出版社发行部 电话：(010)64044283 传真：(010)64027893
冶金书店 地址：北京东四西大街46号(100711) 电话：(010)65289081
（本社图书如有印装质量问题，本社发行部负责退换）

前　言

氧气是现代炼钢工艺不可缺少的，而氧气是通过氧枪喷头形成高速氧气射流与金属熔池中的钢液和熔渣的相互作用，并进行流动、传热、传质和化学反应，来完成合格钢种的冶炼和生产。随着氧枪技术的进步和电弧炉炼钢的发展，氧气在炼钢中的应用范围不断扩大。为此，本书首先总结了国内外转炉、电弧炉炼钢用氧技术和氧枪的发展。

喷头射流的流体力学特性、与熔池的相互作用和反应机理的好坏，直接影响炼钢炉的各项生产技术指标和操作工艺。因此，本书在第2章归纳可压缩气流理论基础上，结合作者从事氧枪研究的经历，在第3章介绍了喷头射流特性测试方法。将前人的有关氧气射流作用机理以及数学模拟计算与水力学物理模型实验的研究结果，归纳整理成第4、5章。编写时力求使这些内容由浅入深、通俗易懂、理论与实践相结合。

第6章运用上述的理论，结合作者从事氧枪研究的经验，总结了设计转炉用氧枪的实用方法，并简单介绍了氧枪喷头的结构，提出了一套有效的喷头设计和铸造加工方法。还介绍多种喷头在转炉炼钢中的应用情况，特别报道了转炉二次燃烧氧枪的射流特性和模拟计算。为了满足从事氧枪研究和炼钢生产现场的需要，以100t转炉为例，介绍了该系统用氧枪和喷头的计算设计，并采用等截面喷管的计算方法，进行了复吹转炉底吹喷嘴的设计介绍。

转炉溅渣护炉工艺是20世纪90年代开发的一项重大炼钢技术，在我国转炉上得到广泛的推广和应用，使转炉炉龄普遍提高几倍以上，经济效益显著，引起了世界钢铁界的瞩目。但是，溅渣护炉技术同样需要使用原来转炉的氧枪系统或略加改进，将氧气切换为氮气，通过氧枪喷头形成的超声速氮气射流使调整好的炉渣喷溅至转炉内壁表面，烧结形成高熔点的含MgO溅渣层，达到提高转炉炉龄的目的。第7章在氧枪理论和实验研究结果的基础上，重点归纳了氧枪在转炉溅渣护炉技术中的作用、氧枪溅渣过程的动力学模型研究结果和氧枪溅渣工艺参数的确定。

第8章总结了电弧炉炼钢用氧技术，包括电弧炉用多功能氧碳枪、氧燃烧嘴、聚合射流氧枪和二次燃烧等技术，还介绍了将许多上述的新技术有机地融合在电弧炉内、形成的Danarc技术。炉门碳氧枪技术和煤氧枪助熔技术等内容是作者参加或负责的国家攻关课题研究成果的总结。

煤氧炼钢技术是以煤氧燃烧产生的热量为炼钢的主能源，熔化废钢、生铁块或直接还原铁等固体原料后，进一步精炼成钢的技术。第9章介绍了KS法、EOF法、反应器法、转炉式等煤氧炼钢方法。另外，还简单介绍了RH、CAS等精炼炉设备使用氧枪技术的情况。

本书第7章和第3、4、5章的部分章节由赵宏欣撰写，其他部分由潘贻芳和袁章福共同撰写完成，并由袁章福执笔总纂定稿。本书的形成得益于万天骥教授、杨天钧教授、李文超教授、谢裕生研究员和李正邦院士的培养和指导，在此表示诚挚的感谢和崇高的敬意。衷心感谢曾小平、许克亮、李树庆、王宝明、李士琦、刘浏、赵沛、曾加庆、包燕平、郭占成、薛庆国、王新华、李京社、朱荣、蔡志鹏、马恩祥、杨文远和苏天森等教授专家的支持和帮助。范建峰、徐聪、王志、李文兵、周峨、李建强、谭强强、王晓强等博士为本书提出了宝贵意见，借此深表谢意。杨肖、李斌、关璐硕士和李晶、杨绪壮、王玉明、张军玲、熊绍锋博士研究生以及窦磊、张晓瑞硕士研究生对本书的编著进行了文献收集和书稿整理，在此表示感谢。

本书的出版得到天津钢铁有限公司和中国科学院过程工程研究所以及多相复杂系统国家重点实验室的大力支持。最后，特别感谢与作者同窗的北京科技大学和江西冶金学院的同学及校友。

由于作者水平和经验所限，书中难免有疏漏和不妥之处，敬请各位专家和读者给予批评指正。

袁章福　潘贻芳

2006年6月

目　录

1 绪　　论

根据对2010年钢材消费量的预测[1]，工业发达国家年均增长量为0.7%，发展中国家将达到3.8%，而太平洋地区的增长为4.6%。进入21世纪，面对机遇和挑战，炼钢企业必须努力发展高效生产工艺，降低成本，提高产品质量和减轻对环境的污染，才可能立于不败之地。表1-1为世界前七位产钢国家和地区的粗钢生产量。氧气转炉炼钢是目前世界上最主要的炼钢方法[1~5]。世界主要产钢国的转炉钢生产比例仍保持为60%～84%，其余16%～40%的粗钢使用电弧炉生产。我国自1996年钢产量超过1亿t以来，已经连续7年成为世界第一产钢大国。最近2～3年内已进入高峰期，到2005年，我国年产钢量达到3.5亿t。但是，当前钢铁工业迅猛的发展，无疑增加了更大的潜在风险。

表1-1　世界主要产钢国家和地区粗钢生产量（万t）

年 份	1996	1997	1998	1999	2000	2001	2002	2003	2004	2005
中 国	10139	10891	11459	12395	12724	14870	18150	22234	28050	34936
日 本	9880	10455	9355	9419	10644	10286	10980	11051	11272	11248
美 国	9467	9848	9866	9728	10099	9010	9158	9044	10388	10351
独联体	7688	8031	7395	8558	9640	9970	10161	10800	11175	11290
德 国	3979	4501	4405	4206	4637	—	4501	4484	4641	4451
韩 国	3890	4255	3990	4104	4312	4385	4539	4631	4750	4780
巴 西	2524	2615	2576	2500	2775	2672	2960	3115	3291	3163
世 界	75201	79897	77739	78773	84300	85018	90307	96494	106700	113180

注：中国的粗钢产量未计入台湾省的粗钢产量。

氧气炼钢工艺从最初的设想到首次实现工业化应用经历了150年，而对于整个钢铁工业的影响是具有革命性的技术发展。顶吹氧气工艺已应用了大约50年，全世界采用该工艺生产的钢水总量约为130亿t。自1969年以来还有11.5亿t钢水是用顶底复吹转炉生产的。当然，发展过程如此之长是有原因的：铁水精炼的技术需要摸索，只有在1928年发明了Linder/Frinkl工艺后才能够获得大量的氧气供应，当时还没有大规模炼钢所需要的设施（如优质耐火材料和自动化等）。转炉炼钢技术领域还有很多其他重要发展，如工艺控制、扩大产能的炉型设计、出钢末期的渣钢分离、氧枪、副枪、烟气净化系统、低能耗高效率的电除尘器、钢厂物流管理、二次冶金、铁水预处理等。

转炉的冶炼时间几乎不随炉容的增加而变化，因而转炉炉容大幅度提高，甚至使每炉钢达到400t。拥有两座大型转炉的钢厂的生产率约为1000t/h，而过去两座超大型平炉的生产率只有160t/h。

图1-1示意了全球粗钢生产采用不同工艺的变化。转炉工艺已占到全球炼钢生产的60%左右，电弧炉为34%，平炉4%，其他工艺2%，其中，我国以及发达国家已经淘汰

了平炉炼钢方法，目前主要集中在前苏联的国家。

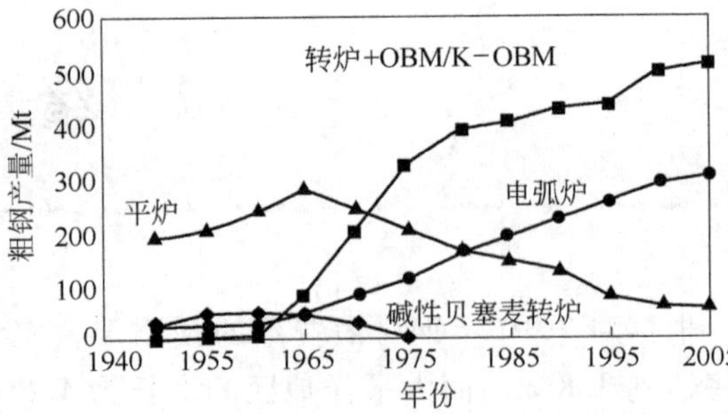

图 1-1 全球粗钢产量与生产工艺的变化

20 世纪 50 年代中期，大型空气分离制氧装置的应用，带来了炼钢技术的革命[2]，现代炼钢技术没有氧气无法进行钢铁生产。氧枪是目前炼钢方法（转炉、电弧炉）不可缺少的关键设备，直接影响到钢的产量、质量、原材料消耗和成本等主要技术经济指标。我国炼钢用氧技术的开发取得了显著效果，基本上可以满足炼钢生产的需要。今后，应提高炼钢用氧设备的设计和装置的制作质量，开发高质量钢的冶炼技术，加强相关炼钢用氧技术的基础研究。

1.1 国内外转炉氧枪系统的发展

氧气转炉炼钢技术工艺的发展历程可以描述如下[3]：

（1）1855 年的专利申请中，提到插入式顶吹方案，用一根耐火黏土吹管喷吹空气。

（2）第二种方法主要是埋入式顶吹方案，将空气吹入固定式转炉的炉底附件。

（3）首先获得突破性进展的是底吹，将空气吹进一个可旋转的不对称转炉中。这就是所谓的碱性贝塞麦—托马斯工艺，当可以制备大量工艺用氧气后，1930 ~ 1949 年间进行了大量重要的开发工作。

（4）1936 ~ 1939 年，重点研究了底吹工艺，但这时增加了吹氧以保证熔池充分搅拌。试验是在一台 1t 转炉进行的（Lellep 试验在奥本哈森进行）。

（5）随后加强了顶吹，确保了氧气射流进入熔池深处进行搅拌（施瓦茨专利，1939 年）。

（6）在此期间还试验了从转炉炉壁下部以一定角度侧吹氧气。试验是在加拉芬根由 Durrer 和 Hellbrfigge 提供的 2t 转炉上进行的。由于种种原因，例如耐火材料侵蚀、风口损坏、喷溅严重、钢水质量等问题，上述（4）~（6）项研究没有推广到工业生产。

（7）1949 年 6 月，奥地利林茨的奥钢联公司开始在一台改进的 2t 贝塞麦转炉上进行顶吹氧气试验。获得的最重要结果是，证实了深入熔池内部的氧气射流及其强大动能是搅动金属和熔渣所必需的，但是，产生的大量 CO 同液态渣滴和金属液滴一起构成乳化液。熔渣和金属液滴是在氧气射流造成的热点区由于流体动力学作用而从熔池中分离产生的。渣金乳化液具有极大的表面积，再加上 CO 生成的面积，显著提高了精炼反应速度。这样，就奠定了大规模工业应用的基础，包括：1）高脱碳速度，快速造渣，尤其重要的是高生产率；2）水冷顶吹氧枪与转炉耐火材料和氧气射流造成的热点区（2500℃）有充分的距离；3）纯氧的应用确保了钢水质量；4）工艺和设备简单，运行和投资成本低。

随后，在林茨的 15t 转炉的试验以及多纳维茨的 5t 和 10t 转炉上的进一步试验，证明了该工艺的工业可行性、经济效益和生产广泛产品的可能性。转炉钢经过长达 15 年时间才被全面接受。1958 年，“林泽特”号轮船完全使用林茨和多纳维茨钢厂生产的钢板、型材、铆接件、锻件、铸件等建造。最终，在广泛使用钢材的造船业，转炉钢也被完全认可。深冲钢种的生产也没有任何问题。1952 年 11 月 27 日，在第一次转炉炼钢试验仅 42 个月之后，林茨钢厂第一座 30t 转炉炼出第一炉钢。多纳维茨钢厂的转炉生产始于 1953 年。这种自热式氧气炼钢工艺的生产率很高，带来了对于大高炉的需求；其冶炼时间很短，且冶金效果和钢水温度离散性低，为连铸技术的迅速发展奠定了基础。随着转炉工艺在林茨的发展和大规模应用，50 年代后期，奥钢联工程技术公司（VAI，简称奥钢联）在林茨建立。到今天，奥钢联已建设了 180 座转炉，包括大量重要的改进和新方案。

(8) 1936～1939 年间进行的底吹氧气试验几乎 30 年之后，开发出用碳氢化合物保护底吹风口的方案。OBM/Q-BOP（1968 年）、K-OBM 和他热式 KMS（1977 年）等底吹氧气工艺相继开发出来，废钢比达到 50%。喷石灰、喷煤和二次燃烧等技术也得到大规模应用。底吹强度达到 $5m^3/(t \cdot min)$。世界各地转炉（包括氧气底吹转炉）钢的年产量达到约 5500 万 t。

(9) 底吹和复吹转炉技术的进一步改善，也促进了氧气顶吹结合惰性气体底吹搅拌工艺的改善。这是指在高碳范围内用 N_2、而达到低碳范围时切换为 Ar 进行转炉熔池的搅拌。现在世界上几乎所有的氧气炼钢转炉都采用顶底复吹的方案。

(10) 最新的发展很可能是在高碳范围内部分顶吹热空气结合底吹氧气。氧气顶吹时与 CO 反应生成 CO_2 的二次燃烧率为 8%～12%，复吹时为 15%～20%，而底吹氧加上顶吹热空气（1200℃）时则可达到约 60%。

回顾 50 年来氧气转炉炼钢技术工艺的发展历程，氧气转炉炼钢的发展史可以划分三个时期[4]：转炉大型化（1950～1970 年）、转炉技术完善化（1970～1990 年）和转炉综合优化（1990～2010 年）。

采用富氧直接插入液态金属进行炼钢的方法，早在 20 世纪 30 年代就应用于生产。由于导入氧气的风口很容易被烧损（即使采用约含 30% O_2 的富氧），因此，这种炼钢方法没有得到推广。

R. 社勒和同事利用瑞士的 Gerlafigen 钢厂的 2.5t 转炉，1947 年首次进行在钢液面上吹入高速氧流的试验，并在 1948 年 3 月获得成功。同年，奥地利联合钢铁公司也在林茨厂的 2t 和 15t 转炉上进行了顶吹试验，并于 1949 年 10 月获得成功，1952 年 5 月 22 日，世界上第一座 30t 氧气顶吹转炉在林茨投产。次年，奥地利的多纳维茨也建成一座顶吹转炉，并成功投产。这种顶吹氧气炼钢法被命名为 LD 炼钢法，来源于林茨（Linz）和多纳维茨（Donawitz）两个地名[3]。它是世界炼钢技术史的一次革命，对世界钢铁生产在 20 世纪 50 年代所产生的飞跃发展起了决定性作用。

由于 LD 炼钢法有诸多优点，因此从其诞生开始就迅速在全世界范围推广。1954 年加拿大多米尼翁钢铁公司开动了北美的第一座氧气顶吹转炉，美国炼钢界从 1955 年开始发生了与此相似的从平炉向氧气顶吹转炉和电弧炉转换的过程。日本钢铁界是氧气顶吹转炉成为目前世界主要炼钢方法的最好实例。1960 年在平炉上改造建成 45t 转炉之后，氧气顶吹转炉技术得到高速发展，1977 年取代了所有平炉炼钢。目前钢产量的约 70% 由 300t 的氧气顶吹转炉来完成，其余的由电弧炉来生产[5]。氧气顶吹转炉炼钢法具有生产率高（相当于同等容量平炉的 10 倍以上）、基建投资少和建设速度快、钢水质量好、适合多品种和高品种钢的生产、大幅度节省能耗和回收煤气、物料消耗低、生产成本低以及经济效益好等优点。1946 年，世界炼钢界氧气消耗只有 $1.5m^3/t$，主要用于切割和焊接。1958 年和 1964 年氧气消耗分别达到 $9.4m^3/t$ 和 $15m^3/t$。1970 年由于氧气转炉的普及，炼钢界的耗氧量增加到了 $30m^3/t$。

1955 年我国就开始了氧气顶吹转炉小型试验，特别是中国科学院化工冶金研究所叶渚沛院士认为我国今后应重点发展氧气顶吹转炉技术[6]，由于苏联专家坚持要使用平炉，到 60 年代，我国政府决定在中科院化冶所建立转炉实验装置，由国家科委投资，完全依靠自己力量进行科研（化冶所）、设计（设计院）和生产（首钢）相结合，1964 年我国第一座 30t 氧气顶吹转炉在首钢建成并投入生产。其后，上钢一厂三转炉车间、上钢三厂二转炉车间等相继将原侧吹转炉改为氧气顶吹转炉。60 年代中后期，我国又自行设计和建设了攀枝花 120t 大型氧气顶吹转炉炼，并于 1971 年投产，为我国大力发展氧气顶吹转炉炼钢提供了宝贵的经验。80 年代以后，我国氧气转炉炼钢进入大发展时期，由于氧气转炉炼钢和连铸的迅速发展，1996 年我国粗钢产量首次突破 1 亿 t，并淘汰了最后一座平炉，成为世界第一产钢大国。

2000 年，我国有 74 个转炉钢厂共有 207 座大小转炉，产钢量为 10160 万 t。其中，有 106 座 20t 以下的转炉，分布在 38 个钢厂，年产量为 2883 万 t，占当年我国的转炉钢产量的 28.37%。我国 20t 以下的小转炉的数量过多，约占我国转炉座数的 50%，经济技术指标较差，大部分小转炉的吨钢氧气消耗量在 65 ~ $80m^3/t$（标态），有些高达 $84m^3/t$（标态），氧枪喷头寿命一般小于 100 炉，最低为 28 炉，极个别达到 280 炉以上。因此，有必要加快淘汰 20t 以下转炉的步伐，进行转炉的技术改造，不许新建 120t 以下的转炉，实现我国炼钢产业的结构优化和调整。表 1-2 和表 1-3 分别列出我国 80t 以上和主要的 20 ~ 50t 氧气转炉座数和用氧指标。

表 1-2 我国 80t 以上的氧气转炉座数和用氧指标（2002 年）

企业名称	公称容量×座数	炉容比 $/m^3 \cdot t^{-1}$	耗氧量（标态）$/m^3 \cdot t^{-1}$	喷头孔数	喷头寿命/炉	平均炉龄/炉
马钢二炼钢	50t×3	1.05	56.28	5	181	6057
马钢三炼钢	30t×3	1.26	54.57	5	254	8499
武钢三炼钢	250t×2	0.87	53.24	5	145	8286
首钢二炼钢	210t×3	0.99	57.92	5	403	6206
鞍钢三炼钢	180t×1	0.935	56.70	5	372	6600
	150t×2	0.78		4		
梅 山	150t×2	1.05	61.56	4		3580
本 钢	120t×3	0.95	60.49	4	205	4701
唐钢一炼钢	120t×2	0.932	60.93	4	118	4000
攀 钢	120t×3	0.82	54.64	5	128	3517
武钢一炼钢	100t×2	0.88	46.73	3	249	9162
天钢炼钢厂	100t×3			4	252	10521
邯钢三炼钢	100t×3	0.74	55	4	163	4522
鞍钢一炼钢	90t×3	0.944	59.14	5	352	10468

续表 1-2

企业名称	公称容量×座数	炉容比 /$m^3 \cdot t^{-1}$	耗氧量（标态）/$m^3 \cdot t^{-1}$	喷头孔数	喷头寿命/炉	平均炉龄/炉
鞍钢二炼钢	90t×3	0.94	62.46	4	231	7755
武钢二炼钢	90t×3	0.75	54.83	3	100	10238
涟钢三炼钢	90t×2	0.97	51.68	4，5	498	
首钢三炼钢	80t×3	0.88	60.68	4，5	68	13574
包　钢	80t×5		59.81	3，5	294	7997

表 1-3　我国主要的 20～50t 氧气转炉座数和用氧指标（2002 年）

企业名称	公称容量×座数	炉容比 /$m^3 \cdot t^{-1}$	耗氧量（标态）/$m^3 \cdot t^{-1}$	喷头孔数	喷头寿命/炉	平均炉龄/炉
首钢一炼钢	30t×3	0.85	58.90	4	217	5631
天　铁	30t×3	0.8	55.91	3	288	4575
唐钢二炼钢	30t×4	0.83	70.13	3	192	3476
石　钢	30t×2	0.83	55.53	3	165	9323
邢　钢	30t×2	0.85	74.00	4	77	7060
北　台	30t×3	0.66	74.00	3	145	12647
浦　钢	30t×3	0.92	81.47	3	43	2395
上一三转炉	30t×3	0.75	83.79	3	214	2069
马钢二炼钢	50t×3		62.91	3	66	4000
马钢三炼钢	30t×3			3	179	9250
新余一炼钢	25t×2	0.9	72.5	3	79	8731
济钢一炼钢	20t×3	0.96	62	3	265	6846
莱　芜	25t×3	0.83	55.04	3	86	12991
鄂钢二炼钢	30t×3	0.7	64.54	4	29	8859
湘　钢	50t×2		58.45	4	161	10117
柳　钢	50t×3	0.97	67.04	3	76	5908
重　钢	50t×3	0.88	63.87	4	120	8045
昆钢三炼钢	50t×2	0.82	64	4	89	3788
酒　钢	30t×3	0.84	52.51	4	141	5900
天钢二炼钢	20t×3	0.66	74.00	3，4	500	12647
承　钢	30t×4	0.76	53	3，4	300	3000
邯钢一炼钢	20t×3	0.86	55	3	132	9063
上　五	20t×3	0.74	56.14	3	300	6106
南　京	30t×3	0.59	73.94	3	87	6000
萍　乡	20t×3	0.65	80.00	3	132	5290
成　都	20t×2	0.60	78.00	3	496	1459

我国 200t 以上的大型转炉用氧的装备水平与国外同类型钢厂相当，炼钢用氧指标与国外大型转炉相近。100t 以下的中小型转炉的用氧技术在国际上处于领先地位。首钢一炼钢、武钢二炼钢、济钢、唐钢、安阳等一大批中小型转炉的用氧技术指标都很好。我国主要转炉的平均耗氧量为 $64m^3/t$（标态），有的转炉达到 $53m^3/t$（标态）。有些钢厂未能根

据本厂的生产条件制定合理的炼钢用氧制度，供氧规程不合理，技术经济指标差。例如，有的转炉钢厂每吨钢的钢铁料消耗达到1130kg、石灰消耗达到120kg，每炉钢吹氧时间超过20min。部分小钢厂供氧系统设备落后，测量仪表不齐全、不准确。有些转炉钢厂氧枪内管的氧气流速过高，管道压力损失过大。

大型转炉使用铸造喷头的寿命为200～250炉，使用锻造组合式喷头的寿命约为500炉。中小型转炉氧枪喷头寿命在40～600炉之间。我国转炉年消耗氧枪喷头约40000个，其平均寿命为70炉[4]。

喷头寿命低的原因除了喷头制造质量问题（如喷头铸造质量差、铜与钢焊缝不合格、尺寸加工精度达不到要求、质量检验设备不全和检验制度不严格等）之外，还与转炉炼钢厂使用和供氧操作不合理，冷却水压力与流量达不到要求，造成烧枪；造渣工艺不合理，使炉渣粘枪，即使喷头尚好，由于不宜提枪，只好更换新氧枪。另外，氧枪与喷头设计不合理、不严格执行进货检验制度、向不具备生产条件的单位订货多是小型转炉氧枪寿命低的原因。

现在，我国可以自行设计和制造大型转炉、电炉、炉外精炼用氧枪、喷头及有关附属设备；成功地吹炼了高、中和低碳钢、低合金钢等150多个品种，开发了中磷铁水、半钢炼钢技术；建立了氧枪喷头射流测试系统、水模和热模试验设备，开展了炼钢用氧技术基础研究工作。我国炼钢用氧技术与先进国家之间还存在一定差距，如大型转炉氧枪喷头制造质量不高、一些高质量钢种的吹炼技术未很好掌握、部分钢厂的供氧指标落后、用氧事故较多，特别是我国炼钢用氧技术缺乏创新。

随着转炉吨位的加大，氧枪喷头从单孔转变为多孔，从单一的吹氧功能转变为多功能（二次燃烧、溅渣护炉、喷粉煤功能以及旋流、多角度等）[7]。氧枪喷孔数目增加，大型转炉氧枪喷头已达到6孔。喷孔的倾角有加大的趋势，有的氧枪喷孔倾角达到17°。近年来，日本、韩国、印度等国家试用的双倾角布置的喷头在降低喷溅方面取得良好效果。

锻造组合式喷头的使用有增加的趋势，其使用寿命较长。喷头的水道系统在减小水流阻力、增加对喷头端面的冷却水流速方面有所改进，使水流分布更合理。

在枪体结构方面，氧管直径有加大的趋势，大型转炉氧管内氧气流速低于40m/s，大型转炉使用锥度枪较为普遍。分体式氧枪在欧洲一些国家应用较多，可加快换枪速度。枪体冷却水的流量加大，现在大型转炉氧枪的冷却水流量比20世纪80年代增加30%～40%。

在供氧操作的控制方法上，采用静态模型与终点前副枪检测动态控制相结合控制供氧操作。在原材料稳定、计量准确、模型合理的条件下，补吹率可降到5%以下。世界上多数大型转炉都用此种方法控制供氧操作。

炉气定碳法自动控制过程中所给出的CO、CO_2曲线和二次燃烧率曲线都与氧枪枪位有关。因此，这些曲线制定的经验模型可以控制化渣状况。根据吹炼过程炉渣内所蓄积的氧体积，来调节氧枪高度，使吹炼过程氧枪高度实现动态控制，法国索里构钢厂、德国莱茵豪森钢厂都采用此技术[4]。

二次燃烧技术在20世纪70年代末由贝洛瓦尔钢厂开发成功。转炉双联法炼钢、转炉精炼不锈钢、RH-KTB技术和电弧炉炼钢都在不同程度上应用二次燃烧氧枪。

近年来国外转炉供氧强度有增大的趋势。其主要目的是提高产量、降低成本和关闭落后的小钢厂。日本和西欧的供氧强度较高，美国转炉供氧强度稍低。国外26个大、中型转炉钢厂的供氧强度平均为（标态）3.17m^3/(t·min)。

在吹炼的不同阶段，炉内反应情况不同，供氧强度也应有区别。当炉内吸收氧的能力高时供氧强度应加大。LD-AC、OLP 法第一期吹炼供氧强度为（标态）5.0～5.5m^3/(t·min)，第二期为（标态）2.5m^3/(t·min)。日本川崎等厂开发的双联法，脱磷期的供氧强度约为脱碳期的1/3。

德马克公司开发的 Conarc 炉是转炉与电炉的结合。Conarc 炉装有顶吹转炉的氧枪和电极加热系统。装料所用铁水比例可以在 0～70% 调节。由于炼钢过程中可以连续放渣，有良好的脱磷效果。Conarc 炉已在南非的 Saldanha 钢厂（170t）和印度的 Ispat 钢厂（180t）投产。在美国和卢森堡都在建设 150～180t 的 Conarc 炉[8]。

吹氧强度对于转炉生产率十分重要。传统顶吹转炉的吹氧强度在（标态）2.5～3.9m^3/(t·min) 之间。日本有这样的趋势：增大转炉炉容比（约 1m^3/t），采用铁水预处理（脱硅、脱硫、脱磷），与低渣量吹炼工艺结合，提高吹氧强度达到（标态）4.5m^3/(t·min)。这样，废钢比 5% 左右时，出钢时间缩短为 24min 左右，吹氧时间仅为 10min。

在欧洲和北美，废钢比高达 20%～28%，铁水只进行脱硫，只有采用复合吹氧时吹氧强度才达到（标态）4～5m^3/(t·min)。埋入式底吹氧气喷嘴中需要喷入细石灰粉，目的是在吹炼开始就在渣中产生硅酸二钙，并在各种铁水条件下获得稳定的吹炼行为。

表 1-4 归纳了不同工艺的喷吹强度。1 座 60t 的转炉应用 KMS 工艺运行了 20 多年，废钢比高达 50%，铁水中硅的含量为 1.2%，氧气流量为 300m^3/min。转炉炉容比为 0.8m^3/t，吹氧强度为（标态）4.5～5m^3/(t·min)。这种 KMS 转炉尽管存在喷煤造成出钢温度、废钢比和氧耗较高的情况，但其炉底和炉衬寿命依然超过 1000 炉。

表 1-4 顶吹、底吹和复吹工艺的吹氧强度（m^3/(t·min)）

吹氧方式	工艺		
	LD	K-OBM/K BOP/KMS	OBM/Q-BOP
顶 吹	喷吹 O_2 2.5～3.9（4.3）①	喷吹 O_2 0.15～3.5	—
底 吹	喷吹 N_2，Ar： （CO，CO_2） 0.005～0.150 （0.20）	喷吹 O_2/C_nH_m① （O_2+惰性气体/C_nH_m+惰性气体） 喷吹石灰时 0.5～4.0 无石灰喷吹时 0.15～1.00	喷吹 O_2/C_nH_m① （O_2+惰性气体/C_nH_m+惰性气体） 喷吹石灰时 3.5～5.0
总 计	2.5～3.9（4.3）②	3.5～5.0	3.5～5.0

① C_nH_m：碳氢化合物（如 C_3H_6、C_4H_{10}、天然气等）作为保护气体从风口环缝吹入；②转炉炉容比大，铁水经过预处理。

1.2 电弧炉炼钢用氧技术

氧气用于电弧炉脱碳始于第一次世界大战期间，但是，由于氧气供应短缺以及制氧成本很高，所以电弧炉炼钢使用氧气量很少。电弧炉用氧量的增加是在 20 世纪 50 年代期间，氧气开始用于辅助燃料燃烧，加速炉料熔化。60 年代，电弧炉氧耗稳定在 $6m^3/t$ 的水平。70 年代，电弧炉用氧得到了高度的重视，当氧耗为 $42m^3/t$ 时，冶炼时间缩短了 28%，从原来每炉的 105min 下降到 75min，生产率提高 35%，从 28.2t/h 提高到 38.2t/h。因此，全世界的电弧炉相继使用了氧气强化炼钢工艺[9]。

在过去 20 多年中，电弧炉炼钢采用了许多新技术，使电弧炉炼钢的技术经济指标得到了很大改善。从 1965 年到现在，电弧炉的冶炼周期由多于 3h 缩短到少于 1h，吨钢电耗由 650kW·h/t 降低到 350kW·h/t。在这个过程中，氧气的应用占有重要地位，目前，一个典型电弧炉用氧量是 $32m^3/t$，某些电弧炉高达 $44m^3/t$。氧气在电弧炉炼钢中的应用包括氧燃烧嘴加热废钢、吹氧助熔及熔池脱碳、炉气的二次燃烧和吹氧喷碳粉造泡沫渣等项技术。

随着用氧技术的完善，电弧炉冶炼周期有可能缩短到 30min，电耗将降到 300kW·h/t，电弧炉炼钢用氧技术已经成为我国炼钢工作者的重要课题。近年来，我国已投产和正在建设的 50t 以上的超高功率电弧炉近 50 座，其中，出钢量 100t 以上的电弧炉有 10 座以上，总能力每年超过 1500 万 t。表 1-4 和表 1-5 分别列出我国 60t 以上和 21～50t 的电弧炉座数和主要的用氧指标。另外，20t 以下的电弧炉还有 100 座以上，大部分的技术经济指标较差，应该加快淘汰的步伐。

表 1-5　我国 60t 以上的电弧炉和用氧指标（2002 年）

企业名称	公称容量×座数	变压器功率 /MV·A	耗氧量（标态）$/m^3 \cdot t^{-1}$	电耗 $/kW \cdot h \cdot t^{-1}$	冶炼时间 /min	平均炉龄 /炉
天　管	150t×1	90	34.49	499	89	510
宝　钢	150t×1	99	28.12	321	76	321
珠钢，DC 竖炉	150t×1	120				
浦钢，DC	100t×2	73	27.27	518	92	518
上五，DC	100t×1	76	45.42	524	78	524
南　京	100t×1	60	52.80	370	73	370
苏钢，DC-EBT	100t×1	100	15.6	456	75	456
安阳三炼钢	100t×1	72	76.62	349		349
长城特钢，DC	100t×1	90				
苏兴特钢，DC	100t×1	100				
江阴兴澄，DC	100t×1	100				
沙钢永新	70t×1	54	42.7	420	75	191
沙钢润忠	90t×1	65	35.02	330	53	744
淮阴钢厂	70t×1	60	36.2	341	57	622
杭　钢	80t×1	80	28.29	453	64	488
舞　阳	90t×1	60	35.14	428	78	862
涟　钢	60t×1	50	76.07	484	173	95
广　钢	60t×1	52	35.73	488	73	
成都无缝	90t×1	65	39.79	547	71	605
西宁特钢	60t×1	36	37	325	59	130
新疆八一	70t×1	60	39	339	60	573
韶　钢	90t×1					
石　横	65t×1					
贵阳钢厂	60t×1					
北满特钢	90t×1	85				

表 1-6 我国 21~50t 的电弧炉和用氧指标（2002 年）

企业名称	公称容量×座数	变压器功率 /MV·A	耗氧量（标态） /$m^3 \cdot t^{-1}$	电耗 /$kW \cdot h \cdot t^{-1}$	冶炼时间 /min	平均炉龄 /炉
石　钢	30t×1	12.5	89.08	414	143	120
太钢一炼钢	50t×1	31.5	20.41	529	125	323
本钢特钢	30t×1	25	28.5	609	151	116
抚特二炼	25t×4		55.77	676	219	72
抚特四炼	50t×1	35	47.86	448	93	234
北满特钢，8 炉	30t×1	12.5	48.98	405	166	96
北满特钢，6 炉	30t×1	12.5	48.98	434	268	96
北满特钢	45t×1	25	47.49	562	157	258
浦钢特钢	30t×2	17.5	47.98	600	243	28
上　五	30t×2	15	62.60	489	184	67
锡　兴	34t×1	30	60.59	424	119	190
新余特钢	40t×1	12.5	39.75	379	147	143
莱　芜	50t×1	35	47.14	563	151	351
洛　钢	30t×3	16，12.5	69	538	166	115
衡　钢	30t×2	16，25	46.26	639	155	116
广　钢	40t×1	24	44.85	491	92	
长特一分厂	30t×1	25				
西　宁	50t×1	25	65	448	161	133

随着电弧炉用氧技术的开发和应用，电弧炉用氧主要是切割炉料、脱碳和造泡沫渣以及用于辅助能源的燃烧[10]。用氧量的分配大致为 50% 用于炉门氧（碳）枪助熔、30% 用于烧嘴、20% 用于脱碳和造泡沫渣。

1.2.1 氧燃烧嘴

氧燃烧嘴在电弧炉炼钢中用来帮助电极加热和熔化废钢，燃料根据价格、来源及操作方式而定，可以是天然气（煤气）、油或煤。大型电弧炉的氧油烧嘴功率一般大于 60kW·h/t。多支氧燃烧嘴通常布置在熔池液面上 0.8~1.2m 处，对准电弧炉的冷点。氧油烧嘴在熔化前期的热效率最高，当废钢熔化后，氧燃烧嘴停止工作。

在竖式电弧炉中，用氧燃烧嘴预热废钢对降低电耗和缩短冶炼时间起着更重要的作用，英国希尔内斯钢公司 100t 单竖式电弧炉采用烧嘴及废气加热废钢，可使电耗下降 70kW·h/t，生产率提高 40%。我国张家港润忠公司引进了这种单竖式电弧炉，共有 8 支氧油烧嘴，布置在炉子后侧烟道下部，所提供的功率占熔化期总功率的 19%。但是，这种单竖式电弧炉在熔化后期和精炼期不能利用炉气的高温物理热，所以炉子结构并非最合理。

法国 SAM 蒙特罗公司在 1993 年投产的 90t 双竖炉电弧炉在能量利用方面更合理。两座炉身可分别进行通电作业和废钢预热（烧嘴及高温炉气）。烧嘴的工作时间可达冶炼周期的 60%，废钢温度可以预热得更高。12 支烧嘴的总功率为 36MW，吨钢由烧嘴提供的能耗达到 200kW · h。

法国 Ganderange 的 Unimetal 钢厂的 150t 直流双炉身电弧炉的冶炼周期为 42min，主要是采用了氧油烧嘴预热废钢与兑铁水大量吹氧。在双炉身电弧炉中，冶炼周期缩短的重要因素是氧燃烧嘴有效工作时间的延长，炉气的物理热得到充分利用。当电弧炉吨钢的变压器功率达到 1000kV · A/t 时，氧燃烧嘴加热废钢及吹氧装置完善，从理论上讲，双炉身电弧炉的冶炼周期可缩短到 29min。

Cojet 聚合射流技术（Coherent Jet Technology）的原理是在拉瓦尔喷管周围增加烧嘴，使射流的前进在高温低密度介质中进行，减缓射流速度的衰减。这项技术首先在美国 MacSteel 的钢厂 60t 电弧炉上应用，已推广到采用高铁水比的电弧炉中应用。

氧燃烧嘴是电弧炉炼钢重要的辅助能源，应消化好引进各种氧燃烧嘴，完善国内开发的电弧炉氧煤枪烧嘴[11]。

1.2.2　氧（碳）枪脱碳及造泡沫渣

从电弧炉用氧初期到现在，熔池脱碳一直是电弧炉用氧的重要目的，这是由炼钢工艺要求所决定的。熔池脱碳用氧量是由炉料结构，钢种等条件决定的，以 48MV · A 变压器功率的 85t AC 电弧炉为例，不同炉料结构对用氧量影响的实验数据如下：

生铁含量/%	20	25	30	35	40	45	50
用氧量/$m^3 \cdot t^{-1}$	20	24	27	32	36	39	42

在优质废钢缺乏的条件下，电弧炉炉料中生铁比例逐渐增加，有利于得到纯净的钢水。铁水的增加和用氧技术应用在降低电耗和缩短冶炼时间方面有重要作用。宝钢新建电弧炉的铁水比可达 40%，日本一些电弧炉的铁水用量达 50%。铁水比例提高必须增加熔池脱碳的用氧量。在电弧炉配料中，每吨钢增加 10% 生铁，将多放出化学热 2.1×10^6kJ，同时增加 5.5m^3的氧气消耗量（氧化碳、硅、锰等元素），废气量增加 7.35m^3。在增加炉料中生铁比例时，必须有足够的烟气净化和排烟能力，以免污染环境。

消耗式氧枪由于其吹氧管消耗量大、吹氧深度不易控制、不能连续吹氧，又因繁重的体力操作等缺点，不适于在大型电弧炉中应用。水冷氧枪吹氧技术（包括喷吹碳粉、石灰粉）已趋成熟，是大型电弧炉主要的吹氧方式。

氧（碳）枪助熔的目的是以氧、煤代电，利用氧与炉料中的某些元素发生化学反应，产生的热量来加快炉料的熔化，缩短冶炼时间。喷吹碳粉和氧气在熔炼过程中造泡沫渣是超高功率电弧炉生产的必要条件。对于大型电弧炉要求泡沫渣的厚度不小于 500mm，使电弧埋在泡沫渣中才能得到高的热效率、高的熔池加热速度、低的电极消耗和较长的炉衬寿命，吨钢喷吹碳粉量约 6～10kg，为燃烧这部分碳粉需 6～10m^3氧气。

1.2.3　炉气二次燃烧用氧

电弧炉炉气二次燃烧技术是降低电耗的重要途径，同时具有缩短冶炼周期的作用。美国首先开发了二次燃烧技术，美国和法国的电弧炉二次燃烧技术已经达到工业应用水平，日本和欧洲等国家的电弧炉钢厂也正在开发和应用此项技术。

在电弧炉氧化法炼钢中，吨钢可以产生约 15～20m^3的 CO。炉气分析表明，CO 总量的60% ~70%未经炉内燃烧而排出至除尘系统。二次燃烧技术的原理为，采用向炉内一定区域吹入氧气与碳氧反应所生成的CO，进一步反应生成CO_2，反应生成热量传至炉料或熔池，达到节电降耗、缩短电弧炉冶炼时间和提高生产率的效果。二次燃烧用氧量一般为7 ~ $10m^3/t$。

除要达到高的二次燃烧率外，还要有高的热效率才能充分发挥二次燃烧技术的效果。碳燃烧生成CO所放出的热量为1.4kW · h/kg（碳），燃烧生成CO_2放出的热量为58kW · h/kg（碳），后者比前者高3.14倍。美国Praxsir与Nucor公司在其60t电弧炉上进行二次燃烧取得的效果为：每使用$2.83m^3$氧气，可节约电能1.35kW · h/t，冶炼周期缩短1 ~ 2min。当二次燃烧用氧量达$8.5m^3/t$时，吨钢电耗下降40kW · h，冶炼周期缩短4min。每$1m^3$（标态）氧气可取得0.9美元的效益[6]。法国空气液化公司开发的名为Alarc-PC的二次燃烧系统在法国的瓦鲁赫厂和德国的巴德公司（BSW）的应用都取得了明显效果。用氧量增加$10m^3/t$，电耗降低43kW · h/t，冶炼周期缩短3.7min，出钢炉数达30.1炉/天，生产率提高7%。

电弧炉二次燃烧技术是获取能源最经济的方法，只相当于电能成本的1/3，并可以降低炉气中CO的排放量和缩短冶炼周期。

合理的电弧炉用氧制度体现在先进的技术经济指标和生产率水平，合理的用氧制度将促进电弧炉炼钢的发展，而电弧炉热装铁水和采用各种用氧技术，是有效节电、降低成本和缓解废钢资源缺乏，提高钢水质量的重要途径。我国转炉和平炉炼钢用氧技术有较好的基础，对于氧枪及喷头的设计、制造和操作工艺参数的制定，氧射流流场特性和模拟试验技术等方面都有较高的水平，在此基础上开发电弧炉炼钢用氧技术应该很快具有成效。有关电弧炉氧（碳）枪、氧燃烧嘴的种类与设计在第8章有详细论述。

1.3 炼钢用氧过程的安全与经验

氧枪中的纯氧和冷却水，在炼钢的环境下都是很危险的物品。氧气会引起强烈的燃烧，造成事故；冷却水与钢液接触，易造成爆炸。特别是随着电弧炉炼钢用氧量[11]和铁水比的提高，如果吹氧工艺与碳氧反应不协调，易引起大喷溅。上述现象一旦发生，后果不堪设想，不仅损坏设备，耽误生产，而且易造成人员伤亡的危险。可见，如何安全使用氧枪炼钢是极其重要问题。有关氧枪新技术和炼钢用氧技术，国内外已有许多报道，但是，有关氧枪使用安全问题却报道得很少，特别是在我国不断提高钢铁产量、进行转炉氧枪改造的今天，更应该确保安全第一。

1.3.1 事故的种类与分析

1.3.1.1 氧气引起的燃烧与爆炸

此种事故在全国曾多次发生。20世纪70年代，某平炉炼钢的氧气管道突然着火，瞬间就烧掉十几米，幸亏技术人员迅速关闭了氧气总阀门，才没有造成更大的险情。80年代，某钢厂氧气管道大修后，开阀送氧时，突然发生爆炸，3名操作人员当场死亡。事后检查，阀门和管道爆裂十分严重，一个破损的阀门飞到了几十米之外。此次事故不久，转炉阀门控制室也发生火灾，大修之后的阀门组全部被烧毁。而这些阀门和管道全部是新更换的不锈钢材质。可见，不锈钢管道和阀门是不能避免氧气着火的，而且一旦燃烧速度更快。

燃烧的发生必须具备三个要素：可燃物、氧气和着火温度。上述三要素，缺一不可。只要控制这三要素不同时存在，就可以避免事故的发生。氧气本身不会燃烧，需要助燃剂，而燃烧是一种快速的氧化反应。第一要素包括氧枪本身、氧管、阀门以及外来可燃物。

外来可燃物主要有：

（1）油脂。氧枪和管道在制造和安装时，使用的润滑油脂未彻底清除。

（2）橡胶管碎屑。长期使用后，橡胶管发生剥落现象，产生碎片及粉末。

（3）纤维物品。纸屑、木屑等类物品，偶然进入管内。

（4）碳粉或石墨粉。炼钢环境中悬浮着含碳微粒，而氧枪因快速关闭阀门，易产生暂时低压，微粉即可随空气进入氧枪及临近输油管内。另外，备用氧枪存放日久，管内亦易堆积含碳微粒。

（5）炉渣、铁粉。如果氧枪出口压力突减为负压，含有炉渣粉和铁粉易被吸入枪内及临近氧管内。

这些外来可燃物品，应设法避免和清除。氧枪和输氧管通常是用碳钢制成的。碳钢在通常的状态和温度下，是不能燃烧的，但在高温下是可以燃烧的。因此，氧枪和输氧管道，会由于局部的瞬时高温而引起燃烧和爆炸。

第三要素是着火温度。产生高温的原因有：

（1）氧气在管道内流速过高，因摩擦产生大量热能。

（2）氧流在管道急转弯处或阀门处，可因冲击管壁，产生高温。

（3）管道接口处，因制造质量不好，可存有突尖或粗糙之处。这些地方，由于摩擦过强，容易产生高热。

（4）管道内壁如生锈，既会增加摩擦，产生较多热量，又会减小管道有效断面，增高氧气流速。

（5）管内如有金属碎屑或砂石，在高速氧流的带动下，冲击管壁造成火花，易引起燃烧和爆炸。

氧火在管内一旦引发，迅速软化管壁，造成破裂和爆炸。爆炸时熔铁飞溅，伤人伤物。氧管一旦破裂，高纯高压氧气大量外溢，附近物品迅速燃烧，造成火灾。这就要求在氧枪和管道的设计、制造和安装调试过程中，避免局部的，哪怕是瞬时高温的产生，从而防止氧气的燃烧和爆炸。氧气炼钢就是在炼钢炉内，使氧气与铁、碳、硅、锰、磷、硫等可燃物发生可控制的燃烧过程。如果氧气在管道内、氧枪内、炼钢炉内发生意外的、不可控制的燃烧过程，就是事故[12]。炼钢工作者的责任就是让可控制的氧气炼钢燃烧过程进行得更加完美，并避免不可控制的燃烧事故发生。

1.3.1.2　氧枪漏水造成的爆炸

1999年，山东某钢厂由于使用质量差的喷头，在吹炼过程中，其喷头与枪体脱落，大量冷却水进入炉内，发生了转炉爆炸事故，造成了数十人伤亡，设备损坏而停产，损失巨大，给人们心灵上造成的创伤更是难以愈合。

转炉氧枪在吹炼过程中，由于焊缝开裂，喷头烧损，引起渗漏、滴水，是常有的事，由于冷却水立即蒸发，通常不会发生事故。发现后及时更换新枪，能够继续炼钢。但是，如果由于焊接质量太差，在吹炼过程中，喷头与枪体脱落或其他原因，大量冷水进入炉内，而未被及时发现，操作者又错误地摇炉，冷却水和钢渣迅速混合，瞬间转炉即会发生巨大爆炸，引发特大型恶性事故。

冷却水与钢液相遇，在钢液表面或上方迅速受热，立即汽化，不会发生事故。如果水与钢液混合，或钢液迅速覆盖水时，造成水的体积急剧膨胀形成的爆炸，称为“汽炸”。由于热能迅速地传到水中，水的温度和压力急剧增高，汽化使体积剧增，发生爆炸，进而引起大爆炸。爆炸的破坏性，来自高压、高温和飞溅的熔铁。预防汽炸，就是要避免水与熔铁或钢液接触和混合，必须严格执行：

(1) 当发现氧枪漏水时，首先关闭水阀，然后快速提枪。

(2) 转炉熔池面上已有积水时，万万不可摇炉，此时熔池上层已固结。如果摇炉，可把上面的积水和下面的熔铁混合，形成爆炸。待炉体的热量将全部积水蒸干后，方可进行下步操作。

(3) 更换新枪，重新开始吹炼。

(4) 如果炉内的钢水已经凝固冻结，形成冻炉，则应按照冻炉重熔工序进行操作。

(5) 如发现烟罩漏水，可采取下列措施：1) 先用钢板盖住炉口，避免水漏入炉内（此钢板当备用，以防万一）；2) 如炉内无积水，可倾转炉避水；3) 关闭进水阀，处理烟罩。

1.3.1.3 氧气主管道的爆炸

20世纪80年代，北方某厂转炉扩容大修改造，试生产前，氧气主管道通氧，氧气管网通廊发生大爆炸，造成9人当场死亡的特大惨剧。输氧管路及氧枪系统安装调试完毕，在正式生产之前，氧气主管道要先通氧。主管道通氧是一件大事，务必小心从事。

此次事故经过专家周密调查和计算，查出事故原因如下：

(1) 为了“献礼”，赶进度，马虎施工，管道中遗留众多杂物。事后检查，竟然从管道与阀门的连接处取出扳手、破布、渣屑等物。

(2) 氧气主管道的主阀门错误选用闸板阀，燃烧爆炸就是从此处开始的。阀门打开一圈半，高速氧流从狭窄的缝隙中喷出，摩擦生热，约10秒钟，阀门变红而燃烧爆炸。巨大的火龙直喷而出，几十米长的阀门室，顿时变成一片火海，操作者来不及逃生。

(3) 氧枪的氧气出口阀门全部打开，想借主管道通氧之际，吹扫管道，致使阀门前后造成巨大的压差，形成高速氧流而爆炸。

正确的主管道通氧操作，应按下列顺序进行：

(1) 确认主、支管道已用无油干燥空气和氮气吹扫干净；

(2) 关闭氧枪切断阀；

(3) 向氧气主管道中充氮气；

(4) 从氧枪中放出氮气；

(5) 向主管道中充氧气；

(6) 从氧枪中放出氮、氧混合气；

(7) 继续向主管道中充氧气，从氧枪中不断排放气体，边排放边化验，氧气的浓度越来越高，当氧气的纯度达到使用要求后，关闭氧枪阀门，主管道通氧完毕。

1.3.1.4　电弧炉大喷溅

2002 年在山东某电弧炉炼钢厂，由于铁水加入量超过废钢量，吹氧工艺不合理，造成大喷溅的事故，两名操作人员死亡，多人受伤的惨剧。

喷溅是转炉炼钢常见的现象，一般转炉炼钢过程有爆发性喷溅、泡沫性喷溅和金属喷溅三种。在正常冶炼情况下，碳均匀氧化生成 CO，并均衡地排出，一般不会产生猛烈的喷溅。因此，防止和减少喷溅一直是顶吹转炉炼钢工艺中的重要研究课题。

铁水和炉渣的密度分别约为 $7.15t/m^3$ 和 $4.01t/m^3$，如果没有足够的力量，是难以将液体金属和熔渣溅起的。促使熔池喷溅的力量是氧枪氧气射流流股的冲击力和液体金属中的碳在激烈氧化时迅速反应形成大量 CO 气体排出时的推动力。电弧炉中熔池含碳量较高，炉门供氧强度过大时，碳氧反应激烈，局部脱碳速度过快，使熔池内碳氧反应不均衡，瞬时产生大量的 CO 气体，并具有极大的能量，推动熔渣向外运动。这是发生爆发性喷溅的根本原因。当脱碳速度为 0.5%/min 时，每秒从熔池排出 CO 气体的体积约是金属液体积的 4 倍，其搅拌能量是氧流搅拌能的 9 倍以上。如此巨大的能量瞬间从熔池中排出，必然将熔渣和金属液喷出炉外。碳的氧化反应，对熔渣中的氧化铁含量和熔池温度变化极其敏感，如果由于操作等的原因使熔池温度下降，抑制了正在迅速进行的碳氧反应，吹氧生成了大量 FeO，并在熔池聚集。一旦熔池温度升高到 1470℃ 以上，炉渣中 FeO 达到 20% 以上时，碳氧反应重新以更加猛烈的速度进行，瞬间形成大量具有极大能量的 CO 气体，携带熔渣和金属液从炉门高速喷出，造成爆发性喷溅。因此，可以认为这次事故是由于吹氧工艺不合理等因素，使熔渣氧化性过高或喷溅前期熔池温度过低，形成激烈的碳氧反应，而发生爆发性大喷溅造成的。

根据转炉防止喷溅的经验和形成喷溅的原因，电弧炉预防爆发性喷溅的原则为：

（1）控制好电弧炉熔池的温度，均匀升温，严禁突然冷却熔池。加入的铁水比不宜过大，供氧强度适中，使碳氧反应均衡地进行。

（2）控制好电弧炉炉渣中的 FeO 含量，保证 FeO 不出现积聚现象，以避免造成炉渣过分泡沫化而引发爆发性喷溅。

只要供氧操作工艺合理，电弧炉内不过多、过快地兑入铁水，这种事故完全可以避免。

1.3.2　氧气管道的设计与施工

氧气管道的设计与施工，应遵守下列原则：

（1）安全流速。氧气的流速应按原冶金部颁布的《氧气管道设计规范》的下限选取，流速越低，使用越安全。日本、前苏联、美国等国家在碳素钢管内的允许氧气流速在 3.0MPa 压力下均不小于 15m/s。

（2）氧气管道应避免急转弯，转弯处要平缓过渡，避免氧气流超速撞击主管壁。如果急转弯不能避免时，受冲击的管件要选用铜合金件，免除火花的产生。

（3）清洁施工。氧气流经的管道内壁，要用四氯化碳清洗，不得含有任何油污和异物。管道焊接时，不准有渣铁粒和任何其他物品进入管道内，接缝处不准有焊肉尖刺等出现。

（4）管道材质合适与使用干燥的氧气。管道的材质，碳钢即可。只要保证管道清洁、安全流速和氧气的干燥，即可保证使用安全。使用干燥的氧气是必要，以免管道生锈。

（5）采用氧气专用阀门。氧气管网上设置的各种阀门，都要采用氧气专用阀门，严防油污。有条件可选用铜质阀门，铜质阀门最为安全。

（6）管道吹扫正确。氧气管道安装完毕，要用高压蒸汽进行全程吹扫，清除任何可能遗留的颗粒和遗物。切不可用压缩空气进行吹扫，因为压缩空气含有油污。

1.3.3 氧枪的设计要求与制造

氧枪的安全使用与其结构设计和制造质量密切相关，以转炉氧枪为例，安全要点如下：

（1）中心氧管的氧气流速，设计规范要求为40～60m/s，通常设计计算取50m/s，为保证安全以下限为好。

（2）为保证氧枪有足够高的使用寿命，就要保证氧枪有足够高的水冷却强度。冷却水的进水速度不宜大于5m/s，回水速度要大于6m/s，最好能达到9m/s以上。冷却水的进出水温差不能大于10℃。

（3）氧枪结构的设计原则为，既要保证冷却水与氧气在枪体内的良好密封，又要保证每层钢管之间，在炼钢炉内高温受热膨胀的条件下能自由伸缩，从而消除热应力给氧枪造成破坏的隐患，并方便氧枪的检修与维护。枪体密封的方式有多种，最常用的密封方式是采用多层“O”形橡胶圈密封。欧洲多在喷头部位密封，美洲多在枪尾部位密封。老式的密封方式是采用压盖和石棉盘根密封，这种方式既费事又不安全，已被淘汰。至于把钢管之间焊死的做法更不可取。

（4）冷却水管路和氧气通道都要畅通，尽量减少阻力损失。

（5）氧枪进氧支管通常是弯曲的，为避免高速氧流撞击管壁引起火花，进氧支管最好采用铜管，而采用不锈钢管并不能保证安全。

（6）双流道氧枪是由四层钢管组成的，中心主流氧管没有冷却水冷却，氧孔的热辐射威胁其使用安全，靠近喷头的部位要设计一段1米多长的铜管。

（7）氧枪内管和输氧管及配件如有油污，在安装以前，或在安装过程中必须清除。安装完毕后再清除油污，就十分困难了。

（8）氧枪属于压力容器，制枪时要确保焊接质量，喷头外管与枪体的焊接尤为重要。在国外，这一道焊缝通常要做X射线探伤检查，以保证氧枪使用安全，万无一失。

（9）氧枪装配或检修完毕，要进行水压试验，各个部位不准有任何渗漏。这项工序一定要认真负责，一切合格后方可使用。

（10）氧枪除更换喷头外，枪体还要定期检查和维修，生锈和变形的钢管或部件要及时更换。

（11）氧枪装配或检修完之后，要把喷头和进氧法兰、进水法兰、回水法兰包扎好再行存放，以免进入杂物。

1.3.4 氧枪的安全使用与经验[13]

备用枪使用以前，应仔细检查管内有无石墨、纸屑、炉渣、铁粉等杂物，枪内没有污物时方可使用。在接近氧枪处的氧管中安装过滤器，时常取出，检查氧气是否洁净，有无砂砾、锈屑等物。

下枪至炉内预定高度，开启氧阀吹氧。提枪时，不可急关闭氧阀，避免在喷头出口处形成短暂的负压现象，待喷头远离熔池后，再缓缓关闭。氧气流量减低后，提枪动作不可停顿，以免炉尘进入枪内。提枪时如发生故障，暂时在炉内停顿，氧气决不可关闭。此后再吹氧时当换一新枪，旧枪必须彻底检查后再用。当氧枪结瘤不能提出炉外，或必须把喷头的结瘤烧掉时，应提枪至远离熔池的位置，再关水烧枪。

双流道氧枪提枪后，点吹前，氧枪不可停留在炉内。因为主氧管是没有水冷的，氧孔的辐射热即可造成主氧管变软、变红、着火。

吹氧时如曾发生炉渣沸腾，淹没喷头的事件，提枪以后，务必检查有无炉渣及铁粉进入枪内，不可贸然再用。喷头有时误入熔池，冻结于内，如不漏水，则当立刻关闭给水。喷头误入熔池，造成氧孔堵塞，不能开氧，必须立刻提枪，更换新枪。对于可曲橡胶管，应定期检查有无剥落现象，不可使用过久，建议使用不锈钢软管。

设计出的氧枪首先必须保证使用的安全性，要有良好的性能，尽可能地满足炼钢工艺的要求。其次就是氧枪要有足够高的使用寿命，不要影响生产。影响氧枪寿命的因素很多，其中喷头的寿命和性能最为重要，是影响枪龄的最主要因素。氧枪枪体可以使用很多年，维护得好，可以长达十多年。

1.4 电弧炉与转炉的炼钢技术耦合

电弧炉方面进行了大量改进以提高生产率，如配备二次冶金设备而缩短冶炼周期、采用水冷炉壁从而能够增大变压器容量（可达 800 ~ 1000kV · A/t）等。现代化电弧炉也要采用造泡沫渣制度，这就需要吹氧和保持渣中含有一定的 FeO。泡沫渣提高了传热效率，改善了热点区的耐火材料消耗。另外，兑入纯净的铁水和 DRI 以稀释杂质元素，对于优质钢种的生产而言越来越重要。

传统的电弧炉比氧气转炉的脱碳速度低 4 ~ 6 倍。传统电弧炉采用消耗式氧枪或水冷氧枪向渣门附近吹氧，由于关闭渣门和多点精炼，相当于多个小转炉操作环境，对节能具有好处，因而专门开发了集合式吹氧精炼和燃烧功能于一体的 RCB 组合式精炼烧嘴。在炉内 1 ~ 5 个选定的位置安装 RCB 烧嘴，用以预热和切割烧嘴前面的废钢，并尽早开始精炼和造泡沫渣。RCB 系统也包括喷煤，还可以进行二次燃烧。RCB 烧嘴体现了电弧炉和转炉工艺诀窍的耦合，造泡沫渣效果好，改善了精炼条件，增加了化学能输入，提高了生产率，降低了电耗、电极消耗和耐火材料消耗。现在，先进电弧炉的冶炼速度已达到传统转炉的水平。

尽管已延续了 50 多年，高炉—氧气转炉工艺路线仍将在未来数十年占据主导地位，特别是在优质扁平材的生产方面。在 2002 年，全球共生产了 5. 41 亿 t 转炉钢，到 2007 年将达到 6. 59 亿 t。转炉钢所占的比例将稳定保持在 60% ~ 61%。电弧炉炼钢将增加有效用氧量，但电炉钢比例不会有太大变化，在相当一段时间内会保持在平均 35% 的水平。曾预测可达到 45% 左右，但不大可能在近年内实现。如果上述缩短的冶炼周期和电弧炉—薄板坯连铸—在线轧制工艺得到更为广泛的应用，电炉钢的比例有可能进一步得到提高。不管怎样，对于扁平材生产而言，电弧炉和氧气转炉的竞争几年前才刚刚开始，可以预料，电弧炉炼钢和二次冶金将有进一步发展。例如，对于汽车工业这样一个重要的扁平材使用大户，通过增加使用抗拉强度超过 340MPa 且加工性能出色的高强钢种（HSS、

AHSS、DP、TRIP、P合金化钢等）而降低汽车重量是相当重要的。在这些新钢种中，有些对化学成分、特别是洁净度的要求相当严格，如果得不到保证，可能会带来困难，包括深冲后钢反冲行为的离散或夹杂引起的裂纹。高强钢的生产，还属于氧气转炉炼钢的领地。对于一些更高级别的合金钢种，出于提高生产率和合金化的目的，可能成为转炉和电弧炉的领域。

从经济性和竞争力的角度来说，提高炉料的灵活性也将影响到炼钢工艺路线。许多钢铁联合企业的产品大纲中有些钢种允许废钢比达到40%，而当废钢价格降低时，可以不采用传统氧气顶吹转炉而采用电弧炉，从而能够消耗更多的废钢。有两种办法能够实现这一目标：安装电弧炉；将至少1座转炉改造成废钢比可在0～50%变化的他热式KMS转炉。

参 考 文 献

1 Fritz E, Gebert W. 氧气转炉领域的里程碑和挑战．钢铁，2005，40（5）：79～82

2 刘浏，余志祥，萧忠敏．转炉炼钢技术的发展与展望．中国冶金，2001，(1)：17～23

3 Masayuki Hanmyo. Production and technology iron and steel in Japan during. 2002，7（5）：317～331

4 邵象华，等译．氧气顶吹转炉炼钢．北京：冶金工业出版社，1980

5 余志祥．现代转炉炼钢技术．炼钢，2001，17（1），(3)：13～18，15～23

6 许志宏．科学时报．2002年10月25日

7 王承宽，王勇，李中金．我国转炉炼钢技术的发展．炼钢，2002，18（5）：55～57

8 大橋徹郎．2002年鉄鋼生産技術の歩み．ふぇらむ，2003，8（5）：317～331

9 杨文远，张德铭，陈峨．近代电弧炉炼钢用氧技术．钢铁研究学报，1996，8（4）：62～66

10 杨文远，郑丛杰，崔健，等．我国炼钢用氧技术的现状及今后的建议．炼钢，2001，17（3）：1～5

11 徐德红，于平，杨文远，等．大型电弧炉提高氧量的研究．钢铁，2002，37（6）：9～11

12 万天骥，袁章福．炼钢用煤技术和煤氧炼钢．钢铁，1989，24（1）：61～66

13 潘贻芳，凌遵峰，袁章福，等．炼钢用氧技术的安全与经验．炼钢，2004，20（4）：26～29

2 可压缩气流的理论基础

流体力学的研究对象包括气体和液体，一般认为流场各点密度为常数的液体为不可压缩流体，气体在流场中各点的速度小于声速时，其密度随温度和压力变化较小，也可近似地用不可压缩流体来处理。然而，当气体接近或超过声速流动时，由于流场中气体密度变化很大，其流动参数规律与不可压缩流体有本质差别。因此，研究高速气体流动时，不能把密度视为常数，必须考虑气体的可压缩性质，并将这种流动称为可压缩气体流动。高速气流广泛地应用在冶金工业，例如转炉用氧枪技术、喷射冶金、重油和天然气烧嘴、氧煤喷枪等。因此，有必要了解可压缩气体的运动规律和特点。

2.1 气体动力学的基本概念

气体动力学是研究气体运动规律的一门科学，它是以热力学和机械工程力学的基本规律为依据，结合气体特性发展起来的独立学科。气体动力学发展初期是对弹丸飞行以及蒸汽涡轮机运行的研究而发展起来的，随着喷气技术的发展，特别是航空飞机、导弹和宇宙火箭高技术的发展，形成了更加系统完善的理论。

氧枪喷头常用的先收缩后扩展的形状，就是来源于火箭的拉瓦尔喷管。因此，可以通过本节了解气体热力学的一般知识，为设计喷头建立一定的理论基础。

2.1.1 气体状态参数与理想气体状态方程[1]

在力学中用位置和速度来描述一个质点或物质的运动状态，在气体力学中的研究对象是大量分子的集体状态，常用压力（压强）p、体积 V 和温度 T 来描述。这三个表征气体状态的量称为气体的状态参数。在压缩空气机和制氧机工作时，气体的质量 m 不会保持固定，常被作为表征气体状态的第四物理量，用气体密度 $\rho = m/V$ 作为气体的状态参数。

2.1.1.1 玻意耳定律

当一定质量的气体温度保持不变时，它的压力与体积的乘积等于恒量。用数学公式表示为：

$$pV = 常数$$

2.1.1.2 盖·吕萨克定律

当一定质量的气体压力保持不变时，它的体积与温度成线性变化。用数学公式表示为：

$$V_t = V_0(1 + \beta T)$$

式中，V_t，V_0分别为温度为 TK 和 0K 时的气体体积；β 为气体体积膨胀系数。气体温度不低，压力不高时，V_0是常数，因此，V/T = 常数。即当一定质量的气体压力保持不变时，它的体积变化与绝对温度成正比。

2.1.1.3　查理定律

当一定质量的气体体积保持不变时，它的压力与温度成线性变化。用数学公式表示为：

$$p_t = p_0(1 + \alpha T)$$

式中，p_t、p_0分别为温度为 TK 和 0K 时的气体压力；α 为气体压力温度系数。由于 p_0为常数，因此，p/T = 常数。即当一定质量的气体体积保持不变时，它的压力变化与绝对温度成正比。

2.1.1.4　理想气体状态方程

如果气体能够遵守上述的玻意耳定律、盖・吕萨克定律和查理定律，称这种气体为理想气体。实际上理想气体是不存在的。但是，像氧、氮、氢、氩等许多气体，在压力较低和常温下，可以近似地认为是理想气体。气体从一个状态变化到另一状态时，必须经过无数中间状态，如果都接近平衡状态，则称这种状态变化的过程为平衡过程。在平衡过程中，如果温度保持不变的，称为等温过程；压力保持不变的，称为等压过程；体积保持不变的，称为等容过程。

理想气体状态方程为：

$$\frac{pV}{T} = 常数$$

在标准状态下，令 $R_0 = p_{标}V_{标}/T_{标} = pV/T$，则 R_0称为普适气体常数。

气体力学中常用气体常数 $R(=R_0/M)$，是随气体分子量 M 的不同而改变。气体状态方程可表示为：$pV = mRT$ 或 $\rho = m/V = p/(RT)$。即气体密度与它的压力成正比，与绝对温度成反比。

2.1.1.5　绝热过程方程

气体不与外界进行热交换条件下的状态变化过程为绝热过程。例如，气体在热水瓶内，声波传播时所引起的空气压缩和膨胀，超声速喷头射流过程等可近似地认为是绝热过程。

根据热力学第一定律（$\mathrm{d}q = \mathrm{d}H + p\mathrm{d}V$）和绝热过程（$\mathrm{d}q = 0$）的特点得到 S 为常数，即该过程是等熵过程：

$$\mathrm{d}S = \frac{\mathrm{d}q}{T} = 0 \tag{2-1}$$

$$\mathrm{d}q = \mathrm{d}H + p\mathrm{d}V = c_V\mathrm{d}T + p\mathrm{d}V \tag{2-2}$$

气体状态方程 $pV = RT$ 代入式（2-2），经微分整理得：

$$\frac{c_V}{R}V\mathrm{d}p + \frac{c_V + R}{R}p\mathrm{d}V = 0 \tag{2-3}$$

$$\frac{\mathrm{d}p}{p} + \frac{c_V + R}{c_V}\frac{\mathrm{d}V}{V} = 0 \tag{2-4}$$

因 $c_p = c_V + R$，则（$c_V + R$）$/c_V = c_p/c_V = \kappa$ 代入上式得：

$$\frac{\mathrm{d}p}{p} + \kappa\frac{\mathrm{d}V}{V} = 0 \tag{2-5}$$

积分得到 ln（pV^{κ}）=常数，则：

$$pV^{\kappa} = 常数 \tag{2-6}$$

应用状态方程，消去 p 或者 V，可得：

$$TV^{\kappa-1} = 常数 \tag{2-7}$$

$$p^{\kappa-1}T^{-\kappa} = 常数 \tag{2-8}$$

由于气体密度 $\rho = m/V$，对一定的气体来说 m 是常数，因此有：

$$p = C\rho^{\kappa} \tag{2-9}$$

式（2-6）~式（2-9）为气体绝热过程方程式。其中，κ 为绝热指数，也称为比热比，即定压比热容 c_p 与定容比热容 c_V 的比值。

2.1.2　常用气体系数和单位

在定量描述流体流动时，需要利用具有相同因次和统一的单位表示的各种方程。在科学和工程技术上常用多种不同的单位制，例如英制、厘米·克·秒制和米·公斤·秒制等。建议使用国际单位制，即质量单位为千克（kg，因次：[M]），长度单位为米（m，因次：[L]），时间单位为秒（s，因次：[t]）和温度单位为开尔文（K，因次：[T]）。表 2-1 列出常用单位和换算关系。

表 2-1　常用单位和换算关系

物理量	因　次	单位名称	换算关系
面积 A	$[L^2]$	米²，m^2	$1m^2 = 10^4 cm^2 = 10^6 mm^2$
体积 V	$[L^3]$	米³，m^3	$1m^3 = 10^3 dm^3$（升，L）$= 10^6 cm^3$
密度 ρ	$[ML^{-3}]$	千克/米³，kg/m^3	$1g/cm^3 = 10^3 kg/m^3 = Mg/m^3$
重度 γ		牛顿/米³，N/m^3	1N = 0.102kgf（公斤力）
力 F	$[MLt^{-2}]$	牛顿，N（$kg \cdot m/s^2$）	$1N = 10^5 dyn$（达因，$g \cdot cm/s^2$） 1kgf（公斤力）= 9.80665N
速度 v	$[Lt^{-1}]$	米/秒，m/s	
加速度	$[Lt^{-2}]$	米/秒²，m/s^2	$1g = 9.80665 m/s^2$
能，功，U	$[ML^{-2}t^{-2}]$	焦耳，J（N·m）	1kcal（千卡）= 4.1816kJ
热量 q		牛顿米，（$kg \cdot m^2 \cdot s^{-2}$）	1kW·h（度）= 3600kJ
压力 p （应力）	$[ML^{-1}t^{-2}]$	帕斯卡，Pa（N/m^2）	1atm（大气压）= 101325Pa = 0.1MPa = 101.33kPa = $1.0333 kgf/cm^2$（公斤力/厘米²） $1kgf/cm^2 = 98066.5Pa$（N/m^2）= 735.6mmHg（毫米汞柱）= $10mH_2O$（米水柱） 1Torr（托）= 1mmHg = 133.32Pa $1bar = 10^5 Pa = 0.1MPa$
比热容 c_p，c_V	$[L^2t^{-2}T^{-1}]$	焦耳/(千克·度)， J/(kg·K)	$\kappa = c_p/c_V$
表面张力 σ	$[Mt^{-2}]$	牛顿/米，N/m	$1N/m = 10^3 mN/m = 10^3 dyn/cm$
动力黏度 μ	$[ML^{-1}t^{-1}]$	牛顿·秒/米²	$1N \cdot s/m^2 = 10$ 泊 $= 1Pa \cdot s$（帕·秒）

续表 2-1

物理量	因次	单位名称	换算关系
运动黏度 ν（扩散系数）	$[L^2t^{-1}]$	米²/秒，m^2/s	1St（斯托克）$=10^{-4}m^2/s$ $\nu=\mu/\rho$
动量	$[MLt^{-1}]$	牛顿·秒，N·s	
功率	$[ML^2t^{-3}]$	瓦特，W = J/s = V·A	1kgf·m/s = 9.80665W（N·s）

在氧枪计算设计过程中，经常使用 κ 和 R 两个常数。

由于 c_p 大于 c_V，所以 $\kappa=c_p/c_V=(2+n)/n$ 总是大于 1，对于理想气体，双原子的 $n=5$，所以 $\kappa=1.40$。因此，空气、氧气、氮气、氢气和 CO 的比热比 κ 都等于 1.40。

在标准状态下，即 $p_{标}=1\text{atm}$（0.098MPa），$T_{标}=273\text{K}$，1mol 的气体体积等于 22.4L 时，$R_0=p_{标}V_{标}/T_{标}=pV/T=0.08205\text{L}\cdot\text{atm}/(\text{mol}\cdot\text{K})$。采用常用国际单位 $R_0=8.314\text{J}/(\text{mol}\cdot\text{K})$，转换计算如下：

$$\begin{aligned}R_0&=0.08205\text{dm}^3\cdot\text{atm}/(\text{mol}\cdot\text{K})\\&=0.08205\times10^{-3}\text{m}^3\times1.0133\times10^5\text{N}\cdot\text{m}^{-2}\times\text{mol}^{-1}\cdot\text{K}^{-1}\\&=8.314\text{J}/(\text{mol}\cdot\text{K})\end{aligned}\tag{2-10}$$

在理想气体条件下，R_0 是一个对任何气体都普遍适合的恒量，与气体的性质无关，称为普适气体常数。

气体力学中常用气体常数 $R(=R_0/M)$，是随气体分子量 M 的不同而改变。对于不同的气体，分子量 M 不同，因此它们的气体常数 R 不相同。在气体力学中，气体常数 R 的常用单位是 N·m/(kg·K) 或者是 kgf·m/(kg·K)。

对于空气，$M\approx29\text{g/mol}$，则：

$$\begin{aligned}R&=R_0/M=8.314\text{N}\cdot\text{m}\cdot\text{mol}^{-1}\cdot\text{K}^{-1}/(29\times10^{-3}\text{kg}\cdot\text{mol}^{-1})\\&=287\text{N}\cdot\text{m}/(\text{kg}\cdot\text{K})\qquad(2\text{-}11)\\&=287\text{m}\cdot\text{kg}^{-1}\cdot\text{K}^{-1}/(9.80665\text{kgf})\\&=29.27\text{kgf}\cdot\text{m}/(\text{kg}\cdot\text{K})\qquad(2\text{-}12)\end{aligned}$$

对于氧气，$M=32\text{g/mol}$，用同样的方法可得：

$$R=260\text{N}\cdot\text{m}/(\text{kg}\cdot\text{K})=26.5\text{kgf}\cdot\text{m}/(\text{kg}\cdot\text{K})\tag{2-13}$$

对于氮气，$M=28\text{g/mol}$，则 $R=297\text{N}\cdot\text{m}/(\text{kg}\cdot\text{K})$ 或 $30.3\text{kgf}\cdot\text{m}/(\text{kg}\cdot\text{K})$。其他一些气体的气体常数和比热比等物理量列入表 2-2。

表 2-2 几种常用气体在海平面和 293K 时的物理量

气体	分子量	密度 ρ /kg·m⁻³	黏度 μ /N·s·m⁻²	气体常数 R	比热容 c_p	比热容 c_V	比热比 κ c_p/c_V
				/N·m·kg⁻¹·K⁻¹			
空气	29	1.205	1.80×10^{-5}	287	1003	716	1.40
氧气	32	1.330	2.00×10^{-5}	260	909	649	1.40
氮气	28	1.160	1.76×10^{-5}	297	1014	743	1.40

续表 2-2

气　体	分子量	密度 ρ /kg · m^{-3}	黏度 μ /N · s · m^{-2}	气体常数 R /N · m · kg^{-1} · K^{-1}	比热容 c_p	比热容 c_V	比热比 κ c_p/c_V
氢　气	2	0.084	0.90×10^{-5}	4120	14450	10330	1.40
CO	28	1.180	1.82×10^{-5}	297	1040	743	1.40
CO_2	44	1.840	1.48×10^{-5}	188	858	670	1.28
甲　烷	16	0.668	1.34×10^{-5}	520	2250	1730	1.30
水蒸气	18	0.747	1.01×10^{-5}	462	1862	1400	1.33
氦　气	4	0.166	1.97×10^{-5}	2077	5220	3143	1.66

2.1.3　相似准数

根据相似原理，通过模型法来研究可压缩流体的规律，考察支配流体流动的物理方程、纳维—斯托克斯方程、连续性方程、能量方程和状态方程等，可以导出相似准数[2,3]。为使模型实验反映实际现象，其前提条件就是准数相等，找到相似准数便可以设计模型实验。

反映可压缩流体状态的实际参数和模型参数可用相似参数对应起来：

可压缩流实际参数	模型参数	可压缩流实际参数	模型参数
速度 v	$C_v v = v'$	声速 a	$C_a a = a'$
密度 ρ	$C_\rho \rho = \rho'$	马赫数 Ma	$C_M M = M'$
压力 p	$C_p p = p'$	比热比 κ	$C_\kappa \kappa = \kappa'$
长度 L	$C_L L = L'$		

若不考虑黏性项，必须满足欧拉方程：$\mathrm{d}p/\rho + v\mathrm{d}v = 0$，则：

$$\frac{\mathrm{d}(C_p p)}{C_\rho \rho} + (C_v v)(\mathrm{d}C_v v) = 0 \tag{2-14}$$

因 C_p、C_ρ、C_v 均为常数，要满足上述两个方程，必须保证：

$$\frac{C_p}{C_\rho} = C_v^2 \tag{2-15}$$

由气体的声速方程 $a = (\kappa p/\rho)^{\frac{1}{2}}$，得 $C_a a = (C_\kappa \kappa\ C_p p/C_\rho \rho)^{\frac{1}{2}}$，则：

$$C_a = \left(\frac{C_\kappa C_p}{C_\rho}\right)^{\frac{1}{2}} \tag{2-16}$$

由方程 $Ma = v/a$，得 $C_{Ma} Ma = C_v v/(C_a a)$，则 $C_{Ma} = C_v/C_a$。因此：

$$C_{Ma} = (C_\kappa)^{-\frac{1}{2}} \tag{2-17}$$

若不考虑导热的影响，$C_{Ma} = 1$。因此，若实际可压缩流与模型相似，则必须满足马赫数相等的条件。

若黏性项存在，对纳维—斯托克斯方程中的惯性与黏性项进行分析，则可得出一条相似准则，雷诺数相等是相似条件。

若黏性项和导热影响存在，则普朗特数相等是相似条件。普朗特数表示为：

$$Pr = \frac{c_p\mu}{\lambda}$$

式中，μ 为黏性系数；λ 为导热系数；c_p 为定压比热容。

因此，可压缩流体的相似条件，马赫数 Ma、雷诺数 Re、比热比 κ、普朗特数相等。

边界层外的流动，由于黏性影响和导热影响不太重要，欲得相似流场，只需要马赫数 Ma 和比热比 κ 相等即可。两个准数以 Ma 更为重要。

对于边界层流动，由于边界层为黏性和导热影响均很重要，又因气体普朗特数 Pr 均近似相等，所以欲得相似流场，应保证 Ma、κ 和 Re 相等。

2.2　一维可压缩流体流动的基本方程

由于氧气离开喷头时的速度超过声速，因此，在研究高速气流流动时，其参数变化规律与气体的密度有关，必须作为可压缩流体来考虑其状态参数（压力、温度、焓、熵）发生的变化。状态变化与气体运动过程密切相关，因此，气体动力学与热力学密切相关，气体各参数间关系完全服从流体动力学基本方程[4]。

高速气流在长度小的管道内流动时，过程进行的时间很短，可以看作绝热流动。又因摩擦影响较小，可近似认为流动过程是可逆的，故气体沿喷管的流动可近似地认为是一维等熵流动。一维流动认为速度、温度、压力和密度等沿着管道变化，但是在管道的任一给定截面上，这些参数是不变的。由于管壁的影响，速度在管道截面上并非真正不变，然而采用平均速度可以使按一维流动假设推导的方程在许多场合下相当精确。速度实际上总是与管道轴线平行，在计算时可以忽略垂直与管道轴线的速度分量。

除了一维可压缩流假设之外，还需假定：

(1) 气体通过管道的流量是恒定的；

(2) 当气流通过所讨论的一段管道时，没有热量进入和传出；

(3) 管道内壁的摩擦作用可以忽略。

上述的假定与适当的流体力学和热力学结合，就可以得到所需要的一维可压缩气流的流动方程。

2.2.1　连续性方程

连续性方程描述了微元上的质量守恒，用文字表达为：

单位时间流进的质量 - 单位时间流出的质量 = 单位时间质量的累积

连续性方程用符号表达为：

$$\frac{d\rho}{\rho} + \frac{dv}{v} + \frac{dA}{A} = 0 \tag{2-18}$$

或：

$$W = \rho v A = 常数 \tag{2-19}$$

式中，W，v，ρ 分别为气体的流量、速度和密度；A 为管道的某一处的截面积。

连续性方程表示质量守恒，因此，任何流体流动问题的解决都离不开连续性方程。

2.2.2 动量方程

动量方程必须以牛顿定律为基础，描述微元形式的动量平衡，用文字表达为：

作用在控制体内流体上的合外力 + 单位时间内通过控制面流入的流体动量 = 控制体内的动量对时间的变化率

动量方程应该是矢量关系式，这与连续性方程和能量方程不同，因此，应先考虑动量输进或输出体积微元的机理，然后再考虑作用在体积微元上的力。在一维可逆过程的条件下，可以忽略管壁作用在流体的摩擦阻力，于是动量方程可以表达为：

$$\frac{\mathrm{d}p}{\rho} + v\mathrm{d}v = 0 \tag{2-20}$$

或：

$$\int \frac{\mathrm{d}p}{\rho} + \frac{v^2}{2} = C \tag{2-21}$$

2.2.3 能量方程

能量守恒原理可以叙述为：

单位时间内传给控制体内流体的热量及外界对控制体内流体所作的功 + 通过控制面流入的流体总能量之和 = 控制体内流体的总能量对时间的变化率

根据能量守恒和转换原理，可压缩理想流体沿流管流动时，不同截面的压力能、位能和动能之和为一恒量，其微分方程即柏努利方程为：

$$\mathrm{d}z + \frac{\mathrm{d}p}{\rho} + v\mathrm{d}v = 0 \tag{2-22}$$

式中，$\mathrm{d}z$ 为位能变化；$\mathrm{d}p/\rho$ 为压力能变化；$v\mathrm{d}v$ 为动能变化。

对于可压缩流体的流动，位能变化相对压力和动能，可被忽略。近似认为 $\mathrm{d}z = 0$，根据式（2-9）积分上式得：

$$\int v\mathrm{d}v + \int \frac{\mathrm{d}p}{\rho} = \int v\mathrm{d}v + \int \frac{\mathrm{d}C\rho^{\kappa}}{\rho} = \frac{v^2}{2} + C\kappa\int \rho^{\kappa-2}\mathrm{d}\rho = \frac{v^2}{2} + \frac{\kappa}{\kappa-1}\frac{p}{\rho} = 常数 \tag{2-23}$$

上式可写成：

$$\frac{v_0^2}{2} + \frac{\kappa}{\kappa-1}\frac{p_0}{\rho_0} = \frac{v^2}{2} + \frac{\kappa}{\kappa-1}\frac{p}{\rho} \tag{2-24}$$

因理想气体基本方程 $p/\rho = RT$ 可用温度形式来表示，则：

$$\frac{v_0^2}{2} + \frac{\kappa}{\kappa-1}RT_0 = \frac{v^2}{2} + \frac{\kappa}{\kappa-1}RT \tag{2-25}$$

式中，T_0，T 分别为速度 v_0 和 v 条件下的绝对温度。

热力学已知：$c_p - c_V = R, c_p/c_V = K$。运用两式可得 $c_p = \kappa R/(\kappa-1)$，代入 $H = c_pT$ 得到：

$$\frac{v_0^2}{2} + c_pT_0 = \frac{v^2}{2} + H$$

$$\frac{v_0^2}{2} + H_0 = \frac{v^2}{2} + H = 常数 \tag{2-26}$$

式中，H 为气体的焓，为单位重量气体所具有的压力能和内能之和。

式（2-26）表明，管流不同截面单位质量流体动能与焓之和为常数，热焓随流速增加而下降；反之，流速减小，热焓上升。当流速为 0 时，焓达到最高值 H_0（H_0称为滞止焓或总焓）。若 $V>0$，则 $H<H_0$（H 称为静焓）。

2.2.4　可压缩气体的流出速度

可压缩气体从容器经管嘴流出时，可视为等熵过程，根据式（2-26）可以得到流出速度与焓的关系。容器容积比喷嘴尺寸大很多，则容器中气体流速远小于喷嘴中的流速。因此，可认为容器中的气流速度 v_0近似为零。

可以利用焓和气流速度关系计算气流速度。当 $v_0=0$ 时，由式（2-26）得气流速度（m/s）为：

$$v = \sqrt{2(H_0 - H)} \tag{2-27}$$

从 H-S 图，按等熵过程求出气体滞止焓 H_0，代入上式可计算气体经喷嘴的喷出速度。

也可以利用能量方程计算气流速度。如图 2-1 所示，0-0 截面气流速度近似为零，则气体参数为滞止参数。用 p_0、T_0、ρ_0 表示，气体流入空间后流股截面上的参数用 p、T、ρ 表示。因容器中 $v_0=0$，应用式（2-25）可得到0-0 截面与管嘴出口截面的能量方程，即：

$$\frac{\kappa}{\kappa-1}\frac{p_0}{\rho_0} = \frac{\kappa}{\kappa-1}\frac{p}{\rho} + \frac{v^2}{2}$$

$$v = \sqrt{\frac{2\kappa}{\kappa-1}\frac{p_0}{\rho_0}\left(1 - \frac{\rho_0}{\rho}\frac{p}{p_0}\right)} \tag{2-28}$$

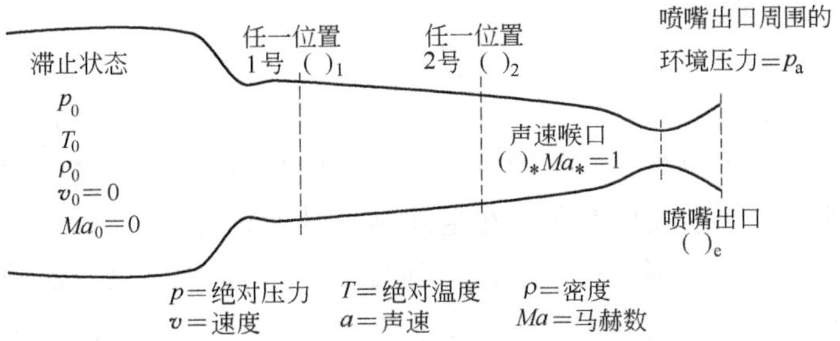

图 2-1　一维可压缩气流的示意图

根据式（2-9）的等熵过程得 $\rho_0/\rho = \left(\frac{p_0}{p}\right)^{\frac{1}{\kappa}}$ 代入上式：

$$v = \sqrt{\frac{2\kappa}{\kappa-1}\frac{p_0}{\rho_0}\left[1 - \left(\frac{p}{p_0}\right)^{\frac{\kappa-1}{\kappa}}\right]} \tag{2-29}$$

将 $p_0 = \rho_0 R T_0$ 代入上式，则：

$$v = \sqrt{\frac{2\kappa}{\kappa - 1}RT_0\left[1 - \left(\frac{p}{p_0}\right)^{\frac{\kappa-1}{\kappa}}\right]} \tag{2-29a}$$

根据式（2-8）的绝热方程得 $p/p_0 = (T/T_0)^{\kappa/(\kappa-1)}$，并代入上式得：

$$v = \sqrt{\frac{2\kappa}{\kappa - 1}R(T_0 - T)} \tag{2-29b}$$

对于一定的气体，如表 2-2 所示，κ 和 R 是定值，则常用的空气和氧气的有关数值代入式（2-29a）、式（2-29b）得到表 2-3。

表 2-3 气体流速的简化计算公式

空　气	氧　气
$v = 44.82\sqrt{T_0\left[1 - \left(\frac{p}{p_0}\right)^{0.286}\right]}$	$v = 42.40\sqrt{T_0\left[1 - \left(\frac{p}{p_0}\right)^{0.286}\right]}$
$v = 44.82\sqrt{T_0 - T}$	$v = 42.40\sqrt{T_0 - T}$

例如，已知压缩空气原始压力 $p_0 = 5\times10^5\text{Pa}$，温度 $T_0 = 303\text{K}$，当气体流出后压力降到 $p = 9.81\times10^4\text{Pa}$，用表 2-3 中的公式，可以计算气体流出的速度为：

$$v = 44.82\sqrt{303\left[1 - \left(\frac{9.81\times10^4}{5\times10^5}\right)^{0.286}\right]} = 475.85\text{m/s}$$

气体流出的温度为：

$$T = T_0 - \left(\frac{v}{44.82}\right)^2 = 303 - \left(\frac{475.85}{44.82}\right)^2 = 190.28\text{K}$$

2.3 亚声速与超声速气流

2.3.1 声速

气体流动特性与气体中声音的传播速度有着密切关系。当气体受到外力作用时，其压力、密度和温度等参数都会发生变化。在空间某点处气体压力、密度等参数变化的现象，称为扰动[5]。扰动源对其周围气体质点产生压缩作用，这种现象依次传递下去便形成声波。声波是弱扰动波，它在气体介质中的传播速度是声速。声速的大小随扰动所在介质内的压缩性而定，因此，声速可视为气体可压缩性的指标。取一段充满静止气体的管子，声波在静止气体中由右向左传播。波前面右侧压力比左侧压力高 $\mathrm{d}p$。由于压力差 $\mathrm{d}p$ 的作用，气体质点以 $\mathrm{d}v$ 的速度由右向左运动。让管内的气体由左向右流动，其流速与声速 a 相等，$v = a$。考虑管内为理想气体，管内各流线互相平行。流速相等时，波前面在管内某一位置固定下来。

应用连续性方程式（2-18），当截面面积 A 为常数时：

$$\frac{\mathrm{d}\rho}{\rho} + \frac{\mathrm{d}v}{v} = 0 \tag{2-30}$$

$$a = v = \sqrt{\frac{\mathrm{d}p}{\mathrm{d}\rho}} \tag{2-31}$$

这就是声波在气体介质中的传播速度即声速。声速大小取决于压力变化与密度变化比值的平方根。改变单位密度所需压力变化量越大，气体越难压缩，其声速 a 越大。因此，声速是气体可压缩性的一个指标。

弱扰动的传播过程，压力和温度变化非常微小。同时过程进行相当迅速，温度变化很小，这样此过程接近于绝热可逆过程：

$$\frac{\mathrm{d}p}{\mathrm{d}\rho} = C\kappa\rho^{\kappa-1} = \kappa\frac{p}{\rho} \tag{2-32}$$

将式（2-31）代入上式得：

$$a = \sqrt{\frac{\kappa p}{\rho}} = \sqrt{\kappa RT} \tag{2-33}$$

因此，气体介质中的声速 a 取决于气体的绝热温度 T、绝热指数 κ 和气体常数 R。将表 2-2 中的相关常数代入上式得不同气体介质中的声速（m/s）：

空气　$$a = 20.1\sqrt{T} \tag{2-33a}$$

氧气　$$a = 19.1\sqrt{T} \tag{2-33b}$$

氮气　$$a = 20.4\sqrt{T} \tag{2-33c}$$

由于绝热指数 κ 和气体常数 R 不同，所以声速在不同的气体中是不相同的，例如常压下 15℃时，空气中的声速 a 为 341m/s，而在同样条件下氢气中的声速 a 为 1295m/s。

2.3.2　马赫数、马赫角和马赫线[6,7]

气流中任一指定点的速度与当地气流中声速之比，叫做该点气流的马赫数，以 Ma 表示：

$$Ma = \frac{v}{a} = \frac{v}{\sqrt{\kappa RT}} \tag{2-34}$$

Ma 是气体动力学中一个非常重要的无量纲参数，也是一个准数，和雷诺数一样，常出现在运动方程里，也是确定气体流动状况的准则。根据 Ma 大小，可将气流体流动分为以下几种类型：

$Ma \ll 1$，表示气流速度远小于声速（$v < a$），为不可压缩流动。不可压缩气流中，声速传播很快，扰动源永远不会跑到扰动波的前面，并且扰动在空间的传播是对称的。

$Ma < 1$，表示气流速度小于声速（$v < a$），称亚声速流。

$Ma = 1$，表示气流速度等于声速（$v = a$），称声速流。

$Ma > 1$，表示气流速度大于声速（$v > a$），称超声速流。

如图 2-2 所示，可观察声波在不同流速范围的分布情况（“O”为扰动源）：

（1）声波在静止气体介质中传播，气体马赫数 $Ma = 0$，扰动源固定不动，声波以声速 $a = \sqrt{\kappa RT}$均匀地向各个方向传播，声波为同心球面波，如图 2-2a 所示。

（2）气体由左向右流动，气流速度小于声速，$Ma < 1$。扰动源以气流速度 v 自左向右运

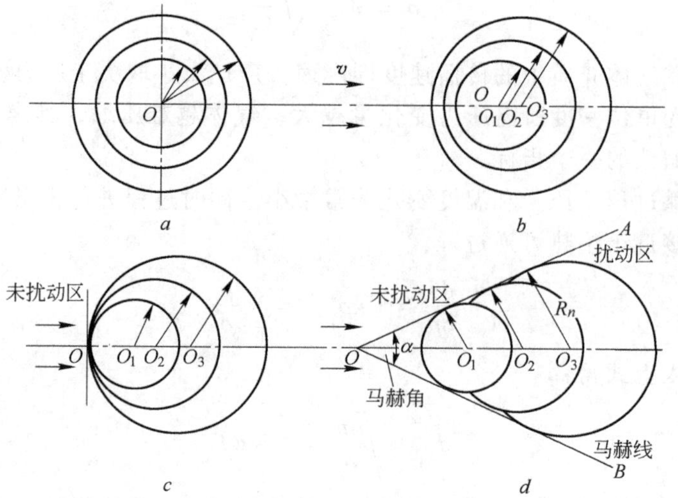

图 2-2　不同马赫数气流中的小扰动传播特征

a—$Ma=0$，$v=0$；b—$Ma<0$，$v<a$；c—$Ma=1$，$v=a$；d—$Ma>1$，$v>a$

动，以扰动源为核形成的球面波，图形已不对称，扰动源左侧各球面波间距比右侧小。如图 2-2b 所示，球面波的扰动源为 O、O_1、O_2、O_3，各扰动源距 O 点的距离 $S_1=v\tau_1$，$S_2=v\tau_2$，…。其中 $\tau_1,\tau_2,\cdots,\tau_n$ 为扰动源经历时间，扰动源中心距小于球面波半径，即$S<R$。

（3）气体由左向右流动，气流速度等于声速，即马赫数 $Ma=1$。这时，球面波的扩散速度等于扰动源的移动速度，各球面波扰动源距扰源 O 的距离等于球面半径，即 $S_1=R_1$，$S_2=R_2$，…。由于声波的传播速度等于扰动源移动速度，各个球面的波前面均在扰动源点 O 处重合。如图 2-2c 所示，这种情况下声波的传播区域在扰源点 O 的右侧，O 点的左侧成为未扰动区。

（4）气体由左向右流动，气流速度大于声速，即 $Ma>1$。这时球面中心向右移动的速度大于球面波扩散传播速度，各球面波扰源距 O 点的距离大于球面波半径，即 $S_1>R_1$，$S_2>R_2$，…。自扰动源 O 可画出各球面波的公切线，为立体锥面 AOB 所包围的圆锥，如图 2-2d 所示，声波只在锥面内传播，锥面外成为未扰动区。

球面波（扰动球面）的公切线 OA 与 OB 称为马赫线，AOB 的半角 α 称为马赫角，圆锥面称为马赫锥，如图 2-2d 所示。

球面波球心 O_n 至扰源点 O 的距离 $S_n=v\tau$，球面波半径 $R_n=a\tau$。其中扰动源由 O 移至 O_n所经历的时间为 τ。

由图 2-2 可知，马赫角 α 的正弦为：

$$\sin\alpha=\frac{R_n}{S_n}=\frac{a}{v}=\frac{1}{Ma}\tag{2-35}$$

由此可知，马赫角的正弦与 Ma 互为倒数。马赫数 Ma 越大，马赫角 α 愈小。$Ma=1$，$\alpha=\pi/2$，如图 2-2c 所示的情况；当 $Ma=\infty$ 时，$\alpha=0$。

因此，测量超声速气流的马赫角，是计算气流马赫数 Ma 和气流速度的最简单方法。一般可采用光学的方法把马赫角显示出来。

例如，某飞机在海平面和在 11000m 高空以速度为 1150km/h 飞行，那么这架飞机在海平面和在 11000m 高空飞行时的 Ma 是否相同呢？取海平面气温 15℃，11000m 高空气温为零下 58℃。飞机飞行速度为：

$$v = 1150\text{km/h} = 319.44\text{m/s}$$

海平面上的声速为：
$$a_1 = 20.1\sqrt{T} = 20.1\sqrt{273 + 15} = 341.12\text{m/s}$$

$$Ma = \frac{v}{a_1} = \frac{319.44}{341.12} = 0.936 < 1$$

即飞机在海平面上为亚声速飞行。

11000m 高空的声速为：

$$a = 20.1\sqrt{T} = 20.1\sqrt{273 - 58} = 294.72\text{m/s}$$

$$Ma = \frac{v}{a} = \frac{319.44}{294.72} = 1.084 > 1$$

即飞机在 11000m 高空为超声速飞行。

2.3.3 流动区域的划分

由式（2-25）可知：

$$\frac{v_0^2}{2} + \frac{\kappa}{\kappa - 1}RT_0 = \frac{v^2}{2} + \frac{\kappa}{\kappa - 1}RT = 常数$$

若选取两个特殊流动断面：一个断面为滞止条件，$v_0 = 0$，温度 T_0；另一个断面的温度 $T = 0$，流速达最大值 v_{max}。则上式可表示为：

$$\frac{\kappa}{\kappa - 1}RT_0 = \frac{v_{max}^2}{2}$$

$$v_{max} = \sqrt{\frac{2\kappa R}{\kappa - 1}T_0}$$

气体的 κ、R 均为常数，故气体的最大速度 v_{max} 只取决于滞止温度 T_0，而与气体流出前的原始压力大小无关：

$$v_{max} = a_0\sqrt{\frac{2}{\kappa - 1}} \tag{2-36}$$

因此，气体最大速度 v_{max} 取决于滞止条件下声速 a_0。当 $\kappa = 1.4$ 时，$v_{max} = 22.4a_0$m/s。

气体最大速度 v_{max} 是气体温度降至绝对零度时气流达到绝对真空条件下所获得的流速。v_{max} 值实际上是不可能达到，只具有理论参考价值。按最大速度列出能量方程：

$$\frac{v_{max}^2}{2} = \frac{v^2}{2} + \frac{a^2}{\kappa - 1}$$

$$\frac{a_0^2}{\kappa - 1} = \frac{v^2}{2} + \frac{a^2}{\kappa - 1} \tag{2-37}$$

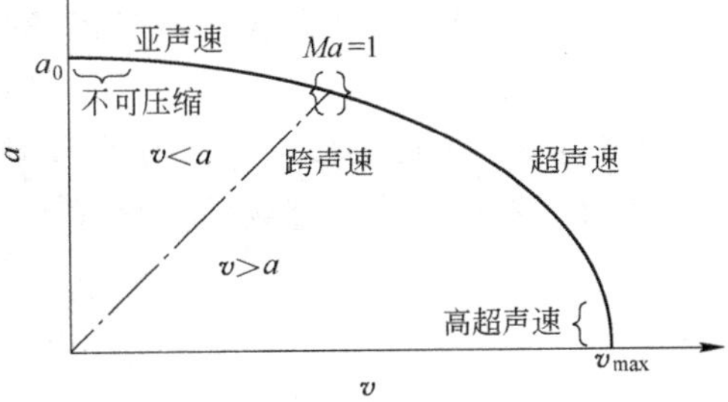

图 2-3 可压缩流绝热椭圆

根据上式，以流速 v 和声速 a 分别为横轴和纵轴，可以绘制出如图 2-3 所示的椭圆，称为可压缩流绝热椭圆。图中椭圆短轴 a_0（纵轴）和其长轴（横轴）为 v_{max}，中间分亚声速区（$Ma<0.8$）、跨声速区（$Ma=0.8\sim1.2$）和超声速区（$Ma>1.2$）。由图可知，不可压缩流只是在流速很低的范围。

2.3.4　亚声速气流与超声速气流的差异

可压缩性气体，由于马赫数 Ma 不同，则流动过程中密度、流速、压力变化与截面的关系也具有不同的特点。

应用下面的基本方程可以找出气体流速、密度与截面的关系式：

声速方程　$$a^2=\frac{dp}{d\rho}$$

欧拉方程　$$dp=-\rho v dv$$

连续性方程　$$\frac{d\rho}{\rho}+\frac{dv}{v}+\frac{dA}{A}=0$$

2.3.4.1　密度变化

联立解声速方程和欧拉方程，可得出亚声速和超声速气流的密度随马赫数变化关系式：

$$a^2 d\rho=-\rho v dv$$

$$\frac{d\rho}{\rho}=-Ma^2\frac{dv}{v} \tag{2-38}$$

式中，负号表明密度变化与速度变化方向相反，气流速度增加时，压缩性气流密度总要减小，但两者的变化速度，随马赫数 Ma 的不同而异：

（1）当 $Ma<1$ 时，$Ma^2<1$，$\left|\frac{dv}{v}\right|>\left|\frac{d\rho}{\rho}\right|$，即密度减小幅度较气流速度增加的幅度小，以单位面积计算的质量流量 ρv，将随气流方向增大。当 $v_2>v_1$ 时，则 $\rho_2 v_2<\rho_1 v_1$，根据连续性流动条件，则必然出现 $A_2<A_1$，即速度增加，截面减小。

（2）当 $Ma>1$ 时，$Ma^2>1$，$\left|\frac{dv}{v}\right|<\left|\frac{d\rho}{\rho}\right|$，即密度减小幅度较速度增加幅度快些，单位面积内的质量流量 ρv 将沿着气流方向减小。当 $v_2>v_1$ 时，则 $\rho_2 v_2>\rho_1 v_1$，根据连续性流动条件，则必然出现 $A_2>A_1$，即速度和截面同时增加。

（3）当 $Ma=1$ 时，$Ma^2=1$，$\left|\frac{dv}{v}\right|=\left|\frac{d\rho}{\rho}\right|$，即密度和速度变化率相等，这时截面就是临界截面。

当 $Ma<0.3$（相当常温下空气流速 90m/s）时，气体流动过程中密度变化较小，可按不可压缩流体考虑。

2.3.4.2　流速变化与截面间关系

将式（2-38）代入连续性方程式，整理得到：

$$\frac{dA}{A}=(Ma^2-1)\frac{dv}{v} \tag{2-39}$$

$$\frac{1}{A}\frac{dA}{x}=(Ma^2-1)\frac{1}{v}\frac{dv}{dx} \tag{2-39a}$$

该式表明，当 $Ma<1$（$v<a$），（Ma^2-1）<0 为亚声速流动区域。dv/dx 和 dA/dx 的变化异号，即气流速度增大，截面积减小，故亚声速气流的流股截面积变化是收缩形。

当 $Ma=1$ 时（$v=a$）即 $dv/dx=0$，气流流动速度等于局部声速时，截面积达极小值，只有减小截面，才能使亚声速流增至超声速流。所以压缩性气体，由管嘴流出时，只能在最小截面上才能达到声速，最小截面称临界截面，临界截面上气体的状态参数，称为临界参数。

当 $Ma>1$ 时（$v>a$）气流为超声速流。dv/dx 和 dA/dx 的变化同号。即在超声速区，流动速度增加，截面积也增大，这与亚声速区流动规律相反，故超声速流的流股截面变化是扩张形的。

2.3.4.3　压力变化与截面积关系

由 $\dfrac{dp}{\rho}+vdv=0$ 或 $\dfrac{dv}{v}=-\dfrac{dp}{\rho v^2}$ 代入式（2-39）得：

$$\frac{dA}{A}=(1-Ma^2)\frac{dp}{\rho v^2} \tag{2-40}$$

当 $Ma<1$ 时，（$1-Ma^2$）>0。上式右端项为正值，即在亚声速流区域，截面增加时，压力增大，截面减小时，压力下降。

当 $Ma>1$ 时，（$1-Ma^2$）<0。上式右端项为负值，即在超声速流区域，截面扩张时，压力增大；截面收缩时，压力增加。

在亚声速流与超声速流区域内，压力、速度与截面变化关系列于表 2-4。

表 2-4　亚声速流和超声速流的差异

马　赫　数	$Ma<1$	$Ma>1$
流速增加压力下降	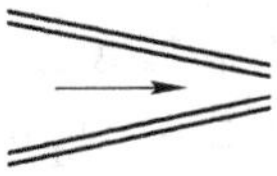	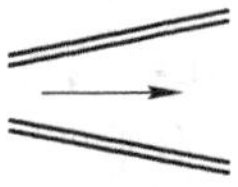
流速下降压力增加	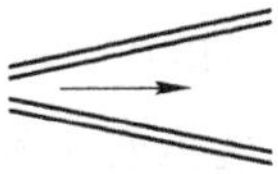	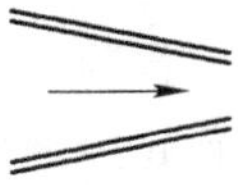

2.3.4.4　喷管与扩压管的基本特点

由欧拉方程 $dp=-\rho v dv$ 可知，气流速度增大必然导致压力下降；反之，气流速度减小则压力升高。因此，使气流速度增大和压力下降的管道叫喷管；反之，气流速度减小和压力升高的管道叫扩压管。

式（2-40）说明，气体做稳定绝热流动时，管道截面积的变化率不仅与流速、密度有关，而且与压力变化和马赫数 Ma 大小有关。

2.4　超声速气流的临界参数

2.4.1　获得超声速气流的条件

适当的收缩形喷管，只要造成在喷管进出口气体压力之比为 $p_*/p_0=0.5283$ 时，喷管出口气流速度可以达到最大值，即等于声速。其中，p_0为进口前气流的滞止压力；p_*为出口处气体的压力，此时为临界压力。这种情况下的收缩管出口马赫数等于1。

如果在收缩形喷管的下游接上一段扩张形喷管，如图2-4所示，只要满足$0.5283p_{进} > p_* > p_{出}$的条件，就能获得超声速。

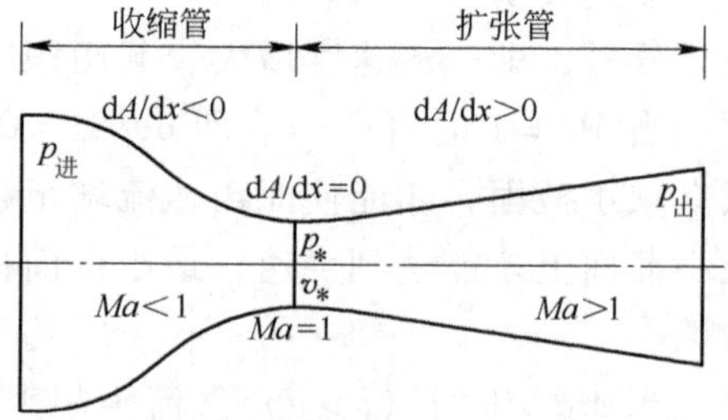

图2-4　先收缩后扩张拉瓦尔喷管示意图

喷管：$dv > 0$，$dp < 0$，若$Ma < 1$，$Ma^2 - 1 < 0$，由式（2-40）和表2-4可知$dA < 0$，即亚声速流喷管截面应做成收缩形。若$Ma > 1$，$Ma^2 - 1 > 0$，那么由式（2-39）和表4-2可知$dA > 0$，即超声速喷管的截面积应做成扩张形。

扩压管：$dv < 0$，$dp > 0$，若$Ma < 1$，$Ma^2 - 1 < 0$，由式（2-39）和表2-4可知$dA > 0$，即亚声速扩压管的截面应做成扩张形。若$Ma > 1$，$Ma^2 - 1 > 0$，那么由式（2-39）和表2-4可知$dA < 0$，即超声速扩压管的截面积应做成收缩形。

综上所述，收缩形管道，究竟是起喷管还是扩压管作用，主要取决于进口处气流的马赫数大小。当$Ma < 1$时，收缩形管道按喷管特点工作；而当$Ma > 1$时，则按扩压管特点工作。

获得超声速气流必须具备的条件为：

（1）气体容易被压缩和能够迅速地自由膨胀，上下游应有足够的压力差，满足$0.5283p_{进} > p_* > p_{出}$的条件。

（2）采用先收缩形喷管即$dA < 0$，$dv > 0$，满足式（2-39），则$Ma < 1$，最多$Ma = 1$，此喷管一般是亚声速流，最大为当地声速。

（3）在收缩形喷管后面连接一个扩张形喷管。即$dA > 0$，$dv > 0$，满足式（2-40），则$Ma > 1$，气体膨胀。根据$v_0^2/2 + H_0 = v/2 + H$，将更多的焓转变为动能，使流速增大到超声速。

瑞典工程师拉瓦尔在1889年首先发明了这种利用先收缩后扩张的喷管，把气流从亚声速加速到超声速的方法。因此，这种气流管道称为拉瓦尔喷管。

2.4.2　滞止参数或总参数

气体在管内做定熵流动，气流速度阻滞至零时的状态，叫做滞止状态。该状态中，气体各种参数叫做滞止参数或总参数，用右下角加“0”表示，如气体总焓H_0、总压p_0和总温T_0等。

2.4.2.1　气体总温与马赫数间的关系

由能量方程，可得到任意截面处的总焓为：

$$H_0 = H + \frac{v^2}{2} = 常数 \tag{2-41}$$

这就是说，某截面处气流速度定熵滞止为零时的焓H_0等于气流的焓H与动能之和。

完全气体在定压比热为定值时，$H_0 = c_p T_0$、$H = c_p T$代入上式得：

$$T_0 = T + \frac{v^2}{2c_p} \tag{2-42}$$

式中，T_0为气流的总温；T为气流的静温；$T_0 - T = v^2/2c_p$为气流在滞止过程中动能转化为温度升高的数值，称为气流动温。

将 $c_p = \frac{\kappa}{\kappa - 1}R$ 代入上式得：

$$T_0 = T + \frac{\kappa - 1}{2}\frac{v^2}{\kappa R} = T\left(1 + \frac{\kappa - 1}{2} + \frac{v^2}{\kappa RT}\right)$$

由于 $a = \sqrt{\kappa RT}$ 和 $Ma = v/a$，则：

$$T_0 = T\left(1 + \frac{\kappa - 1}{2}Ma^2\right) \tag{2-42a}$$

$$\frac{T_0}{T} = 1 + \frac{\kappa - 1}{2}Ma^2 \tag{2-42b}$$

上面表明了气流在任一状态下，总焓、总温与气流参数间关系。只要知道任一截面气体的温度和气流的马赫数，就可求出该截面的气体总焓和总温。

2.4.2.2 气体总压、密度等参数和马赫数间的关系

根据热力学第一定律 $dq = dH - Vdp$ 和 $pV = RT$、$dH = c_p dT$ 及 $dS = dq/T$ 得：

$$dS = c_p dT - \frac{R}{p}dp$$

积分得 $S_0 - S = c_p \ln\frac{T_0}{T} - R\ln\frac{p_0}{p} = 0$，代入 $c_p/R = \frac{\kappa}{\kappa - 1}$ 得：

$$p_0 = p\left(\frac{T_0}{T}\right)^{\frac{\kappa}{\kappa-1}} \tag{2-43}$$

将式（2-42b）代入上式得：

$$\frac{p_0}{p} = \left(1 + \frac{\kappa - 1}{2}Ma^2\right)^{\frac{\kappa}{\kappa-1}} \tag{2-43a}$$

同样，可以从定熵过程求得：

$$\frac{\rho_0}{\rho} = \left(\frac{p_0}{p}\right)^{\frac{1}{\kappa}} = \left(1 + \frac{\kappa + 1}{2}Ma^2\right)^{\frac{1}{\kappa-1}} \tag{2-44}$$

$$\frac{v_0}{v} = \left(\frac{p}{p_0}\right)^{\frac{1}{\kappa}} = \left(\frac{1}{1 + \frac{\kappa - 1}{2}Ma^2}\right)^{\frac{1}{\kappa-1}} \tag{2-45}$$

上述公式表示气流定熵的总参数和静参数间的关系，即温度比、压强比、密度比与马赫数 Ma 的关系。

对于空气、氧气、氮气以及其他双原子气体，$\kappa = 1.4$，因此，上述公式可以简化为：

$$\frac{T}{T_0} = \left(1 + \frac{Ma^2}{5}\right)^{-1} \tag{2-42c}$$

$$\frac{p}{p_0} = \left(1 + \frac{Ma^2}{5}\right)^{-7/2} \tag{2-43b}$$

$$\frac{\rho_0}{\rho} = (1 + 1.2Ma^2)^{-5/2} \tag{2-44a}$$

滞止参数的应用，将使分析或计算问题比较简便。因为功或能不作为单独一项出现，从而不需单独地考虑功或能。滞止参数为测量气流速度提供方便途径，因为气流速度被测量仪表的感应件阻滞至零，所以测得的参数就是气流的阻滞参数，测定后，再换算出气流的其他参数，如热工测量中，用皮托管测量总压和静压，可以根据式（2-43）求出气流的马赫数。

例如，氧气在管内流动，若测定某截面处的总压 $p_0 = 1.2\text{MPa}$、总温 $T_0 = 298\text{K}$，静压 $p = 0.7\text{MPa}$，若该截面面积为 0.0011m^2，则由式（2-43）求该截面马赫数为：

$$Ma = \sqrt{\frac{2}{\kappa - 1}\left[\left(\frac{p_0}{p}\right)^{\frac{\kappa-1}{\kappa}} - 1\right]} = 0.9124$$

将 Ma 代入式（4-32），可得静温为：

$$T = \frac{T_0}{1 + \frac{\kappa - 1}{2}Ma^2} = \frac{298}{1 + \frac{1.4 - 1}{2}(0.9124)^2} = 255.49\text{K}$$

该截面声速为：

$$a = \sqrt{\kappa RT} = \sqrt{1.4 \times 260 \times 255.47} = 304.94\text{m/s}$$

故该截面流速为：

$$v = Ma\ a = 0.9124 \times 304.94 = 278.23\text{m/s}$$

密度为：

$$\rho = \frac{p}{RT} = \frac{0.7 \times 10^6}{260 \times 255.47} = 10.5386\text{kg/m}^3$$

质量流量为：

$$G = \rho vA = 10.54 \times 278.23 \times 0.0011 = 3.23\text{kg/s}$$

2.4.3　气体的临界参数

由式（2-31）的能量方程得 $c_pT_0 = c_pT + v^2/2$，并代入 $c_p = \kappa R/(\kappa - 1)$ 和 $a = \sqrt{\kappa RT}$，得到：

$$\frac{\kappa RT_0}{\kappa - 1} = \frac{a^2}{\kappa - 1} + \frac{v^2}{2} \tag{2-46}$$

气体做定熵运动时，速度增大，则气流的声速减小，因此，会出现气流速度增大到等于声速，即 $v = a$，$Ma = 1$，这时气流处于临界状态，气流的参数叫临界参数，用右下角加“*”表示，例如临界速度 v_*、临界声速 a_*、临界截面积 A_*、临界压力 p_* 和临界温度 T_* 等。

由于 $v_* = a_*$，所以上式改写为：

$$\frac{v_*^2}{\kappa - 1} + \frac{v_*^2}{2} = \frac{\kappa R T_0}{\kappa - 1}, \quad v_* = a_* = \sqrt{\frac{2\kappa}{\kappa + 1} R T_0} \tag{2-47}$$

气流临界速度决定于气流总温，即总温越高，临界速度也越大。

将临界状态气体 $Ma = 1$ 分别代入式（2-42b）、式（2-43）、式（2-44），即得到滞止参数与相应临界参数之比，为：

临界温度
$$\frac{T_0}{T_*} = \frac{\kappa + 1}{2} \tag{2-48}$$

临界压力
$$\frac{p_0}{p_*} = \left(\frac{\kappa + 1}{2}\right)^{\frac{\kappa}{\kappa - 1}} \tag{2-49}$$

临界密度
$$\frac{\rho_0}{\rho_*} = \left(\frac{\kappa + 1}{2}\right)^{\frac{\kappa}{\kappa - 1}} \tag{2-50}$$

对于空气、氧气、氮气等双原子气体 $\kappa = 1.40$，则 $T_0 = 1.20T_*$，$p_0 = 1.89p_*$，$\rho_0 = 1.58\rho_*$。由表 2-5 看出，气体临界参数 p_*、v_*、T_*、ρ_* 只取决于气体种类和滞止参数。同一类气体，滞止温度愈高，则临界速度愈大。

表 2-5 空气、氧气的临界参数与滞止参数的关系

参 数	v_*	p_*	T_*	ρ_*
空 气	$18.31\sqrt{T_0}$	$0.528p_0$	$0.833T_0$	$0.634\rho_0$
氧 气	$17.41\sqrt{T_0}$			

2.4.4 超声速气流各参数随喷管面积比的变化关系

2.4.4.1 有效截面比与马赫数 Ma 的关系

将临界参数代入式（2-46）得：

$$\frac{\kappa R T_0}{\kappa - 1} = \frac{a_*^2}{\kappa - 1} + \frac{a_*^2}{2}$$

将 $a_0 = \sqrt{\kappa R T_0}$ 代入上式得：

$$\frac{a_0^2}{a_*^2} = \frac{\kappa + 1}{2}, \quad a_*^2 = \frac{2}{\kappa + 1} a_0^2 \tag{2-51}$$

比较式（2-51）和式（2-48）~式（2-50）可得：

$$\frac{T_*}{T_0} = \frac{a_*^2}{a_0^2} = \left(\frac{p_*}{p_0}\right)^{\frac{\kappa - 1}{\kappa}} = \left(\frac{\rho_*}{\rho_0}\right)^{\kappa - 1} \tag{2-52}$$

应用连续性方程 $\rho v A = \rho_* v_* A_*$，则：

$$\frac{A}{A_*} = \frac{v_*}{v} \frac{\rho_*}{\rho} = \frac{1}{Ma} \frac{a_*}{a} \frac{\rho_*}{\rho} \tag{2-53}$$

将式（2-52）代入上式得：

$$\frac{A}{A_*}=\frac{1}{Ma}\left(\frac{T_*}{T}\right)^{\frac{1}{2}}\left(\frac{T_*}{T}\right)^{\frac{1}{\kappa-1}}=\frac{1}{Ma}\left(\frac{T_*}{T}\right)^{\frac{\kappa+1}{2(\kappa-1)}}=\left(\frac{T_*/T_0}{T/T_0}\right)^{\frac{\kappa+1}{2(\kappa-1)}} \tag{2-54}$$

式（2-42b）和式（2-48）代入上式得：

$$\frac{A}{A_*}=\frac{1}{Ma}\left[\left(\frac{2}{\kappa+1}\right)\left(1+\frac{\kappa-1}{2}Ma^2\right)\right]^{\frac{\kappa+1}{2(\kappa-1)}} \tag{2-55}$$

该式为有效截面比与马赫数 Ma 的函数关系式。空气、氧气、氮气等双原子气体的 κ 等于1.40，因此上式简化为：

$$\frac{A}{A_*}=0.5787Ma^{-1}(1+0.2Ma^2)^3 \tag{2-56}$$

上式用曲线表示为图2-5。由曲线可知，在 $Ma=1$ 处，截面比等于1，其他位置的截面比都大于1。相同的截面比对应着两个马赫数，一个为亚声速流，另一个为超声速流。在亚声速区（$Ma<1$），当截面比 A/A_* 减小时，马赫数 Ma 值随之增加。而在超声速区（$Ma>1$），马赫数 Ma 值随截面比 A/A_* 增加逐渐增加。因此，可以根据对喷头出口直径 d 和喉口直径 d_* 的测量，得到 $A/A_*=(d/d_*)^2$ 之值，从式（2-56）、图2-5或附录2中查出 A/A_* 值对应的出口马赫数 Ma。

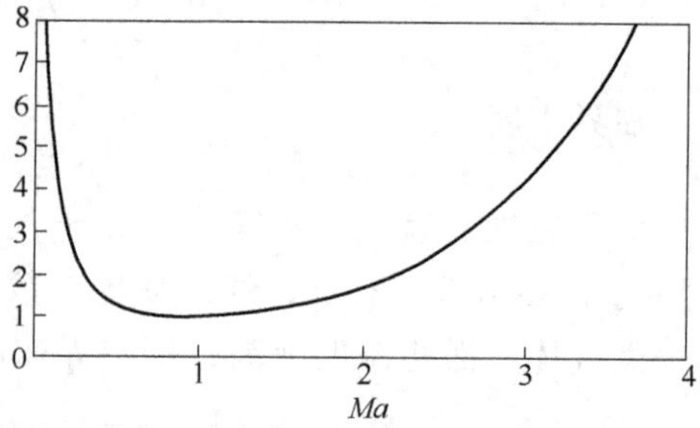

图2-5　截面比 A/A_* 与 Ma 的变化关系

2.4.4.2　有效截面比与压力比的关系

由式（2-47）、式（2-50）、式（2-29a）和式（2-44）可得：

$$v_*=\sqrt{\frac{2\kappa RT_0}{\kappa+1}},\quad \rho_*=\rho_0\left(\frac{2}{\kappa+1}\right)^{\frac{1}{\kappa-1}}$$

$$v=\sqrt{\frac{2\kappa}{\kappa-1}RT_0\left[1-\left(\frac{p}{p_0}\right)^{\frac{\kappa-1}{\kappa}}\right]},\quad \rho=\rho_0\left(\frac{p}{p_0}\right)^{\frac{1}{\kappa}}$$

代入式（2-53）得：

$$\frac{A}{A_*}=\frac{\sqrt{\frac{2\kappa}{\kappa+1}RT_0}\,\rho_0\left(\frac{2}{\kappa+1}\right)^{\frac{1}{\kappa-1}}}{\sqrt{\frac{2\kappa}{\kappa-1}RT_0\left[1-\left(\frac{p}{p_0}\right)^{\frac{\kappa-1}{\kappa}}\right]}\rho_0\left(\frac{p}{p_0}\right)^{\frac{1}{\kappa}}}=\sqrt{\frac{\left(\frac{\kappa-1}{\kappa+1}\right)\left(\frac{2}{\kappa+1}\right)^{\frac{2}{\kappa-1}}}{\left(\frac{p}{p_0}\right)^{\frac{2}{\kappa}}-\left(\frac{p}{p_0}\right)^{\frac{\kappa+1}{\kappa}}}} \tag{2-57}$$

因此，拉瓦尔喷管某一截面压力确定后，可直接通过压力求有效截面比。

2.5　压缩性气体流出的质量流量[8,9]

压缩性气体流出流量，根据连续性方程可知在稳定流动条件下，流过喷管的质量流量对任一截面都是相等的。因此，可以选择气流通过的最小截面计算气体流量。最小截面气体流速低于声速时，称为亚临界流。通过最小截面气体流速等于声速时，称为临界流。

2.5.1 亚临界流量的计算

可用连续性方程计算喷管流出质量流量 $G_{质} = \rho A v = \rho_* A_* v_*$。亚临界状态下，将式(2-29)和 $\rho = \rho_0(p/p_0)^{1/\kappa}$ 代入上式得：

$$G_{质} = A\sqrt{\frac{2\kappa}{\kappa - 1}p_0\rho_0\left[\frac{p^{\frac{2}{\kappa}}}{p_0} - \left(\frac{p}{p_0}\right)^{\frac{\kappa+1}{\kappa}}\right]} \tag{2-58}$$

由理想气体状态方程 $\rho_0 = p_0/(RT_0)$ 代入上式得：

$$G_{质} = A\sqrt{\frac{2\kappa}{\kappa - 1}\frac{p_0^2}{RT_0}\left[\frac{p^{\frac{2}{\kappa}}}{p_0} - \left(\frac{p}{p_0}\right)^{\frac{\kappa+1}{\kappa}}\right]}$$

$$= \frac{Ap_0}{\sqrt{T_0}}\sqrt{\frac{2\kappa}{R(\kappa - 1)}}\sqrt{\left(\frac{p}{p_0}\right)^{\frac{2}{\kappa}} - \left(\frac{p}{p_0}\right)^{\frac{\kappa+1}{\kappa}}} \tag{2-59}$$

式中，A 为收缩形管嘴的最小截面面积；p 为管嘴外气体压力；p_0，T_0 分别为滞止状态的压力、温度。

气体的质量流量与 A、p_0 成正比，与 $\sqrt{T_0}$ 成反比。将 $\kappa = 1.4$，空气 $R = 287\text{J}/(\text{kg} \cdot \text{K})$ 和氧气 $R = 260\text{J}/(\text{kg} \cdot \text{K})$ 分别代入上式得空气和氧气的质量流量（kg/s）：

$$G_{空} = 0.156\frac{Ap_0}{\sqrt{T_0}}\sqrt{\left(\frac{p}{p_0}\right)^{\frac{2}{\kappa}} - \left(\frac{p}{p_0}\right)^{\frac{\kappa+1}{\kappa}}} \tag{2-59a}$$

$$G_{氧} = 0.164\frac{Ap_0}{\sqrt{T_0}}\sqrt{\left(\frac{p}{p_0}\right)^{\frac{2}{\kappa}} - \left(\frac{p}{p_0}\right)^{\frac{\kappa+1}{\kappa}}} \tag{2-59b}$$

2.5.2 临界流量的计算

式（2-47）和式（2-50）代入连续性方程得：

$$G_{质*} = \rho_* v_* A_* = A_*\sqrt{\frac{2\kappa}{(\kappa + 1)}RT_0}\rho_0\left(\frac{2}{\kappa + 1}\right)^{\frac{1}{\kappa-1}}$$

$$= A_*\sqrt{\frac{2\kappa}{(\kappa + 1)}RT_0}\frac{p_0}{RT_0}\left(\frac{2}{\kappa + 1}\right)^{\frac{1}{\kappa-1}} = \frac{A_* p_0}{\sqrt{T_0}}\sqrt{\frac{\kappa}{R}\left(\frac{2}{\kappa + 1}\right)^{\frac{\kappa+1}{\kappa-1}}} \tag{2-60}$$

气体的质量流量与临界截面积 A_* 和 p_0 成正比，而与总温 T_0 的平方根成反比。将 κ、空气和氧气的 R 分别代入上式得：

空气 $$G_{空*} = 0.0404\frac{A_* p_0}{\sqrt{T_0}} \tag{2-60a}$$

氧气 $$G_{氧*} = 0.0425\frac{A_* p_0}{\sqrt{T_0}} \tag{2-60b}$$

上述的两种质量流量的计算方法和结果是相同的。当压力比等于临界压力比值时，将表 2-3 中 $p_*/p_0 = 0.528$ 代入式（2-59）可以得到式（2-60）。

在工程设计和现场，经常使用近似值来计算气体流量，当 $T_0 = 273\text{K}$ 时，$\gamma_0 = 1.429\text{kg/L}$，则氧气体积流量（L/min）为：

$$V_{氧} = \frac{G \times 60}{\gamma_0} = \frac{0.0425 \times 60}{1.429 \times \sqrt{273}} p_0 A_* = 1.01 p_0 A_* \tag{2-61}$$

式中，p_0为滞止压力，kgf/cm^2；A_*为截面积，cm^2。

上式可以近似认为 $V_{氧} = p_0 A_*$，现场可以根据仪表上氧气流量和操作压力，来判断喷头的喉口面积是否发生变化。

空气的 $\gamma_0 = 1.293\text{kg/L}$，则其体积流量（L/min）为：

$$V_{空} = \frac{G \times 60}{\gamma_0} = \frac{0.0404 \times 60}{1.293 \times \sqrt{273}} p_0 A_* = 1.18 p_0 A_* \tag{2-62}$$

例如，已知氧气的滞止压力 $p_0 = 196\text{kPa}$，滞止温度为 15℃，大气压力 $p = 103.9\text{kPa}$，喷口最小截面 $A = 1\text{cm}^2$，氧气质量流量可以按如下进行计算。

由于 $p/p_0 = 103.9/196 = 0.53$，从表 2-3 知 $p_* = 0.528 p_0$。可见 $p/p_0 \approx p_*/p_0$属于临界状态。根据式（2-60b）：

$$G_{氧} = 0.0425 \frac{A_* p_0}{\sqrt{T_0}} = 0.0425 \frac{(10^{-2})^2 \times 196 \times 10^3}{\sqrt{288}} = 0.0487\text{kg/s}$$

根据亚临界状态的流量公式（2-59b）计算得：

$$G_{氧} = 0.164 \frac{(10^{-2})^2 \times 196 \times 10^3}{\sqrt{288}} \sqrt{(0.53)^{\frac{2}{1.4}} - (0.53)^{\frac{24}{1.4}}} = 0.04902\text{kg/s}$$

可见，上式两种计算方法的结果非常接近。

2.6 激波与喷管流动特性

为了分析喷管在不满足设计条件下的流动特性，首先有必要了解激波和膨胀波的概念。

2.6.1 激波

激波又叫冲击波，它是超声速气流运动过程中，遇到障碍物或受到突然压缩时，气流速度和压强发生急剧地变化而出现的物理现象。激波是由于气流局部受压缩而出现的压缩波，在气体介质中形成一个很薄的曲面，破坏了超声速气体介质的连续性，超声速气流经过这一曲面会引起气体的速度、压力、密度、温度等状态参数的突变。这个曲面就是激波。激波只在超声速气流条件下出现，亚声速条件下不出现激波。

图 2-6 示出亚声速和超声速气流遇到障碍出现的物理现象。图 2-6*a* 为亚声速流的前方遇到障碍物时，在滞点（障碍物顶点）。气流速度 $v = 0$，压力和温度变为滞止参数。随着该处压力增加，压缩波立即逆气流方向以声速传至上游。上游气体介质受到压缩波的作用而预感下游存在障碍物，因而在障碍物前方出现分流现象，使滞点附近压力微弱地增加，不产生激波。

图 2-6*b* 为超声速气流前方遇到障碍物时，障碍物前端的气体分子受阻滞作用，气体

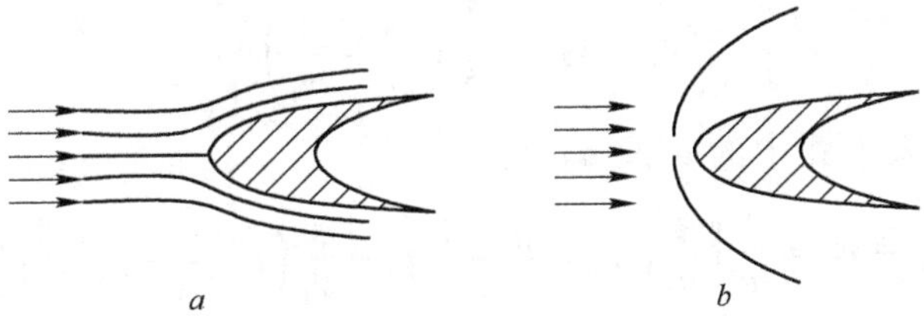

图 2-6　亚声速和超声速气体在障碍物前的分流与激波

a—$Ma<1$；b—$Ma>1$

的压力、密度、温度增加。由于超声速气流速度大于声速，因此，滞点附近的压缩波不能很快地逆气流方向向上游传播，则上游气体分子不能预感下游障碍物存在，仍以原有的速度冲到障碍物前端，致使气体质点在某一截面处逐渐堆积。压缩波叠加在气流中形成压力、密度、温度突然增加的气体薄层，这种气体参数突变的薄层称为激波。

激波是在超声速气流中，压缩波堆积形成的强间断面。在强间断面内气流参数发生突变，在超声速气流中出现间断、不连续现象。因此，超声速气流通过激波后，气流参数发生突变。激波厚度等于分子自由程，一般为 10^{-5}mm。

2.6.2　正激波、斜激波和膨胀波

2.6.2.1　正激波

当激波的方向与气流方向垂直时称为正激波。图 2-6b 所示障碍物顶端为正激波。图 2-7 表示气流通过正激波时，流速、压力、密度、温度的变化情况。随着压力 p 和密度 ρ 的突然升高，气流速度 v 急剧下降。

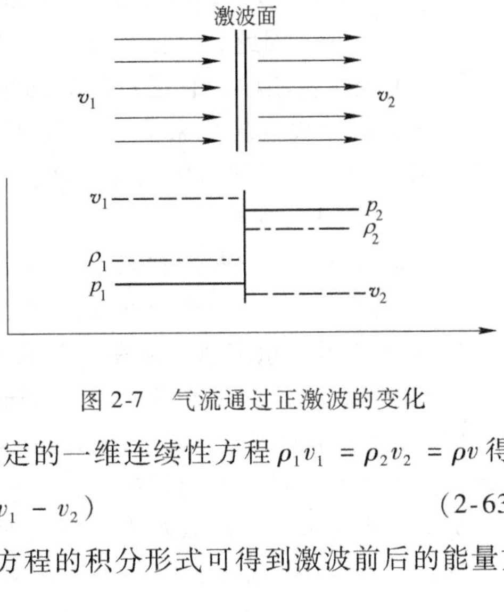

图 2-7　气流通过正激波的变化

下面分析气流速度变化与声速的关系。根据动量原理，通过不连续面的气流可用欧拉微分方程，在忽略重力场时有 $dp=-\rho v dv$，应用稳定的一维连续性方程 $\rho_1 v_1=\rho_2 v_2=\rho v$ 得：

$$p_2-p_1=\rho_1 v_1(v_1-v_2) \tag{2-63}$$

气流通过激波的变化是绝热过程，根据能量方程的积分形式可得到激波前后的能量方程：

$$\frac{v_1^2}{2}+\frac{\kappa}{\kappa-1}RT_1=\frac{v_2^2}{2}+\frac{\kappa}{\kappa-1}RT_2=\frac{\kappa}{\kappa-1}RT_0$$

$$\frac{v_1^2}{2}+\frac{a_1^2}{\kappa-1}=\frac{v_2^2}{2}+\frac{a_2^2}{\kappa-1}=\frac{a_0^2}{\kappa-1} \tag{2-64}$$

由式（2-63）得：

$$v_1-v_2=\frac{p_2}{\rho_2 v_2}-\frac{p_1}{\rho_1 v_1}$$

因 $p/\rho = RT = a_2/\kappa$ 代入上式得：

$$v_1 - v_2 = \frac{1}{\kappa}\left(\frac{a_2^2}{v_2} - \frac{a_1^2}{v_1}\right) \tag{2-65}$$

将式（2-64）关系代入上式中的 a_1 及 a_2 得：

$$v_1 - v_2 = \frac{1}{\kappa}\left[\frac{1}{v_2}\left(a_0^2 - \frac{\kappa - 1}{2}v_2^2\right) - \frac{1}{v_1}\left(a_0^2 - \frac{\kappa - 1}{2}v_1^2\right)\right]$$

$$= \frac{1}{\kappa}\left[\frac{a_0^2}{v_1 v_2}(v_1 - v_2) - \frac{\kappa - 1}{2}(v_1 - v_2)\right]$$

$$\kappa(v_1 - v_2) = \frac{a_0^2}{v_1 v_2}(v_1 - v_2) + \frac{\kappa - 1}{2}(v_1 - v_2)$$

$$v_1 v_2 = \frac{2}{\kappa + 1}a_0^2 = a_*^2 \tag{2-66}$$

式中，v_1为激波前气体流速；v_2为激波后气体流速；a_*为临界声速。

上式表示出激波前后气流速度之间的关系，称为普朗特方程。如果 $v_1 > a_*$，则必然有 $v_2 < a_*$，即超声速流通过正激波后变成亚声速流。

激波前若为亚声速流（$v < a_*$）时，应用熵的变化与滞止压力变化关系为（$S_2 - S_1$）$/R = \ln$（p_{10}/p_{20}），其中 p_{10}、p_{20}分别为激波前后的压力。由于亚声速流通过激波面的（$S_2 - S_1$）$/R < 0$，因此，不能用上式分析亚声速流。亚声速流受阻碍后不会产生压力突变，则不可能产生激波，它通过激波面也不可能由亚声速转变为超声速。

激波的强度和方向与来流马赫数 Ma 大小有关，而且与气流中障碍物的几何形状有关[10]，钝头障碍物对气流阻滞作用较强，因而形成激波强度大，顶端出现正激波。

2.6.2.2　斜激波

激波方向与气流方向的夹角小于90°的冲击波称为斜激波。在图2-6*b* 中所示的障碍物两侧为斜激波。另外，当超声速气流遇到尖头障碍物时出现斜激波。

图2-8*a* 所示，超声速气流在受到来自侧面的压缩作用时，也会出现斜激波，而且其压缩作用越强，斜激波的角度越大。当超声速气流由管口流出，若管外周围介质的压力 p_a大于气流出口处的静压 p_e，即压差 $\Delta p = p_a - p_e$越大，射流受到压缩作用越强，气流边界向中心拐角越大，斜激波的强度越大。图2-8*b* 示出压差 Δp 达到某一程度时，斜激波将由两侧交叉形成正激波。压差越大，正激波越接近管口，最后将封住喷管出口。

当 $p_a > p_e$时，气流在管口产生正激波或斜激波的状况称为过渡膨胀。在设计拉瓦尔管时，为了防止出现过渡膨胀，应特别注意设计参数的选择，应使喷管出口压力 p_e略高于

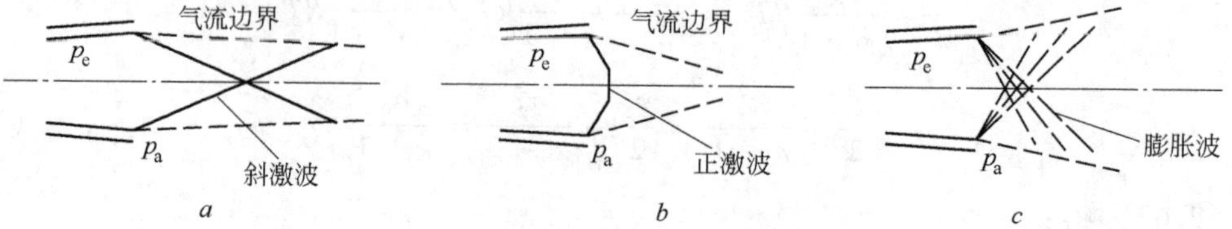

图2-8　斜激波、正激波和膨胀波

a—$p_e < p_a$；*b*—$p_e \ll p_a$；*c*—$p_e > p_a$

周围介质压力 p_a。在现场可以调节工作压力，来防止产生正激波。

2.6.2.3　膨胀波

膨胀波是气流在膨胀加速过程中形成的物理现象。气流通过膨胀波时，气流的压力、温度、密度逐渐降低，流速逐渐增加。

如图 2-9 所示，当超声速气流沿平壁 AO 流动时，其马赫数为 Ma_1，若 A_1点产生弱扰动，则 A_1点出现马赫数 Ma_1的马赫数线 A_1C，其马赫数为 Ma_1的马赫数线 A_1C，其马赫角为 α_1 。

当超声速气流至平壁点，壁面向外转折，转角 β。若 O 点以下气流压力低于 O 点以上的气流，则气流从 O 点沿壁面 OB 向外膨胀加速。膨胀后气流马赫数 Ma_2、马赫角 α_2，则必然是 $Ma_2 > Ma_1$，$\alpha_2 < \alpha_1$。在 AO 平壁产生以 M_1的马赫线，相互平行，同样 OB 平壁产生以 Ma_2的相互平行的马赫线。图 2-9 看出，OC_1为 AO 平壁最后一条马赫线，OC_2为 OB 平壁的第一条马赫线。气流的马赫数由 Ma_1增加到 Ma_2是在扇形区 C_1OC_2范围完成的，马赫数是逐渐增加的，马赫数不同相应均有一条马赫线，如图 2-9 中的虚线所示。气流在扇形区 C_1OC_2出现膨胀加速过程而形成的扇形波称为膨胀波。气流经过膨胀波，气流的参数 p、T、ρ、v 是连续变化的而不是突变。

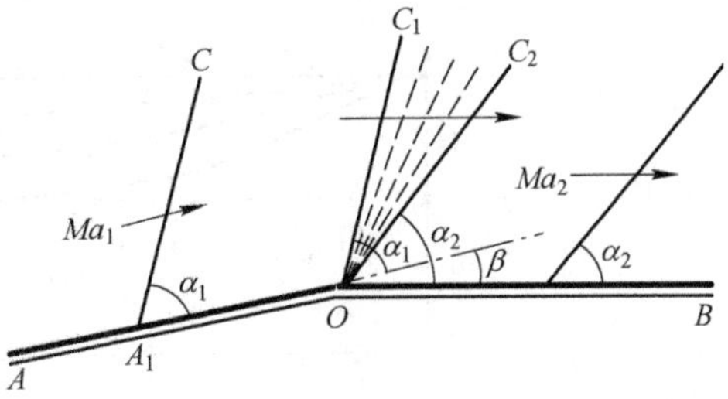

图 2-9　超声速气流沿平壁某点产生的膨胀波

超声速气流从喷管喷出，进入外界气体介质中，若超声速气流压力 p_e大于外界气体介质的压力 p_a，喷管出口处会出现膨胀波，如图 2-8*c* 所示。由于压差的作用，超声速气流离开管口，气流边界向外扩张，自管嘴边缘将产生扇形膨胀区。膨胀后气流压力下降，流速增加。

气流离开喷管时，$p_e > p_a$的情况称不充分膨胀，这时在喷管外将产生膨胀波。

在拉瓦尔管设计中，若出口截面选小了，气流压力不能充分转化为动能，在管口截面仍保留有剩余压力，这种状况就是不充分膨透，设计中应避免。

2.6.3　喷管的流动特性[11,12]

研究喷管流动特性的目的是为了在设计喷管时，当喷管的工作压力不稳定时，如何选择氧枪设计参数，确保喷头的稳定工作特性和合理地确定工作压力。

2.6.3.1　渐缩形喷管中的流动

图 2-10 示出渐缩形喷管的流动特性。压缩性气体由贮气缸经收缩形喷管进入反压室，气罐内总压为 p_0，喷管出口处截面的压力为 p_e，反压室压力为 p_a时，马赫数 Ma 和压力比 p/p_0沿喷管长度方向的变化。

根据压力比的变化，收缩形喷管的工作情况可分为：

工况 Ⅰ 的场合，压力比在 $1 > p/p_0 \geqslant 0.528$ 时，收缩形喷管内气流速度沿喷管长度方向逐渐降低。当 $p/p_0 > 0.528$ 时，喷管出口处气流速度只能达到亚声速，即 $Ma < 1$，如图 2-10*b* 曲线 2、3。当 $p/p_0 = 0.528$ 时，出口处气流达声速即 $Ma = 1$，如图 2-10*b* 中曲线 4，这时喷管出口处 $p_e = p_0$。当总压 p_0一定，气流的质量流量将随着压力比 p/p_0的降低而增

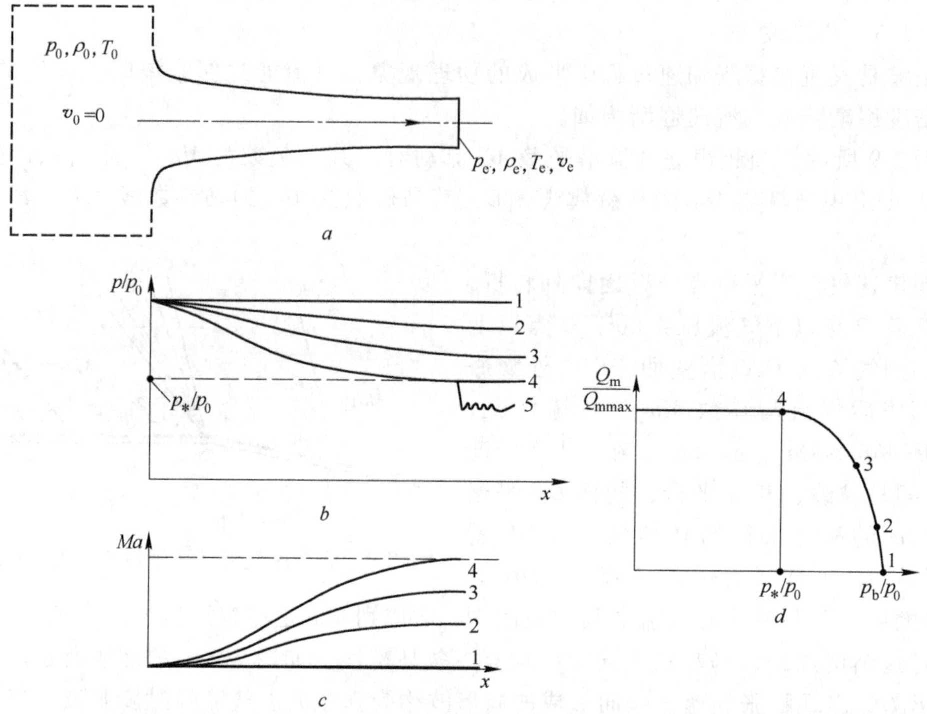

图 2-10　渐缩形喷管的流动特性

大，当 $p/p_0=0.528$ 时质量流量达最大值。

工况Ⅱ的场合，继续降低反压室压力 p，使 $p/p_0<0.528$，由于管嘴出口截面流速到达声速（$v=a$）。反压室的压力不可能通过管口传至上游，管口内的气流压力比和流速，仍按曲线 4 变化，但喷管出口处 $p_e>p$，此时管嘴截面处 $Ma=1$，$v=a$，气流的质量流量不再随反压 p 降低而增加，质量流量为常数，这种现象称拥塞。出现该现象后，$p_e>p$ 的条件下，气体离开管嘴时，在压差（$\Delta p=p_e-p$）的作用下，喷射气流由管口向外膨胀加速，管口附近出现膨胀波。膨胀后的气流，随着压力下降，气流的密度减小，流速增加，管嘴外将出现超声速气流。由于气体流动的惯性作用，膨胀过程不能在 $p_e=p$ 时停止。当喷射气流的压力降至低于反压时，则出现过度膨胀现象，气流在反压作用下又开始受压收缩。随着气流截面的收缩，气流速度下降，压力和密度增加，气流压力又高于反压，因而再次出现膨胀加速，这样，在管口附近出现膨胀波和压缩波的周期性变化。

采用收缩喷管，当喷管出口速度达声速时，气流速度不能再提高，这种情况，若想增加气流的质量流量，可采用提高总压 p_0，相应提高管口压力 p_0和临界密度 ρ_*。当喷枪采用收缩形喷管时，多采用改变 p_0的办法来调节氧气流量和气流冲击能力。为了使管嘴出口气体剩余压力进一步转化为动能，应在收缩形管嘴末端，再增加扩张管即拉瓦尔管。

2.6.3.2　拉瓦尔喷管中的流动

图 2-11 示出管工作系统及工作特性简图。图 2-11a 为喷管工作系统，由喷管和反压

室组成。图 2-11b 为压力比 p/p_0 沿喷管长度方向的变化曲线。图 2-11c 为气流速度 v 沿喷管长度方向的变化曲线。

根据压力比（p/p_0）的不同，可将拉瓦尔的工作状况分为三个区域：文氏管工作区、过度膨胀区和不充分膨胀区。

文氏管工作区：当 $p/p_0>0.528$ 时，即反压室压力较高，与总压 p_0 之差较小，气流经收缩—扩张管时，如图 2-11 中曲线 1、2，气流在喷管收缩段内逐渐增加，压力逐渐下降，至喉口截面流速达最大值，但仍为亚声速。气流进入扩张段时，因气流速度为亚声速，故扩张管处于扩压管的工作状态，故气流速度下降而压力增加，其工作特性类似文氏管，故称文氏管区，如图 2-11 中Ⅰ所示的区域。

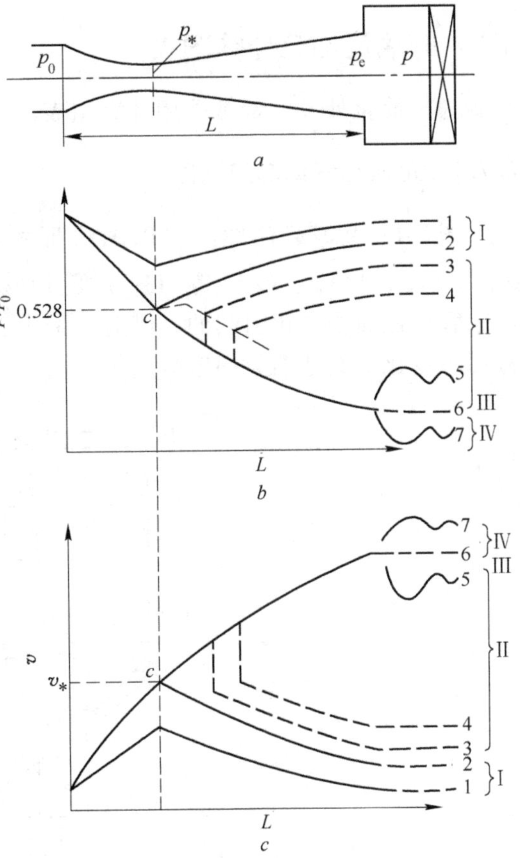

图 2-11　拉瓦尔管工作特性

过度膨胀区：当 $p/p_0<0.528$ 时，但 $p_e<p$，喷管喉口截面处气流达到临界状态 p_* 和 v_*，气流进入扩张段后，气流进一步膨胀加速，压力能转化为动能。根据压力比不同或喷嘴压力 p_e 与反压的偏离程度不同，出现激波的特性和位置也不同。第一种情况在管口出现斜激波，第二种情况在管口处出现正激波，第三种情况是正激波封住管口或喷入管内。由于出现激波，扩张管内超声速气流突然下降为亚声速气流。图 2-11c 所示曲线 2 与 6 之间的区域为过度膨胀区，即Ⅱ所示区域。

不充分膨胀区：当 p/p_0 在任何情况下，当 $p_e>p$ 时，气流离开管口的静压大于反压，不仅在喷管扩张段内气流达到超声速，而且在气流离开管口时，还将继续膨胀加速，且产生膨胀波。如图 2-11c 所示曲线 7 即为不充分膨胀区。

理想的工作状况，当 $p/p_0<0.528$ 喷管出口气流压力 p_e 等于反压 p。喷管处于设计条件下的工作状况。如图 2-11 所示曲线 6，喷管临界面处，气体参数达到临界状态，扩张管内气流达超声速。离开管口后，仍保持平稳的超声速流。这时，气流压力能充分转化为动能，此状况称成全膨胀或充分膨胀。

应该指出：

（1）设计拉瓦尔管时，应尽量避免产生正激波，否则将失去其超声速特性。选择压力比时，应使 $p/p_0<0.528$，又保证 $p_e\geqslant p$，即选择在不充分膨胀区，该情况出现膨胀波，其效果比过度膨胀区出现激波为好。

（2）用曲面扩张段代替锥面扩张段以消除气流的膨胀区压缩现象。即使在压缩比 p/p_0 符合设计条件下，由于边缘气流沿锥面喷出管嘴，不可能是平行于轴线，必然出现过度膨胀再压缩的反复过程。

2.7　等熵流函数计算图表

为了简化计算，常常采用计算图表。

2.7.1　可压缩气体等熵流图

图 2-12 为等熵流图。它以图线形式表示等熵流的各个无量纲比值，T/T_0、p/p_0、ρ/ρ_0、v/v_*、A/A_*、F/F_* 等与独立变量马赫数 Ma 的关系，等熵流中各流体参数变化都是由于管道截面积变化引起的，因此，图中关键的曲线是 A/A_*，沿 A/A_* 的曲线很容易发现截面积变化对其他参数的影响。

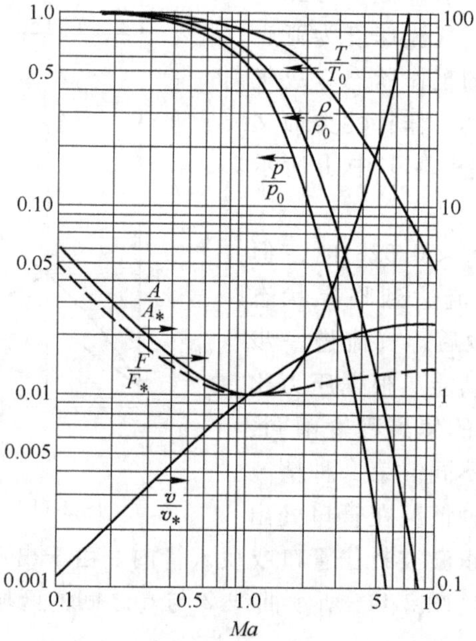

图 2-12　等熵流图（$\kappa = 1.4$）

$Ma<1$ 时，截面积比 A/A_* 增大，则速度比 v/v_* 迅速下降，而压力比 p/p_0、温度比 T/T_0 和密度比 ρ/ρ_0 增加，这是扩压管的工作特点。马赫数 $Ma<0.3$ 以下（相当标准状况下的空气速度约为 0.91m/s），这时，在工程上常常忽略密度变化，空气可按不可压缩流体时处理。$Ma>1$ 时，截面积比 A/A_* 增大则速度比 v/v_* 缓慢地增加，而 p/p_0、T/T_0、ρ/ρ_0 迅速下降。Ma 在 1.0～2.0 间时，v/v_* 仍显著增大。在 $Ma>2.0$ 后，v/v_* 则缓慢地增加。超声速流的功能增加主要是由其焓的变化引起的，因此，随着马赫数增加截面变化对速度影响较小。

一般设计手册及参考书附录中均有等熵流函数表（气体绝热函数表）。它是以等熵流各参数与自变量 Ma 的函数关系所制定的等熵流函数表，它表示以 Ma 为自变量的参数比，已知 Ma 值或 p/p_0 之比后，可从函数表中查出各参数比值。计算方法可见喷管设计。

2.7.2 氧气焓熵图

图 2-13 为氧气焓熵图。

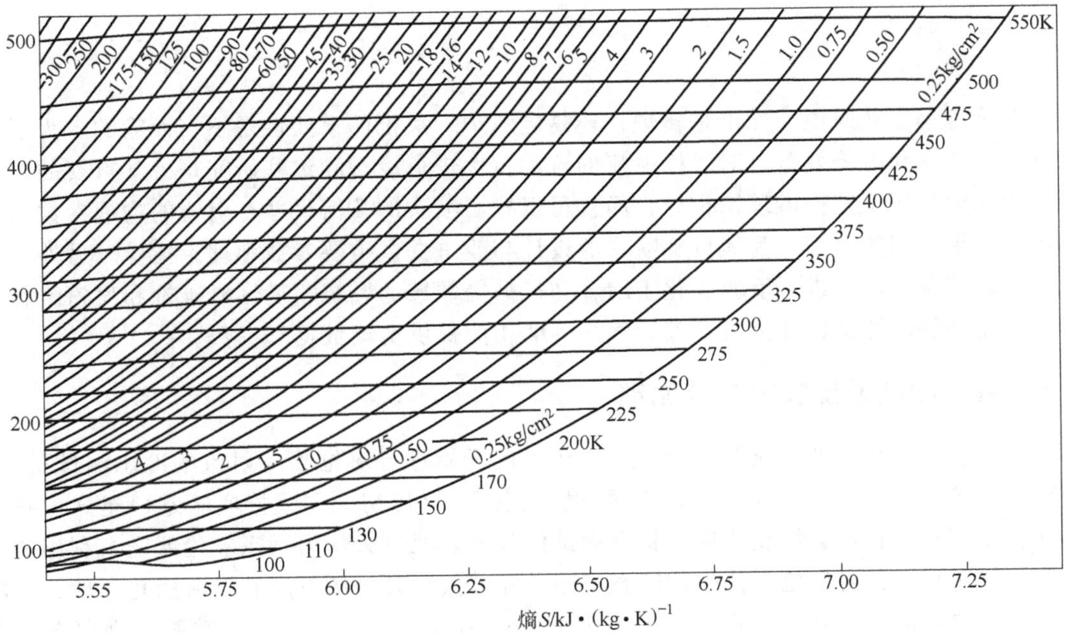

图 2-13 氧气焓熵图（1kgf/cm^2 ≈ 0.1MPa）

参 考 文 献

1 夏皮罗 A H，著．可压缩流的动力学与热力学，上册．陈立子，等译．北京：科学出版社，1966
2 张先棹，主编．冶金传输原理．北京：冶金工业出版社，1995
3 闫小林，艾立群，等编著．冶金传输原理．北京：冶金工业出版社，2002
4 潘文全，主编．流体力学基础，上、下册．北京：机械工业出版社，1980
5 赵承庆，姜毅，编著．气体射流动力学．北京：北京理工大学出版社，1998
6 传输原理教研室．冶金单元操作及设计．北京钢铁学院，1983（内部资料）
7 林建忠．流体力学．北京：清华大学出版社，2005
8 归柯庭，汪军，王秋颖．工程流体力学．北京：科学出版社，2003
9 沈颐身，李保卫，等著．冶金传输原理基础．北京：冶金工业出版社，2000
10 ［美］舍克里 J，著．冶金中的流体流动现象．彭一川，徐匡迪，樊养颐，译．萧泽强，校．北京：冶金工业出版社，1985
11 吴凤林，蔡扶时，编著．顶吹转炉氧枪设计．北京：冶金工业出版社，1982
12 范光前，主编．冶金单元设计．北京：冶金工业出版社，1991

3 超声速喷头的冷态测试

对于炼钢工艺来说，无论是转炉，还是电弧炉，氧枪的重要性是不言而喻的。为了提高炼钢生产率和经济效益，对氧枪射流的流动特性进行冷态测试和研究是极其重要的，这不仅为炼钢操作工艺提供理论指导，而且可以找出喷头的几何尺寸、射流的物理参数与实际冶炼效果之间的关系，为氧枪和喷头的设计与改进提供重要参数和理论指导。另外，射流的测试装置还可以进行能源、化工冶金和机械等领域的燃烧喷嘴、氧碳枪和喷粉流态化等气体流动特性测试，并为气—液、气—固两相流提供实测数据和参数。

3.1 喷头测试系统装置及其原理

美国、日本和欧洲国家等从20世纪50年代开始进行氧枪喷头射流的冷态测试研究，得到了许多有指导意义的成果。北京钢铁学院在70年代初成立喷枪实验室，建立了我国第一套专门从事转炉氧枪喷头射流特性测试的装置。北京大学力学系氧枪课题组利用流体力学实验装置，针对氧枪射流进行冷态实测。随着大型转炉的发展和射流的复杂性，一般的测试装置不能满足生产规模的需要。因此，中国科学院化工冶金研究所（现更名为中国科学院过程工程研究所）在1987年建立了先进大型氧枪研究实验装置，开发研制了计算机控制的氧枪喷头射流特性的测试装置和技术，并通过了国家级技术鉴定。该系统可以满足100t以下转炉用氧枪喷头的实测，300t转炉用喷头可以采用1/3模型的实验方法进行冷态测试。30年来，转炉氧枪喷头的冷态测试系统几乎对我国转炉炼钢用各种氧枪喷头进行了测试和研究。

北京科技大学的测试装置在1995年已经被拆除，原来这套小型冷态测试装置只能对30t以下转炉用喷头进行测试，对喷头流股的各项特性的测试基本是通过测定流股的总压和静压来完成的。测定设备主要有：压机控制柜、空压机、干燥器储气罐、压力表、阀门、流量表、缓冲罐、压差式流量计、压力表、水银压力计、照相光源、感压排管、测试喷头和流股阴影照相屏幕等组成。测定时外界空气被空压机吸入、压缩、经干燥器干燥进入贮气罐，然后通过控制阀门进入缓冲罐，最后通过导管进入喷头，形成高压流股喷出。流股冲击到感压排管上便可在压力表、U形水银压力计或压力传感器反映出该喷头在不同工作压力下，不同距离截面上的压力分布情况。感压排管架上有摇动手柄，可控制排管做前后、左右、上下三维空间自由移动。测试喷头可以旋转到0~360°范围内的任何一个角度。测量过程是，当系统压力到达设定值并气流稳定后，用机械办法切断与各U形管相连的胶管中的气体通路，将U形管中水银柱的高度固定，然后由测试人员记录U形压力计的读数。该系统为我国早期的小型转炉氧枪的研究奠定了测试基础，并发挥了重要的作用，但是存在测量速度慢、精度较差和人力及物力消耗大等问题。

北京大学对测试装置进行改进，于1987年建立了61点压力快速自动测试系统。测试设备主要由空压机气源及输气管路系统、氧枪射流测试装置与测量坐标系统、多点压力快速测量系统、数据采集与处理系统和噪声屏蔽系统组成。其中多点压力快速测量系统由感压探针、压力传导管、压力传感器、测量放大器、数模转换器和高精度直流稳压器等组成。由测压排管引出的每一根压力传导管与相应的一个压力传感器相连接。测量时，压力传感器将感压探针所感受的压力信号转换成电信号（模拟量），经多通道放大器后输入12位A/D快速采样器，转换为数字量后输入计算机，由数据处理软件，利用测点固定和速度剖面对称性的特点，采用分解式等值线绘图法和逐步叠加的办法，绘制出反映射流流股特性、等值线和冲击面积的各种图表和曲线等。该系统的特点是测量时间快、精度较高、气源能力和实验室空间较大。

中国科学院过程工程研究所的测量系统由计算机数据采集系统、多点压力测量扫描阀系统和流量测量系统等组成。沿射流直径方向排列96支皮托管，分别与扫描阀的4个压力传感器（48个测点公用一套压力传感器）相连接，在16s内扫描阀能够自动扫描96个测点，共192个压力信号（总压和静压），测量得到的压力信号通过压力传感器转变成电信号，经放大后送入计算机。皮托管经丹麦DISA标准喷嘴系统校正，以保证测量数据的准确。改变测试杆距离（即改变枪杆）和转动喷头，可以调查不同枪位、不同角度时射流流动状态。该测试系统有如下特点：（1）通过多点压力测量扫描阀系统中的4个压力传感器可以测定192个点的压力信号，取代了众多压力传感器或U形管；（2）测量速度快、精度高。气流稳定后可在8s内完成192个测点信号的自动扫描，可通过软件消除零漂移带来的误差；（3）在测量的同时，直接在计算机显示器上显示出速度分布以及流量变化、数据采集、处理绘图，打印全部由计算机完成。

3.2 超声速喷管出口马赫数的测定

实验室对喷管出口马赫数的测定，主要采用以下几种方法。

3.2.1 根据出口与喉口截面的比值确定

根据气流在超声速喷管中绝热流动时，导出的面积比 A/A_* 与气流马赫数之间的关系[1]为：

$$\frac{A}{A_*} = \frac{1}{Ma}\left[\left(\frac{2}{\kappa+1}\right)\left(1+\frac{\kappa-1}{2}Ma^2\right)\right]^{\frac{\kappa+1}{2(\kappa-1)}} \tag{3-1}$$

面积比 A/A_* 与马赫数 Ma_e 之间的数量关系列于气体绝热函数表，因此可以根据对喷管出口面积 A 和喉口面积 A_* 的测定，算出 A/A_* 的值，根据式（3-1）计算出或从表中查出气流出口马赫数 Ma_e。

由于喷头的结构不同，具体计算时就有所差别，例如对三喉式类型的喷头来说，每一出口对应的有一喉口。因此，要确定某一出口的出口马赫数时，可以测定该出口的直径 d_e 和该出口所对应的喉口直径 d_*，计算出 $A/A_* = (d_e/d_*)^2$ 的值，从式（3-1）或附表中得出对应的出口马赫数 Ma_e。对于加工精度符合设备要求的三喉式喷管来说，三个出口的马赫数应该相等，式（3-1）对单孔喷管也适用。

对于单三式喷头来说，它只有一个喉口、三个出口，若测得喉口直径为 d_*，三个出口直径分别为 d_1、d_2 和 d_3，则出口截面积 A_e 与喉口截面积 A_* 之比为：

$$\frac{A_e}{A_*} = \frac{d_1^2 + d_2^2 + d_3^2}{(d_*)^2} \tag{3-2}$$

如果喷管加工质量良好，$d_1 = d_2 = d_3 = d$，则：

$$\frac{A_e}{A_*} = \frac{3d^2}{(d_*)^2} \quad 或 \quad \frac{A_e}{A_*} = \frac{d^2}{(d_*/\sqrt{3})^2} \tag{3-3}$$

令 $d^*_{等效} = d_*/\sqrt{3}$，则 $d^*_{等效}$叫做单三式喷头的等效喉口直径。

例如，某三喉式喷头，测得喉口直径为 $d_* = 26.5\text{mm}$，出口直径 $d_e = 32.4\text{mm}$；某单三式喷头，测得喉口直径 $d_* = 45.7\text{mm}$，三个出口的直径相等，且 $d_e = 32.4\text{mm}$。试计算两喷头的出口马赫数。

对于三喉式喷头，其面积比为：

$$\frac{A_e}{A_*} = \left(\frac{d_e}{d_*}\right)^2 = \left(\frac{32.4}{26.5}\right)^2 = 1.50$$

从气体绝热函数表中查出相应的出口马赫数 Ma_e为 1.85。

对于单三式喷头，其面积比为：

$$\frac{A_e}{A_*} = \frac{3d_e^2}{(d_*)^2} = 3 \times \left(\frac{32.4}{45.7}\right)^2 = 1.50$$

从气体绝热函数表中查出相应的出口马赫数 Ma_e为 1.85。值得注意的是，现在转炉基本上不使用单三式喷头。

3.2.2　根据激波后的总压和激波前的静压确定

由于超声速喷管的出口气流速度比出口的声速大，当测总压的导管放在超声速气流中时，管口前必有一激波，如图 3-1 所示。激波前面未受扰动时，气流的马赫数 Ma_x可以测量出来，但必须满足以下假定：

（1）在滞止流线穿过激波的交点处，激波局部地垂直于滞止流线。如果总压管放得平行于未扰动气流，则由于对称性的要求，这一条件是真实的。

（2）在激波后的亚声速区中，沿滞止流线运动的微团绝热地趋于静止。

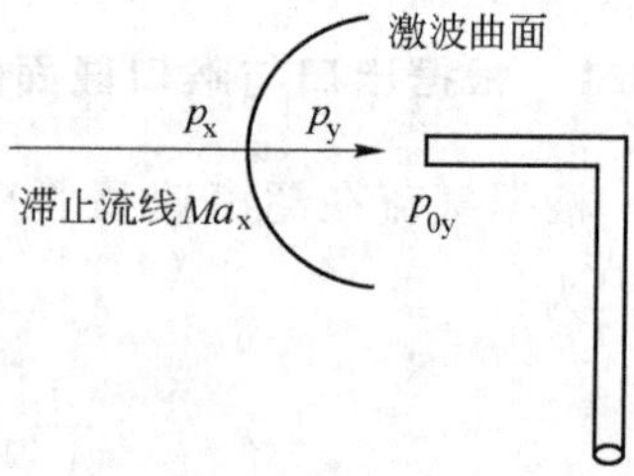

图 3-1　总压管前的激波

图 3-1 中 p_{0y}表示激波后的总压，p_y表示激波后的静压，p_x表示激波前的静压，Ma_x和 Ma_y分别表示激波前和激波后的气流马赫数，则：

$$\frac{p_{0y}}{p_x} = \frac{p_{0y}}{p_y}\frac{p_y}{p_x} \tag{3-4a}$$

激波后总压与静压之比，应满足公式：

$$\frac{p_{0y}}{p_y} = \left(1 + \frac{\kappa - 1}{2}Ma_y^2\right)^{\frac{\kappa}{\kappa-1}} \tag{3-4b}$$

激波前后气流静压 p_x和 p_y之间的关系，根据连续性方程，能量守恒和绝热过程的条件，可以证明：

$$\frac{p_y}{p_x}=\left(\frac{2\kappa}{\kappa+1}Ma_x^2-\frac{\kappa-1}{\kappa+1}\right) \tag{3-4c}$$

式（3-4c）说明，激波后的静压与激波前的静压之比，是激波前马赫数 Ma_x和比热比 κ 的函数。将 p_{0y}/p_x化简为波前马赫数 Ma_x的函数关系，从而可以通过测定 p_{0y}和 p_x来确定出口马赫数：

$$\frac{p_{0y}}{p_x}=\frac{p_{0y}}{p_y}\frac{p_y}{p_x}=\left(1+\frac{\kappa-1}{2}Ma_y^2\right)^{\frac{\kappa}{\kappa-1}}\left(\frac{2\kappa}{\kappa+1}Ma_x^2-\frac{\kappa-1}{\kappa+1}\right) \tag{3-4d}$$

又因，$Ma_y^2=\dfrac{Ma_x^2+\dfrac{2}{\kappa-1}}{\dfrac{2\kappa}{\kappa-1}Ma_x^2-1}$，代入上式，得：

$$\frac{p_{0y}}{p_x}=\left(1+\frac{\kappa-1}{2}\frac{Ma_x^2+\dfrac{2}{\kappa-1}}{\dfrac{2\kappa}{\kappa-1}Ma_x^2-1}\right)^{\frac{\kappa}{\kappa-1}}\left(\frac{2\kappa}{\kappa+1}Ma_x^2-\frac{\kappa-1}{\kappa+1}\right)$$

$$=\left(1+\frac{\kappa-1}{2}\frac{Ma_x^2+\dfrac{2}{\kappa-1}}{\dfrac{2\kappa}{\kappa-1}Ma_x^2-1}\right)^{\frac{\kappa}{\kappa-1}}\left(\frac{2\kappa}{\kappa+1}Ma_x^2-\frac{\kappa-1}{\kappa+1}\right)^{\frac{\kappa}{\kappa-1}}$$

$$\times\left(\frac{2\kappa}{\kappa+1}Ma_x^2-\frac{\kappa-1}{\kappa+1}\right)^{-\frac{1}{\kappa-1}}$$

经化简整理后，可得：

$$\frac{p_{0y}}{p_x}=\frac{\left(\dfrac{\kappa+1}{2}Ma_x^2\right)^{\frac{\kappa}{\kappa-1}}}{\left(\dfrac{2\kappa}{\kappa+1}Ma_x^2-\dfrac{\kappa-1}{\kappa+1}\right)^{\frac{1}{\kappa-1}}} \tag{3-4}$$

式（3-4）说明，对一定的气体来说（κ 是常数），激波后的总压 p_{0y}与激波前的静压 p_x的比值，仅仅是由激波前气流马赫数 Ma_x来决定。对于空气和氧气 $\kappa=1.4$ 利用式（3-4）算出 p_{0y}/p_x与 Ma_x的关系表（附录 1 激波前马赫数），就可由表查得马赫数 Ma_x。用总压管在喷管出口截面测出气流的总压 p_{0y}再用静压管测量出口气流的静压。这时静压管侧壁上的静压开孔正在出口截面上，而开孔前的尖针则伸入喷管口内。这样测量原因是因为当静压管放入超声速气流中时，气流首先碰着静压管的针尖，将迫使部分气流改变流动的方向而出现斜激波（图 3-2）。管尖成为气流中的扰源，使其流动状态有所改变。但是实验证明：如果将静压孔开在离尖端 10 倍左右管径处，则孔口处的静压与未产生激波时气流的静压很接近[2]。因此，采用这样的测量方法测量得到 p_x是可靠的。

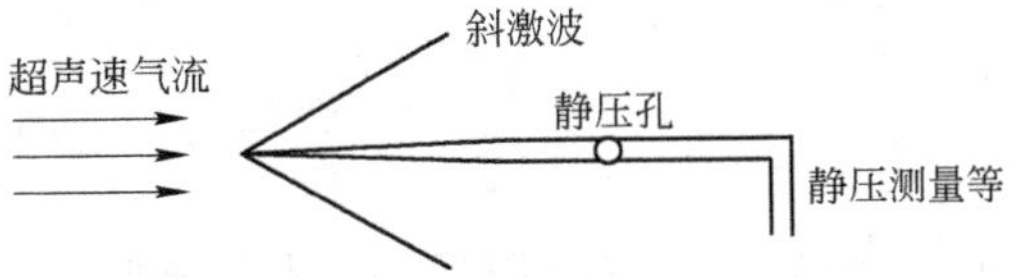

图 3-2　静压测量管与尖端出现的斜激波

当测定了 p_{0y}和 p_x之后，就能算出 p_{0y}/p_x，并从式（3-4）或附录 1 中查出相应的马赫数。

例如，测得某喷管射流的出口处激波后气流总压为 4.83kgf/cm² （表压），出口处波前静压为 -51mmHg，大气压强为 1009mbar。喷管出口马赫数的计算过程为：

$$1009\text{mbar} = 1009/980 = 1.03\text{kgf/cm}^2$$

$$-51\text{mmHg} = -51/735 = -0.07\text{kgf/cm}^2$$

出口处激波后气流总压为：

$$p_{0y} = 4.83 + 1.03 = 5.86\text{kgf/cm}^2(\text{绝对})$$

出口处激波前气流静压为：

$$p_x = 1.03 - 0.07 = 0.96\text{kgf/cm}^2(\text{绝对})$$

因此：

$$\frac{p_{0y}}{p_x} = \frac{5.86}{0.96} = 6.1041$$

由式（3-4）或附录 1 查得出口马赫数为 Ma_e 为 2.09。

3.2.3　用测量斜激波角的方法确定

当超声速气流被固体物所阻，被迫骤然地改变方向时，有时产生的斜激波可能附着在物体表面上。实验证明，在尖锐的尖劈上，常附着斜激波，如图 3-3 所示。图中，δ 为尖劈的半顶角；σ 为激波与来流方向之间的夹角，叫做激波角。

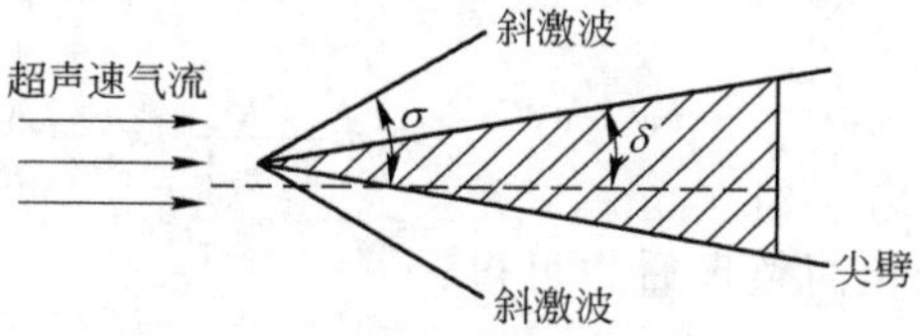

图 3-3　尖劈两侧出现的斜激波

实验观察到，当尖劈的半顶角 δ 保持不变时，超声速气流的马赫数不相同，则相应的激波角 σ 也不相同，而且气流马赫数愈高则激波愈小；气流马赫数低则大；当气流马赫数低到一定程度（但 $Ma>1$），对于一定的 δ 的尖劈将不出现附着的斜激波。前人已对斜激波在理论上做过系统的研究，为了解决上述现象，引用有关的方程组，从而导出激波前气流马赫数 Ma 与 σ、δ 之间的函数，从而定量地说明上述实验现象，并以此为根据，测量超声速喷管的出口马赫数。

朗金关系：

$$\frac{p_2}{p_1} = \left(\frac{\kappa+1}{\kappa-1}\frac{\rho_2}{\rho_1} - 1\right)\Big/\left(\frac{\kappa+1}{\kappa-1} - \frac{\rho_2}{\rho_1}\right) \tag{3-5}$$

连续性方程：

$$\frac{\rho_2}{\rho_1} = \frac{\tan\sigma}{\tan(\sigma-\delta)} \tag{3-6}$$

压力比：

$$\frac{p_2}{p_1} = 1 + \kappa Ma_1^2\sin^2\sigma\left(1 - \frac{\rho_1}{\rho_2}\right) \tag{3-7}$$

式中，p_1 为激波前气流压强；ρ_1 为气流密度；Ma_1 为气流马赫数；p_2 为激波后气流压强；ρ_2 为气流密度；κ 为气体的比热比；σ 为激波与来流方向之间的夹角；δ 为气流方向改变的折角（相当于尖劈的半顶角）。

式（3-5）的关系代入式（3-7），得：

$$1+\kappa Ma_1^2\sin^2\sigma\left(1-\frac{\rho_1}{\rho_2}\right)=\frac{\left(\frac{\kappa+1}{\kappa-1}\frac{\rho_2}{\rho_1}-1\right)}{\left(\frac{\kappa+1}{\kappa-1}-\frac{\rho_2}{\rho_1}\right)} \tag{3-8}$$

式（3-6）的关系代入式（3-8），得：

$$1+\kappa Ma_1^2\sin^2\sigma\left(1-\frac{\tan(\sigma-\delta)}{\tan\sigma}\right)=\frac{\left(\frac{\kappa+1}{\kappa-1}\frac{\tan(\sigma-\delta)}{\tan\sigma}-1\right)}{\left(\frac{\kappa+1}{\kappa-1}-\frac{\tan(\sigma-\delta)}{\tan\sigma}\right)} \tag{3-9}$$

所以：

$$Ma_1^2=\frac{\frac{\kappa+1}{\kappa-1}\left(\frac{\tan\sigma}{\tan(\sigma-\delta)}-1\right)+\frac{\tan\sigma}{\tan(\sigma-\delta)}-1}{\kappa\sin^2\sigma\left[\frac{\kappa+1}{\kappa-1}-\frac{\tan\sigma}{\tan(\sigma-\delta)}\right]\left[1-\frac{\tan(\sigma-\delta)}{\tan\sigma}\right]}$$

对于空气和氧气，$\kappa=1.4$，而且令：

$$x=\frac{\tan\sigma}{\tan(\sigma-\delta)} \tag{3-10}$$

将 κ 与 x 代入上式，简化后得：

$$Ma_1=\frac{1}{\sin\sigma}\sqrt{\frac{5(x-1)}{7-\left(x+\frac{6}{x}\right)}} \tag{3-11}$$

式（3-10）和式（3-11）就是波前马赫数 Ma_1 与激波角 σ 和气流转向折角 δ 之间的关系，将上式画出曲线，则如图 3-4 所示。从图中可以看出，如果用劈尖半顶角 $\delta=5°$，即当气流流经尖劈时，迫使气流方向折转 $\delta=5°$。在这种情况下，如果气流的马赫数小于 1.25，则不会出现附于劈尖尖端的斜激波。因此这种方法有一定的局限性，就是对于一定半顶角的尖劈来说，只能测量一定范围内的马赫数，小于最低可测的马赫数范围内，此法失效。

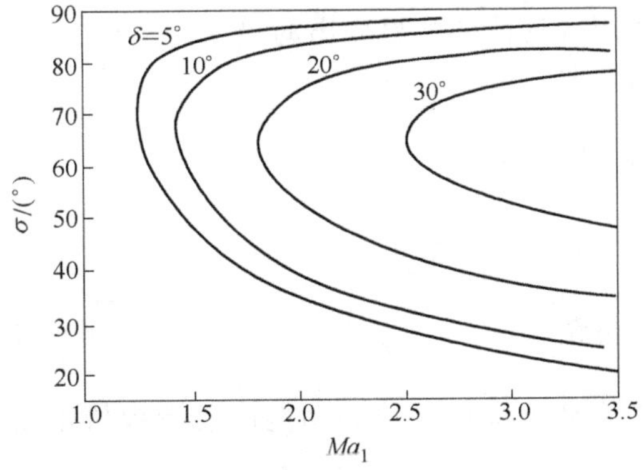

图 3-4 波前马赫数与激波角及折角的关系

将薄的尖楔头正对超声速喷管出口的气流，在垂直于气流方向上用平行光照射尖楔头及流股，如果在尖端产生斜激波，则在屏幕上可观察到如图 3-3 右半部的阴影像，用照相的方法将其拍摄下来，或用笔将两条激波暗纹画下来，如图 3-5 所示。用测角仪测量两激波之

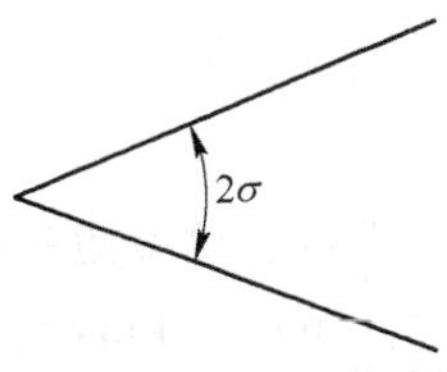

图 3-5 尖楔端产生的激波阴影像

间的夹角 2σ，根据尖楔的半顶角 σ（事先已测定），则可根据式（3-10）和式（3-11）算出喷管出口马赫数。

例如，用半顶角 $\delta=8°$ 的尖楔测定某喷管出口马赫数，根据阴影图画得的两激波之间的夹角，经测定 $2\sigma=74°$，则：

$$x=\frac{\tan\sigma}{\tan(\sigma-\delta)}=\frac{\tan 37°}{\tan(37°-8°)}=\frac{\tan 37°}{\tan 29°}=\frac{0.7536}{0.5543}=1.359$$

根据式（3-11）：

$$Ma_1=\frac{1}{\sin\sigma}\sqrt{\frac{5(x-1)}{7-\left(x+\frac{6}{x}\right)}}=\frac{1}{0.6018}\sqrt{\frac{1.795}{1.226}}=\frac{1}{0.6018}\sqrt{1.464}=2.01$$

因此，该喷管的出口马赫数为2.01。

3.3　超声速气流温度的测定

在测量高速流动的气体温度时，在测温元件的附近必然发生气流的制动作用，因此将产生气流的动能转化为热焓的现象，此时，测温元件测得的温度，不但与气流的热运动有关，而且与气流的运动状态有关。要解决这个问题，必须借助热力学理论，首先从理论上解决超声速气流温度测定的依据，然后再从实验上对气流温度进行实测。

3.3.1　高速气流温度测定的理论公式

喷枪射流时，在射流流股中任选一气体微团，设该气体微团的质量为 m，气体单位质量的焓用 h 表示，气体的流速用 v 表示。对气体微团应用热力学第一定律（气体微团位能变化不计）得：

$$dQ=d(mh)+d\left(\frac{1}{2}mv^2\right)\tag{3-12}$$

式（3-12）的物理意义为：

当 $dQ>0$ 时，表示气体微团从外界吸收热量，使气体微团的焓增加，或气体微团的动能增加，或两者都增加，但增加的总量等于从外界吸收的热量。

当 $dQ<0$ 时，表示气体微团向外界放出热量，则气体微团的焓减少，或气体微团的动能减少，或两者都减少，但减少的总量等于微团内气体向外界放出的热量。

如果气体微团流动过程是绝热的，则 $dQ=0$，即：

$$d(mh)+d\left(\frac{1}{2}mv^2\right)=0$$

所以：

$$h+\frac{1}{2}v^2=\text{恒量}\tag{3-13}$$

式（3-13）表示：单位质量的气体，在绝热流动过程中，焓和动能的总量保持不变，而且焓和动能之间可以互相转化。

根据能量守恒和转化定律，式（3-13）可以改写为：

$$h + \frac{1}{2}v^2 = h_1 + \frac{1}{2}v_1^2 = h_0 + \frac{1}{2}v_0^2 \tag{3-13a}$$

已知 $h = c_p T$，代入上式可得：

$$c_p T + \frac{1}{2}v^2 = c_p T_1 + \frac{1}{2}v_1^2 = c_p T_0 + \frac{1}{2}v_0^2 \tag{3-14}$$

当 $v_0 = 0$，$v \neq 0$ 时，即高速气流微团受外界阻碍而滞止时：

$$c_p T + \frac{1}{2}v^2 = c_p T_0 \tag{3-15}$$

式（3-15）的物理意义为：高速气流受阻滞止时，气体微团的动能全部转化为焓，气体的焓增高，即绝对温度升高，但其总能量保持不变。

当 $v_1 \neq 0$，$v \neq 0$，且 $v >> v_1$ 时，即高速气流受阻，使其速度大大降低，但未滞止，则：

$$c_p T + \frac{1}{2}(v^2 - v_1^2) = c_p T_1$$

令 $rv^2 = (v^2 - v_1^2)$，其中 r 为动能转化为焓的系数（$0 < r < 1$），则：

$$c_p T + r\frac{1}{2}v^2 = c_p T_1 \tag{3-16}$$

式（3-16）表示单位质量的气体动能转化为焓的关系。当 $r < 1$ 时，动能未全部转化为焓；当 $r = 1$ 时，表示动能全部转化为焓。则式（3-16）变为式（3-15）。

用测温元件测量高速气流的温度时，测温元件对气流的制动作用符合式（3-16）的关系。经过适当的演算，可简化为便于计算的公式。即根据式（2-42b）得：

$$\frac{T}{T_0} = \frac{1}{1 + \frac{\kappa + 1}{2}Ma^2} \tag{3-17}$$

说明气温与滞止温度的比，仅仅决定于气流马赫数和气体的比热比。

将 Ma、a、c_p 代入式（3-16），并简化后，可得：

$$\frac{T}{T_1} = \frac{1}{1 + r\frac{\kappa - 1}{2}Ma^2} \quad 或 \quad T = T_1\left(\frac{1}{1 + r\frac{\kappa - 1}{2}Ma^2}\right) \tag{3-18}$$

式中，T 为高速气流的温度；T_1 为测温元件测量的温度；Ma 为测温点气流的马赫数；r 为动能转化为焓的系数。

式（3-18）是用测温元件测量高速气流温度的计算公式，其中 r 由实验测定。

3.3.2 气流温度的实验测量

当高速气流经过测温装置（热接受器）时，气流一部分进入热接受器。热接受器的进气口内径为 8mm，进入热接受器中的气体将与测温元件或挡板相碰，将其动能的大部分转化为焓。一小部分气体将通过挡板中央开的小孔流出，小孔直径为 3mm。整个热接受器的热容量要小，以保证测温的精度。

通过实验测定，当气流马赫数 $Ma > 1$ 时，r 值取 0.98。

热接受器中测温元件可用热电偶，也可用热敏电阻温度计。实验证明，测量出口气流温度时，用热电偶的效果比较好，测得的数据准确且误差小；测量距喷头出口 $40d_*$ 截面的气流温度时，用热敏电阻温度计测量比较方便，它可直接读出测温点的温度（摄氏温标）。不论是用热电偶或是用热敏电阻，测出的温度均为摄氏温标读数，计算时必须换算为绝对温标，即 $T_1 = 273 + t_1$。通过式（3-18）的计算，可得到气流温度 T。由于式（3-18）中有马赫数 Ma，因此，必须测量测温点气流的马赫数，否则无法计算出 T。

3.4　喷头流量和管道内部压力损失的测量

3.4.1　孔板流量计的原理

实验室测量空气的流量是用孔板流量计，这种流量计在工业生产上广泛使用。一般孔板是收缩形，孔板前后有测压点，设导管的截面积为 A_1，收缩孔板的截面积为 A_0（A_0 为孔的最小截面），当气流自导管的全部截面 A_1 收缩至孔板的截面 A_0 时，由于惯性及离心力对气体分子的作用，气流在孔板后仍继续收缩，并在距孔板不远处达到一最小截面 A_2，随后气流扩张并重新充满管子的全部截面 A_1。

气流流过孔板时，不考虑气体与孔板间的摩擦，由于过程进行得较快，因此是绝热过程。通过孔板前后，气流的能量保持不变。

设在截面 A_1 上气流的参数为 v_1、ρ_1、p_1；在截面 A_2 上气流的参数为 v_2、ρ_2、p_2。

用 a 表示收缩孔截面积 A_0 与导管截面积 A_1 之比，即 $a = A_0/A_1$，则 a 称为收缩截面比。用 b 表示气流最狭截面积 A_2 与收缩孔截面积 A_0 之比，即 $b = A_2/A_0$，则 b 称为气流的收缩系数。由于 $A_0 = aA_1$ 及 $A_2 = bA_0$，因此：

$$A_2 = abA_1 \quad 或 \quad \frac{A_2}{A_1} = ab \tag{3-19}$$

由于气流通过孔板时是绝热过程，因此，气体的状态参量应满足绝热方程，即：

$$\frac{1}{\rho} = \frac{1}{\rho_1} p_1^{\frac{1}{\kappa}} p^{-\frac{1}{\kappa}} \tag{3-20}$$

根据气体流动的欧拉方程 $\mathrm{d}p + \rho v \mathrm{d}v = 0$，得：

$$v\mathrm{d}v = -\frac{1}{\rho_1} p_1^{\frac{1}{\kappa}} p^{-\frac{1}{\kappa}} \mathrm{d}p \tag{3-21}$$

气流速度由 $v = v_1$ 变化到 $v = v_2$ 时，其压力由 $p = p_1$ 到 $p = p_2$，因此，对式（3-21）两端积分得：

$$\int_{v_1}^{v_2} v\mathrm{d}v = -\frac{1}{\rho_1} p_1^{\frac{1}{\kappa}} \int_{p_1}^{p_2} p^{-\frac{1}{\kappa}} \mathrm{d}p$$

$$\frac{1}{2}[v_2^2 - v_1^2] = -\frac{1}{\rho_1} p_1^{\frac{1}{\kappa}} \frac{\kappa}{\kappa - 1}\left[p_2^{\frac{\kappa-1}{\kappa}} - p_1^{\frac{\kappa-1}{\kappa}}\right]$$

$$v_2^2\left[1 - \left(\frac{v_1}{v_2}\right)^2\right] = 2\frac{1}{\rho_1} p_1 \frac{\kappa}{\kappa - 1}\left[1 - \left(\frac{p_2}{p_1}\right)^{\frac{\kappa-1}{\kappa}}\right] \tag{3-22}$$

因为 $A_1/A_2 = ab$，根据 $v_1\rho_1A_1 = v_2\rho_2A_2$ 得 $v_1/v_2 = ab\rho_2/\rho_1$，再代入绝热方程得：

$$\frac{v_1}{v_2} = ab\left(\frac{p_2}{p_1}\right)^{\frac{1}{\kappa}} \tag{3-23}$$

将式（3-23）代入式（3-22），得：

$$v_2^2\left[1 - a^2b^2\left(\frac{p_2}{p_1}\right)^{\frac{2}{\kappa}}\right] = 2\frac{1}{\rho_1}p\frac{\kappa}{\kappa - 1}\left[1 - \left(\frac{p_2}{p_1}\right)^{\frac{\kappa-1}{\kappa}}\right]$$

$$v_2^2 = \frac{1}{\left[1 - a^2b^2\left(\frac{p_2}{p_1}\right)^{\frac{2}{\kappa}}\right]} \times 2\frac{1}{\rho_1}p_1\frac{\kappa}{\kappa - 1}\left[1 - \left(\frac{p_2}{p_1}\right)^{\frac{\kappa-1}{\kappa}}\right]$$

$$v_2 = \frac{1}{\sqrt{1 - a^2b^2\left(\frac{p_2}{p_1}\right)^{\frac{2}{\kappa}}}} \times \sqrt{2\frac{1}{\rho_1}p_1\frac{\kappa}{\kappa - 1}\left[1 - \left(\frac{p_2}{p_1}\right)^{\frac{\kappa-1}{\kappa}}\right]} \tag{3-24}$$

通过孔板的体积流量为：

$$(G_V)_2 = v_2A_2 = bA_0v_2 \tag{3-25}$$

通过截面积 A_1 和 A_2 的质量流量应为：

$$(G_m)_1 = \rho_1A_1v_1 = \rho_1(G_V)_1, \quad (G_m)_2 = \rho_2A_2v_2 = \rho_2(G_V)_2$$

由于质量守恒，所以 $(G_m)_1 = (G_m)_2$，则：

$$(G_V)_1 = (G_V)_2\left(\frac{p_2}{p_1}\right)^{\frac{1}{\kappa}} = bA_0v_2\left(\frac{p_2}{p_1}\right)^{\frac{1}{\kappa}} \tag{3-26}$$

将式（3-24）的 v_2 代入式（3-26）中，得：

$$(G_V)_1 = bA_0\left(\frac{p_2}{p_1}\right)^{\frac{1}{\kappa}}\frac{1}{\sqrt{1 - a^2b^2\left(\frac{p_2}{p_1}\right)^{\frac{2}{\kappa}}}} \times \sqrt{2\frac{1}{\rho_1}p_1\frac{\kappa}{\kappa - 1}\left[1 - \left(\frac{p_2}{p_1}\right)^{\frac{\kappa-1}{\kappa}}\right]}$$

$$(G_V)_1 = \frac{b}{\sqrt{1 - a^2b^2}}A_0\sqrt{\frac{2(p_1 - p_2)}{\rho_1}} \times \sqrt{\frac{1 - a^2b^2}{1 - a^2b^2\left(\frac{p_2}{p_1}\right)^{\frac{2}{\kappa}}}\frac{1}{1 - \left(\frac{p_2}{p_1}\right)}\frac{\kappa}{\kappa - 1}\left(\frac{p_2}{p_1}\right)^{\frac{2}{\kappa}}\left[1 - \left(\frac{p_2}{p_1}\right)^{\frac{\kappa-1}{\kappa}}\right]}$$

令：

$$\alpha = \frac{b}{\sqrt{1 - a^2b^2}} \tag{3-27}$$

$$\varepsilon = \frac{1 - a^2b^2}{1 - a^2b^2\left(\frac{p_2}{p_1}\right)^{\frac{2}{\kappa}}}\left[\frac{1}{1 - \left(\frac{p_2}{p_1}\right)}\right]\frac{\kappa}{\kappa - 1}\left(\frac{p_2}{p_1}\right)^{\frac{2}{\kappa}}\left[1 - \left(\frac{p_2}{p_1}\right)^{\frac{\kappa-1}{\kappa}}\right] \tag{3-28}$$

式中，α 称为流量系数（收缩时气流与孔板之间摩擦不考虑时的流量系数），它与截面 A_1、A_0 和 A_2 有关，α 可用实验方法确定。ε 称为膨胀系数，它是气体收缩时由于压强由 p_1

至 p_2，气体膨胀以及与此有关的速度增加和密度减少而出现的物理量。因此，流过孔板的气体的体积流量的计算公式为：

$$G_V = \alpha\varepsilon A_0 \sqrt{\frac{2(p_1 - p_2)}{\rho_1}} \tag{3-29}$$

流过孔板的体积流量与流量系数 α 、膨胀系数 ε 、孔板收缩孔截面积 A_0 的乘积成正比，与孔板前后压差 $(p_1 - p_2)$ 的平方根成正比，与孔板前气体的密度 ρ_1 的平方根成反比。

流过孔板的质量流量为：

$$G_m = \rho_1 G_V = \alpha\varepsilon A_0 \sqrt{2\rho_1(p_1 - p_2)} \tag{3-30}$$

流过孔板的质量流量与流量系数 α 、膨胀系数 ε 、孔板收缩孔截面积 A_0 的乘积成正比，与孔板前后压差 $(p_1 - p_2)$ 、孔板前气体的密度 ρ_1 的平方根成正比。

3.4.2　标准状态时体积流量的计算公式

测量气体流量时，流量计的读数（标尺刻度）可以用操作状态（p_1，T_1）表示，或用标准状态（$p_{标准}$，$T_{标准}$）表示。第一种情况下，气体的流量相当于气体在孔板前的实际状态，即压力 p_1、温度 T_1 的情况下的数量。在第二种情况下，标尺是从实际状态换算为标准状态的体积流量的刻度。

在操作状态下的质量流量为 $G_m = (G_V)_1\rho_1 = (G_V)_{标准}\rho_{标准}$ ，可推导出：

$$(G_V)_{标准} = \alpha\varepsilon A_0 \sqrt{\frac{2(p_1 - p_2)}{\rho_1}\frac{p_1 T_{标准}}{p_{标准} T_1}} \tag{3-31}$$

由于 $\rho_1 = \rho_{标准}\dfrac{p_1 T_{标准}}{p_{标准} T_1}$，代入上式，得：

$$(G_V)_{标准} = \alpha\varepsilon A_0 \sqrt{\frac{2(p_1 - p_2)}{\rho_{标准}}}\left(\frac{p_1 T_{标准}}{p_{标准} T_1}\right)^{\frac{1}{2}} \tag{3-32}$$

对于另一工作状态 (p_1', T_1') 时，若 $p_1' - p_2' = p_1 - p_2$ ，则流量计的流量读数 G_V' ，换算为标准状态下的流量时应为：

$$(G_V')_{标准} = \alpha\varepsilon A_0 \sqrt{\frac{2(p_1 - p_2)}{\rho_{标准}}}\left(\frac{p_1' T_{标准}}{p_{标准} T_1'}\right)^{\frac{1}{2}} \tag{3-33}$$

所以：

$$(G_V')_{标准} = (G_V)_{标准}\left(\frac{p_1' T_1}{p_1 T_1'}\right)^{\frac{1}{2}} \tag{3-34}$$

式中，$\left(\dfrac{p_1' T_1}{p_1 T_1'}\right)^{\frac{1}{2}}$ 为体积流量在非标定压力下的流量修正系数。

如果孔板流量计是在 $p_1 = 10\text{kgf/cm}^2$（表压）下标定的刻度。当 $p_1' \neq p_1$ 时，流量计的读数必须修正。对于量程为 $8000\text{m}^3/\text{h}$（标态）的孔板流量计来说，可用下式表示修正后的实际流量（m^3/h，标态）为：

$$G_V = 8000 \times 刻度的百分数 \times \left(\frac{p'_1 T_1}{p_1 T'_1}\right)^{\frac{1}{2}}$$

式中，p_1为表压，为 10kgf/cm^2；T_1为对应于p_1条件下的气温；p'_1为操作表压；T'_1为对应于p'_1条件下的气温。刻度的百分数以满刻度为100%，指示若不到满刻度，则用百分之几十表示出来。

例如，实测某喷管的流量时，操作表压为 8.0kgf/cm^2，流量计指针读数为满刻度的80%，孔板流量计的量程为8000m^3/h（标态），流量计的刻度是在表压为10kgf/cm^{2}的条件下标定的。测量时大气压为1012mbar（101.2kPa）。为了修正流量计的读数，用热电偶测温，喷枪出口处测得在10kgf/cm^2（表压）下，测得热电动势为0.7678mV。在表压为80kgf/cm^{2}时，热电动势为0.7110mV，热电偶冷端实测为1℃。已知该喷管的出口马赫数为1.85，试计算流过喷管的实际流量（1kgf/cm^2 =9.8Pa）。

实测喷管的读数流量为：

$$(G_V)_{读} = 8000 \times \frac{80}{100} = 6400\text{m}^3/\text{h}(标态)$$

修正后的实际流量应为：

$$G_V = (G_V)_{读}\left(\frac{p'_1 T_{读}}{p_1 T'_{读}}\right)^{\frac{1}{2}}$$

其中：

$$p_1 = 10 + \frac{1012}{980} = 11.033\text{kgf/cm}^2$$

$$p'_1 = 8 + \frac{1012}{980} = 9.033\text{kgf/cm}^2$$

这里的$T_{读}$、$T'_{读}$为喷管前测压点的气温，相当于滞止温度。为了计算$T_{读}$和$T'_{读}$，首先应计算出口气流的温度，然后根据$Ma=1.85$，查出温度比T/T_0，从而算出$T_{读}$和$T'_{读}$。

首先计算气流出口温度T_1和T'_1，根据公式：

$$T_1 = T_2\left(\frac{1}{1+0.2rMa^2}\right)$$

其中，$T_2=273+t_2$。根据测量的热电动势和热电偶冷端温度，当$t'=1$℃时，$\varepsilon_{t',0}=$ 0.0376mV。则$\varepsilon_{t_2,0}=\varepsilon_{t_2,t'_3}+\varepsilon_{t',0}=0.7678+0.0376=0.8054$mV。

根据$\varepsilon_{t_2,0}$的值，得出$t_2=21$℃，则：

$$\varepsilon_{t'_2,0} = \varepsilon_{t'_2,t'} + \varepsilon_{t',0} = 0.7110 + 0.0376 = 0.7486\text{mV}$$

根据$\varepsilon_{t'_2,0}$的值，得出$t'_2=19.5$℃。

因此，表压为10kgf/cm^{2}时，热电偶测得的温度用绝对温标表示为$T_2=273+t_2=$ 294K。表压为8kgf/cm^{2}时，热电偶测得的温度用绝对温标表示为$T'_2=273+t'_2=292.5$K。

因此，表压为10kgf/cm^{2}时，出口气流温度为：

$$T_1 = 294\frac{1}{1+0.2\times0.98\times1.85^2} = 176\text{K}$$

同样：

$$T_1' = 292.5\frac{1}{1 + 0.2 \times 0.98 \times 1.85^2} = 175\text{K}$$

根据马赫数 $Ma = 1.85$，从气体绝热函数表查得 $T/T_0 = 0.59365$。

将计算得的气流温度 T_1 和 T_1'，连同压强 p_1 和 p_1' 的绝对值代入流量的修正公式。因此，实际流量应为：

$$G_V = 6400 \times \left(\frac{9.033 \times 176}{11.033 \times 175}\right)^{\frac{1}{2}} = 5960\text{m}^3/\text{h}(\text{标态})$$

3.4.3　管道内部压力损失的测量

确定氧枪输氧管路系统中，由快速切断阀测压点（该点压力 p 在主控室使用氧压表显示）到氧枪喷头入口前（该点压力为喷头的滞止压力即驱动压力 p_0）之间一段输氧管道的氧流压力损失。以便建立起主控室使用氧压 p_1（表压）和喷头入口处氧流滞止压力 p_0（绝对压力）之间的关系。为生产现场合理地确定氧枪使用压力提供依据。

管道流动理论告诉我们，管道压力损失包括两个方面：一是管壁摩擦损失，一是由于管路上安装的闸门等障碍物及管道截面突然变化等原因引起的流动状态变化所产生的局部损失[3]。这两类损失都与管内流体流动的速度有关。对于不同的喷头，当其设计喉道不同时，若要达到相对的流量时，氧枪内的流动速度显然不同，这样所产生的压力损失也不一样。另一种情况，对同一喷头，为适应冶炼不同时期的要求，氧流量不同，于是所用的滞止压力也不同。综合这两种情况，显然，管道损失应是喉道直径和滞止压力的函数。

测量方法：将一可变更喉道的节流头（如图 3-6 所示）焊在氧枪喷头所在位置上。在节流头入口处，用一支总压管来感受氧流的滞止压力 p_0，氧枪在转炉上氮封口附近开吹，在主控室调节不同的氧压，用两块标准压力表，一块与快速切断阀后测压点相连接，一块与装在节流头入口处的总压管相连接，分别测量压力 p 与 p_0。实验时通过三台对讲机，同时记录测点压力和喷头前滞止压力以及主控室内的工作压力表上的压力和流量。对不同喉道的节流头，在不同的氧压下逐次测量。

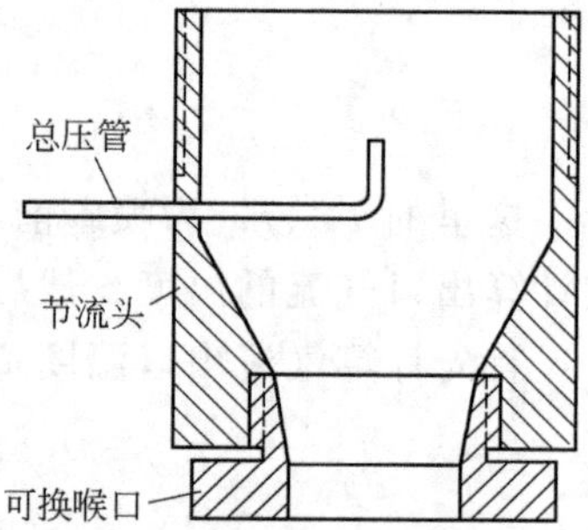

图 3-6　管道压力损失测量用节流头示意图

数据处理可采用作图表示（以测点滞止压力 p_1 为横坐标，以喷头入口处滞止压力 p_0 为纵坐标，喷头当量喉道为参数作图）或公式表示（为简练而有效地表示喷头入口前滞止压力与快速切断阀后测压点压力 p_1 之间的关系，根据实验结果用实验公式 $p_0 = \alpha p_1 + \beta$ 表示，式中 α、β 为常数，由实验测定值确定）。

3.5　流股动压衰减规律的测定

氧气顶吹转炉所用的喷头出口马赫数一般在 1.5 ~ 2.3 之间，是用超声速氧气射流吹向熔池。氧气流股对熔池的冲击力是由氧气流股的动压来决定的。动压的大小与氧气穿透钢液的深度有关，一般叫做冲击深度。合理的冲击深度，对熔池搅拌均匀，提高炼钢效率有利。因此，在实验室测量喷管的动压衰减规律，为现场提供有利于枪位操作的数据是很必要的。

管射流的气流到达熔池表面时，由于气流的动压力（冲击力）作用，必然对渣层和铁水冲一坑。为了估算冲击深度，假定在熔池表面选一面积元 ΔA，气流到达该面时，其密度为 ρ，速度为 v，假定 v 的方向垂直于面积元 ΔA，则作用于 ΔA 上的冲击力为 $\rho v^2\Delta A$，方向垂直于面积元 ΔA 指向液体内。气体进入液面后，必然受到渣液和铁水对它的阻力，这个阻力就是液体对气体的上压力。如果忽略气流与渣液和铁水之间的摩擦阻力。设渣的重度为 $\gamma_1(\rho_1 g)$，厚度为 L_1，铁水的重度为 $\gamma_2(\rho_2 g)$，气流穿入铁水的深度为 L_2，则当气流向下的冲击力与渣液和铁水对它向上的阻力相等时，气流不再向下穿透，因而有：

$$\rho v^2\Delta A = L_1\gamma_1\Delta A + L_2\gamma_2\Delta A \tag{3-35}$$

将渣液对气流的上压力折合成铁水对气流的上压力，则有 $L_1\gamma_1\Delta A = L'\gamma_2\Delta A$，代入上式，得：

$$\rho v^2\Delta A = (L' + L_2)\gamma_2\Delta A = L\gamma_2\Delta A \quad 或 \quad L = \frac{1}{\gamma_2^2}\rho v^2 \tag{3-36}$$

上式说明，气流穿入铁水的深度与铁水的重度成反比，与气流在液面上的动压成正比。

由于铁水的密度基本保持不变，因而气流对熔池的冲击深度，主要取决于气流的动压。喷管设计时，选择合理的马赫数并能合理掌握枪位操作，使到达熔池面上的气流既有较大的冲击面积又有合理的冲击深度，从而有利于炼钢生产。

3.5.1 动压衰减的测定

实验室测定动压是在室温条件下进行的，而且气体向大气喷出，与转炉内高温条件及向稀薄的炉气喷出氧气射流是有较大差别的。把实验室测得的结果与现场使用的效果结合起来，经过反复多次检验，可以找到一定的规律，通过冷态实验能初步判断被测喷头的优劣。

动压衰减的测定方法，严格地说，要用总压管和静压管在喷管出口几何中心线上同一点测量总压和静压，从而得出该点的动压，用同样的方法测距出口不同距离的点，得出不同的动压值，然后作动压随离出口距离而变化的曲线，即为动压衰减曲线。

通常用 x 表示离喷管出口的距离，d_*(d_t) 为喷管喉口直径（或喉口的等效直径）。用无量纲长度 x/d_* 为单位，表示测压点与出口间的距离。气体流股在 $x/d_* = 30$ 左右时，气体的静压与周围大气压差别不大，若用 U 形管测压，当开口管与大气相通时，总压管与 U 形管的另一口连接，则 U 形管内水银柱两管的液面高度差，便可认为是气流的动压。

由于转炉炼钢的枪位操作基本上在 $40x/d_*$ 左右变化，因此，实验室一般在 $x/d_* = 30\sim60$ 范围内测量动压衰减的变化，测量得到的动压值，便能得到该喷头某孔的动压衰减曲线。单孔和多孔（3、4、5、6、8 孔）喷头的动压衰减曲线的测量方法是相同的，例如对三孔喷头而言，可以选择其中一个喷口作为测量对象，进行动压分布的测量，然后绘制动压衰减曲线。对不同喷头的动压衰减曲线，进行比较，可以判断喷头的优劣。例如，在相同的 x/d_* 无量纲距离的条件下，或以 $x/d_* = 40$ 为基准，三喉式喷头的动压总是比单三式喷头的动压高，因此，反映到熔池中，前者的冲击深度将比后者的深。当然，喷头的好坏，不仅仅决定于动压的衰减情况，还与冲击面积和有效冲击面积以及流股引射情况等因素相关。

3.5.2　流股径向的动压分布特征

氧气顶吹转炉炼钢，氧气流股到达熔池液面时，可以有较大的速度，而且在射流径向的一定范围内，动压的分布比较均匀，以使在氧气流股的冲击下，熔池液面形成一定的凹陷深，而且凹陷较平坦，凹陷面积较大，这有利于射流对熔池的搅拌作用和增大氧与铁水间的作用面积，使由凹陷流出的氧气，有可能铺展在熔池液面较大的范围内，对提高氧气的利用率和缩短冶炼时间是有好处的[4]。因此，在实验室的条件下，有必要进行流股在射流中心线上，不同截面处的流股径向的动压分布曲线的测量。根据实验数据，射流距出口 $40x/d_*$ 的流股径向的动压分布曲线比较平坦，径向分布宽度也较大，且具有较大的动压。$50x/d_*$ 处的曲线平坦，径向分布宽度也大，但动压较低，冲击深度不如 $40x/d_*$。

对于三孔或多孔喷头可以对其中任意一个孔，在 $x/d_*=30$、40、50 和 60 的截面处，测其动压分布的数据，同样，可以绘制在流股中心线径向的动压分布曲线。

3.5.3　流股刚性角的测量

所谓流股刚性就是指流股中心压力的峰值连线与喷头集合中心压力的峰值[5~7]，可以用几何方法得出流股刚性角度。

图 3-7 为三种氧枪喷头流股刚性随距离的变化。流股刚性角也是判定喷头优劣的指标之一。这是因为刚性角变化可以表明氧气流股自喷头喷出后向几何中心线扩张或收缩情况，流股刚性好、角度变化小，可以保证作用在熔池上的流股具有一定速度或不至于合为一股，而保持较大的冲击面积。

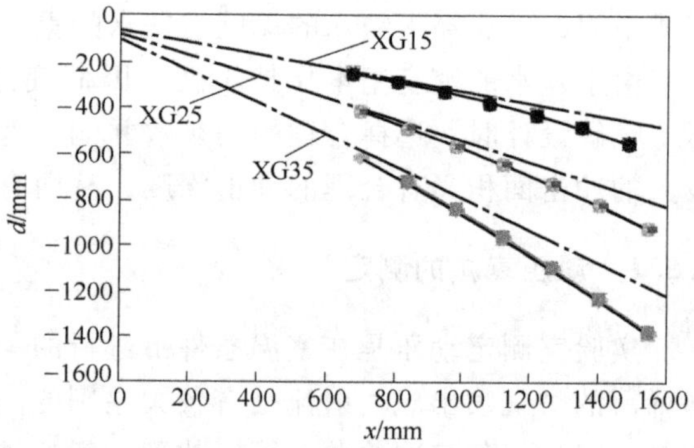

图 3-7　气流流股刚性随距离的变化

3.6　冲击面积和有效冲击面积的测定

在氧气流股的冲击下，熔池面上形成凹坑，射流对熔池的机械搅拌作用，与喷头射流流股的动压在截面上的分布有关。为了提高氧气射流对熔池的搅拌作用，有必要在实验室条件下，测定喷管射流的冲击面积和有效冲击面积。当然实验室是在室温条件下进行的冷态试验，它与炉内高温条件是很不相同的，因而实验得出的数据，仅能定性地反映炉内氧流动压的分布情况。

所谓冲击面积是指氧气流股与熔池液面（渣面）接触的面积。有效冲击面积的定义各不相同，其中，一种定义为气流与液面接触时其动压为 30mmHg（4.0kPa）以上的面积为有效冲击面积，这时，氧气流股可以吹开渣层与铁水发生机械和化学作用[8~10]。

冲击面积的测定方法，是用总压排管在距出口 $40x/d_*$ 的截面上测定动压的径向分布。考虑到气流静压与大气压很接近，用 U 形管压力计测量的压差，即为气流的动压。将测压排管的零号管正对喷管几何中心点（通常叫喷头的鼻子尖），管的单号或双号则分别在零号管的两侧。排管位置调好之后，保持不动，被测喷管可以绕定轴转动，每转 15°测一次，共测 12 次就可得到截面上动压径向分布图。然后将数据在平面极坐标图上表示出来。极坐标的圆心是零号管的位置，即喷嘴几何中心正对的点。同心圆的半径与零号管和两侧的管之间的距离成比例。极坐标图中两半径之间的夹角为 15°，即与每次喷头转动的角度相同。将动压为零的点连接成光滑的封闭曲线，曲线所包围的面积，就是流股在该截面上的冲击面积，可用测面积的仪器测量出来。把动压为 36mmHg（4.8kPa）的点连接起来，形成 3 个闭合曲线，这就是喷头 3 个流股的有效冲击面积。对于 3 孔喷头来说，氧气流股冲击熔池时能够完全分离，使熔池中形成 3 个反应区，对于氧和铁水之间的机构和化学作用是有利的。

所谓冲击半径是指流股中心（动压最大点）与喷头几何中心线交于液面上的点之间的距离。3 孔喷头的 3 股射流愈开，流股就有较大的冲击半径，即极坐标的原点与有效冲击圆的圆心之间的距离较大[11,12]。反映在转炉内，则是吹炼时熔池所形成的 3 个凹坑中心的同心圆的半径。另外，常把有效冲击面积的等效圆的半径叫做有效冲击半径。

当然，上述的测量是原始方法，目前，通常使用计算机可以非常方便地绘出和计算冲击面积、有效冲击面积和相应的冲击半径、有效冲击半径。

3.7 流股引射量和引射系数的测定

喷头形成超声速射流时，由于射流与周围静压空气间发生动量交换，使四周连续不断地有气体进入射流区，所以在流股的边界处，气流的径向速度不为零，而且该速度的方向是从外面进入流股区里面[13,14]。

由于射流流股对周围静止空气的这种引射作用，流股沿射流方向质量流量不断增加，图 3-8 表示流射的引射情况。

氧气流股射到熔池的过程中，也会把炉气卷入，从而冲淡氧的浓度。因此，在喷管使用前测量其射流时，对周围气体的引射程度，可为现场提供参考。

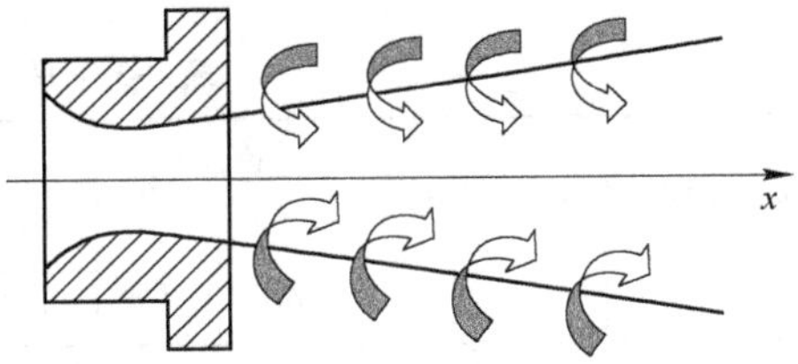

图 3-8 超声速气体流射的引射示意图

测定射流的引射程度的方法是测量射流各截面气体的流量。设气体在喷管出口时质量流量为 $(G_m)_0$，距出口为 x 的截面，流过气体的质量流量为 $(G_m)_x$，则气体在射程为 x 的引射量为：

$$\Delta G_m = (G_m)_x - (G_m)_0 \tag{3-37}$$

即从喷管出口到距出口为 x 的截面之间增加的气体质量流量。并且定义引射系数为：

$$\alpha = \frac{(G_m)_x}{(G_m)_0} \tag{3-38}$$

射流某一截面的流量 $(G_m)_x$ 的测定方法和步骤如下：

(1) 测量截面上某一位置总压的径向分布，在测总压的点测静压，相同位置的总压与静压比 p_0/p，从绝热气流表中查出相应的马赫数，得到马赫数的径向分布。

(2) 测量总压和静压的测量点测气流的温度，用热接受器测时，$T_1 = 273 + t_1$，用式 (3-18) 计算气流温度 T。

(3) 根据质量密流的公式计算各测量点的密流(kg/(m · s)):

$$\rho v = \sqrt{\frac{\kappa}{R}}\frac{Map}{\sqrt{T}} \tag{3-39}$$

式中,ρ 为测量点气体的密度,kg/m³;v 为测量点气体的速度,m/s;Ma 为测量点气流马赫数;p 为测量点气流的静压(绝对),kgf/m²;T 为测量点气流的温度,K;R 为气体常数,对于空气 $R=29.27$kgf · m/(kg · K);由于 1kgf = 9.8kg · m/s²,上式经单位换算后,可得:

$$\rho v = 0.6864\frac{Map}{\sqrt{T}}$$

(4) 作密流在径向上的分布曲线,得到计算平均密度 $\overline{\rho v}$ 公式:

$$\overline{\rho v} = \frac{\int_0^{r_1}\rho v\mathrm{d}r}{r_1} \tag{3-40}$$

式中的右项可用求面积的仪器,计算曲线与纵横坐标轴包围的面积,再用 r_1 除,就可以得到平均密流的数值。

(5) 流股的截面积乘平均密流便得到该截面的气体质量流量。

(6) 用式(3-37)和式(3-38)就可算出引射量和引射系数。

考虑到结合现场氧枪高度,一般测量的距离 $x=40d_*$。表 3-1 为用上述方法测定的两个喉口直径相同、马赫数不同的单孔喷管引射量和引射系数。

表 3-1 马赫数不同的单孔引射程度表

截面距离 x/d_*	测试表压 /MPa	出口流量 $(G_m)_0$ /kg · h⁻¹	平均密流 /kg · m⁻² · s⁻¹		$(G_m)_x$/kg · h⁻¹		ΔG_m/kg · h⁻¹		引射系数 α	
			1 号	2 号	1 号	2 号	1 号	2 号	1 号	2 号
40.00	0.30	753	32.0	39.3	3610	3640	2857	2887	4.80	4.84
	0.50	1128	49.5	49.2	4480	4500	3352	3372	3.98	3.99
	0.70	1506	73.2	69.5	5260	5010	3754	3504	3.49	3.33
	0.90	1880	83.5	79.0	6000	5680	4120	3800	3.18	3.02

注:1 号喷头 $Ma=1.99$,2 号喷头 $Ma=1.53$。

对于 3 孔或多孔喷管,可以任选一个喷孔测密流的径向分布,用上述方法求密流的平均值,再与总的截面积(冲击面积)相乘,就近似地作为该截面流过的气体质量流量,其余计算方法完全相同。

3.8 用光学方法观察流股的结构

超声速喷管射流是湍流射流,在射流过程中,不断地有气体卷入流股并且互相混合,根据理论和实验的结果,可以将超声速气体湍流射流的结构大致分为下面三段:

(1) 有激波结构的超声速混合段。在这一段上,射流中心线上气流的静压波动较大,射流流股不但沿射流方向上有较大的压力梯度,而且在与射流方向垂直的径向上也有压力梯度,用光学方法可以观察到一串激波结构。

（2）无激波结构的超声速混合段。这一段到射流中心线上气流马赫数 $Ma=1$ 的区域，由于流速比声速大得不多，不会出现激波结构，用光学方法观察不到激波结构。但它并不是亚声速流股，因此称之为无激波结构的超声速混合段。

（3）亚声速混合段。气流流速低于声速的射流区段统称为亚声速混合段，炼钢时冲击在熔池液面的气流属于亚声速气流。

通常把有激波结构与无激波结构的超声速混合段称为射流超声速核心段。图 3-9 为超声速射流流股结构的示意图。

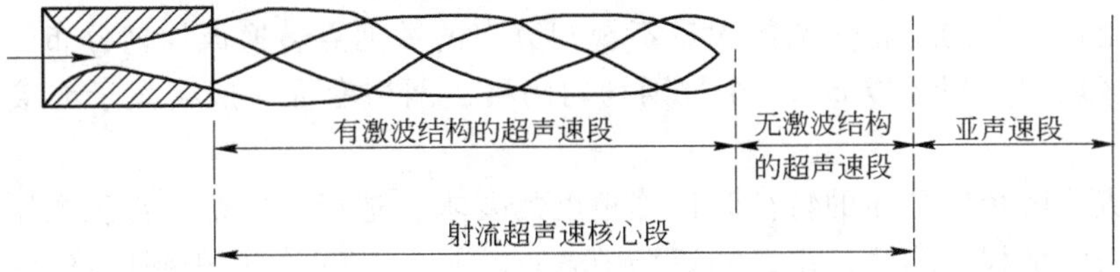

图 3-9 超声速流股结构示意图

用光学方法可以观察超声速射流的激波，其光学方法可分为干涉法、纹影法和阴影法三种。实验室采用阴影法，可以观察从喷头喷出的射流流股有激波结构的超声速段的全貌，操作和设备较简单，效果也不错。

阴影仪是可用 400W 的全反射灯泡作光源，用一双凸透镜将光源聚焦成一点光源后，照射流股成像，投影在屏幕上，从幕上能够观察到流股的激波结构。并且可以用普通照相机将激波结构照相保留下来，便于分析和对比。

3.9 三维多股射流流场的图形处理

本章 2 ~ 8 节所述的方法和测试内容主要是以原北京钢铁学院氧枪测试装置为基础进行的描述和总结。由于研究手段、方法的局限和计算机应用的限制，只能以手工在二维坐标系中进行，实测数据约达 2 万之多，人工对此进行统计、平均、插值及线性化等处理使工作非常繁杂，不仅费时耗力，而且处理结果常常不尽如人意，精度和效率都相当低，不能解析多股射流流场的分布情况。目前，中国科学院过程工程研究所已建立了计算机控制的多点压力快速扫描在线测量的大型氧枪测试系统，使射流流场的实测系统配以先进的数据和图形处理系统，来较好地描述三维多股射流流场的特性。可以参考和借鉴 Surfer 三维图形处理软件，开发新型的多股射流三维流场的数据、图形处理系统，基本实现射流流场数据、立体图形处理，为研究氧枪喷头多股射流流场特性提供了快速、可靠的处理结果。

3.9.1 网格化

为了研究多股射流流场的特性，根据转炉冶炼的要求，主要需测试如下内容[15]：

（1）某一喷孔射流中心线上的速度（总压、静压）分布，反映射流对熔池冲击深度的影响；

（2）多孔氧枪几何轴线上的速度（总压、静压）分布，以反映各股射流之间的相互影响和负压区大小；

（3）不同枪位的横截面上射流速度（总压、静压）等值分布，形象地描述不同枪位下某一射流冲击速度（压力）的冲击范围和大小；

（4）不同枪位下射流速度（压力）分布的立体图，可直观地反映多股射流流场分布的立体形态特征；

（5）某一射流中心线相对于该喷孔几何轴线的偏移和轴向幅面的速度分布，描述多股射流间的相互抽引和偏转情况，并可由此确定射流冲击点的位置。

上述（1）、（2）两项比较简单，尚可从实测数据中方便地找出对应的数据绘成图，而其他三项就必须借助数据、图形处理系统才能迅速、准确地完成。

网格化处理的目的是将实测的大量不规则分布的数据点转换成均匀分布的网格数据文件。在预定区域内，划分成 $m \times n$ 个规则均匀网格，网格密度一般稍大于或接近实测布点的密度。

根据射流速度径向分布的特征和计算精度的要求，选择一网格点与某数据点间距离平方的倒数为权的加权平均法，由已知流场中各点（x，y，z）插值得到网格点上的数据值。考虑到数据点离网格点的距离越远，则对该网格点的值影响越小，计算中可根据指定区域大小和布点密度与网格密度的比例选取适当的搜索半径和最近搜索点的数目 n，以保证网格化处理时计算精度和速度的良好统一。

3.9.2　流场图形的处理

由实测所得横截面上各测点的总压和静压，或由下式换算成流场中各点的速度[16]：

$$u = \sqrt{2RT\frac{\kappa}{\kappa-1}\left[\left(\frac{p_t}{p_{st}}\right)^{\frac{\kappa-1}{\kappa}} - 1\right]}$$

编制相应的程序将实测流场数据旋转，以得到整个横截面上的速度场，作为图形处理的基本数据文件。

由以上数据文件进行网格化计算，并进行适当处理，即可形成所要求的等值线图，如图 3-10 和图 3-11 所示。

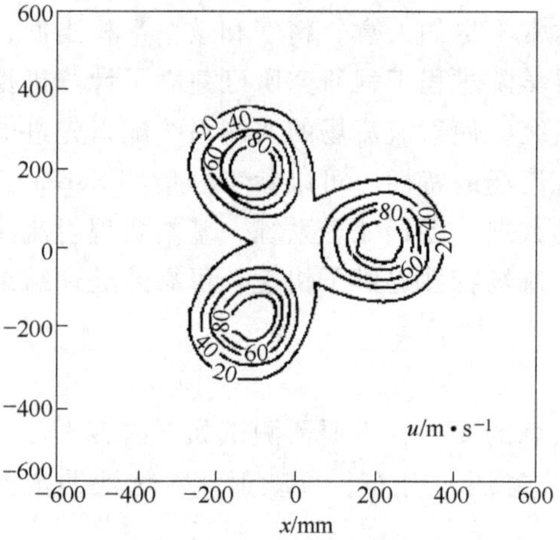

图 3-10　3 孔喷头速度等值线图

（$p = 0.7$MPa，$H = 1.0$m）

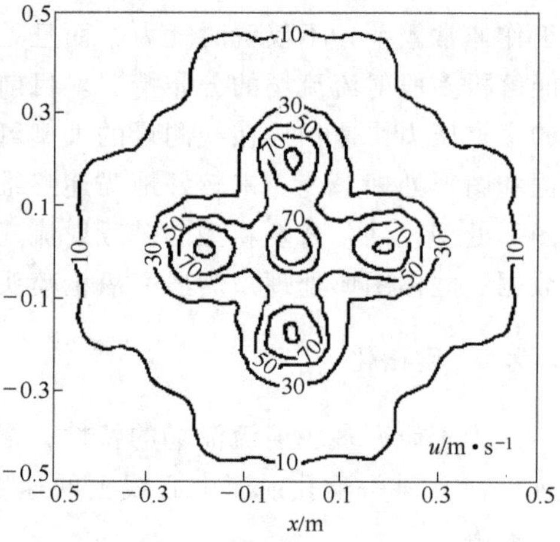

图 3-11　5 孔喷头速度等值线图

（$p = 0.8$MPa，$H = 40D_e$）

由等值线图可了解不同冲击速度所包围的射流冲击区域的大小和各冲击区域分布是否合理，以便调整或改进氧枪的设计和操作参数。由图 3-10 可见，20m/s 的等速度基本上连在一起，表示低速区内射流间的相互干扰较大。40m/s 以上各等速线基本上各自独立，说明高速区诸股射流间的相互干扰较小，有利于充分发挥氧枪射流的冲击搅拌作用。另外，还可由等速线图了解某枪位下射流是否会冲刷炉壁。图 3-11 为给宝钢 300t 转炉设计的 5 个主孔、8 个副孔的二次燃烧喷头的 1/3 模型实验结果。由图可见，在 0.8MPa、$H=40D_e$下，10m/s 等速度线的冲击半径不大于 0.5m，即实际喷头 10m/s 的冲击半径不大于 1.5m，远小于炉膛半径 3.337m，表明该二次燃烧喷头的氧气射流不会冲刷炉壁而影响炉衬寿命。

根据需要，还可由上述网格数据文件，采用逐步叠加法，计算出任一等值线所包围的面积，定义为射流的冲击面积。

为了直观地反映多股射流速度分布的立体形态，可进一步由网格文件做出三维流场的立体图（图 3-12 和图 3-13）。由此可直观地看出某一截面射流的分布情况，并由沿 z 轴各“山峰”逐渐变细得知，射流冲击速度越大，对应的冲击面积越小。

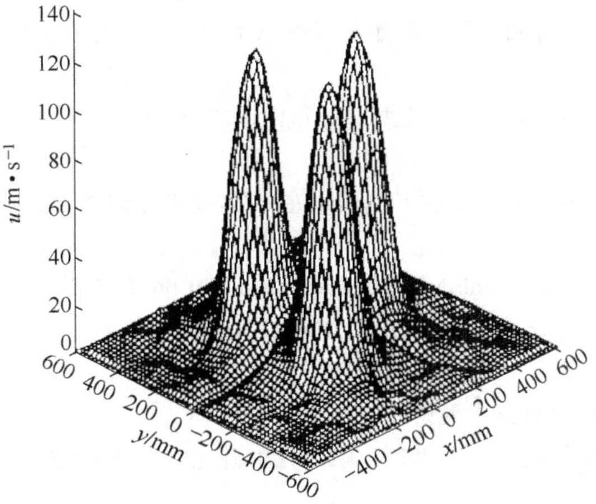

图 3-12 3 孔喷头速度分布立体图

（$p=0.7$MPa，$H=1.0$m）

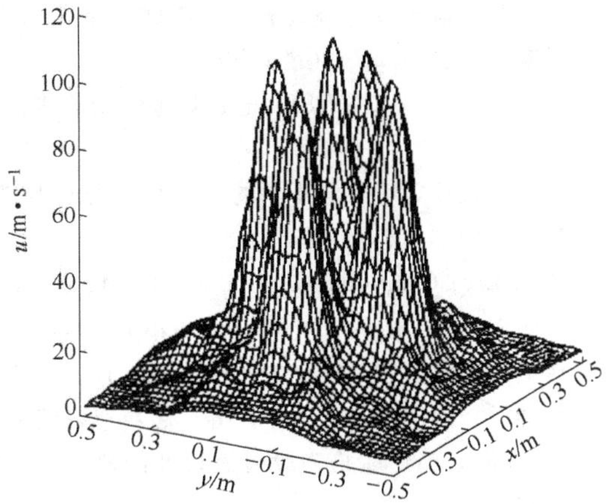

图 3-13 5 孔喷头速度分布立体图

（$p=0.8$MPa，$H=40D_e$）

根据不同枪位下，通过某一喷孔中心轴向截面上的实测数据，重新进行速度转换和相应的网格化计算，处理后即可得到某一射流中心线偏转轨迹图（图 3-14）。由图可见，由于多股射流间的相互抽引，多孔喷头某一射流中心朝着喷头几何轴线的方向偏转，且随枪位的增加偏转程度也增加。

三维流场数据、图形处理系统与氧枪流场快速测量系统配合，实现了测试系统的高度自动化、高速度和高效率。该系统操作简便，数据处理量大，绘图功能强，数据处理迅速可靠。根据需要进行数据处理可完成各种等值线、剖面图、立体图及直方图等多种图形。具有较强的编辑、显示和打印等功能。不仅适合氧枪喷头多股射流的研究，也可以应用于其他三维流场的数据和图形处理。

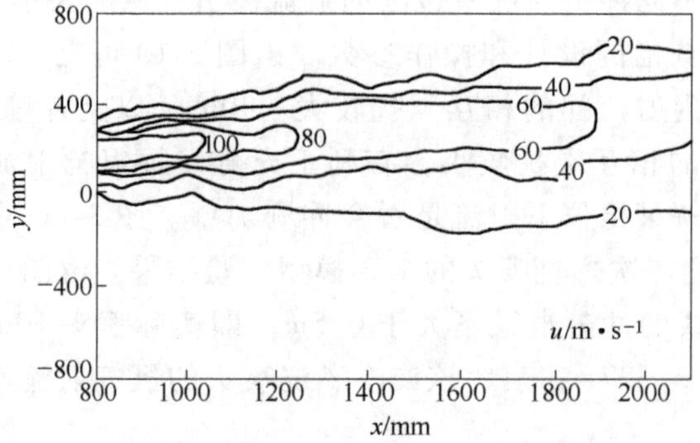

图 3-14　3 孔喷头某一射流中心线偏转图

参 考 文 献

1　潘文全，主编．流体力学基础，上、下册．北京：机械工业出版社，1980

2　夏皮罗 A H，著．可压缩流的动力学与热力学，上册．陈立子，等译．北京：科学出版社，1966

3　吴凤林，蔡扶时，编著．顶吹转炉氧枪设计．北京：冶金工业出版社，1982

4　万天骥，陈允恭，等．氧气顶吹转炉单孔和三孔喷头射流总压、静压和温度脉动的比较．北京钢铁学院学报，1982，4（增）：28

5　袁章福，等．CONSTEEL 电弧炉炼钢用碳氧枪水模型冷态试验和应用．特殊钢，2005，3（26）：9 ~ 11

6　袁章福，等．用于电弧炉的碳氧枪及复合喷头．鉴定会材料．西宁：青海省科学技术厅组织鉴定，2004（内部资料）

7　Mark Lee，Grant Caffery，Neil Molloy. Metallurgical performance of the water-cooled lance at the BHP Sydney Steel Mill（A physical modeling study）. Scandinavian Journal of Metallurgy，2001，30：220 ~ 224

8　传输原理教研室．冶金单元操作及设计．北京钢铁学院，1983（内部资料）

9　张春霞，蔡志鹏，马恩祥，等．超声速射流冲击面积的研究．钢铁，1994，9（8）：15

10　张春霞．转炉氧枪多股射流特性的研究：［博士学位论文］．北京：中国科学院化工冶金研究所，1994

11　杨文远，等．大型转炉多孔喷头射流与熔池作用的水模研究．钢铁，2004，3：16 ~ 19

12　［日］鞭岩，森山昭，著．冶金反应工程学．蔡志鹏，谢裕生，译．北京：科学出版社，1981

13　转炉喷枪实验小组．紊流射流．北京钢铁学院，1974（内部资料）

14　［美］舍克里 J，著．冶金中的流体流动现象．彭一川，徐匡迪，樊养颐，译．萧泽强，校．北京：冶金工业出版社，1985

15　蔡志鹏，梁云，张春霞，著．化工冶金模型实验研究及测试技术．北京：冶金工业出版社，2001

16　张春霞，涂鸿，蔡志鹏．大型转炉氧枪多股射流三维流场的数据与图形处理．钢铁研究学报，1996，8（3）：47 ~ 51

4 喷头射流的特性

气体或液体射流在许多金属冶炼过程中起着重要的作用。当气体或液体经由喷嘴射到一个足够大的空间中去，由于它脱离了原来限制它的环境，而在这一空间中继续扩散流动，这种流动称为射流。射流系统的一些主要应用如图 4-1 所示。由图可见，这些射流系统包括氧气顶吹转炉炼钢、铜吹炼、连续铸锭以及由水射流冲击的带钢冷却[1]。

从物理意义上来看，如果流体自喷管或孔口喷进由相同流体组成的静止介质中，那么就会观察到形式上最简单的射流流动。射流沿流动方向是逐渐变宽的，这是由于运动流体逐渐带动周围介质一起运动的缘故。

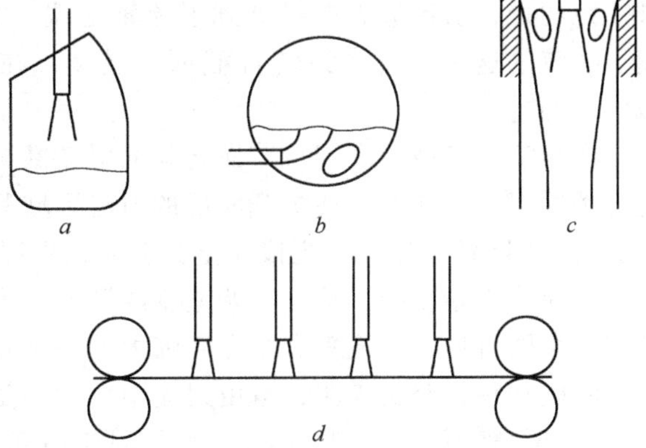

图 4-1　射流系统在冶金过程中的应用示例

a—氧气顶吹转炉炼钢；*b*—铜吹炼；*c*—连续铸锭；*d*—轧钢中钢材的冷却

4.1　湍流自由射流

自由射流的示意图如图 4-2 所示，当流体由喷嘴射入静止介质，而周围介质和射流必须是同一流体，这种射流称为自由射流或自由流股。假设气体自直径为 d_0 的喷嘴以初始速度 v_0 流出，其方向取为 x 轴方向，并在管嘴出口截面上速度分布是均匀一致的。

研究自由射流的特性时，最有意义的是确定射流的形状以及射流内的速度分布。自由射流可以分为层流自由射流和湍流自由射流，在绝大多数工艺过程中所涉及的都是湍流射流。

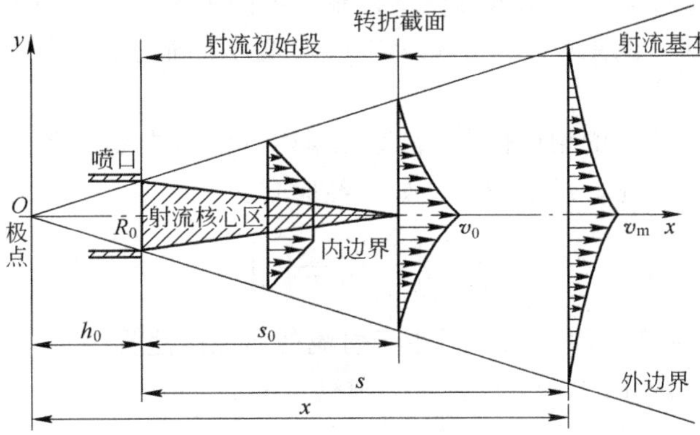

图 4-2　自由射流示意图

4.1.1　等温自由射流的特性

质点的横向脉动速度使其与周围介质间进行质量和动量交换，引起或带动周围介质流动，结果使射流的质量增加，射流宽度加大，并且射流本身的速度逐渐减小，最后消失在周围介质中。射流具有抽引周围介质进入其内部的能力，称为引射作用[2]。

射流有外边界和内边界，射流内边界之间的区域称为射流边界层。射流边界层是随着 x 方向的增长而向两边扩展，一边向外扩展，引射更多的周围介质进入边界层；一边向内扩展，进一步消蚀保持初始速度的区域。这样，沿 x 方向距离越大，射流边界层越宽。在某一距离处，射流边界层扩展到射流轴心线，只有射流中心一点处的速度仍保持初始速度。射流的这一截面称为转折截面。显然，在转折截面之后，射流中心速度要开始衰减[3~5]。

在管嘴出口截面和转折截面之间的射流区域称为射流的初始段。在初始段，射流中心速度都等于初始速度。转折截面后的射流区域称为射流的主段。在主段，射流中心速度沿 x 方向不断降低。射流的主段完全为射流边界层所占据。

在射流初始段中，具有初始速度的区域称为射流核心区。射流外边界的交点称为射流极点，由图可见，射流极点是在管嘴内的一个几何点。

实验和理论分析表明，自由射流中，任一截面上横向速度 v_y 与轴向速度 v_x 相比是很小的，可以忽略不计，因此 $v = v_x$，而且射流内部的静压强等于周围介质的静压强。

在自由射流中，速度、温度和浓度分布具有相似的性质，可用与雷诺数无关的普遍无因次剖面表示，这种特性成为自由射流的自模性。

4.1.2　轴对称射流的流动

对于圆形管嘴流出的轴对称射流，其射流核心区是一个以出口截面为底面积，射流初始段长度为高的圆锥体。图 4-3 给出了轴对称射流的主段不同截面上的速度分布。由图可见，射流的速度分布曲线是逐渐变化的，距出口越远，速度分布越平坦，射流宽度越大。如果把这些速度分布曲线画在无量纲坐标上，纵坐标用 v/v_m 表示，其中 v_m 为射流中心速度，v 为同一截面上射流中心外某一点处的速度；横坐标用 $y/y_{0.5}$ 表示，其中 y 为该点的横向位置，$y_{0.5}$ 为该截面处速度为中心速度的一半，即为 $0.5v_m$ 点的横向位置。

图 4-4 示出轴对称射流主段无量纲速度分布。由图可见，各截面上的全部实验点都落在一条曲线上。这表明射流主段中一切截面上的速度分布都是相似的，即自由射流的自模性。

射流各截面上速度分布的相似性[6,7]，即无量纲速度分布是一条曲线，表明可以用一个通用的数学表达式来描述，经整理得到如下经验式：

$$\frac{v}{v_m} = \left[1 - \left(\frac{y}{R}\right)^{\frac{3}{2}}\right]^2 \tag{4-1}$$

式（4-1）不仅适用于射流主段，而且适用于射流初始段的边界层。

如果周围介质不是静止的，即 $v_a \neq 0$，则有：

$$\frac{\Delta v}{\Delta v_m} = \left[1 - \left(\frac{y}{R}\right)^{\frac{3}{2}}\right]^2 \tag{4-2}$$

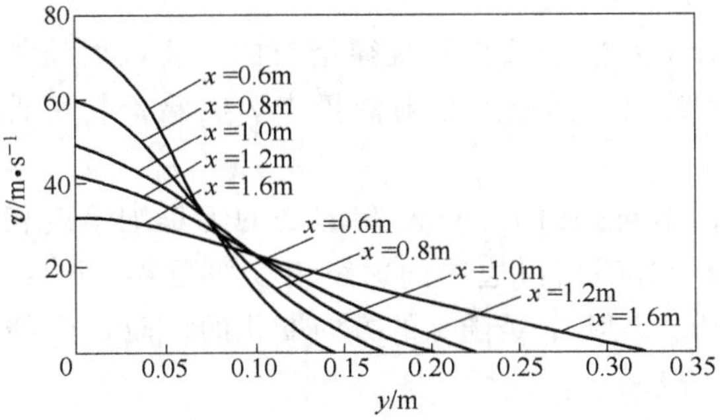

图 4-3 主段不同截面的速度分布

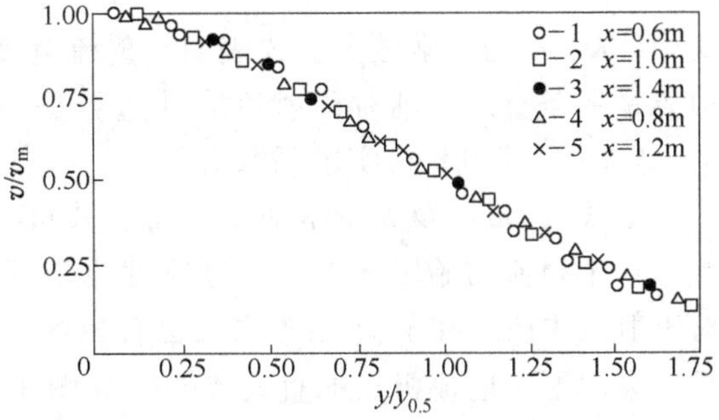

图 4-4 主段无量纲速度分布

式中，$\Delta v_m = v_m - v_a$；$\Delta v = v - v_a$；v_a 为周围介质的流速。

根据式（4-1）可分析轴对称湍流射流各参数沿 x 轴的变化规律，由此推导出必要的计算式，以便工程计算应用。

由普朗特混合长度的假设可知，$v_x' = l\dfrac{\partial v_x}{\partial y}$，而 $v_y' \sim v_x'$，即 $v_y' \sim l\dfrac{\partial v_x}{\partial y}$。由于射流的扩展效应是横向脉动速度造成的，因此：

$$\frac{\mathrm{d}y_b}{\mathrm{d}t} \sim v_y' \sim l\frac{\partial v_x}{\partial y} \tag{4-3}$$

式中，y_b 表示射流截面的横向尺寸，即宽度的一半。

假设在射流截面上的无量纲混合长度是相等的，即：

$$\frac{l_1}{y_{b1}} = \frac{l_2}{y_{b2}} = \cdots = 常数 \tag{4-4}$$

另外，根据自由射流各截面上的速度分布相似性，可得：

$$\frac{\partial v_x}{\partial y} \sim \frac{v_m}{y_b} \tag{4-5}$$

从上述三式可得：

$$\frac{\mathrm{d}y_b}{\mathrm{d}t} \sim \frac{l}{y_b}v_m \sim v_m \tag{4-6}$$

而 $\dfrac{\mathrm{d}y_b}{\mathrm{d}t} = \dfrac{\mathrm{d}y_b}{\mathrm{d}x}\dfrac{\mathrm{d}x}{\mathrm{d}t} = \dfrac{\mathrm{d}y_b}{\mathrm{d}x}v_x$，再一次利用速度分布相似性，即 $\dfrac{v_x}{v_m} = 常数$，上式可改写成：

$$\frac{\mathrm{d}y_b}{\mathrm{d}t} \sim \frac{\mathrm{d}y_b}{\mathrm{d}x}v_m \tag{4-7}$$

比较式（4-6）及式（4-7）可看出 $\dfrac{\mathrm{d}y_b}{\mathrm{d}t} = 常数$，即 $y_b = x \times 常数$。这样由式（4-4）可得混合长度 $l = x \times 常数$。因而：

$$y_b = Kx, \quad l = Cx \tag{4-8}$$

式中，K、C 均为常数。上式表明，射流宽度沿 x 方向是按直线规律增长的。所以射流外边界是一条直线，轴对称射流的外边界是一圆锥面，其锥点是射流极点。实验资料可得 $K=3.4a$，其中 a 为实验系数。

由式（4-8）及无量纲速度分布公式可知，不同截面上，y/y_b 相同处的无量纲速度相等。对于射流初始段边界层内等速度线是开始于管嘴出口边缘的射线束，如图 4-5 所示。对于射流主段，在 y/y_b 相等之处也有相等的 v/v_m，但 v_m 是随 x 的方向变化的，而 v/v_m 线是一束起源于射流极点的直线族[8]，如图 4-6 所示。

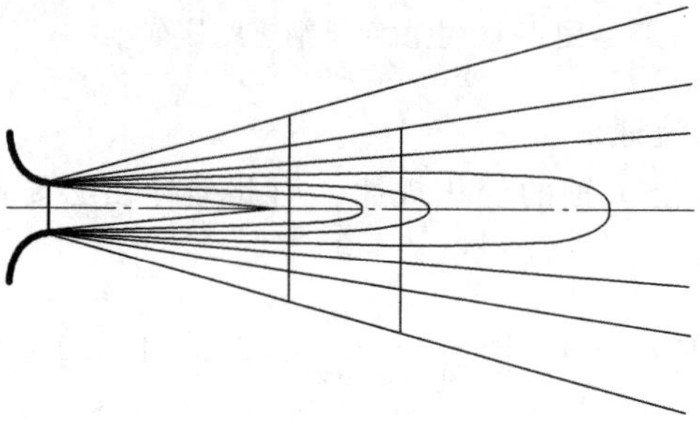

图 4-5 自由射流中的等速线

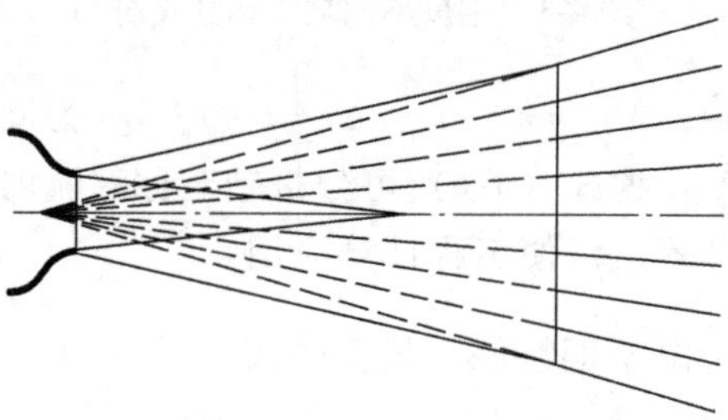

图 4-6 主段中无量纲等速线（v/v_m = 定值）

由于射流中各处压强实际上都是相等的，等于周围介质的压强，因此根据动量定理可推出，射流的任一截面上，射流的总动量应保持不变，等于管嘴出口处的初始总动量[9]，即：

$$\int_A \rho v^2 \mathrm{d}A = \pi R_0^2 \rho v_0^2 \tag{4-9}$$

式中，R_0 为管嘴出口的半径。如把上式改写成无量纲形式：

$$\int_A \frac{\rho v^2 \mathrm{d}A}{\pi R_0^2 \rho v_0^2} = 1$$

还可以改写为：

$$2\int_0^{y_b/R_0} \left(\frac{v}{v_0}\right)^2 \frac{y}{R_0} \mathrm{d}\left(\frac{y}{R_0}\right) = 1$$

$$\left(\frac{v_m}{v_0}\right)^2 \left(\frac{y_b}{R_0}\right)^2 2\int_0^1 \left(\frac{v}{v_m}\right)^2 \frac{y}{y_b} \mathrm{d}\left(\frac{y}{y_b}\right) = 1$$

将式（4-1）代入上式，注意到 $R = y_b$，得到：

$$\left(\frac{v_m}{v_0}\right)^2 \left(\frac{y_b}{R_0}\right)^2 2\int_0^1 \left[1 - \left(\frac{y}{y_b}\right)^{\frac{3}{2}}\right]^4 \frac{y}{y_b} \mathrm{d}\left(\frac{y}{y_b}\right) = 1$$

上式积分项为定积分，其值为 0.0668。有如下等式成立：

$$\left(\frac{v_m}{v_0}\right)^2 \left(\frac{y_b}{R_0}\right)^2 \times 2 \times 0.0668 = 1$$

由此得到：

$$\frac{y_b}{R_0} \approx 2.74\frac{v_0}{v_m} \tag{4-10}$$

在转折截面上 $v_m = v_0$，因此：

$$\frac{y_b}{R_0} = 2.74 \tag{4-11}$$

这表明在转折截面处，射流宽度等于管嘴出口直径的2.74倍。式（4-11）的结果与实验结果有一定的偏差，将其做适当修正：

$$\frac{y_b}{R_0} = 3.3 \tag{4-12}$$

式（4-10）变为：

$$\frac{y_b}{R_0} = 3.3\frac{v_0}{v_m} \tag{4-13}$$

将 $y_b = Kx = 3.4ax$ 代入（4-13）可得：

$$\frac{v_m}{v_0} = 3.3\frac{R_0}{3.4ax} = 0.97\frac{R_0}{ax} \tag{4-14}$$

上式表明轴对称射流中心速度与该截面到射流极点的距离 x 成反比。在转折截面处 $\frac{v_m}{v_0} = 1$，所以转折截面与射流极点的距离为：

$$x_0 = 0.97\frac{R_0}{a} \tag{4-15}$$

利用式（4-12）、式（4-15）及图4-1相似三角形原理可得：

$$\frac{y_b}{x_0} = \frac{R_0}{h_0}$$

或：

$$h_0 = x_0\frac{R_0}{y_b} = 0.97\frac{R_0}{a}\frac{R_0}{3.3R_0} = 0.29\frac{R_0}{a} \tag{4-16}$$

式中，h_0 为射流极点到管嘴出口截面的距离。

射流核心区的长度 $s_0 = x_0 - h_0$，所以：

$$s_0 = (0.97 - 0.29)\frac{R_0}{a} = 0.68\frac{R_0}{a} \tag{4-17}$$

一般工程计算中，习惯从管嘴出口截面的中心作为起始点，所以 $s = x - h_0$，即：

$$\frac{ax}{R_0} = \frac{as}{R_0} + 0.29 \tag{4-18}$$

这样，式（4-14）可改写为：

$$\frac{v_m}{v_0} = 0.97\frac{R_0}{ax} = \frac{0.97}{\frac{as}{R_0} + 0.29} \tag{4-19}$$

图 4-7 给出了按式（4-19）计算的轴对称射流中心速度沿流动方向变化曲线与实验结果的比较，说明此公式有足够的精确度。

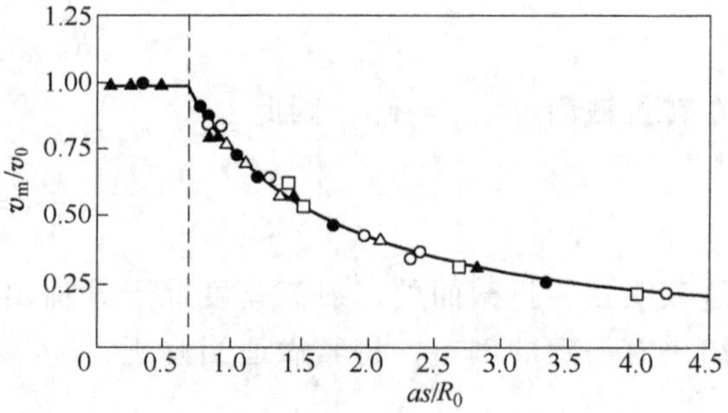

图 4-7　射流中心速度的衰减规律

对任一截面上通过的流量可按下式求得：

$$Q = 2\pi\int_0^{y_b} vy\mathrm{d}y = 2\pi v_m y_b^2\int_0^1 \frac{v}{v_m}\frac{y}{y_b}\mathrm{d}\left(\frac{y}{y_b}\right)$$

$$= 2\pi R_0^2 v_0\left(\frac{y_b}{R_0}\right)^2\frac{v_m}{v_0}\int_0^1\frac{v}{v_m}\frac{y}{y_b}\mathrm{d}\left(\frac{y}{y_b}\right)$$

因 $Q_0 = \pi R_0^2 v_0$，即初始流量，代入上式，并把式（4-1）代入上式得：

$$Q = 2Q_0\left(\frac{y_b}{R_0}\right)^2\frac{v_m}{v_0}\int_0^1\left[1-\left(\frac{y}{y_b}\right)^{\frac{3}{2}}\right]^2\frac{y}{y_b}\mathrm{d}\left(\frac{y}{y_b}\right)$$

上式定积分结果为 0. 1285。并把式（4-13）代入上式可得：

$$Q = 2Q_0 \times 3.3^2 \times \left(\frac{v_0}{v_m}\right)^2\frac{v_m}{v_0}\times 0.1285$$

整理后得：

$$\frac{Q}{Q_0} = 2.8\frac{v_0}{v_m} \tag{4-20}$$

式（4-20）需要修正，改写为：

$$\frac{Q}{Q_0} = 2.13\frac{v_0}{v_m} \tag{4-21}$$

实验证明式（4-21）与实验结果能吻合。

把式（4-19）代入式（4-21）可得到：

$$\frac{Q}{Q_0} = 2.20\left(\frac{as}{R_0}+0.29\right) \tag{4-22}$$

在转折截面处，$v_0 = v_m$，由式（4-21）得：

$$\frac{Q}{Q_0} = 2.13 \tag{4-23}$$

如以截面积去除当地流量，则得射流截面积平均流速，即：

$$\frac{\bar{v}}{v_0} = \frac{Q}{Q_0}\frac{A_0}{A} = 2.13\frac{v_0}{v_m}\Big/3.3^2\left(\frac{v_0}{v_m}\right)^2$$

化简可得：

$$\bar{v} = 0.2v_m \tag{4-24}$$

说明在射流主段中，任一截面的平均速度等于该截面中心速度的 20% 。

由式（4-13）、式（4-21）以及式（4-24）可以发现，只要测量出某截面上的中心速度 v_m 值，就可以算出该截面的宽度、流量及平均流速。

射流扩展角可由下式决定：

$$\tan\frac{\theta}{2}=\frac{y_{\mathrm{b}}}{x}=\frac{3.4ax}{x}=3.4a \tag{4-25}$$

通常 $a=0.07$，所以$\frac{\theta}{2}\approx 14°$，所以射流扩展角近似为28°。

射流核心区的收缩角由下式决定：

$$\tan\frac{\alpha}{2}=\frac{R_0}{s_0}=\frac{R_0}{0.68\,\frac{R_0}{a}}=1.47a \tag{4-26}$$

通常 $a\approx 0.07$，所以 $\alpha\approx 12°$。

上述一系列公式中都有一个需要由实验决定的系数 a，它与射流初始速度在出口截面的分布情况有关。如速度分布均匀，则 $a=0.066$；不均匀，中心速度超过平均速度10%，则 $a=0.07$；更不均匀，中心速度超过平均速度25%，则 $a=0.076$。而且，a 与射流初始湍流度 ε_0 有关，ε_0 值越大，说明射流在管嘴前已湍动激烈，具有很大的与周围介质掺混的能力。可见，ε_0 值大，射流的 a 也大，导致射流的扩展角增大，射流核心区的收缩角也变大，射流核心区缩短，射流主段各截面中心速度沿 x 方向衰减也快，同样距离内射流流量增加得也快。

4.2 单股轴对称超声速湍流射流

在化工、冶金、航天等领域内，经常遇到超声速射流。超声速射流比亚声速射流的复杂之处在于：超声速射流中存在一系列的膨胀波、压缩波和冲击波，因而具有复杂多变的流场结构[10]。对于超声速射流的实际问题，首先要搞清楚射流的结构，如射流的初始长度、射流扩展宽度以及超声速核心流长度等。

4.2.1 超声速轴对称自由射流的结构

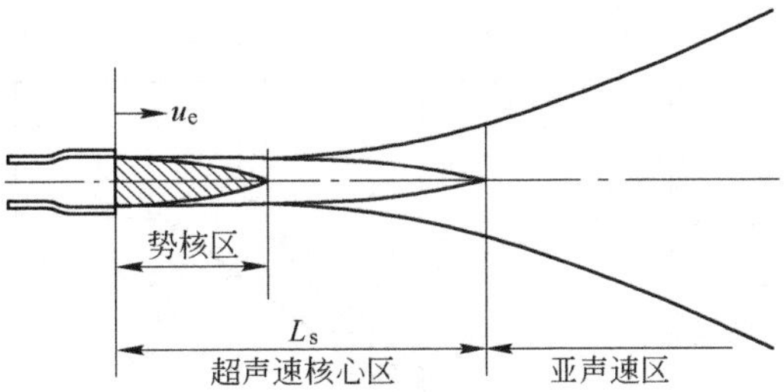

图4-8 超声速射流结构

超声速射流结构如图4-8所示。超声速射流流股可简单地划分为三个区段，即势核区、超声速区和亚声速区。前两段也有时统一称为超声速核心区[11]，后段称为超声速射流完全展开流动区[12]。靠近喷嘴出口的是势核区，各点速度 v 都等于射流出口速度，即 $v=v_e>v_a$。整个超声速核心区是由 $v\geq v_a$ 的各点构成，该区域的长度定义为超声速核心流长度 L_s，它是表征超声速射流特性的重要参数[13,14]。在超声速核心区以外的流动区称为完全展开流动区，也称为亚声速射流流动区[13]，为冶金氧枪喷头操作的常用范围。

4.2.2 超声速长度与马赫数的关系

由于超声速核心流长度可以直观描述超声速射流的速度衰减快慢，是设计和掌握超声速射流特性的关键参数。

劳福（J. Laufer）[11]根据射流在完全展开流动区湍流的动量和能量交换的假设，分析得到超声速核心流长度与马赫数的关系式：

$$L_s = 6.8 Ma_e \rho_R^{\frac{1}{2}} + \frac{X_0}{d_e} \tag{4-27}$$

式中，X_0/d_e 取自开普纳（Kapner）[15]的实验结果；ρ_R 为出口气流密度与周围介质密度之比；X_0为经验常数；d_e为出口直径。

吴凤林等[16]的实验表明：

$$\frac{L_s}{d_e} = 19.33 Ma_e - 17.348 Ma_e^2 + 6.55 Ma_e^3 \tag{4-28}$$

蔡志鹏等[12,17]用 $Ma_e = 1.0 \sim 2.5$ 的精密电铸拉瓦尔喷管，对 32 种不同尺寸的孔径和马赫数，在设计工况下采用声速探针测定，得出超声速射流长度与马赫数的关系式：

$$\frac{L_s}{d_e} = 5 + 1.878 Ma_e^{2.81} \tag{4-29}$$

等温超声速核心流长度的合理曲线如图 4-9 所示。由图可见，出口马赫数愈大，超声速核心长度愈长。蔡志鹏等人的实验曲线[12,17]和查特基建议的超声速核心流长度的合理曲线[14]相近，而且其实验范围比早期的研究范围有所扩大。安德森等人的结果比其他人的实验值均偏低，这是由于实验条件有所不同所致。安德森等人[18]使用热空气，射流的温度远高于环境温度，因此超声速核心流长度缩短。

鞭岩[19]在不同的环境温度情况下，考虑射流与环境之间由动量、热量和质量同时传递时，射流对熔池穿透深度的影响，所得结果如图 4-10 所示。随着环境温度的增加，射流对熔池的穿透深度和所形成的凹坑表面积也随之增加。也就是说，当环境温度增高，或者相对地说射流温度降低时，超声速核心流长度衰减慢。

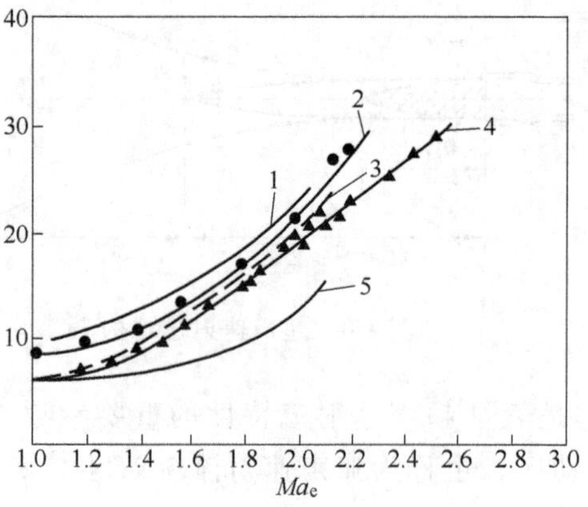

图 4-9　超声速核心流长度随出口马赫数的变化

1—劳福；2—吴凤林等；3—查特基；4—蔡志鹏等；5—安德森等

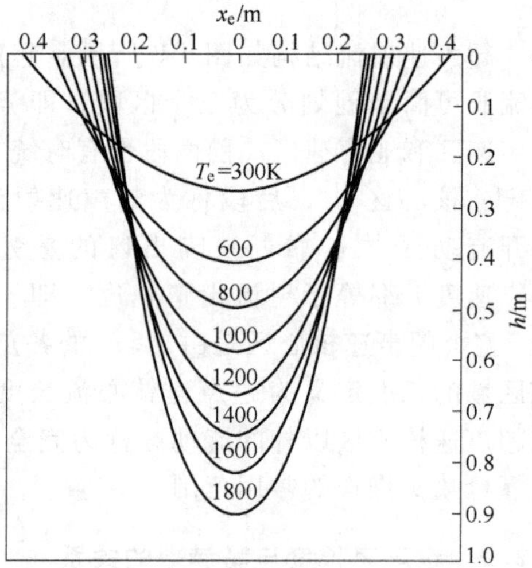

图 4-10　射流周围炉气温度对凹坑形状的影响

吴凤林[16]在不同马赫数下得到的设计工况条件下超声速核心流长度的测试结果如图4-11所示。在一定马赫数下，核心流长度随出口压力p_e与环境压力p_c比值的增加而增加。

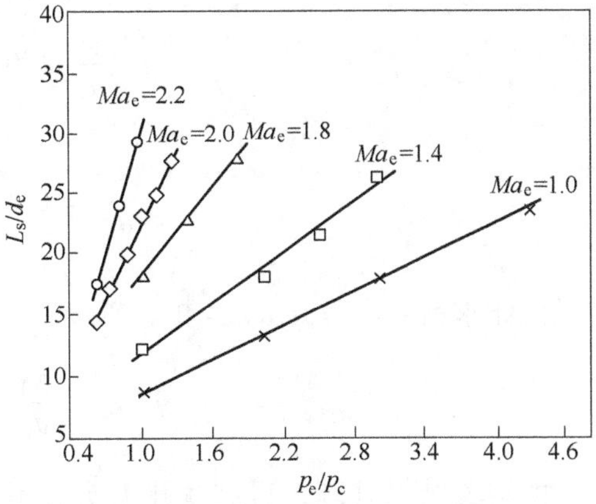

图4-11 超声速核心流长度随出口条件的变化

4.3 多股超声速射流的特性与模型

对于转炉冶炼，如果用一个能够达到所需氧气流量的单孔氧枪，往往会增大喷溅和粘枪，降低收得率。为了改善氧枪操作条件和氧枪性能，生产上使用多孔喷头，可使不同吨位的转炉吹炼时间变动不大，从硬吹改到软吹的枪位提升值随着喷头孔数的增加而迅速减小。多股射流流出后，射流之间在一定距离内有互相吸引作用，使其特性变得更加复杂。

史密斯（Smith）[20]和李（Lee）[21]等人由实验室研究讨论了3孔喷头在不同喷孔夹角下各股射流之间的相互作用。研究结果表明，每股射流各自对氧枪轴线倾斜10°或更大时，各股射流是独立的，达到液面之前并不相交。而倾斜5°时，各股射流在到达熔池以前就相交了。

4.3.1 射流中心线的偏移

对于多孔喷头，每一股射流在靠近氧枪喷头轴线的那一侧，都要从喷头轴线的同一区域"抽吸"空气，这样就使多股射流之间的区域内压力下降，从而倾向于使射流发生相互牵引，表现出各股射流中心线向氧枪轴线偏移，并随着枪位的增加偏离原射流中心线的程度增大。研究表明[22,23]，偏转的程度与喷孔夹角、孔间间距和马赫数等有关，但喷孔夹角是影响偏转的主要因素。

由图4-12分析得出，偏转后的射流中心线距氧枪喷头几何轴线的距离y可表示为：

$$\frac{y}{d_e} = \frac{\varphi_1}{2d_e} + \frac{x}{d_e}\tan\theta_1 - \frac{\Delta y}{d_e} \tag{4-30}$$

式中，Δy为净偏移量。

氧气射流刚流出喷头时，各股射流的边界不相交，此时的偏转可认为是零。随着枪位的增加，偏转逐渐增大。大量实验结果表明，典型的偏移曲线如图4-12所示。

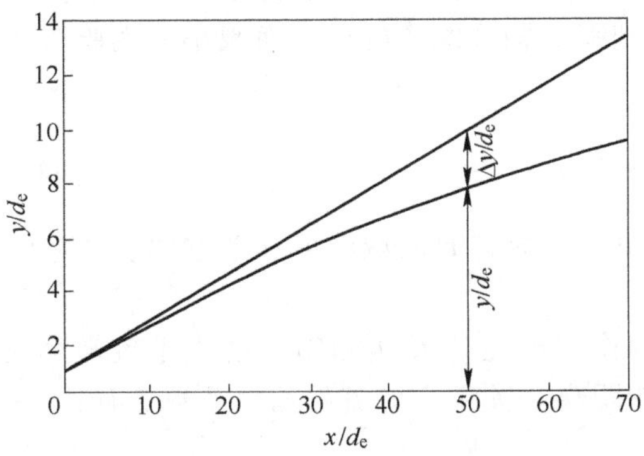

图4-12 某射流中心线相对于喷孔中心线的偏移

设$\frac{\Delta y}{d_e}$为二次曲线，可由下式描述：

$$\frac{\Delta y}{d_e} = a_1 + a_2\left(\frac{x}{d_e}\right) + a_3\left(\frac{x}{d_e}\right)^2 \tag{4-31}$$

边界条件为：

$$\frac{x}{d_e}=0\text{ 时}，\quad \frac{\Delta y}{d_e}=0$$

$$\frac{x}{d_e}=0\text{ 时}，\quad \frac{\mathrm{d}\left(\frac{\Delta y}{d_e}\right)}{\mathrm{d}\left(\frac{x}{d_e}\right)}=0$$

由此求得：$a_1=0, a_2=0$。所以：

$$\frac{\Delta y}{d_e}=a_3\left(\frac{x}{d_e}\right)^2 \tag{4-32}$$

由实验结果处理，得到 3 孔喷头在不同喷孔夹角下的 a_3 值，如表 4-1 所示。

表 4-1　不同喷孔夹角对应的 a_3 值

θ_1/(°)	8	9	10	11
a_3	9.61	8.12	7.26	5.92

可见，随喷孔夹角 θ_1 的增加，系数 a_3 减小。表明对一定喷头，射流中心线的偏转程度随喷孔夹角的增大而减小。图 4-13 为式(4-32) 得到的净偏移量变化曲线与实验室数据的比较。在 $x/d_e=22\sim60$ 范围内，式(4-32) 的计算结果与实验室数据[24,25]吻合较好。

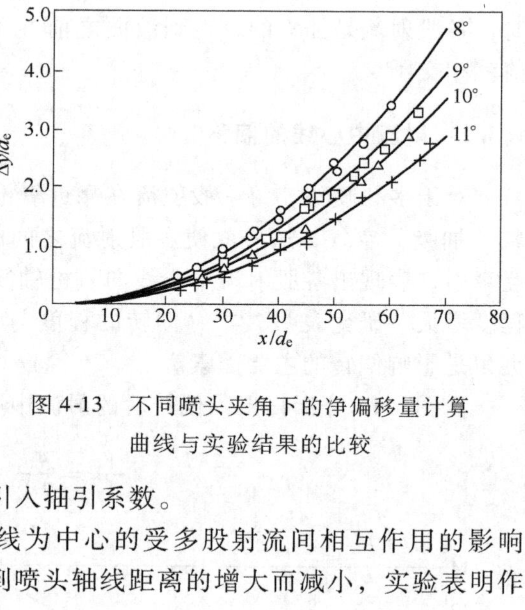

图 4-13　不同喷头夹角下的净偏移量计算曲线与实验结果的比较

4.3.2　抽引系数

认识了射流中心线的偏转规律，可以较准确地计算多股射流作用于熔池时的实际凹坑中心的位置。但是，仅用偏转不能完整地描述多股射流相互作用的情况，因此要进一步引入抽引系数。

分析表明，流场中存在一个以氧枪喷头轴线为中心的受多股射流间相互作用的影响区，在此区域内，各点所受的抽引程度随该点到喷头轴线距离的增大而减小，实验表明作用区范围为：

$$r_d=\frac{y}{d_e}+1.0 \tag{4-33}$$

在 r_d 之外的区域里，多股射流相互作用的影响很小，故在此区域内可不考虑抽引效应，只用偏移效应做一次修正。

抽引系数 f_1、f_2 与喷孔夹角、枪位和各点的作用半径 r_i 及实测喷头的水平旋转角度 α 有关。其中，r_i 为流场中某点距多孔喷头轴线的距离。关于主射流的抽引系数 f_1 有：

$$f_1=f\left(\theta_1, \frac{x}{d_e}, \frac{r_i}{d_e}, \alpha\right) \tag{4-34}$$

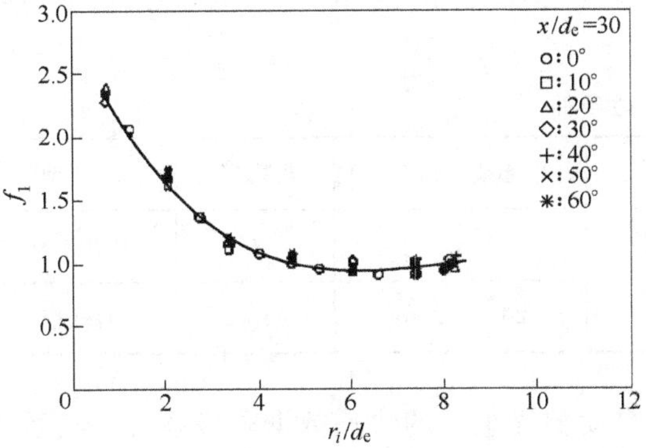

图 4-14 不同旋转角度对抽引系数 f_1 的影响

对抽引系数 f_1 随各参量的变化进行研究，得到图 4-14 ~ 图 4-16。由图 4-14 可知，抽引系数 f_1 随各点的作用半径 r_i 的增加而减小，且实测喷头时的旋转角度 α 对 f_1 的影响不大。图 4-15 为喷孔夹角一定时，枪位 x/d_e 对 f_1 的影响。可见，随着枪位 x/d_e 的增加，抽引系数 f_1 略有增加。图 4-16 表明同一枪位 x/d_e 下，θ_1 在 9° ~ 11°内变化时对 f_1 的影响。很明显，当 r_i/d_e 较小时（对距离喷头轴线较近的点），f_1 随 θ_1 的增加而增大；而大约 $r_i/d_e > 6$ 之后，θ_1 变化对 f_1 的影响不大。

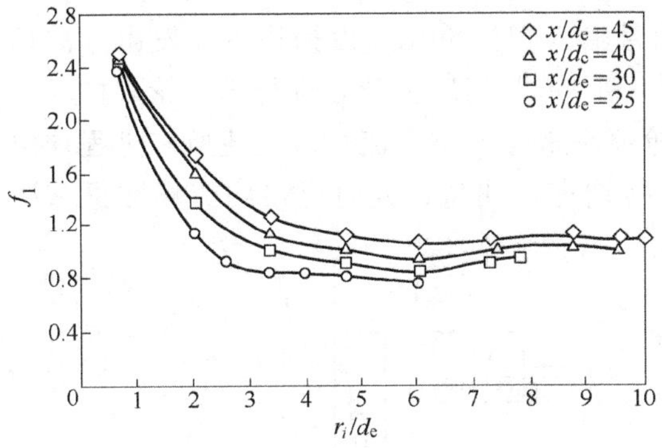

图 4-15 枪位 x/d_e 对抽引系数 f_1 的影响

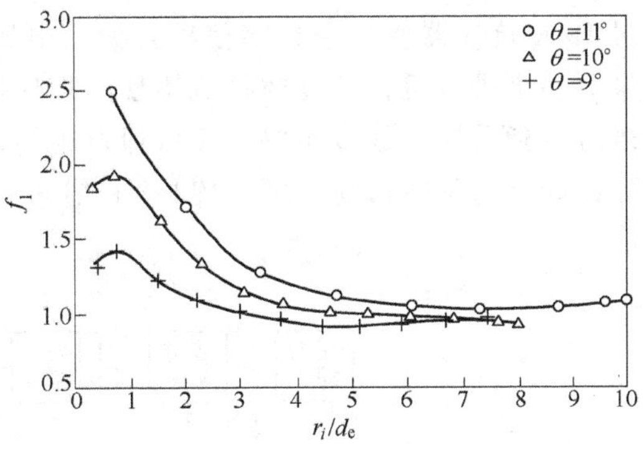

图 4-16 喷孔夹角 θ_1 对抽引系数 f_1 的影响

4.3.3 二次燃烧氧枪喷头的流场特性[26~28]

现代的转炉炼钢过程需要补充热源[29,30]，使生成的 CO 在炉内二次燃烧，可以显著改善冶炼热平衡，合理利用炉内 CO 能源，提高废钢比。矿石熔融还原的工艺操作与能量利用和二次燃烧也有密切关系。

CO 炉内二次燃烧技术使用的是一种特制氧枪，如图 4-17 所示。这种特制氧枪一般除有 3 ~ 5 个主喷孔供氧完成冶炼任务外，在主喷孔周围又开 6 ~ 12 个副喷孔供氧，专供 CO 二次燃烧之用。

二次燃烧双流道氧枪由主氧枪和副氧枪两部分组合而成[31]。双流道氧枪的结构参数有主、副氧枪喷孔直径、喷孔间距、喷孔孔数和喷孔夹角以及主、副氧枪喷孔间轴向距离等。由这些参数便可唯一地确定二次燃烧氧枪的几何构造。为了遵循相似原理，模型除保持几何相似外，必须保持喷嘴出口马赫数相等，另外也采用一些实型喷嘴。本研究主要是探讨二次燃烧

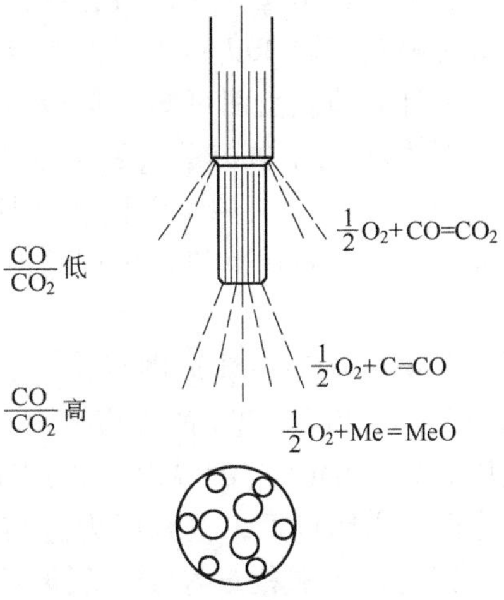

图 4-17 二次燃烧氧枪示意图

双流道氧枪上述诸参数对多股射流特性的影响。在改变下列试验条件下进行了实验研究。试验条件如表 4-2 所示。

表 4-2　试验条件

氧枪诸参数	供氧压力/MPa	枪　位	与中心线夹角/（°）	孔数/个	孔　型
主流道	6，7，8	$30d_t$，$40d_t$，$50d_t$	10	3	拉瓦尔型
副流道	0，2，3，4，5，6	$0d_t$，$10d_t$，$20d_t$	20，30，40	6，12	直孔型

实验测试系统用计算机控制压力传感器和自动扫描组成的快速数据采集系统。其系统框图如图 4-18 所示。测速探针是事先用标准喷嘴校正了的皮托管，把其放入多股射流流场中采集压力信号。压力信号通过步进扫描阀送入压力传感器变成电压信号，电压信号通过 A/D 转换器变成数字信号后输入计算机。一次采样完成后，由微机发出下一个指令，通过 D/A 转换器使指令数字信号转换为电压信号输入扫描单元，由扫描单元发出方波信号来驱动步进电机，通过横移机构使测速探针前移一定距离后再开始进行第二轮取样。这样既可达到采样次数多而快，又可通过旋转氧枪喷头来测试整个流场。上述所有过程均由预先设计好的程序自动实现。192 个信息可在 12s 内完成测量，同时可得到流场数据和图形。

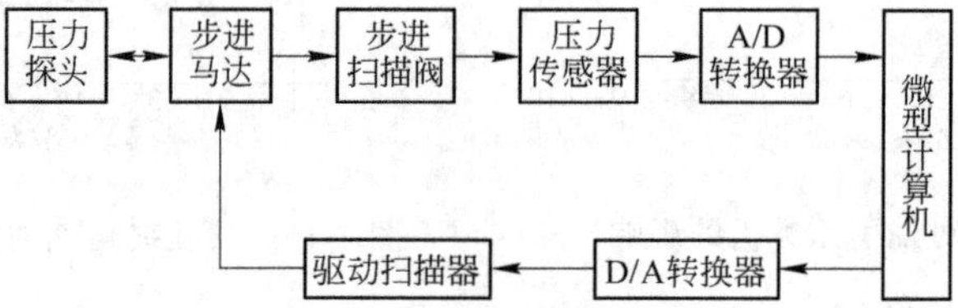

图 4-18　实验测试系统框图

图 4-19 所示的操作条件是主氧道供氧压力为 0.6MPa，副氧道供氧压力为 0.5MPa，主喷孔为拉瓦尔型 3 孔，马赫数为 2，副喷孔为 6 个直孔，主、副喷孔间轴向距离为零，在氧枪喷头下游 $40d_t$ 的截面上测定的轴向速度分布。图中实线为多股射流空间动量抽引叠加模型计算值。由图可知，实验测量值与模型计算值相当接近。

图 4-20 为主氧流道供氧压力分别为 0.6MPa、0.7MPa、0.8MPa，$40d_t$ 横截面上轴向速度分布实测值。图 4-21 为按动量抽引叠加模型对在 $30d_t$、$35d_t$、$40d_t$、$45d_t$、$50d_t$ 的各横截面上速度分布计算值。由图可知，氧枪最佳枪位应控制在（40 ~ 45）d_t 的位置较为合适。

图 4-22 为主氧流道供氧压力为 0.8MPa，副孔供氧压力为 0.5MPa，喷嘴出口轴向分别为 $30d_t$、$40d_t$、$50d_t$ 的各横截面上速度分布实测值。图 4-23 为按动量抽引叠加模型对主氧压力为 0.6MPa、0.7MPa、0.8MPa、0.9MPa、1.0MPa 各条件下的计算值，用无因次坐标作图。由图可见，主氧压力过高时副氧流易被主氧流抽引而偏向中心，不利于二次燃烧。因此，主氧枪最好在主氧设计条件下操作。

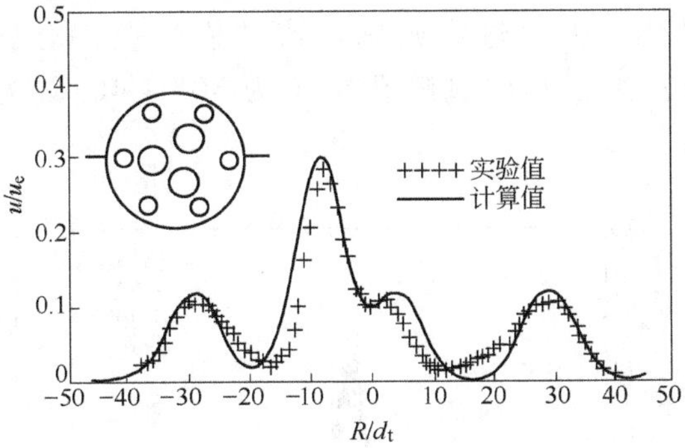

图 4-19　双流道氧枪无因次轴向速度分布（计算）

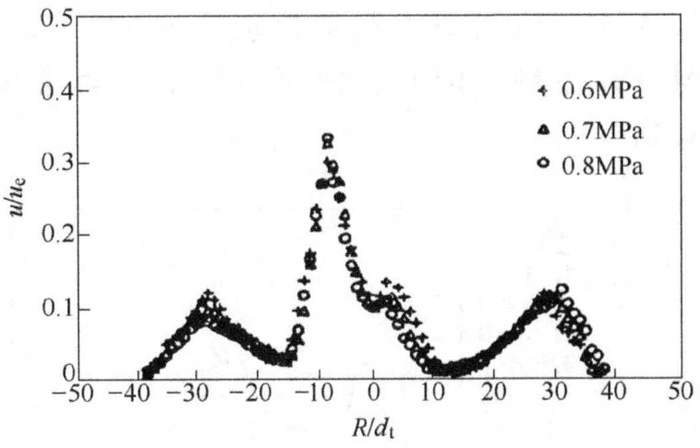

图 4-20　双流道氧枪无因次轴向速度分布（实测）

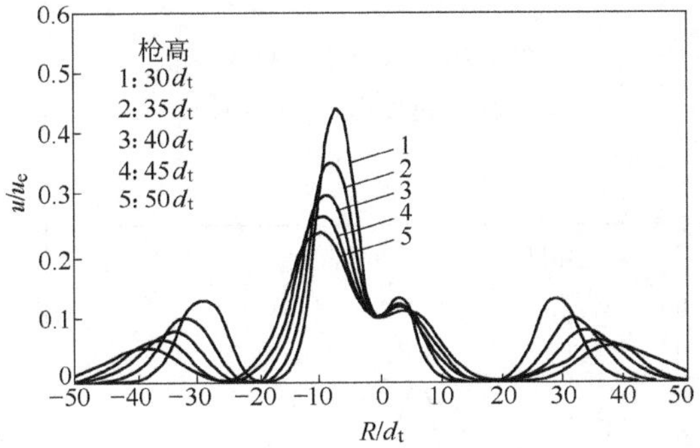

图 4-21　双流道氧枪无因次轴向速度分布（计算）

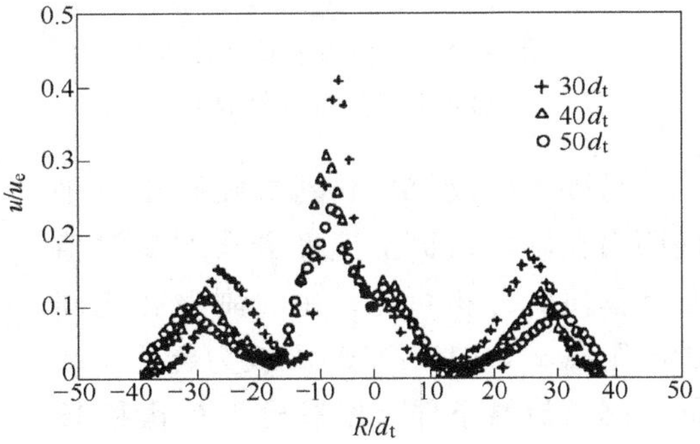

图 4-22　双流道氧枪无因次轴向速度分布（实测）

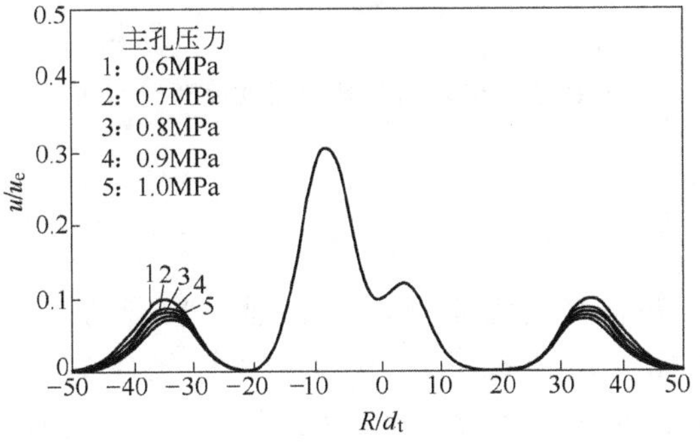

图 4-23　双流道氧枪无因次轴向速度分布（计算）

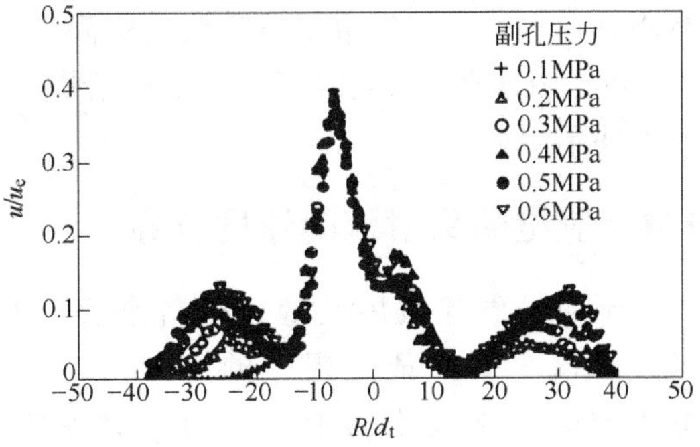

图 4-24　双流道氧枪无因次轴向速度分布（实测）

图 4-24 和图 4-25 为改变副氧流道供氧压力，在 $40d_t$枪位上实测和计算的截面速度分布。由图可知，副氧道供氧压力条件下控制在 0.2 ~0.3MPa 左右为好。

图 4-26 和图 4-27 为改变副氧喷孔与氧枪中心线夹角在同一截面上速度分布的实

测值与计算值。由图可见，夹角过小则副氧流被主氧流抽引，导致副氧流大部分被卷入主氧流加快了脱碳反应，不利于二次燃烧。夹角过大则副氧流冲刷炉壁，对炉衬寿命不利。因此，在此条件下，对于大型转炉，其副氧喷孔夹角为 30°～40°较为合适。

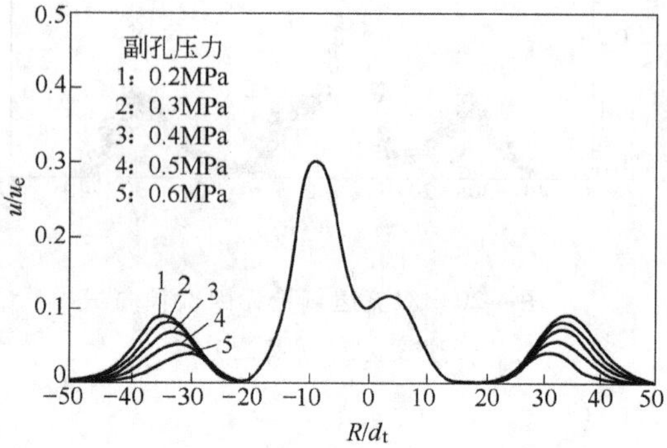

图 4-25　双流道氧枪无因次轴向速度分布（计算）

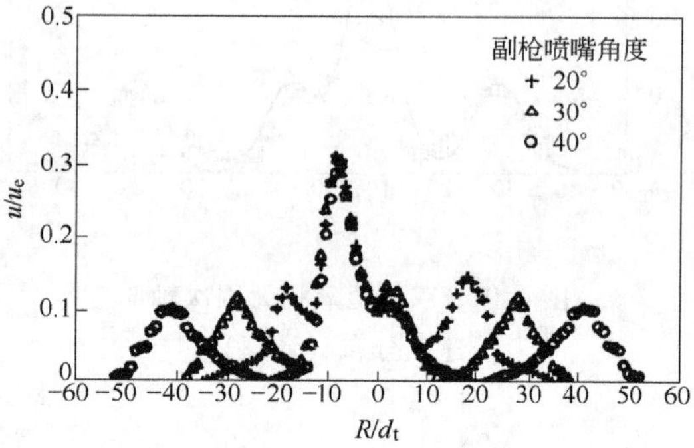

图 4-26　双流道氧枪无因次轴向速度分布（实测）

另外，由改变主、副氧喷孔出口轴向距离在同一截面上速度分布的实测值与计算值的分析可见，主、副喷孔之间轴向距离 $x=(10\sim20)d_t$ 较为合适。在同等副氧流量条件下副氧枪为 6 孔和 12 孔的实测值及按动量抽引叠加模型对副氧喷孔为 4、6、8、10、12 孔在同等副氧流量条件下的速度分布计算值可知，在同等流量下副氧孔数分布愈多，二次燃烧分布愈均匀。但由于喷头结构所限，6～10 孔就足够了，孔数再多二次燃烧改善并不明显。

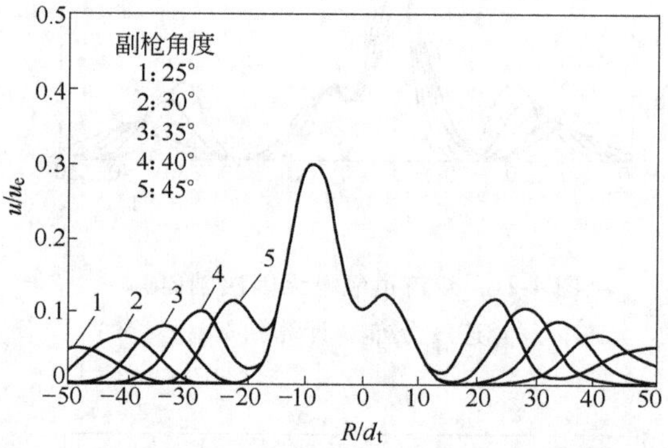

图 4-27　双流道氧枪无因次轴向速度分布（计算）

4.4　氧枪喷头射流的速度分布

压缩性气体流出流量，根据连续性方程可知在稳定流动条件下，通过喷管的质量流量对任一截面都是相等的。因此，可以选择气流通过的最小截面计算气体流量。最小截面气体流速低于声速时，称亚临界流。通过最小截面气体流速等于声速时，称临界流[32,33]。

4.4.1　超声速射流湍流特性

在适当的压力比 p_t/p_0 下，使气流经拉瓦尔管流出，则可获得超声速射流。p_e 为喷嘴出口截面上的压力，p_0 为喷嘴前气体的滞止压力。为了获得不同马赫数的超声速射流，喷管应有不同的尺寸。对于几何尺寸确定的喷管其出口马赫数是确定的。改变喷管前的驱

动压力 p_0，只要保持 p_t/p_0 比值不变，则喷管出口马赫数不变。

超声速湍流射流流股结构分为三个区域，即势能核心区、超声速区和亚声速区。如图 4-28 所示在势能核心区，各点速度都等于射流出口速度。在势能核心区以外，在射流边界上，由于黏性作用，射流与周围介质发生湍流混合，进行能量交换而使射流减速，并逐渐向轴线上扩展，使轴向速度逐渐下降，到某一距离后，恰好等于声速连接点与射流诸断面上的声速点，则构成了射流的超声速区，在此区域以内，各点速度大于声速，边界上等于声速。超声速以外为亚声速区。

氧气在 LD 转炉、VOD 以及某些有色金属吹炼中获得广泛应用，其重要性已为炼钢工作者所熟知。但关于氧气射流的湍流特性研究不多，蔡志鹏等人曾用 DISA 热线风速仪对氧气射流的一些湍流特性进行了实验研究，得到一些结果。

试验用的超声速喷嘴采用电铸法制成，其型面简图如图 4-29 所示。

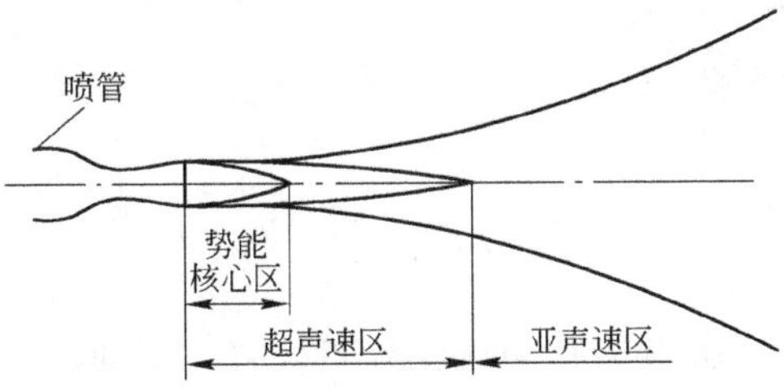

图 4-28 超声速射流流股结构

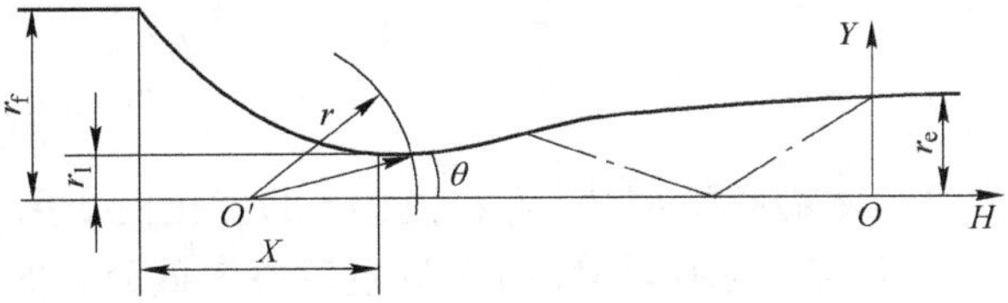

图 4-29 实验用氧枪喷嘴型面简图

喷嘴喉口直径 $d_t=2.5\sim5.0\text{mm}$，马赫数 $Ma_e=1.17\sim2.50$，实验用压缩空气，常温自由射流，测量横截面位置 $x/d_e=15\sim95$，测量仪器为 DISA55M 系统热线风速仪、CF-600 频谱-相关仪和 CX-445X-Y 记录仪，如图 4-30 所示，使用的是 R_{35} 热膜碳针。

图 4-31 为用 X-Y 记录仪自动记录的湍流波形图。可以看出射流流动的明显脉动特性。射流的湍流特性对射流自身的结构、衰减和扩展也有很大影响。

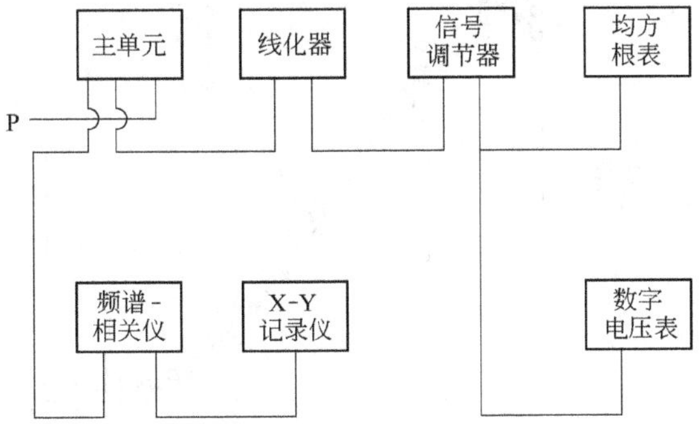

图 4-30 DISA55M 测量系统

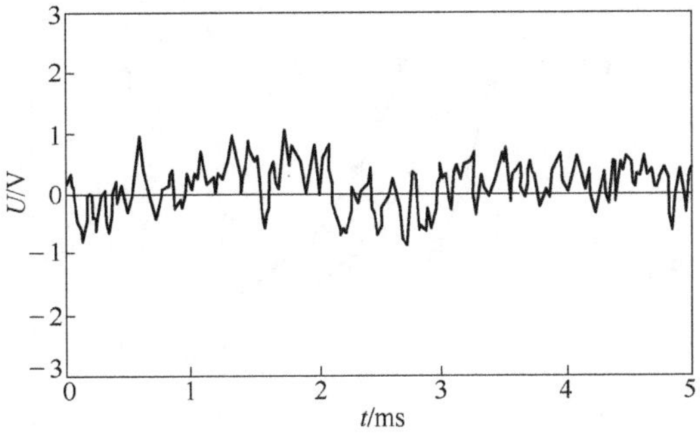

图 4-31 X-Y 记录仪自动记录的湍流波形图

所谓射流的湍流特性即射流流动的紊乱脉动特性，这是一种随机性的特性，而且是湍流射流的一种基本属性。射流流动的脉动特性包括速度脉动和温度脉动等。针对速度脉动进行进一步论述。

4.4.2 脉动速度

射流速度脉动可分为纵向速度脉动和横向速度脉动，均可用其时均方根特性来表示。

氧枪超声速射流的速度具有脉动特性，其脉动速度常以它的时均方根值（$\sqrt{\bar{u}^2}$）来表示，这里列举一部分不同马赫数的喷嘴在射流主段中心轴线上测得的纵向脉动速度（$\sqrt{\bar{\dot{u}}^2}$）的变化，以无因次坐标表示，如图 4-32 所示。从图可以看出，在距喷嘴出口近时，（$\sqrt{\bar{\dot{u}}^2}$）变化较快，随着距离的增加，均方根脉动速度下降。此外，马赫数越大，（$\sqrt{\bar{\dot{u}}^2}$）衰减越慢，其变化规律与射流中心轴线上时均速度衰减规律相同。

射流中心轴线上时均速度衰减规律为[19]：

$$\frac{\bar{u}_m}{u_e} = K_j \frac{1}{x/d_e} \tag{4-35}$$

因此，射流中心轴线上脉动速度的变化规律也可以表示为：

$$\frac{\sqrt{\bar{\dot{u}}_m^2}}{u_e} = K_j' \frac{1}{x/d_e} \tag{4-36}$$

其中，衰减系数 K_j' 与 K_j 都随 Ma 的变化而变化。

图 4-33 为不同 Ma 时射流主段内横截面上的无因次纵向脉动速度分布，它们之间成下列函数关系：

$$\frac{\sqrt{\bar{\dot{u}}_r^2}}{u_m} = f\left[\frac{y}{y_e}\right] \tag{4-37}$$

实验得知，当 $y/y_e \approx 0.2$ 时，（$\sqrt{\bar{\dot{u}}_r^2}$）为最大，其无因次比值 $\left(\frac{\sqrt{\bar{\dot{u}}_r^2}}{\bar{u}_m}\right)_{max} \approx 0.26$。自由射流的速度剖面具有自模性，可以用正态分布函数来逼近：

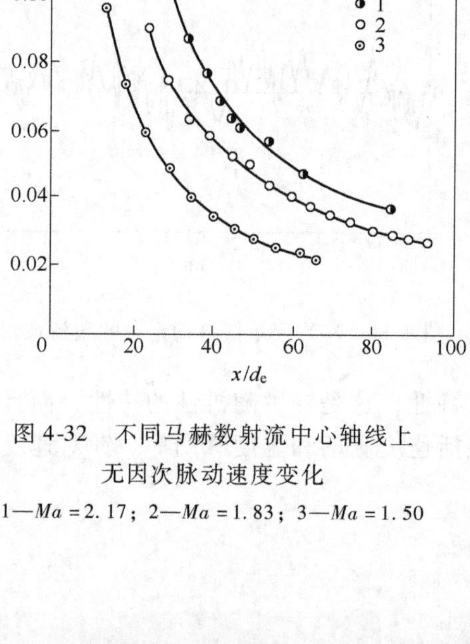

图 4-32 不同马赫数射流中心轴线上无因次脉动速度变化

1—Ma = 2.17；2—Ma = 1.83；3—Ma = 1.50

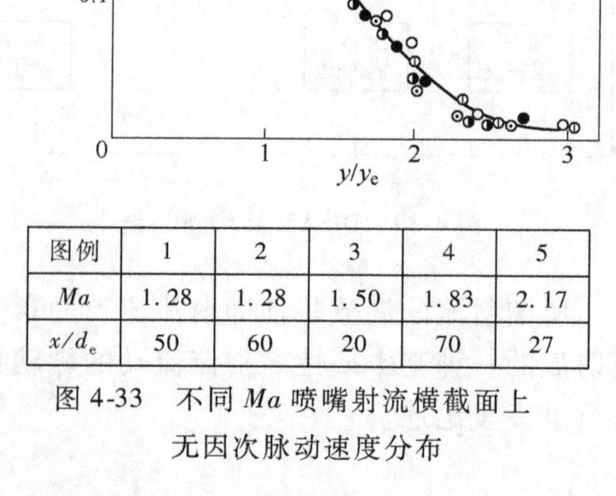

图例	1	2	3	4	5
Ma	1.28	1.28	1.50	1.83	2.17
x/d_e	50	60	20	70	27

图 4-33 不同 Ma 喷嘴射流横截面上无因次脉动速度分布

$$\frac{\bar{u}_r}{\bar{u}_m} = \exp\left[-0.693\left(\frac{y}{y_e}\right)^2\right] \tag{4-38}$$

从射流理论与实验得知，在自由射流主段内，无因次等速度线是一簇通过射流主段极点的直线[9]。将坐标原点设在喷嘴出口平面中心，其半速度（$\frac{\bar{u}_r}{\bar{u}_m}=0.5$）线方程可写成：

$$\frac{y}{d_e} = a + b\frac{x}{d_e} \tag{4-39}$$

式中，b 为半速度线的斜率；a 为该直线的延长线在$\frac{y_e}{d_e}$轴上的截距。

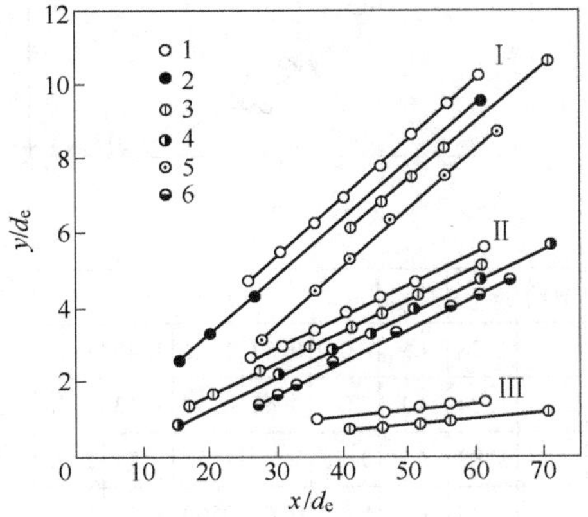

图 4-34　自由射流半速度线，等 ξ_{max} 线和等$\left(\frac{\sqrt{\dot{u}_r^2}}{\bar{u}_m}\right)_{max}$线

Ⅰ—等 ξ_{max} 线组（$\bar{u}_r/\bar{u}_m=0.093$）；Ⅱ—半速度线组（$\bar{u}_r/\bar{u}_m=0.5$）；Ⅲ—等$\left(\frac{\sqrt{\dot{u}_r^2}}{\bar{u}_m}\right)_{max}$线组（$\bar{u}_r/\bar{u}_m=0.97$）

Ma：1—1.28；2—1.50；3—1.83；4—1.98；5—2.17；6—2.50

实验得 $b=0.088$，即半速度线与射流中心轴线的半锥角为 5°（图 4-34）。这个结果与英国皇家航空中心的实验结果相一致。a 值随 Ma 的不同而稍有变化（图 4-35）。由图 4-35可以看出，随着 Ma 的增加，a 由正值变为负值，这表明射流主段极点由喷嘴出口平面的内侧移至外侧。对于轴对称自由射流，其极点大约位于喷嘴出口平面上，即 $a=0$。这在工程计算上也是可行的。

将上述 $y/y_e=0.2$ 值代入式（4-38），求得相应的 $\frac{\bar{u}_r}{\bar{u}_m}=0.97$。即在此无因次等速度线上，$\sqrt{\dot{u}_r^2}$为最大。将 $y/y_e=0.2$ 代入式（4-39），求得此无因次等速度线方程为：

$$\frac{y}{d_e} = 0.2a + 0.018\frac{x}{d_e} \tag{4-40}$$

这也就是等$\left(\frac{\sqrt{\dot{u}_r^2}}{\bar{u}_m}\right)_{max}$直线方程，它与中心轴线的半锥角为 1°（图 4-34）。这表明氧枪超声速射流的最大脉动速度不是出现在射流中心轴线上，而是在半锥角为 1°的圆锥面上。

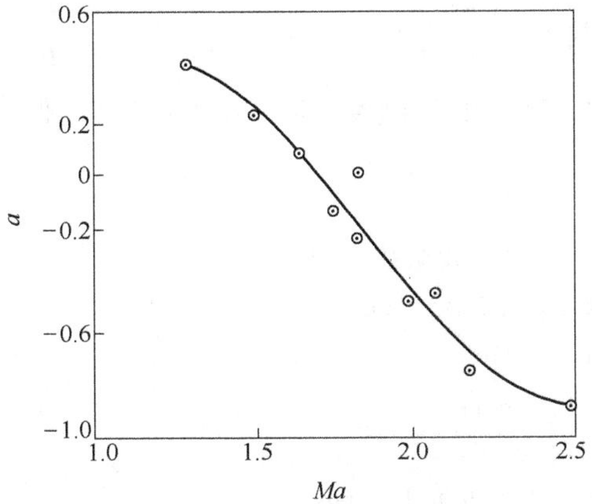

图 4-35　a 与 Ma 的关系

4.4.3　自相关系数

欧拉自相关系数与传质有关，通常定义为：

$$R(\tau) = \frac{\overline{\dot{u}(t)\dot{u}(t+\tau)}}{\sqrt{\overline{\dot{u}^2}(t)\overline{\dot{u}^2}(t+\tau)}} \tag{4-41}$$

由图 4-36 可知，在射流中心轴线上不同 x/d_e 处，以 R 作为 $\overline{u}_m\tau/x$ 的函数为同一条曲线，因而具有相似性。图 4-37 为不同 Ma 时各个横截面上的相关系数，也可以用同样的曲线来表示。这表明，在射流主段的各个横截面上，R 为一常数。比较两图可以看出，图 4-36实际上是图 4-37 中 $y/y_e = 0$ 时的一种特例。

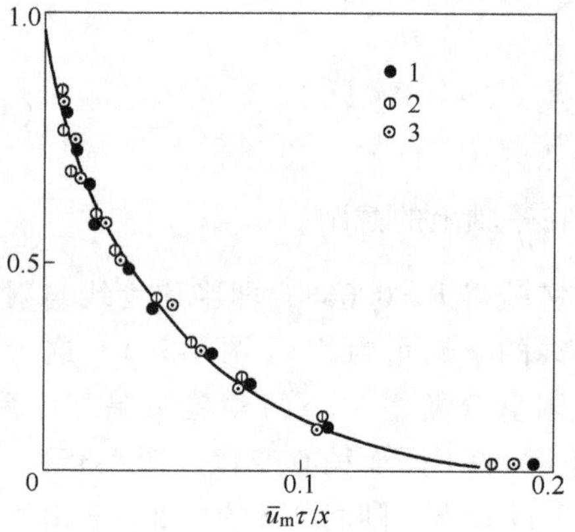

图例	Ma	x/d_e				
1	1.28	25	35	45	55	60
2	1.83	30	50	70	80	95
3	1.98	20	30	50	75	85

图 4-36　不同 Ma 时射流中心轴线上自相关系数

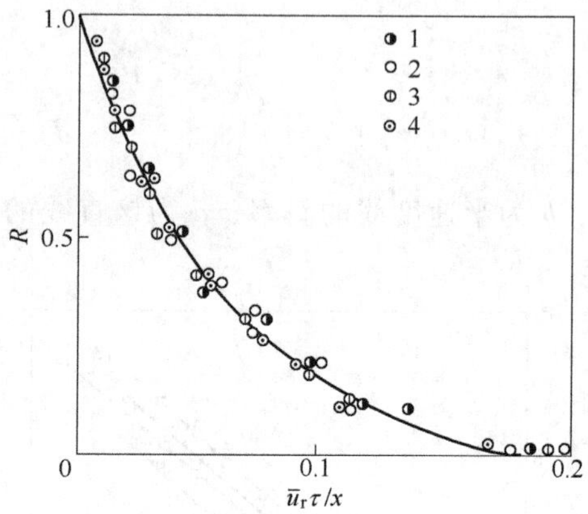

图例	Ma	x/d_e	y/y_e				
1	1.28	45	0	0.87	1.16	1.45	1.74
2	1.28	60	0	0.68	0.90	1.13	1.58
3	1.83	55	0.25	1.25	1.50	1.75	2.00
4	1.98	60	0	0.68	0.90	1.13	1.58

图 4-37　不同 Ma 时射流横截面上自相关系数

氧枪超声速射流的总速度包括时均速度和脉动速度两部分。因此，流股的总动能也是由气流时均速度的动能和脉动速度的动能这两部分组成。以上二者，以及熔池内产生的 CO 气泡的上升运动构成了整个熔池的湍流循环流动。蔡志鹏等人实验证明，在氧气射流中，围绕流股中心轴线有一最大脉动速度和最大湍流强度锥形域，在此区域内，射流作用于钢液面的湍动能最大，搅动也最强烈。

参 考 文 献

1　[美] 舍克里 J，著．冶金中的流体流动现象．彭一川，徐匡迪，樊养颐，译．萧泽强，校．北京：冶金工业出版社，1985

2　董志勇．射流力学．北京：科学出版社，2005

3　北京钢铁学院，张先棹，主编．冶金传输原理．北京：冶金工业出版社，1995

4　闫小林，艾立群，等编著．冶金传输原理．北京：冶金工业出版社，2002

5　平浚，编著．射流理论基础及应用．北京：宇航出版社，1995

6　转炉喷枪实验小组．紊流射流．北京钢铁学院，1974（内部资料）

7　余常昭，编著．紊动射流．北京：高等教育出版社，1993

8　赵承庆，姜毅，编著．气体射流动力学．北京：北京理工大学出版社，1998

9　谢象春．湍流射流理论与计算．北京：科学出版社，1979

10 蔡志鹏，梁云，张春霞，著．化工冶金模型实验研究及测试技术．北京：冶金工业出版社，2001
11 Laufer J. RM-5549-ARPA. On Turbulent Shear Flows of Variable Density, USA, California: Rand Corp., 1968
12 蔡志鹏，马恩祥，钱占民，等．氧气炼钢过程中射流与熔池作用的某些传递现象．化工冶金，1983，4（1）：37～47
13 Chatterjee A. On some aspects of supersonic jets of interest in LD steelmaking (1). Iron and Steel, 1972, 45 (6): 627～634
14 Chatterjee A. On some aspects of supersonic jets of interest in LD steelmaking (2). Iron and Steel, 1973, 46 (1): 38～40
15 Kapner J D, Kun Li, Larson R H. An experimental study of mixing phenomena of turbulent supersonic jets. International Journal of Heat and Mass Transfer, 1970, 13: 932～937
16 吴凤林．氧枪射流的一些研究结果．冶金能源，1989，8（3）：47～52
17 蔡志鹏，谢裕生，夏安武．氧气炼钢过程中射流对熔池的作用．钢铁，1980，15（1）：14～19
18 Anderson A R, Johns F R. Characteristics of free supersonic jets exhausting into quiescent air. Jet Propulsion, 1955, 25 (1): 13～25
19 ［日］鞭岩，森山昭，著．冶金反应工程学．蔡志鹏，谢裕生，译．北京：科学出版社，1981
20 Smith G C. Multiple jet oxygen lance-theoretical analysis and correlation with practice. Journal of Metals, 1966, 18 (7): 846～851
21 Lee C K, Neilson J, Gilchrist A. Effects of nozzle angle on performance of multi-nozzle lance in steel converter. Ironmaking and Steelmaking, 1977, 4 (6): 329～337
22 张春霞．转炉氧枪多股射流特性的研究：［博士学位论文］．北京：中国科学院化工冶金研究所，1994
23 马恩祥，蔡志鹏，钱占民，等．氧气射流对炼钢过程的影响．化工冶金，1991，50（3）：175～184
24 马恩祥，蔡志鹏，杨文远，等．120吨复吹转炉双流氧枪（半模）实验研究．钢铁，1990，25（9）：17～21
25 喷枪联合实验小组．50吨顶吹转炉喷枪的冷态实测．钢铁，1977；12（4）：25～44
26 蔡志鹏，涂鸿，梁云，等．转炉二次燃烧双流道多股射流流场特性．化工冶金，1988，9（3）：81～86
27 Tsai Chihpeng, Tu Hong, Liang Yun, et al. Study on flow characteristics of multiple jets of the post combustion dual-flow oxygen lance. Selected Papers of Engineering Chemistry and Metallurgy. Beijing: Science Press, 1989: 13～17
28 Tsai Chihpeng, Tu Hong, Liang Yun, et al. The multiple jet flow characteristics of dual-flow lance for post combustion. In: Proceeding of The Sixth International Iron and Steel Congress (IISC), Nagoya Japan, The Iron and Steel Institute of Japan, 1990: 402～406
29 Harlui O, et al. Thermal compensation by post combustion in converter. Transaction ISIJ, 1985, 25: B291～294
30 梁云，涂鸿，蔡志鹏．顶底复吹转炉二次燃烧技术的开发．炼钢，1987，(2)：64～68
31 涂鸿，蔡志鹏，梁云，等．转炉二次燃烧氧枪多股射流特性数学模型．化工冶金，1989，10（3）：83～86
32 马恩祥，钱占民，蔡志鹏，等．氧气炼钢过程中超声速射流湍流特性的实验研究．钢铁，1983，18（7）：28～34
33 张春霞，蔡志鹏，许志宏．转炉氧枪超声速射流衰减和分布参数的研究．钢铁，1995，30（9）：10～15

5　氧气射流与熔池的相互作用

在氧气转炉炼钢过程中，炉内的形态是由力学、物理化学作用形成的，是一个复杂的运动过程。氧气经过氧枪喷头流出，形成了氧气射流，氧气射流经过高温炉气冲击在熔池表面或穿入熔池，引起了熔池运动，起机械搅拌作用[1,2]。若搅拌作用较强而且均匀，则冶炼过程化学反应快，冶炼平稳，效率高。而射流所产生的搅拌作用的强弱、均匀程度则取决于射流与熔池的相互作用情况。因此，研究射流与熔池的相互作用问题，对于了解转炉的工作原理和指导实际生产冶炼有着重要的意义。

5.1　氧枪射流的冲击深度

氧气射流冲击熔池的深度是评价射流对熔池作用的重要特征指标。如冲击深度不够，则使熔池吸氧程度降低，氧的利用率和脱碳速度减小；而增加熔池的吸氧程度，同时增大氧的利用率和脱碳速度，但减小炉渣的氧化性等，在冲击深度过大时，易于损坏炉底和影响化渣。因此，必须控制合适的冲击深度以满足冶炼工艺的要求。

关于冲击深度问题，在冷模型中进行过大量的实验研究，提出了许多经验、半经验和理论的计算公式。有的还进行了生产验证，但是都只是在一定条件下用做近似估算。转炉炼钢过程是非常复杂的，在吹炼过程中枪位、脱碳速度、乳浊层厚度和炉内温度等是变化的[3]，因此冲击深度也是变化的，根据公式计算的冲击深度只能作为比较氧气射流特性时的参数，实际效果还应根据生产实践来检验。

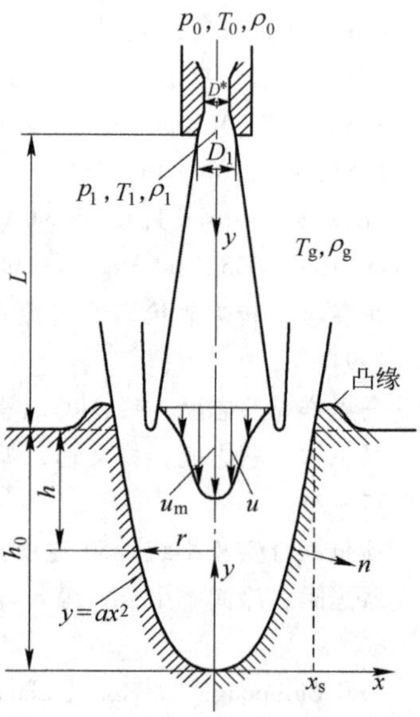

图 5-1　氧气射流与凹坑形

图 5-1 绘出氧气射流作用于熔池表面上形成凹坑（冲击深度）的简化物理模型，用数学分析方法可以推导冲击深度的关系式[4]。

在忽略熔池钢液表面张力条件下，在凹坑底部，能量平衡关系为凹坑的底部射流中心线上的压力 p_h 与钢液的静压力相等：

$$p_h = \frac{1}{2}\rho_g v_h^2 = \rho_L gh \tag{5-1}$$

式中，p_h 为凹坑底部射流中心线压力；v_h 为凹坑底部氧气中心线上的速度；h 为反应区（凹坑）深度。

凹坑底部射流的压力 p_h 与熔池表面上的射流压力 p_x 的函数关系为：

$$p_h = np_x \tag{5-2}$$

当反射流冲量为零，氧气射流与熔池表面作用，氧气全部被熔池吸收时，熔池表面上射流中心线上的压力 p_x 应等于气流的秒冲量 I_x 与熔池表面相遇处的射流截面积 A_x 之比：

$$p_x = \frac{I_x}{A_x} \tag{5-3}$$

$$I_x = \rho_x v_x^2 A_x \tag{5-4}$$

在射流运动路程上冲量守恒，则：

$$I_{出} = I_x \tag{5-5}$$

式中，$I_{出}$ 为射流出口处的秒冲量，$I_{出} = \rho_{出} v_{出}^2 A_{出}$。

将 $I_{出}$ 代入式（5-3）并结合式（5-2）和式（5-1）得：

$$p_h = np_x = n\frac{I_{出}}{A_x} = n\frac{\rho_{出} v_{出}^2 A_{出}}{A_x} = \rho_L gh$$

所以：

$$h = n\frac{\rho_{出} v_{出}^2}{\rho_L g}\left(\frac{d_{出}}{d_x}\right)^2 \tag{5-6}$$

根据冲量守恒关系 $I_{出} = I_x$：

$$\rho_{出} v_{出}^2 A_{出} = \rho_x v_x^2 A_x$$

$$d_x = \left(\frac{\rho_{出}}{\rho_x}\right)^{\frac{1}{2}}\left(\frac{v_{出}}{v_x}\right)d_{出} \tag{5-7}$$

亚声速自由射流沿轴向的速度衰减方程为：

$$\left(\frac{v_x}{v_{出}}\right)\left(\frac{H}{d_{出}}\right) = B \tag{5-8}$$

式中，H 为距喷口的高度，m；B 为常数，它与喷射气体的原始密度 ρ_0 和喷管外气体密度 ρ 有关。

将式（5-8）代入式（5-7）则得到：

$$d_x = \left(\frac{\rho_{出}}{\rho_x}\right)^{\frac{1}{2}}\left(\frac{H}{B}\right) \tag{5-9}$$

将式（5-9）再代入式（5-6）：

$$h = n\frac{\rho_{出} v_{出}^2}{\rho_L g}\left(\frac{\rho_x}{\rho_{出}}\right)\left(\frac{Bd_{出}}{H}\right)^2 \tag{5-10}$$

将式（5-10）两边同除以 $d_{出}$ 变为准数形式：

$$\frac{h}{d_{出}} = n\frac{\rho_{出} v_{出}^2}{\rho_L g d_{出}}\left(\frac{\rho_x}{\rho_{出}}\right)\left(\frac{Bd_{出}}{H}\right)^2 = nAr_{出}\left(\frac{\rho_x}{\rho_{出}}\right)\left(\frac{Bd_{出}}{H}\right)^2 \tag{5-11}$$

通过冷态模型实验，得到未知系数 n：

$$n = \frac{1}{\sqrt{Ar_x}} \tag{5-12}$$

式中，Ar 为阿基米德数，表示气流惯性力与液体浮力之比；Ar_x 为射击流与熔池表面接触时间阿基米德数。

n 的物理意义为：当射流冲击熔池表面时，发生液体粉碎成液滴，乳化和建立新表面等因素所消耗的能量，它是 Ar_x 的函数。

射流出口处的阿基米德数 Ar_i 表示为：

$$Ar_i = \frac{\rho_x v_x^2}{\rho_L g d_x} = \frac{\rho_x v_x^2}{\rho_L g}\left(\frac{\rho_x}{\rho_{出}}\right)^{\frac{1}{2}}\left(\frac{B}{H}\right) = \frac{\rho_{出} v_{出}^2}{\rho_L g d_{出}}\frac{v_x^2}{v_{出}^2}\left(\frac{\rho_x}{\rho_{出}}\right)^{\frac{3}{2}}\left(\frac{Bd_{出}}{H}\right)$$

$$= Ar_{出}\left(\frac{\rho_x}{\rho_{出}}\right)^{\frac{3}{2}}\left(\frac{Bd_{出}}{H}\right)^3 \tag{5-13}$$

将式（5-13）代入式（5-12），则得：

$$n = \frac{1}{Ar_{出}^{\frac{1}{2}}\left(\frac{\rho_x}{\rho_{出}}\right)^{\frac{3}{4}}\left(\frac{Bd_{出}}{H}\right)^{\frac{3}{2}}} \tag{5-14}$$

将式（5-14）代入式（5-11）得：

$$\frac{h}{d_{出}} = \frac{Ar_{出}(\rho_x/\rho_{出})\left(\frac{Bd_{出}}{H}\right)^2}{Ar_{出}^{\frac{1}{2}}(\rho_x/\rho_{出})^{\frac{3}{4}}\left(\frac{Bd_{出}}{H}\right)^{\frac{3}{2}}}$$

$$= Ar_{出}^{\frac{1}{2}}(\rho_x/\rho_0)^{\frac{1}{4}}\left(\frac{Bd_0}{H}\right)^{\frac{1}{2}} \tag{5-15}$$

将 $Ar_{出} = \frac{\rho_{出} v_{出}^2}{\rho_L g d_{出}}$ 代入（5-15）求出 $h/d_{出}$：

$$\frac{h}{d_{出}} = \left(\frac{\rho_{出}}{\rho_L g}\right)^{\frac{1}{2}}\left(\frac{\rho_x}{\rho_{出}}\right)^{\frac{1}{4}}\left(\frac{B}{H}\right)^{\frac{1}{2}} v_{出}$$

$$= \left(\frac{1}{\rho_L g}\right)^{\frac{1}{2}}(\rho_{出}\rho_x)^{\frac{1}{4}}\left(\frac{B}{H}\right)^{\frac{1}{2}} v_{出} \tag{5-16}$$

若忽略射流的密度变化，即 $\rho_{出} \approx \rho_x$，则式（5-16）简化为：

$$\frac{h}{d_{出}} = \left(\frac{\rho_{出}}{\rho_L g}\right)^{\frac{1}{2}}\left(\frac{B}{H}\right)^{\frac{1}{2}} v_{出} \tag{5-17}$$

式（5-17）可改写为：

$$\frac{h}{H_{出}} = B'\left(\frac{\rho_{出} v_{出}}{\rho_L g H}\right)^{\frac{1}{2}}\left(\frac{d_{出}}{H}\right) \tag{5-18}$$

式中，$B' = B^{\frac{1}{2}}$。

由上式可知，反应区深度（凹坑深度），随着 $v_{出}$ 和 $d_{出}$ 的增加而增大；随着喷枪高度的下降而增加；随着气体和金属液体密度比增加，反应区深度增加。当射流参数一定时，$H/d_{出} > 15$ 时，则 B 为常数，对 h 影响不大。

单孔喷枪吹炼的模型实验，测定结果得出冲击深度（cm）的关系式为：

$$h = 34\frac{p_0 d_t}{\sqrt{H}} + 3.8 \tag{5-19}$$

式中，p_0为喷嘴前气体压力（滞止压力），kg/cm^2；H 为喷枪高度，cm。

式（5-18）表示熔池反应区的平均深度，式（5-19）表示反应区的最大的深度。一般反应区的平均深度可取熔池深度 25% ~50%，最大反应深度为熔池深度 50% ~76%。采用 3 孔喷枪时，反应区深度可取熔池深度的 40% ~70%。

5.2　氧枪射流的冲击面积

转炉反应动力学研究表明，氧气射流必须对熔池产生一定的冲击深度（即穿透深度）和冲击面积，才能实现熔池平稳、均匀的运动，获得良好的反应速率。而操作枪位和滞止压力是其主要影响因素[2,5,6]。目前，关于冲击面积方面的研究所做的工作较少。

5.2.1　射流冲击面积的测定与计算公式

由单孔喷头喷出的氧气射流几乎垂直地冲击熔池表面，熔池面上形成凹坑，凹坑的形状主要取决于吹炼压力和枪位。氧气射流喷射过程中，射流核心消失时，则射流以 18° ~26°的扩张角向四周扩张，气流速度在任一截面上速度分布不均匀，中心射流速度大于其余部位，边缘的射流动压头几乎为零，因此射流冲击面积不能按其扩张角进行计算[4]。

根据枪位和马赫数查出 r_0/r_1，再根据喉口半径计算射流与熔池接触时的有效冲击半径 r_0，也可用下式计算有效冲击直径和有效冲击面积：

$$d = 1.26\left(\frac{\rho_{出}}{\rho_L g}\right)^{\frac{1}{6}}(v_e d_e)^{\frac{1}{3}}\left(\frac{H}{B}\right)^{\frac{1}{2}} \tag{5-20}$$

$$有效冲击面积 = \frac{\pi}{4}d^2 \tag{5-21}$$

式中，B 为常数，决定于射流的马赫数。马赫数在 0.5 ~3.0，距出口 $15d_{出}$以后，$B=6$ ~9，马赫数小取下限。

5.2.2　冲击面积的影响因素

5.2.2.1　枪位对射流冲击面积的影响[6,7]

对表 5-1 中各喷头，在设计压力下，就枪位对冲击面积的影响进行了实测，结果如图 5-2 ~图 5-5 所示。

表 5-1　实验喷头设计参数

编号	Ma	孔　数	d_e/mm	p/MPa	x/d_e	$p_{设}$/MPa	T/K
1	1.97	1	3.864	0.5 ~1.1	20 ~65	0.75	295
2	1.95	1	45.0	0.6 ~1.0	20 ~50	0.72	295
3	2.0	3	2.6	0.6 ~0.9	20 ~60	0.78	295

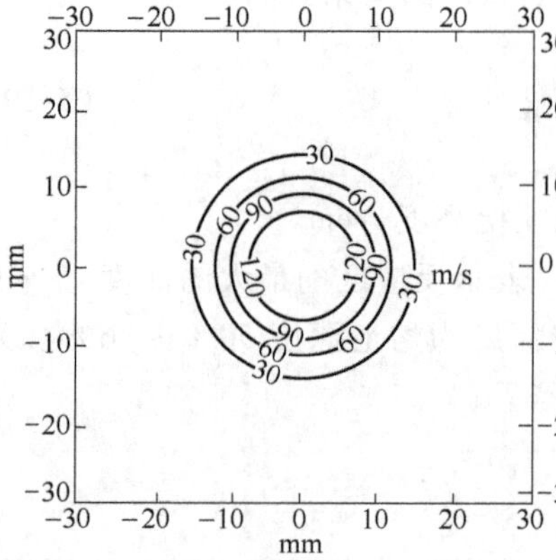

图 5-2　1 号喷头的等速度剖面图
（$p_0=0.7\mathrm{MPa}$，$H=30\mathrm{mm}$）

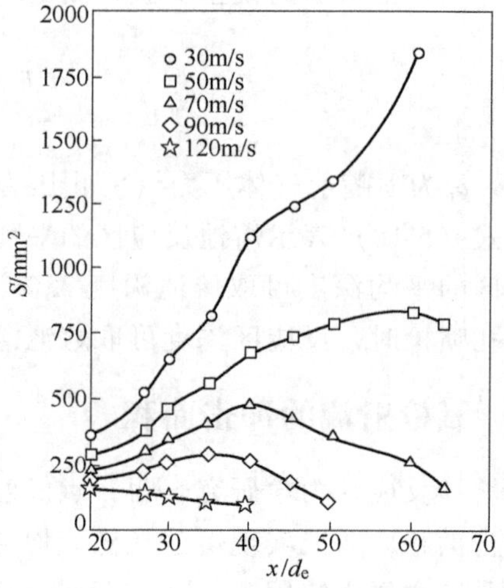

图 5-3　1 号喷头操作枪位对冲击面积的影响

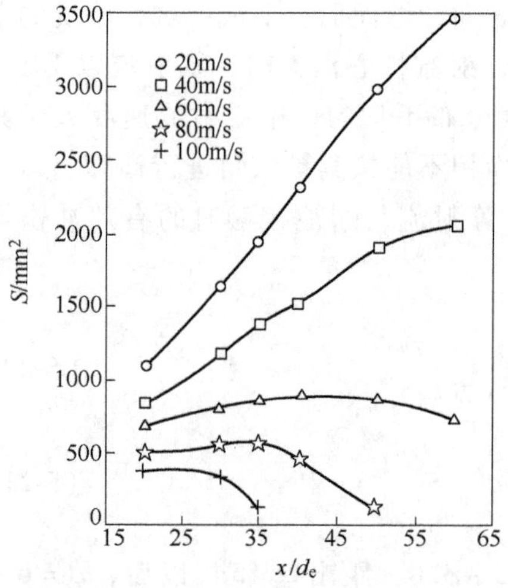

图 5-4　2 号喷头冲击面积随枪位的变化

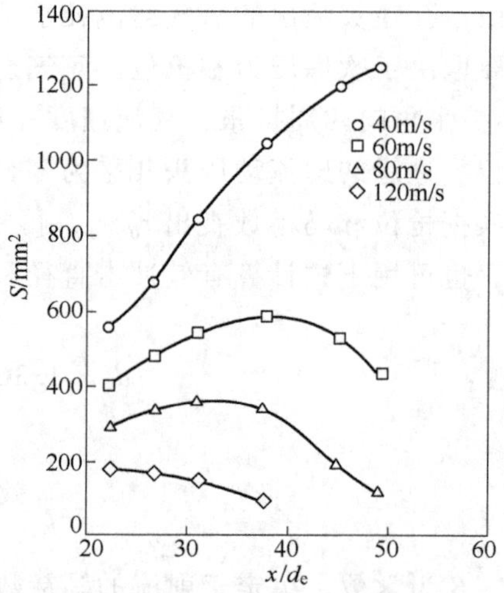

图 5-5　3 号喷头枪位对冲击面积的影响

由图 5-2 可见，在一定的枪位下，随着射流速度的增加，该速度等值线所包围的区域就越小，故冲击面积减小。

比较图 5-3、图 5-4 和图 5-5 可知，对于不同的射流不同冲击速度 u 的范围，冲击面积和枪位有如下关系：

（1）$u\leqslant 50\mathrm{m/s}$ 时，冲击面积随枪位的提高而增加。

（2）$50<u\leqslant 100\mathrm{m/s}$ 时，冲击面积随枪位的变化大致呈抛物线状，并在某枪位处冲击面积达到最大值。另外，冲击面积最大值对应的枪位也随冲击速度的不同而变化。

（3）$u>100\mathrm{m/s}$ 时，随着枪位增加，射流冲击面积下降。

由图 5-3（1 号理想拉瓦尔喷头）、图 5-4（2 号简易拉瓦尔喷头）可知，二者实验结果吻合，表明冲击面积随枪位的变化特征是拉瓦尔喷头共有的；进一步对3号喷头的实验（见图5-5）表明，无论对多孔还是单孔喷头，枪位对冲击面积的影响规律是相同的。

5.2.2.2 滞止压力对射流冲击面积的影响[8~11]

1号、2号、3号喷头其射流冲击面积随滞止压力的变化如图5-6、图5-7和表5-2所示。由此可见，当冲击速度较低时，冲击面积随滞止压力的升高先是减小然后略有增大；当冲击速度增加到一定值后，冲击面积逐渐随滞止压力升高而增加，但在设计压力附近变化平稳。

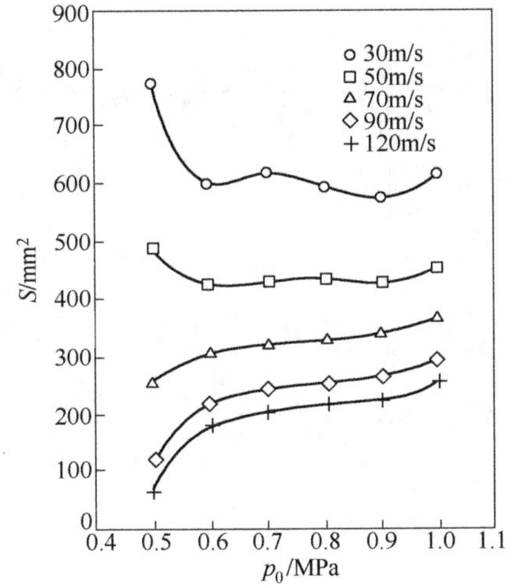

图5-6 滞止压力对冲击面积的影响（1号）

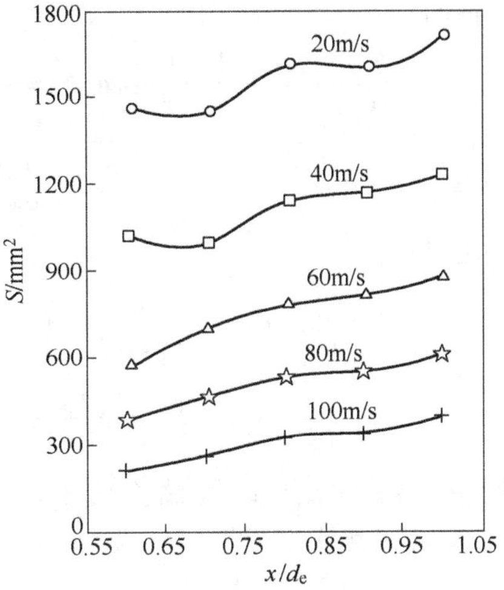

图5-7 滞止压力对冲击面积的影响（3号）

表5-2 2号喷头冲击面积随滞止压力的变化

冲击速度 u_{eff}/m·s^{-1}	滞止压力/MPa（绝对）				
	0.6	0.7	0.8	0.9	1.0
30	915.49	841.60	809.51	824.66	852.61
50	551.22	574.68	569.46	566.08	593.74
80	267.20	302.78	338.47	352.09	378.32
100	137.93	183.36	238.40	256.39	285.41
120	42.33	111.61	168.04	183.21	213.65

5.3 射流作用下的熔池流动与传质

5.3.1 顶吹气体射流冲击下熔池流场的数学模型[12~14]

将顶吹射流冲击下的流场用速度变量——压力直接计算法[15]，并以SIMPLE差分格式进行计算，以求更真实精确地反映流场的特征。

5.3.1.1 数学模型的控制方程

在建立体系的数模时做以下假设：

（1）圆柱形的轴对称体系；

（2）稳态流动，流体的黏度、密度为定值；

（3）忽略炉渣及化学反应的存在。

因此，描述其湍流流动的数学模型应由轴对称二维的湍流时均连续性方程、运动方程及湍流模型组成。

连续性方程：

$$\frac{\partial}{\partial x}(\rho u) + \frac{1}{r}\frac{\partial}{\partial r}(\rho r u v) = 0 \tag{5-22}$$

运动方程：

轴向：

$$\frac{\partial}{\partial x}(\rho u^2) + \frac{1}{r}\frac{\partial}{\partial r}(\rho r u v) = -\frac{\partial p}{\partial x} + \frac{\partial}{\partial x}\left(\mu_e \frac{\partial u}{\partial x}\right) + \frac{1}{r}\frac{\partial}{\partial r}\left(r\mu_e \frac{\partial u}{\partial r}\right) + S_u + \rho g \tag{5-23}$$

$$S_u = \frac{\partial}{\partial x}\left(\mu_e \frac{\partial u}{\partial x}\right) + \frac{1}{r}\frac{\partial}{\partial r}\left(r\mu_e \frac{\partial v}{\partial r}\right)$$

径向：

$$\frac{\partial}{\partial x}(\rho u v) + \frac{1}{r}\frac{\partial}{\partial r}(\rho r u v) = -\frac{\partial p}{\partial r} + \frac{\partial}{\partial x}\left(\mu_e \frac{\partial v}{\partial x}\right) + \frac{1}{r}\frac{\partial}{\partial r}\left(r\mu_e \frac{\partial v}{\partial r}\right) + S_v \tag{5-24}$$

$$S_v = \frac{\partial}{\partial x}\left(\mu_e \frac{\partial u}{\partial x}\right) + \frac{1}{r}\frac{\partial}{\partial r}\left(r\mu_e \frac{\partial v}{\partial r}\right) - 2\mu_e \frac{v}{r^2}$$

其中，$\mu_e = \mu + \mu_t$，μ_t 为湍流黏度。

k-ε 湍流模型：

$$M_t = C_D \rho \frac{k^2}{\varepsilon} \tag{5-25}$$

$$\frac{k^{3/2}}{\varepsilon} = 1 \tag{5-26}$$

湍动能 k 的传输方程：

$$\frac{\partial}{\partial x}(\rho u k) + \frac{1}{r}\frac{\partial}{\partial r}(\rho r v k) = \frac{\partial}{\partial x}\left(\frac{\mu_e}{\sigma_k}\frac{\partial k}{\partial x}\right) + \frac{1}{r}\frac{\partial}{\partial r}\left(\frac{r\mu_e}{\sigma_k}\frac{\partial k}{\partial r}\right) + S_k \tag{5-27}$$

$$S_k = G - C_D \rho_\varepsilon$$

$$G = \mu_t\left[2\left\{\left(\frac{\partial u}{\partial x}\right)^2 + \left(\frac{\partial v}{\partial r}\right)^2 + \left(\frac{v}{r}\right)^2\right\} + \left(\frac{\partial u}{\partial r} + \frac{\partial v}{\partial x}\right)^2\right]$$

湍动能耗散率 ε 的传输方程：

$$\frac{\partial}{\partial x}(\rho u \varepsilon) + \frac{1}{r}\frac{\partial}{\partial r}(\rho r v \varepsilon) = \frac{\partial}{\partial x}\left(\frac{\mu_e}{\sigma_\varepsilon}\frac{\partial \varepsilon}{\partial x}\right) + \frac{1}{r}\frac{\partial}{\partial r}\left(\frac{r\mu_e}{\sigma_\varepsilon}\frac{\partial \varepsilon}{\partial r}\right) + S_\varepsilon \tag{5-28}$$

$$S_\varepsilon = C_1 \frac{\varepsilon}{k} - C_2 \rho \frac{\varepsilon^2}{k}$$

湍流模型中的常数值如表 5-3 所示。

表 5-3　湍流模型中的参数

C_1	C_2	C_D	σ_k	σ_ε
1.43	1.92	0.09	1.00	1.30

5.3.1.2 边界条件

当 $r=0$, $0<x<H$ 时（对称轴）：

$$v=\frac{\partial u}{\partial r}=0 \tag{5-29}$$

$$\frac{\partial k}{\partial r}=\frac{\partial \varepsilon}{\partial r}=0 \tag{5-30}$$

当 $x=0$, $R_e<r<R$ 时（自由表面）：

$$u=\frac{\partial u}{\partial x}=\frac{\partial v}{\partial x}=0 \tag{5-31}$$

$$\frac{\partial k}{\partial x}=\frac{\partial \varepsilon}{\partial x}=0 \tag{5-32}$$

当 $r=R$, $0<x<H$ 时（侧壁）与 $x=H$, $0<r<R$ 时（底壁）：

$$u=v=0 \tag{5-33}$$

$$k=\varepsilon=0 \tag{5-34}$$

当 $0<r<R_e$ 时（凹陷面），剪应力和速度梯度之间的关系符合：

$$\tau=\left|\mu_e\left(\frac{\partial v}{\partial x}+\frac{\partial u}{\partial r}\right)\right| \tag{5-35}$$

根据边界层概念，气流作用于凹陷液面的剪应力符合：

$$\tau=\mu_g\left(\frac{\partial u}{\partial x}\right)_B \tag{5-36}$$

式中，$\left(\frac{\partial u}{\partial x}\right)_B$ 为气体边界层中的速度梯度，也可以用积分形式表示：

$$\tau=-\mu_g\frac{u_c}{\Delta x_B} \tag{5-37}$$

式中，u_c 为凹陷面上某点所处边界层外势流速度；Δx_B 为该处边界层厚度。

作为一种近似，某点 (r,x) 对应的 u_c 可以为与 $\left(\frac{r}{3},x\right)$ 点处气体射流的速度 u_J 数值相等。

顶吹射流可看成自由射流，其时均速度在径向呈高斯分布：

$$u_J=u_m\exp\left[-\left(\frac{r}{C_r x}\right)^2\right]$$

式中，x 为到喷嘴的距离；u_m 为对称轴上的时均速度，且：

$$u_m=\frac{C_a LM}{xQ_i}$$

式中，L 为特征长度，$L=\sqrt{\frac{\pi}{4}}d$（d 为喷嘴直径）；M 为初始通量，$M=Q_i^2/\left(\frac{\pi}{4}d^2\right)$；$Q_i$ 为顶吹气体流量；C_a, C_r 为常数，$C_a=7.0, C_r=0.107$。

由以上分析，可得：

$$u_c = u_m \exp\left[-\left(\frac{r/3}{C_r x}\right)^2\right]$$

因此，在凹陷面上：

$$\tau = \frac{C_a Q_i \mu_g}{\sqrt{\pi}\ x(\Delta x_B)^2}\exp\left[-\left(\frac{r}{3C_r x}\right)^2\right] \tag{5-38}$$

5.3.1.3　近壁区的处理

靠近固体壁的区域与流体内部相比，有如下两个主要特点：流体流动性质的变化（如速度、有效黏度等）非常陡，其梯度是非线性的；此区黏滞力占主导地位。因此，按壁函数方法对此区进行处理。

5.3.1.4　求解过程及结果

A　求解方法

应用 Pun 和 Spalding 提出的方法[15]求解数模。首先偏微分方程式（5-23）、式（5-24）、式（5-27）、式（5-28）可以写成一般变量 Φ 的变通的微分方程：

$$\mathbf{div}(\rho u\Phi) = \mathbf{div}\Gamma\mathbf{grad}\Phi + S_\Phi$$

或在轴对称坐标系中写为：

$$\frac{1}{r}\left[\frac{\partial}{\partial x}(r\rho u\Phi) + \frac{\partial}{\partial r}(r\rho u\Phi)\right] = \frac{1}{r}\frac{1}{\partial x}\left(r\Gamma\frac{\partial\Phi}{\partial x}\right) + \frac{1}{\partial r}\left(r\Gamma\frac{\partial\Phi}{\partial r}\right) + S_\Phi$$

式中，Φ 可代表 u、r、k、ε；S_Φ 为相应的源项；Γ 为相应的交换系数。

其特点是：差分方程中的对流项系数用上游差分格式确定，迭代扫描过程用 TDMA 法进行，流场速度压力关系按 SIMPLE 法[16]处理。

计算域采用 12×16 不均匀网格划分。程序用 FORTRAN-Ⅳ语言编写，在 HITACHIM-150 机上实施计算。编译时间 65s，执行时间 270s。

B　模型输入的物理参数和几何参数（表 5-4）

表 5-4　物理参数和几何参数

参　　数		模　型	转　炉
顶吹喷嘴内径 d/m		0.006	0.0465
熔池直径 D/m		0.29	2.62
熔池深度 H/m		0.115	1.04
顶枪枪高 h/m		0.154	1～1.5
顶吹流量 Q_i/$m^3 \cdot s^{-1}$	工况Ⅰ	1.59×10^{-3}	1.15
	工况Ⅱ	2.21×10^{-3}	1.63
顶吹气体密度 ρ_{ig} /$kg \cdot m^{-3}$		1.2	2.47
顶吹气体黏度 μ_g /$kg \cdot m^{-1} \cdot s^{-1}$		1.84×10^{-3}	
液体密度 ρ /$kg \cdot m^{-3}$		1.0	7.0

C　结果

按表 5-4 中的数据，计算顶吹流量不同的工况Ⅰ、Ⅱ的速度分布。简洁起见，主要引用工况Ⅱ的结果。图 5-8 和图 5-9 为计算得到的工况Ⅰ、Ⅱ的速度分布。图 5-10 为激光测

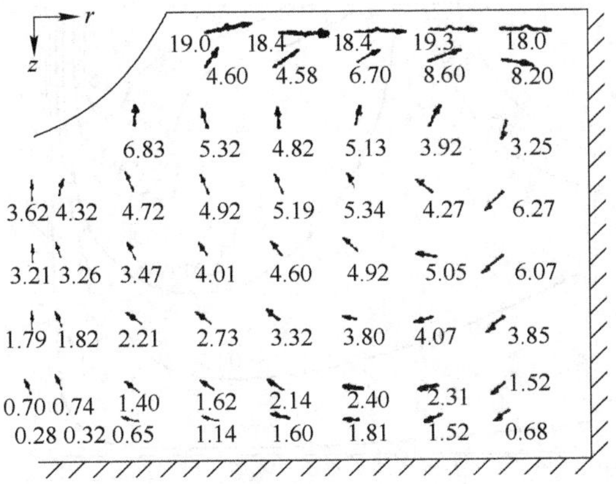

图 5-8 计算的工况Ⅰ流场速度
（$\times 10^{-2}$m/s）分布

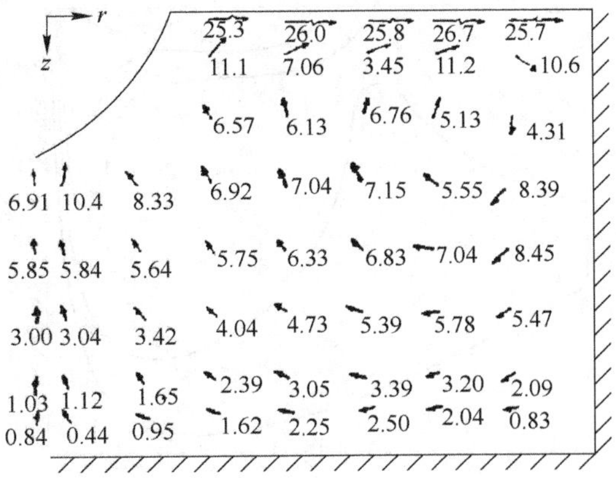

图 5-9 计算的工况Ⅱ流场速度
（$\times 10^{-2}$m/s）分布

量所得的工况Ⅱ的相应结果。可以看出，计算和测量结果符合，另外顶吹条件下形成的液体回流流场具有以下特征：

（1）自由表面附近一薄层是高速区；

（2）底部和对称轴之间有一三角形低速区，亦称死区；

（3）顶吹气体流量提高，表面速度明显增加，三角形低速区存在的情况并没有根本改变。

图 5-11 ~ 图 5-13 分别为计算所得的工况Ⅱ湍动能、湍动能耗散率及有效黏度分布。由图可以看出这几个参量在流场表面取得最大值，在凹陷面附近也有较大值。然而在流场中下部仅是最大值的二十分之一和几十分之一。

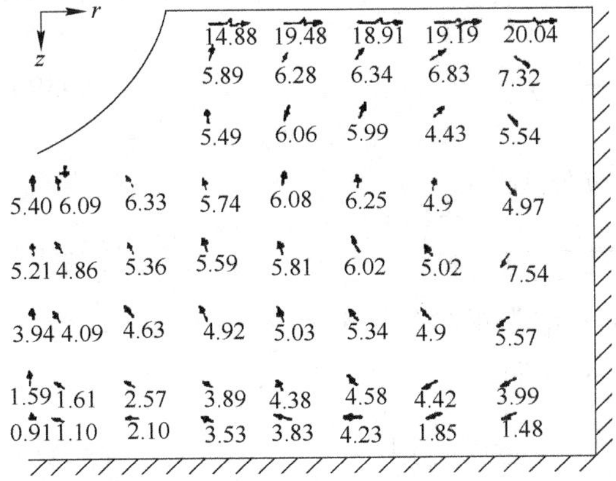

图 5-10 测量的工况Ⅱ流场速度
（$\times 10^{-2}$m/s）分布

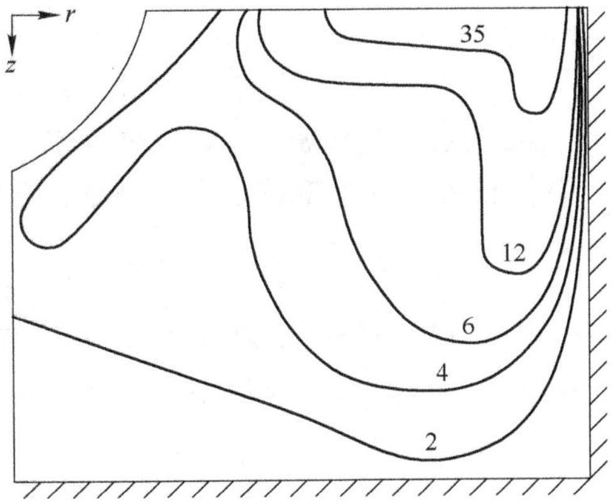

图 5-11 计算的工况Ⅱ流场湍动能
（J/kg）分布

这也说明，对熔池搅拌来说，顶吹不是一种有力的手段，熔池中存在的死区其对流和湍流作用甚弱，这一死区靠提高顶吹气体流量无法消除。

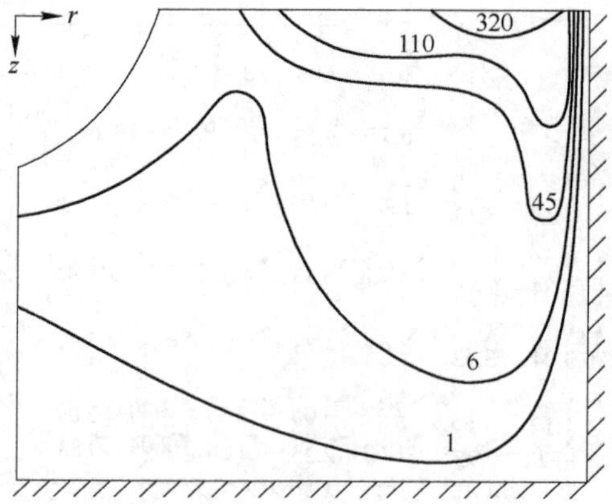

图 5-12 计算的工况Ⅱ流场湍动能耗散率（J/（kg · s））分布

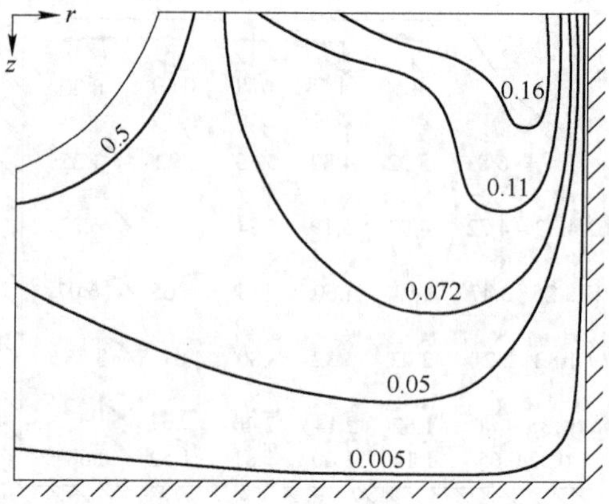

图 5-13 计算的工况Ⅱ流场有效黏度（kg/（m · s））分布

5.3.2 顶底复吹转炉熔池流场及循环流量

5.3.2.1 复吹转炉熔池流场数学模型[17,18]

A 数学模型

在建立数模时，假设复吹流场为圆柱形的轴对称体系；忽略炉渣及化学反应的影响；流体的黏度为常数。

与顶吹气体射流冲击下熔池流场数模相同，复吹流场数模也包括轴对称条件下的 r 向、z 向运动方程及连续性方程。运动方程中的湍流黏度通过 k-ε 双方程湍流模型计算确定。边界条件也一致。但由于底吹的影响，复吹凹陷面的尺寸如 R_c、h_c 与顶吹不同。

复吹条件下熔池流体的流动实际为气—液两相流。建立数模时，将熔池视为均相，但具有连续变化的含气率（a）和密度（ρ）的流体介质组成的整体，熔池密度和含气率符合如下关系：

$$\rho = a\rho_{bg} + (1 - a)\rho_l \tag{5-39}$$

式中，ρ_{bg} 为底吹气体密度；ρ_l 为熔池液体密度。

浮力流股的含气率符合高斯分布，含气率分布公式为：

$$a = a_m \exp\left\{-\left[\frac{r}{C_g(H - z + h_0)}\right]^2\right\} \tag{5-40}$$

式中，r，z 分别为径向及轴向坐标；H 为熔池深度；h_0 为虚拟气流到底壁的距离；C_g 为常数，$C_g = 0.120$；a_m 为流股中心线上的含气率，如下式：

$$a_m = C_t Q_b^{\frac{2}{3}}(H - z + h_0)^{-\frac{5}{3}}\left[\frac{\rho_l}{g(\rho_l - \rho_{bg})}\right]^{\frac{1}{3}} \tag{5-41}$$

式中，Q_b 为底吹气量；C_t 为常数，$C_t = 9.1$。

结合上述三式可得熔池流体密度的分布公式，可知熔池密度也符合高斯分布规律。密度分布的计算结果直接用于求解运动方程及湍流传输方程。

B 计算工况及输入参数

以 30t 转炉的 1∶9 水力学模型为例进行数模计算。相似转换以几何相似和动力学相似为基础，以修正的弗鲁德数 *Fr* 相等的关系求得模型与实型气体流量间的转换关系。顶吹气体流量选了两个水平Ⅰ、Ⅱ，底吹流量两个水平 1、2，顶吹底吹条件两两交叉组成了复吹的四个工况，即Ⅰ-1、Ⅰ-2、Ⅱ-1、Ⅱ-2。顶吹气体流量水平Ⅰ相当于软吹，Ⅱ相当于 30t 顶吹供氧强度 3.3m^3/（min · t），底吹气体流量水平 1、2 相当于底吹供气强度为 0.008m^3/（min · t）和 0.022m^3/（min · t）。模型计算所需流量数据汇总于表 5-5，数模计算所需几何和物理参数列于表 5-6，凹陷几何参数取实测值。

表 5-5 数模计算所需流量数据表

流量水平	气体流量/$m^3 \cdot s^{-1}$	相应复吹工况	流量水平	气体流量/$m^3 \cdot s^{-1}$	相应复吹工况
顶吹Ⅰ	1.59×10^{-3}	Ⅰ-1，Ⅰ-2	底吹 1	1.33×10^{-5}	Ⅰ-1，Ⅱ-1
顶吹Ⅱ	2.21×10^{-3}	Ⅱ-1，Ⅱ-2	底吹 2	3.75×10^{-5}	Ⅰ-2，Ⅱ-2

表 5-6 计算输入的几何参数及物理参数

参数名	数值	参数名		数值
熔池直径 D/m	0.29	顶吹气体黏度 η_g/kg · $m^{-1} \cdot s^{-1}$		1.84×10^{-5}
熔池深度 H/m	0.111	液体密度 ρ_l/kg · m^{-3}		1.0
顶吹喷嘴内径 d/m	0.006	虚拟气源至底壁距离 h_0/m	0.06	Ⅰ-1，Ⅱ-1
顶枪枪高 h/m	0.154		0.014	Ⅰ-2，Ⅱ-2
顶吹气体密度 ρ_{ig}/kg · m^{-3}	1.2			

C 计算方法及结果

与计算顶吹气体射流冲击下熔池流场方法相同，应用 Pun 和 Spalding 提出的方法[15]求解复吹流场的数模。

计算了轴对称复吹 4 个工况对应的流场速度、湍动能及其耗散率、有效黏度、含气率及密度等的分布。通过结果分析可以进一步考察复吹流场的性质、特点以及它们与顶吹、底吹流量之间的关系。简洁起见，速度分布图中仅给出Ⅱ-2 工况一个，如图 5-14 所示。它与图 5-15 所示的激光测速法所得的结果相吻合。复吹流场同样是循环流动场。其速度

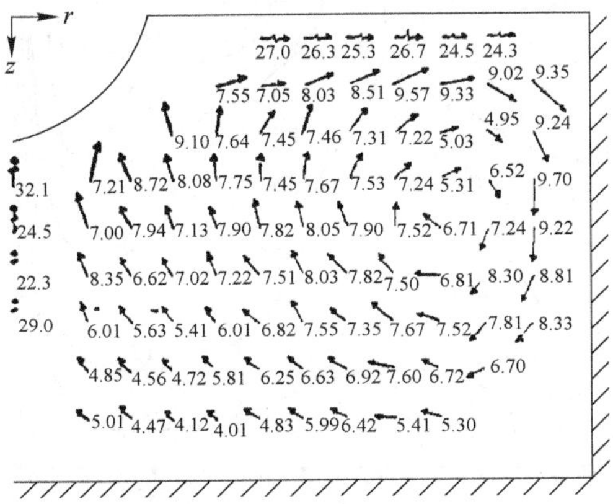

图 5-14 计算的复吹Ⅱ-2 工况流场速度（$\times 10^{-2}$m/s）分布

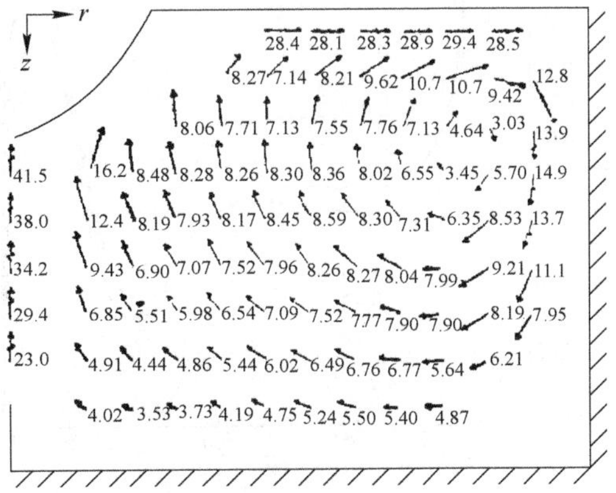

图 5-15 测量的复吹Ⅱ-2 工况流场速度（$\times 10^{-2}$m/s）分布

分布与顶吹条件下熔池流场相比，比较均匀，速度值在表面附近并无明显增加，但在流场底部、内部都有明显增加，因此在底壁和对称轴之间没有顶吹流场中那样大范围的死区。

复吹工况的速度值按Ⅰ-1→Ⅰ-2→Ⅱ-1→Ⅱ-2 的顺序依次增长。

图 5-16 可更直观地看到底吹气流的存在使流场底部速度有明显增加的情况，但是达到流量 1 后，继续提高底吹流量到 2 水平，则速度在底部的增加幅度大为下降。

图 5-17 和图 5-18 为底吹流量一定，顶吹气体流量提高对熔池底部和表面附近速度的影响。可以看出，在正常操作的顶吹供气强度下却是比软吹时熔池速度有一定程度增长。软吹条件下，进行的复吹中对于熔池的搅拌来说，顶吹的作用甚微，可以从图 5-17 和图 5-18 中各有两条接近重合的曲线看到。

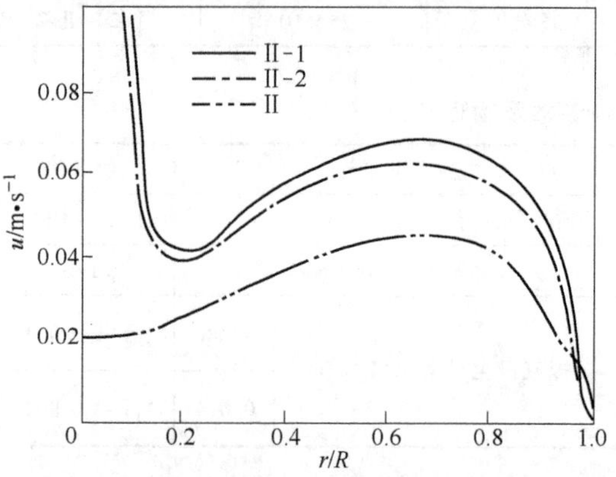

图 5-16　复吹Ⅱ-1、Ⅱ-2 工况与顶吹Ⅱ工况在流场相对深度 0.77 处速度的径向分布

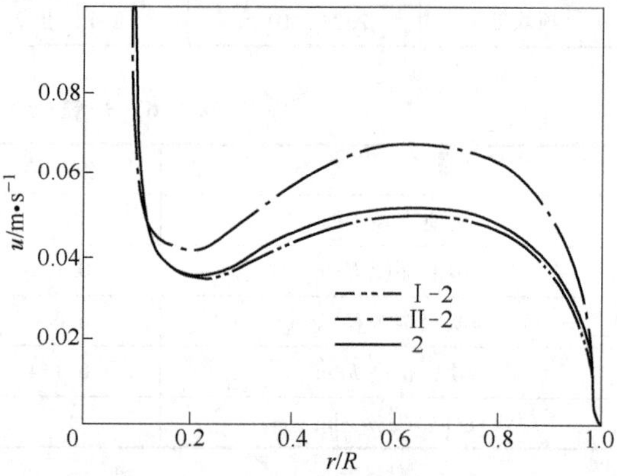

图 5-17　复吹Ⅰ-2、Ⅱ-2 及底吹 2 工况在流场相对深度 0.77 处速度的径向分布

熔池的湍动能、湍动能耗散率及有效黏度的分布特征极为相似，这是由于湍动能实质是湍流强度的一个量度。图 5-19 ~ 图 5-21 分别为复吹Ⅱ-1、Ⅱ-2 及Ⅰ-1 工况流场湍动能的分布。可以看出流场表面靠近侧壁附近及浮力流股所在位置为湍动能高的区域。比较

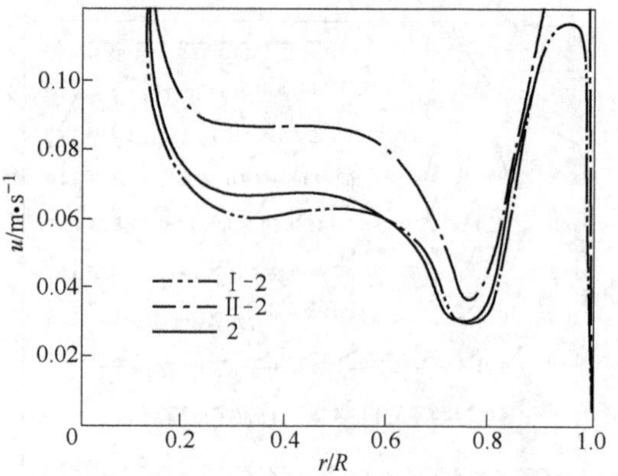

图 5-18　复吹Ⅰ-2、Ⅱ-2 及底吹 2 工况在流场相对深度 0.35 处的径向分布

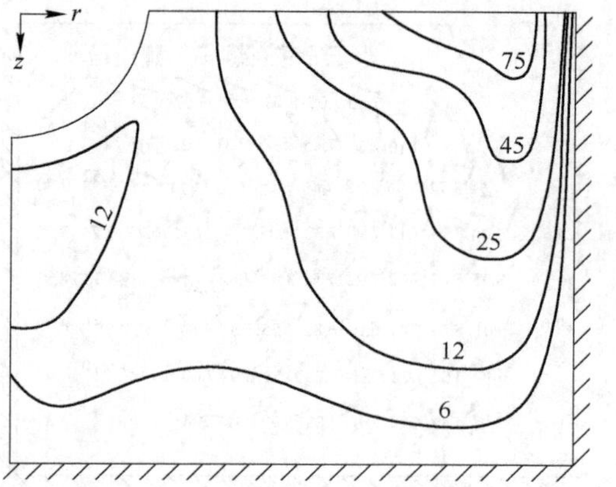

图 5-19　计算的复吹Ⅱ-1 工况流场湍动能（$\times 10^{-4}$ J/kg）分布

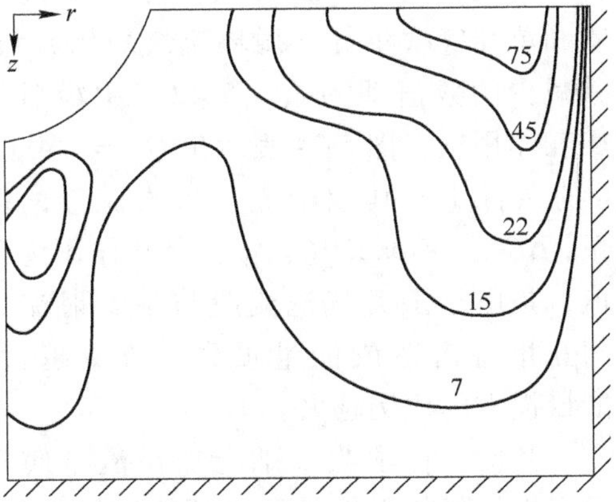

图 5-20 计算的复吹Ⅱ-2 工况流场湍动能（$\times 10^{-4}$J/kg）分布

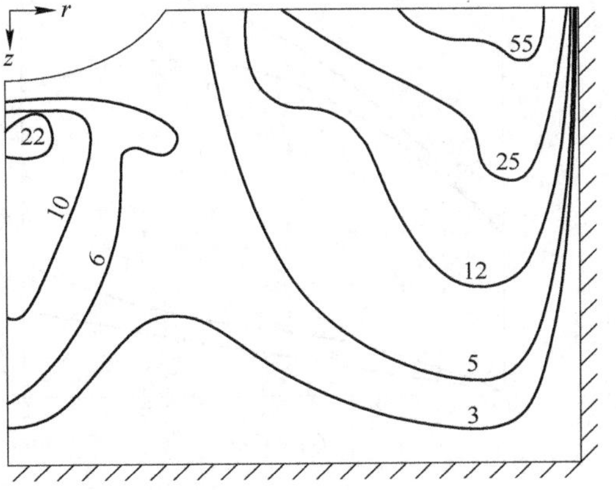

图 5-21 计算的复吹Ⅰ-1 工况流场湍动能（$\times 10^{-4}$J/kg）分布

图 5-19 和图 5-20 可以看出，底吹气体流量的提高使湍动能有一定程度的增长，但并不十分显著；同样比较图 5-19 和图 5-21 可以看出，顶吹流量提高使湍动能也有某种程度的增加。

5.3.2.2 复吹转炉熔池循环流量

根据文献得出回归方程计算循环流量，得出复吹循环流量与顶吹流量、底吹流量间的综合关系式如下[19,20]：

$$Q_c = 0.659Q_T + 5.175Q_B - 0.051Q_T^2 - 4.975Q_B^2 - 0.229Q_TQ_B \tag{5-42}$$

式中，Q_c 为循环流量，L/s；Q_T 为顶吹流量，m^3/h；Q_B 为底吹流量，m^3/h。

由式作图得到图 5-22 和图 5-23。总的来看，顶吹的基础上附加小流量的底吹可以强化搅拌，但有两点需要特别指出。

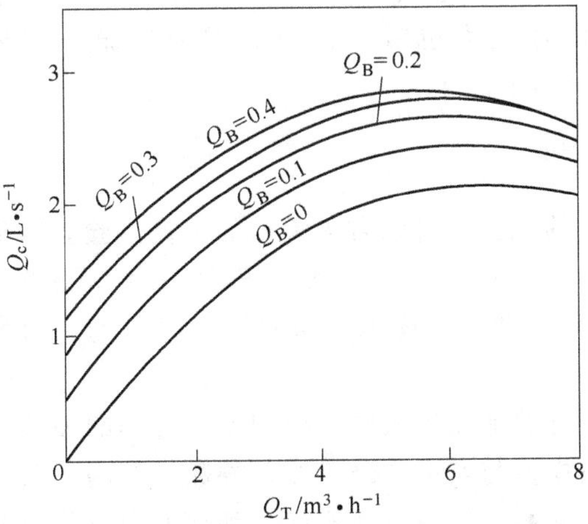

图 5-22 复吹时不同的底吹流量下循环流量和顶吹流量间的关系

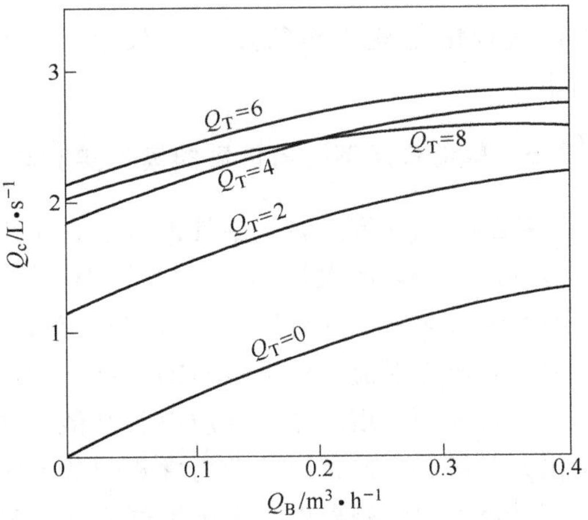

图 5-23 复吹时不同的顶吹流量下循环流量和底吹流量间的关系

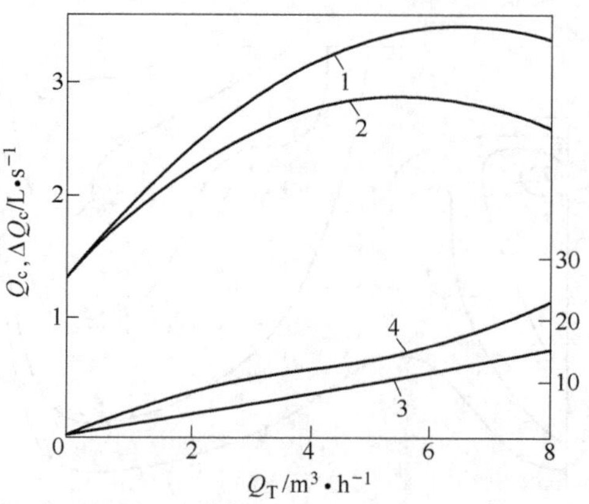

图 5-24 复吹时循环流量（曲线 2）与单纯顶吹和单纯底吹循环流量代数和（曲线 1）之间的比较
1—单纯顶吹与单纯底吹循环流量代数和 Q_c（T + B）；2—复吹时循环流量 Q_c（T_1B）；3—曲线 1 和曲线 2 的差值 ΔQ_c；4— $\Delta Q_c / Q_c$（T_1B）

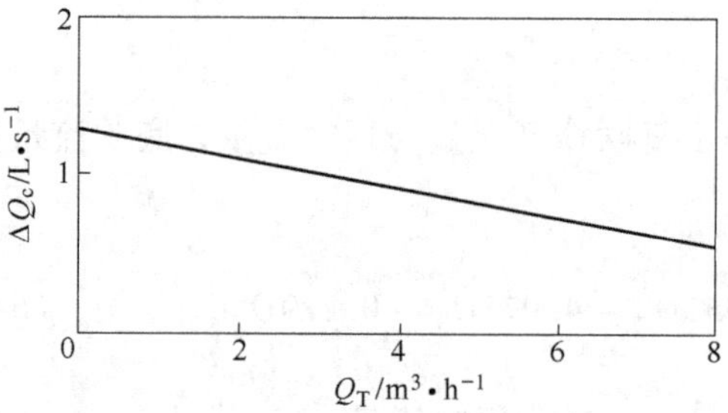

图 5-25 不同的顶吹流量条件下附加 0.4m^3/h 的底吹与不加底吹两种情况下循环流量的差别 ΔQ_c

首先，复吹的循环流量小于单纯顶吹和单纯底吹条件下循环流量的代数和。其减少的数值即为式（5-42）中最后的交互作用项。图 5-24 表示出 $Q_B = 0.4\text{m}^3/\text{h}$ 的条件下，其减少值与顶吹流量的关系，$\Delta Q_c = -0.229 Q_T Q_B$。交互作用为负值，是由于上升气泡流股与顶吹射流之间互相碰击造成能量损失，流量越大，能量损失的比例越大。

其次，在顶吹基础上加小流量底吹后产生的附加搅拌效果与顶吹流量有关。图 5-25 表示在不同的顶吹流量条件下，附加底吹 0.4m^3/h 与不加底吹，两种情况下循环流量的差别 ΔQ_c。显然顶吹流量较小熔池搅拌不足的情况下附加底吹可增加较多的循环流量。换句话说，顶吹搅拌强度较大时，附加底吹的效果不如顶吹流量较小时显著。这一现象可以从气泡与液体之间的相对速度发生变化来解释。

顶吹流量较小时，熔池内液体的循环速度比较小，气泡上浮过程中与液体之间产生较大的速度差，因而能对液体产生较大的推动力，从而增加较多的循环流量。当顶吹流量较大、熔池内液体循环速度本来较大时，气泡上浮过程中与液体间的速度差较小，对液体的作用力也减小，因而增加的循环流量就不多。

5.3.3 射流作用下熔池传质的模拟实验与计算[12]

数学模拟的方法研究熔池的传质，示踪物质的混合，可以省去大量的重复试验。数学模型可以归纳为两大类：一类为“槽模型”；另一类为“湍流模型”，即通过计算湍流流场的浓度分布来研究传质和混合[17]。在此采用后一种数学模拟方法并结合相应的水力学模型试验研究射流条件下熔池的传质和混合。

所采用的模型尺寸，介质以及其他工作条件与熔池流场相同。模型实型之间的关系的转化关系根据几何相似及动力学相似的要求，按模型与实型的修正弗鲁德数相等的关系确定。混合时间的测量以一定浓度的 KCl 溶液为示踪剂，以一定体积加入到模型中对称轴上距底壁 3cm 处，DJS-1 型铂黑电极置于距侧壁 2cm、液面下 4.0 ~ 5.0cm 处。所得的混合时间为同一条件下反复试验得到的算术平均值。

5.3.3.1 数学模型

A 控制方程

轴对称湍流流场中传质过程可用湍流对流传质方程描述：

$$\frac{\partial C_i}{\partial t} + v\frac{\partial C_i}{\partial r} + u\frac{\partial C_i}{\partial z} = \left[\frac{\partial}{\partial z}\left(D_e\frac{\partial C_i}{\partial z}\right) + \frac{\partial}{\partial r}\left(D_e\frac{\partial C_i}{\partial r}\right)\right] + \dot{n} \tag{5-43}$$

式中，C_i 为示踪物质的浓度；u，v 分别为轴向和径向速度分量；D_e 为有效扩散系数（或涡旋扩散）；$\dot{n}$ 为由于化学反应产生物质 i 的速率。下面 i 指 KCl，为简洁省略下标 i。

在充分发展的液体湍流场中的传质有如下特点，即其湍流施密特（Schmidt）数近似等于 1，即：

$$Sc_t = \mu_t/\rho D_t \tag{5-44}$$

而 $\mu_e \approx \mu_t$，$D_e \approx D_t$，从而其有效的施密特数也近似于 1，即：

$$Sc_t = \mu_t/\rho D_t \approx 1 \tag{5-45}$$

在非自然对流传质条件下，浓度分布不影响流体流动。因此，可先解流体运动方程，确定流场的速度分布及湍流参量的分布，随之应用式（5-45）得到有效扩散系数的分布。这些结果代入方程式（5-43）中，求解得到浓度分布。

假设中心复吹条件下流场为轴对称二维流场。另外由于示踪剂加入点在对称轴上，相应的浓度场也可认为具有二维轴对称分布的特点。

式（5-43）也可加以改写，以流函数代替速度分量 u、v 来表述，即：

$$r\frac{\partial}{\partial t}(\rho C) + \left[\frac{\partial}{\partial z}\left(C\frac{\partial \varphi}{\partial r}\right) - \frac{\partial}{\partial r}\left(C\frac{\partial \varphi}{\partial z}\right)\right] - \left[\frac{\partial}{\partial z}\left(\mu_e r\frac{\partial C}{\partial z}\right) + \frac{\partial}{\partial r}\left(\mu_e r\frac{\partial C}{\partial r}\right)\right] - rS_C = 0 \tag{5-46}$$

式中，S_C 为源项，$S_C = \rho\dot{n}$，无化学反应时，$\dot{n} = S_C = 0$。

根据流场为稳态的假设，描述流场的参量 u、v、φ、μ_e 等不随时间变化。在此直接采用解相应的稳态流场所得的流函数分布、有效黏度分布的计算结果求解方程式（5-46）。

B 初始条件及边界条件

a 初始条件

$t=0$ 时在示踪剂加入点：

$$C = C_0 \tag{5-47}$$

其他位置：

$$C = 0 \tag{5-48}$$

b 边界条件

在对称轴上：

$$r = 0,\ h_e < z < H,\ \frac{\partial C}{\partial r} = 0 \tag{5-49}$$

在确定边界条件时考虑到器壁对示踪剂物质是不渗透的，因此：

在侧壁：

$$r = R,\ 0 < z \leqslant H,\ \frac{\partial C}{\partial r} = 0 \tag{5-50}$$

在底壁：

$$z = H,\ 0 < r \leqslant R,\ \frac{\partial C}{\partial z} = 0 \tag{5-51}$$

自由液面及凹陷面边界条件的确定是难点，对自由液面示踪剂的浓度假设：

$$z = 0,\ R_e < r < R,\ C = C_{npl} \tag{5-52}$$

式中，C_{npl} 为自由液面下最近邻一条格线上的格点处的浓度；R_c，h_c 分别为凹陷的半宽及深度。

在凹陷面上：

$$0 < r \leqslant R_c,\ 0 < z \leqslant h_c,\ \frac{\partial C}{\partial n} = 0 \tag{5-53}$$

即浓度在凹陷面法线方向上的梯度为零。

C　数值计算

采用 Gosman 法对上述数学模型的求解，计算域划分成 12 ×16 网格，浓度变量对时间的离散化采用全稳式方法。计算在中型计算机实施。采用下式作为收敛数据：

$$\frac{\Sigma \left| C^{(k)} - C^{(k-1)} \right|}{\Sigma \left| C^{(k)} \right|} < 0.005 \tag{5-54}$$

计算及相应的实验工况的各种参数列于表 5-7。计算得到了复吹四个工况在不同时刻的浓度的分布。

表 5-7　实验及计算输入的参数

参　数	数　值	
	模　型	实　型
熔池直径 D/m	0.291	2.61
熔池深度 H/m	0.111	1.00
液体密度 ρ_l/t · m^{-3}	1.0	7.2
液体温度 T/K	293	1900
顶吹气体密度 ρ_{ig}/t · m^{-3}	1.2（空气）	2.466（氧气）
顶吹气体流量 Q_i/m^3 · s	1.59×10^{-3}（Ⅰ-1，Ⅰ-2 工况）	1.15（Ⅰ-1，Ⅰ-2 工况）
	2.21×10^{-3}（Ⅱ-1，Ⅱ-2 工况）	1.63（Ⅱ-1，Ⅱ-2 工况）
顶枪喷嘴直径 d/mm	6.0	46.5
枪高 h/m	0.154	1.00 ~ 1.50
底吹气体密度 ρ_{gN}/kg · m^{-3}	1.43（氧气）	1.78（空气）
底吹气体流量 Q_{bN}/m^3 · s	1.33×10^{-5}（Ⅰ-1，Ⅰ-2 工况）	4.00×10^{-3}（Ⅰ-1，Ⅰ-2 工况）
	3.75×10^{-5}（Ⅱ-1，Ⅱ-2 工况）	11.1×10^{-3}（Ⅱ-1，Ⅱ-2 工况）

5.3.3.2　结果与讨论

实验测量可以得出测量位置上 KCl 浓度，从而给出相对浓度随时间的变化曲线。理论计算可以给出任一时刻的相对浓度分布，欲以实验方法得到相对浓度分布，需要对不同位置上 KCl 浓度进行同步测量。在此仅给出固定测量点上测量的验证结果。

图 5-26 ~ 图 5-29 为计算得出的复吹四个工况在 $t = 20\text{s}$ 时所得的浓度分布图。工况的浓度分布有如下特征：

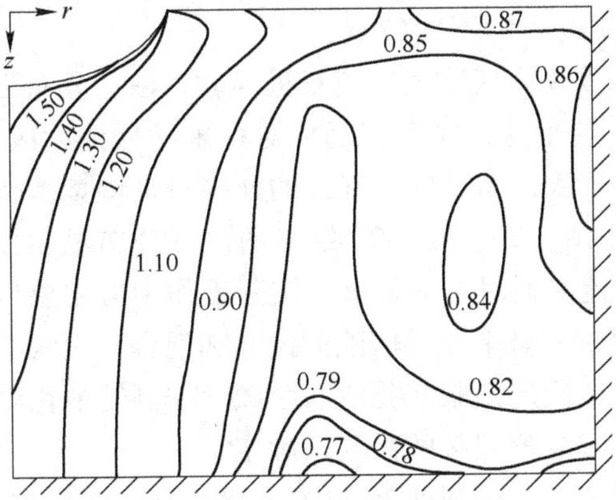

图 5-26 计算得到的复吹 Ⅰ-1 工况浓度分布 $t = 20\text{s}$

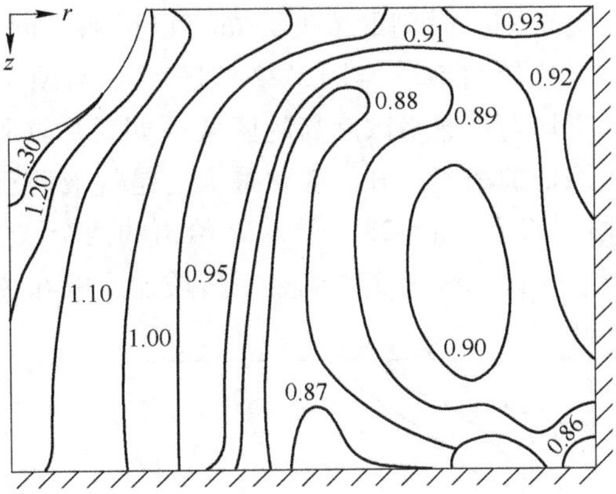

图 5-27 计算得到的复吹 Ⅰ-2 工况浓度分布 $t = 20\text{s}$

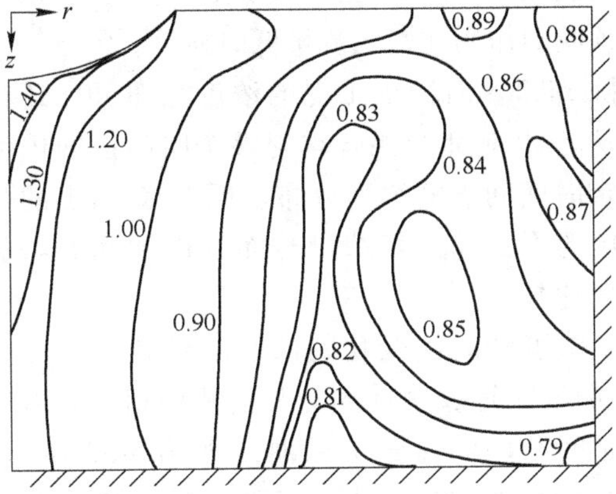

图 5-28 计算得到的复吹 Ⅱ-1 工况的浓度分布 $t = 20\text{s}$

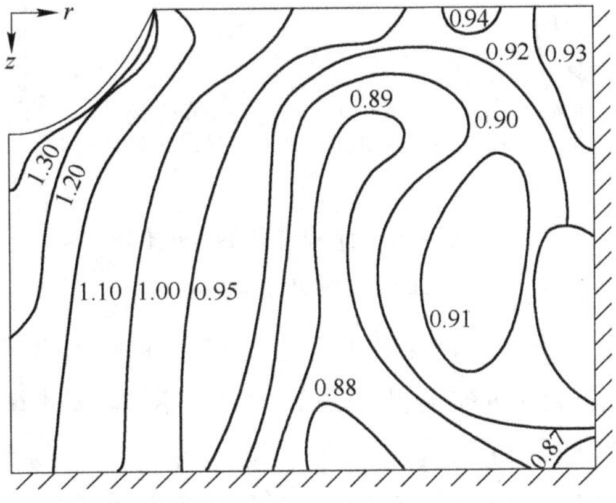

图 5-29 计算得到的复吹 Ⅱ-2 工况的浓度分布 $t = 20\text{s}$

（1）由于示踪剂加入点在对称轴上，对称轴附近浓度高。此外发现，对称轴附近，也就是气—液两相区浓度梯度也很大。

（2）液面下也有较大的浓度及浓度梯度。

（3）靠近侧壁及底壁的区域浓度及浓度梯度都较低。底壁上方到轴的距离充分远的区域，是浓度最低的区域。

这些特点与相应的流场有很大关系。中心复吹条件下对称轴及自由表面附近流速高于其余区域。在气泡驱动下的富 KCl 溶液上升达表面附近转向，然后沿表面从中心向侧壁流去。因此在开始的一段时间内，对称轴附近浓度最高，表面附近浓度其次，这两个区域里的示踪剂物质浓度远高于其余区域。气泡流所在的区域及自由表面下强烈的对流作用有利于对流传质的进行。这种对流传质是方向性的，其方向由流动方向决定。图 5-26 ~ 图 5-29 为给出对称轴附近浓度等值线几乎与流动方向一致，平行于对称轴，而浓度梯度方向垂直于对称轴。

这一方面表明了强烈的对流传质沿流动方向进行；另一方面，垂直于对称轴的很大的浓度梯度表明在这个区域的扩散传质（实质上是湍流扩散传质）也是不容忽视的重要因素。

浓度分布与示踪剂加入位置有关，也与测量时间有关。但比较相同测量条件下，不同工况至同一时刻的浓度分布可以说明不同工况传质过程的不同特点。

比较图 5-26 与图 5-27 或图 5-28 与图 5-29 可以发现，底吹气体流量提高时，浓度分布更趋于均匀：原来浓度高的区域（如对称轴附近）浓度下降；在底部远离对称轴的低浓度区，示踪剂的浓度上升。变化最大的是气液两相区。这再次说明了底吹气流的搅拌对推动熔池传质的作用。图 5-28、图 5-29 给出的两个浓度分布比图 5-26、图 5-27 给出的浓度分布更为接近。这说明改变底吹流量对传质的影响在顶吹气体流量低时更为显著。实际操作中应主要以调节底吹流量来促进熔池的搅拌和混合，顶吹氧气流量的确定则服从化渣、脱碳、控制熔池化学反应及减少喷溅等的需要来确定。

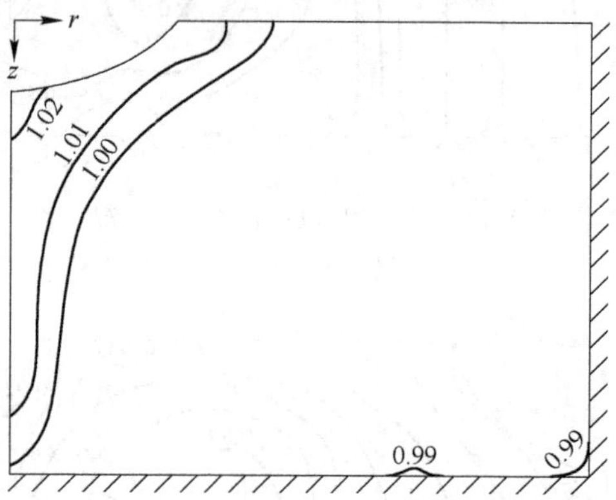

图 5-30　计算得到的复吹I-1工况浓度分布 $t=80\mathrm{s}$

同样，比较图 5-26 与图 5-28 或图 5-27 与图 5-29 可以看出，顶吹强度的提高对促进熔池传质的作用。此外，图 5-26 与图 5-28 给出的浓度分布的差别比图 5-27 和图 5-29 之间差别大，从而表明顶吹的作用在底吹流量低时显著。

除 $t=20\mathrm{s}$ 时四个工况的浓度分布外，还计算了从 $t=0$ 到完全混合均匀整个时间区间内每隔一定时间间隔的浓度分布。图 5-30 给出的是 $t=80\mathrm{s}$ 的Ⅰ工况流场浓度分布，以便和 $t=20\mathrm{s}$ 的情况比较。

图 5-31 给出了Ⅰ工况计算和实验得到的测点浓度随时间变化的曲线。对其余各工况也得到同样类型的几簇曲线。测量和计算得到的曲线接近表明计算与测量结果相符。由这些曲线可以确定混合时间。通过实验得到混合时间与底吹流量关系曲线如图 5-32 所示。其中，单纯底吹是顶吹气体流量等于零的一种极限情况。图 5-32 可以更直观地说明混合

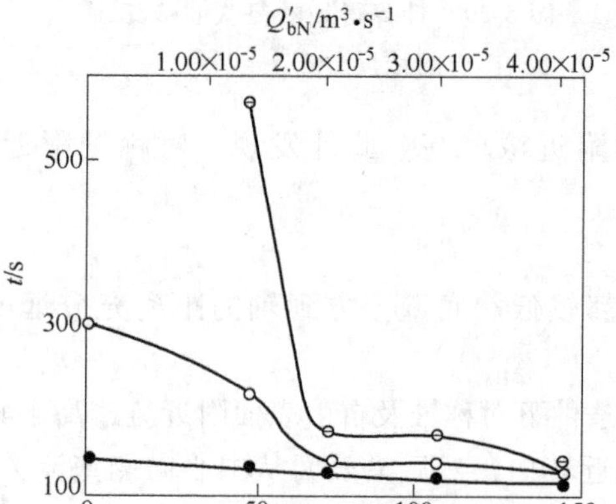

图 5-31　复吹Ⅰ工况测点浓度随时间的变化

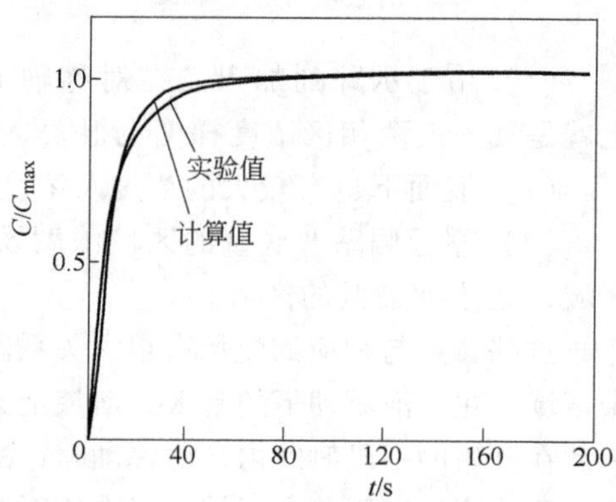

图 5-32　实验测量的混合时间与底吹流量关系

时间受顶吹、底吹流量影响的情况。

5.4 转炉炉内流场、传热与传质

氧气炼钢的实质是高速氧射流与炉内高温熔体（钢液和熔渣）及高温炉气间发生的流动、传热、燃烧、脱碳和钢渣乳化等复杂的物理化学反应[21,22]。

5.4.1 转炉炉气流动的数学模型[23,24]

5.4.1.1 湍流气相燃烧模型

A 快速反应模型（k-ε-f）

对于二次燃烧反应 $CO + 1/2O_2 = CO_2$，WkgCO 与 SWkgO_2反应生成（$1+S$）WkgCO_2。S 为化学当量数比（$S=4/7$）。

引入混合分数 f：

$$f \equiv \frac{x - x_1}{x_1 - x_2}$$

式中，x 称为守恒标量：$x = Y_{CO} - Y_{O_2}/S$；x_1 为燃料侧的 x 值：$x_1 = Y_{CO} = 1$；x_2 为氧侧 x 值：$x_2 = -Y_{O_2}/S = -1/S$。

k-ε-f 模型假定，火焰峰面是一无限薄的间断面。在峰面上$\left(f_F = \dfrac{1}{1+S}\right)$有：$\overline{Y}_{CO} = \overline{Y}_{O_2} = 0$；而在近氧侧 $0 \leqslant f < f_F$：$\overline{Y}_{CO} = 0$；在近燃料侧 $\bar{f}_F \leqslant f < 1$：$\overline{Y}_{O_2} = 0$

显然，方程几乎相当于无反应的传热传质问题。在实际炉内，不可能存在一明确的火焰峰面将流场划分为氧气扩散区和燃气扩散区。而且动力学过程对燃烧的影响十分明显。否则高速氧流就不可能穿过高温高浓度 CO 炉气直接与金属熔池发生 C-O 反应。

B k-ε-f-W 模型

为了正确模拟炉内气相湍流中的燃烧过程，提出了 k-ε-f-W 模型。其主要思想为：

（1）在转炉内，氧气和 CO 燃气通过对流和扩散被输送到火焰面区，这一过程可采用 k-ε-f 方程描述；

（2）在火焰峰面区，由于湍流的作用，氧气和燃料充分混合，形成扩散控制的反应流。采用修正后的 W_T模型描述：

$$W_T = W_{CO} = C_s\rho\exp\left[-\frac{T_1 C_T}{T}\right]\min[Y_{CO}, Y_{O_2}/S]\varepsilon/k \tag{5-55}$$

方程式（5-55）与下述七个偏微分方程构成 k-ε-f-W 模型。所有方程均在柱坐标系下展开，采用张量表达式。

连续性方程：

$$\frac{\partial \rho u_j}{\partial x_j} = 0 \tag{5-56}$$

动量方程：

$$\frac{\partial \rho u_i u_j}{\partial x_j} = -\frac{\partial p}{\partial x_i} + \frac{\partial}{\partial x_j}\left[\mu_e\left(\frac{\partial u_j}{\partial x_i} + \frac{\partial u_i}{\partial x_j}\right)\right] - \frac{\partial}{\partial x_i}\left(\frac{2}{3}\rho k\right) \tag{5-57}$$

能量方程：

$$\frac{\partial \rho u_j h}{\partial x_j} = \frac{\partial}{\partial x_j}\left(\mu_e / \sigma_h \frac{\partial h}{\partial x_j}\right) \tag{5-58}$$

k 方程：

$$\frac{\partial \rho u_j k}{\partial x_j} = \frac{\partial}{\partial x_j}\left(\mu_e / \sigma_k \frac{\partial k}{\partial x_j}\right) + G_k - \rho\varepsilon \tag{5-59}$$

ε 方程：

$$\frac{\partial \rho u_j \varepsilon}{\partial x_j} = \frac{\partial}{\partial x_j}\left(\mu_e / \sigma_\varepsilon \frac{\partial \varepsilon}{\partial x_j}\right) + \frac{\varepsilon}{k}(C_1 G_k - C_2 \rho\varepsilon) \tag{5-60}$$

组分方程：

$$\frac{\partial \rho u_j Y_{CO}}{\partial x_j} = \frac{\partial}{\partial x_j}\left(\mu_e / \sigma_Y \frac{\partial Y_{CO}}{\partial x_j}\right) - W_{CO} \tag{5-61}$$

f 方程：

$$\frac{\partial \rho u_j f}{\partial x_j} = \frac{\partial}{\partial x_j}\left(\mu_e / \sigma_Y \cdot \frac{\partial f}{\partial x_j}\right) \tag{5-62}$$

其中：

$$G_k = \mu_t\left(\frac{\partial u_j}{\partial x_i} + \frac{\partial u_i}{\partial x_j}\right)\frac{\partial u_i}{\partial x_j}$$

$$\mu_t = C_\mu \rho k^2 / \varepsilon$$

$$\mu_e = \mu_t + \mu$$

$$\mu = 0.0571 T^{0.622}$$

$$h = T(c_{pCO} Y_{CO} + c_{pO_2} Y_{O_2} + c_{pCO_2} Y_{CO_2}) + Y_{CO} H_{COF}$$

有关的通用常数为：

$$C_\mu = 0.09; C_{CO} = 1.44, C_{O_2} = 1.92;$$

$$\sigma_h = \sigma_k = 0.9; \sigma_\varepsilon = 1.33; \sigma_Y = 1.0$$

求解中需补充以下方程：

混合密度方程：

$$\rho = \frac{p M_{mix}}{RT} \tag{5-63}$$

式中，M_{mix} 为混合物摩尔质量。

温度方程：

$$T = (h - Y_{CO}H_{COF})/(c_{pCO}Y_{CO} + c_{pO_2}Y_{O_2} + c_{pCO_2}Y_{CO_2}) \tag{5-64}$$

氧气组分方程：

$$Y_{O_2} = [Y_{CO} - f(x_1 - x_2) + x_2]S \tag{5-65}$$

质量守恒方程：

$$Y_{CO} + Y_{O_2} + Y_{CO_2} = 1 \tag{5-66}$$

5.4.1.2 求解方法

A 基本假设

采用 k-ε-f-W 模型求解 30t 转炉内气相流场、温度场和浓度场时，为了简化计算，做以下假设：

转炉近似为圆柱体，炉内流动为非等温可压缩三维流场；和二次燃烧相比，炉壁耐火材料散热可忽略；由于水冷喷枪直径很小，可忽略其壁面对炉内流动和传热的影响；钢液表面假定为刚性平面，忽略钢水与氧气射流及气相间的化学反应和传热传质过程。

B 计算条件

采用 30t 氧气顶吹转炉作为模拟对象，采用圆柱坐标系进行三维求解。水冷氧枪从转炉顶部插入，至钢液面 2.7m 处。主孔氧射流用于脱碳，沿转炉轴线喷出；副孔氧射流用于二次燃烧，与轴线成 α 角喷出。CO 炉气沿钢液面均匀逸出。计算中采用的工艺条件和参数如表 5-8 所示。

表 5-8 计算条件和工艺参数

转炉尺寸	熔池直径/m		转炉高度/m		喷枪高度/m
	3.0		3.2		2.7
喷枪尺寸	喷枪外径/cm		主孔直径/cm		副孔直径/cm
	15		3.3		0.42
射流出口参数	主射流出口速度/$m \cdot s^{-1}$		副射流出口速度/$m \cdot s^{-1}$		副孔夹角/(°)
	495		483		25
工艺参数	钢液温度/℃	炉壁温度/℃	喷枪壁温度/℃	上升炉气温度/℃	炉气上升速度/$m \cdot s^{-1}$
	1600	1600	25	1600	0.9

C 边界条件

在壁面附近采用壁面函数法处理边界条件。以离开壁面的垂直距离 r_n 的无量纲量：

$$r^+ = \frac{r_n C_\mu^{\frac{1}{4}} k^{\frac{1}{2}}}{\nu} \tag{5-67}$$

为参考量。

当 $r^+ > 11.5$ 时：

$$k = C_\mu^{-\frac{1}{2}} \frac{k^2 u_t^2}{\ln(Er^+)} \tag{5-68}$$

$$\varepsilon = C_\mu^{\frac{3}{4}} \kappa^{\frac{3}{2}} \frac{\ln(Er^+)}{k r_n} \tag{5-69}$$

当 $r^+ \leqslant 11.5$ 时：

$$k = C_\mu^{-\frac{1}{2}} \frac{u_t^2}{(r^+)^2} \tag{5-70}$$

$$\varepsilon = C_\mu^{\frac{1}{2}} \kappa \frac{u_t}{r_n} \tag{5-71}$$

式中，κ 为 von Karman 常数；u_t 为 r_n 处平行于壁面的速度；ν 为分子运动黏度。

考虑到壁面绝热条件，则：

$$\frac{\partial h}{\partial r_n} = 0 \tag{5-72}$$

各物理量在出口、入口处主流方向上的偏导数为零；中心线上法向偏导数为零。

5.4.1.3　计算结果和讨论

A　炉内流场

图 5-33 给出转炉气相流场的纵向剖面。图 5-33a 表示副孔射流轴线剖面（$\alpha = 0°$，A—B 剖面）；图 5-33b 表示两副孔间对称面（$\alpha = 60°$）的剖面（B—C 剖面）。

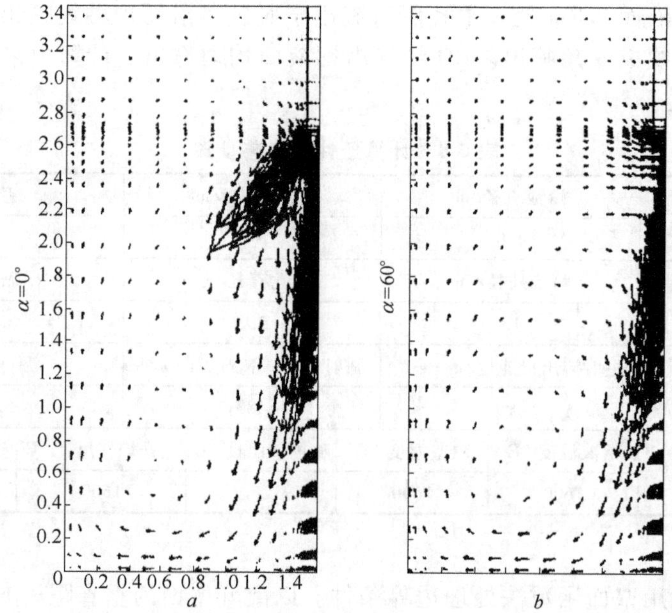

图 5-33　轴向速度场

由图 5-33a 可以看出，流场分为三个区域：由于副射流的引射作用形成的上部回流区，位于转炉顶部，靠近喷枪和副氧流外壁；主射流外侧回流区，位于钢液上方，主射流外侧；主射流内侧回流区，位于转炉轴线上，接近钢水表面，在该区域的影响下，主射流明显偏转。副射流作用区域小，速度衰减快，射流无明显偏转；主射流速度衰减较慢，流线明显偏转。

比较图 5-33b 可看出，副孔射流不存在时，流场明显改变。上部回流场大为减弱，几乎消除。由于高速氧流的引射，大量高温炉气沿喷枪外壁，从喷孔端部卷入氧气射流，而主射流及其内外侧回流区与图 5-33*a* 相同。说明主射流及其内外回流区基本上是轴对称的，副射流和上部回流区非对称。

图 5-34 为转炉内流场的横剖图。如图 5-34*a* 所示，在喷孔端面副孔射流径向初速很大，主孔射流径向速度为零。周围高温炉气受氧射流的引射，从炉壁向中心汇集，速度逐渐加快。如图 5-34*b* 所示，在副射流峰面附近，流场改变，副射流径向速度明显降低；主射流开始偏转（径向流速约为 15m/s）；高温炉气向中心汇集的速度减弱。如图 5-34*c* 所示，在钢液表面，流场完全改变主射流的轴向速度约为零；在外侧回流区，气流从中心流向炉壁，速度逐渐降低；在内侧回流区，气流从炉壁流向中心，流速变大。

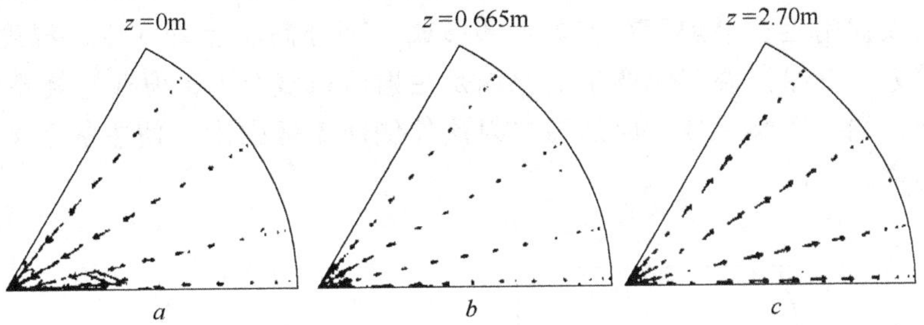

图 5-34　30t 转炉内径向速度场

a—出口平面；*b*—副孔射流的火焰峰面附近（射流速度迅速衰减）；*c*—钢液表面

B　炉内密度场

图 5-35 给出转炉内气相密度分布。从图中可以看出，燃烧使射流作用区密度极不均匀；在射流区外，气相密度趋于均匀。从图 5-35*a* 可以看出，副射流密度变化很大，说明燃烧较

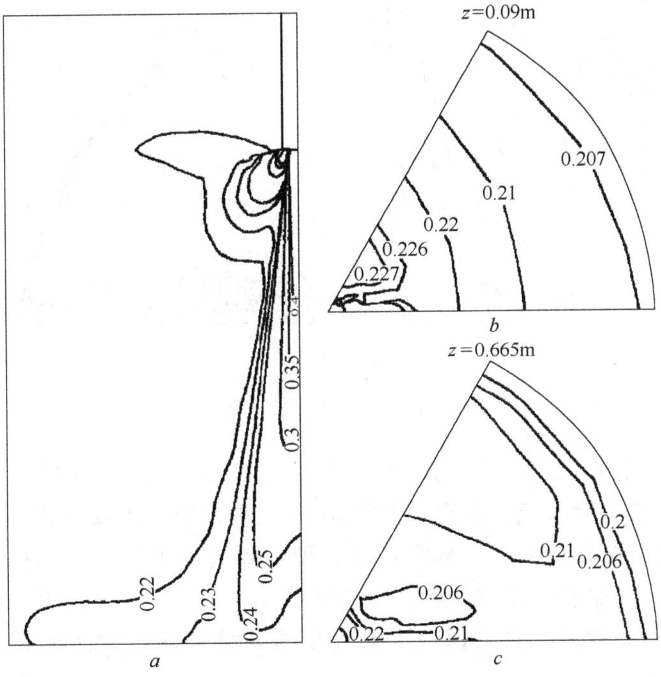

图 5-35　炉内气相密度场

缓慢。而主射流外侧，密度变化迅速，说明燃烧只发生在主射流的表面。从图 5-35 *b* 可看出，在喷孔端面附近存在两个高密度区：一个是副射流作用区（在“A-B”剖面上）；另一个是在“B-C”剖面上被射流引射的高温炉气。该区域内大量卷吸的高温 CO 燃气使副射流迅猛燃烧。从 5-35*c* 可看出，副射流猛烈燃烧形成的低密度区不在副射流轴线（A-B 剖面）上，而在副射流两侧。

C　炉内温度场

图 5-36 给出了转炉内温度场变化。从图 5-36*a* 可以看出炉内温度场纵剖面有以下特点：主射流内温度变化较慢，说明射流内基本未发生燃烧反应，主射流的燃烧主要发生在外侧回流区内，温度达到 1900℃；副射流内温度变化迅速，说明燃烧剧烈，二次燃烧的高温区集中在喷嘴附近；沿炉壁在转炉上部形成一部分高温上升气流，温度达到 2000℃，对炉衬危害较大，贴壁高温气流产生的原因是主射流氧气与 CO 炉气燃烧不完全，部分气流沿炉壁上升，继续燃烧所致。应加强主射流外侧回流区强度，使主氧和 CO 炉气能在该涡区内充分燃烧。

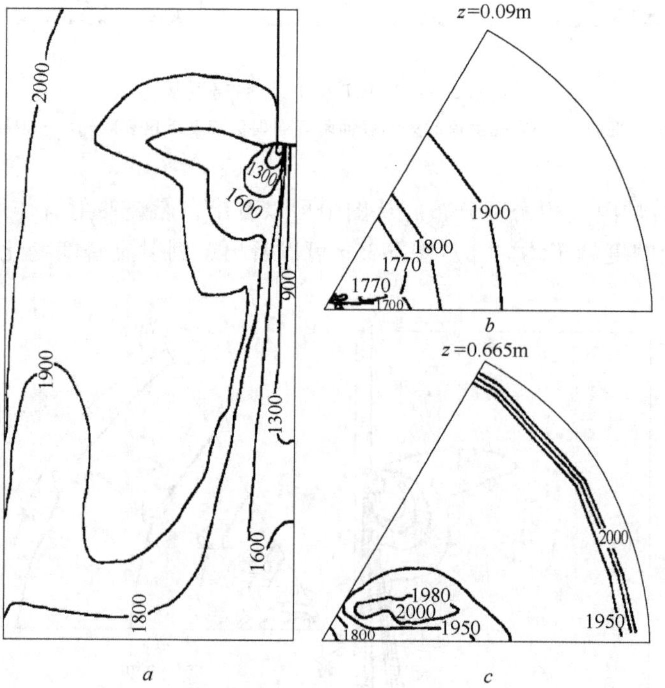

图 5-36　炉内温度场

图 5-36*b* 表示喷孔端面附近炉内温度分布的横断面。大量高温炉气（约 1770℃）被副孔射流引射，与之充分对流、混合，是副射流猛烈燃烧的主要原因。图 5-36*c* 表示副孔氧流火焰峰面附近温度分布断面。从图可知，副孔氧流的火焰区呈椭圆形状，作用范围占转炉半径的 58%。火焰高温区温度达到 2000℃，位于副孔射流轴线的两侧。这和图 5-35*b*、*c*的结果吻合，说明副孔射流内大量卷吸的高温炉气是保证副射流迅猛燃烧的主要环节。

D 炉内浓度场

图5-37给出了炉内气相中CO_2浓度场的变化。CO_2浓度变化基本与温度场相似：主射流内CO_2浓度偏低，燃烧主要发生在外侧回流区内，CO_2浓度达到28%。副射流内燃烧很快，在很短的距离内CO_2浓度达到26%，但燃烧并不充分，一部分残余氧伴随主射流流动燃烧。炉壁附近有一层高温气流，越贴近壁面燃烧越完全，CO_2浓度达到30%。气流横断面上CO_2的浓度分布也与温度场相似：在出口端面处（图5-37*b*），副射流附近存在一低CO_2浓度区。而在副孔火焰峰面附近，火焰断面为椭圆形；火焰峰面上CO_2浓度达到27.2%。

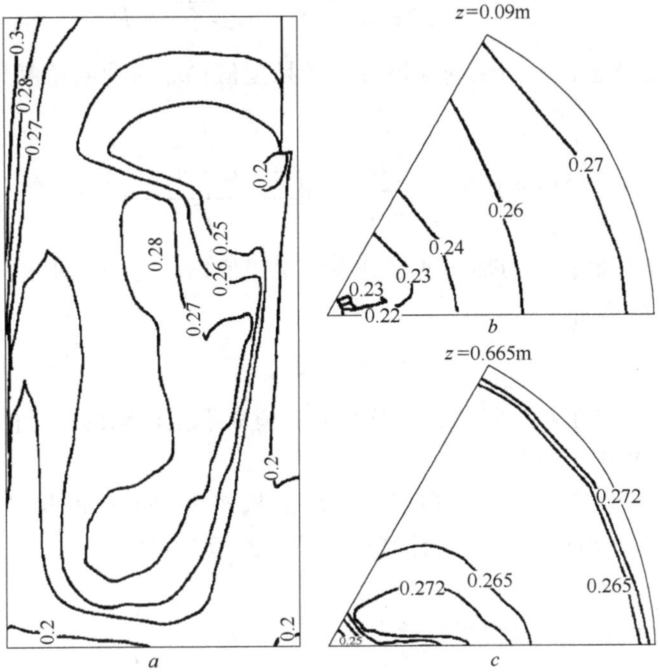

图5-37 30t转炉内气相CO_2浓度场

5.4.2 转炉中金属液滴的产生、运动及传热模型

由于主氧枪的氧气流而引起的熔池中金属液滴产生的分布函数，其内容如下[25]。

5.4.2.1 位置分布函数

假定熔池液面为一平面，引入液滴产生的位置分布函数为：

（1）轴向：

$$z = z_0 \tag{5-73}$$

式中，z_0为熔池液面高度坐标。

（2）径向：

$$dF(r) = \begin{cases} 0 & r \leqslant r_0 \\ \lambda \exp[\lambda(r - r_0)] & r \geqslant r_0 \end{cases} \tag{5-74}$$

式中，r_0为主氧枪中心到液滴产生处的径向距离；λ 为描述液滴产生的聚集程度的一个参量。

（3）切向为均匀分布：

$$dF(r) = d\theta/2\pi \tag{5-75}$$

5.4.2.2　速度分布

速度分布为：

（1）轴向：

$$dF(v_z) = \frac{1}{\sqrt{2\pi}\ \sigma_z}\exp\left(\frac{-(v_z - v_{z_0})^2}{2\sigma_z^2}\right)dv_z \tag{5-76}$$

式中，v_z 为轴向速度分量；v_{z_0} 为轴向速度分布的期望值；σ_z 为轴向速度分布的方差值。

（2）径向：

$$dF(v_r) = \frac{1}{\sqrt{2\pi}\ \sigma_r}\exp\left(\frac{-(v_r - v_{r_0})^2}{2\sigma_r^2}\right)dv_r \tag{5-77}$$

式中，v_r 为轴向速度分量；v_{r_0} 为轴向速度分布的期望值；σ_r 为轴向速度分布的方差值。

（3）切向为均匀分布：

$$v_\theta = 0 \tag{5-78}$$

上述 v_z 与 v_r 的方向在对实际问题的分析时，恒取沿坐标轴的正方向。

5.4.2.3　液滴的运动与传热

用 Monte-Carlo 方法模拟上述分布即可得出随机产生的液滴的尺寸、位置及初速度，以它们作为初值条件，再由下述公式计算单个液滴的运动和传热。

A　液滴在流场中的运动

在 Langrangian 框架下，液滴在流场中的运动方程为：

$$M_s\frac{dv}{dt} = M_s g - M_g g - \frac{1}{2}M_s\frac{dv}{dt} - \frac{1}{2}\rho v|v|\frac{\pi}{4}d^2C_d(w) \tag{5-79}$$

其中：

$$M_s = \pi\rho_s d^3/6 \qquad M_g = \pi\rho_g d^3/6$$

$$\begin{cases} C_d(w) = 24/Re & Re \ll 1 \\ C_d(w) = 24/Re^{0.646} & 1 < Re \leqslant 400 \\ C_d(w) = 0.5 & 400 < Re \leqslant 3\times10^5 \\ C_d(w) = 0.000366Re^{0.4275} & 3\times10^5 < Re \leqslant 2\times10^6 \\ C_d(w) = 0.18 & 2\times10^6 < Re \end{cases}$$

Re 为雷诺（Reynolds）数，其表达式为：

$$Re = \frac{w\rho_g d}{\mu_g} \tag{5-80}$$

其中：

$$w = \sqrt{(u_z - v_z)^2 - (u_r - v_r)^2 + (u_\theta - v_\theta)^2}$$

式中，u_z，u_r，u_θ 为炉气流动的速度在柱坐标下的三个分量；v_z，v_r，v_θ 为液滴速度的三个分量。

B 液滴在流场中的换热及温度变化

液滴在流场中的换热及温度变化方程为：

$$c_p M_s \frac{dT_s}{dt} = h_{eff} \pi d^2 (T_g(r) - T_s) \tag{5-81}$$

$$T_s \Big|_{t=0} = T_{bath} \tag{5-82}$$

$$h_{eff} = h_c + h_r \tag{5-83}$$

式中，h_c 为液滴与流场的对流换热系数，由下述方程组确定：

$$h_c = Nu \frac{\lambda_g}{d}, Nu = 2 + 0.6 Re^{1/2} Pr^{1/3}, Pr = c_{pg}(\mu_g / \lambda_g)$$

式中，h_r 为由于液滴与气体间的辐射换热而引起的等价换热系数，其值由下式确定：

$$h_r = \frac{\sigma_g T_g^2(r)}{\frac{1}{\varepsilon_s} + \frac{1}{\varepsilon_g} - 1} \left[1 + \frac{T_s}{T_g(r)} + \left(\frac{T_s}{T_g(r)} \right)^2 + \left(\frac{T_s}{T_g(r)} \right)^3 \right]$$

式中，$T_g(r)$ 为炉内气体的温度分布，它是空间位置的函数。

上述全部方程组成了对单个液滴的随机产生、运动、传热及温度变化描述的完备数学模型。通过对大量的液滴进行模拟，求出其统计平均值，这样与液滴有关的一些宏观物理量就可以方便地给出。

5.4.3 炉内二次燃烧的流动、传热与传质模型

二次燃烧的主要化学实质是在供氧条件下 CO 氧化反应和 CO_2 还原反应达到新平衡的过程，其主要物理实质则是在供氧条件下炉内形成新的热平衡[26~28]。

5.4.3.1 数学模型

由于炉内二次燃烧是十分复杂的燃烧、流动、传热和传质过程，用简单经验模型很难描述。流场计算是研究二次燃烧的有利工具。

A 假设条件和基本方程

对炉内二次燃烧做如下假设：

(1) 炉内流动、传热、传质和燃烧过程为稳定、可压缩的二维轴对称流场；

(2) 喷入的氧气射流，上升的高温 CO 炉气和燃烧产物 CO_2 均为完全气体；

(3) 氧气射流与 CO 炉气间的燃烧反应满足化学平衡方程：

$$\frac{1}{2}O_2 + CO = CO_2 \tag{5-84}$$

燃烧为一级反应，反应速度可用涡破裂模型求解；

(4) 忽略由于温度梯度造成的气体浮力对流动的影响；

(5) 燃烧过程中所有分子输运参数和物性参数为常数；

（6）忽略炉壁、喷枪水冷壁对传热的影响；

（7）忽略主射流对二次燃烧射流（副射流）流动、燃烧的影响。

根据上述假设，炉内二次燃烧氧射流与高温 CO 炉气的燃烧、流动、传热和传质过程，可简捷地用通用方程表示：

$$\frac{\partial}{\partial x_j}\left(\rho u_j \Phi - \Gamma_\Phi \frac{\partial \Phi}{\partial x_j}\right) = S_\Phi \tag{5-85}$$

式中，Φ 表示任一变量，如速度 u、焓 h、混合分数 f 以及湍流动能 k 和湍流耗散能 ε；Γ_Φ 表示各种输运系数，如湍流有效黏度 μ_{eff}，湍流传热系数和扩散系数等；S_Φ 表示各种源项。对各有关方程进行时均化后，得到的时均化方程详见表 5-9。

表 5-9　控制方程的参量定义和数学表达式

序　号	方程名称	变量 Φ	输运系数 Γ_Φ	源项 S_Φ
1	连续性方程	1	0	0
2	雷诺方程	u_i	μ_{eff}	$-\frac{\partial p}{\partial x_i}+\frac{\partial}{\partial x_j}\left(\mu_{eff}\frac{\partial u_i}{\partial x_j}\right)$
3	能量方程	h	μ_{eff}/σ_h	0
4	紊流动能方程	k	μ_{eff}/σ_k	$G_k-\rho\varepsilon$
5	紊流耗散方程	ε	$\mu_{eff}/\sigma_\varepsilon$	$\varepsilon/k(C_1G_k-C_2\rho\varepsilon)$
6	燃料组分方程	Y_{CO}	μ_{eff}/σ_Y	$-W_{CO}$
7	混合物分数方程	f	μ_{eff}/σ_Y	0

表中：

$$G_k = \mu_t\left(\frac{\partial u_i}{\partial x_j}+\frac{\partial u_j}{\partial x_i}\right)\frac{\partial u_i}{\partial x_j} \tag{5-86}$$

$$\mu_t = \rho C_\mu k^2/\varepsilon \tag{5-87}$$

$$\mu_{eff} = \mu + \mu_t \tag{5-88}$$

式中，μ_t为紊流黏性系数；μ_{eff}为有效黏性系数；μ 为分子黏性系数。

计算中采用的通用常数如表 5-10 所示。

表 5-10　计算使用的通用常数

C_μ	C_1	C_2	σ_h	σ_k	σ_ε	σ_Y
0.09	1.44	1.92	0.90	0.90	1.33	0.90

B　燃烧计算

根据涡破裂模型，计算燃料燃烧的反应速度：

$$W_{CO} = C_{ebu}\,\rho\min(Y_{CO}, Y_{O_2}/S)\varepsilon/\kappa \tag{5-89}$$

式中，C_{ebu}为破裂常数，$C_{ebu}=0.5$；S 为反应方程式（5-84）的化学当量数比，$S=16/28=0.571$。

代入燃料组分方程式可求解出气相中 CO 的浓度：

$$Y_{CO} = \rho_{CO}/\rho \tag{5-90}$$

式中，ρ 为混合气体密度，$\rho = pM_{mix}/(R \cdot T)$；$M_{mix}$ 为混合气体的摩尔质量，$M_{mix} = 1/\Sigma(Y_i/M_i)$。

燃烧过程必须满足质量和能量守恒定律，即1kg CO炉气与 Skg 氧气按燃烧反应式（5-1）燃烧，生成（1+S）kg CO_2并释放出相应的燃烧热 H_{COF}：

$$1h_{CO} + Sh_{O_2} = (1 + S)h_{CO_2} + H_{COF} \quad (5\text{-}91)$$

式中，h 为气体组分的焓。

通过能量方程求解出混合气体的焓，根据下式计算燃烧温度：

$$T = (h - Y_{CO}H_{COF})/(c_{pCO}Y_{CO} + c_{pO_2}Y_{O_2} + c_{pCO_2}Y_{CO_2}) \quad (5\text{-}92)$$

式中，c_p 为定压比热。

C　工艺条件与边界条件

以普通30t转炉作为模拟计算对象，图5-38给出转炉内二次燃烧的示意图，表5-11给出计算选用的主要工艺参数。

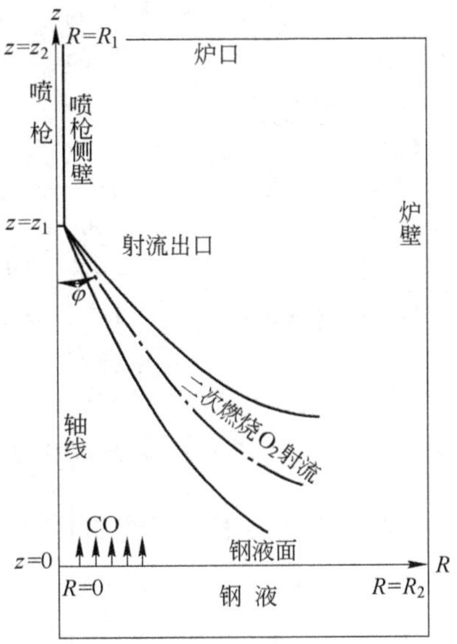

图5-38　炉内二次燃烧示意图

表5-11　二次燃烧模拟计算的主要工艺参数

炉子高度/m	熔池直径/m	熔池深度/m	喷枪高度/m	喷枪外径/m	熔池温度/K
4.0	2.6	1.0	1.5	0.28	1800

熔池脱碳速度/%·min⁻¹	金属熔池重量/t	二次燃烧氧气流量(标态)/m³·h⁻¹	喷孔夹角/(°)
0.50	30	2985	25，30，40

边界条件为：

（1）钢液表面：

$$z = 0, 0 \leqslant R \leqslant R_2$$

$$w[\mathrm{m/s}] = 0.029W_1 v_C T_1/R_2$$

$$v = 0, T = T_1, f = 1, Y_{CO} = 1, h = c_{pCO}T_1 + H_{COF}$$

$$Y_{O_2} = 0, k = 0.025w^2C_f, \varepsilon = (0.3k)^{1.5}/L_m$$

式中，W_1为金属熔池重量，t；v_C为熔池脱碳速度，%/min；T_1为熔池温度，K；R_2为熔池半径，m；C_f为表面摩擦系数，$C_f = 0.018$；L_m为特征尺度，$L_m = 0.18R_2$。

（2）炉壁：

$$R = R_2, 0 \leqslant z \leqslant z_2$$

$$v = w = 0, k = 10^{-4}, \varepsilon = 10^{-5}, \frac{\partial T}{\partial R} = 0$$

（3）炉口：

$$z = z_2, R_1 \leqslant R \leqslant R_2$$

$$\frac{\partial v}{\partial z} = \frac{\partial w}{\partial z} = \frac{\partial f}{\partial z} = \frac{\partial k}{\partial z} = \frac{\partial \varepsilon}{\partial z} = \frac{\partial h}{\partial z} = 0$$

（4）轴线：

$$R = 0, 0 \leqslant z \leqslant z_1$$

$$\frac{\partial v}{\partial R} = \frac{\partial w}{\partial R} = \frac{\partial f}{\partial R} = \frac{\partial k}{\partial R} = \frac{\partial \varepsilon}{\partial R} = \frac{\partial h}{\partial R} = 0$$

（5）喷枪侧壁：

$$R = R_1, z_1 \leqslant z \leqslant z_2$$

$$v = w = 0, T = 300\text{K}, \frac{\partial h}{\partial R} = 0, k = 10^{-4}, \varepsilon = 10^{-5}$$

（6）喷枪底部非射流出口处：

$$z = z_1, 0 \leqslant R \leqslant R_1$$

$$v = w = 0, T = 300\text{K}, \frac{\partial h}{\partial R} = 0, k = 10^{-4}, \varepsilon = 10^{-5}$$

（7）射流出口条件：

$$w = -v_{O_2}\cos\alpha, v = v_{O_2}\sin\alpha, (v_{O_2} = 330\text{m/s})$$

$$T = 300\text{K}, h = c_{p_{CO_2}} T, f = 0, Y_{O_2} = 1, Y_{CO} = 0$$

$$\frac{\partial k}{\partial z} = \frac{\partial \varepsilon}{\partial z} = 0$$

$$k = 50 \times 10^{-5} v_{O_2}^2, \varepsilon = (0.3k)^{1.5}/(0.035d)$$

式中，d 为射流出口间隙。

D　计算中选用的热物性参数

计算中各组分选用的热物性参数如表 5-12 所示。反应式（5-84）的燃烧热效应 $H_{COF} = 10077\text{kJ/kg}$。

表 5-12　计算中采用的热物性参数

组元名称	温度 T/K	密度 ρ/kg · dm^{-3}	黏度 μ/kJ · (kg · K)$^{-1}$	比热容 c_p/kJ · (kg · K)$^{-1}$	导热系数 λ/W · (m · K)$^{-1}$
O_2	300	1.429	20.63×10^{-6}	0.9203	0.021
CO_2	300	1.96	19.958×10^{-6}	0.871	0.0166
CO	300	1.25			

E　计算方法

采用 Spalling 和 Patankar 等人提出的有限元体积法计算流场。为避免压力和速度的锯齿形误差，在计算域内采用交错网格。为保证计算精度，采用疏密网格，在流态变化剧烈的地方，采用密网格；而在流态变化平缓的地方采用疏网格。网格总数为 35 ×21。

为保证收敛，采用欠松弛方法。松弛方程为：

$$A_P \Phi_P / \alpha = A_N \Phi_N + A_S \Phi_S + A_L \Phi_L + A_H \Phi_H + b + [(1 - \alpha)/\alpha]/A_P \Phi_P \qquad (5\text{-}93)$$

收敛的判定条件为：

$$\left|\Phi_{ij}^{(k+1)} - \Phi_{ij}^{k}\right| \Big/ \left|\Phi_{ij}^{(k+1)}\right| \leqslant 10^{-4} \tag{5-94}$$

5.4.3.2 计算结果

A 炉内速度场和压力场分布

图5-39和图5-40给出了计算的流场和压力场变化。由图可以看出，炉内二次燃烧氧射流流场有以下特征：

（1）在炉内上升的CO高温热气流的作用下，喷入的氧气冷射流产生强烈的引射作用，使氧气射流与CO发生猛烈的燃烧反应，并在喷枪端部形成两个强回流区；其一靠近喷头下部，体积较小，压力梯度变化剧烈，产生高速的气体回流。该区域为高温回流区，其大小和强弱决定了氧射流图的燃烧过程。其二靠近喷头外壁和氧射流外侧，区域较大。该区域为低温气体回流区，其大小和强弱决定了氧射流的速度衰减和流线偏转。从图5-40看出，在回流区内形成局部负压，造成气体回流。这两个回流区的存在，发展和变化，决定了氧气射流的流动、速度衰减和射流偏转，也同时决定了射流内的传热、传质、混匀和燃烧过程。

（2）在流场下部，由于钢液面和炉壁的作用，产生一个微弱的环流区；而在流场上部，由于喷枪和炉墙的"壁效应"，也产生一个弱环流区。这两个区域内，流场压力变化平缓，使流线稍有弯曲。

（3）由于喷头端部两个回流区的作用和上升气流的影响，氧气射流发生明显的偏转。

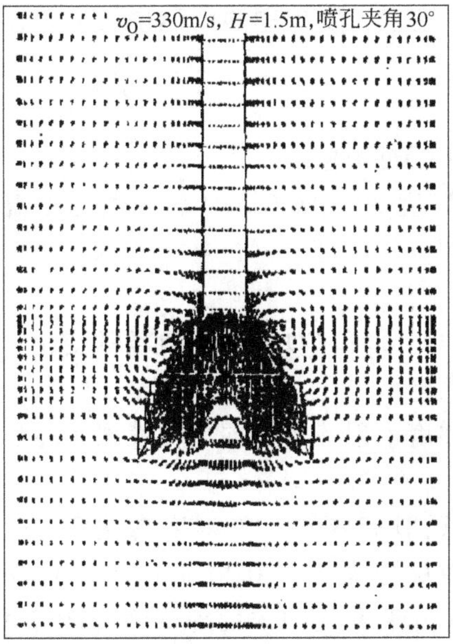

图5-39 炉内二次燃烧流场

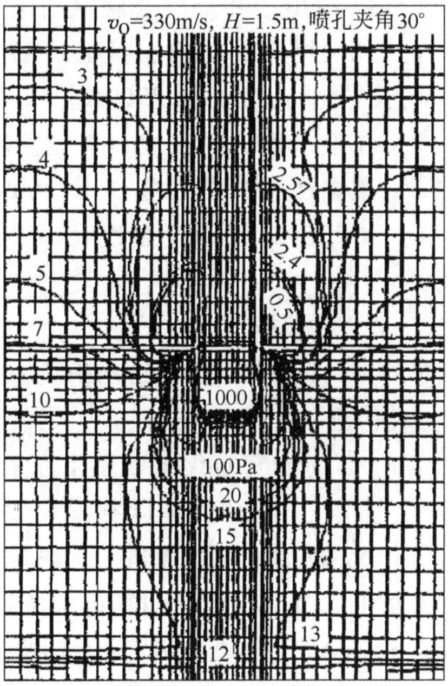

图5-40 炉内二次燃烧压力场

（4）比较图5-39与图5-41、图5-42发现，射流尾部位置恰好与火焰峰面位置相当。这说明炉内二次燃烧氧射流的速度衰减不完全决定于动量守恒（如自由射流），还决定于燃烧过程。燃烧越快，射流衰减得越迅速。

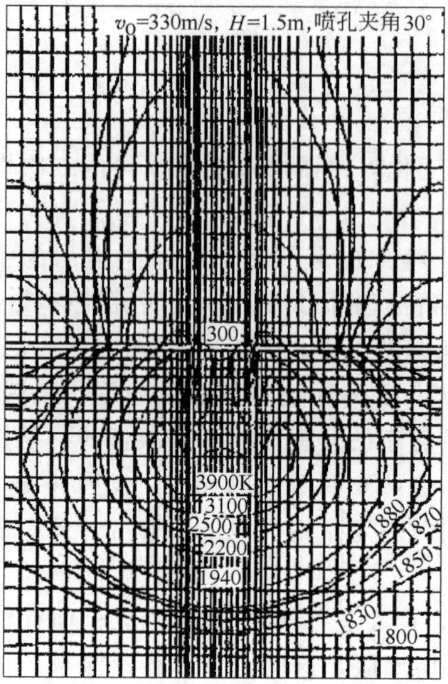

图 5-41　炉内二次燃烧温度场

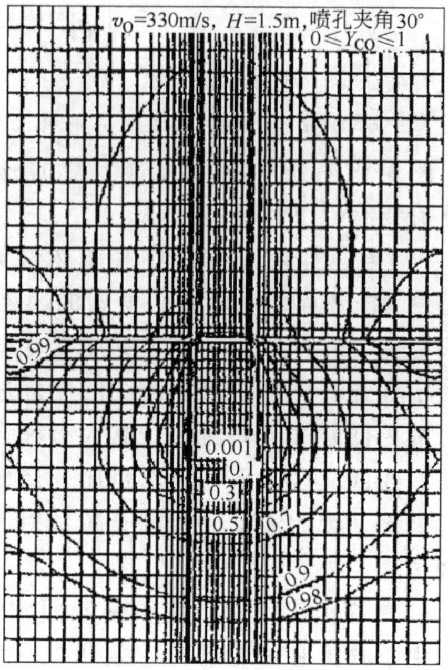

图 5-42　炉内 CO 浓度场

B　炉内温度场

图 5-41 给出了在二次燃烧氧射流的作用下，炉内温度场的分布。从中可以得出：

(1) 二次燃烧氧射流在喷枪端部两个回流区的作用下，发生剧烈的燃烧反应。在火焰峰面上，燃烧温度达到 3900K。

(2) 在整个射流区域内，气流温度高于 2500K。

(3) 燃烧产生的高温区（≥2500K）很大，几乎接近炉壁。

(4) 炉气出口处烟气温度比较均匀，高于熔池温度 30～50℃，且靠近喷枪处温度偏高。

C　炉内浓度场

图 5-42～图 5-44 分别给出炉内二次燃烧过程中 CO、O_2 和 CO_2 气体浓度场的变化。研究和比较得出：

(1) CO 的浓度变化主要发生在射流区内。浓度梯度沿射流外侧向内侧发展，逐步减弱。在射流内侧，CO 的浓度基本为零。

(2) 氧浓度的变化恰与 CO 浓度变化相反。在氧射流内侧，氧浓度高达 0.7；在火焰峰面上，氧浓度急剧降低，说明有剧烈的燃烧反应发生。在射流外侧，氧浓度下降到 $Y_O = 0.05$，氧气几乎完全被燃烧反应消耗。由于氧气的浓度梯度变化大于 CO 的浓度变化证明氧的扩散速度高于 CO。CO 的扩散是炉内氧气射流二次燃烧的速度限制性环节。

(3) CO_2浓度变化与温度场变化相似。在火焰峰面上，CO_2浓度达到 $Y_{CO} = 0.7$。在整个射流区内，CO_2浓度高于 $Y_{CO} = 0.3$。说明二次燃烧主要发生在氧射流内。在射流区外 CO_2的扩散燃烧区，在该区域内 CO_2浓度逐渐降低，使出口炉气成分均匀。

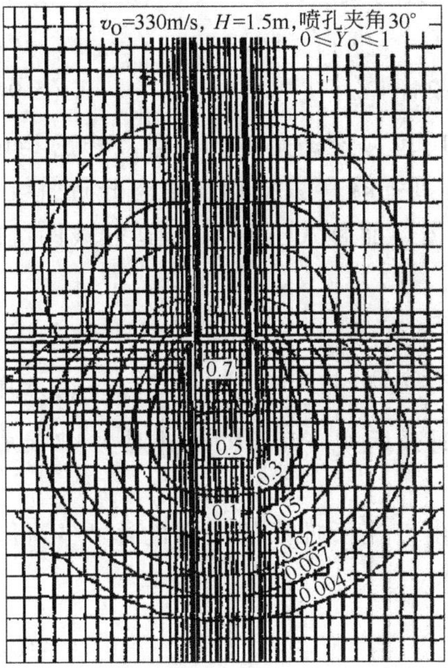

图 5-43　炉内 O_2浓度场

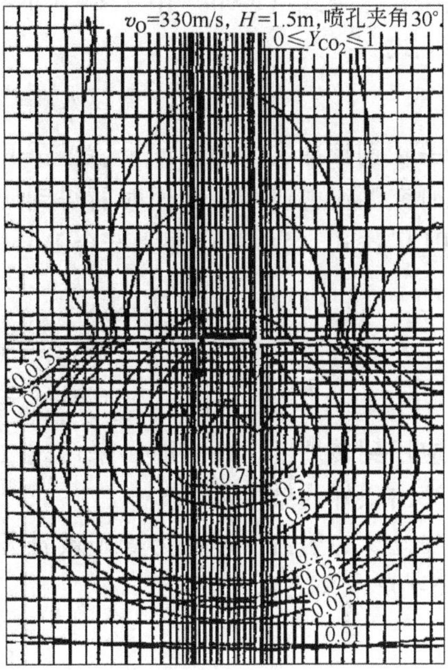

图 5-44　炉内 CO_2浓度场

5.5 转炉火点区域的反应特性

5.5.1 火点面积的计算[29]

射流冲击钢液面产生凹坑时，射流冲击力（单位时间的动量）M 可用下式表示：

$$M = \pi/4 d_{e1}^2 \rho_1 u_1^2 \tag{5-95}$$

其中：

$$u_1^2 = \frac{2\gamma}{\kappa - 1}(R'T_0 g_C)\left\{1 - \left(\frac{p_1}{p_0}\right)^{(\kappa-1)/\kappa}\right\}$$

式中，d_{e1}为喷嘴出口的直径；ρ_1为氧气密度；u_1为喷嘴出口的射流速度。

以均匀速度 u_1喷出的射流充分扩张，在过渡到湍流之后的自由射流中，其中心轴线上的速度 u_m表示为：

$$u_m/u_1 = K_1(d_{e1}/Y) \tag{5-96}$$

式中，Y 为从喷头出口到下游的距离。

关于常数 K_1，许多研究工作者正在研究。根据川上的实验结果可写成：

$$K_1 = p_0/0.404 \tag{5-97}$$

在凹坑部分对单位流体体积微元进行能量平衡，即认为自由射流的动能同穿深为 h_0 那点的钢液的位能相等：

$$1/2\rho_1 u_1^2 = \rho_m g h_0 = \gamma h_0 \tag{5-98}$$

式中，ρ_1为氧气密度；ρ_m 为钢水密度；γ 为钢水重度。

在驻点令式（5-96）中 $Y = L + h_0$（L 为枪高），将其与式（5-95）、式（5-98）组合，得到下式：

$$K_1^2 = \pi\gamma h_0(L + h_0)^2/2M \tag{5-99}$$

关于钢液冲击面的剖面形状，采用抛物线式（5-100），该式是 Banks 等人修正 Poreh 等人研究湍流射流冲击液面时所得到研究结果而来的。Banks 等人指出，正态分布曲线式（5-101）比式（5-100）更为符合 Poreh 等人的实验数据，而且式（5-101）适合浅凹坑的情况：

$$h/h_0 = 1 - \beta(\gamma/Y)^2 \tag{5-100}$$

$$h/h_0 = \exp\{-\beta'(\gamma/Y)^2\} \tag{5-101}$$

应用到转炉上，硬吹时，采用式（5-100），软吹时采用式（5-101），并取 $Y = L + h_0$，可推算出很好的结果。

在此认为射流的冲击力等于被推开的钢水重量，由射流所推开的液体的体积 V_C 可用式（5-102）来表示：

$$V_C = \frac{M}{\rho_m g} = \frac{M}{\gamma} \tag{5-102}$$

那么，在式（5-100）中，令 $Y = L + h_0$，就可得到下式：

$$\gamma^2 = (h_0 - h)(L + h_0)^2/h_0\,\beta \tag{5-103}$$

应用式（5-103），计算以下积分：

$$V_C = \int_0^{h_0} \pi r^2 \mathrm{d}n = \pi h_0(L + h_0)^2/2\beta \tag{5-104}$$

由式（5-104）和式（5-102）可求出 β，再同式（5-99）比较得：

$$\beta = \pi\gamma h_0(L + h_0)^2/2M = K_1^2 \tag{5-105}$$

即得到 $\beta = K_1^2$ 的关系式。在式（5-97）中，给出了喷头前的压力 p_0 就可决定 K_1，再由式（5-105）可求出 β。式（5-106）为 h_0 的三次方程式：

$$h_0^3 + 2Lh_0^2 + L^2h_0 - 2M\beta/\pi\gamma = 0 \tag{5-106}$$

凹坑的剖面用抛物线表示，将式（5-100）或式（5-103）应用到式（5-107）中，求凹坑的总表面积，得到式（5-108）。即假定在凹坑表面上，在任意深度的位置上的微小圆环状面积 $\mathrm{d}A$，由于：

$$\mathrm{d}A = 2\pi r\sqrt{\mathrm{d}h^2 + \mathrm{d}r^2}$$

所以：

$$A = \int_0^{h_0} 2\pi r\sqrt{1 + \left(\frac{\mathrm{d}r}{\mathrm{d}h}\right)^2}\,\mathrm{d}h \tag{5-107}$$

$$A = \{[4h_0^2\beta + (L + h_0)^2]^{\frac{3}{2}} - (L + h_0)^3\}\pi(L + h_0)/6h_0^2\beta \tag{5-108}$$

其计算顺序为：式（5-95）求 M，由式（5-105）和式（5-97）求出 β，用式（5-106）求 h_0，由式（5-108）求 A。

5.5.2 氧气射流吹炼时的氧化反应

以脱碳反应为主体的炉内反应，以前发表了很多研究文章。为了便于计算，将凹坑界面上所发生的直接氧化反应机理简化处理如下[29]：

$$(1/2)O_2(g) \longleftrightarrow [O] \tag{5-109}$$

$$C + [O] \xrightarrow{k_1} CO(g) \tag{5-110}$$

$$Si + 2[O] \xrightarrow{k_2} SiO_2 \xrightarrow{k_3} (SiO_2) \tag{5-111}$$

$$Fe + [O] \xrightarrow{k_3} FeO \longrightarrow (FeO) \tag{5-112}$$

$$Mn + [O] \xrightarrow{k_4} MnO \longrightarrow (MnO) \tag{5-113}$$

$$2P + 5[O] \xrightarrow{k_5} P_2O_5 \longrightarrow (P_2O_5) \tag{5-114}$$

假设射流供给的氧是纯氧的话，则可忽略不计凹坑表面上气体的传质阻力，氧气被钢水的吸收反应可用式（5-109）表示。[O] 是从气相向钢水表面解吸的非活性氧原子，认为是饱和浓度。脱碳反应在凹坑面上优先发生，可用式（5-110）表示，主要是直接氧化反应。式（5-111）是脱硅反应，式（5-112）是 FeO 的生成反应。脱锰、脱磷反应如式（5-113）和式（5-114）所示，虽然渣和钢水之间主要是间接氧化反应，但可认为是如式(5-113)和式（5-114）所表示的那样的直接氧化反应。即认为式（5-109）所吸收的 [O] 同时与 C、Si、Fe、Mn、P 相反应。

5.5.3 炉内耗氧量与反应动力学

在从钢水内部出现在凹坑表面，并同氧气相接触的钢水微小单元内，根据式(5-109) ~ 式（5-114），分别对氧（用下标 A 表示）、碳（B）、硅（C）、铁（D）、锰（E）、磷（F）进行物料平衡，便得到式（5-115）~式（5-120）那样的基本方程式，但认为所有的方程式都是不可逆反应，其反应速度与反应物的各自含量的一次方的乘积成比例[29]：

$$\frac{\partial C_A}{\partial t} = D_A(\partial^2 C_A/\partial n^2) - k_1 C_A C_B - k_2 C_A C_C - k_3 C_A C_D - k_4 C_A C_E - k_5 C_A C_F \tag{5-115}$$

$$\frac{\partial C_B}{\partial t} = D_B(\partial^2 C_B/\partial n^2) - k_1 C_A C_B \tag{5-116}$$

$$\frac{\partial C_C}{\partial t} = D_C(\partial^2 C_C/\partial n^2) - k_2 C_A C_C \tag{5-117}$$

$$\frac{\partial C_D}{\partial t} = D_D(\partial^2 C_D/\partial n^2) - k_3 C_A C_D \tag{5-118}$$

$$\frac{\partial C_E}{\partial t} = D_E(\partial^2 C_E/\partial n^2) - k_4 C_A C_E \tag{5-119}$$

$$\frac{\partial C_F}{\partial t} = D_F(\partial^2 C_F/\partial n^2) - k_5 C_A C_F \tag{5-120}$$

式中，C_i为 i 成分的含量（$i=A$，…，F），mol/kg（i/Fe）；k_j为速度常数（$j=1$，…，5），kg/(mol · s)（Fe/j）；n 为朝钢水内方向，与凹坑面相垂直的距离，m；t 为钢水微元的接触时间，s。

初始条件为：

$$t = 0, n > 0 \text{ 时 } C_A = 0, C_k = C_{kb}(k = B, C, E, F) \tag{5-121}$$

边界条件为：

$$n = 0, t > 0 \text{ 时 } C_j = C_{ji}(j = A, B, C, E, F)$$

$$\frac{\partial C_A}{\partial n} = -N_A/D_A, \frac{\partial C_k}{\partial n} = 0(k = B, C, E, F) \tag{5-122}$$

$$n = \infty, t \geqslant 0 \text{ 时 } C_A = 0, C_k = C_{kb}(k = B, C, E, F) \tag{5-123}$$

式（5-121）意味着钢水微元是以同熔池内各种成分的含量相同的含量出现在凹坑面上。式（5-122）表示在气体和钢水微元的接触界面上，各成分含量保持一定值（界面含量 C_{ji}），各 k 成分越过界面，不向气体方面扩散。式（5-123）意味着，在钢水微元的中心部分，微元仍保持在界面时各成分含量。

基本方程式（5-115）~式（5-120）是非线性的，不能求出其解析解。对于发生二次不可逆反应的稳定气体吸收的问题，van Krevelen 把所提出的近似解法推广，用来处理二次不可逆反应的非稳态气体吸收问题。本节将该方法用来处理同时发生上述反应的非稳态气体吸收问题，并加以解析，那么在凹坑的单位表面积上，对于接触时间 $t=0\sim t_e$按时间平均所吸收的氧的摩尔流量 $\overline{N}_A$ 可用下式表示：

$$\overline{N}_A = \beta 2\sqrt{D/\pi t_e} C_{Ai} \tag{5-124}$$

式中，C_{Ai} 为凹坑界面上氧的含量，mol/kg（O/Fe）；D 为分子扩散系数，$D \equiv D_j$（$j=A$，B，…，F），m^2/s；β 为反应系数，它可定义为化学吸收的液相传质系数与物理吸收的液相传质系数之比，其表达式如下：

$$\beta = \left(\frac{r}{2} + \frac{\pi}{4r}\right)\mathrm{erf}\left(\frac{r}{\sqrt{\pi}}\right) + \frac{1}{2}\exp\left(-\frac{r^2}{\pi}\right) \tag{5-125}$$

其中：

$$r^2 \equiv \pi k_1 t_e\{(1-\beta)C_{Ai} + C_{Bb} + (k_2/k_1)C_{Cb} + (k_3/k_1)C_{Db} + (k_4/k_1)C_{Eb} + (k_5/k_1)C_{Fb}\}$$

式（5-125）两边都含有 β，是 β 的超越方程式，所以有必要用尝试法计算求 β，再由式（5-124）求 $\overline{N}_A$，式（5-124）右边的 C_{Ai} 为饱和浓度，而且根据式（5-126）的反应平衡常数：

$$Fe_{(l)} + O \Longleftrightarrow FeO_{(l)} \tag{5-126}$$

C_{Ai} 可像式（5-127）那样，表示为凹坑表面温度 T_w（℃）的函数：

$$C_{Ai} = \exp(2.303\{\Delta H_{FeO}/[R_1(T_w + 273)] - \Delta S_{FeO}/R_1\})/1600 \tag{5-127}$$

其中，式（5-126）的焓的变化 ΔH_{FeO} 及熵的变化 ΔS_{FeO}，无论在 1600℃ 附近，还是在

2000℃都认为是不变的，则式（5-127）改写为：

$$C_{Ai} = \exp(2.303\{-6320/[R_1(T_w+273)]+2.734\})/1600 \tag{5-128}$$

由凹坑界面所吸收的总氧量的摩尔流量 S（kmol/s（O））为：

$$S = \overline{N}_A A \tag{5-129}$$

$$\overline{N}_A A \leqslant G_1/(M_O/2)^{*}$$

式中，M_O为氧的分子量，kg/mol；G_1为氧气的质量流量，kg/s。

进行数值计算时可用下列方法决定 A，将凹坑的最大半径记为 X_e(m)，那么凹坑的总表面积 A 可写成下式：

$$A = \int_0^{X_e} A(x)\mathrm{d}x = \frac{4}{3}\pi a\left\{\left(\frac{h_0}{a}+\frac{1}{4a^2}\right)^{\frac{3}{2}} - \frac{1}{8a^3}\right\} \tag{5-130}$$

式中，$A(x) \equiv 4\pi a\sqrt{x^2+(1/2a)^2}$，m；$a$ 为以 $y = ax^2$ 表示凹坑剖面时的凹坑形状系数，1/m；吸收氧气的有效凹坑半径记为 x_e，m，那么 x_e 可由下式决定：

$$G_1/(M_O/2) = \overline{N}_A\int_0^{x_e} A(x)\mathrm{d}x \tag{5-131}$$

产生未被钢水吸收的氧的情况时，为 $x_e > X_e$。此时，取 $x_e = X_e$ 进行计算。

根据式（5-124）可知，被吸收的氧［O］消耗于式（5-110）~式（5-114）所表示的诸反应，此时，分配在各个反应中的［O］的比率 σ 可用下式来表示：

$$\sigma_1 = k_1C_{Bb}/\Sigma, \sigma_2 = k_2C_{Cb}/\Sigma, \sigma_3 = k_3C_{Db}/\Sigma$$

$$\sigma_4 = k_4C_{Eb}/\Sigma, \sigma_5 = k_5C_{Fb}/\Sigma \tag{5-132}$$

而 $\Sigma \equiv k_1C_{Bb}+k_2C_{Cb}+k_3C_{Db}+k_4C_{Eb}+k_5C_{Fb}$。

还有作为副原料加入的铁矿石及石灰石发生分解反应（式（5-133）、式（5-134））也生成氧气：

$$Fe_2O_3 \longrightarrow 2Fe + 3[O] \tag{5-133}$$

$$CaCO_3 \longrightarrow CaO_{(s)} + [O] + CO_{(g)} \tag{5-134}$$

而且认为这些氧气分配到各个反应中的比率同在凹坑界面上所吸收的［O］是一样的。把铁矿石视为赤铁矿。而式（5-134）所生成的 CaO 同所加入的生石灰一同按照下式来考虑渣化：

$$CaO_{(s)} \longrightarrow (CaO) \tag{5-135}$$

这样一来，供给钢水的总氧量就等于凹坑表面所吸收的氧量再加上加入的副原料所生成的氧量。

5.6 射流侧吹作用熔池的特性

电弧炉是采用电流加热熔化废钢，并通过碳氧喷枪加入氧气和碳粉来进行炼钢的。

冷态水模实验表明，随着氧枪倾斜角的加大，将增加混均时间。而水平方向旋转角的影响较大，随着旋转角的加大，混均时间明显缩短。当氧枪与炉体中心线重合时，受射流作用的影响，熔池表面产生滞留的凹穴区，此时，熔池内主要进行垂直方向的运动，对熔池的混合将产生不良的影响。将氧枪调整到偏离炉中心线的10°，就可以消除它的影响，有利于提高搅拌能力，缩短混匀时间。因此，为了改善熔池内钢水的流动，氧枪的安装位置应该至少偏离炉子中心线10°。

钢水喷溅是对炉门附近的炉墙耐火材料侵蚀的主要原因，图5-45给出了三种枪位下氧枪倾斜角对喷溅率的影响。实验发现，无论氧枪高度如何，三种喷头在氧枪倾斜角为40°时都具有最小的喷溅率。这是因为喷射气流达到液相面上时，将在液面上形成一个空穴，空穴的形状随喷枪倾斜角度和枪位的变化而变化。图5-46表示出了喷溅模型和产生相应的穴区变化，即氧枪倾斜角度较大时（碳氧枪放置比较平），在枪的前面产生大量的喷溅，并包括许多分散的小液滴，称此为“向前喷溅”；氧枪倾斜角度相对较小时（枪放置比较陡），产生向枪后的喷溅，并喷射出雾状水滴而不是小液滴，称此为“向后喷溅”；在以上两种情况之间的过渡区，喷溅从枪前开始又返回，形成了穴区，此时的喷溅量最小[30~33]。

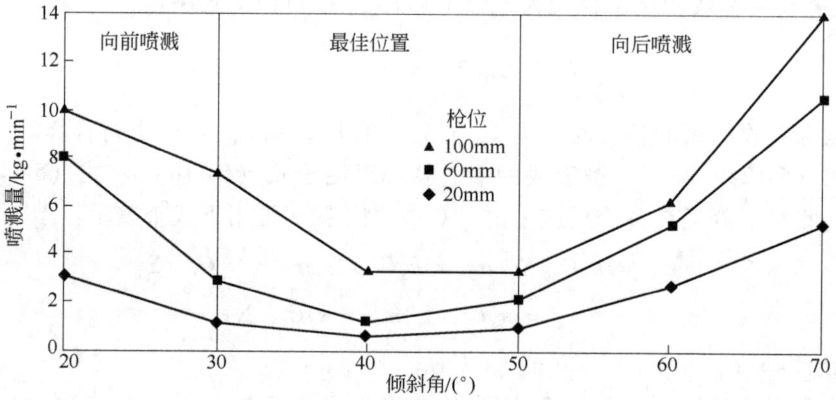

图5-45　在三种枪位下氧枪倾斜角对喷溅率的影响

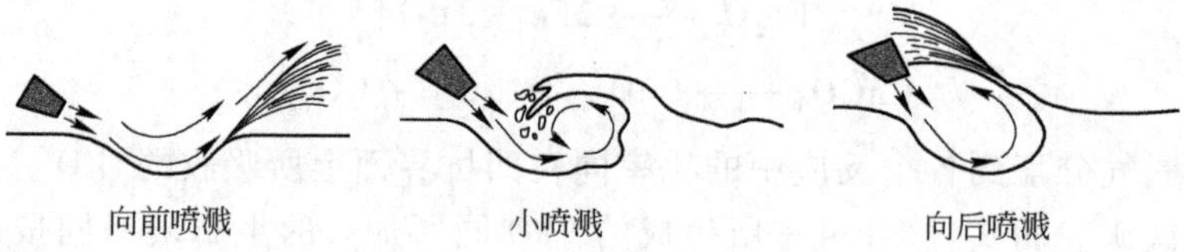

图5-46　喷溅模型的示意图

喷头射流在液体表面产生穴区，其大小和特性取决于枪的参数以及液体性能。随着氧枪安装角度变陡，熔池表面形成穴区凹坑深度增加，而长度则减小，宽度基本保持不变。Sharma等人认为炼钢炉熔池表面穴区形成的深度和形状不受炉内氧化反应的影响，所以冷态水模可以真实模拟电弧炉内熔池喷射情况。

研究结果表明，喷溅模式随氧枪高度和倾斜角度的变化而变化，说明了凹穴的振荡频率是凹穴模式的函数。因此，由凹穴的振荡频率可以确定凹穴的模式，这也暗示出对电弧炼钢炉操作（供给电炉电流的振荡信号等）的潜在重要性，有希望推测出凹穴模型和喷溅模式[34~36]。

参考文献

1 吴凤林，蔡扶时，编著．顶吹转炉氧枪设计．北京：冶金工业出版社，1982

2 蔡志鹏，谢裕生，夏安武．氧气炼钢过程中射流对熔池的作用．钢铁，1980，15（1）：14～19

3 佩尔克 R D，等著．氧气顶吹转炉炼钢．邵象华，楼盛赫，等译校．北京：冶金工业出版社，1980

4 传输原理教研室．冶金单元操作及设计．北京钢铁学院，1983（内部资料）

5 张春霞．转炉氧枪多股射流特性的研究：［博士学位论文］．北京：中国科学院化工冶金研究所，1994

6 蔡志鹏，梁云，张春霞，著．化工冶金模型实验研究及测试技术．北京：冶金工业出版社，2001

7 张春霞，蔡志鹏，马恩祥，等．超声速射流冲击面积的研究．钢铁，1994，9（8）：15

8 苏天森，刘浏，王维兴．转炉溅渣护炉技术．北京：冶金工业出版社，1999

9 马恩祥，蔡志鹏，钱占民，等．氧气射流对炼钢过程的影响．化工冶金，1991，50（3）：175～184

10 吴凤林．氧枪射流的一些研究结果．冶金能源，1989，8（3）：47～52

11 杨文远，等．大型转炉多孔喷头射流与熔池作用的水模研究．钢铁，2004，（3）：16～19

12 氧气转炉炼钢顶吹复合吹炼技术（“七五”攻关资料汇编）1986～1990，第三册．北京：1992：49～54（内部资料）

13 杜嗣琛，张家芸，等．顶吹气体射流冲击下熔池中液体流动的数学物理模型．北京钢铁学院学报，1985，4：77～91

14 李有章，李顶宜．顶吹气体射流冲击熔池内液体流场的研究．北京钢铁学院学报，1983，4：48～56

15 Pun and Spalding Report Number HTS/76/2, Heat Transfer Section, Imperial College of Science and Technology, London, 1976

16 Patankar S V. Numerical Heat Transfer and Fluid Flow. McGraw-Hill, 1980

17 张家芸，宁秀安．顶底复合吹条件下熔池传质研究．见：第五届冶金动力学和反应工程学学术会议论文集，1991：56～64

18 张家芸．轴对称复吹的熔池液体流场研究（内部资料）

19 王尚槐．顶、底、复合吹炼转炉熔池流场及循环流量的试验研究．北京钢铁学院学报，1982，4：25～35

20 李有章，郭鸿志．底吹气体搅拌下熔池内流场的研究．北京钢铁学院学报，1984，1：75～87

21 杜挺，邓开文，等著．钢铁冶炼新工艺．北京：北京大学出版社，1993

22 张捷宇，等．氧气顶吹转炉中的两相流流动．燃烧科学与技术，2000，2：115～119

23 刘浏，邓开文，孙仁，等．炉内氧气湍流气相燃烧的三维数学模拟．国家自然科学基金委员会和冶金部钢铁研究总院联合资助（内部资料）

24 周力行．湍流两相流动与燃烧的数值模拟．北京：清华大学出版社，1990

25 李保卫，贺友多，Sahai Y. 顶吹转炉内金属液滴的产生、运动及传热的数学模型．金属学报，1995，4：145～151

26 李保卫，贺友多．顶吹转炉内流动、燃烧及传热的一个数学模型．包头钢铁学院学报，1994，4：30～40

27 张雪峰，李保卫，等．氧气顶吹转炉内泡沫渣内部二次燃烧的数学模型．燃烧科学与技术，1998，2：137～143

28 贺友多，Sahai Y. 氧气顶吹转炉中二次燃烧现象的数学模型．金属学报，1992，12：523～532

29 ［日］鞭岩，森山昭，著．冶金反应工程学．蔡志鹏，谢裕生，译．北京：科学出版社，1981

30 Mark Lee, Victoria Whitney, Neil Molloy. Jet-liquid interaction in a steelmaking electric arc furnace. Scandinavian Journal of Metallurgy, 2001, 30: 330～336

31　ISIJ International, 2004, 8（44）：1328～1333

32　Mark Lee, Grant Caffery, Neil Molloy. Metallurgical performance of the water-cooled lance at the BHP Sydney Steel Mill. Scandinavian Journal of Metallurgy, 2001, 30：220～224

33　Francesco Memoli, Carlo Mapelli, Pietro Ravanelli, Marco Corbella. Simulation of oxygen penetration and decarburisation in EAF using supersonic injection system. ISIJ International, 2004, 8（44）：1342～1349

34　袁章福，范建峰，李晶，等．CONSTEEL 电弧炉炼钢用碳氧枪水模型冷态试验和应用．特殊钢，2005，3（26）：9～11

35　袁章福，等．用于电弧炉的碳氧枪及复合喷头．鉴定会材料，西宁：青海省科学技术厅组织鉴定，2004（内部资料）

36　袁章福，张永利，梁海宏，等．用于电弧炼钢炉的碳氧枪复合喷头．中国专利：02104089.3，2002

6 转炉氧枪的设计与应用

6.1 氧枪设计

氧枪是转炉炼钢不可缺少的装置，并对转炉冶炼过程的各项技术指标具有重要的地位和决定性作用。LD转炉问世以来，对氧枪进行了完善和改进，主要集中在氧枪喷头上，将过去的单孔变为多孔，由锻造喷头改进成整体铸造或组合式喷头，极大地推进了转炉技术的发展[1]。我国氧枪发展演变大体与国外同步，3孔、4孔、多孔氧枪已经普及，整体铸造喷头已普遍被转炉炼钢过程采用。

6.1.1 氧枪枪体

6.1.1.1 氧枪装置

吹氧装置是转炉炼钢的关键设备之一[2]，由氧枪、升降装置和换枪装置三部分组成，如图6-1所示。

转炉吹炼时，与供氧管路相连的氧枪由升降装置带动送入炉膛内，在距金属熔池表面一定高度上将氧气喷向钢液，以实现炼钢所需的冶炼反应。氧气的工作压力为0.8～1.2MPa。停吹时，氧枪由升降装置带动升起，至一定高度时自动切断氧气，氧枪从炉内抽出后，转炉可进行其他操作。

为了减少由于氧枪烧坏或其他故障影响正常吹炼，通常的吹氧装置都带有两支氧枪，一支工作，另一支备用。两支氧枪都用不锈钢软管与供氧、供水和排水固定管路相连。当工作枪需要更换时，由换枪装置的横移机构迅速将其移开，同时将备用枪移至转炉上方的工作位置投入使用。

氧枪在炉内高温下工作，采用循环冷却水进行冷却，由氧枪喷头、枪体和枪尾组成。水冷氧枪的基本结构是由三根同心圆管将带有供氧、供水和排水通路的枪尾与决定喷出氧流特征的枪头连接而成的一个管状空心体。

带有供氧、供水和排水通路的枪尾可以是铸造或焊接件。有使氧和水的通路分离的结构及与外部氧、水管路连接的接头，同时还用以固着三个同心圆管。此外，还有与升降小车固定的装卡结构，在它的顶部由拆换氧枪时吊挂用的吊环。

三个同心管中的内管是氧气的通路。氧气流经内管由氧枪喷头吹入熔池，其上端被压紧密封装置牢固地装在枪尾，下端被焊固在枪头上。外观牢固地固定在枪尾和枪头之间。当外管承受炉内外显著的温差变化产生膨胀和收缩时，内管上的压紧密封装置允许内管在其中自由竖直伸缩移动；中间管时分离流过氧枪的进出水之间的隔板。冷却水由内管和中间管之间的环状通路进入。下降至枪头后转180°经中间管与外管形成的环状通路上升至枪尾流出。为了保证中间管下端的水缝，其下端面在圆周上均布着三个凸爪，借此将中间管支撑在枪头内腔底面上。同时为了使三层管同心，以保证进出水的环状通路在圆周上均

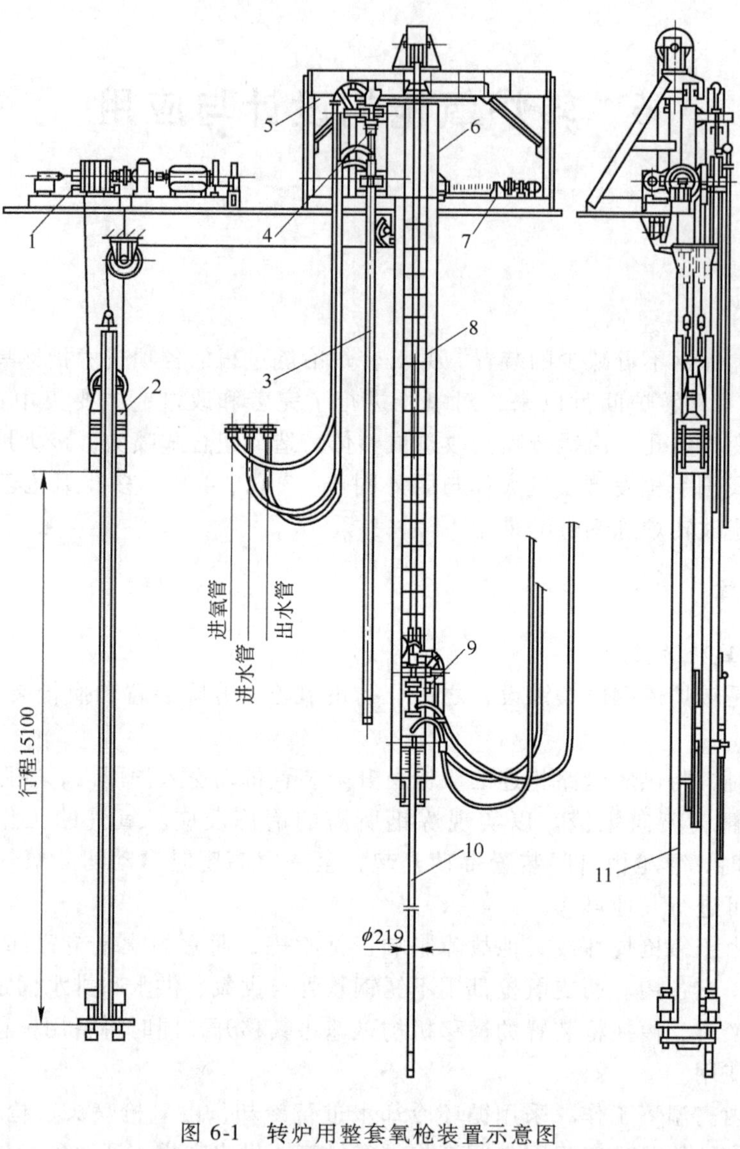

图 6-1　转炉用整套氧枪装置示意图

1—升降卷扬装置；2—平衡重锤；3—备用氧枪；4—备用升降小车；
5—横移小车座架；6—横移小车；7—横移传动装置；8—固定导轨；
9—升降小车；10—工作氧枪；11—平衡重锤导轨

匀，还在中间管和内管的外壁上焊有均布的三根限位短筋。短筋在管体长度方向，按一定距离分布，通常每 1.2m 左右放置一个短筋。

氧枪喷头，工作时处于炉内最高温度区，因此，要求具有良好的导热性并有充分的冷却。喷头决定着射向熔池的氧流特性，直接影响吹炼效果。喷头与管体的内管用密封圈、螺纹或焊接连接，而外管采用焊接方法连接。氧枪的这种结构特征，对完成工艺要求和延长氧枪寿命都是不可缺少的。氧枪整体结构如图 6-2 所示。

氧枪枪体的设计有两个原则：一是组成氧枪的三层同心套管在氧枪组装过程中，必须能够伸缩，保证氧枪喷头与枪体的切割或焊接，便于喷头的组装与更换；二是设计出的氧枪要保证在使用过程中能够消除外管因热胀冷缩对里面两层钢管所产生的内应力。

氧枪在吹炼过程中由于发生氧化反应产生大量热量，使环境温度高达 2500℃以上，尽管枪体内有高压水冷却，但氧枪外层管的表面温度仍然达到 500℃以上，使其受热热胀伸长。实测表明，一支有效长度 4.73m 的氧枪在使用过程中外管能伸长 32mm，然而，氧枪内的两层管由于受到高压水的充分冷却，其温度几乎没有改变，因而不会伸长，如不采取措施，枪体内就要产生很大的压应力；反之，提枪时由于外层管冷却收缩，枪体又要产生很大的拉应力。

如果氧枪的三层钢管被焊死或固定死，由于枪体内应力不断作用，在枪体的薄弱环节（通常是枪体与喷头连接的铜钢焊缝处）就要产生裂纹和疲劳破坏，使氧枪变形或焊缝处漏水。因此，设计出的氧枪枪体必须保证氧枪在外层管伸长或收缩时，枪体内的二层钢管也能相应收缩，而且还必须保证高压水和高压氧气不在三层钢管之间相互串通和渗漏。

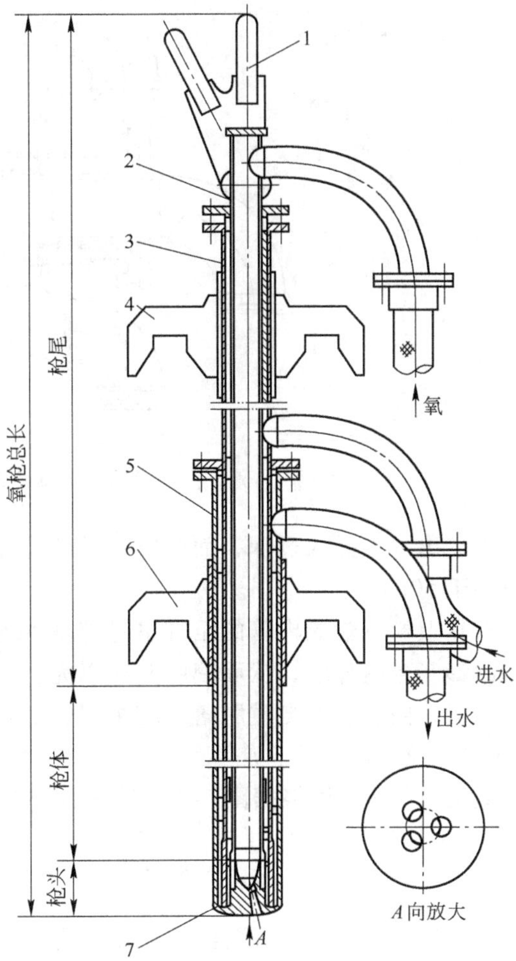

图 6-2 氧枪基本结构示意图

1—吊环；2—内管；3—中间管；4—上卡板；5—外管；6—下卡板；7—氧枪喷头

枪身的用途主要供喷头输送氧气和冷却用水。枪身的结构应能便于更换喷头和补偿外层枪管受热膨胀时引起对喷头的作用力。枪身应具有适宜长度，上达炉外供氧及供水导管，下达熔池面附近。枪身外管承受全部氧枪重量（包括冷却水），内管输氧，中管用来分隔进出冷却水。美国氧枪为了使内管能随外管自动随意伸缩以免喷头承受应力影响，在枪身的上部设有专门滑动接头。此接头部位除能使内管随外管自由伸缩外，还能提供进出水缓冲环，连接氧管和悬挂枪体用座耳，其具体结构详见图 6-3 所示。

在中层管的上端焊有凸缘，以便吊悬在外层管上法兰的沟槽内。在进水套管上法兰与供氧管法兰之间嵌入可以拆装的青铜衬管，用以构成滑动密封接头，外管与衬管间有双重“O”形密封橡胶圈。内管顶部焊有不锈钢短管，其内外均有双重“O”形胶圈密封，在插入内部的输氧管端头处焊有铜质短管，并以双重“O”形圈与不锈钢管段互相密集。

滑动接头区段的氧枪外管，均适当加大直径以便增加管间隙，这样有利于水流分配和

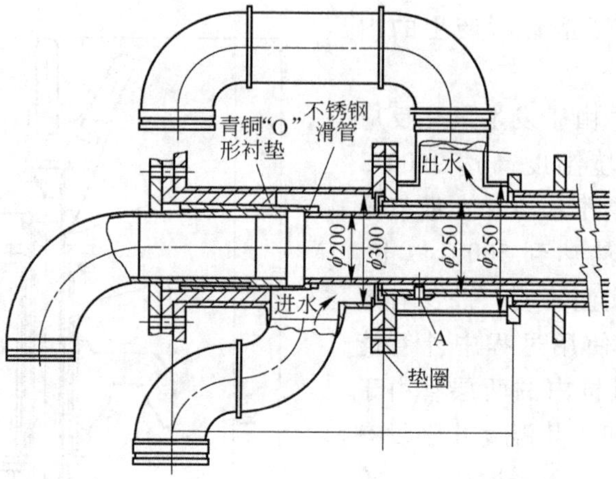

图 6-3　枪体上部滑动接头

防止因进出水管插入过深，而影响正常的冷却水流量。进出水缓冲套管的间隙尺寸，一般不应小于 50mm。

实际上枪身输氧内管的全部重量都基本支撑在氧枪喷头上。因此，要求它可以随氧枪外管的膨胀自由伸缩，从而使喷头得以完全消除由外管胀缩引起的附加应力。为防止在事故状态下，内层管的自重脱落，在中层管上段适当位置上设置安全卡环。

6.1.1.2　氧枪总长度

氧枪总长 $H_{枪}$ 可根据图 6-4 来确定：

$$H_{枪} = h_1 + h_2 + h_3 + h_4 + h_5 + h_6 + h_7 + h_8 \tag{6-1}$$

式中，h_1为氧枪最低位置至炉口的距离；h_2为炉口至烟罩下沿的距离，一般取 350 ~ 500mm；h_3为烟罩下沿烟道拐点的距离，一般取 3000 ~ 4000mm；h_4为烟罩下沿至氧枪插入孔的距离；h_5为清理结渣和换枪需要的距离，一般取 500 ~ 800mm；h_6为根据把持器下段的要求决定的距离；h_7为把持器的两个卡座中心线间的距离；h_8为根据把持器上段的要求决定的距离。

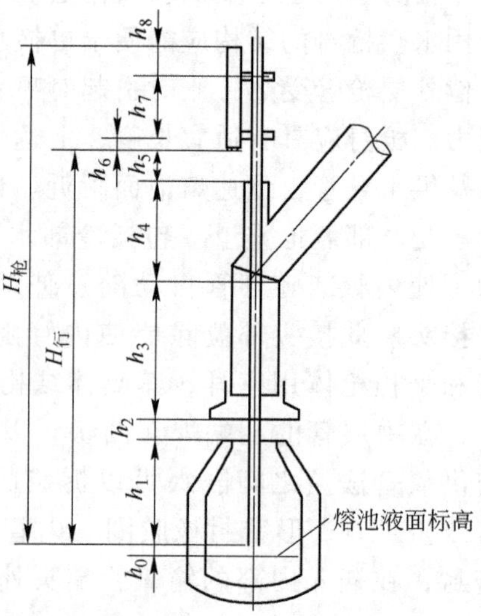

图 6-4　氧枪的总长和行程

在炉役后期，熔池液面下降，要保证这种情况下氧枪的点火枪位。因此，一般取 h_0 = 200 ~ 400mm，大型转炉液面相对下降较小，h_0可取上限；小型转炉液面相对下降较大，取下限，氧枪行程 $H_{行}$ 为：

$$H_{行} = h_1 + h_2 + h_3 + h_4 + h_5 \tag{6-2}$$

为了能及时、安全和经济地向转炉熔池供给氧气，转炉生产过程中，氧枪应根据转炉生产情况处于不同的控制位置。图 6-5 为 120t 转炉氧枪在行程中各操作点的标高位置示意图。各操作点的标高系指喷头端面距车间地平轨面距离，其标高的确定原则如下：

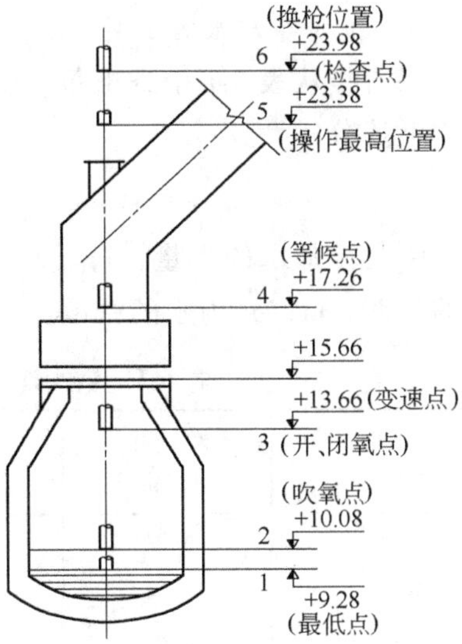

图 6-5 氧枪在行程中操作点的位置

(1) 最低点。此点是氧枪下降的极限位置，其位置决定于转炉的容量。对于大型转炉吹氧管最低点距熔池钢液面应大于 400mm，而对于中、小型转炉应大于 200mm。

(2) 吹氧点。此点是氧枪开始进入正常吹炼的位置，又叫吹炼点。这个位置与转炉容量，喷嘴类型，供氧压力等因素有关，一般根据生产实践经验确定。

(3) 变速点。氧枪升、降到此点就进行自动变速，此点位置的确定主要是既要保证安全生产，又能缩短氧枪升、降所占的辅助时间。

(4) 等候点。等候点位于炉口以上，此点位置的确定应使氧枪不影响转炉的倾动为准，过高会增加吹氧管升、降的辅助时间。

(5) 开氧点和停氧点。氧枪下降至开氧点应自动开氧，氧枪上升至停氧点应自动停氧。开氧点和停氧点位置应适当，过早地开氧或过迟地停氧都会造成氧气的浪费，氧气进入烟罩也有影响。过迟地开氧或过早地停氧也不好，易造成喷枪粘钢和喷头堵塞。一般开氧点和停氧点可以确定在变速点同一位置处。

(6) 最高点。最高点是氧枪操作时的最高极限位置。最高点应高于烟罩上氧枪插入孔的上缘。检修烟罩和处理氧枪粘钢时，需将氧枪提升到最高位置。

(7) 换枪点。更换氧枪时需将氧枪提升至换枪点，换枪点高于氧枪的操作最高点。

确定好氧枪各控制点位置后，就可以定出氧枪的有效行程和最大行程。氧枪的有效行程是氧枪最高点标高与氧枪最低点标高的差值；氧枪的最大行程是换枪点标高与氧枪最低点标高的差值。

6.1.1.3 氧枪总重量

氧枪重量包括枪体、冷却水、喷头、连接软管和附件的重量，其计算方法和公式如下：

$$G = G_1 + G_2 + G_3 + G_4 + G_5 + G_6 + G_7 \tag{6-3}$$

式中，G_1为管体重量；G_2为氧枪内冷却水的重量；G_3为喷头重量；G_4为不锈钢软管重量；G_5为在软管内容水重量；G_6为附件重量；G_7为氧枪渣钢黏结物重量。

A 管体重量 G_1

根据氧枪内、中、外三层钢管的规格可以从表 6-1 或机械设计手册查出其单重 g_1 (kg/m)，乘以每层钢管的长度，可以计算得到管体的重量，即：

$$G_1 = g_n L_n + g_{zh} L_{zh} + g_w L_w \tag{6-4}$$

式中，G_1为管体重量，kg；g_n，g_{zh}，g_w分别为内、中、外层钢管的单重，kg/m；L_n，L_{zh}，

L_w分别为内、中、外层钢管的长度，m。

B 氧枪内冷却水的重量 G_2

可以直接从表6-1中查出每米套管的容水重量，再计算出氧枪内冷却水的重量，也可以采用下述公式计算：

$$G_2 = (F_{jsh} + F_{chs})L_{zh}\rho_{sh} \tag{6-5}$$

式中，G_2为冷却水的重量，kg；F_{jsh}，F_{chs}分别为进水、出水的环形面积，m^2；L_{zh}为中层钢管的长度，m；ρ_{sh}为水的密度，$10^3kg/m^3$。

表6-1 氧枪管体常用无缝钢管规格及单重和容水重量

规格 \ 参数	单重 /kg · m^{-1}	容水重 /kg · m^{-1}	规格 \ 参数	单重 /kg · m^{-1}	容水重 /kg · m^{-1}
ϕ45 ×4	4.04	1.075	ϕ133 ×4.5	14.26	12.076
ϕ54 ×5	6.04	1.521	ϕ133 ×6	18.79	17.437
ϕ57 ×3.5	4.67	1.964	ϕ159 ×5	18.99	17.44
ϕ60 ×5	6.78	1.963	ϕ180 ×7	29.87	21.90
ϕ73 ×4	6.81	3.318	ϕ219 ×9	46.61	31.50
ϕ76 ×3.5	6.26	3.739	ϕ245 ×20	124.79	23.006
ϕ76 ×5	8.75	3.421	ϕ273 ×16	101.41	45.617
ϕ83 ×4.5	8.71	4.301	ϕ325 ×35	250.31	51.071
ϕ89 ×4	8.38	5.153	ϕ377 ×20	188.4	89.197
ϕ102 ×4	9.67	6.940	ϕ426 ×16	161.78	121.92
ϕ108 ×4	10.96	7.854			

C 喷头重量 G_3

喷头重量可以在喷头生产厂家直接称量得到。天钢转炉用ϕ245mm的4孔铸造铜喷头重量约为18kg。

D 不锈钢软管重量 G_4

不锈钢软管重量G_4的计算公式为：

$$G_4 = 3 \times \frac{\pi}{4}(d_{ruw}^2 - d_{run}^2)L_{ru}\rho_{ru} = 2.35L_{ru}\rho_{ru}(d_{ruw}^2 - d_{run}^2) \tag{6-6}$$

式中，G_4为软管重量，kg；d_{ruw}，d_{run}分别为不锈钢软管的外径、内径，m；L_{ru}为不锈钢软管的长度，m；ρ_{ru}为软管的密度，kg/m^3。

E 在软管内容水重量 G_5

在软管内容水重量G_5的计算公式为：

$$G_5 = 3 \times \frac{\pi}{4}d_{run}^2 L_{ru}\rho_{ru} = 2.35d_{run}L_{ru}\rho_{ru} \tag{6-7}$$

式中的符号同前。

F 附件重量 G_6

附件包括夹持氧枪的卡具、连接法兰和升降小车等的重量，可由施工零件图或部件图计算得到。

G 氧枪渣钢黏结物重量 G_7

氧枪经过吹炼后，非常容易黏结钢渣，特别是在喷头附近。氧枪严重黏结钢渣时，其重量可以高达 500 ~ 1000kg。

6.1.2 氧枪喷头

本节分析总结日本、美国、英国及前苏联的氧枪技术状况和喷头结构类型，可供国内设计氧枪时参考。

用于转炉冶炼的氧枪喷头，其端底承受很高热负荷，其数值为 2.72×10^6 ~ 3.60×10^6 kJ/(m^2 · h)。而侧壁受热负荷很小，仅有 0.014×10^6kJ/(m^2 · h)，相当于端底的 1/200。因此，喷头的冷却实际上是对端底的冷却。采用 3 孔、4 孔、5 孔、6 孔喷头后，冷却和结构处理上遇到了一定的麻烦。如果仍然沿用锻造喷头结构形式，则会发生较严重的"吃鼻子"现象；如果改用组焊结构，"吃鼻子"现象虽得到解决，但由于受端底焊缝影响，寿命比较低。因此，炼钢转炉广泛采用中心水冷铸造喷头。由于铸造工艺和结构的不断改进，寿命已经有了很大提高，但提高幅度仍受到喷头端底结构和水流组织好坏的限制。一个设计结构合理，水流组织恰当，制作质量良好的喷头，其寿命可达 500 ~ 600 炉，一般喷头寿命只有 300 炉左右，比较差的不足 100 炉。另外，氧枪水冷系统是由输水管路、软管连接和氧枪枪体组成，然而，80% 以上的冷却水阻力损失集中在氧枪上，特别是在氧枪进出水的连接部位。

良好射流特性的长寿氧枪是炼钢科技人员努力的方向。然而，要改进好氧枪这种看来很简单的冶金设备，并非易事。LD 转炉问世以来，对氧枪进行了不断的发展、完善和改进，将过去的单孔枪变为多孔枪，单流枪变为双流枪。由锻造喷头改进为整体铸造或组合喷头，极大地推进了转炉技术的发展。随着我国钢产量的提高和转炉的扩产，改进和完善氧枪技术仍是转炉炼钢面临的重要任务。

喷头是构成氧枪的中心环节，一个好的喷头设计必须解决喷孔孔型、尺寸和个数。必须恰当控制水流和合理选择钢壁厚度，从而使喷头既有良好的氧气射流特性，又有高的耐用性。

6.1.2.1 喷氧孔

确定喷孔尺寸，首先要根据供氧量及强度的要求，其次是决定对氧气射流的速度、深度的要求。为了便于制作拉瓦尔孔型，扩张段均简化为圆锥形，对于是否设置喉口段有不同看法，美国设计的喷头大都带有喉口段[3]，其长度以不超过喉口直径为限，理由是有声速段存在的射流更稳，并且还便于加工制造。喷孔出口马赫数大都取 $Ma=2.0$ 左右，美国转炉常用范围为 1.8 ~ 2.5。根据实践经验，每孔氧流量范围在 113 ~ 226m^3/min 为宜，对于 100t 以上的转炉应取每孔氧流量 170m^3/min。

6.1.2.2 喷头冷却

喷头在吹炼过程中，由于很高的热流和高温熔渣与金属液的冲洗，喷头的周围及端壁承受很高热负荷。根据现场测量[3]，英国为 2.72×10^6kJ/(m^2 · h)，前苏联为 3.60×10^6 kJ/(m^2 · h)，因此，必须很好地控制冷却水流，否则喷头会很快烧坏漏水。合理的水流、恰当的喷头尺寸参数，是改善换热、提高喷头寿命的关键。

保护喷头和枪体不受损坏，必须有足够的冷却水流量和流速，如何确定水量和正确选择流速，各国氧枪设计不尽相同。评价水量、流速正确与否，主要看铜壁通水侧的内表面温度，在烧坏情况下可达 1080℃，当温度达到 530～550℃时，便会明显降低喷头的结构强度，引起较大的形变，因此，内侧温度应控制在 120℃以下。用增加水量来降低壁面温度有助于水温改变，而当喷头处的热负荷超过 3.60×10^6 kJ/(m^2·h)时，对于 6500 L/min 水量的水温改变几乎不影响壁面温度，因此，追求过低的出水温度意义不大。美国研究认为[3]，铜壁的冷却取决于壁面处层流区的水层厚度。若减少此区厚度，水流速度非高不可，因此，提高流速，是减少水量消耗的重要途径，一般的设计流速在 9.14m/s 以上。日本认为高流速主要集中在冷却喷头端底，而侧表面及枪身因热负荷明显降低（0.014×10^6 kJ/(m^2·h)，相当于端底的 1/200），可采用比较低的流速。例如，新日铁设计的 300t 转炉，氧枪进水速度为 2.5m/s，出水速度为 4.0m/s，这样可以大大减少冷却水的工作压力和流量。

图 6-6～图 6-9 分别示出前苏联、英国、美国和日本的典型氧枪喷头结构。

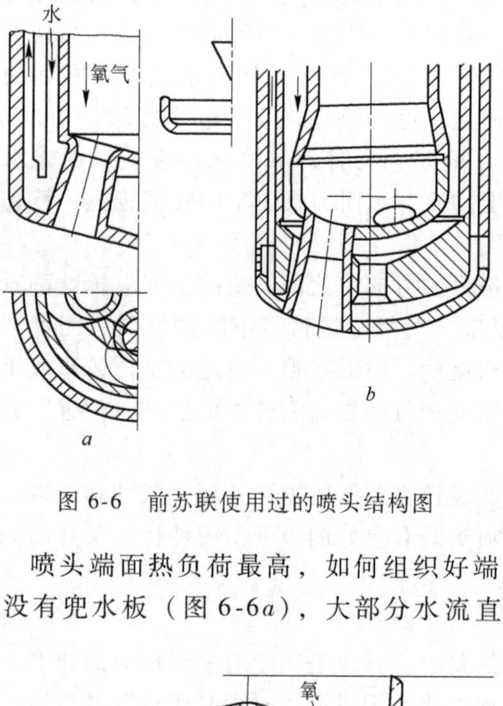

图 6-6　前苏联使用过的喷头结构图

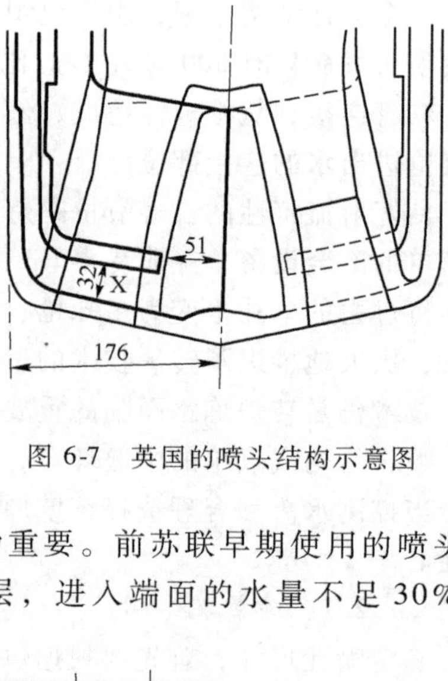

图 6-7　英国的喷头结构示意图

喷头端面热负荷最高，如何组织好端面水流极为重要。前苏联早期使用的喷头端部没有兜水板（图 6-6*a*），大部分水流直接返向外层，进入端面的水量不足 30%～

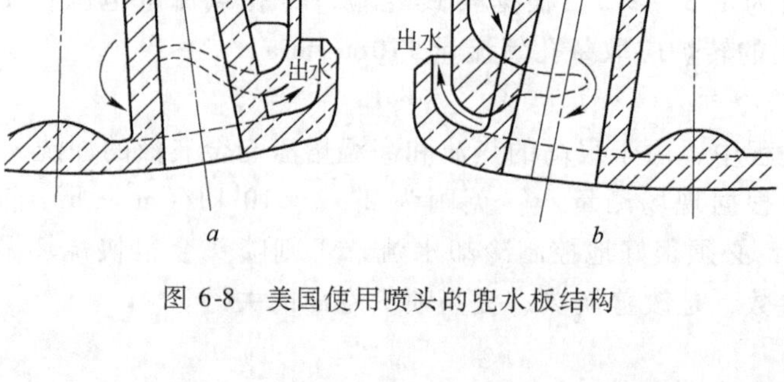

图 6-8　美国使用喷头的兜水板结构

40%，这使水速急剧下降甚至到零，而出现停滞区。据测，实际水速一般只有1.1~1.5m/s，有的地方只有0.7~0.8m/s，使喷头寿命很短，经常在各喷孔间的界面部位发生漏水。模型研究发现，当水流速度低于0.7m/s时，几乎瞬间即可烧坏铜壁，后来改成图6-6*b*的结构，在中间管的端部设置兜水板以使冷却水流向中心区，改善了喷头的冷却效果。

目前不论哪种氧枪，都设置兜水板，对于兜水板的尺寸、形状和水流速度还有不同的看法。模型研究认为，兜水板必须有足够长度，以便把水流充分导向中心，此外，还主张兜水板应适当下摆，以便造成整个端面的高速水流。如图6-7所示的兜水板，最初水流速度为6m/s。测定内壁面温度为105℃，但仍有造成冷却水沸腾的可能，后来水流速度改用10m/s，壁面温度只有35℃，已接近于冷却水温度。

美国氧枪采取了形状特殊的兜水板（图6-8），在兜水板伸向中心区的长度上与英国的观点一致，所不同的是采取比较大的水流入口开度，使水流速度不断变化并在转角处达到与外管相同的水流速度。采用大开口度的做法，主要是由于原来入水环绕通径小，如果不加厚水层会使水速过高。另外，增加水层厚度还有利于减少和消除间断沸腾，以及改善由于入口水流方向的改变而引起的流动紊乱。英、美两国采用的喷头均在兜水板面上设置凸起的球形物，它既有分配水流的作用，又可适当增厚中心区端壁厚度。

日本300t转炉用喷头的结构图如图6-9所示。日本设计的喷头与英国相近，兜水板伸向中心较多，并适当加大了端面水层厚度。

经由中心向外放射的冷却水的流动要受到喷孔柱的阻挡，如不采取措施，则可能影响柱后的水速分布，目前均采取在柱后开设半月形水孔。另外，如图6-10所示，美国氧枪使用的喷头除在柱后开孔外，还开设柱间水孔。

喷头必须与枪身内、中、外三层管相连接，目前均利用设置钢的中间管段来避免换喷头时的铜钢焊接。中间管段的长度与喷头大小有关，在不影响换接的情况下，应尽量缩短段长以减小喷头的体积和重量。例如日本300t转炉喷头内层管段长仅为48mm，外层管为210mm，中层管为230mm。为便于中间段与头体的焊接，必须互相错开一定距离，其长度一般小于50mm，日本喷头中间段内外管长度差为40mm。

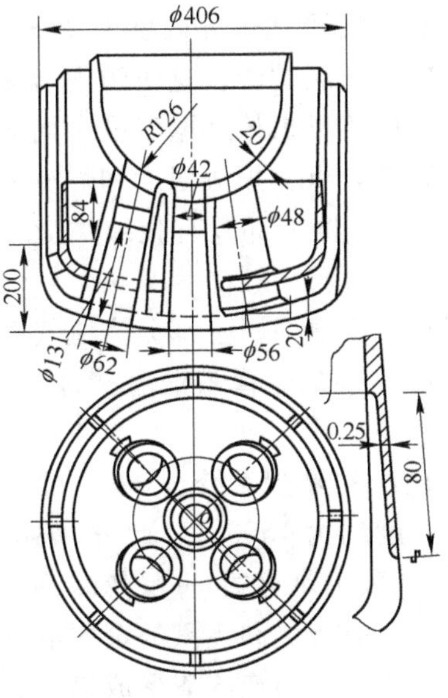

图6-9 日本300t转炉用喷头的结构图

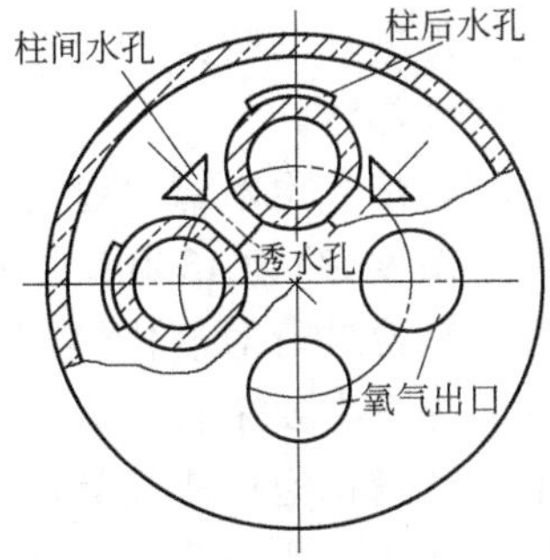

图6-10 喷头水孔布置图

外层和内层管段与喷头的连接方式，美、英、日均为焊接。前苏联采用螺旋焊接。内层管由于不受温度影响，焊接要求不高。但是外层管的铜钢焊接则要求很严，必须焊透并有良好的熔接深度，在惰性气体保护下用钨极焊接，填料采用铝青铜。

中层管位于进出水层之间，即使少量漏水也无关紧要，因此现各国均采用滑接，滑动段的长度最好不小于 50mm，日本来用 80mm，配合间隙为 0.2mm，上下均为圆角过渡（见图 6-9）。滑动连接可分为喷头滑接和中间管段滑接两种。日本采用喷头滑接的优点是少一次铜钢焊接，美、英等其他国家多采用管段滑接。

喷头的铜壁厚度依各部位所处条件而异，并与喷头尺寸密切相关。喷头端面承受高温辐射和由于外管冷热伸缩引起的应力变化，以及偶然的触碰，铜壁要较其他部位厚些。美、日制作的喷头端壁厚度明显增加，例如日本的端壁厚度为 20mm，侧壁厚为 7.9mm；美国的端壁厚 18mm，侧壁厚 9mm。其他部位的厚度除兜水板有特殊要求外，一般均为 7～8mm。日本喷头的进氧端壁厚也高达 20mm。这可能与防止喷头试压变形有一定关系。

6.1.3 氧枪受热机理与热平衡计算

6.1.3.1 氧枪受热机理

转炉吹炼过程中氧枪受到炉内高温环境的作用，其受热状态较为复杂。为保证氧枪正常吹炼和提高枪龄，必须对氧枪受热状态进行正确分析，才能设计出良好的氧枪水冷系统。

吹炼过程中炉内强大的热流传给氧枪外管外壁，再经过传导传热方式将热量传给外管内壁，然后由高速冷却水通过对流传热进行冷却。

氧枪喷头端面及其附近侧面受氧气射流冲击而形成的高温反应区的辐射传热。反应区的温度一般认为可高达 2200～2400℃，产生很大热流，但由于端面面积小，传给氧枪的实际热量并不大。

吹炼中、后期炉内充满着泡沫渣。实测表明，泡沫渣高度可达炉膛高度的 2/3。此时氧枪下部实际埋入泡沫渣中吹炼。氧枪枪身下部必然会凝结一层炉渣。这时炉内泡沫渣将会通过凝结在枪身的渣壳向氧枪传热。凝结渣壳内层温度应接近氧枪外壁温度，而渣壳外层的温度应为炉渣熔点。渣壳的厚度由氧枪冷却条件，炉渣熔点，炉渣温度和炉渣内氧枪传热条件所决定。一般渣壳厚度为 10～20mm。伸入炉内的氧枪上部没有凝结炉渣，直接受炉壁的辐射传热。炉壁温度等于钢水温度。

在氧气射流的冲击下，大量金属飞溅，一部分作用于喷头端面，一部分为氧气射流所吸引，冲刷喷头外壁和同喷头相连接的枪身外管壁。这种高温的金属液滴直接冲刷氧枪，将传给氧枪以巨大热流。

烟罩中的高温烟气也对氧枪进行辐射传热。对于燃烧法的除尘系统，烟罩中的烟气温度可取炉气出口温度，约为 1800℃。未燃法除尘的烟气温度约为 1500℃。此外，炉内和烟罩内炉气也将对氧枪进行对流传热，但这同辐射传热相比是微不足道的，一般忽略不计。

氧枪接受的热量主要来自熔渣向氧枪的传热，炉壁的辐射传热和飞溅的金属液滴的传热。飞溅的金属液滴在泡沫渣没有形成之前，可能起很大作用。当泡沫渣形成以后，飞溅的金属液滴将为泡沫渣所吸收，它的传热作用将大幅度降低。

上述分析仅仅是从热平衡角度对转炉氧枪受热机理进行分析，至于烧枪是由于瞬时的局部的巨大热流所引起的。根据计算，氧枪单位面积平均热流（平均热负荷）并不大，而局部瞬时出现的热负荷则比平均热负荷会大很多倍。如大片钢水直接冲刷氧枪便是这种情况。对此，在氧枪水冷系统设计时，必须予以充分注意。

进行氧枪水冷系统设计时，应当首先确定氧枪枪体部分尺寸，然后进行氧枪传热计算及冷却水流量、流速计算，确定要求的供水压力等。

影响氧枪寿命的重要因素是氧枪的冷却效果。只有当氧枪吸收的热量能及时被冷却水带走时，才能保证氧枪不被炽热的钢水和炉气烧损而维持正常工作。这里只是从热交换的角度，对氧枪的冷却能力进行核算，以保证氧枪能长时间有效工作。

6.1.3.2 氧枪热平衡计算

A 氧枪吸收的热量

根据生产实践经验，转炉在正常生产条件下，枪管的单位工作表面，在单位时间里吸收的热量为 $q_t = 9.83\times10^5\,kJ/(m^2\cdot h)$（氧枪下部枪头及其附近吸收热量为 $1.38\times10^6\,kJ/(m^2\cdot h)$）。

氧枪每小时吸收的热量（q，kJ/h）按下式计算：

$$q = q_t F_{zo} \tag{6-8}$$

式中，F_{zo}为氧枪外管总面积，$F_{zo} = \pi d_w L_w$，m^2；q_t为氧枪单位面积上每小时吸收的热量，$q_t = 9.83\times10^5\,kJ/(m^2\cdot h)$。

B 冷却水带走热量

冷却水带走热量（$q_水$，kJ/h）为：

$$q_水 = QC(t_2 - t_1) \tag{6-9}$$

式中，Q 为冷却水耗量，t/h；C 为冷却水的热容量；t_2，t_1 分别为出水温度和进水温度，℃。

有时也用冷却水的温升 $\Delta t = t_2 - t_1$ 来计算。设计中按厂址地区条件和水源情况选择 Δt，但其出水温度 $t_2 < 45$℃，以防止枪内生成水垢降低冷却效果烧坏氧枪。

C 耗水量 Q 的计算

从热平衡来看，氧枪在转炉内不被烧坏的条件是 $q \leqslant q_水$。即，氧枪在炉内吸收的热量应等于或小于冷却水在升温小于30℃时所带走的热量：

$$Q \leqslant q/(C\Delta t) = 9.83\times10^5\times F_{zo}/(C\Delta t) \tag{6-10}$$

以30t转炉氧枪最小受热长度 $L = 11885$mm，外管的外径 $d_w = 183$mm，计算冷却水耗量如下。

应用式（6-3）计算枪管每小时吸收热量：

$$q = 9.83\times10^5\times3.14\times0.183\times11.885 = 6.71\times10^6\,kJ/h$$

应用式（6-5）计算冷却水每小时耗量：

$$Q = q/(C\Delta t) = 6.71\times10^6/4.18\times10^3\times25 = 64.24\,t/h$$

从热负荷计算出的耗水量只需64t/h，实际生产供水量为70t/h。

根据生产实践，氧枪的冷却水流量也可用下述公式来估算：

$$G = 1.08DL \tag{6-11}$$

式中，G 为冷却水量，m^3/min；D 为氧枪外径，m；L 为受热枪身长度，m。

D　氧枪冷却水阻力计算

氧枪冷却水系统是由输水管路、软管和氧枪三部分串联而成的。冷却水的最大阻力损失部分是氧枪，大约占总阻力损失的80%以上。氧枪冷却水阻力的计算，可以确定氧枪冷却水的进水压力。

计算方法是列出进水管入口和回水管出口两个平面的实际气体的柏努利方程式，建立两平面的能量平衡关系。

设进水管入口为Ⅰ面，回水管出口为Ⅱ面，则：

$$p_1 + z_1\rho g + \frac{v_1^2}{2}\rho = p_2 + z_2\rho g + \frac{v_2^2}{2}\rho + h_{失1\text{-}2} \tag{6-12}$$

式中，p_1，p_2分别为进、出水压力；z_1，z_2分别为Ⅰ、Ⅱ面高度，m；v_1，v_2分别为进、出水速度，m/s；ρ 为水的密度，$\rho = 1000kg/m^3$；g 为重力加速度，m/s^2。

因为 $z_1 \approx z_2$，$v_1 \approx v_2$，$p_2 = 0$，所以 $p_1 \approx h_{失1\text{-}2}$，即氧枪冷却水的进水压力 p_1 近似等于氧枪冷却水的阻力损失。

阻力损失 $h_{失1\text{-}2}$计算公式为：

$$h_{失1\text{-}2} = \left(\lambda_j \frac{l_j\rho v_j^2}{d_{ej}\varepsilon}\right) + \left(\lambda_p \frac{l_p\rho v_j^2}{d_{ep}2}\right) + \left(\xi \frac{\rho v_h^2}{2}\right)P_a \tag{6-13}$$

式中，l_j，l_p分别为进、回水管的长度，m；λ_j，λ_p分别为进、回水管的摩擦阻力系数；v_j，v_p，v_h分别为进、回水管内和底部的水速，m/s；ξ 为180°时的局部阻损系数，取1.5；d_{ej}，d_{ep}分别为进、回水管的有效直径，也叫当量直径，m。

有效直径 d_e表示为：

$$d_e = 4r_水$$

式中，$r_水$为水力学半径，$r_水 = F/S$；F 为流体截面积；S 为管道与流体接触的周长。

冷却水在氧枪通道的端面是同心套管，R 为外圈的半径，r 为内圈的半径。因此，将 $F = \pi(R^2 - r^2)$ 和 $S = 2\pi(R + r)$ 代入 $r_水 = F/S = (R - r)/2$ 得到 $d_e = 4r_水 = 2(R - r)$。即氧枪套管的有效直径 d_e 等于冷却水通道的外直径与内直径的差。

摩擦阻力系数 λ 与雷诺数 Re、管壁的相对粗糙度 ε/d_e有关。可以先求出 Re 和 ε/d_e，然后查 λ 和 Re、ε/d_e的关系图，来确定摩擦阻力系数 λ。另外，在一般工程计算中，λ 值可近似选取。对于光滑的金属管道：$\lambda = 0.025$；对于轻微氧化的金属管：$\lambda = 0.035 \sim 0.040$；对于有锈的金属管道：$\lambda = 0.045$。

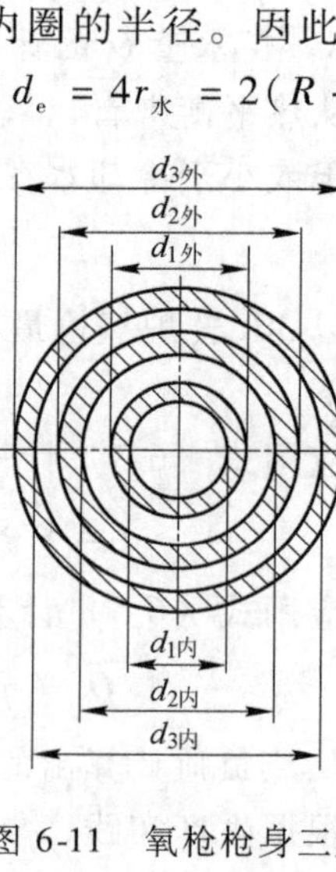

图6-11　氧枪枪身三层套管的横截面图

6.1.4　氧枪枪身套管的确定

氧枪枪身为三层同心圆无缝钢管套装组成，由内向外依次为中心氧管、中层套管和外层套管，如图6-11所示。其中心氧管为输送氧气的通道，中心氧管与中层套管之间的环缝为冷却水的进水通道，中心套管与外层套管之间的环缝为冷却水的回水通道。枪身设计内容主要是确定各层套管的管径和长度，计算冷却水消耗及阻力损失。各层套管管径的确定涉及氧气和冷却水流速的选择、管径的计算和钢管规格的选择。

6.1.4.1 中心氧管管径的确定

中心氧管是向喷头输送氧气的通道，其直径大小主要取决于氧气在管道内的流量和流速。计算公式为：

$$A_0 = \frac{q_{V_{工}}}{v_0} \tag{6-14}$$

式中，A_0为中心氧管的内管截面积，m^2；$q_{V_{工}}$为管内氧气的工况体积流量，m^3/s；v_0为管内氧气的流速，m/s。

流量$q_{V_{工}}$取决于公称容量、供氧强度及吹氧时间。在喷头设计时可以算出标态下的流量q_V，再换算成工况体积流量$q_{V_{工}}$：

$$q_{V_{工}} = \frac{p_{标}}{p_0}\frac{T_0}{T_{标}}q_V \tag{6-15}$$

式中，$p_{标}$为标准大气压，0.1MPa（$1kgf/cm^2$）；p_0（$\approx p_{设}$）为管内的氧气的实际压力，MPa；$T_{标}$为标准温度，273K；T_0为管内氧气的实际温度等于滞止温度290K。

流速v_0一般根据经验确定。选用较大的流速可以减小管径，使枪身质量减轻；但是流速过大，阻力损失增大，且安全性差。所以为了减少阻力损失，v_0不宜过大，保持低速有利。但是流速过小，则管径大而使枪身质量增大，需要提升电动机的功率大。一般取$v_0 = 40 \sim 50m/s$。

将$q_{V工}$、v_0代入式（6-9）即可求出A_0，则中心氧管内径为：

$$d_1 = \sqrt{\frac{4A_0}{\pi}} \tag{6-16}$$

计算出的中心氧管内径不一定正好符合钢管产品目录中的标准系列产品规格，所以计算出内径d_1以后再按钢管的产品目录选择相应规格的钢管。一般资料上都标注：外径×壁厚。

中心氧管壁厚一般为4～8mm。

选定中心氧管所使用的钢管以后，重新验算一下氧气在管内的实际流量。

6.1.4.2 中层套管管径的确定

中心氧管外径与中层套管内径之间形成的环缝叫内套间隙，是高压冷却水的进水通道。其间隙大小要保证足够的水量和适宜的水速，使氧枪得到足够的冷却强度。因此，环缝的流通面积A_j是根据冷却水流量和进水速度计算。计算公式为：

$$A_j = \frac{q_{Vw}}{v_j} \tag{6-17}$$

式中，A_j为内套间隙面积，m^2；v_j为冷却水进水速度，一般$v_j = 5 \sim 6m/s$；q_{Vw}为冷却水流量，m^3/s。

冷却水流量的确定方法通常是，先根据同类转炉的经验数值选取一个q_{Vw}参考值进行计算，计算出各层管径以后，再根据氧枪热平衡验算选取的q_{Vw}是否合适，否则进行调整。

设计部门推荐的氧枪冷却水流量如表 6-2 所示。

表 6-2　不同吨位转炉用氧枪的冷却水流量

转炉吨位/t	30	50	120	150	200	250	300
$q_{Vw}/m^3 \cdot s^{-1}$	60	70	120	150	200	250	250 ~ 300

将 q_{Vw}，v_j 代入上式即可求出 A_j；又知：

$$A_j = \frac{\pi}{4}(d_2^2 - d_1'^2) \tag{6-18}$$

式中，d_1' 为中心氧管外径。则：

$$d_2 = \sqrt{d_1'^2 + \frac{4A_j}{\pi}} \tag{6-19}$$

求出 d_2 后按标准系列规格选钢管。中层套管壁厚确定：一般冷却水的进出水压差较小，管壁可适当薄些，一般为 3 ~ 6mm。

当所选钢管直径与计算值不一致时，还要验算管内的实际水速。

6.1.4.3　*外层套管管径的确定*

计算方法与中层套管管径计算方法相同。

中层套管与外层套管之间的环缝叫外套间隙，是高压冷却水的回水通道，冷却水从内套间隙向下流经喷头回转 180°，经外套间隙流出，计算公式如下：

$$A_p = \frac{q_{Vw}}{v_p} \tag{6-20}$$

式中，A_p 为外套间隙面积；v_p 为回水速度。由于外层套管直接与钢液、炉渣和炉气接触，冷却水回流过程中温度升高，体积略为增加，所以回水速度 v_p 应略大于 v_j，但是为了避免阻力增大，v_p 也不应过大，一般 $v_p = 6 \sim 7m/s$。

外层套管壁厚确定：壁厚太小则氧枪刚度差，壁厚太大则枪身重。既要保证氧枪的刚度，又要不应使枪身过重。一般外层套管壁厚为 6 ~ 10mm。

一般选择钢管壁厚的总原则是外层管最厚，中心管次之，中层管最薄。

以下举例计算中层管套管和外层套管管径。已知内管外径 $d_1' = 76mm$，冷却水供水量为 50t/h，则：

（1）计算中层套管管径。应用式（6-12）计算 A_j，选 $v_j = 6m/s$，则：

$$A_j = \frac{q_{Vw}}{v_j} = \frac{50}{6 \times 3600} = 0.0023(m^2) = 23cm^2$$

应用式（6-14）计算内径：

$$d = \sqrt{d_1'^2 + \frac{4A_j}{\pi}} = \sqrt{7.6^2 + \frac{4 \times 23}{3.14}} = \sqrt{57.76 + 29.2} = 94mm$$

按求得的中层管内径值查产品目录选取 $\phi102mm \times 4mm$ 规格。

（2）计算外层套管管径。选取回水速度 $v_p = 7m/s$，计算回水通道的面积为：

$$A_{ph} = \frac{q_{Vw}}{v_p} = \frac{50}{7 \times 3600} = 0.00198(m^2) = 19.8cm^2$$

计算外管内径 d_3：

$$d_3 = \sqrt{d'^2_2 + \frac{4A_{ph}}{\pi}} = \sqrt{10.2^2 + \frac{4 \times 19.8}{3.14}} = \sqrt{104 + 25.5} = 11.4(\mathrm{cm}) = 114\mathrm{mm}$$

按求得的外层管内径值查产品目录选取 ϕ127mm ×6mm 规格。

6.1.4.4 中层管下沿至喷头面间距 h 的计算确定

喷头要求的冷却水强度最大，所以冷却水在该处的水速应比其他部位略大些，一般 $v_h = 7 \sim 9\mathrm{m/s}$。该处的间隙面积 A_h 为：

$$A_h = \frac{q_{Vw}}{v_h}$$

又知：

$$A_h = \pi\left(\frac{d_2 + d'_2}{2}\right)h$$

故：

$$h = \frac{2A_h}{\pi(d_2 + d'_2)} \tag{6-21}$$

对于锻造喷头，为了强化喷头中心部位的冷却，可以向喷头中心设置冷却水通道，使25%左右的水从中心部位通过。此时中层套管下沿至喷头的间隙面积可按下式计算：

$$A_h = \frac{q_{Vw} \times 75\%}{v_h} \tag{6-22}$$

氧枪在使用过程中，因受到热膨胀会改变中层套管至喷头间隔 h 值。为了保持 h 值不变，通常在中层管下沿设三个固定支点，或采用定位销和定位槽。为了防止中层管摆动而影响环缝间隙，通常是在中心氧管和中层套管外侧焊置定位块，以便保持三层套管的同心度。

6.1.5 喷头加工与氧枪装配

由于加工条件和转炉大小不同，氧枪喷头的机械加工与焊接，以及氧枪的装配可以有多种方法。随着转炉技术的发展，氧枪喷头由锻造喷头改进为整体铸造或组装喷头，目前，转炉生产几乎都使用整体铸造喷头，也有少量转炉钢厂使用组装喷头，而锻造喷头已经被淘汰。

氧枪喷头的制造主要包括以下四道工序：铸造、加工、焊接、检验。在这四道工序中，每一道工序都十分重要，下面就生产制造过程中的一些关键问题进行阐述。

第一是铜中氧含量的控制。氧在铜中的危害是相当大的，它不仅影响铜的电导率、导热系数，而且还会使喷头在使用过程中在喷孔的周围产生龟裂。氧很少固溶于铜，在铜凝固时，氧呈共晶体析出，分布在铜的晶界上。含氧高的铜易得“氢病”，使其在高温条件下焊接和使用出现困难。因此，铜中的氧含量越低越好，一般应小于 0.01%（国外一般在 0.001%左右）。为了使铜中的氧含量尽可能降低，不但要在浇铸过程中采用气体保护，而且要使用良好的脱氧剂，一般采用磷铜、合金脱剂或稀土金属进行脱氧。

第二是焊缝质量的控制。要将纯无氧铜制成的喷头与氧枪铜管连接在一起使用，就需要进行铜钢异种金属的焊接。由于铜和钢的导热系数、热膨胀系数、熔点等物理性质有很大差别，要将两者焊接到一起是十分困难的，在铜钢焊接过程中极易产生热裂、应力、气孔及未焊透、未融合等缺陷，因此必须严格控制焊接条件。在焊缝处可采用美国金属学会制定的“熔化极气体保护电弧焊（MIG焊）”。这种焊接的优点是：（1）无熔渣；（2）连续送进焊丝；（3）焊丝直径小，电流密度高；（4）可获得含氢量低的、熔深更均匀的根部焊道。

第三是喷头的检验。经过外观检查和焊缝表面机械处理之后确认其表面无缺陷，进行X射线探伤，按GB 3323—87Ⅲ级作为评定标准，达到日本同类产品焊缝质量。对直径200mm以上的喷头逐个探伤检查，对200mm以下喷头进行抽检。喷头除探伤检查外，对每个喷头都进行水压试验，试验压力为2.2MPa，20min不渗漏者为合格产品。必须严格执行产品检验制度，确保不发生质量事故。

6.1.5.1　喷头的铸造

纯铜氧枪喷头是炼钢用氧枪的重要组成部分，产品要通过X光检验，然后再通过2.2MPa、持续20min而无渗漏的检验才合格。因此，要求铸件组织致密，无任何夹渣、缩松缺陷，铸造难度大。

在使用酚醛树脂砂生产时，由于酚醛树脂发气量大，退让性不好，经常由于铸件有气孔和铸件外壁有微裂纹而导致铸件报废。采用植物树脂砂来代替酚醛树脂砂进行生产，可以取得较好的效果。植物树脂是用农副产品经特殊工艺制成的粉状黏结剂，在高温下发气平缓，同时它的混制工艺简单，将一定量的植物树脂、水和原砂混碾一定时间即可使用[4]。植物树脂砂与酚醛树脂砂的性能比较如表6-3所示。

表6-3　植物树脂砂与酚醛树脂砂的性能比较

黏结剂	发气量	稀释溶剂	挥发物质	强　度	对原砂要求	回用性	烘干温度
植物树脂砂	小，有滞后性	水	水，无毒	1.0～1.3MPa，强度适中，退让性好	一般	可直接回用	165℃，3.5h
酚醛树脂砂	大，集中	酒精	酒精，甲醛，游离苯酚等，有毒性	1.5～1.8MPa，强度高，退让性差	高	需经再生处理才可回用	190℃，4h

用植物树脂砂的铸造工艺步骤为：

（1）混砂。原砂采用粒度0.323～0.186mm（45～75目）天然砂，植物树脂加入量为3%～3.3%，干混1min后，加入4%～5%水，湿混7～8min，然后出砂。由于喷头砂芯壁薄，因此，合理地控制型砂的湿强度是必需的，型砂强度必须保证型芯在脱模后不蠕变和坍塌，同时，为了保证型芯的光洁和脱模方便及提高植物树脂砂的流动性，可在混砂时加入少量渣油。

（2）烘干。制好的砂芯装在烘干小车上，送入烘干炉烘干。由于烘干温度是影响干拉强度的重要因素之一，经过多次试验和生产验证，确定出合理的烘干工艺为：当加热功率为30kW/h时，持续升温至165℃，保温1h。

由于植物树脂砂以水为载体混合，不需要使用酒精稀释，而且原砂也不需要烘干。植物树脂砂砂芯的烘干温度为165℃，比酚醛树脂砂砂芯的烘干温度190℃低，节能效果明显。新型植物树脂代替酚醛树脂不仅降低了生产成本，而且减少了流离苯酚、甲醛对人体的伤害，消除了酒精对人体皮肤的刺激，使车间环境大为改善，使无公害绿色铸造生产成为可能。

喷头的铸造毛坯，可以直接铸出三个喷嘴小孔和充填冷却水的空间。三个小孔的孔壁除在喷头上部和下部连成一片外，其余部位都是分离的，被冷却水充满，这样，可以显著提高枪头冷却效果。但这种枪头在铸造时，应严格避免气孔、疏松、夹杂以及组织粗大等问题。

6.1.5.2 喷头的加工

铸造好的喷头在车床上利用专用夹具加工制成，图 6-12 示出专用夹具的总装图。夹具后垫板的斜度，即为氧枪喷孔与中心线的夹角。

加工过程为，将毛坯枪头端部夹在夹具上，车削枪头螺纹、水缝及总喉口。然后，将枪头螺纹端拧入专用夹具，在夹具的三等分处，先以钻头钻出小于孔临界直径 1mm 的粗糙小孔后，精加工至临界直径，直筒形孔车削好后，再用样板车削扩张段。一个孔车削结束，将夹具根据喷孔的数量旋转 360°/n（n 为孔数），如果是 3 孔喷头，就旋转 120°，加工第二个小孔，依次类推，直至三个小孔加工完毕。枪头内壁与氧气气流接触处不得有折线过渡，表面粗糙度 1.6mm 不得用砂纸来达到。

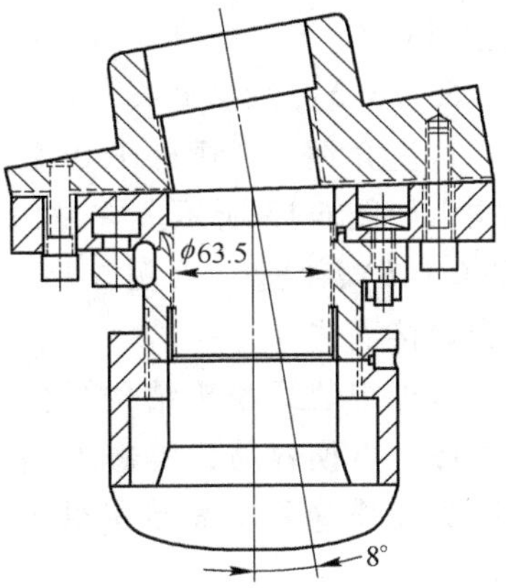

图 6-12 喷头加工专用夹具图

对铸造毛坯，只需将喷嘴孔、外圆柱表面和焊接接口处进行机械加工即可，所以从机械加工角度看，要比锻造和组装式喷头简单和节省工时。这种枪头的中间管的短管是由纵向剖分的三块组成，且是在内管的短管焊好后，装入枪头焊接成一体。

6.1.5.3 喷头的焊接

由于氧枪喷头的材料为电解铜，与钢管焊接时需预热，在焊接时，喷头先与一段短钢管焊接，最后再焊接在氧枪枪体上。

枪头的焊接工艺为：(1) 先将枪头与长 200mm 钢管点焊三点定位；(2) 将枪头在恒温电阻炉内预热至 900 ~ 950℃；(3) 采用氩弧焊机进行保护焊接，电流为 110 ~ 120A 的直流电，焊接两层，每焊接一层需加热一次；(4) 焊条采用 $T_{Cu}80$；(5) 枪头焊完，即可与枪体焊接。

6.1.5.4 150t 转炉用氧枪的加工和组装

坯料采用电解紫铜铸造棒材，直径 ϕ245mm，坯料长 160mm。其成分为：Cu > 99.6%，P < 0.01%，Fe < 0.04%。

加工方法是开始用车床加工外形、铣床钻小孔、镗床进行精加工三道工序。在钻孔时，由于紫铜材质软，粘钻头，不但钻孔质量不易保证，且易打钻头。采用群钻头，分散出两条钻屑，可以解决粘钻头问题。按此方法和工序加工一个枪头需三天到四天时间。

后来，制作了一套在车床上加工喇叭形小孔的卡具和刀具，先用车床尾部顶杆钻孔，之后采用刀刃方向相反的两把车刀分别车出三个小孔的收缩段和扩张段。应用这种方法简化了工序，加工质量、尺寸精度和光洁度都显著提高，加工一个枪头的时间缩短到 5 ~ 6h。

氧枪组装的过程为：

旧枪→割除端部连接枪头的540mm 外套管→割除氧气管的弯管，卸除枪尾密封法兰→抽出氧气管，割除旧枪头→更换氧气管的连接管和540mm 外套管→加热（至 700 ~ 800℃）并焊接枪头与内管焊缝（铜 107 焊条）→按要求的空隙固定中间管→焊接外套管→加热（700 ~ 800℃）焊接枪头与外套管焊缝→安装尾部密封法兰→焊接氧气弯管→试水打压至 2. 2MPa，保持 10min→焊接枪头保护圈→安装弯管法兰盲板。

6. 1. 5. 5　组装喷头

这里介绍一个国外 150t 转炉的 5 孔组装焊接喷头的结构，如图 6-13 所示。它是由铜头（图 6-14*a*）、喷管 1（图 6-14*b*）、喷管 2（图 6-14*c*）、隔板及外壳（图 6-15）组合焊接而成。

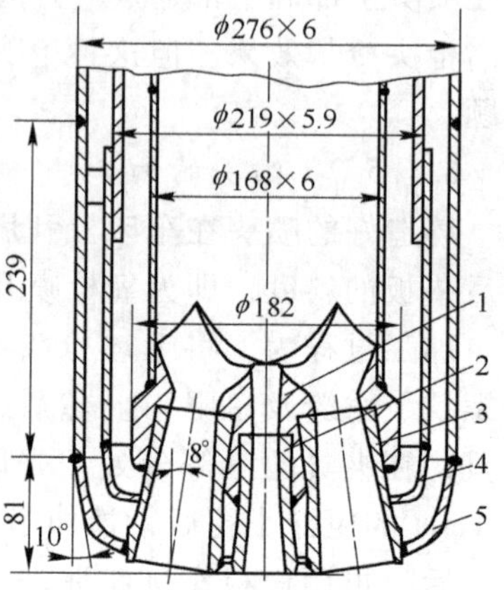

图 6-13　5 孔组装焊接喷头

1—铜头；2—中心喷管；3—周边喷管；4—隔板；5—外壳

这种组装式喷头结构虽然复杂些，但各零件加工简单方便，拆换容易，维修方便，铜的消耗量少。零件中的枪头和喷管采用简单机械加工，隔板和外壳采用铜板冲压。

铜质材料间的焊接，如内管与铜头、铜头与喷嘴都采用氩弧保护焊。使用德国 UTP-

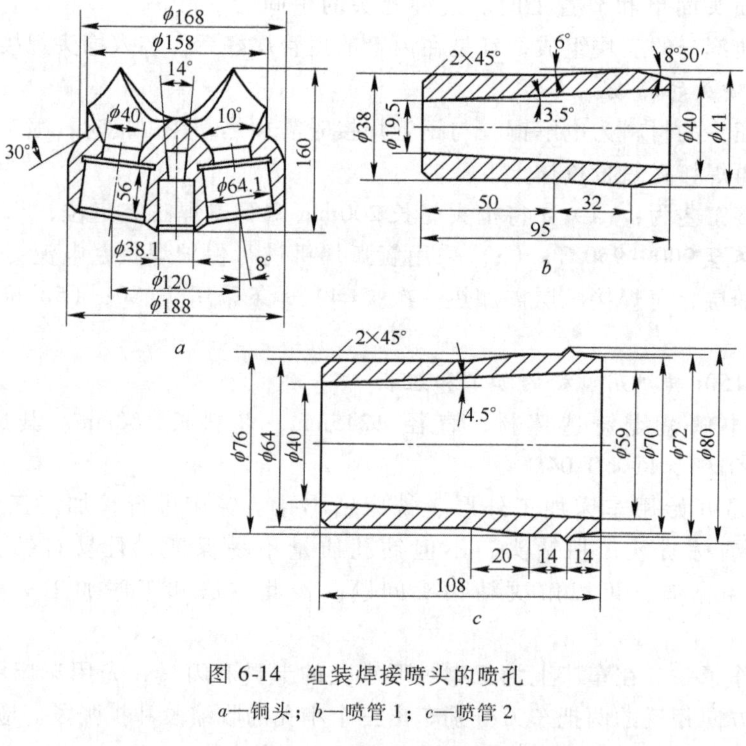

图 6-14　组装焊接喷头的喷孔

a—铜头；*b*—喷管 1；*c*—喷管 2

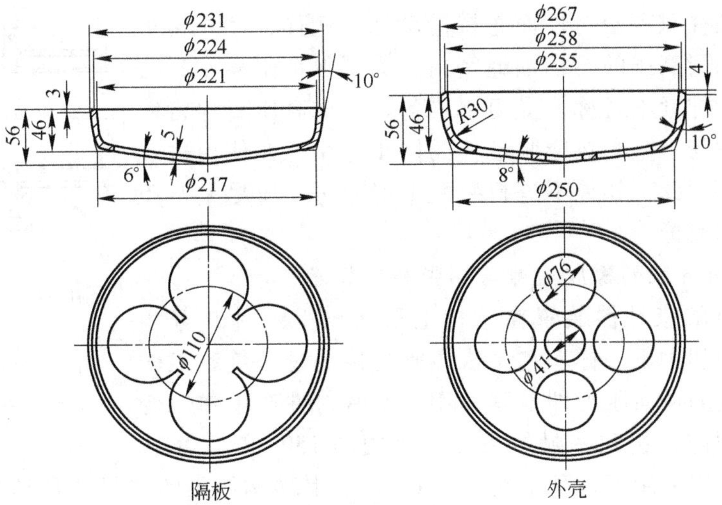

图 6-15 组装喷头用隔板和外壳

36 的铜丝，铜丝性能为：延伸率为 10% ~12%；抗拉强度为 2.5MPa；硬度为 125 ~ 130HB；电阻率为 0.12 Ω · mm^2/m。

铜质材料与钢的焊接，如外壳与外套管、隔板与中套管的焊接，采用德国铜条 φ4mm × 1000mm，并用德国的涂料进行焊接。这种喷头的寿命平均约为 400 炉，喷嘴烧损后从枪上割下喷头，有的只需简单焊补，烧损严重的换上新喷嘴或外壳，铜头和隔板仍可继续使用。

前苏联克里沃罗格 130t 转炉氧枪也采用这种组装式喷头的结构，寿命达到了 400 ~ 600 炉，比一般枪头 300 炉寿命高出 1 倍。这种枪头寿命高的原因，主要是由于枪头端部冷却效果好，由于枪头进出水的空腔与过水断面面积之比适当，能消除槽中壅水（水停滞）的可能性；另外，是由于喷嘴的扩张段缩短，减小喷嘴的变形；再有，采用胀缩式热补偿器后消除了热应力。

在国内目前只有首钢 210t 转炉使用这种组装式氧枪喷头结构，详见 6.2 节。

6.1.6 氧枪的密封及膨胀装置

氧枪装置仅有性能良好的喷头是不够的，还必须有结构合理的枪体，这样才能保证其使用寿命，达到炼钢的要求。要满足枪体结构的合理性，枪体的设计必须坚持以下原则：（1）氧枪的三层同心套管在组装过程中须能伸缩自如；（2）氧枪在使用过程中要能消除外层管因热胀冷缩对里面两层钢管所产生的内应力；（3）枪体必须保证高压冷却水和高压氧气不在三层钢管之间相互串通和渗漏。因此，在氧枪的设计和制作过程中密封与膨胀补偿装置是十分重要的，而氧枪的密封与膨胀补偿装置又是密不可分的。总结出以下几种常见的密封膨胀补偿装置形式。

6.1.6.1 石棉盘根密封与膨胀补偿装置

此种密封的原理是在两物体之间充填软填料（俗称盘根），然后用压盖和螺钉压紧以达到密封的目的。此种密封应用于早期氧枪中，其结构的示意图如图 6-16 所示[5]。

这种密封与膨胀补偿装置应用在氧枪的尾部，包括一组法兰和法兰之间填充石棉盘根，盘根部位的作用是为了两层钢管之间的密封和滑动。但是，这种结构往往只有密封性而忽视滑动性。例如，150t 转炉的早期氧枪采用耐高压的石棉油绳密封，为了保证不漏水，法兰被拧紧，由于拧紧不对称，受力不均匀，造成高压石棉将氧管卡死，起不到与外壁受热膨胀延伸的同步作用，在使用过程中使氧枪损坏。因此，如果不进行装配上的改进，应尽量避免使用这种结构的氧枪。

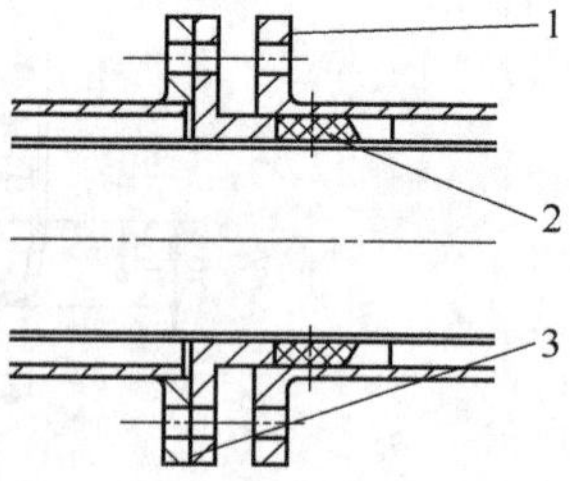

图 6-16　早期氧枪用密封结构的示意图

1—法兰；2—石棉盘根；3—压盖法兰

6.1.6.2　有骨架的橡胶密封与膨胀补偿装置

这种密封与膨胀补偿装置在结构上虽然与上一种装置相似，但密封原理却大不一样。它是依靠密封件的过盈量和工作介质压力所产生的径向压力即自紧作用，使密封件产生弹性变形，堵住漏出间隙，达到密封的目的。我国的 150t 和 120t 转炉所使用的氧枪也采用了这种形式（图 6-17），其结构使用的密封件是具有特殊结构的橡胶圈，其过盈量及高压冷却水的压力共同决定了密封效果。例如，ϕ245mm 氧枪胶圈选取的过盈量为 1%，冷却水压力为 1.2 ~ 1.5MPa。另外，由于橡胶的弹性好，与它接触的氧管可伸缩自如。因此，这种结构不仅密封可靠，也是良好的膨胀补偿装置。但是，由于密封件及其骨架为不规则形状，制造加工工艺较复杂，单件生产的成本有所提高。

6.1.6.3　橡胶密封与膨胀补偿装置

如图 6-18 所示，这种装置用在氧枪尾部，在两层管之间安装一组球面法兰，法兰之间放置橡胶圈，橡胶圈在两个球面法兰的挤压下变形。在胶圈的变形量和过盈量的共同作用下，封闭了需要密封的间隙。ZY127 锥度氧枪使用过这种装置，其密封及膨胀效果都良好。

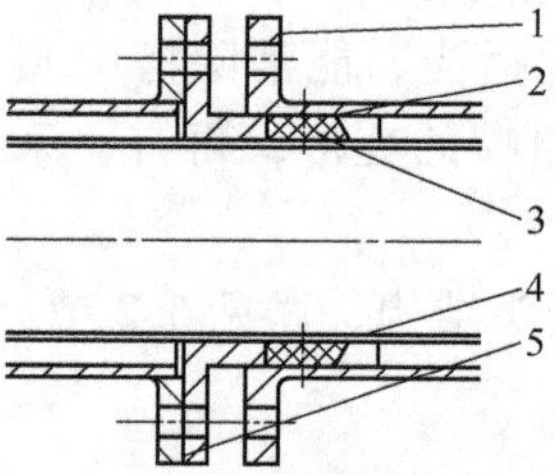

图 6-17　氧枪用橡胶密封结构的示意图

1—法兰；2—骨架；3—橡胶圈；4—内骨架；5—压盖法兰

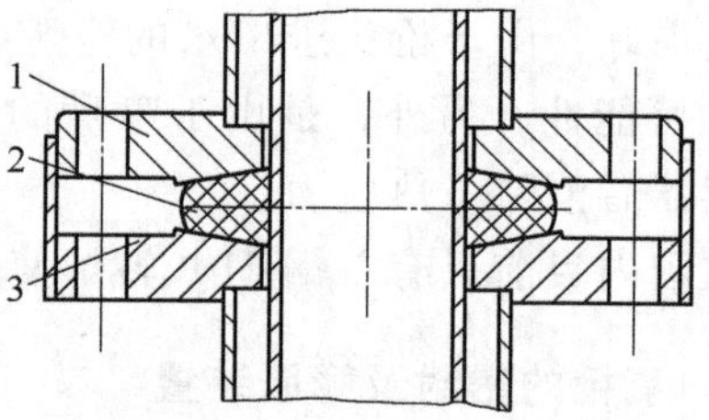

图 6-18　橡胶密封与膨胀补偿装置

1，3—球面法兰；2—橡胶圈

这种装置具有组装简单、阻力小和伸缩灵活等特点，保证了焊缝不会受到应力影响，减少了焊缝漏水的可能性。但球面法兰与上述两种装置的法兰相比更复杂，而且加工困难、成本较高。

6.1.6.4　“O” 形密封圈密封与膨胀补偿装置

“O” 形密封圈的密封原理是 “O” 形密封圈装入密封沟槽后，其截面一般受到 15% ~ 30% 的压缩变形，在介质的作用下，移至沟槽的一边，封闭需密封的间隙，达到密封目的。这种密封结构用于氧枪的头部，即氧枪喷头与枪体的连接部位，如图 6-19 所示。

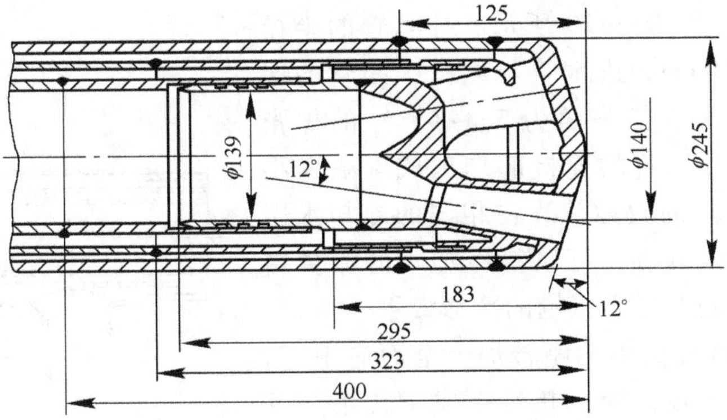

图 6-19 "O"形密封与膨胀补偿装置

内层氧管与喷头上端的进氧管采用三层"O"形橡胶圈密封，中层隔水管滑动连接，使氧枪的三层钢管在组装和使用中都可以伸缩自如。这种连接结构的氧枪具有组装方便和使用寿命长等特点，是迄今氧枪设计与制作过程中使用最多的密封及补偿方式，也是最先进的，具有以下优点：(1)"O"形圈形状简单、制作容易、成本低廉、使用方便；(2)"O"形密封圈的弹性和润滑性好，三层管伸缩自如，可消除氧枪使用过程中热应力对焊缝等处的影响，提高使用寿命；(3)喷头与氧枪氧管的连接为"O"形密封圈，只需将氧枪枪体与喷头的外管连接处焊接一层，因此，减轻了工人的劳动强度；(4)更换喷头快捷方便，对于100t转炉氧枪，还可以采用立式更换喷头，节省维修场地，避免每次更换喷头时都要将20多米的氧枪进行放倒、吊起等各种操作，大大节约了时间。

过去组装一支氧枪要将氧管先拽出对接焊好后，再将中层的滑动段放在合适位置，最后焊外管，整个过程大约需要3天时间。采用"O"形密封圈密封与膨胀补偿装置的氧枪在进行更换时，由于法兰使三个管子固定，所以只需用千斤顶将喷头顶到位后，将氧枪枪体与喷头的外管连接处焊接就可以，整个过程大约需要3小时，大幅度缩短了喷头的更换时间。

为了保证密封及膨胀补偿的可靠性，在设计时还需要注意以下问题：(1)密封沟槽及密封管部分的材质最好使用不锈钢或镀铬碳钢，以防沟槽和密封管生锈影响密封效果；(2)"O"形密封圈一般采用3~5层，实践表明3层"O"形密封圈完全能够满足炼钢生产的氧枪，另外，应优先选用较大的"O"形密封圈；(3)密封沟槽的尺寸一定要满足"O"形密封圈装入密封沟槽后，其截面受到15%~30%的压缩变形。如果压缩变形小，就会使密封不可靠；反之，则出现过紧现象，给氧枪组装带来不便。密封压缩量的计算公式如下：

$$A = [1 - (d_p/d)] \times 100\% \tag{6-23}$$

式中，A 为压缩量；d 为"O"形密封圈直径；d_p为压缩变形后密封圈的截面直径。

上述的四种转炉氧枪密封与膨胀补偿装置是氧枪设计制作中常常使用的，也是常见的。一般将前三种称为"后补偿"方式，关键点集中氧枪后部，即氧枪冷却水进出口附近；而将第四种称为"前补偿"方式，关键部位集中在氧枪喷头上。随着国内外先进氧枪技术的不断改进，密封及膨胀补偿装置的结构将不断改进，会有性能更好的密封补偿装置出现。

6.1.7 一种氧枪新型进出水方法

著者发明了新型氧枪进出水方法[6]。本发明在氧枪进出水的位置上，将氧枪外管外边增加一个外套管，如图 6-20 所示。外套管的半径比氧枪外管大 5 ~ 20mm，进水管与氧枪中间管的连接部加工成逐渐放大（扩张角为 5° ~ 45°）的扩张管，出水管与氧枪外套管的连接部加工成逐渐变小（收缩角为 5° ~ 45°）的收缩管。在相同的冷却水压力的条件下，采用该方法，可以将冷却水的流量增加 10% ~ 38%，大幅度提高氧枪的冷却效果。

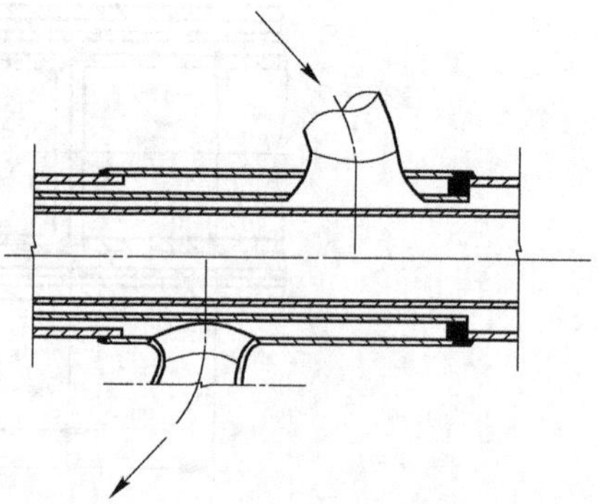

图 6-20　氧枪冷却水装置示意图

该专利技术已经在天钢三座转炉上全面应用[7]，通过两年半的生产实践证明，超过完成了技术开发合同中要求的技术指标，并取得了每年超过 0.7 亿元的经济效益。通过了天津市科技成果鉴定会[8]，评价为："该技术先进，国内首创，居国内同类技术的领先水平；在理论研究、数值模拟和实验室实验的基础上，研制出氧枪喷头端部异型兜水板结构和枪身复合套管式进出水结构属国内独创；该研究成果经济效益显著，有很好的推广前景，可为钢铁企业的节能降耗发挥更大的作用。"另外，还将该技术的氧枪水冷结构原理推广到天钢新建的三座 120t 转炉上应用，解决了氧枪冷却水量不够的问题，使冷却水流量由原来的 150t/h 提高到 180t/h，完全可以满足工业生产的要求，并获得天津市科学技术进步奖二等奖。该氧枪水冷结构还推广到天津荣程钢铁公司、承德钢铁公司、新余钢铁公司、三明钢铁公司等转炉上应用。

国内部分转炉冷却水流量与氧枪外径的对应关系如表 6-4 所示。

表 6-4　我国部分转炉冷却水流量与氧枪外径

氧枪外径/mm	水流量/$m^3 \cdot h^{-1}$	应　用　举　例
355	320 ~ 350	武钢二炼钢、首钢二炼钢
299	270 ~ 300	邯钢三炼钢、鞍钢三炼钢
273	220 ~ 250	梅山炼钢厂、唐钢一炼钢
245	160 ~ 180	鞍钢一、二、三炼钢，武钢一炼钢
219	120 ~ 140	攀钢、本钢
194 ~ 200	100 ~ 120	首钢三炼钢
152 ~ 159	60 ~ 80	南钢、鄂钢、石钢
127 ~ 133	45 ~ 60	邯钢二炼钢、邢钢
114 以下	30 ~ 40	15t 以下转炉

6.2　多孔喷头的设计

喷头是构成转炉氧枪的最关键的中心环节，氧枪喷头寿命的提高和抗变形能力的增强，不仅能减少换枪耽搁的时间，而且有利于保持恒定的氧枪射流特性和冶金效果。氧枪喷头损坏和产生变形的部位主要是喷头端底。由于冷却和结构上的原因，该部位易出现热裂、熔蚀和形变。因此，研究氧枪头的端底，改进其结构和水流组织，有着重要的意义。在汇水室设置入口导向，选择合适的挡水板形状和高的入口水速，以及凹凸形端底水流导向、均匀适宜的端壁厚度等，是近年来主要改进方面。

6.2.1　喷头端底结构

提高氧枪喷头寿命，对氧气顶吹转炉作业率、稳定射流和保证冶炼顺行有着重要的意义。氧枪喷头损坏和产生变形的部位主要是喷头端底。由于冷却和结构上的原因，该部位易出现热裂、熔蚀和形变，因此，研究氧枪头的端底，改进其结构和水流组织，是非常必要的。我国氧枪技术虽取得长足的进步，但在端底冷却和结构处理上，仍有必要在充分吸取和研究国外经验的基础上，加以改进和提高，因此，本节分析和介绍国外氧枪喷头结构、冷却形式及有关参数。

喷头端底结构系指喷头底部兜水板与端壁之间的结构形式,主要包括兜水板形状、中心入水口、上顶和下底的导水方式、端底厚度和水冷间隙以及为了提高端壁致密度为目的的挤压与铸造相结合的结构形式等。在汇水室设置入口导向,选择合适的兜水板形状和高的入口水速,以及凹凸形端底水流导向,均匀适宜的端壁厚度等,是近年来主要的改进方面。

6.2.1.1　兜水板

兜水板的作用是将进入喷枪环缝的冷却水流引向芯部，以便冷却受热负荷最大的端壁中心部位。图 6-21 为法国早期的一种喷头结构示意图。兜水板长度短且无形状可言，端壁中心水速过慢，水流方向较紊乱，冷却效果较差，目前已不采用[9]。

图 6-22 为前苏联的一种喷头结构，虽然比图 6-21 有较大改进，但兜水板形状不太合理，过厚的兜水板不仅增加铸铜重量，而且减小上部汇水空间和增大入水口的颈长。

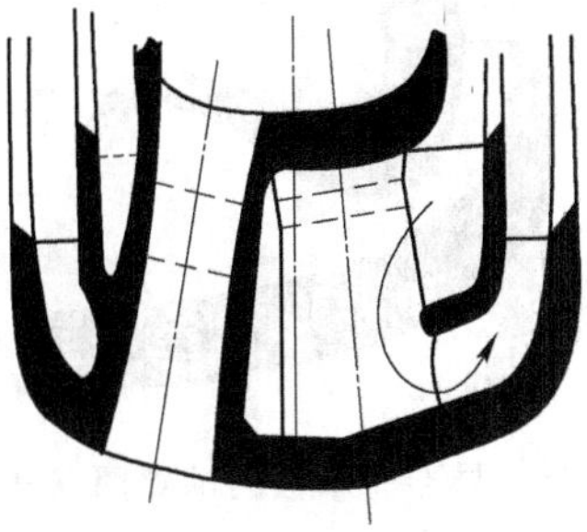

图 6-21　法国早期喷头示意图

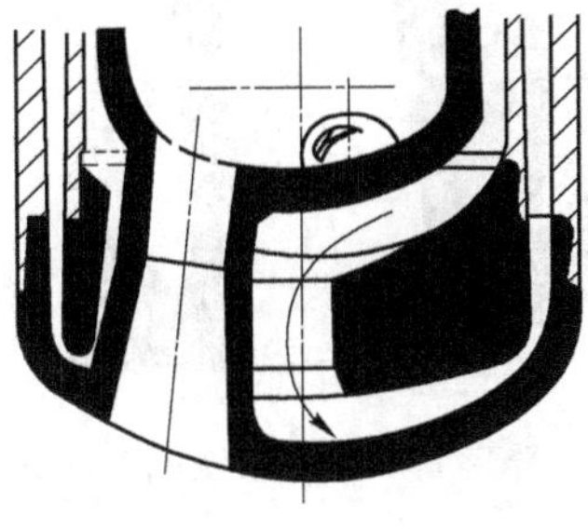

图 6-22　前苏联使用过的喷头示意图

图 6-23 ~ 图 6-25 分别为干板和刀板状的兜水板，能使冷却水流进一步流入端壁中心，外形简单，上部汇水的空间也较大。

图 6-26 ~ 图 6-29 所示的喷头都为异形兜水板，虽然铜头的铸造形状较为复杂，但对冷却水的流动与冷却效果较为有利，能平滑地将冷却水流经入口引向中心，还由于将缝口制成喇叭形，可使入口水流顺畅地进入底缝。

图 6-30 和图 6-31 所示的兜水板呈角形断面，其作用原理基本上同于异形板，所不同处，主要是水的流线性不及异形板好，特别是在端底 90°水流反转区，缺少能使水流得到缓冲的凹面区。

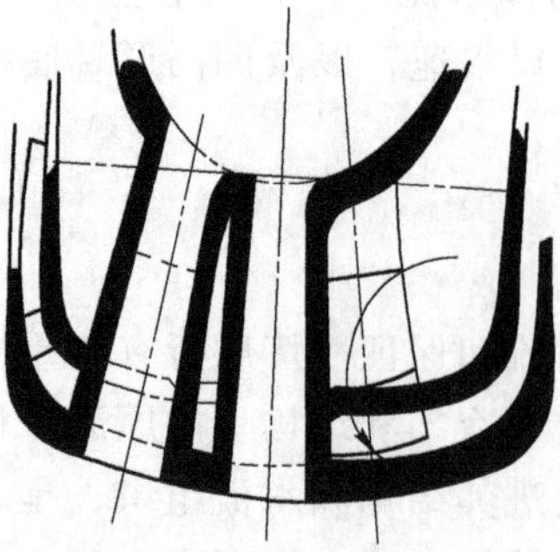

图 6-23　日本 5 孔喷头的示意图

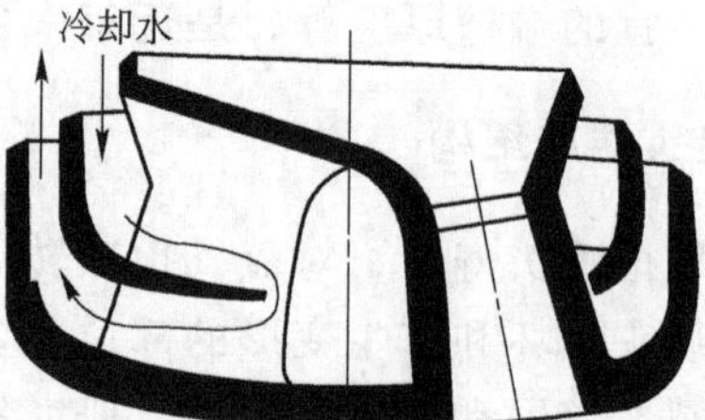

图 6-24　刀板状兜水板的示意图（英国）

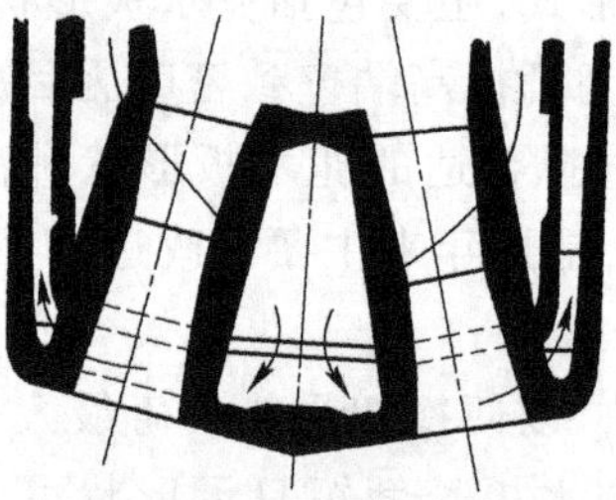

图 6-25　平板状兜水板的示意图（英国）

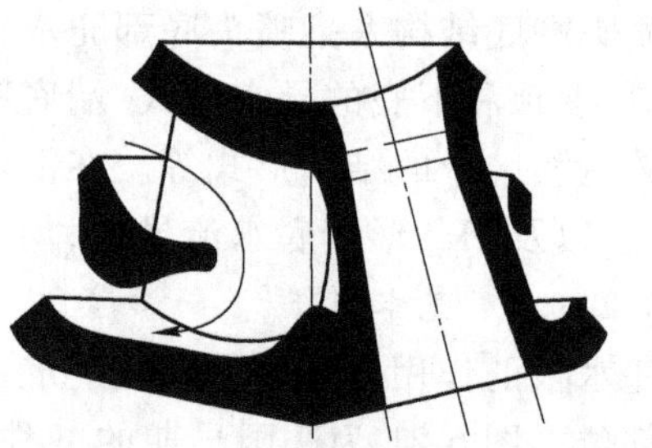

图 6-26　3 孔喷头异形兜水板示意图（德国）

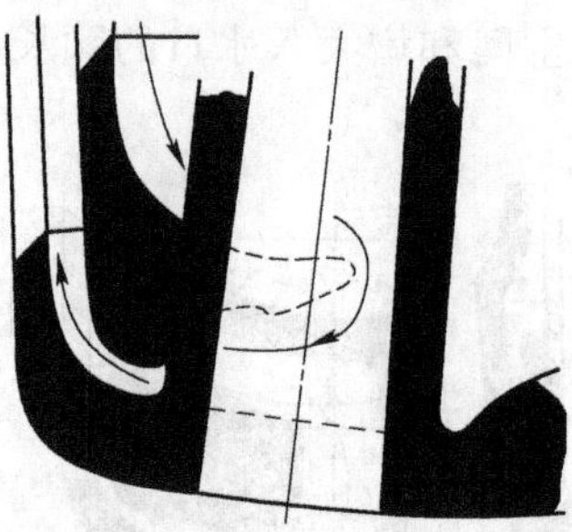

图 6-27　异形兜水板的示意图（美国）

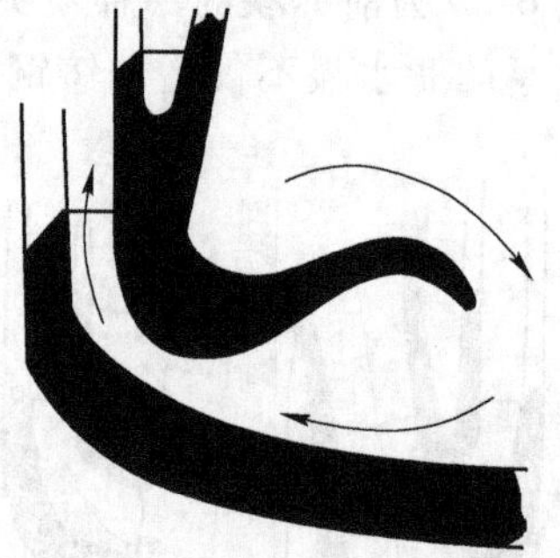

图 6-28　异形兜水板的示意图（美国）

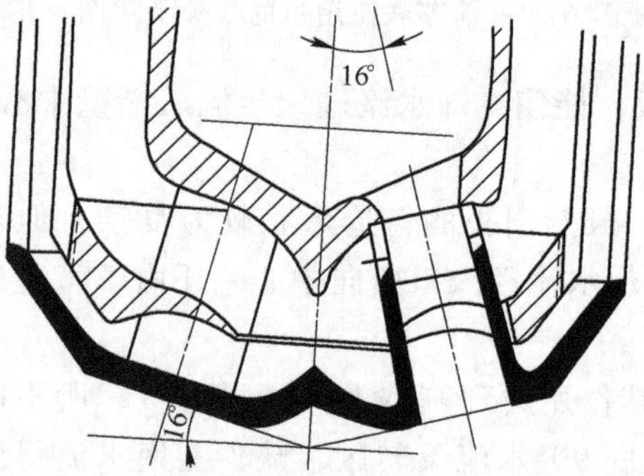

图 6-29　德国 SAAR 厂喷头的异形兜水板

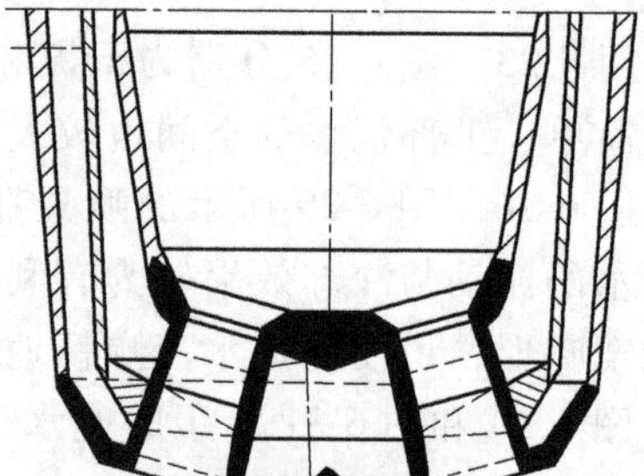

图 6-30　锥形兜水板的示意图（法国）

6.2.1.2　入口区冷却水流引导方式

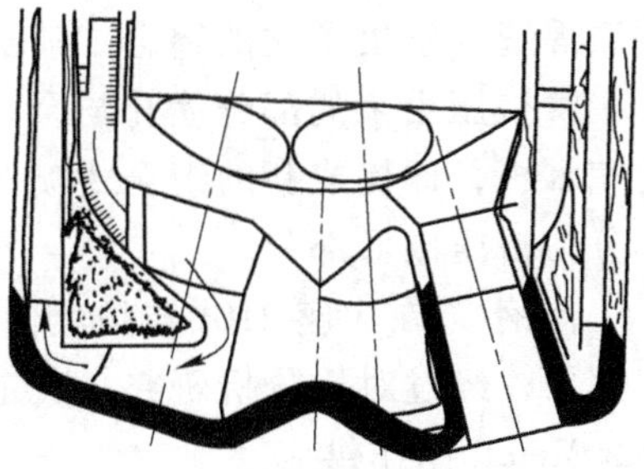

图 6-31　奥钢联锥形兜水板喷头

冷却水流在入口区要经过进出两次 90°翻转，为避免水流由于翻转而引起的撞击以及所造成的水流紊乱和减少阻力损失。新设计喷头的端底部位通常都在入口前后设置倒锥形和正锥形导向物（如图 6-30 和图 6-31 所示）。冷却水流自环缝管进入并沿圆周汇入中心。靠顶部倒导向锥的作用引导水流经入口进入端底，然后靠底部正导向锥的作用使垂直进入端底的柱状水流被穿成环形后，迅速翻转 90°，向四周放散进入底缝和经底缝上升进入回水环管。

由于端底水流速度很快，特别是在入口区速度更快，如果没有顶部导向锥，由环缝汇向中心的水流会因相互撞击而影响冷却水流顺畅进入端底，并且引起阻损的增加。对进入端底水流的导向，重要性更大。尽管有的设计可以不设顶锥，但是绝对不能没有底锥。以高速进入端底的水流，如无导向底锥，不仅会造成由于剧烈冲击而引起的阻力损失增加，而且更重要的是影响经由中心向外放散的水流分配和进入底缝的水流初速度，在冲击反转状态下，进入底缝水速接近于零。另外，还会影响进入底缝的水流状态，呈现水流紊乱现象，从而导致端底冷却效果的恶化。

6.2.1.3　补水孔缝

由于受喷孔遮挡，使进入底缝的冷却水不能顺利流入喷孔对侧端底和回水缝，因此，常常需要在兜水板与孔柱之间开设能使水流不经入水口直接进入对侧端底的孔缝，以补偿空缺的水流。开设的孔缝面积不能过大，各孔缝之和不宜超过入水口的 1/10。对于小型转炉，氧枪喷头孔柱尺寸较小，对侧端底与回水缝几乎连通，在此情况下一般无需开设补水孔缝。

6.2.1.4　端壁厚度

端壁厚薄对喷头抗热裂、抗热变形能力、喷孔射流的稳定状态以及使用寿命有较大的影响。过薄的端壁虽然有利于导热，但却不利于承受热裂、热形变和各种外力的撞击；过厚的端壁不利于导热，同时增加了用铜量，提高了喷头的成本。特别是铸造喷头，由于无法完全避免疏松、气孔和夹杂的存在，致密度常常受到很大影响。端底厚度越大，所受的影响就越大。实际生产中使用的喷头端底厚度波动在 8～20mm。一般认为厚度与喷头尺寸大小有关，例如日本为宝钢设计的 300t 转炉喷头为 20mm 厚，50t 以下小转炉一般仅为 8～10mm，而德国为首钢 220t 转炉设计的喷头端壁却比较薄，厚度仅为 10mm。生产实践证明，300t 转炉用的喷头端壁由 20mm 改成 16mm 后，对炼钢生产和喷头使用寿命没有明显的影响，但是，如果小于 10mm 就容易使喷头产生裂纹等问题，因此，根据经验可以认为，端壁厚度取 10～16mm 是比较合适的。

6.2.1.5　组合式端底结构

喷头端底的致密度，不仅影响导热，也影响结构强度，因此，改善喷头端底致密度不仅有利于延长喷头使用寿命，而且还可以延缓变形。众所周知，锻造材质具有较高致密度，如将端底材质由铸造改成锻造，将会大大改善抗热裂和变形能力，从而出现了组合式的端底结构。新的喷头端底，采用挤压成形，在成形的同时，也将喷孔部分挤出一定长度

（如图 6-29 ~ 图 6-31 所示）。这样就不需再像图 6-32 那样再在端底加焊喷孔，从而消除了端底焊缝，解决了它的组合式喷头端底容易开裂漏水问题。

将挤压出来的部分喷孔与余下喷孔段以及上部氧气汇管等焊连成一体，再套装以铸制的兜水板，即构成新的组合式喷头体。几种组合式喷头如图 6-9 ~ 图 6-11 所示，图中黑线部分为挤压成形部分。

首钢[10]在 3 座 210t 转炉上使用铸造 4 孔喷头（$\phi51/\phi67.1mm\times12°$）为改善氧枪使用效果，经过对比分析研究，决定采用组合式锻压周边 5 孔氧枪喷头（图 6-33），由德国 Saar Metall 制作供应。

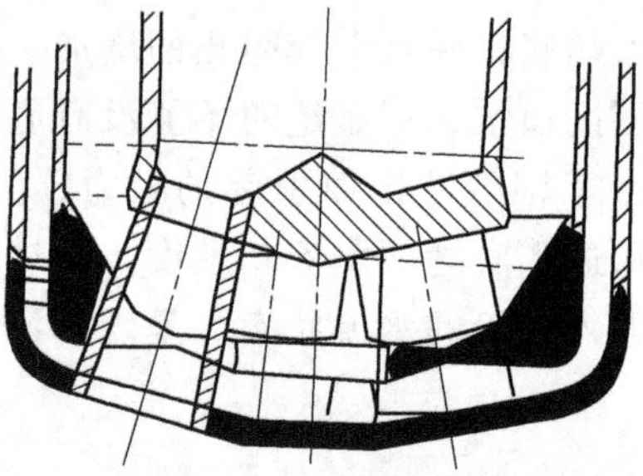

图 6-32　组合式喷头的端底结构（比利时）

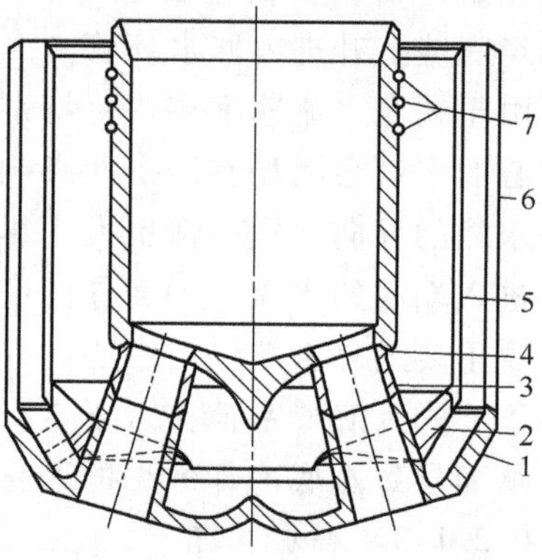

图 6-33　组合式锻压 5 孔氧枪喷头
1—喷头端部；2—导水板；3—喷孔；4—进氧接管；5—中管；6—外管；7—“O”形密封圈

氧枪喷头在使用中热负荷高，工作条件恶劣。转炉熔池反应区温度在 2000℃ 以上，而铜的熔点仅 1083℃。为提高喷头的耐用性和抗变形能力，强化冷却条件，喷头的组合除端部与外管采用氩弧焊接、中管与导水板采用螺纹连接外，其他均用钎焊连接。喷头端部使用专用模具进行锻压，主要特点是喷头端部和喷孔扩张段锻压为一体，使端部热力影响区没有焊缝。喷头端部及喷孔的材质为电解纯铜，分析铜的纯度为 99.98%，而用于铸造喷头铜纯度一般为 99.85%，锻压后铜的金相组织为孪晶 α 相，致密度高，导热系数为 3.906J/(cm · s · ℃)，导热性比铸造喷头提高 19.2%。导水板不承受高温，可采用黄铜制作。铸造喷头内壁往往粗糙不均匀，而组合式喷头内壁均匀、光滑，在满足机械强度的前提下并减薄壁厚，组合喷头壁厚为 10mm，这一改进是高温外层表面向被水冷却的内层快速传热的一个重要条件。

为提高冷却效率，冷却水流的阻降主要集中在端部，高压冷却水流量由 270 ~ 300t/h 提高到 360 ~ 420t/h，水压 1.2MPa，喷头端部入口水流速度为 9.6 ~ 11.2m/s，最大温升 15℃。采用图 6-33 所示的导水板形状，将水流顺畅引向喷头端部，流线合理，分布均匀。为使喷头底端获得良好的冷却，解决喷头端部中心容易粘钢吃进的难题，在入水口上、下设置导向分水锥，水流由外向内汇集，在中心翻转强化冷却端部。有了分水锥，使端部从中心到四周冷却均匀，水流分布合理，不产生乱流。由于喷头端部中心冷却得到加强。即使端部中心粘钢，也不会发生“吃进”现象，喷头能够继续较长时间使用。

氧枪由三层套管组成，内管为氧管，中层为进水管，外层为出水管。喷头与枪体的连接：氧管、中管均为滑动配合，其中氧管加三道“O”形环状胶圈进行密封，只有外管用电焊焊接。这种连接方式可使氧枪在使用中形成的热胀冷缩得到充分补偿，大大减少铜喷头的受力和形变，同时也简化了氧枪喷头的安装制作。

首钢组合式锻压周边5孔氧枪喷头的基本参数如下[11]：

氧枪外径	355.6mm
喷孔数目和布置	5孔，周边均匀布置
喉口直径	43mm
出口直径	55.6mm
喉口段长度	40mm
扩张段长度	80mm
喷孔扩张角	9°
喷孔与氧枪中心线夹角	16°
出口断面积与喉口断面积比	1.67
出口马赫数	1.99
气体出口与入口压力比	0.1298
气体出口与入口密度比	0.2326
气体出口与入口温度比	0.558
氧流量	40000 ~ 45000m^3/h
工作氧压	1.01 ~ 1.12MPa
供氧强度	3.33 ~ 3.75m^3/(t · min)
供氧时间	16 ~ 17min
过程枪位	2.5 ~ 1.9m，终点前降枪至1.7m。

6.2.1.6 喷头端底形状

端面上的喷氧孔必须加工成正圆形，才能保证获得良好的氧气射流。因此，处于喷孔区的壁面需与喷孔轴线垂直，水平方向则与氧孔相同角度，从而形成截圆锥形浅底，图6-21、图6-22及图6-32所示均属此类型。图6-25和图6-26所示为浅锥形底，图6-22和图6-24所示为浅球形底。对于大型转炉的氧枪，由于中心氧管和枪体外径明显增大，为缩小孔间区面积（此部分受热负荷最大），需要在枪体外径至氧孔区之间安排一个具有一定倾角的过渡壁面，形成如图6-29所示的端底形状。

氧枪在吹炼过程中，经常将熔渣和金属液溅在氧枪壁上，这些渣—金混合物沿着枪壁下流，如果端壁形状不好，就会继续沿端弧流至喷孔附近，金属液滴遇氧燃烧产生高温使孔区铜壁熔蚀，因此，设计氧枪的端壁形状应考虑防止措施。图6-29和图6-30所示的端底形状取消了圆角过渡，从而避免了喷孔区液滴的高温燃烧。

为了避免形成较大的温度应力场，必须使端底厚度保持均匀，在端底厚度大于枪体外管壁厚的情况下，需要采取逐步过渡的办法来达到与外壁均一（见图6-23等）。在孔间区地带为形成导向锥，需要有部分凸起的内面，图6-30采取了用局部加厚端底的办法来形成凸锥，但此做法显然不符厚度尽量保持均一的原则，因而在图6-29和图6-31中采取在凸锥处使底面向内凹，以便使底厚均匀，这样虽然会引起凹配热负荷集中，但由于沿内面分行的水流速度较大，并且冷却面积大于受热面积，生产实践表明其改进具有良好的效果。

6.2.1.7　冷却水流速度

高温冷却必须考虑冷却水流速度、水层厚度、水温和水量。水量取决于总换热量，水层厚度和流速取决于受热负荷。三者最为重要的是冷却水的流速选择，过高会增大压头损失，增加能耗；过低则不能满足氧枪对冷却条件的要求。

水流在氧枪内先经内环管到达喷头上部汇水室，然后经入口进入端底并通过外环管排出。各部位水速必须恰当合理，既保证关键部位的冷却，又要不使整个系统阻力损失过大。早期的锻造喷头的设计方法是，设定进出水速度偏高（进水 5m/s，出水 6m/s），受热负荷不高的侧壁增设加速段（水速 8m/s），这种仅根据氧枪进出口的冷却水流速度来设计氧枪的水流速度分配是不合理的。铸造喷头问世后，虽然在中心水冷上有所改进，但对中心入口和底缝的水流速度则缺乏分析研究，致使喷头端底热裂和熔蚀仍为制约喷头寿命的薄弱环节。

生产实践和实验研究表明，氧枪内环和外环水流速度可以大幅度降低，而端底水流入口和底缝水速必须适当提高，即把有限的阻降尽可能在受热负荷最大的喷头端底部位。新日铁设计的 300t 转炉氧枪，进水速度为 2.5m/s，出水速度为 4.0m/s。德国 SAAR 厂设计的 220t 转炉氧枪喷头，进水、出水速度分别为 2.0m/s 和 3.8m/s，但是，端底入口和底缝处的水流速度却有了明显提高，新日铁为 9.5m/s，德国 SAAR 为 12.5m/s。

氧枪冷却水量确定之后，关键在于喷头内部水冷结构的设计，要做到既能最大限度地减少喷头内局部阻力损失，又能够保证喷头端部的冷却，使喷头内部水道宽畅、光滑。水冷结构的设计，归根到底就是确定 D 及 H 的尺寸。

如图 6-34 所示，D 可按下式计算：

$$D = \sqrt{\frac{(3.2 \sim 3.6)S_1 + 4S_2}{\pi}} \tag{6-24}$$

式中，D 为水通道直径；S_1 为氧枪进水环缝面积；S_2 为阴影部分面积。

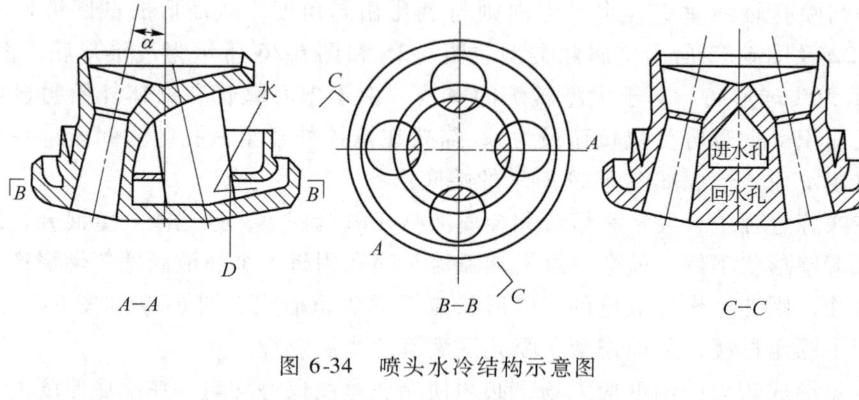

图 6-34　喷头水冷结构示意图

过去手工制图，计算阴影面积较困难，也不精确，现在应用 CAD 设计，可精确地测量并计算该剖面的面积，从而能够按上述公式计算出 D。如图 6-34 所示，在喷头内部，进水孔和回水孔的面积与三层管环缝面积相比小得多，为了减小阻力损失，尽量确保 $S_{进水孔} = S_{回水孔}$，进水孔面积和回水孔面积均可通过 CAD 准确测量而求得，从而可以准确

地求出 H 值。

6.2.1.8 喷头的使用寿命

氧枪喷头使用过程中在炉内漏水是不可避免的，水进入金属熔池中，如处理不好，极易产生爆炸，造成人员伤亡和设备损坏。在吹炼过程中，如发现氧枪水压急剧下降，炉口烟气量增大，冒白烟，就可判定氧枪漏水了。处理的具体办法是：立即停氧、停水，提枪。此时绝对不能摇炉，并要防止烟罩上的粘渣掉入炉内。判定炉内水分已蒸发完毕后，点燃木柴投入炉内，证明确实无水分后方可摇炉，应先向后摇炉。

国内许多转炉钢厂普遍认为氧枪喷头的寿命越长越好，这样可以少换枪多出钢，降低成本，其实这种观点是不科学的。氧枪喷头在高温环境中使用，当达到一定的枪龄后，由于出口参数发生变化使得喷头射流特性明显变坏，射流掺混严重，冲击深度、有效冲击面积等发生变化，导致氧气消耗增加，使冶炼指标明显变坏。经济枪龄就是指在保持射流特性的条件下，氧枪喷头用于炼钢的炉次。宝钢根据实测结果，认定其经济枪龄为 200 炉。日本新日铁的转炉已确定了最佳喷头使用次数，建议我国的转炉钢厂也应该根据实际情况制定出最经济的喷头使用次数。

6.2.2 喷头冷却水流动的模拟

围绕着炼钢工艺所需要的射流特性，人们对喷头的喷氧孔孔型、尺寸、数量及其在喷头端面上的布置方式进行了较系统的研究。但是，喷头在吹炼期间要承受炉内钢液的热辐射和渣流以及金属液滴的冲刷，其端面承受很高的热负荷。热电偶的实际测定表明，喷头端面和侧面的热流密度分别达 0.9～1.4MW/m^2 和 0.6～1.1MW/m^2，如果不能进行有效冷却，喷头在使用过程中会发生热变形，造成喷射流量的变化，各股射流掺混显著，并伴随射流速度的降低，甚至喷头很快被烧坏。因此，喷头设计中必须控制冷却水流量和流速，确保冷却水对喷头端面进行有效的冷却。设置结构适宜的兜水板是合理组织水流、防止喷头变形或烧坏的关键措施。美国、英国和前苏联等国家采用物理模拟的方法研究了喷头兜水板的结构，得到了适宜的兜水板结构，使喷头的寿命提高到原有寿命的 1.5 倍以上。但是，物理模拟只能针对特定的喷头进行研究，所得出的结论通用性较差。采用紊流的 k-ε 模型研究紊流流动现象，利用通度系数法处理计算域中的非支边界，对天钢氧枪 3 孔喷头中冷却水的流动特性进行了模拟，其结果表明，原来使用的 3 孔喷头由于兜水板设计不太合理，在喷头端面中心区存在死区而不能进行有效冷却。采用数值模拟方法对喷头冷却水的流动特性进行了研究，并对兜水板的结构进行了优化，模拟计算表明，优化后的 4 孔喷头可确保冷却水以高速流遍整个喷头端面，达到对喷头端面有效冷却的目的。

6.2.2.1 数学模型及计算方法

由冷却水流量计算所得的冷却水入口速度为 3.5m/s，出口速度为 3.73m/s，入口处的雷诺数 Re 为 56000，故采用工程中广泛使用的高雷诺数紊流的 k-ε 模型进行数值模拟。其控制方程包括时均连续性方程、时均动量方程、紊动能及其耗散率方程[12]。为了研究的方便，同时又能反映问题的本质，针对喷头的对称面进行模拟计算，在二维圆柱坐标系下，控制方程的统一形式可写为：

$$\frac{\partial}{\partial z}(v_z\phi) + \frac{1}{r}\frac{\partial}{\partial r}(rv_r\phi) = \frac{\partial}{\partial z}\left(\Gamma_\phi \frac{\partial \phi}{\partial z}\right) + \frac{1}{r}\frac{\partial}{\partial r}\left(\Gamma_\phi r\frac{\partial \phi}{\partial r}\right) + S_\phi \qquad (6\text{-}25)$$

式中，ϕ 为通用变量；Γ_ϕ为广义扩散系数；S_ϕ为广义源项。具体形式如表 6-5 所示。表中，ρ 为流体密度；ν 为流体黏度系数；ν_t为紊流黏度系数，$\nu_t = C_\mu k^2/\varepsilon$；$p$ 为水的压力；ν_{eff}为有限黏度系数，$\nu_{eff} = \nu + \nu_t$；G 为紊流动能的产生项，表示为：

$$G = \nu_t\left\{2\left[\left(\frac{\partial v_z}{\partial z}\right)^2 + \left(\frac{\partial v_r}{\partial r}\right)^2 + \left(\frac{v}{r}\right)^2\right] + \left(\frac{\partial v_z}{\partial r} + \frac{\partial v_r}{\partial z}\right)^2\right\} \tag{6-26}$$

式中，C_μ，C_1，C_2，σ_k和σ_ε均为系数，分别取 0.09、1.44、1.92、1.0 和 1.3。

表 6-5　通用控制方程中符号的意义

控制方程	ϕ	Γ_ϕ	S_ϕ
时均连续性方程	1	0	0
z 方向的时均动量方程	v_z	$\nu + \nu_t$	$-\frac{1}{\rho}\frac{\partial p}{\partial z} + \frac{\partial}{\partial z}\left(\nu_{eff}\frac{\partial v_z}{\partial z}\right) + \frac{1}{r}\frac{\partial}{\partial r}\left(\nu_{eff} r\frac{\partial v_z}{\partial r}\right)$
r 方向的时均动量方程	v_r	$\nu + \nu_t$	$-\frac{1}{\rho}\frac{\partial p}{\partial r} + \frac{\partial}{\partial z}\left(\nu_{eff}\frac{\partial v_z}{\partial r}\right) + \frac{1}{r}\frac{\partial}{\partial r}\left(\nu_{eff} r\frac{\partial v_r}{\partial r}\right) - 2\frac{\nu_{eff}}{r^2}v_r$
紊动能方程	k	$\nu + \nu_t/\sigma_k$	$G - \varepsilon$
耗散率方程	ε	$\nu + \nu_t/\sigma_\varepsilon$	$(\varepsilon/k)\ (C_1 G - C_2\varepsilon)$

采用控制容积法对控制方程进行离散和求解。模拟计算中采用非均匀剖分网格，流场的求解采用以压力为基本变量的原始变量法，速度与压力的关系采用交错网格及 SMPLEST 算法求解。固体壁面边界条件的处理采用 Prandtl 的两层壁面函数法，用计算流体动力学商用软件 PHOENICS 进行流场的模拟计算。

对于本研究中的喷头而言，兜水板和端面附近结构较为复杂，而此区域又是水流速度变化最为剧烈的区域。为更真实地反映兜水板和端面形状对冷却水流动特性的影响，利用 PHOENICS 软件中的通度系数法来处理这一复杂流动域。所谓通度系数（Porosity）就是单元中可流通区域在整个区域中所占的比例，包括体通度系数和面通度系数。体通度系数是指离散单元中流体可通过部分的体积占整个单元体积的比例，面通度系数则反映单元侧面的流通情况。

6.2.2.2　喷头兜水板的优化

图 6-35 为对 3 孔喷头进行模拟计算得到的冷却水流速度场。因兜水板结构不合理，故不能合理地组织冷却水的流动形式，致使冷却水不能充分引入中心区，在端面中心区内水流速度很低，属于死区。喷头在实际工作时，为确保有相当的对流传热，其端面各段水流速度均应在 2 ~ 3m/s 以上，如将喷头端面可能溅上钢水或炉渣这一情况考虑在内，则水流速度还应增加 1 ~ 2 倍。

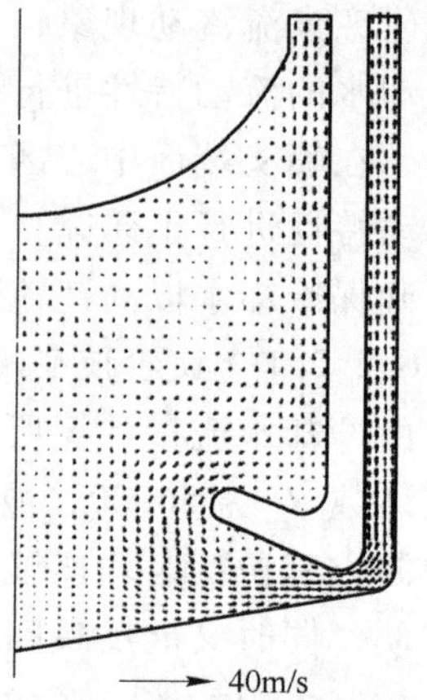

图 6-35　3 孔喷头冷却水流速度场

从合理组织喷头内冷却水的流动形式看，可以通过改变冷却水进水方案和兜水板结构来达到对喷头整个端面的有效冷却。对于冷却水进水方案而言，采用中间进水最为有效。但是，中间进水必然引起氧枪整个冷却水路结构的变化，并有可能引起喷氧孔布置及供氧制度的变化。在保持原进水方案不变的前提下，通过改进兜水板的结构来合理组织水流，可以在不改变喷氧孔几何形状、供氧制度、冷却水流量及喷头与枪体连接的情况下，对喷头整个端面进行有效冷却。经过改进并考虑到制造的方便，通过模拟计算可以优化兜水板结构。

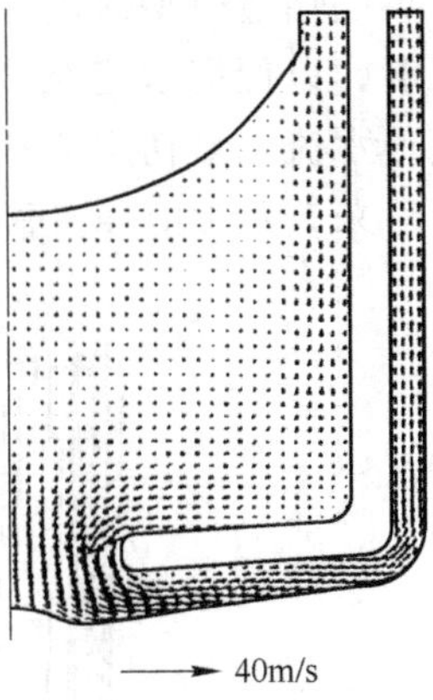

图 6-36 优化后的 4 孔喷头冷却水流速度场

图 6-36 为保持目前冷却水入口速度不变的情况下，优化后的喷头中的冷却水流速度场。由图可知，优化后的兜水板可确保大部分冷却水进入喷头中心区并以高速流遍喷头端面各处。此外，模拟结果还表明，仅靠改变兜水板的形状很难保证喷头端面中心部位的冷却，在端面中心设置合适的球状凸起，能够起很好的分流作用。图 6-37 示出 4 孔喷头内距端面 1mm 处水流速度随半径的变化。在端面中心区冷却水的速度很低，因此热量不能及时被冷却水带走，实际上没有起到良好的冷却作用，喷头有可能在使用过程中被烧坏。从实际使用的情况看，大多数喷头漏水都发生在端面中心区，这说明采用数值模拟方法研究喷头中冷却水的流动特性是可行的。

加强冷却的途径通常是增加冷却水流量，因此，将冷却水入口速度从目前的 3.5m/s 分别增加到 4.25m/s 和 5.0m/s 进行模拟计算，结果表明如图 6-37 所示。水流速度增加为 5.0m/s 时，冷却水的流动方式与入口速度为 3.5m/s 时的基本相似，喷头端面中心区的水流速度较低，仍然属于死区。因此简单地靠增加冷却水流量来加强对喷头的冷却是不可取的。实际上，冷却水流量应该在喷头内部水流组织合理的情况下，按照所要达到的氧枪出口水温来决定。

图 6-38 为优化后的 4 孔喷头内距端面 1mm 处水流速度随半径的变化[13]。水流速度达 3m/s 以上，从而能够对整个端面进行有效的冷却，其冷却效果也不比中间进水方案差，同样能够达到提高喷头寿命的目的。优化后的喷头能够确保冷却水进入喷头中心区，并以高速流遍整个喷头端面，从而对喷头进行有效的冷却，优化后的兜水板结构与国外采用物

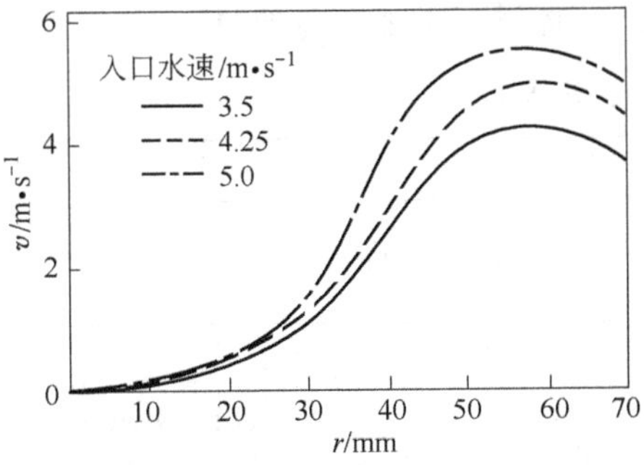

图 6-37 4 孔喷头距端面 1mm 处水流速度随半径的变化

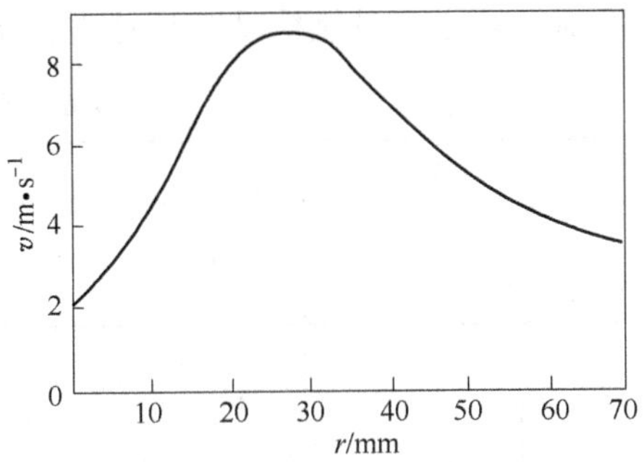

图 6-38 优化后的 4 孔喷头距端面 1mm 处水流速度随半径的变化（入口水速为 3.5m/s 时）

理模拟方法所得到的研究结果是一致的。

英国通过模型研究[3]，主张采用如图 6-39 所示的兜水板形状，认为兜水板必须有足够长度，以便把水流充分导向中心，此外，还主张兜水板应适当下摆，以便造成整个端面的高速水流。最初水流速度为 6m/s，测定内壁面温度为 105℃，但仍有造成水沸腾的可能，后来改用 10m/s，壁面温度只有 35℃，已接近于水流温度。

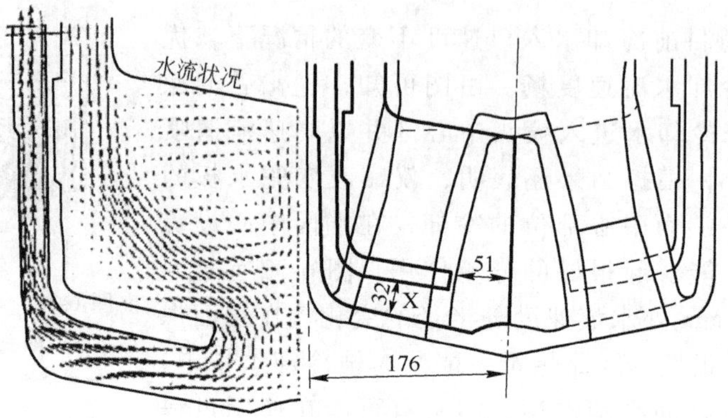

图 6-39　英国氧枪喷头的兜水板的结构与模拟计算

6.2.3　几种喷头设计方法的比较

迄今，炼钢界对氧枪，特别是喷头还在不断的研究和完善。应该说明，拉瓦尔喷嘴的基本原理和喷头设计方法早有定论，但是，设计方法和需要的数据的确定和喷头结构的安排，却不尽相同，现将具有代表性的四种计算方法归纳于表 6-6。其中，第一种方法只适于 100t 以上转炉用 3 孔喷头，因为它的每孔氧量 160 ~ 190m^3/min。第二种方法列出了喷嘴孔数和倾角关系，每孔氧流量公式 $q = 1.45H_K^{2.33}$ 偏离实际较大，不适于 100t 以下转炉用氧枪的设计。第三种方法也讲述了喷嘴孔数与倾角关系，但喷嘴孔数要由试验确定。第四种方法按实用枪位高度和射流穿透深度为熔池 50% 时的冲击速度来确定喷嘴出口直径及孔数，因此，需先有喷嘴孔数和出口直径才能确定枪位高度。另外，射流对熔池的穿透深度，还没有可靠的计算式，不同的经验公式相差成倍，这样计算出喷头参数，既复杂又难以准确。总之，对氧枪喷头计算进行研究是必要的，也必须不断地进行改进。

表 6-6　具有代表性的四种计算方法

方法与作者		1	2	3	4
项　目		R. D. 佩尔克[1]	В. И. 巴普基兹［曼］斯基[14]	C. K. 里伊[14]	吴凤林[14]
前提条件	氧压（p_0）或马赫（Ma）	给定，使马赫数 Ma 约为 2.0	给定，一般为（5 ~8）×10^5Pa	给定，一般（7 ~ 10.5）×10^5Pa	$Ma \leqslant 2.5$，按系统最大氧压及 p_2/p_0 查等熵流表定最大 Ma，缩小 Ma 约至 2.0 查表 p_2/p_0 算出 p_0

续表 6-6

项目 \ 方法与作者		1 R. D. 佩尔克[1]	2 B. И. 巴普基兹［曼］斯基[14]	3 C. K. 里伊[14]	4 吴凤林[14]
前提条件	出口压(p_2)	等于环境压力约 1.03×10^5 Pa	高于炉内压力 $(0.05\sim0.1)\times10^5$ Pa	取约 1.25×10^5 Pa	按实测，一般 $p_2=1.01\times10^5$ Pa
	供氧量(Q)	给定	给定	给定使用范围	按 Q = 氧单耗 × 炉役前期炉产量/吹氧时间
	氧温（T）	接近进水温度，此项影响不大	按实测		约 15℃
喷嘴尺寸	入口直径（d_1）	使 $A_1/A_c\geqslant3$			使 $A_1/A_c=4\sim6$
	喉口直径（d_c）	按 $A_c=0.4167G\sqrt{T_0}/p_0$	按 $A_c=G\sqrt{RT_0}/\left(p_0\sqrt{\kappa}\sqrt{\left(\frac{2}{\kappa+1}\right)^{\frac{\kappa+1}{\kappa-1}}}\right)$	按中限氧压与供氧量计算	按 $A_c=A_2/(A_2/A_c)$，查等熵流表
	出口直径（d_2）	按 p_2/p_0 查等熵流表中 A_2/A_c 而求出	按公式	按下限氧压由公式计算	由实用枪高（H_L）和相当池深 50% 的射流冲击深度计算冲击速度及射流衰减面直径（x/d_2）然后求出口直径 $d_2=H_L(x/d_2)$
	扩张角（β）及扩张段长度（L）	扩张角在 2.5°～10°间，一般取 β = 5°	$\beta=5°\sim8°$	$\beta\approx5°$	按加工条件作流线型，也可取 $\beta=2°\sim4°$，$L/d_2=2\sim3$
喷头参数	喷嘴孔数（n）	按经验使每孔氧量 $q=160\sim190\text{m}^3/\text{min}$（标态），然后 $n=Q/q$	按 $q=1.45H_x^{2.33}$ 而 $n=Q/q$（H_x 为池面至炉口距离）	按实验的喷溅、炉龄及冶炼状况确定 3 孔或 4 孔	按 $q=\frac{\pi}{4}d_2^2v_2\frac{p_2}{RT_2}$，而 $n=Q/q$（v_2、T_2 分别为出口流速及温度）
	喷嘴倾角（γ）	3 孔喷枪为 $\gamma=10°\sim12°$	与孔数有关，按 n = 3, 4, 6, 8 则 γ = 8°～10°, 12°～15°, 20°, 25°	与孔数有关，按 n = 3, 4 γ = 10.4°, 12.8°	在喷头尺寸允许下取最大值，可取 $\gamma\geqslant12°$
	二邻孔所夹半角（ψ）		按 $\sin\psi=\sin\gamma\sin(180/n)$ 2 孔射流不相交时 $\psi=8.5°\sim9.5°$	按 $\sin\psi=\sin\gamma\sin(180/n)$ 2 孔射流不相交时 $\psi\geqslant9°$	
	各出口中心圆半径（R_2）			按喷头中心冷却要求确定	

如图 6-40 所示,按高氧压计算的喷嘴出口大,扩张段长,适合用高氧压操作,当用中低氧压操作时,喉口喷出的氧流充不满出口,以致有炉气渗入而易烧毁出口边缘;反之,按低氧压计算的喷嘴,则扩张段短而小,当用于中高氧压操作时,经扩张段形成的超声速射流,发展不充分,吹炼效率要差些。综合考虑,喉口可按平均氧压而扩张段按低于平均氧压 0.05 ~ 0.10MPa 计算。这样设计出的喷头寿命长，喷嘴较短而易于制造，用于高氧压时只较设计高约 20% 范围内，对射流性能影响不大[14]。

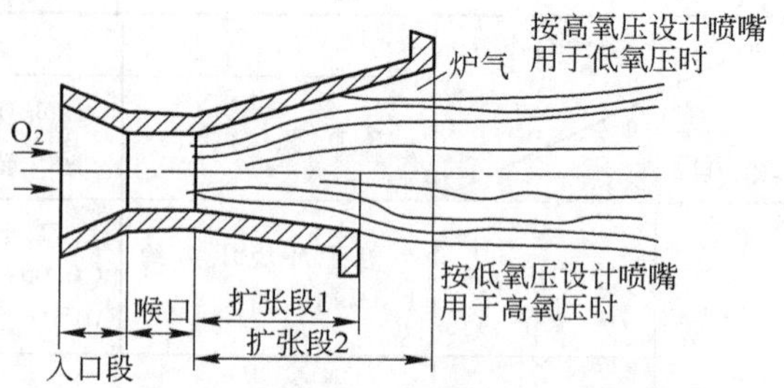

图 6-40　喷头扩张段长度和氧压的影响

6.2.4　喷头主要参数的计算与确定

氧枪喷头的设计包括供氧量的计算、理论设计氧压的计算、喷头出口马赫数的计算、喷射扩张段的扩张角和扩张长度的计算、喷嘴喉口氧气流量的计算、拉瓦尔单个喷孔收缩尺寸的计算和喷嘴喉口段长度的计算等。

6.2.4.1　供氧量

单位时间的供氧量决定于供氧强度和炉容量，而供氧强度则与铁水成分、炉容比和炉容量有关。铁水含硅、磷高时，供氧强度应降低，以免太喷溅影响金属收得率，同理，炉容比小者也应降低供氧强度。供氧量由吨钢耗氧量、出钢量和吹氧量的物料平衡来计算确定。一般每吨钢氧耗量约在 50 ~ 60m^3（标态），高磷铁水每吨钢氧耗量在 60 ~ 70m^3（标态）范围内选取。对于中、小转炉，在一个炉役中出钢量的变化很大，现以转炉公称吨位即炉役平均出钢量进行喷头计算：

$$\text{供氧量} = \frac{\text{每吨钢耗氧量} \times \text{出钢量}}{\text{吹氧时间}} \tag{6-27}$$

6.2.4.2　理论设计氧压

理论设计氧压（绝对压力）是喷嘴进口处的氧压，是设计喷嘴喉口和出口直径的重要参数。一般使用氧压范围为 0.78 ~ 1.18 MPa，理论设计氧压是使用氧压范围中的最低氧压。但在实际中允许使用氧压与理论设计氧压有一定偏离，生产实践中使用操作氧压不大于理论设计氧压的 150% 仍能很好的工作。但低于理论设计氧压时，即氧压出现负偏离，出现过度膨胀射流，气流在喷头内提前完成膨胀，到达出口前继续膨胀，而且气流离开喷头管壁时，出口压力小于环境压力（$p_e < p_a$），在喷头内部产生的激波使射流能量损失增大。在压力差 $\Delta p = p_e - p_a < 0$ 时，氧射流受到压缩而产生斜激波，Δp 越大，斜激波强度越高。激波是气体流动过程中的不连续面，由于激波产生压力和速度的急剧变化，射流能量损失增大，射流品质恶化，使射流速度迅速变为亚声速，严重影响吹炼效果。

在选择理论设计氧压时，考虑到氧流边界层的存在，使喷嘴有效出口直径减少，会使实际的理论设计氧压大约降低 0.049MPa 左右。一般理论设计氧压选择范围是 0.686 ~ 0.786MPa。

6.2.4.3　出口射流马赫数

喷头出口射流马赫数的大小决定了喷嘴氧气出口速度，即决定了氧气射流对熔池的冲击能力。射流马赫数过大，则会出现喷溅，清渣费时，热损失增大，增大了渣料消耗及铁损，而且容易损坏转炉内衬及炉底；射流马赫数过低，气流搅拌作用减弱，降低氧气的利用率，渣中铁含量增高，也会引起喷溅。一般推荐氧气射流马赫数选取的范围为 $Ma=1.8\sim2.1$。对于小于15t转炉，马赫数 $Ma=1.8\sim1.9$；对于15～50t转炉，马赫数 $Ma=1.90\sim1.95$；对于50～100t转炉，马赫数 $Ma=1.95\sim2.0$；对于大于120t转炉，马赫数 $Ma=2.0\sim2.1$。

6.2.4.4　孔数和孔间夹角

对于多孔喷头，喷头孔数和孔间夹角之间关系对射流影响比较大。喷孔之间的间距过小，氧气射流之间相互吸引，射流向中心偏移，影响每股射流中心速度的衰减。一般要求在喷头端面，喷孔中心同氧枪中心轴线之间距离一般保持在（0.8～1.0）$d_{出}$（喷孔出口直径）。喷头喷孔数和对应夹角关系如表6-7所示。

表6-7　喷头喷孔数和对应夹角关系表

孔　数	3	4	5	>5
夹　角	9°～11°	10°～13°	13°～15°	15°～17°

6.2.4.5　扩张角与扩张段长度

既要提高供氧流量，又要尽可能减少喷溅，就必须适当增加喷孔数量，并要解决射流重叠问题。研究表明，流股重叠大大增加喷溅量，重叠情况下降，喷溅大大减少。选择一定的喷孔与氧枪中心夹角范围可避免各喷孔氧气流股发生重叠。

喷孔倾角与相邻射流之间夹角的关系如图6-41所示。单股射流的扩张角18°左右。如果各个射流之间的夹角取17°，那么对4孔喷头，喷孔与氧枪中心线夹角为12.5°；对5孔喷头，喷孔与氧枪中心线夹角为15°。首钢的组合式锻压喷头[10,11]，喷孔数目由4孔改为5孔，喷孔与氧枪中心夹角由12°增加到16°，各股射流在到达熔池液面之前不会相交，在改善化渣和减少喷溅方面取得了明显的效果。

射流扩张段的扩张角一般取8°～12°（半锥角4°～6°），扩张段长度 L 计算经验表达式为：

$$L=\frac{d_{出}-d_{喉}}{2\tan\alpha} \tag{6-28}$$

扩张段长度也可由经验数据选定，即：扩张段长度/出口直径≈1.2～1.5。

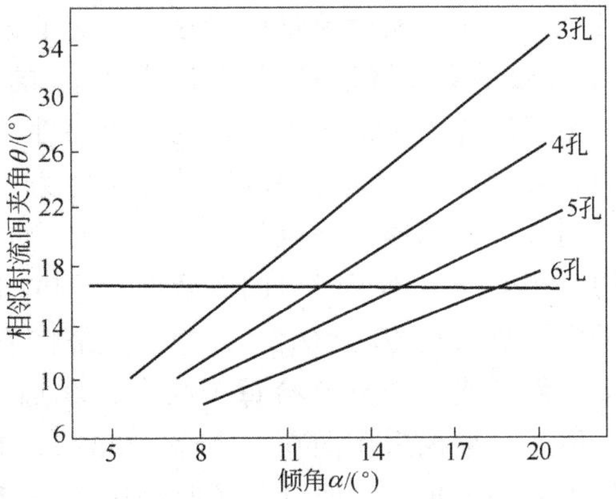

图6-41　喷孔倾角与相邻射流之间夹角的关系

6.2.4.6　喉口氧气流量

喷嘴喉口的氧流量计算表达式为：

$$Q=\sqrt{\frac{\kappa}{R}\left(\frac{2}{\kappa+1}\right)^{\frac{\kappa+1}{\kappa-1}}}\frac{A_{喉}p_0}{\sqrt{T_0}} \tag{6-29}$$

式中，Q 为氧气质量流量，kg/s；κ 为常数，双原子气体为 1.4；R 为气体常数，$R = 259.83 m^2/(s^2 \cdot K)$；$T_0$为氧气滞止温度，由于氧气温度对喷嘴计算影响很小，故一般取 298K；$A_{喉}$ 为喉口总断面积，m^2；p_0为理论设计氧绝对压力，MPa。

若质量流量换算为(标态)m^3/min，则体积流量 Q 为：

$$Q = \frac{60}{1.43}\sqrt{\frac{\kappa}{R}\left(\frac{2}{\kappa + 1}\right)^{\frac{\kappa+1}{\kappa-1}}}\frac{A_{喉}\ p_0}{\sqrt{T_0}} \tag{6-30}$$

式中，Q 为氧流量（标态），m^3/min；1.43 为氧气密度（标态），kg/m^3。代入数据计算得：

$$Q = \frac{60}{1.43}\sqrt{\frac{1.4}{259.83}\left(\frac{2}{1.4 + 1}\right)^6}\frac{A_{喉}\ p_0}{\sqrt{T_0}}$$

$$= 1.782\frac{A_{喉}\ p_0}{\sqrt{T_0}} \tag{6-31}$$

必须指出，氧流量 Q 公式是根据等熵流导出的喷头理论流量的计算公式（等熵流氧气由理想喷嘴流出时的超声速流）。实际氧流通过时必定有摩擦，不能全绝热，因此应乘以流量系数 C_D加以修正。

对于标准状态下的氧气，氧气密度为 $1.43 kg/m^3$，并考虑氧气在管道中流动时的摩擦，乘以流量系数 C_D加以修正：

$$Q_{实} = 1.782 C_D \frac{A_{喉}\ p_0}{\sqrt{T_0}} \tag{6-32}$$

式中，$Q_{实}$为实际氧流量（标态），m^3/min；p_0为绝对氧压，MPa；T_0为氧气滞止温度，一般按当地夏天温度选取，$T_0 = 273 +$ （30 ~ 40）K；C_D为喷孔流量系数，对多孔喷头，$C_D = 0.90 \sim 0.96$。

即使设计和加工很好的喷头也不可能实现完全等熵流动，由于氧气流过喷孔时的速度很快，近似视为等熵流动过程。实际上氧气通过喷孔时必定有摩擦损失，不完全绝热；要在管壁上形成边界层，从而减小了喉口的有效流通面积。因此，按上述等熵流动公式计算出的理论流量同实际流量必然存在一定的偏差，在设计时需要加以修正，通常用喷孔流量系数 C_D表示实际流量 $Q_{实}$与理论流量 $Q_{理}$的偏差，即 $C_D = Q_{理}/Q_{实}$。

根据流体力学的边界层理论，当黏性气体流过固定表面时，由于表面的摩擦作用定表面附近要形成一个速度梯度区域，称之为边界层（也叫附面层）。流体流连越大表面越粗糙，则边界层越厚。当氧气流经喷孔时，同样要在喷孔壁上形成边界层。喷孔壁上有了边界层就相当于减小了喉口的有效面积，喉口面积减小，氧流量减小，也就是说流过喉口面积的实际氧流量 $Q_{实} < Q_{理}$。另外，如果将喷头加工成图 6-22 所示的氧气入口处为水平面，不能将氧气光滑地分流给每个喷孔，增加了氧气动能的损失，同时会降低喷头实际氧流量。因此，建议采用图 6-34 所示的喷头，在氧气入口处加工成光滑的锥体，不仅保证了氧气动能和流量，同时延长了收缩段的长度，有利于氧气射流的稳定。

6.2.4.7 收缩角与收缩段长度

收缩段的作用是将气流从低速约 $Ma = 0.2$ 加速到马赫数 $Ma = 1$。从氧枪内管到收缩段的过渡状况的加工精度同样要求较高，收缩段到喉口的过渡应比较平缓和光滑。收缩段应尽量短些，以减少紫铜用量。

单个拉瓦尔喷孔收缩段的半锥角（$\alpha_{收}/2$）一般为 18°～23°，最大不超过 30°。较大的收缩角 $\alpha_{收}$，可缩短收缩段长度。在氧气入口处加工成光滑的锥体，可以保证氧气动能和流量，同时延长了收缩段的长度。建议不要将氧气入口处加工成圆弧平面。

收缩段入口处的直径 $d_{收}$ 一般大约为喉口直径 $d_{喉}$ 的 2 倍。$d_{缩}$ 可由下列公式确定：

$$\tan(\alpha_{收}/2) = (d_{收} - d_{喉})/(2L_{收}) \tag{6-33}$$

当收缩角 $\alpha_{收}$ 确定之后，$L_{收}$ 也就随之确定下来，比较实用的方法是作图法，即按照确定的半锥角从喉口向上画线延伸到与枪身的中心氧管内径相交为止，此段就是收缩段长度。相交处圆滑些更好，单孔收缩段的确定：在喉口处以 $R = 3d_{喉}$ 作弧。收缩段的长度 $L_{收} = (0.8 \sim 1.5)\ d_{喉}$。

6.2.4.8　扩张角与扩张段长度

气流在扩张段从声速 $Ma = 1$ 被加速到设计的 Ma。喷嘴喉口段长度对稳定气流影响较大，过长的喉口段会增大阻损，同时为了使收缩段和扩张段加工方便，喉口长度一般取值 5～10mm。

扩张角 $\alpha_{扩}$ 要适当，如果 $\alpha_{扩}$ 过小，出口直径 $d_{出}$ 一定，则扩张段过长，使得该段的边界层增加，相当于减小了出口直径，压力损失也增加；如果 $\alpha_{扩}$ 过大，则会使扩张段过短，流股在某一截面处实际截面膨胀不到该处的喷孔截面积，易出现流股与管壁脱离的现象，即 $A_{气} < A_{孔}$，这样势必导致流股不稳定，并在管壁附近形成负压区，其后果是喷孔内可能吸进钢渣而烧坏喷孔或因吸进质量比氧气大的物质而损失能量。

合适的扩张段的半锥角（$\alpha_{扩}/2$）一般为 4°～6°，可保证气流不脱离孔壁。

扩张段长度 $L_{扩}$ 在确定了 $\alpha_{扩}$ 后可按下式求出：

$$L_{扩} = (d_{出} - d_{喉})/(2\tan(\alpha_{扩}/2)) \tag{6-34}$$

6.3　100t 转炉用氧枪的设计实例

6.3.1　吨钢氧消耗量的计算

吹炼 1t 金属料所需要的氧气量，可以通过计算求出来。其步骤是：首先计算出熔池各元素氧化所需氧气量和其他氧耗量，然后再减去铁矿石或氧化铁皮带给熔池的氧量。

金属装入量中铁水占 90%，废钢占 10%，吹炼钢种是 Q235B，渣量是金属装入量的 7.78%；吹炼过程中，金属料中 90% 的碳氧化生成 CO、10% 的碳氧化生成 CO_2。

12g 的 C 生成 CO 消耗 16g 氧气，生成 CO_2 消耗 32g 氧气，设 100kg 金属料 $w_{[C]} = 1\%$ 生成 CO 消耗氧气量为 $x$kg，生成 CO_2 消耗氧气量 $y$kg。

$$[C] \quad + \quad \frac{1}{2}\{O_2\} = \{CO\}$$

12g	16g
1% ×100 ×90% kg	x

得到：$x = 1.200$kg。

$$[C] \quad + \quad \{O_2\} = \{CO_2\}$$

12g	32g
1% ×100 ×10% kg	y

得到：$y=0.267$kg。

因此，100kg 的金属料 $w_{[C]}=1\%$ 氧化消耗的氧气量为 1.467kg。

同理可以算出 100kg 金属料中 $w_{[Si]}=1\%$、$w_{[Mn]}=1\%$、$w_{[P]}=1\%$、$w_{[S]}=1\%$、$w_{[Fe]}=1\%$ 的氧耗量。

渣中 $w_{(FeO)}=9\%$、$w_{(Fe_2O_3)}=3\%$，吹炼过程中被氧化进入炉渣的 Fe 元素数量，FeO 中 $w_{[Fe]}=0.544$kg，Fe_2O_3 中 $w_{[Fe]}=0.163$kg。

100kg 金属料各元素氧化量和氧耗量如表 6-8 所示。

表 6-8　100kg 金属料各元素氧化量和氧耗量

项　目	w/ %						
	C	Si	Mn	P	S	Fe	
铁　水	4.30	0.50	0.30	0.04	0.04		
废　钢	0.10	0.25	0.40	0.02	0.02		
平　均	3.88	0.475	0.31	0.038	0.038		
终　点	0.15	痕迹	0.124	0.004	0.025	FeO	Fe_2O_3
烧损量/kg	3.73	0.475	0.186	0.034	0.013	0.544	0.163
每 1% 元素消耗氧气量/kg	1.467	1.143	0.291	1.290	1/3①	0.286	0.429

①汽化脱硫量占总脱硫量的 1/3。

这样每 100kg 金属料需氧量为：

$1.467\times\Delta w_{[C]}+1.143\times\Delta w_{[Si]}+0.291\times\Delta w_{[Mn]}+1.290\times\Delta w_{[P]}+0.333\times\Delta w_{[S]}+0.286\times\Delta w_{[Fe]-(FeO)}+0.429\times\Delta w_{[Fe]-(Fe_2O_3)}$

其中，$\Delta w_{[C]}$、$\Delta w_{[Si]}$、$\Delta w_{[Mn]}$、$\Delta w_{[P]}$、$\Delta w_{[S]}$、$\Delta w_{[Fe]}$ 分别为钢中 C、Si、Mn、P、S、Fe 的氧化量。

铁水 $w_{[C]}=4.3\%$，占装入量的 90%；废钢 $w_{[C]}=0.1\%$，占装入量的 10%；平均碳含量为 $4.3\%\times90\%+0.1\%\times10\%=3.88\%$。

同样可以算出 Si、Mn、P、S 的平均成分。

每 100kg 金属氧耗量为：

$$1.467\times\Delta w_{[C]}+1.143\times\Delta w_{[Si]}+0.291\times\Delta w_{[Mn]}+1.290\times\Delta w_{[P]}+$$
$$0.333\times\Delta w_{[S]}+0.286\times\Delta w_{[Fe]-(FeO)}+0.429\times\Delta w_{[Fe]-(Fe_2O_3)}=$$
$$1.467\times3.73+1.143\times0.475+0.291\times0.186+1.290\times$$
$$0.034+0.333\times0.013+0.286\times0.544+0.429\times0.163=$$
$$6.343\text{kg}$$

这是转炉炼钢过程的主要氧耗量。

另外，还有一小部分氧耗量是随生产条件的变化而有所差异。例如，炉气中部分 CO 燃烧生成 CO_2 所需要的氧气量，炉气中含有一部分自由氧，还有烟尘中的氧含量以及喷溅物中的氧含量等。其数量随枪位、氧压、供氧强度、喷嘴结构、转炉炉容比、原材料条件等的变化而波动，波动范围较大。例如，炉气中 CO_2 含量的波动范围是 $\varphi_{\{CO_2\}}$ = 5% ~ 30%；自由氧含量 $\varphi_{\{O_2\}}$ = 0.1% ~2.0%。这部分的氧耗量是无法精确计算的，因此，使用一个氧气的利用系数加以修正，根据生产经验[15]认为氧气的利用系数一般在 80% ~ 95%。

每 100kg 金属料的氧耗量为：

$$6.34/(80\% \sim 95\%) = 7.929 \sim 6.674\text{kg}$$

若采用铁矿石或氧化铁皮为冷却剂时，将带入熔池一部分氧，这部分氧量与矿石的成分和加入的数量有关。若矿石用量是金属量的 0.418%。根据矿石成分计算，每 100kg 金属料由矿石带入熔池的氧量为 0.096kg，若全部用来氧化杂质，则每 100kg 金属料的氧耗量为：

$$(7.929 \sim 6.674) - 0.096 = 7.833 \sim 6.578\text{kg}$$

氧气纯度为 99.6%，其密度为 1.429kg/m^3，则每吨金属料的氧耗量（标态）为 46.22 ~ 55.03m^3/t，平均为 50.62m^3/t，一般转炉炼钢实际的耗氧量（标态）为 50 ~ 60m^3/t 之间。

供氧强度 I 是每吨钢在单位时间（每 1min）内的耗氧量。目前国内 30 ~50t 转炉的供氧强度（标态）采用 2.8 ~4.0m^3/(t · min)；120 ~ 150t 转炉供氧强度（标态）采用 2.3 ~3.5m^3/(t · min)；大于 150t 转炉的供氧强度（标态）采用 2.5 ~4.0m^3/(t · min)。然后，日本 300t 转炉采用 5 孔喷头的供氧强度（标态）达到 4.44m^3/（t · min）；德国 350t 转炉采用 7 孔喷头的供氧强度（标态）为 4.29m^3/(t · min)；另外国外有个别转炉的供氧强度（标态）达到 5 ~6m^3/(t · min)。

6.3.2　氧枪喷头的设计

以天津钢铁有限公司的 100t 转炉为例[16]，氧枪喷头主要尺寸计算步骤如下：

（1）计算氧流量。据物料平衡计算得，每吨金属氧耗量（标态）为 45.67m^3，氧气利用率取 85%，转炉金属收得率为 90%，则转炉吨钢氧耗量（标态）由计算可得，约为 58m^3/t，若吹氧时间取 17min，则氧流量（标态）为 340m^3/min。

（2）选择喷孔出口马赫数。Ma 选取为 2.01，4 孔喷头喷孔夹角为 12°。

（3）理论设计氧压。理论氧压应根据查等熵流表（气体绝热函数表）来确定。

查等熵流表，当 $Ma = 2.01$，$p/p_0 = 0.1263$，$p = 0.0981\text{MPa}$，则：

$$p_0 = \frac{0.0981}{0.1263} \times 10^6 = 0.784 \times 10^6\text{Pa}$$

（4）计算喉口直径。每孔氧流量（标态）$q = Q/4 = 85\text{m}^3/\text{min}$，令 $C_D = 0.93$，$T_0 = 273 + 35 = 308\text{K}$，$p_0 = 0.784\text{MPa}$，应用式（6-32）得到：

$$85 = 1.782 \times 0.93 \times \frac{\pi d_{喉}^2}{4} \times \frac{0.784 \times 10^6}{\sqrt{308}}$$

则：

$$d_{喉} = 0.0382\text{m} \approx 38.2\text{mm}$$

（5）计算出口直径。依据 $Ma = 2.01$，查等熵流表得 $A/A_{喉} = 1.6927$

$$d_{出} = (A/A_{喉})^{\frac{1}{2}} d_{喉} = 49.7\text{mm}$$

（6）收缩段的长度：

$$L_{收} = 1.2 \times d_{喉} = 1.2 \times 42 = 50.4\text{mm} \approx 50\text{mm}$$

（7）计算扩张段长度。取半锥角 5°时，则：

$$L_{扩} = (54 - 42)/(2\tan 5°) = 68.5\text{mm} \approx 68\text{mm}$$

（8）喷嘴喉口长度的确定：

$$L_{喉} = 10\text{mm}$$

根据上面计算出的尺寸，可以绘制出如图 6-42 所示的 100t 转炉用氧枪喷头。

6.3.3 枪身各层管径尺寸的确定

6.3.3.1 内层管直径

内层管是氧气其通道，直径应等于或略大于喷头进口直径，其计算方法与喷头进口直径一样。由连续性方程有 $F_1 = EQ/w_1$，又有 $E = p_0/p_1 Q = GI$，$F_1 = p^{\circ}GI/(p_0 w_1)$，所以：

$$d_1 = 1.13F_1^{\frac{1}{2}} = 1.13\,(p^{\circ}GI/(p_0 w_1))^{\frac{1}{2}}$$

式中，d_1为内层管内径，m；F_1为喷嘴的进口面积，m^2；p° 为大气绝对压力，0.98×10^5 Pa；p_0为理论设计氧压，Pa；G 为转炉公称吨位，t；Q 为氧流量（标态），m^3/s；I 为供氧强度（标态），$\text{m}^3/(\text{t} \cdot \text{min})$；$w_1$为氧气在中心管流速，m/s。

确定内层管尺寸，关键在于选择氧气流速。流速高管径就小，但阻损增大。一般工厂选用氧气流速为 40～60m/s。内层管的内径计算出后，其外径和壁厚应按无缝钢管产品国家标准规格选定。

6.3.3.2 中层管直径

中层管直径主要根据冷却水的流速和流量来确定。高压冷却水从内层管与中间管之间的环隙进入，经喷嘴顶部转弯 180°后经中层管与外层管之间的环缝流出。中层管内径尺寸的选择，应保证中层管与内层管之间的环形通道有足够的面积，以通过一定流速，一定压强，足够流量的冷却水，使喷嘴和管体得到良好的冷却，中间管尺寸计算如下：

$$d_2 = \sqrt{d_{1,外}^2 + \frac{4F_2}{\pi}}, \quad F_2 = \frac{V_{水}}{w_{水}} \tag{6-35}$$

式中，d_2为中层管内径，m；$d_{1,外}$为内层管外径，m；F_2为进水环形通道截面积，m^2；$V_{水}$为高压冷却水进口流量，m^3/h；$w_{水}$为高压冷却水流速，一般选用 5～6m/s。

中层管 d_2内径计算值，同样按无缝钢管产品国家标准规格选定其相应的外径和壁厚。

中层管除控制进口流速外，安装还应保证喷嘴端面处水的流速，达到 8m/s，以使端面有足够的冷却强度。为此，在中层管端面设立三个支点（或定位销、定位槽）来确保端面有足够的冷却水通道面积。为防止中层管摆动，在中层管内外每隔一定距离焊上定位块。

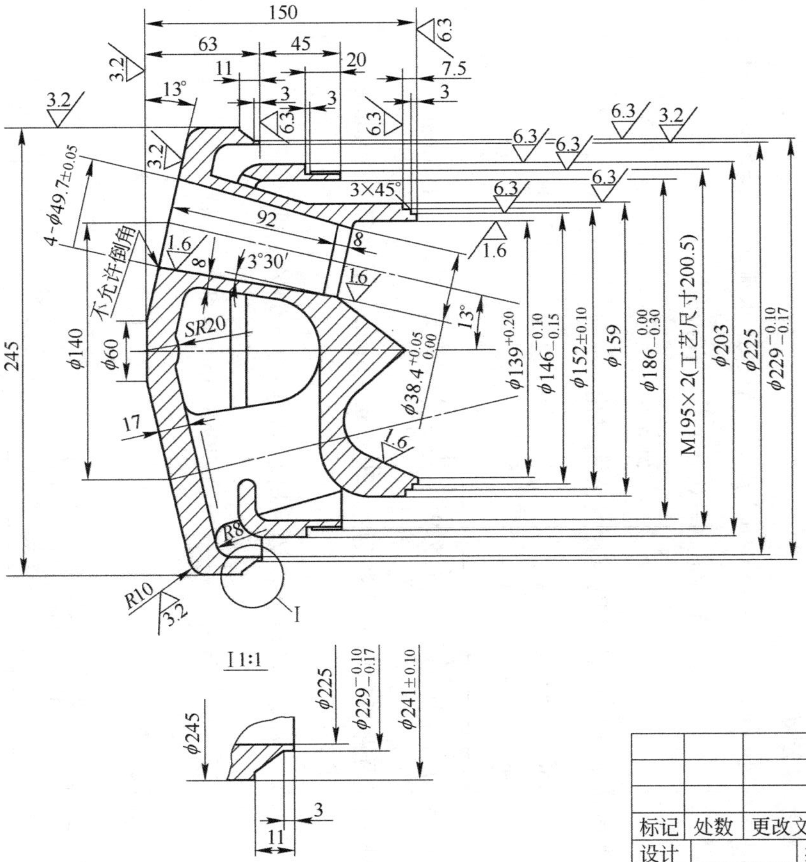

其余

技术要求

1. 材质为含铜量≥99.8%、结晶致密的无氧铜。
2. 铸件不得有气孔、砂眼、夹渣、缩孔等缺陷，不加工内腔必须清砂干净。
3. 未注明圆角为 $R3\sim5$mm。
4. 铸件应能承受水压试验，试验压力 $p=2.5$MPa 保压20min 无渗漏、冒汗为合格。

					氧枪喷头			TG245-4-01
								图样标记 | 重量 | 比例
标记	处数	更改文件号	签字	日期				
设计		批准			材料	T1	数量	共　张　第　张
制图		描图						
审核		校对			用户	天津钢铁公司		中科院过程所
工艺		日期						

图 6-42　100t 转炉用氧枪喷头设计图

6.3.3.3 外层管直径

外层管主要是供出水用，冷却水经过喷头后温度升高 10 ~ 15℃，体积略有增大，一般出水流速为 6 ~ 7m/s，外管尺寸的计算及选择方法与中层管相同。

6.3.3.4 计算 100t 转炉枪身的各层尺寸

A 计算内层管直径

选定供氧强度（标态）$I = 3.3\text{m}^3/(\text{t} \cdot \text{min})$，理论设计氧压 $p_0 = 0.77\text{MPa}$，出口氧压 $p = 0.0981\text{MPa}$，转炉公称吨位 $G = 120\text{t}$，氧气进口速度 $w_1 = 55\text{m/s}$。

计算喷嘴进口面积 F_1：

$$F_1 = \frac{p^\circ GI}{p_0 w_1} = \frac{0.0981 \times 10^6 \times 100 \times 3.41}{0.784 \times 10^6 \times 60 \times 45} = 0.015803\text{m}^2$$

计算内层管直径 d_1：

$$d_1 = 1.13\sqrt{F_1} = 1.13 \times \sqrt{0.015803} = 0.1421\text{m} \approx 142\text{mm}$$

在国家标准无缝钢管产品规格中选择规格为 $\phi159\text{mm} \times 6\text{mm}$，即管外径为 159mm，壁厚为 6mm，内径为 147mm。这种规格基本符合计算尺寸，所以决定采用。

B 计算中层管内径 d_2

选定高压冷却水进口流量 $V_水 = 180\text{t/h}$，高压冷却水进水流量 $w_水 = 5\text{m/s}$，则：

$$F_2 = V_水 / w_水 = 0.01\text{m}^2 = 100\text{cm}^2$$

$$d_{1,外} = 159\text{mm}$$

进口的形状是一个环形，其面积用数学公式求出：

$$F_2 = \frac{\pi d_2^2}{4} - \frac{\pi d_{1,外}^2}{4} = \frac{\pi}{4}(d_2^2 - d_{1,外}^2)$$

$$d_2 = \sqrt{d_{1,外}^2 + \frac{4F_2}{\pi}} = \sqrt{15.9^2 + \frac{4 \times 100}{3.1416}} = 19.5\text{cm} = 195\text{mm}$$

中层管的外径按钢管产品目录选择为：$\phi203\text{mm} \times 5\text{mm}$，其内径为 193mm。

C 计算外层管内径 d_3

已知 $V_水 = 180\text{t/h}$，$d_{2,外} = 203\text{mm}$，选定出水流速 $w_水 = 6\text{m/s}$，则：

$$F_3 = \frac{V_水}{w_水} = \frac{180}{6 \times 3600} = 0.008333\text{m}^2 = 83.33\text{cm}^2$$

根据出水面积公式得：

$$F_3 = \frac{\pi d_3^2}{4} - \frac{\pi d_{2,外}^2}{4} = \frac{\pi}{4}(d_3^2 - d_{2,外}^2)$$

$$d_3 = \sqrt{d_{2,外}^2 + \frac{4F_3}{\pi}} = \sqrt{20.3^2 + \frac{4 \times 83.33}{3.1416}} = 22.76\text{cm} \approx 227\text{mm}$$

按热轧无缝钢管产品系列国家标准，取外管壁厚为 9mm，则外层管外径 245mm，内径为 227mm。

计算结果得出，枪身三层管的尺寸分别为：$\phi159\text{mm} \times 6\text{mm}$、$\phi203\text{mm} \times 5\text{mm}$ 和

ϕ245mm×9mm。但是，由于没有 ϕ203mm×5mm 钢管，中套管采用 ϕ203mm×6mm，另外，考虑到氧枪强度，外管采用 ϕ245mm×10mm。

因此，枪身三层管采用 ϕ159mm×6mm、ϕ203mm×6mm 和 ϕ245mm×10mm。

6.3.4　氧枪长度与冷却水的计算

6.3.4.1　氧枪总长和行程

氧枪总长 $H_{枪}$可参照图 6-4，根据式（6-1）来确定：

$$\begin{aligned}H_{枪} &= h_1 + h_2 + h_3 + h_4 + h_5 + h_6 + h_7 + h_8 \\ &= 8.160 + 1.212 + 4.403 + 5.033 + 0.80 + 0.80 + 1.00 + 0.50 \\ &= 21.918\text{m}\end{aligned}$$

氧枪行程 $H_{行}$可参照图 6-5，根据式（6-2）来确定：

$$\begin{aligned}H_{行} &= h_1 + h_2 + h_3 + h_4 + h_5 \\ &= 8.160 + 1.212 + 4.403 + 5.033 + 0.800 \\ &= 19.608\text{m}\end{aligned}$$

6.3.4.2　氧枪热平衡与冷却水量的确定

根据 6.1 节，从热平衡来看，氧枪在转炉内不被烧坏的条件是 $q \leqslant q_{水}$。即，氧枪在炉内吸收的热量应等于或小于 30°C 所带走的热量：

$$Q \leqslant q/(C\Delta t) = 9.83 \times 10^5 \times F_{zo}/(C\Delta t)$$

以天钢 100t 转炉氧枪最小受热长度 $L = 19608$mm，外管的外径 $d_w = 245$mm，计算冷却水耗量如下。

应用式（6-3）计算枪管每小时吸收热量：

$$q = 9.83 \times 10^5 \times 3.14 \times 0.245 \times 19.608 = 1.48 \times 10^7 \text{kJ/h}$$

应用式（6-5）计算冷却水每小时耗量：

$$Q = q/(C\Delta t) = 4.85 \times 10^6 / 4.18 \times 10^3 \times 25 = 142\text{t/h}$$

从热负荷计算出的耗水量只需 142t/h，天钢实际供水量为 150～180t/h，可以满足转炉生产对氧枪的要求。

6.3.4.3　冷却水阻力的计算

根据 6.1 节的冷却水阻力的计算公式，可以得到如下等式：

$$\begin{aligned}h_{失1\text{-}2} &= \lambda_j \frac{l_j \rho v_j^2}{2d_{ej}} + \lambda_p \frac{l_p \rho v_p^2}{2d_{ep}} + \xi \frac{\rho v_h^2}{2} \\ &= 0.036 \times \frac{19.50 \times 1000 \times 5.82^2}{2 \times (0.231 - 0.203)} + 0.038 \times \\ &\quad \frac{18.40 \times 1000 \times 6.28^2}{2 \times (0.267 - 0.245)} + 1.5 \times \frac{1000 \times 8^2}{2} \\ &= 424614.7 + 626712.0 + 48000 \\ &= 1099326.8\text{Pa} \approx 11 \times 10^5 \text{Pa}\end{aligned}$$

即冷却水的进水压力必须大于 1.1MPa。

天钢 100t 转炉氧枪装配总图如图 6-43 所示。

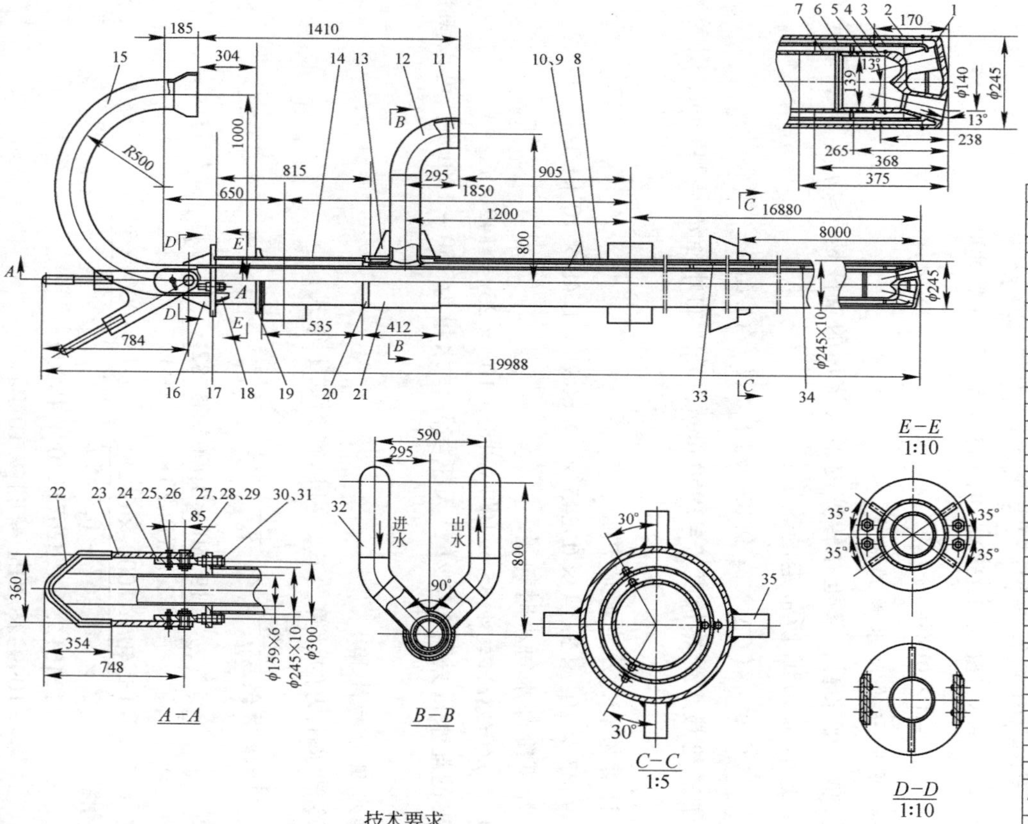

序号	代号	名称	数量	材料	单件重量kg	总计重量kg	备注
35		卡块	4	Q235			
34		限位筋					ϕ15×20
33		限位筋					ϕ10×20
32		进水弯管	1	20无缝管			
31	GB6177-86	六角螺母	4				M24
30		吊环螺杆	2	Q235			
29	GB6177-86	六角螺母	2				M20
28		垫圈	2	Q235			
27		销轴	2	Q235			
26	GB6177-86	六角螺母	1				M16
25	GB5782-86	六角螺栓	1				M16×65
24		连板Ⅱ	2	Q235			
23		连板Ⅰ	2	Q235			
22		吊环	2	Q235			
21		出水扩张管	1	20无缝管			
20		连接法兰	1	Q235			
19		支撑环	1	Q235			
18		加强筋板Ⅲ	4	Q235			
17		尾端法兰	1	Q235			
16		加强筋板Ⅱ	2	Q235			
15		氧气弯管部件图	1	1Cr18Ni9Ti			
14		尾端外管	1	20无缝管			
13		加强筋板Ⅰ	4	Q235			
12		出水弯管	1	20无缝管			
11		接长短管	2	20无缝管			
10		内氧管	1	20无缝管			
9		中层管	1	20无缝管			
8		外管	1	20无缝管			
7		氧滑管	1	20无缝管			
6		中套管	1	20无缝管			
5		“O”形密封圈	3	橡胶			ϕ150×5
4		内套管	1	20无缝管			
3		中接管	1	20无缝管			
2		外接管	1	20无缝管			
1	TG245-4-01	氧枪喷头	1	T1			

日期	ZY245-4转炉氧枪装配总图	TG245-4-00	
签字		图样标记	重量 / 比例1:15
标记			
处数	用户	天津钢铁公司	共 张 第 张
设计			
制图		中国科学院过程工程研究所	
审核			
工艺			

技术要求

1. 与氧气接触的零部件均应进行脱脂处理，吹氧管内表面严禁粘有可燃物质。
2. 铜与钢焊接采用氩弧保护焊，其他采用J422焊条焊接，所有焊缝应可靠牢固，不得有气孔、过烧咬肉、弧坑、焊瘤、夹杂等缺陷。
3. 管件拼接焊缝应双面倒坡口，焊缝高度不小于最薄焊件厚度。
4. 装配后应做水压试验，在规定压力下持续保压，在规定时间内不渗漏和冒汗。合格后将管内余水放尽。
5. 经检验合格，应将喷头用纤维织物严密包扎，防止异物进入管内，装卸搬运应严格防止碰撞及枪体扭曲变形。

图 6-43　100t 转炉氧枪装配总图

6.4 一些喷头在炼钢过程的使用效果

6.4.1 旋流喷头

顶吹氧枪的发展经历了喷头由单孔到多孔，直孔型到拉乌尔型，多孔中部实心锻造到中心水冷铸造或组合，大型喷头中部无孔到有孔，简单供氧型到可提高废钢比的后燃烧型以及能够喷炭粉或其他粉剂的多功能氧枪。转炉熔池的运动状态和搅拌特点主要取决于氧气射流与熔池的相互作用以及是否有底吹搅拌，因此，氧气射流的结构和特性必然对转炉产生极其重要的影响。3 孔或 4 孔旋流喷头除产生轴向和径向冲力外，还能产生切向分力，改善氧射流对熔池的作用条件。作者开发的旋流喷头[17]用于安钢 16t 转炉和酒钢 50t 转炉，取得明显的效果[18]，而溅渣护炉技术的应用效果同样取决于氧枪的氮气射流特性。

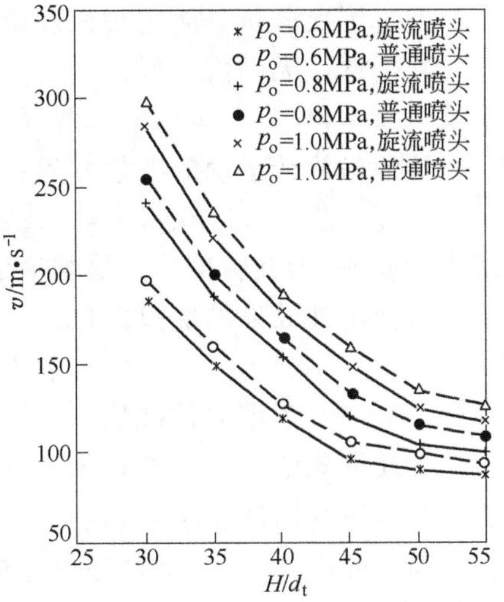

图 6-44 射流流股中心最大速度随 H/d_t 的变化

6.4.1.1 射流动压的变化

氧气的压力能通过喷头转变成超声速射流形成动能，射流的冲力可以用测出的射流动压来表示，即 $p_{冲}=1/2\rho V^2$。普通 3 孔喷头射流作用于熔池的冲力，可分解成轴向冲力和水平冲力（径向）。旋流喷头同样可分解成轴向冲力和水平冲力，其中水平冲力又可分解成径向冲力和切向冲力。

普通 3 孔喷头和旋流喷头的射流流股中心最大速度随 H/d_t 的衰减如图 6-44 所示。两者的喉口直径 d_t、出口直径 d_e 和夹角 α 相同，区别在于旋流喷头有旋流角度 β，而普通喷头没有（$\beta=0°$），可见旋流喷头的流股最大速度均低于普通喷头。

图 6-45 示出不同测试压力 p_o 下，两种喷头氧气射流的轴向冲力 $p_{轴}$、径向冲力 $p_{径}$ 和

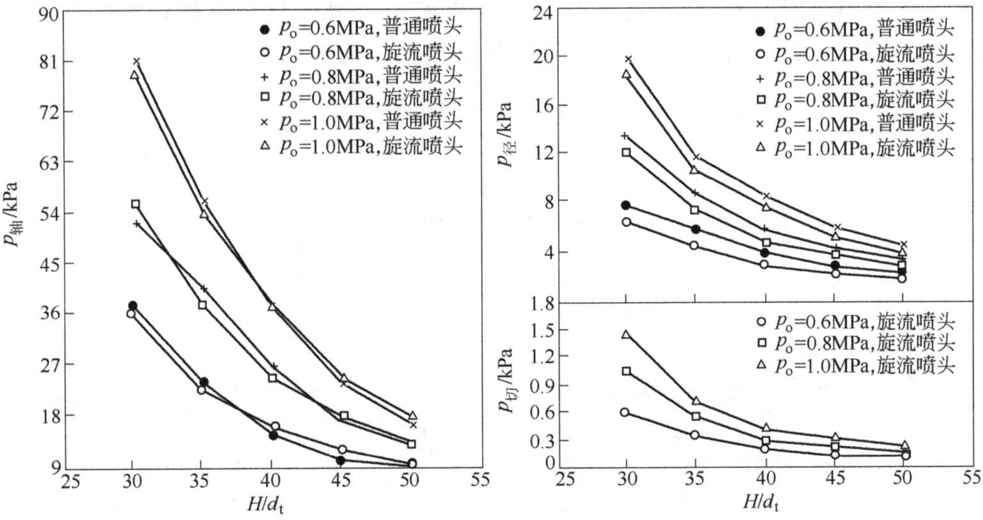

图 6-45 不同方向冲击力的衰减

切向冲力 $p_切$ 的衰减情况。由图可见，两者 $p_轴$ 的差别较小，旋流喷头的 $p_径$ 小于普通喷头，而 $p_切$ 只有旋流喷头才特有。在冶炼过程中的枪位内，$p_轴$ 越大搅拌力越强，而 $p_径$ 越大易引起物理喷溅，$p_切$ 的存在可以促使熔池产生旋转运动。因此，旋流喷头在转炉实际吹炼过程的喷溅现象明显低于同尺寸的普通喷头。

6.4.1.2　混匀时间

通过因次分析，应用相似理论，可得到下述无量纲准数方程：

冲击深度无因次方程：

$$n_0/d_e = m(Fr)^a(H/d_e)^b(d_p/D)^c(\cos\alpha)^d(\sin\alpha)^{d'} \tag{6-36}$$

熔池做旋转运动的准数方程：

$$nD/u_e = p(Fr)^e(H/d_e)^f(d_p/D)^g(\cos\alpha)^h(\sin\alpha)^{h'} \tag{6-37}$$

式中，nD/u_e 为旋转准数，是熔池液体转动能量与氧枪喷孔出口气流动量之比。

熔池搅拌效果的准数方程：

$$\tau u_e/d_e = q(Fr)^i(H/d_e)^j(d_p/D)^l(\cos\alpha)^k(\sin\alpha)^{k'} \tag{6-38}$$

式中，$\tau u_e/d_e$ 为谐时性准数。

上述等式中，d_p 为喷孔偏心距直径，mm；D 为熔池直径，mm；Fr 为修正的弗劳德数，$Fr=(u_e^2/(gD))(\rho_g/\rho_l)(d_e/D)^2$；$H$ 为枪位，mm；u_e 为气流出口速度，m/s；n 为熔池转速，min^{-1}；n_0 为凹坑顶点处深度，mm；α 为喷孔与枪体中心线夹角；τ 为熔池液体混匀时间，s；常数 m、p、q、$a \sim k$ 等均由实验数据确定。

当 $H/d_e=40$ 时，流量 Q_o 对熔池转速的影响可用 $W=3.68\times10^{-3}Fr^{0.44}$ 或 $n=1.29\times10^{-2}Q_o^{-1.89}$ 来表示。即 W 随 Fr 的增加而增加；Q_o 增大使 n 呈指数规律增加，提高了熔池旋转的作用力。

对混匀时间的影响可用 $H_o=25.5\times10^5Fr^{0.06}$ 或 $\tau=368.95Q_o^{-0.89}$ 表示，这说明在旋转气体的作用下，熔池面具有一定的冲击凹坑深度是对整个熔池产生搅拌的基础，同时由于切向冲力的存在，能够激发熔池的旋转。两种运动作用的结果使熔池获得了均匀有力的搅拌，因而缩短了熔池的混匀时间。

图 6-46 示出了不同 Q_o 和 H/d_e 条件下，旋流喷头与普通喷头对混匀时间的影响。可见，在基本参数相同的条件下，由于旋转气流的作用，使熔池旋转，改善了搅拌效果，混

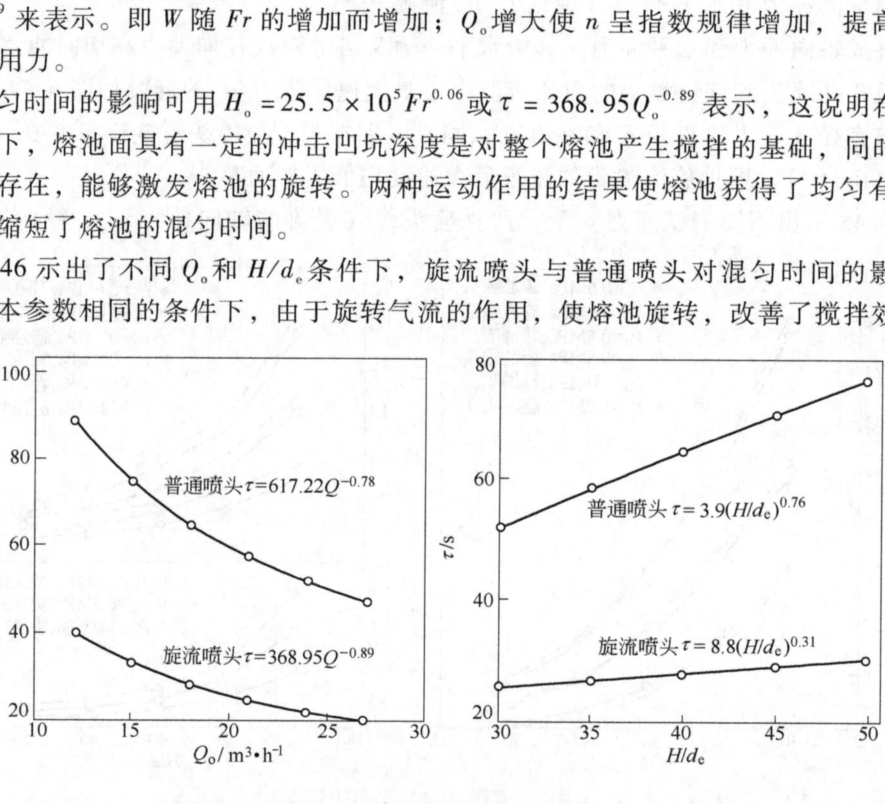

图 6-46　两种喷头的混匀时间

匀时间大幅度缩短。枪位越低，混匀时间越短，而旋流喷头的搅拌效果优于普通喷头。与复吹转炉的水模实验结果相比，尽管旋流喷头的搅拌力不如底吹气的搅拌力强，但从混匀时间来看，其搅拌效果接近小气量底吹时的情况。

6.4.1.3　冲击面积分布和冲击半径

在流股的冲击下，熔池形成凹坑，射流对熔池的机械搅拌作用与喷头射流流股的动压在截面上的分布有关。冲击面积是指流股与熔池面接触的面积，有效冲击面积是指气流与液面接触时的动压大于4kPa时的面积，此时的氧气流股可以吹开渣层，与铁液发生机械和化学作用。冲击半径是指流股中心（速度最大点）与喷头中心线交于熔池液面的交点之间的距离。

图6-47示出两种喷头的冲击面积、冲击半径和等速线的分布情况。结果表明，旋流喷头的冲击面积和冲击半径均优于普通喷头，旋流喷头的冲击面积中心点沿逆时针方向旋转了小于β的角度，而普通喷头的冲击面积中心点偏移角度为0°。旋流喷头的冲击半径较大，说明射流流股刚性好，而普通喷头由于多孔射流之间形成负压，使射流相互吸引，向中心偏移而产生汇合。

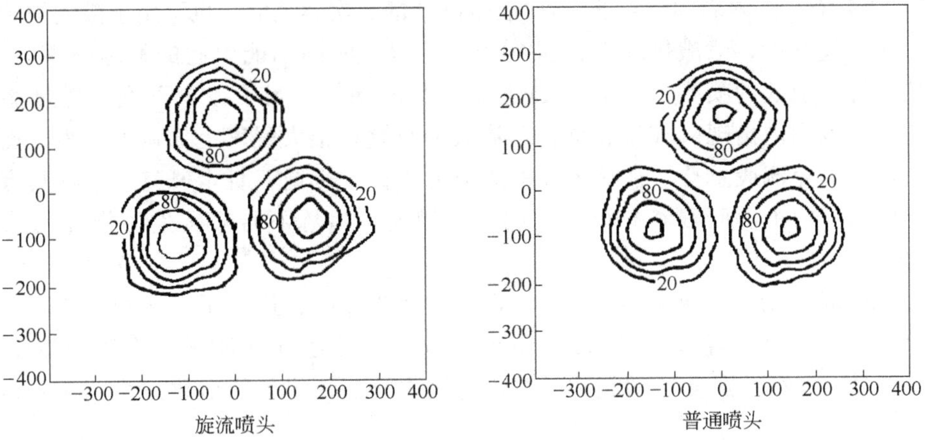

图6-47　两种喷头的等速线分布和冲击面积
（$H/d_e=40$，$P_0=0.8$MPa）

由于旋流喷头的冲击面积和冲击半径均有所提高，改善了转炉的顶吹氧冶炼条件，从理论上验证了旋流喷头的应用效果。

6.4.1.4　旋流喷头的应用效果[19]

安钢一炼钢有两座6t转炉，最大装入量16t。从1991年开始，一直使用旋流喷头（旋流角β为10°），供氧强度达4.7$m^3/(t\cdot min)$，取得了缩短供氧时间、提前化渣、减少喷溅和降低终渣（FeO）等效果。

酒钢有三座出钢量50t的转炉，从1996年初开始使用ϕ168mm的旋流喷头（旋流角β为10°），取代了原来的ϕ159mm带副孔的二次燃烧氧枪喷头。表6-9列出了两种喷头的使用情况和冶炼指标。试验跟踪期间，炉前普遍反映旋流喷头起渣时间早，化渣好，过程渣基本化好化透，射流搅拌能力强，终渣泡沫化程度低，倒炉时无需压渣。普通喷头氧枪的平均枪龄为61.6炉，而3孔旋流喷头氧枪的平均枪龄为227炉，然后使用了4孔旋流喷头（旋流角β为11°），其冶炼效果也优于普通喷头。

表 6-9　两种喷头的使用情况和冶炼指标

喷头类型	氧流量（标态）$/m^3 \cdot h^{-1}$	纯供氧时间 /min	平均冶炼时间 /min	供氧强度（标态）$/m^3 \cdot (min \cdot t)^{-1}$	总耗氧量（标态）$/m^3$	起渣时间 /min	搅拌强度	喷溅情况
ϕ159mm 普通喷头	11000	16.6	17.4	3.34	3145	3~4	弱，终渣不起泡	易喷溅
ϕ168mm 旋流喷头	11900	13.8	14.5	3.62	2830	2~3	强，终渣起泡	不易喷溅

使用旋流喷头时，转炉煤气氧含量小于2%，可正常回收，对中、高磷铁水条件下的冶炼效果需进一步试验。

6.4.1.5　*旋流喷头用于溅渣护炉的分析*

溅渣护炉技术的氧枪设计改变不大,采用低枪位操作时即能溅渣。但是,增加喷孔数目和尺寸,可增加炉渣在炉内周围覆盖的均匀性,带副孔的二次燃烧氧枪也可用于溅渣护炉。

转炉吹炼过程中，喷溅机理为：(1) 顶吹枪吹氧时的动能引起的物理喷溅；(2) CO气泡爆裂的能量引起的喷溅；(3) 来自火点区域的烟气。为了减少飞溅，尽量避免在喷头角度的一定范围内出现氧气流股重叠。流股的重叠在很大程度上加强了飞溅，而过分加大喷孔夹角来避免流股重叠，往往会加重炉衬的损蚀，因此，日本研究了一种具有交错夹角的多孔低喷溅氧枪。而溅渣护炉工艺倒是利用转炉冶炼不希望发生的物理飞溅（必须在低枪位时）。

在ϕ585mm、高度1174mm的有机玻璃水模型装置中，进行了1∶4模拟15t转炉的实验。在炉膛一侧固定位置放上吸水纸，60s后取出，迅速准确地称出飞溅到纸上的水重量。对飞溅量S（喷溅强度）的函数关系进行因次分析，得到的准数方程为$S/(v_t d_t^2 \rho_l) = f(Fr, H/d_e)$。

图6-48示出两种喷头和枪位对喷溅量S的影响。普通喷头的S有一峰值，在低枪位和高枪位操作时较小，并随氧枪气体压力增加而增加。射流作用于熔池液面可描述为微涡、喷溅和穿透三种形态。随着射流冲力的提高（低枪位或高压力），熔池凹坑深度和表面径向速度足以使液滴从凹坑表面分离出来时发生喷溅。再加大射流冲力，导致喷溅轨迹与水平夹角增大，达到临界角度便形成穿透，此时喷溅量反而减少。

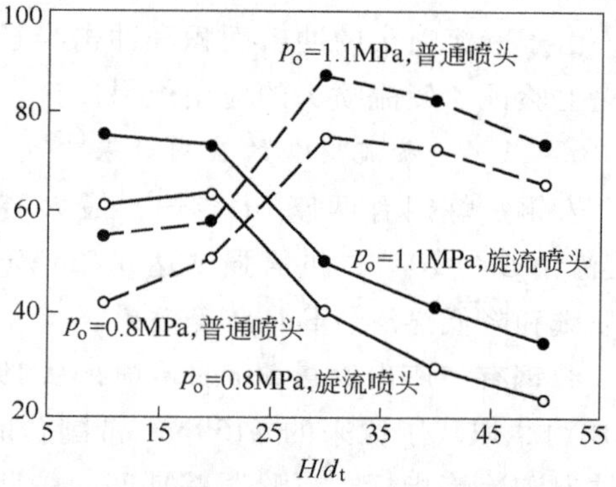

图6-48　喷头结构和枪位对喷溅量的影响

旋流喷头在冶炼操作枪位时，喷溅量均低于普通喷头，这是由于前者的冲击面积大，存在切向分力而径向分力小所造成的。但是，在$x/d_t = 10$附近，喷溅量大于普通喷头，此时正好是吹氮溅渣护炉时的枪位。可见，旋流喷头可以吹氮溅渣护炉，由于切向分力的作用，可以促使粘渣螺旋上升，有利于提高溅渣均匀性[20]。

6.4.1.6 日本的旋流喷头

日本住友金属 2003 年开始有关于旋流喷头研究报道[21]。图 6-49 为氧枪的常规喷头[22, 23]和旋流喷头示意图。

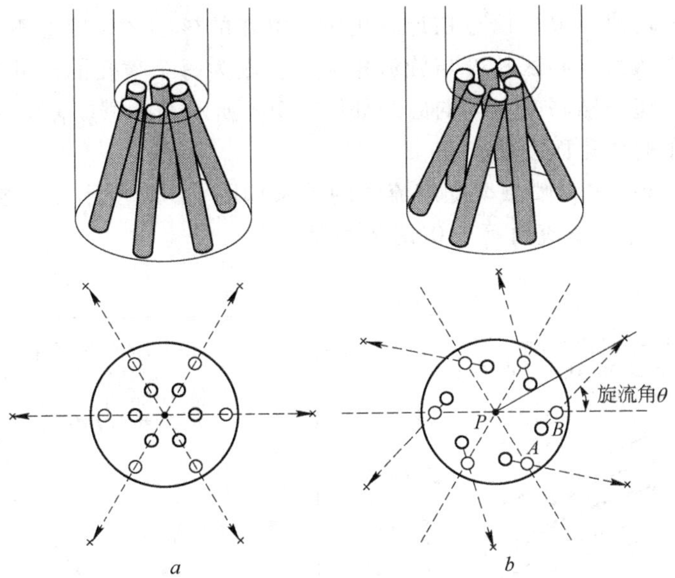

图 6-49 普通喷头和旋流喷头示意图

a—普通喷头；*b*—旋流喷头

普通氧枪喷头使喷溅颗粒从熔池表面溅出是朝径向运动，因此，除了喷孔直径和夹角外，几乎没有可以对射流及喷溅行为进行控制的参数。日本住友金属为了控制射流运动以及抑制喷溅，设计了一种新型的 6 孔旋流氧枪喷头[21]，实际上与作者在 1991 年在安钢开发的 3 孔旋流喷头[17]的原理完全一致。在该新型氧枪中，6 个喷孔与轴没有任何交叉点，而且 6 个喷孔具有相同的旋流角，可以作为一个新的调节参数。选择合适的旋流角可能对喷溅和射流运动产生新的影响。

如图 6-49 所示，测试实验所用喷头都由 6 个直筒喷孔组成，喷头直径为 45mm，喷孔和枪头中心轴的距离为 10mm，喷孔夹角和出口直径分别为 20°和 48mm。

新型氧枪的旋流角在 0 ~ 66.4°之间变化。当旋流角为 0°时，即成为普通氧枪。旋流角可以用图 6-49*b* 所示的俯视图来定义，氧枪喷头的中心轴位于原点 *P* 处，喷孔入口为 *A*，出口为 *B*，箭头表示喷孔中心线的方向，叉号表示孔轴和熔池表面的交点，而 *PB* 线和 *AB* 线的夹角可定义为旋流角。

用压缩空气代替实际转炉中的氧气，利用水模型实验可进行喷溅率的测定。圆柱形容器用丙烯酸树脂制成，内径为 0.5m，高度为 1.1m。容器内注入自来水至 0.195m 的高度。压缩空气从氧枪喷头吹向溶池表面，吹气持续时间为 120s。

容器按照转炉实际尺寸的 1/10 加工制造，水模型中的枪位和采样高度分别对应于实际转炉内的2m和6m，采样位置位于转炉的上部，在容器内距液面以上0.4～0.6m高度处放置了吸收棉，测定吸收棉所吸收液滴的重量即为喷溅重量，用喷溅重量除以吹气时间和吸收棉面积得到的就是喷溅率。气体流量和氧枪高度分别设定为0.014m^3/s和0.2m，射流与液面接触产生小液滴，这些小液滴沿着容器向上运动。

射流动压的径向分布通过一个皮托管测定，根据几何对称情况测量方向在0～50°间变化，对距离枪头0.2m的平面进行测量。压力信号转换为伏特信号，再转换为数字信号，处理成时间平均值，最后储存在计算机中。潜在的核心区长度对于说明射流之间的混流十分重要。通常认为核心区长度与旋流角无关，因为每个喷孔的尺寸都是一样的。

测得的喷溅率随采样高度变化的曲线如图6-50*a*所示，喷溅率随采样高度的升高而降低，且随着旋流角的变化而变化。

采样高度为0.6m时，喷溅率随旋流角的关系如图6-50*b*所示，当旋流角为11.4°时，喷溅率最小。图中S_0为旋流角等于0°时的喷溅量。

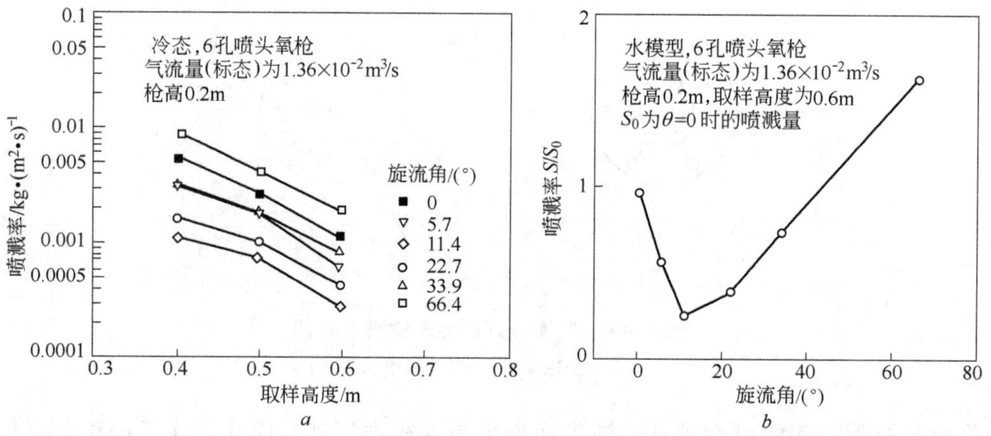

图6-50　喷溅率与采样高度（*a*）和旋流角（*b*）的关系

图6-51示出射流动压的径向分布与旋流角关系。实验结果表明，新型氧枪能通过选择合适的旋流角来降低喷溅率，动压分布也能通过改变旋流角来进行控制，也可以通过控制动压分布来降低喷溅率。选择最大动压p_{max}和最大动压处偏离轴心距离D_{max}作为描述射流特性的两个参数，因为这样能将射流性质与喷溅率联系起来，两个参数的定义如图6-52所示。

图6-53*a*示出最大动压和旋流角的关系。可见，最大动压与旋流角无关，基本保持在240Pa左右。最大动压偏心距随旋流角变化如图6-53*b*所示，当旋流角为11.4°时，偏心距最大。

射流倾斜角可以由下式计算得到：

$$D_{max} - D_o = H\tan\beta \tag{6-39}$$

式中，D_{max}为最大动压处偏离轴心距离，m；D_o为氧枪轴线到喷孔中心线的距离，m；H为氧枪喷头到熔池表面的距离，m；β为射流倾斜角。

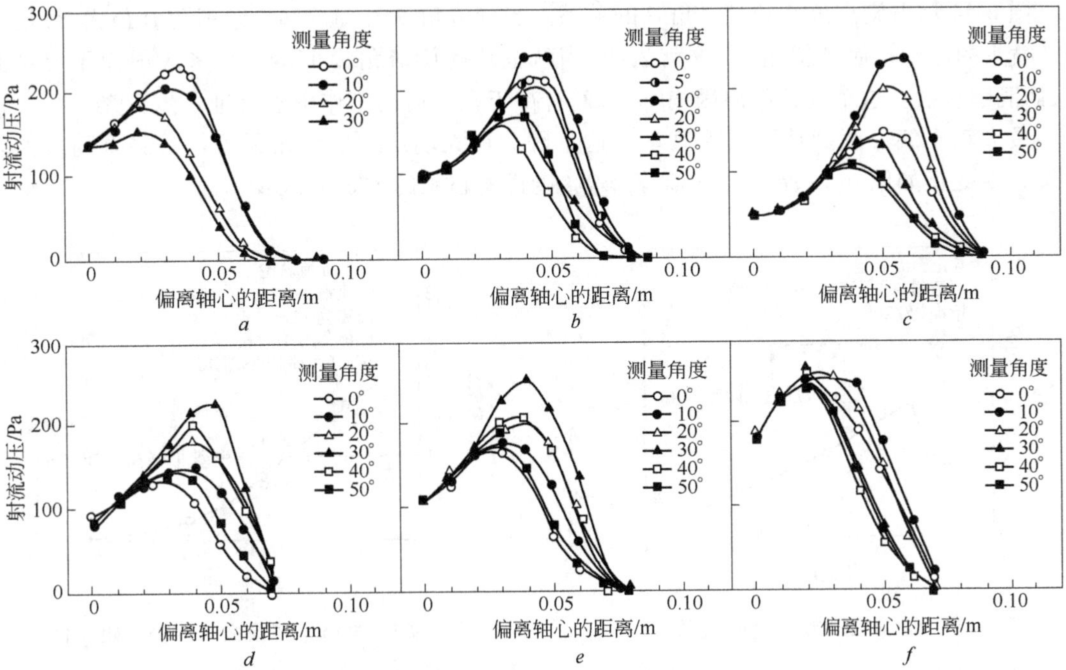

图 6-51 旋流角对射流动压径向分布的影响（6 孔喷头氧枪）

旋流角 θ：*a*—0°；*b*—5.7°；*c*—11.4°；*d*—22.7°；*e*—33.9°；*f*—66.4°

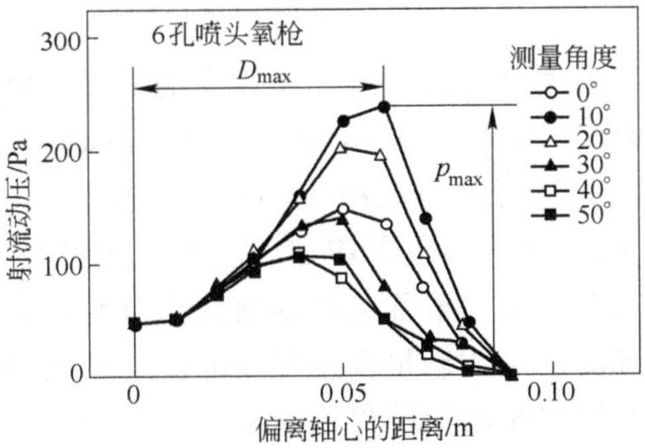

图 6-52 旋流角为 11.4°时 p_{max} 和 D_{max} 的关系

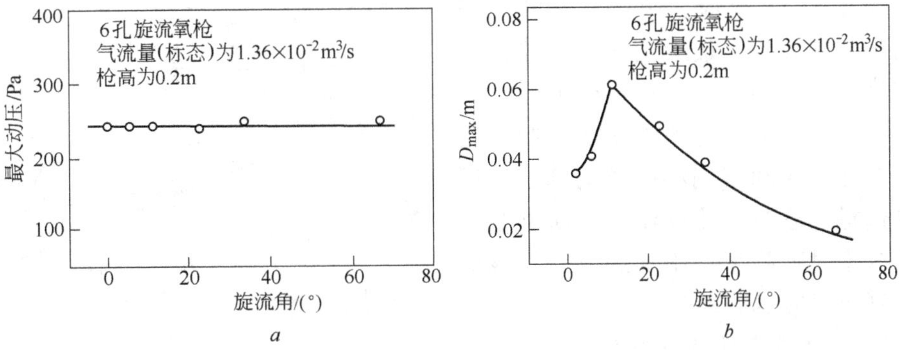

图 6-53 最大动压（*a*）和最大动压偏心距（*b*）与旋流角的关系

图 6-54 示出旋流角 θ 和倾斜角 β 的关系。当旋流角 θ 为 11.4°时,倾斜角 β 最大,最接近 20°(喷头的原始几何倾斜角)。这就表明,当氧枪喷孔旋流角为 11.4°时,各股射流不容易混合,而能够直射。这个现象的原因尚不明确,有待于在今后的工作中进行进一步研究[21]。

最大动压偏心距能够影响喷溅率，这是因为最大动压与旋流角无关。喷溅率随最大动压偏心距变化如图 6-55 所示，喷溅率 S/S_0 随着偏心距的增加而减少。

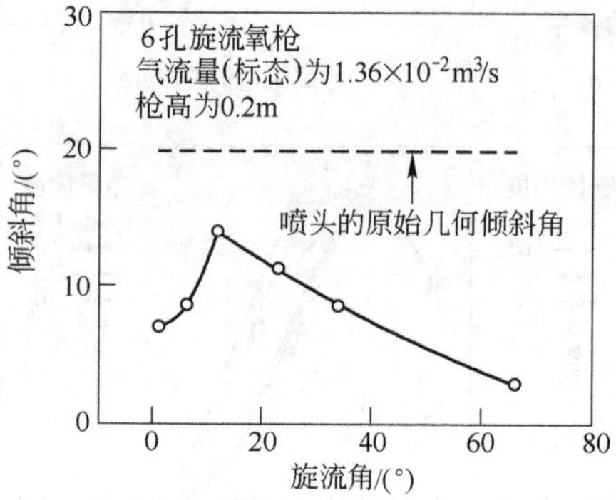

图 6-54　倾斜角和旋流角的关系

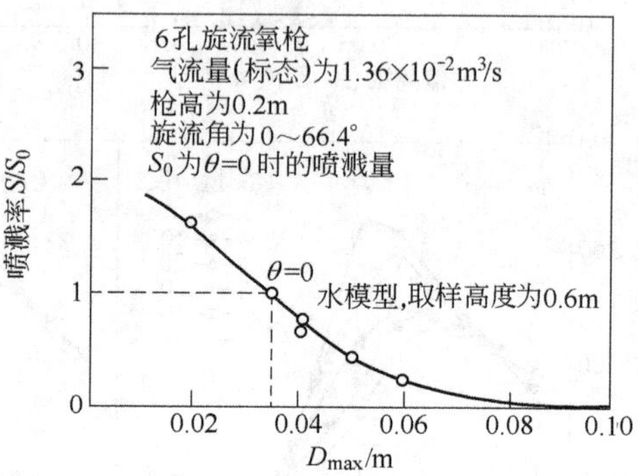

图 6-55　喷溅率随最大动压偏心距变化

假定最大动压 p_{max} 为 240Pa，在图 6-56 中也绘出常规氧枪的喷溅率随最大动压处偏离轴心距离 D_{max} 的变化。可以看出，在相同的最大动压下，使用旋流喷孔产生的喷溅率小于常规氧枪。这就表明，旋流喷孔氧枪对喷溅率的抑制作用不仅仅是因为最大动压偏心距的增加，还有其他的原因。

在旋流喷孔氧枪中，射流速度矢量包括切线方向的分量。因此，可以估计切线流对喷溅率有额外的影响，因为射流能够改变从熔池中溅出的液滴的运动方向。从图 6-56 还可以看出，当 D_{max} 很小时，也就是对于与低枪位的场合，旋流喷头的喷溅率略高于常规喷头，这与作者的图 6-48 结果一致，有利于旋流喷头在低枪位时进行溅渣护炉的操作。为了抑制喷溅必须合理排列喷孔以获得最优化的射流压力分布。旋流喷孔氧枪很好的达到了这个目的，能够通过调整旋流角来控制最大动压偏心距，从而抑制喷溅。然而，由于测量水平的限制，目前尚无法对切线流的影响作用做准确地论证，在今后的工作中，应该通过计算流体力学的方法对切线流的影响作用进行深入研究。

综上所述，使用旋流喷孔氧枪得到的喷溅率比常规氧枪要小，抑制作用与旋流角有关，当旋流角为 11.4°时，喷溅率最小。根据射流动压分布表明，最大动压与旋流角无关，当旋流角为 11.4°时，最大动压偏心距离最大。旋流喷孔氧枪对喷溅率的抑制作用可部分解释为最大动压偏心距离的增加，因此，需要选择合适的喷孔旋流角。新型氧枪引起的切线流对喷溅率有附加影响，切线流能改变喷溅液滴的运动方向。

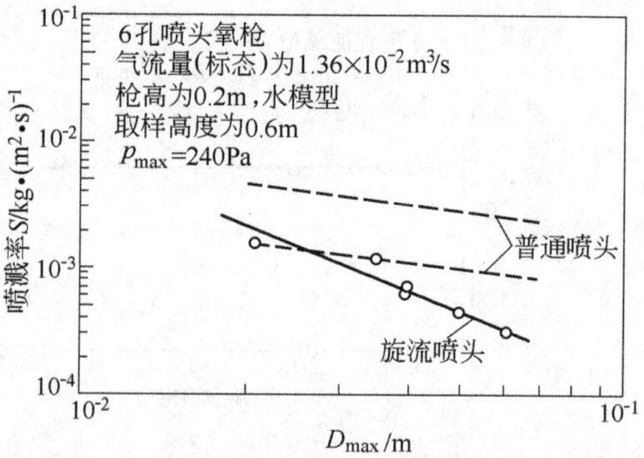

图 6-56　普通喷头与旋流喷头喷溅率的比较

6.4.1.7　俄罗斯的旋流喷头

前苏联叶那基耶沃钢厂的转炉也使用过旋

流喷头氧枪[24]，其特点是除了有氧枪轴线平面上的常规角 α 外，还有一个垂直于 α 角的附加角 β，此角造成氧气射流的切线分量，引起熔体旋转。脉冲的切线分量值 i_Σ 可按下列方程式计算：

$$i_\Sigma / i_T = \sin \arctan \sqrt{\tan^2\alpha + \frac{\tan^2\beta}{\cos^2\alpha}} \cdot \sin\left(\arctan \frac{\frac{r}{H}\cos\alpha + \sin\alpha}{\tan\beta} - \arctan \frac{\sin\alpha}{\tan\beta}\right) \tag{6-40}$$

式中，H 为喷孔到熔池表面的垂直距离；r 为喷孔轴线和喷枪轴线间的最大距离；i_Σ，i_T 分别为氧气流的脉冲和脉冲的切线分量。

采用 $\alpha = 15°$ 和 $\beta = 15°$ 参数时，转炉喷枪得到了最佳技术指标，使 i_T 达到2.6%。用水模实验得到，当 β 等于0°、4°、8°和16°时，搅拌强度 $(-\Delta\tau/\tau_0)100\%$ 分别等于0、2、3.7和4.4，其中 τ 为混合时间。由此证明，当旋流角 β 增大时，熔池搅拌增强。

另外，氧气流脉冲的切线分量造成的钢液流动，可使钢液从熔池而不是从二次反应区进入初次反应区，这样能够提高氧化成 CO_2 量。放出二次燃烧热量有助于早造渣，降低金属损失。根据计算，炉气中 CO_2 数量增加1%可降低铁水消耗3.3kg/t。用旋流喷头喷枪（$\alpha = 15°$ 和 $\beta = 15°$）代替普通氧枪喷头（$\alpha = 15°$ 和 $\beta = 0°$）时，上述优越性得以实现。

6.4.1.8 酒钢50t转炉的旋流喷头[25, 26]

采用冷态模拟实验，比较酒钢50t转炉使用普通氧枪喷头与旋流氧枪喷头的溅渣护炉效果，结果是在气体流量（标态）为47.6m³/h（相当于现场流量（标态）13000m³/h），渣量为12%，枪位为247mm（相当于现场枪位1900mm），使用旋流喷头溅到炉衬表面的溅渣密度约是普通喷头的2倍。

溅渣护炉冷态模拟实验在有机玻璃制成的转炉模型中进行。在实验中保持模型与原型的几何相似，根据实验条件确定几何相似比为1∶7.7。实验装置如图6-57所示，原型与模型的几何参数列于表6-10中，模型的炉膛和炉口直径为考虑了炉衬侵蚀后确定的尺寸。

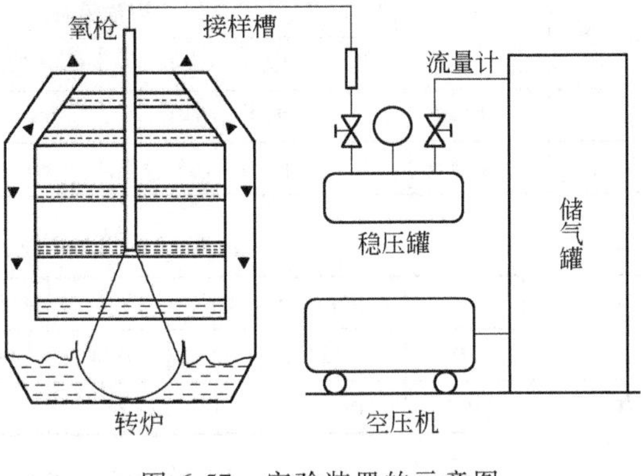

图 6-57 实验装置的示意图

表 6-10 原型与模型的几何参数

参数	炉膛直径/mm	炉膛高度/mm	炉口直径/mm	炉底直径/mm	炉帽高度/mm	喷头出口直径/mm	喷头喉口直径/mm	喷头孔数	喷孔夹角/(°)	喷孔旋转角/(°)
原型	3312	5546	1822	2896	1536	35	27.2	4	12	11
模型1	435	720	236	376	199	4.5	3.5	4	12	11
模型2	435	720	236	376	199	4.5	3.5	4	12	0

为了保证模型和原型的动力相似，主要保证模型的修正弗劳德数 Fr'_1 与原型的修正弗劳德数 Fr'_2 相等，即：

$$Fr'_1 = Fr'_2 \tag{6-41}$$

$$\frac{u_1^2}{gL_1}\frac{\rho_{g1}}{\rho_{l1} - \rho_{g1}} = \frac{u_2^2}{gL_2}\frac{\rho_{g2}}{\rho_{l2}\rho_{g2}} \tag{6-42}$$

式中，u_1，u_2分别为模型与原型氧枪喷头气体流速，m/s；ρ_{g1}，ρ_{g2}分别为模型与原型的气体密度，kg/m^3；ρ_{l1}，ρ_{l2}分别为模型与原型的液体密度，kg/m^3；L_1，L_2分别为模型与原型的特征尺寸，m；g 为重力加速度，m/s^2。

由式（6-42）可得到模型顶吹气体流量 Q_1 与原型顶吹氮气流量 Q_2 的关系为：

$$Q_1 = \left[\left(\frac{L_1}{L_2}\right)^{\frac{5}{2}}\left(\frac{\rho_{g2}}{\rho_{g1}}\right)^{\frac{1}{2}}\left(\frac{\rho_{l2}-\rho_{g2}}{\rho_{l1}-\rho_{g1}}\right)^{-\frac{1}{2}}\right]Q_2 \tag{6-43}$$

模拟炉渣的介质选用甘油水溶液，甘油与水的体积比为 10∶3，使溶液具有类似终渣黏度，模拟顶吹高压 N_2 的介质采用压缩空气，在原型与模型中介质的物性参数如表 6-11 所示。在转炉模型内壁不同高度上挂着接样槽，按高度分成 5 等份，即渣线部位、耳轴下部、耳轴上部、炉帽上部和炉帽下部，用于接纳溅到炉壁上流下来的溶液。溅渣结束后，根据样槽中溶液重量和溅渣的时间，计算单位时间溅到单位炉壁面积上的溶液重量（溅渣密度）。模拟实验主要考察在不同的溅渣枪位（为顶枪喷头距炉底的距离）、顶吹气体流量和渣量下，普通喷头（喷孔夹角 12°）和旋流喷头（在喷孔夹角 12°的基础上再旋转 11°）对溅渣效果的影响。模型的工艺参数与原型的工艺参数的对应值列于表 6-12 中。

表 6-11　在原型与模型中介质的物性参数

参　数	种　类	熔池液体		顶吹气体	
		密度/kg · m^{-3}	黏度/m^2 · s	种类	密度/kg · m^{-3}
原　型	炉　渣	3.2×10^3	$>6.67\times10^{-5}$	N_2	1.17
模　型	甘油水溶液	1.19×10^3	1.17×10^{-4}	空气	1.20

表 6-12　模拟实验研究的工艺参数值

参　数	溅渣枪位/mm				气体流量（标态）/m^3 · h^{-1}			渣量/%		
原　型	1300	1500	1700	1900	9000	11000	13000	8	10	12
模　型	169	195	221	247	32.9	40.3	47.6	8	10	12

图 6-58 ~ 图 6-60 为整个炉衬的平均溅渣密度与溅渣枪位、顶吹气体流量、渣量和喷

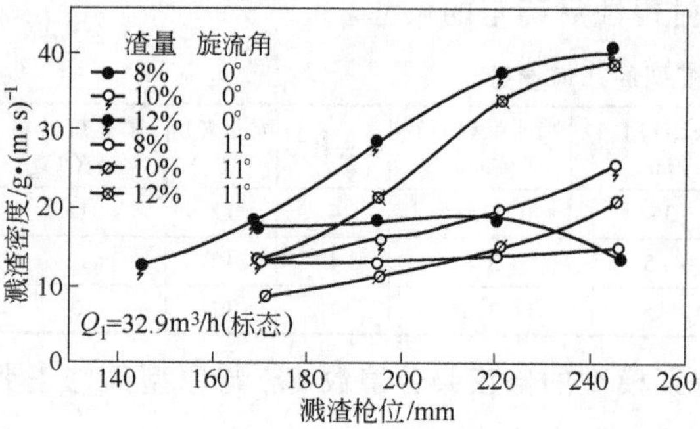

图 6-58　炉衬溅渣密度与渣量、溅渣枪位的关系
（模型∶原型 = 1∶7.7，顶吹气体流量
相当于现场（标态）9000m^3/h）

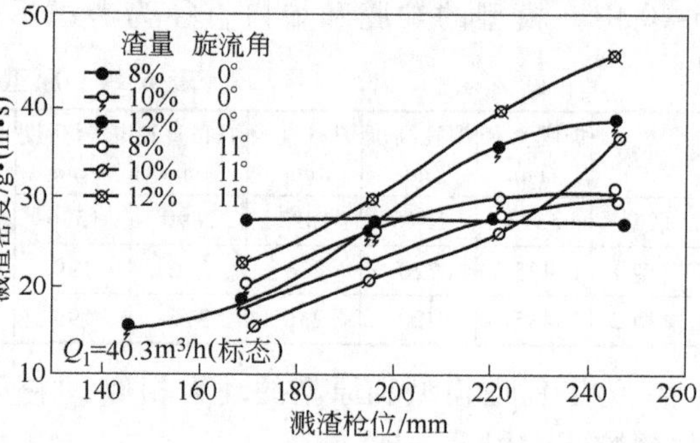

图 6-59　炉衬溅渣密度与渣量、枪位的关系
（模型∶原型 = 1∶7.7，顶吹气体流量
相当于现场（标态）11000m^3/h）

头旋转角的关系。

不论是普通喷头还是旋流喷头，随渣量提高，溅渣密度增加，12%渣量是最佳渣量。两种喷头溅渣效果最佳的工艺参数分别为：对于普通喷头而言，在12%的渣量下，顶枪供气量（标态）为32.9 m^3/h（相当于现场（标态）9000m^3/h），枪位为247mm（相当于现场1900mm）；对于旋流喷头而言，在12%渣量条件下，顶枪供气量（标态）为47.6m^3/h（相当于现场（标态）13000m^3/h），枪位为247mm（相当于现场1900mm）。

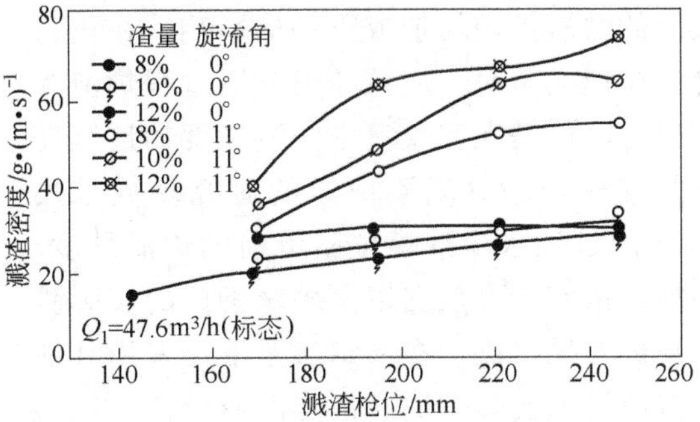

图6-60 炉衬溅渣密度与渣量、溅渣枪位的关系（模型：原型=1:7.7，顶吹气体流量相当于现场（标态）13000m^3/h）

当顶吹气体流量（标态）从32.9 m^3/h增加至47.6m^3/h时，在最佳渣量和枪位下，对于普通喷头而言，炉衬上的最大溅渣密度略有下降，约从39g/(m^2·s)下降至35g/(m^2·s)；而对于旋流喷头，炉衬上的最大溅渣密度逐渐增大，并且增加幅度比较大，约从37g/(m^2·s)增加至77g/(m^2·s)。但是当顶吹气体流量（标态）为32.9m^3/h时，普通喷头的溅渣密度略大于旋流喷头的溅渣密度：当顶吹气体流量（标态）增加至40.3m^3/h时，旋流喷头的溅渣密度明显大于普通喷头的溅渣密度；当顶吹气体流量（标态）增加至47.6m^3/h时，旋流喷头的溅渣密度比普通喷头的溅渣密度提高1倍多。

由此可见，当顶吹气体流量小时，从旋流喷头流出的气体流股，其切向冲击力小，对渣池的搅动作用和将炉渣撕碎成渣粒的作用小。另外，气体流股切向力的存在，还降低了流股的轴向冲击力和径向冲击力，使溅起的渣粒减少。因此，旋流喷头的溅渣量小于普通喷头的溅渣量。随气体流量的提高，气体流股的切向冲击力逐渐增加，当气体流量足够大时，气体流股的切向冲击力对渣池产生良好的搅动，使炉渣质点获得较大的动能，并且炉渣在切向冲击力的作用下，更易被撕碎成渣粒而被溅起。因此，旋流喷头在大的气体流量下有利于增加溅渣密度。

另外，由于酒钢50t转炉炉底是平炉底，相对于球缺形炉底，其渣池深度较浅。对于普通喷头，在大的气体流量下，气体流股的轴向冲击力过大时，易造成流股穿透渣池而直接作用于炉底，反而造成能量损失，不利于增加溅渣量；而旋流喷头的射流角度旋转了11°，形成了旋转射流，相对普通喷头而言，在相同的大气体流量下，损失在炉底上的能量少。

由实验结果可知，溅渣密度在炉衬表面沿炉子高度差别很大，炉帽部位溅渣密度远远低于渣线和耳轴部位的溅渣密度，是炉衬长寿命的薄弱环节。两种喷头的炉帽溅渣效果的最佳工艺参数分别和上述炉衬溅渣效果的最佳工艺参数大致相同，并且随着顶吹气体流量增大，其变化过程也类似。但是在12%渣量，47.6m^3/h（标态）顶吹气体流量，247mm枪位的最佳操作工艺条件下，旋流喷头的炉帽平均溅渣密度约为普通喷头的炉帽平均溅渣密度的2倍（图6-61）。

在实际溅渣过程中，炉渣受到氮气流股冲击而温度急剧下降，其黏度、密度等发生变化，另外，氮气流股受热而膨胀等原因，对实际的溅渣护炉均造成不利的影响。在进行冷态模拟实验时，应该考虑溅渣过程炉渣黏度变化。但是在实验室中炉渣黏度的连续变化很难模拟。对溅渣护炉的研究多数采用10∶3 的甘油水溶液模拟溅渣前的炉渣黏度。根据大量实验室数据以及多家钢厂的实际溅渣护炉效果对比，在一定流量下，采用甘油水溶液模拟实际炉渣的最佳溅渣枪位，应该给以 0.85 ~ 0.95 的修正系数。炉渣较黏取下限，较稀取上限。酒钢的实验取 0.9，即模拟实验得到的最佳溅渣枪位为 1900mm，再乘以 0.9 得 1710mm 才是现场操作最佳溅渣枪位。酒钢溅渣操作枪位顺序为顶枪下降至 1900mm 进行溅渣 20 ~ 30s，然后降至 1700mm 正常操作枪位进行溅渣 2 ~ 3min。实践证明，采用这样的溅渣枪位，溅渣效果很好。

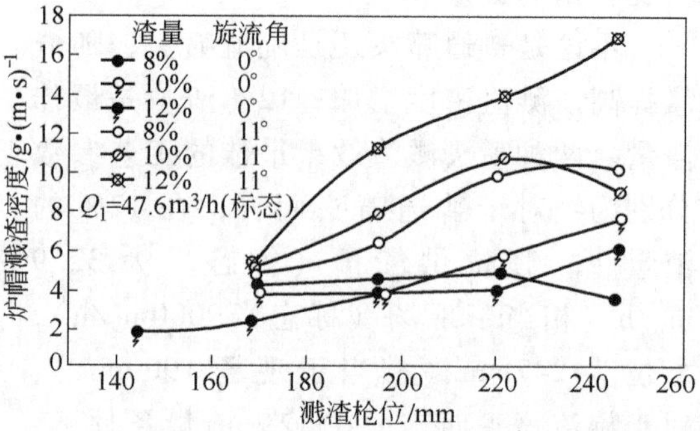

图 6-61　炉帽溅渣密度与渣量、溅渣枪位的关系（模型∶原型 =1∶7.7，顶吹气体流量相当于现场（标态）13000m³/h）

6.4.2　双角度低喷溅喷头

6.4.2.1　特点与应用情况

在日本住友会社鹿岛第二炼钢厂，为实现第三号连铸机与一台热带钢轧机之间的同步运行，采用了 CC—DC 工艺（连续浇注—直接热装）。为充分利用该工艺的优点，必须提高转炉炼钢工程中的吹炼控制精度，并缩短吹炼时间和提高生产率，开发了一种高速吹炼氧枪[27]。该氧枪应具有如下性能：(1) 尽量减少在吹氧期间喷溅损失和烟气产生量的增加；(2) 避免吹炼性能的改变[28]；(3) 尽量降低氧气顶吹对转炉炉砖寿命的影响。喷溅损失由如下机理引起：(1) 顶吹氧气的物理能引起的飞溅；(2) 由 CO 气泡爆裂的能量所引起的飞溅；(3) 来自着火点区域的烟气。

为了减少飞溅损失，提高生产率，研制出如图 6-62 所示一种低喷溅双角度 6 孔氧枪喷头。

这种新氧枪的特点是具有交错角度的多个喷孔，以避免在喷嘴角度的一定范围内出现氧气流股重叠。氧气出口角度过小，引起氧气流股重叠，在很大程度上加剧金属的飞溅，而过分加大喷嘴的角度，往往会加重炉衬的损蚀。

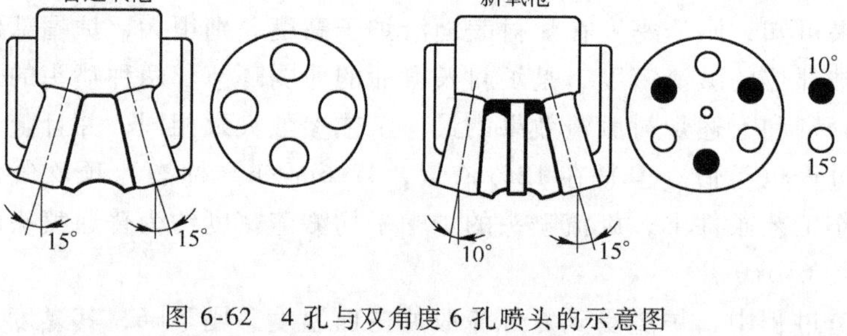

图 6-62　4 孔与双角度 6 孔喷头的示意图

为了验证飞溅机理的可靠性，进行了水模型试验。图 6-63 为使用喷头与新喷头射流作用在熔池表面的冲击面积形状示意图。

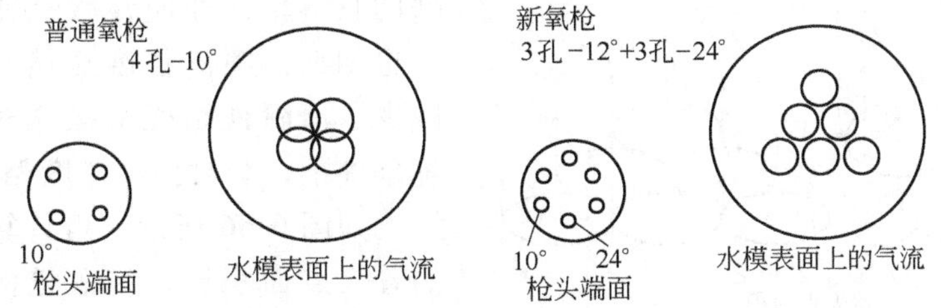

图 6-63　4 孔与双角度 6 孔喷头射流的冲击面积示意图

图 6-64 示出了氧枪喷头结构和氧枪高度对水喷溅量的影响。当喷孔数目相同时，随着氧枪高度及喷射角度增大，喷溅量减少。然而，在同一氧枪高度，随着喷孔数目增多，喷溅量增大。在传统的吹炼理论中，凹坑深度指数 L/L_o 是喷溅最重要的影响因素，其结果取决于氧气射流的重叠的程度。表 6-13 示出日本 250t 转炉使用的双角度氧枪的参数和试验条件，取得了良好的冶炼效果[27]。

表 6-13　250t 转炉用两种喷头结果的比较

喷头结构	氧流量 $/m^3 \cdot min^{-1}$	氧枪高度 /mm	L/L_o	穿透面直径 /mm	熔池表面着火面积 $/m^2$	铁收得率 /%	二次燃烧率 /%
ϕ52mm 4 孔-15°	3.33	2500	0.24	935	0.608	1.00	14.23
ϕ44mm 3 孔-10° 3 孔-15°	3.67	2600	0.17	803 1070	1.646	1.18	15.23

为了研究凹坑的位置对喷溅强度的影响，对两种氧枪喷嘴结构进行了比较。一种是传统的 4 孔喷嘴，另一种是新型的具有交错的喷孔角度的多孔喷嘴。采用新型氧枪时，由于 6 个喷孔的角度是交错的，避免了气流重叠，使喷溅量大幅度降低，如图 6-65 所示。另

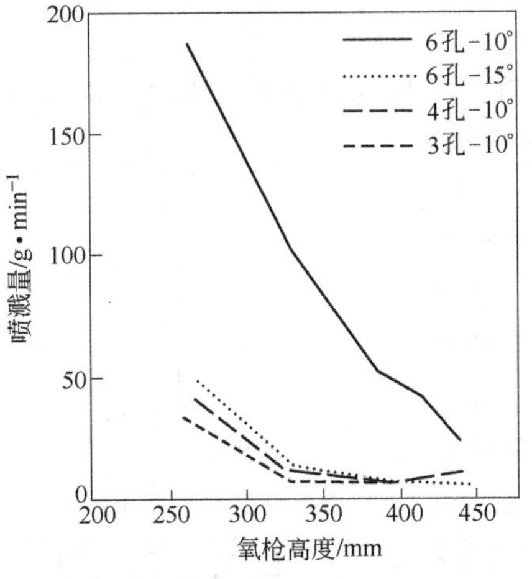

图 6-64　喷头结构与氧枪高度对喷溅量的影响

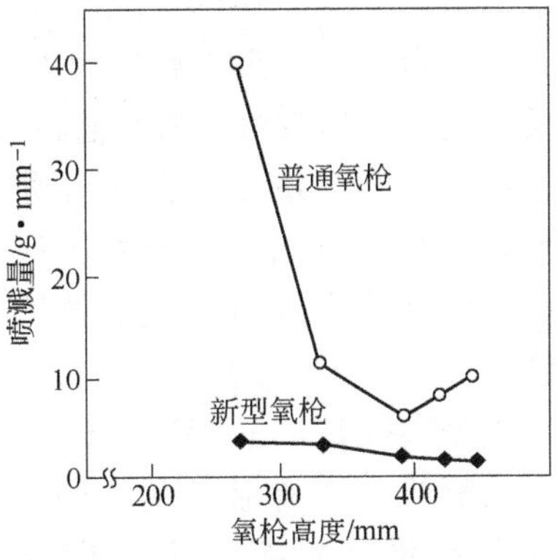

图 6-65　两种喷头结构对水喷溅量的比较

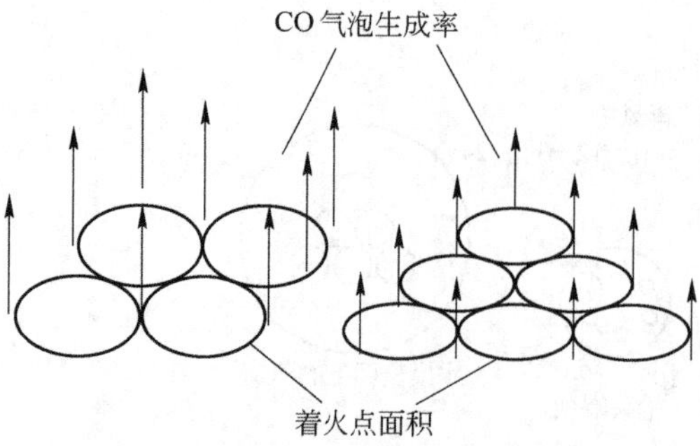

图 6-66　CO 气体生成量的示意图

外，从水模实验证明了减少气流重叠可有效地减少喷溅量。采用新型氧枪能够提高铁的收得率，即使在吹氧速度较高的情况下也如此。喷溅强度显然减弱了，因此也减少了清除铁结壳的操作时间。在新旧吹炼条件下，炉衬损耗速度相同。

如图 6-66 所示，可计算得出这种氧枪的着火点面积比传统氧枪的大 2.7 倍。当［C］约大于 3.0% 时，通过氧气顶吹在着火点附近产生 CO 气体。推断减少气泡爆裂所引起的喷溅取决于如下机理：着火点附近一氧化碳形成区面积增大；单位面积气泡爆裂能量减小；由此显著减少大的喷溅颗粒。在吹炼前半期，炉尘主要是由于气泡炸裂产生的，而在后半期，则以烟气的形式产生。新型氧枪减少了因 CO 气泡爆裂所引起的喷溅及大颗粒炉尘。

这种氧枪的特点是具有交错角度的喷嘴，以便在一定的喷孔角度范围内避免氧气流股的重叠，取得了高速吹炼下提高铁的收得率的效果。用新型氧枪，即便加大吹氧流量，铁的收得率也同样提高；转炉衬砖蚀损速度保持在与传统方法的蚀损速度相近的水平上；吹炼特性保持稳定，与氧枪结构及氧气流量无关。

6.4.2.2　喷孔射流特性[29]

在冶金过程中，为了控制精炼质量和减少喷溅，必须了解从顶吹氧枪中喷出的射流的流体特性。可以用流体力学的方法分别研究单孔氧枪和多孔氧枪喷出射流的流体特性，并通过冷模实验对数学分析结果进行了可靠性验证。数学模拟得到的单孔射流动压和多空射流动压与喷孔几何条件如倾斜角和喷孔个数有关系，由于互相影响混合，多孔射流的路径与单孔射流有区别。

如上所述，研究喷头射流特性十分重要，测试结果能够直接描述射流运动，但在工业实际中很难做类似的测试。基于流体力学的方法对射流运动进行了模拟，同时进行冷模实验，对模拟的结果进行验证。

冷态测试装置如图 6-67 所示，用氧气作为实验气体。用皮托管测量射流动压。皮托管放在一个平台上，枪头距离连续液相的距离只有 400mm，因此，反向流动可以忽略。皮托管的压力输出为伏特信号，再转换为数字信号，最后储存于计算机中。测量结果经过时间平均化处理，以减少由于湍流产生的波动误差。总体来说，如果没有这个压力转换器的话，测量的时均数值将很难得到。

分别根据实际转炉的情况，进行了单孔和多孔氧枪的实验。单孔氧枪的实验条件是：喷孔喉口直径为 4.5m 和 9.0m，氧气流量（标态）为 $1.05\times10^{-2}m^3/s$ 和 $4.23\times10^{-2}m^3/s$。多孔实验采用的是 4 孔氧枪，喷孔喉口直径为 6.6m，氧气流量为 $0.1m^3/s$，喷孔夹角为 10°或 15°。

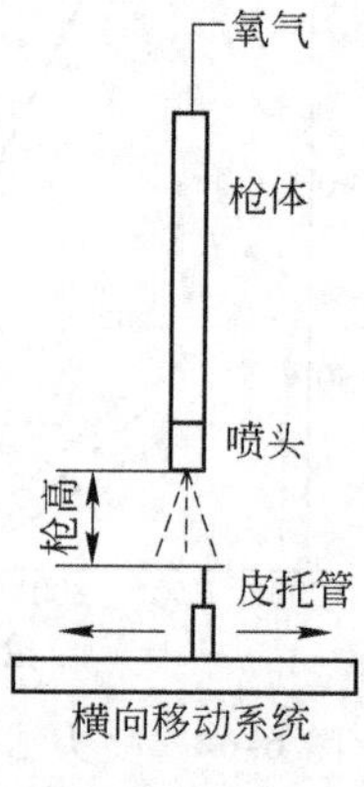

图 6-67　冷态测试装置示意图

计算了单孔氧枪中喷出的射流行为时，由于单股射流不受湍流模型影响，故对其计算采用的是 k-ε 模型。喉口直径 d_t 分别为4.5mm与9mm时，动压分布随枪位变化如图6-68所示。实测值和模拟值分别用符号和实线表示。由图可知，计算压力值在一定的枪位范围内，与枪位无关，这与实验结果相吻合。

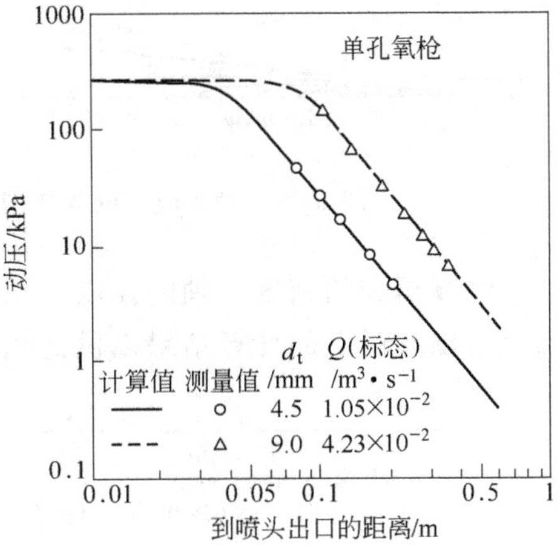

图 6-68 动压分布随枪位变化

单孔射流核心区长度 x_c（mm）符合下列经验公式[30]：

$$x_c/d_e = 2.47(p_0/p^*) \tag{6-44}$$

$$x_c/d_t = 4.12\{(p_0/p^*) - 1\} - 1.86 \tag{6-45}$$

$$x_c/d_t = M_o(5.88 + 1.54M_o^2)$$

$$M_o = [5\{(p_0/p^*)^{\frac{2}{7}} - 1\}]^{\frac{1}{2}} \tag{6-46}$$

上述公式计算出的 x_c 存在差异[31,32]，因此，有必要与模拟结果比较，获得准确的描述核心区长度的方法。计算得到的射流核心区长度随入口压力变化如图6-69所示。

射流核心区长度被定义为从喷头顶端到射流马赫数恒定位置的距离。图6-69说明单孔射流核心区长度与喉口直径基本无关，通过计算得到下面的经验公式：

$$x_c/d_t = 2.24(p_0/p^*) + 6.16 \tag{6-47}$$

根据上述公式计算得到的单孔射流核心区随入口压力变化如图6-70所示。式（6-44）中核心区长度以 x_c/d_e 的形式给出，可以转换为 x_c/d_c。其结果与Natio等人的研究结果[33]比较一致，经验公式在 p_0 为500～1000kPa之间时更适于计算核心区长度，给出了一个比式（6-46）更简单的表达式。

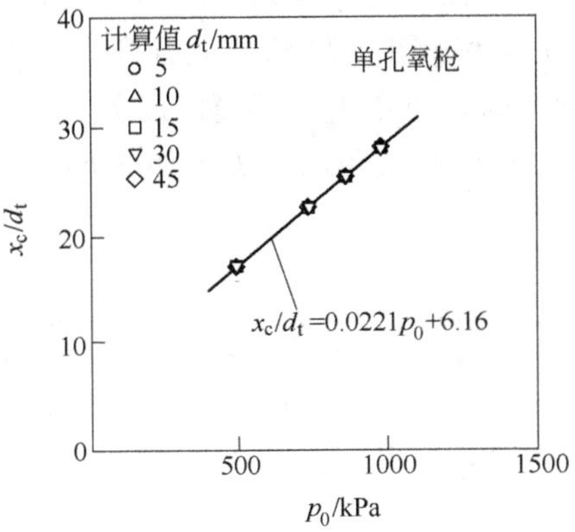

图 6-69 射流核心区长度随压力的变化

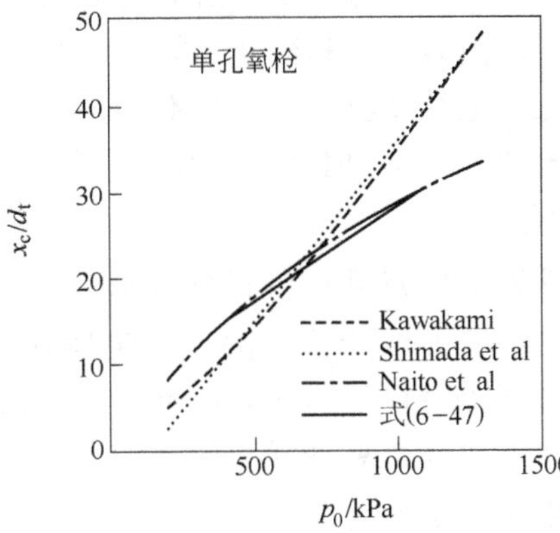

图 6-70 射流核心区长度和压力的关系比较

在转炉和混合吹炼等炼钢工艺中，低温氧气射流喷入高温熔池，在到达液面之前，氧气已经被加热。由于气体密度等性质的突变，气体被加热的过程对射流行为有很大影响。然而，由于测量手段有限，环境温度对射流的影响的研究存在难度。

通过数学模拟的方法进行环境温度对射流影响的研究，计算条件：单拉瓦尔喷孔的喉

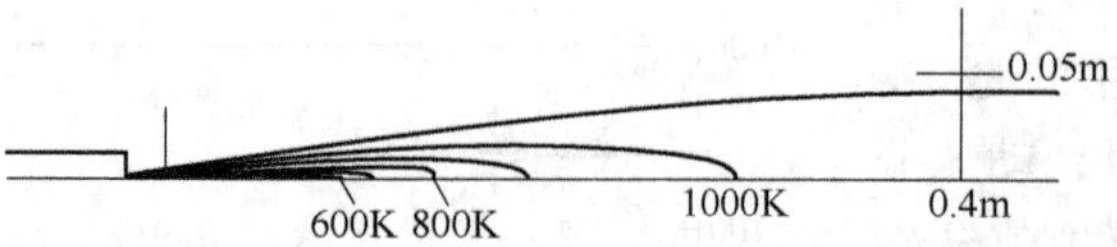

图 6-71　气体温度的等速图

口直径为 4.5mm、入口气体温度为 300K，假设环境温度为 300 ~ 1061K。由于单股射流不受湍流模型影响，故对其计算采用的是 k-ε 模型，得到的射流温度分布如图 6-71 所示。由图可知，射流温度随入口温度增加而增加。

计算得到的密度、轴向速度、动压分布随枪位变化分别如图 6-72 ~ 图 6-74 所示，在图上给出室温下的计算结果以供比较。

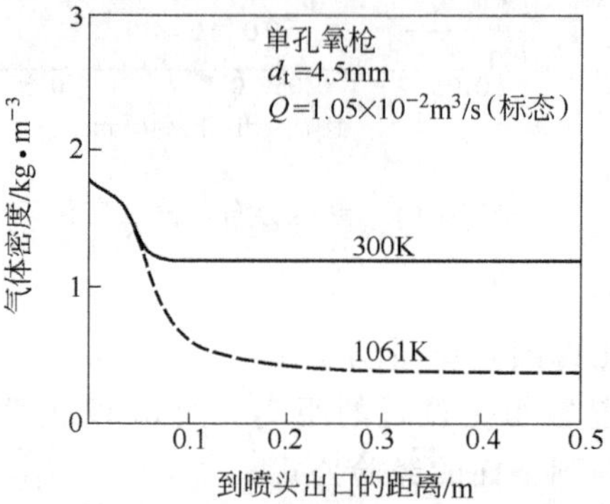

图 6-72　气体密度与枪位的关系

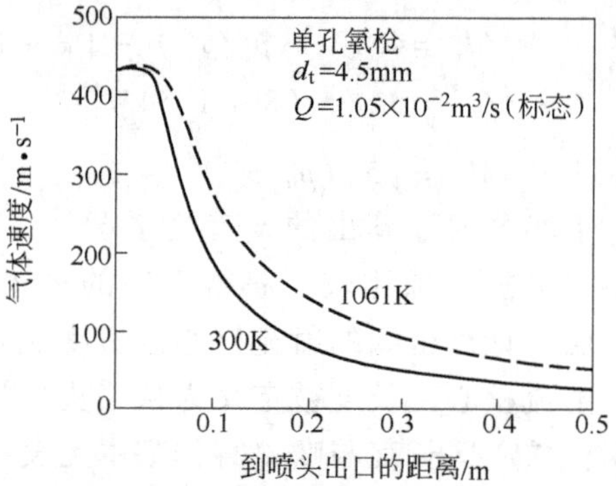

图 6-73　气体速度与枪位的关系

图 6-72 说明当气体喷出后，密度骤然减少，此后保持一定值。环境为高温时，密度更小，这是气体的热体积膨胀的缘故。图 6-73 说明射流速度一开始保持恒定，随后根据环境温度有不同程度的降低。环境为高温时，速度更大，这是高温下气体密度更低的缘故。很明显，环境温度对射流密度和速度有很大影响。然而，动压是射流行为更重要的表征参数，因为速度和密度不能说明射流与金属液面的作用，图 6-74 说明动压随枪位增加而降低，但受环境温度影响不大，因此，认为研究动压时，可不考虑环境温度。

枪位为 0.4m 时从 4 孔喷头中射出的射流动压与氧枪中心线距离的关系如图 6-75 和图 6-76 所示。

计算采用两种模型进行比较。从两种不同喷头夹角的如图所示的关系，说明使用雷诺应力模型（RSM）得到结果更符合实测值，因此，表明湍流的各向异性在研究多孔射流时是不能被忽略的重要特性。

因为测试技术有限和工业实际尺寸及流量过大，很难对转炉实际应用的喷头进行测量。假设射流以指定的某一夹角直射并指定某一热点几何形状，然而，很明显这样的几何运算无法准确预测射流的行为，因为忽略了射流间的相互混合。

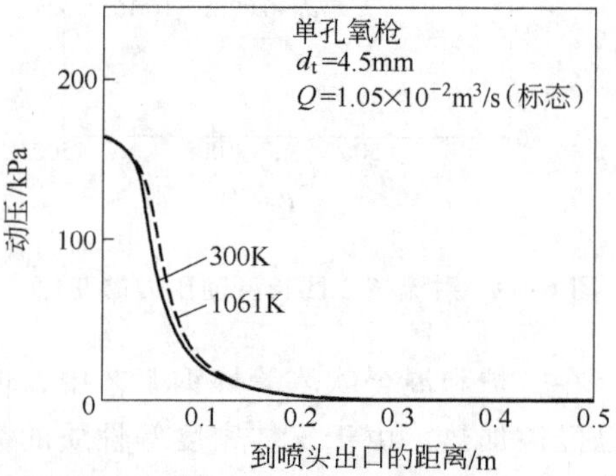

图 6-74　气体动压与枪位的关系

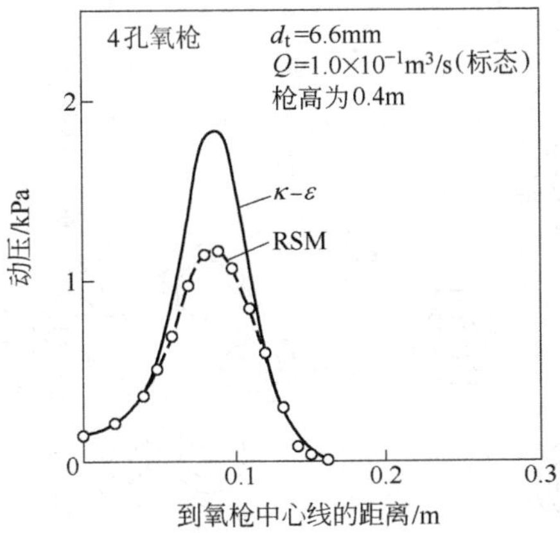

图 6-75　气体动压与氧枪中心线距离的关系
（夹角 10°）

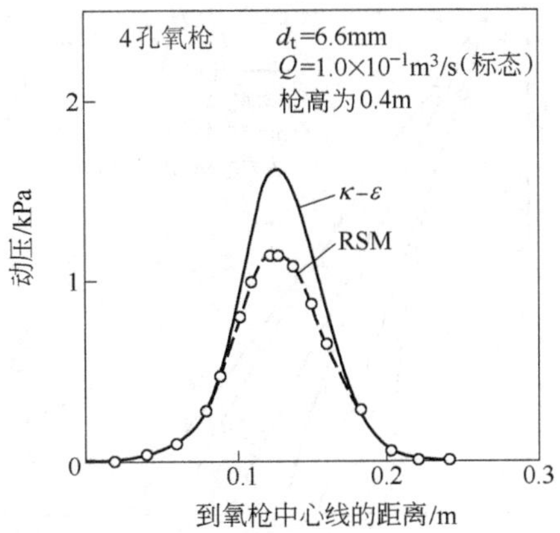

图 6-76　气体动压与氧枪中心线距离的关系
（夹角 15°）

建立研究多股射流的数学模拟方法是非常必要，对于预测射流行为是非常有效的。模拟实际顶吹过程中氧气射流的计算条件为：使用 4 孔或 6 孔喷头，夹角为 10° ~ 20°之间；喉口直径分别为 55. 0mm 和 44. 9mm；氧气流量（标态）和枪位分别为 15. 3m^2/s 和 3. 0m。

图 6-77 为枪位 3. 0m 处的压力分布等值线图。符号(+)为在假设不存在混流时，用简单的几何计算得到的作用在熔池液面上的中心点。由图可知，当夹角为 10°时发生混流明显，及 4 孔喷头产生的射流相互干扰非常严重；随着夹角的增加，多股射流相互干扰的程度逐渐降低；当夹角为 20°时，混流的影响不太明显，压力分布等值线图的中心几乎接近符号(+)的位置。

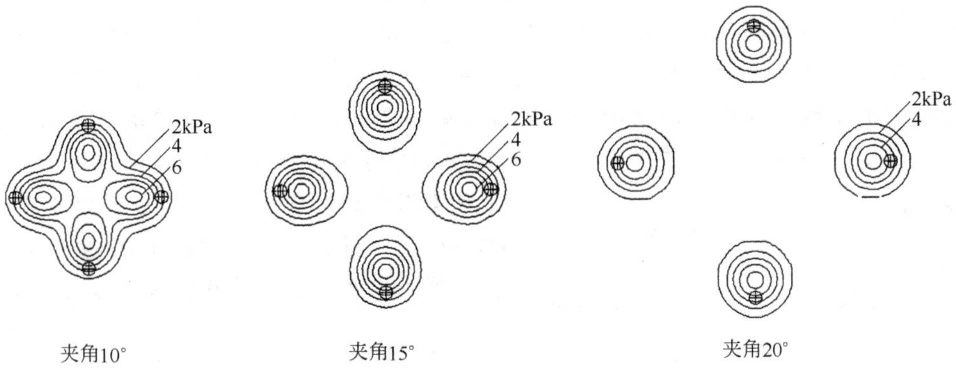

图 6-77　枪位 3. 0m 处的压力分布等值线图

图 6-78 绘出 4 孔喷头射流中心位置的变化，示出了夹角对混流的影响。图中符号代表流体力学分析模拟计算的结果，实线代表简单几何计算的结果。可知，4 孔氧枪喷孔夹角越小，偏离简单几何计算越远，越容易发生混流，及多股射流相互干扰的程度越严重。

图 6-79 示出枪位为 3. 0m、夹角 20°时，4 孔和 6 孔喷头的压力分布等值线图。符号(+) 为在假设不存在混流时，用简单的几何计算得到的作用在熔池液面上的中心点，可见 6 孔喷头发生混流的趋势大于 4 孔喷头。

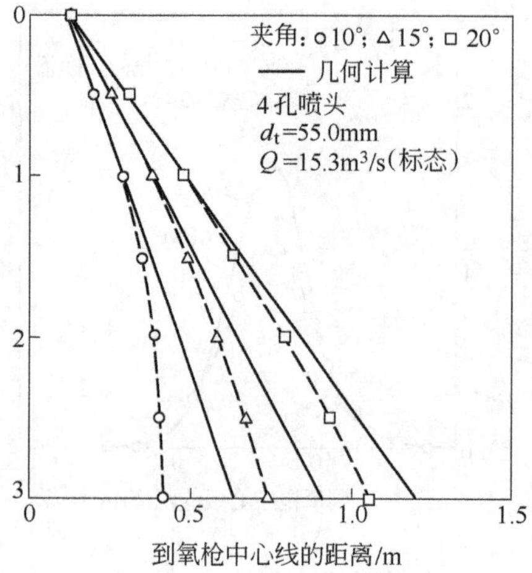

图 6-78　夹角对射流中心的影响

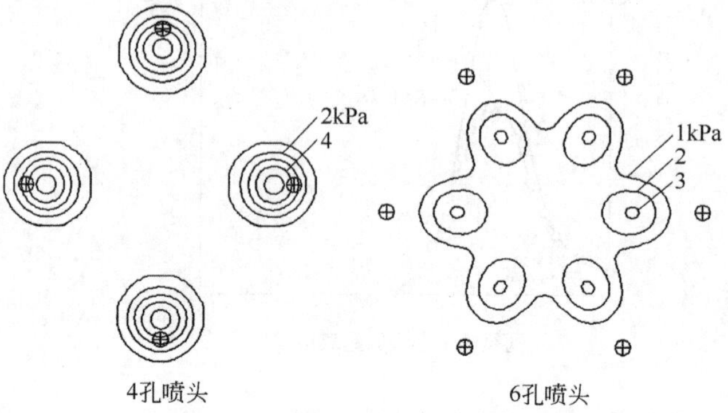

图 6-79　枪位 3.0m 处的压力分布等值线图

图 6-80 示出了 4 孔和 6 孔在相同 20°夹角时射流中心的位置变化。图中符号代表流体力学分析模拟计算结果，实线代表简单几何计算结果。可见，6 孔喷头的射流偏离简单几何计算值的程度更大，及多股射流发生相互干扰的程度更严重。

6.4.2.3　氧枪设计对射流行为和喷溅速率的影响[34]

为控制转炉中的喷溅现象，了解顶吹氧枪的喷溅行为是很重要的。通过热、冷态测试考查了多孔氧枪的射流特征及其对喷溅行为的影响，进而设计和评估了双角度 6 孔喷头的新型氧枪。结果表明，喷溅率主要受喷头射流的最大动压、压力峰与氧枪中心轴线的偏移距离这两个因素的影响，并证实双角度 6 孔喷头能有效减少喷溅率。

很多实验报道喷溅形成的临界条件取决于熔池的深度和表面张力，且喷溅率可以表示为喷射动量和熔池深度的函数，这些实验是基于单孔氧枪进行的，而多孔氧枪的喷头的喷溅率随射流的重叠度的增加而增加，该射流的重叠度又取决于多孔氧枪的几何分布。

图 6-81 所示为在溶池中进行冷态模拟实验。内径 500mm 高 1100mm 的转炉模型由丙烯酸树脂制成。将水灌入其中直至水面离底面 195mm，压缩空气从喷枪的上端通入经 120s 后喷到溶池水面上，气速和喷枪高度分别为 1.4 ×

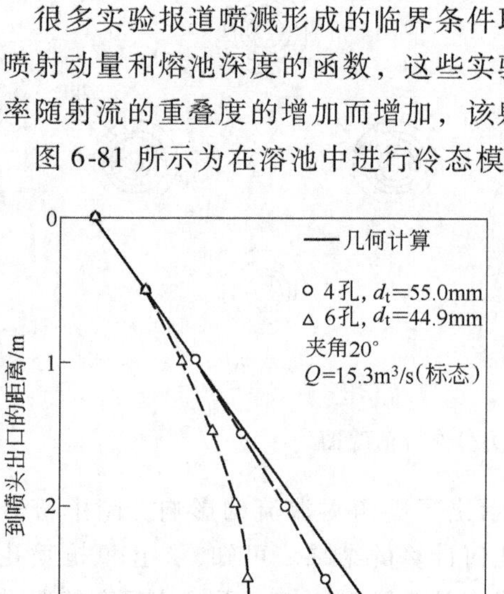

图 6-80　4 孔和 6 孔对射流中心的影响

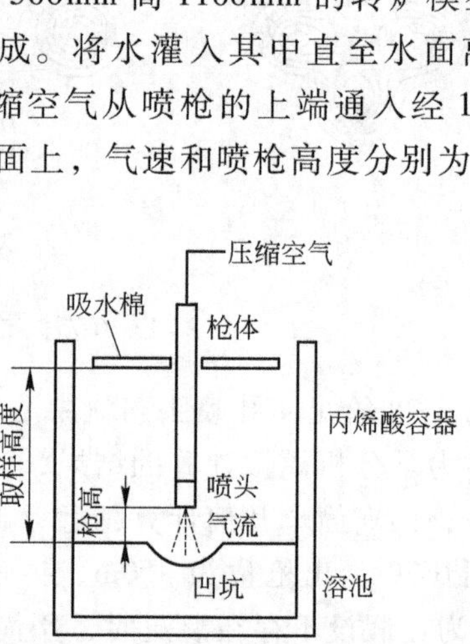

图 6-81　冷态实验装置

$10^{-2}m^3/s$ 和 200mm。从喷嘴出来的气流与溶池液面碰撞产生水滴并沿容器壁飞溅，在距溶池表面 400 ~ 900mm 的容器内部位置放置有吸水棉花，这样通过测量被棉花所吸收的水滴重量就可知道喷溅的重量。进而，喷溅速率也可以通过将喷溅的重量除以通入时间和吸水棉花的面积推算出来。

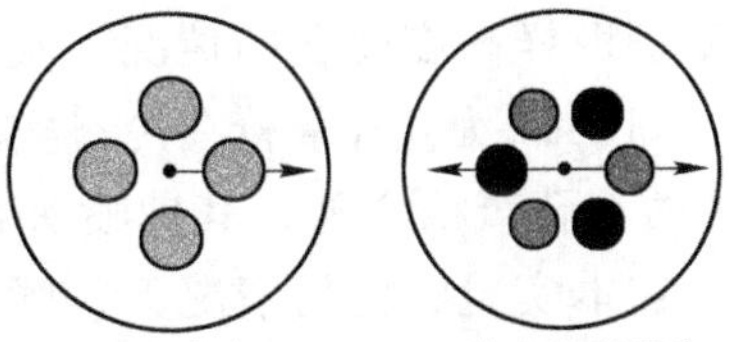

图 6-82　4 孔常规和 6 孔双角度氧枪喷头的示意图

4 孔常规和 6 孔双角度喷头的参数如图 6-82 所示。4 孔常规喷头所有的喷孔具有相同的夹角 10°或 15°，并具有相同的直径 4.8mm；6 孔双角度喷头相邻各个喷头对应的夹角不同，分别为 12°和 24°，以避免射流重叠，而且具有不同的直径 $d_{12°}$ 和 $d_{24°}$（代表了相应夹角对应的喷孔直径），两者的比值 $d_{24°}/d_{12°}$ 在 0.7 ~ 2.0 之间变化。整个喷头的出口截面设置为相同值 $72mm^2$。

6 孔双角度喷头直径的参数列于表 6-14。氧枪外径为 45mm 且喷头距氧枪中心线的距离是 10mm。

表 6-14　6 孔双角度喷头直径的参数

冷态模拟			热态模拟		
$d_{12°}$/mm	$d_{24°}$/mm	$d_{24°}/d_{12°}$	$d_{12°}$/mm	$d_{24°}$/mm	$d_{24°}/d_{12°}$
4.5	3.2	0.71	5.4	5.4	1.00
3.9	3.9	1.00	5.2	5.6	1.08
3.5	4.3	1.23	5.0	5.8	1.16
3.2	4.5	1.41	4.8	5.9	1.23
2.9	4.9	1.69	4.5	6.2	1.38
2.6	5.2	2.00			

热态模拟的脱碳反应实验在 1700kg 级的转炉中进行，转炉内径和高度分别为 1000mm 和 2020mm。含 C 4.2% ~ 4.5%，Si 0.01% ~ 0.05%，Mn 0.35% ~ 0.45%，P 0.02% ~ 0.03% 的铁水兑入转炉，使熔池深度达到 310mm。流量（标态）为 $8.3\times10^{-3}m^3/s$ 的底吹氩气搅动，顶吹（标态）$0.1m^3/s$ 的氧气采用枪位 400mm 进行吹炼。样品盒放置在距炉内金属表面 600 ~ 1600mm 的高度以收集从熔池金属表面飞溅起的小液滴。每 30s 进行取样，每炉取样 3 次，其平均值即为喷溅率。

冷态实验结果可知，6 孔双角度氧枪要低于 4 孔常规氧枪的喷溅速率。采用且喉口直径分别为 $d_{12°}$ 和 $d_{24°}$ 的拉瓦尔型喷头，两者比值 $d_{24°}/d_{12°}$ 可在 1.0 ~ 1.38 之间调节，各喷头的喉部截面积相等，为 $137mm^2$。其参数也列于表 6-14，氧枪外径 89mm 且喷孔和氧枪中心线的距离为 15mm。喷溅压力的径向分布与冷态实验采用的方法是一致的，以确定喷溅收集速率。

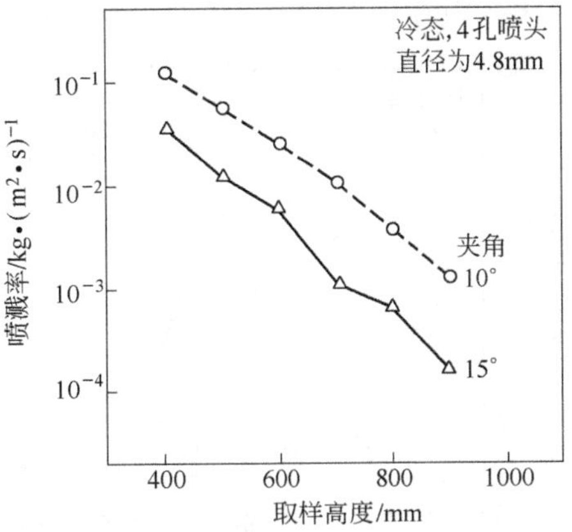

图 6-83　冷态使用 4 孔氧枪时喷溅率与高度的关系

图 6-83 为 4 孔氧枪在冷态实验中测得的喷

溅率随取样高度变化的情况。夹角 15°的 4 孔氧枪的喷溅率比夹角 10°的要小。

图 6-84 为 6 孔氧枪在冷态实验中测得的喷溅率随取样高度变化的情况。除了 $d_{24°}/d_{12°}$ = 0.7 的 6 孔氧枪之外，其他喷头直径比率的 6 孔氧枪的喷溅速率均比 4 孔氧枪要低。

在本实验的任何情况下，喷溅率随取样高度的增加而下降。当取样高度为 600mm 时，冷态实验的喷溅率 S_{cold}(kg/(m^2 · s)) 与喷头直径比值 $d_{24°}/d_{12°}$ 的关系如图 6-85 所示。当在 $d_{24°}/d_{12°}$ = 1.41 时，喷溅率 S_{cold} 存在一个最小值。

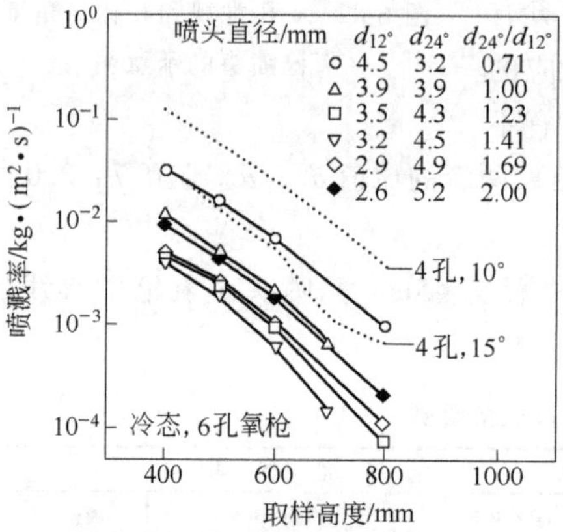

图 6-84　冷态使用 6 孔氧枪时喷溅率与高度的关系

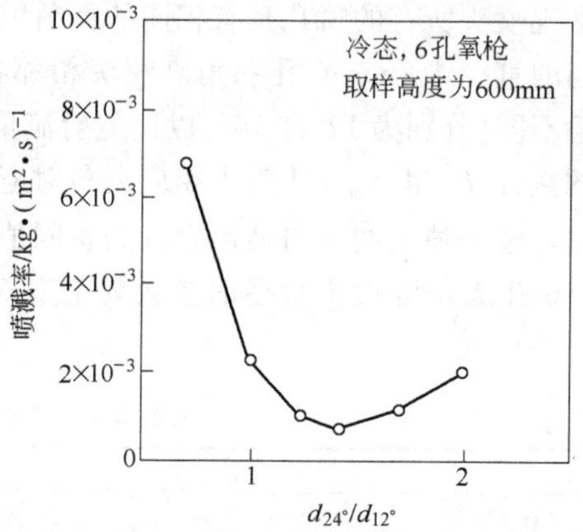

图 6-85　喷头直径比值 $d_{24°}/d_{12°}$ 对喷溅速率的影响

在距图 6-82 所示的 4 孔喷头 200mm 处平面上产生的压力径向分布如图 6-86 所示。4 孔氧枪的压力峰位于距氧枪中心线的径向 25 ~ 40mm 处，压力峰值在 300 ~ 350Pa 之间。

图 6-82 所示的双角度 6 孔喷枪的压力径向分布如图 6-87 所示。图中左边和右边的峰对应于夹角为 12°和 24°的喷头，两者对应的中心峰宽分别为 20 ~ 30mm 和 50 ~ 70mm。随着 $d_{24°}/d_{12°}$ 比值的增加，夹角 12°的喷头对应的压力峰值下降，而夹角 24°的喷头对应的压力峰值上升。

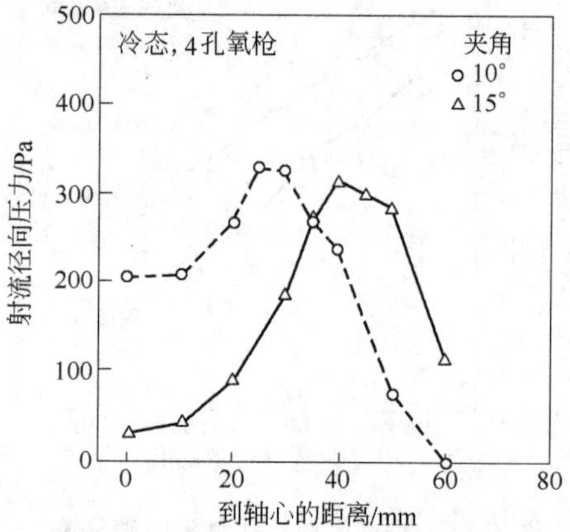

图 6-86　4 孔喷头压力的径向分布

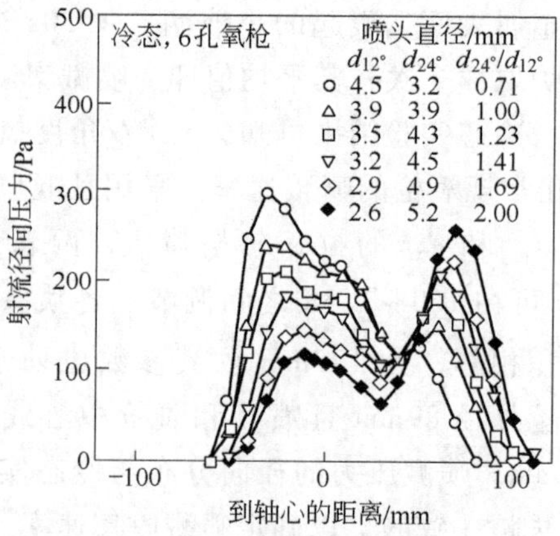

图 6-87　6 孔喷头压力的径向分布

图 6-88 示出在热态中 6 孔喷头的喷溅率与取样高度的关系。与冷态实验结果一样，喷溅率随着取样高度的增加而下降。当取样高度为 600mm 时，喷溅率 S_{hot} 与喷头直径比 $d_{24°}/d_{12°}$ 的关系如图 6-89 所示。可以看出，在 $d_{24°}/d_{12°}=1.23$ 时，喷溅率 S_{hot} 有一个极小值。

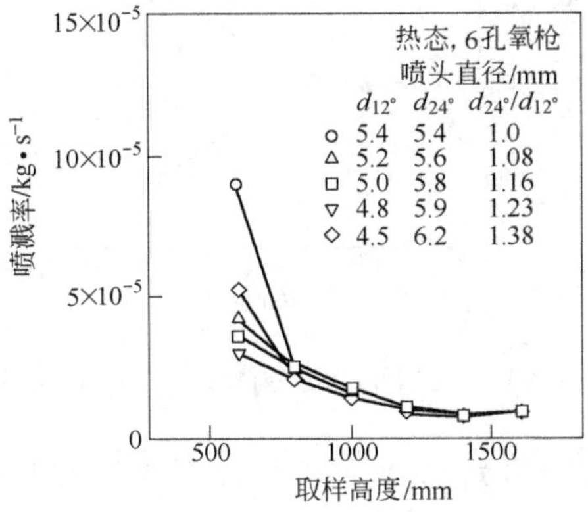

图 6-88 热态中 6 孔喷头的喷溅率与取样高度的关系

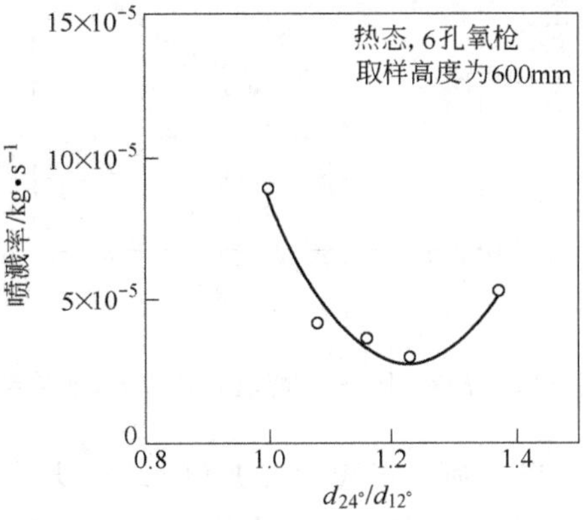

图 6-89 喷溅率 S_{hot} 与 6 孔喷头直径比 $d_{24°}/d_{12°}$ 的关系

在枪位 400mm 处平面上形成的径向分布如图 6-90 所示。该分布与冷态分布一样是非对称的。夹角为 12°和 24°的氧枪喷头分别对应左峰和右峰。当喷头直径比 $d_{24°}/d_{12°}$ 增加时，左峰值减少而右峰值增加。

将冷态喷溅率比 S_{cold}/S_0 和热态喷溅率比 S_{hot}/S_0 对 $d_{24°}/d_{12°}$ 作图，可得到图 6-91。图中，S_0 为 $d_{24°}/d_{12°}=1$ 时对应的喷溅率。该指数表明为达到 S/S_0 的最小值，在冷态实验中比热态实验需要更高的 $d_{24°}/d_{12°}$ 值。从冷态实验使用中的直管型喷头出来的射流要比从热态实验中使用的拉瓦尔型喷头出来的射流弱小，并且它的各个喷流之间更容易融合。

射流压力峰值对喷溅率有影响的原因是吹向熔池表面的射流会产生的喷溅。在冷态和

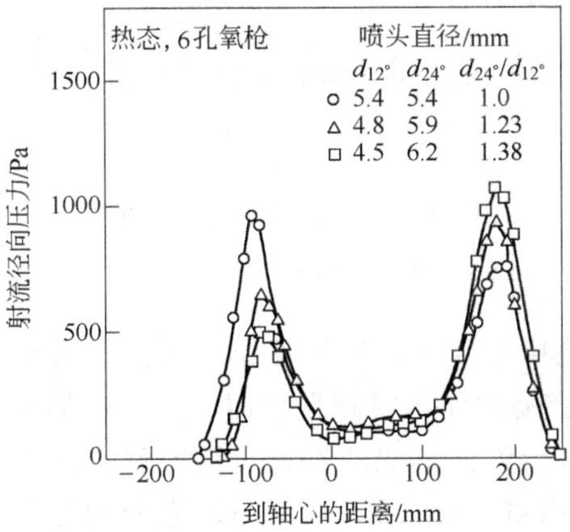

图 6-90 热态实验中 6 孔喷头压力的径向分布

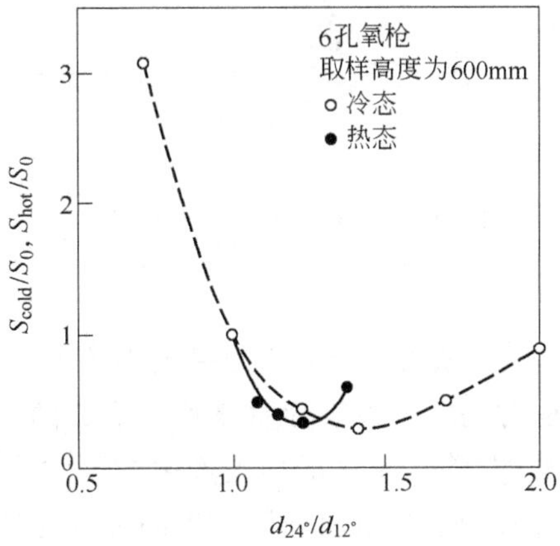

图 6-91 冷态 S_{cold}/S_0 及热态 S_{hot}/S_0 和 $d_{24°}/d_{12°}$ 的关系

热态模拟实验中从喷头出来的射流压力峰值对 $d_{24°}/d_{12°}$ 分别作曲线得到图 6-92 和图 6-93。

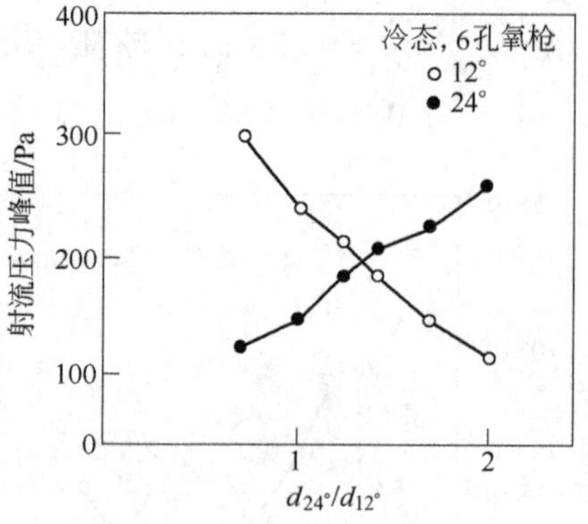

图 6-92　冷态射流压力峰值和 $d_{24°}/d_{12°}$ 的关系

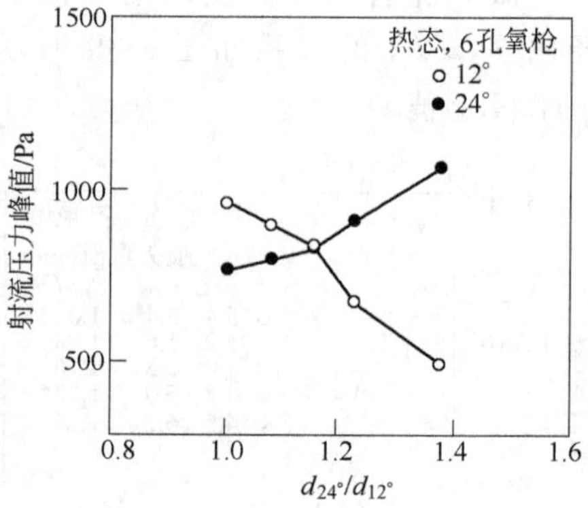

图 6-93　热态射流压力峰值和 $d_{24°}/d_{12°}$ 的关系

空心圆点直线代表夹角 12°喷头产生射流的压力峰值 $p_{12°}$，而实心圆点直线代表夹角 24°喷头产生射流的压力峰值 $p_{24°}$；当 $d_{24°}/d_{12°}$ 增加时，冷态和热态中对应的 $p_{12°}$ 下降而 $p_{24°}$ 增加，当 $d_{24°}/d_{12°}$ 较小时，射流的最大压力 p_{max} 与 $p_{12°}$ 一致；当 $d_{24°}/d_{12°}$ 较大时，射流的最大压力 p_{max} 与 $p_{24°}$ 一致。

图 6-94 和图 6-95 分别示出最大射流压力 p_{max} 值对冷态、热态中喷溅率 S_{cold}、S_{hot} 的影响。喷溅率随着最大射流压力的增加而增加，且喷头倾斜角增加，最大压力峰值会朝远离氧枪中心线的方向漂移，从而使喷溅速率更低。

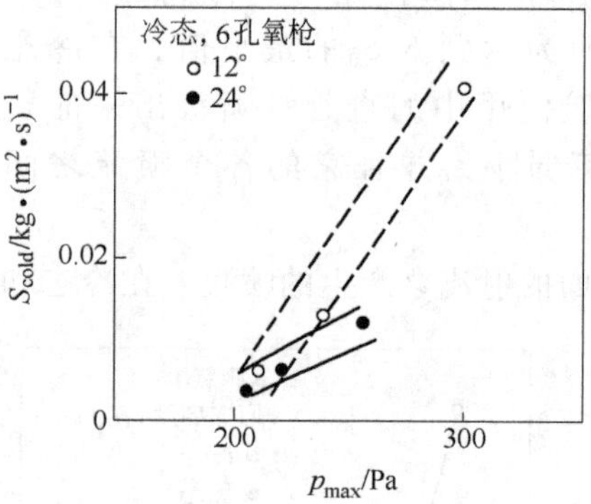

图 6-94　最大射流压力 p_{max} 值对冷态喷溅率 S_{cold} 的影响

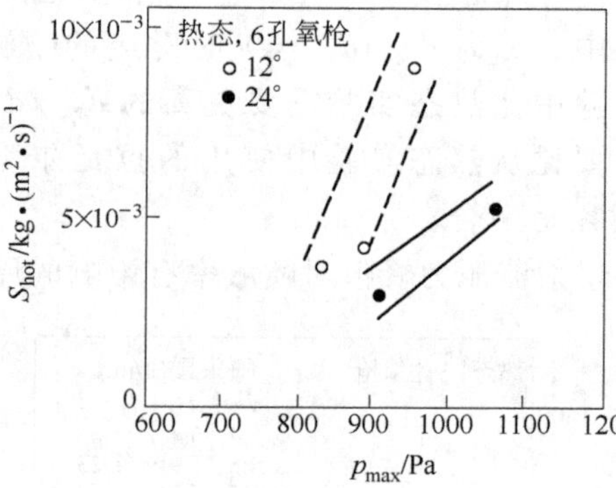

图 6-95　最大射流压力 p_{max} 值对热态喷溅率 S_{hot} 的影响

从夹角 12°喷头出来的射流产生的压力峰偏移氧枪中心较少，液滴形成的方式更可能是射流从熔池表面垂直喷溅形成的，并且这些液滴更容易被作为喷溅颗粒而收集。但从夹角 24°喷头出来的射流产生的压力峰偏移氧枪中心较多，液滴形成的方式更可能射流从熔池表面呈对角地喷溅产生的并且这些液滴收集起来较困难。然而，24°喷头的直径增加较快，喷溅的液滴量相应增加并导致喷溅率更高。因此，为了降低喷溅率必须通过设计喷头的布局来获得一个最优化的射流压力分布。目前实验中使用的 6 孔双角度氧枪显然容易达到此目的，因为它能通过同时调整喷头的直径和夹角来控制压力分布。

为确定射流压力最大值 p_{max} 及距氧枪中心的压力峰偏移情况，对实验结果运用衰减分析。冷态和热态实验对应的喷溅率如下：

$$S_{cold} = 3.6 \times 10^{-17} p_{max}^{5.6} (D_{peak}/H)^{-0.55} \tag{6-48}$$

$$S_{hot} = 2.0 \times 10^{-16} p_{max}^{3.6} (D_{peak}/H)^{-1.15} \tag{6-49}$$

式中，D_{peak} 为压力峰距中心偏移值，m；H 为氧枪顶端距熔池表面的高度，m。

从图 6-96 和图 6-97 可看出，喷溅率 S_{cold} 和 S_{hot} 与通过衰减分析得到的经验方程吻合得很好。图 6-96 表明冷态实验关系式不仅适合 6 孔喷头氧枪，也适合常规 4 孔喷头氧枪。

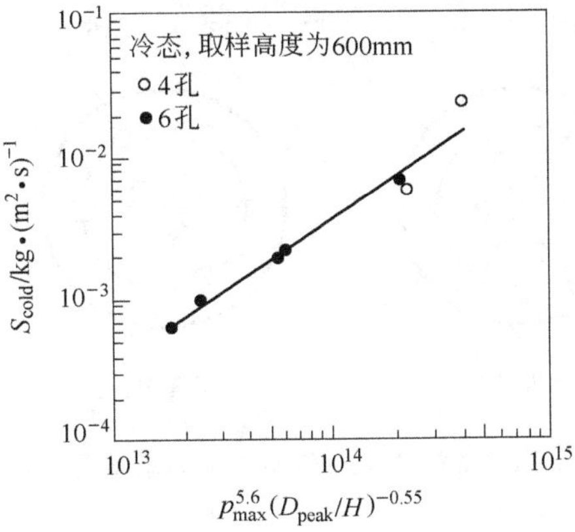

图 6-96　冷态喷溅率 S_{cold} 和 p_{max}、D_{peak}、H 的关系

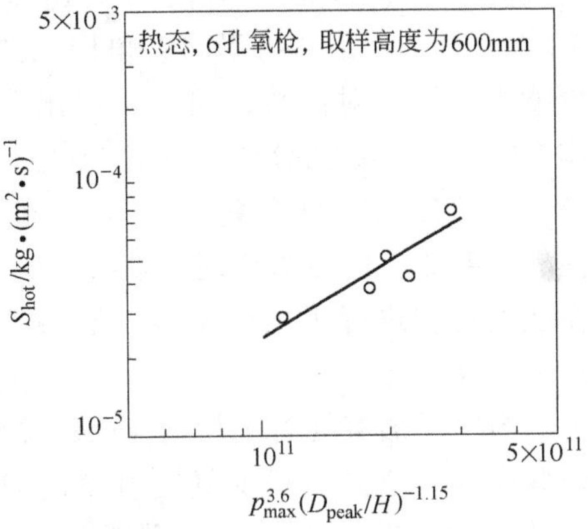

图 6-97　热态喷溅率 S_{hot} 和 p_{max}、D_{peak}、H 的关系

冷态实验对应的 p_{max} 的指数要高于热态实验。在热态实验中，喷头动能和仅在熔池表面发生的脱碳反应导致的“气泡爆裂”将液滴从熔池表面溅起。热态实验对应的 p_{max} 的指数低，表明“气泡爆裂”的影响低于 p_{max} 的影响。冷态实验中 D_{peak}/H 的绝对值要小于热态实验。通过比较图 6-87 和图 6-90 可知，冷态实验中的射流分布比热态实验中的射流分布要宽。这是由于在冷态实验中使用直型喷头，而不是热态实验中拉瓦尔型喷头。射流分布也是会影响喷溅行为，但是，鉴于冷态实验和热态实验中存在特性差异，例如由于表面张力和密度不同会影响喷溅行为，相关研究需要进一步展开。

通过冷热态实验，研究了 4 孔和 6 孔氧枪的喷头动力行为和喷溅现象。常规 4 孔喷头氧枪有相同夹角，即均为 10°或者 15°。新型 6 孔氧枪有两种倾斜角为 12°和 24°的两种喷头相互交替，以便控制喷头的动压分布。

除了喷头直径比 $d_{24°}/d_{12°} = 0.71$ 时例外，冷态实验中 4 孔氧枪比 6 孔氧枪喷溅率更高。6 孔氧枪的喷溅率受 $d_{24°}/d_{12°}$ 影响并存在一个使喷溅率最小的优化 $d_{24°}/d_{12°}$ 值。

测量喷头动压分布的实验表明双重峰分别对应夹角为 12°和 24°的喷头的动压分布。随着 $d_{24°}/d_{12°}$ 的增加，24°喷头产生的射流峰压逐步增加，而 12°的却逐渐下降。24°喷头射流的喷溅速率很低导致产生的液滴不可能像强烈“喷溅”产生的液滴那样容易收集，然而，喷溅率是随着 $d_{24°}/d_{12°}$ 的增加而增加的，因为 24°喷头射流喷溅产生的液滴量增加到不容忽略的程度。

为了降低喷溅率，可通过改变喷头直径和夹角来优化喷头的射流压力分布。

6.4.3　宝钢用双角度6孔喷头

6.4.3.1　双角度喷头的特点

中科院过程工程研究所与宝山钢铁（集团）公司合作，共同进行大流量，高强度供氧喷头的研究开发，以取代进口喷头获得成功，并应用在宝钢300t转炉上[35]。为了进一步改进喷头性能，满足冶炼“三脱”铁水的需要，双方继续合作，研究开发了一种新型6孔喷头，该喷头不同于上述日本的喷头[36]。对一种由2组不同夹角构成的大型氧枪喷头进行了射流特性研究，提出了氧枪操作参数。6个喷孔分成2组，每组不但夹角各异，而且喉口直径和出口马赫数也不同，使氧气射流特性更为合理。该喷头于1998年在宝钢转炉进行了生产实验，取得了良好的冶炼效果。

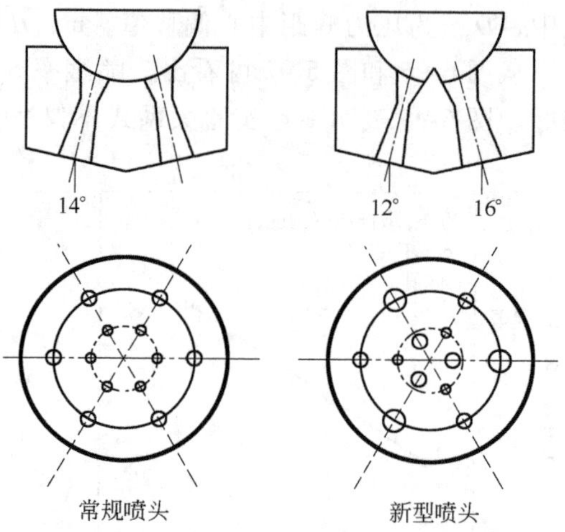

图6-98　常规喷头与新型喷头的示意图

为了增加氧气射流与钢液面的接触面积，分散火点反应区，减少氧气射流流股之间的交叉干扰，有利于造渣，脱碳和减少喷溅，新喷头设计为周边6孔，每3孔为1组，分为2组，每组设计参数不同，交错布置，如图6-98所示。

双角度喷头参数如表6-15所示，其特点为：

表6-15　双角度喷头的设计参数（设计压力为表压）

喷　孔	喉口直径/mm	出口直径/mm	马赫数	夹　角	设计压力/MPa
大孔	3×ϕ51	3×ϕ66	1.99	16°	0.72
小孔	3×ϕ42	3×ϕ57	2.10	12°	0.87

（1）2组喷孔出口虽在喷头端面同一圆周上，但夹角不同，其中1组夹角加大，一方面使氧流股错开，以免相互干扰，另一方面使氧气流股作用在钢液面的区域扩大，有利于化渣。

（2）根据两种不同喷孔夹角设计成两种不同喉口直径，夹角大的喷孔喉口直径稍大，氧气射流股较粗，射在钢液面的外圈；夹角小的喷孔喉口直径稍小，氧气射流股较细，射在钢液面的内圈。

（3）由于2组喷孔喉口直径不同，为确保氧气射流到达钢液面的速度基本一致，或者外圈速度稍低，以利于化渣，内圈速度稍高，以利于脱碳，大喉口喷头出口马赫数设计稍低，小喷口喷孔出口马赫数设计稍高。

（4）为了减少冷却水阻力，改进水流速度分布，提高抗热负荷能力，将兜水板设计成变断面，呈“胃形”，使得热负荷小处水流速稍低，热负荷大处水流速稍高。在喷头中心加设上下锥体，以圆柱体相连，减少四周水流在中心部位相互冲击，起导向水流作用。

喷头入口压力与氧气流量之间的关系根据计算列于表 6-16。氧枪冷却水量为 330t/h。

表 6-16 喷头入口压力与氧气流量之间的关系

项　目	数　据				
入口压力/MPa	0.80	0.85	0.90	0.95	1.00
大孔氧流量（标态）/$m^3 \cdot h^{-1}$	34109	36004	37899	39794	41689
小孔氧流量（标态）/$m^3 \cdot h^{-1}$	23124	24408	25693	26978	28262
总氧流量（标态）/$m^3 \cdot h^{-1}$	57233	60412	63592	66772	69951
大小孔氧流量比	约 3:2				

6.4.3.2 测试方法

在转炉氧气炼钢过程中，氧气射流对化渣、脱硫、喷溅都有很大的影响，直接关系到冶炼效果，因此进行冷态实测研究十分重要。一方面，它可以对喷头的设计与制造质量作出评价，提出改进意见；另一方面，也为氧枪操作制订供氧制度提供依据。由于宝钢 300t 转炉喷头氧量（标态）在 60000m^3/h 左右，一般实验室难以实现，根据相似理论分析，考虑到超声速射流所具有的自模拟特性，通常采用模拟实验研究，其结果并不影响对实际情况的分析。根据自由射流的自模性，在氧枪喷头的研究中，可以用一定比例的模型实验研究代替大型喷头的实测。按实际喷头尺寸的 1/3 制成模拟喷头，研究了它的冷态射流特性。

对喷头射流的各项特性的测定，基本上是通过测定射流流股的总压和静压来实现的，射流速度场可根据下式计算得到[37]：

$$u = \sqrt{2RT_1 \frac{\kappa}{\kappa - 1}\left[\left(\frac{p_G}{p_S}\right)^{\frac{\kappa-1}{\kappa}} - 1\right]} \qquad (6\text{-}50)$$

式中，p_G 为流股总压；p_S 为流股静压；κ 为氧气的比热指数（$c_{p,m}/c_{V,m} = 1.4$）。

测量系统主要由三部分组成：计算机数据采集系统、多点压力测量扫描阀系统和气体流量测量系统[38]。沿直径方向排列 96 支皮托管同时测量总压和静压，压力信号通过压力传感器转变成电信号，经过放大后输入计算机。原始数据经过处理后，便能得到描述射流特性的各类特征数据、图形。改变测试杆距离和转动喷头，可以考察不同枪位、不同角度时射流的流动特征。

6.4.3.3 双角度喷头射流特性

两组喷孔的射流中心线速度变化如图6-99所示。在相同的出口距离下，小孔射流速度略大于大孔射流速度。对同一喷孔而言，入口压力越高，相应的速

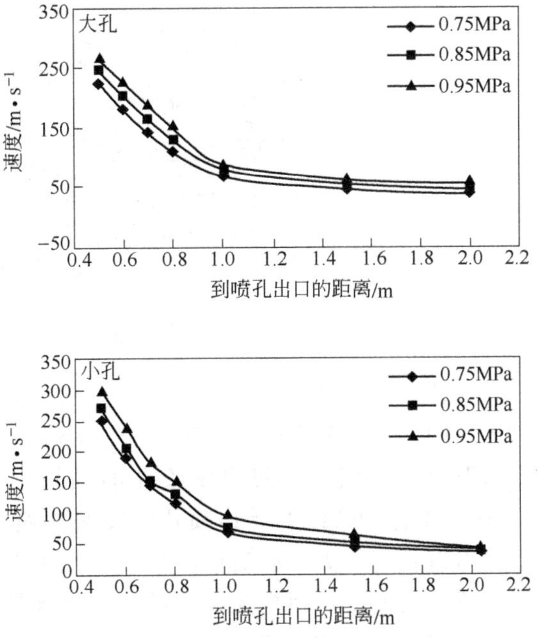

图 6-99 两组喷头射流中心线速度分布

度值也越大，在喷头出口附近，这种差别很明显，随着喷头出口距离的增加，差别逐渐减小。在距离喷头 1.2m 以前，速度衰减很快，这时枪位的变化对熔池反应影响很大，不容易稳定操作；在 2.0m 以后，速度变化趋于平缓，但速度值较低，对熔池的冲击能量不足。因此，使用该新型喷头正常的操作枪位应该选择在 1.2 ~ 2.0m 之间。

射流的向前运动特征可由轴向纵剖面的等速度线描述如图 6-100 所示。射流的运动方向存在着一定程度的偏转，随着出口距离的增大，偏转程度也在增大。这是因为，多孔喷头各股射流从各自喷孔中喷出后，随着轴向距离的增加，边界不断扩张，各股射流外缘区域逐渐重合、迭加。由此导致射流之间发生的相互抽引、卷吸作用，使得射流中心线由喷孔几何轴线逐渐向喷头几何轴线偏移。

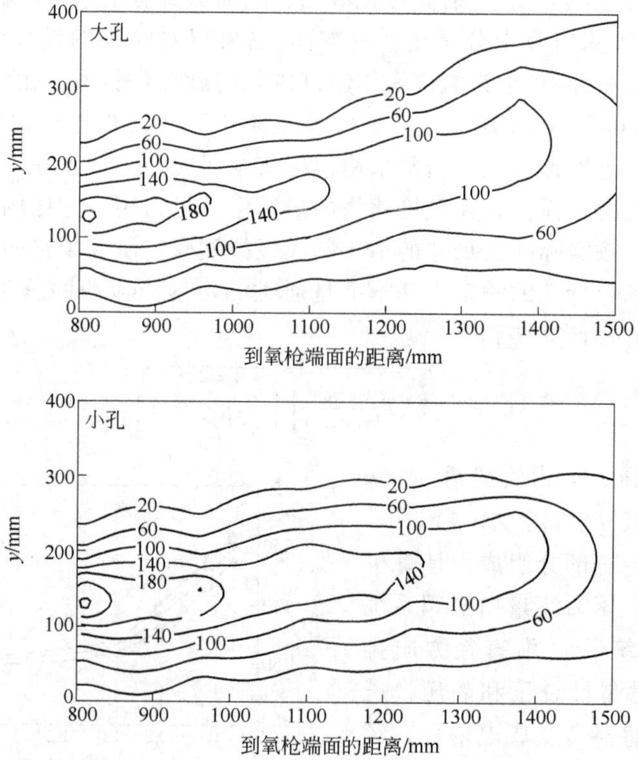

图 6-100　射流轴向纵剖面等速度线（m/s）

对射流中心线的偏移距离进行了测试，同一横截面上，射流速度最大处即为射流中心线位置。图 6-101 为喷头入口压力为 0.85MPa 时射流中心线偏移距离的测试结果。图中虚线表示射流中心线，实线表示喷孔的轴线。由图中所示，大孔距喷头端面 1.0m、小孔 0.8m 时，射流中心线开始由喷孔轴线偏向喷头轴线，小孔相对大孔更容易发生偏移。随着射流出口距离增大，射流中心线偏移距离越大。可以认为，对于多孔喷头中喷出的多股射流，倘若射流出口距离足够大的话，原来带有一定倾角的各股射流运动方向将变得与喷头轴线方向完全一致，多股射流将汇合成单股射流。

对于同一喷孔而言，入口压力高，相应的速度值也大。在喷头近处，这种差别很明显，随着轴向距离的增加，逐渐趋于一致。图6-102为喷头入口压力为0.85MPa时，距离喷头端面1.0m、1.3m、1.5m、1.8m时射流横截面上的等速度线，图中*H*表示横截面到喷头端面的距离。由图可知，由于两组喷孔直径和倾角均不相同，大孔射流偏外，小孔射流偏内，交错排列，流股外形呈三角形状。在相同的喷头入口压力下，随着轴向距离的增加，由于周围环境介质的掺混，射流横截面逐渐扩大，而射流中心线速度逐渐减小，因此射流外缘低速区等速度线包围的面积扩大，而中央高速区等速度线所包围的面积缩小。所以在实际操作中，冶炼初期为了加快化渣，应适当提高枪位，以增加氧气射流与熔池接触面积；冶炼中后期应适当降低枪位，减少低速区面积，增加高速区面积，使射流对熔池保持一定的冲击能量，以利于脱碳。对于射流的运动速度以及横截面积可更形象地用三维立体表面图表示，如图6-103所示。图中“山峰”高度的减小可表示射流速度的不断衰减。

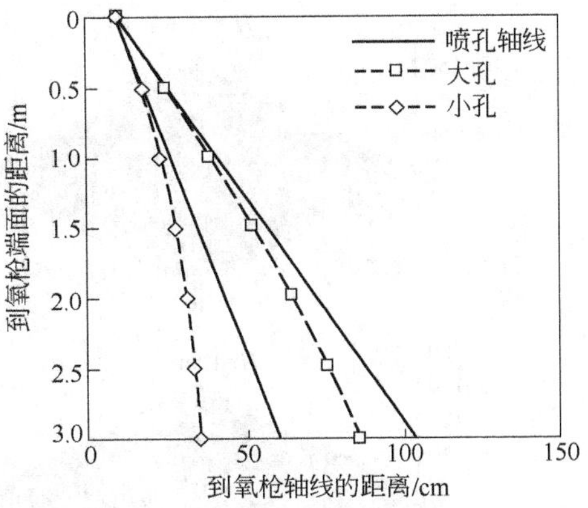

图6-101　两组喷孔射流中心线的偏移

在距喷头出口2m以前，速度衰减很快，这时枪位的变化对熔池反应影响很大，不易稳定操作。在3m之后，速度衰减趋于平缓，但速度值较低，对熔池冲击能量不足。因此，正常操作枪位一般选择在2.1～2.6m之间。

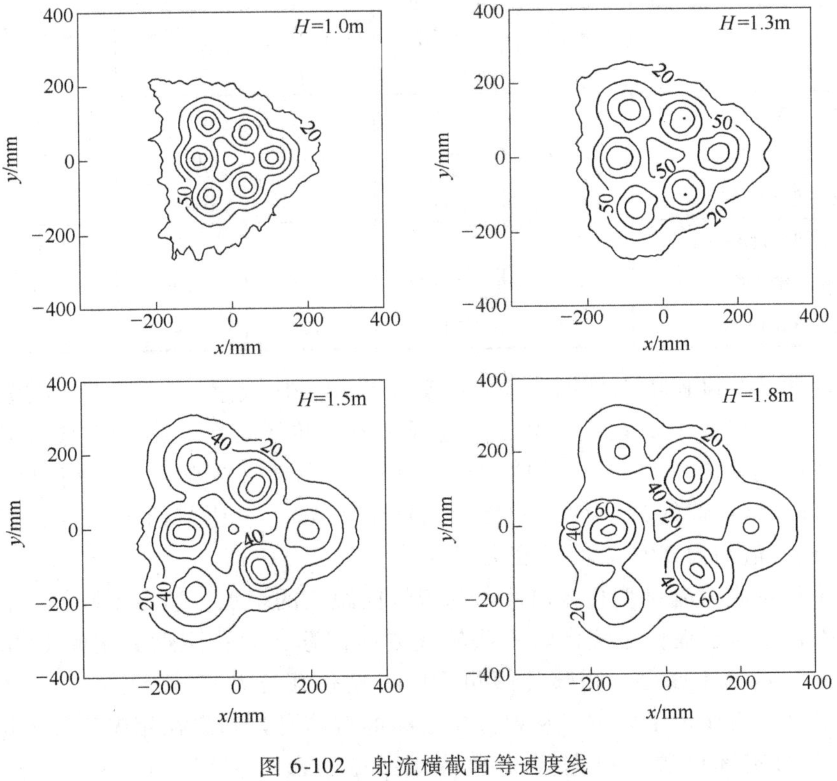

图6-102　射流横截面等速度线

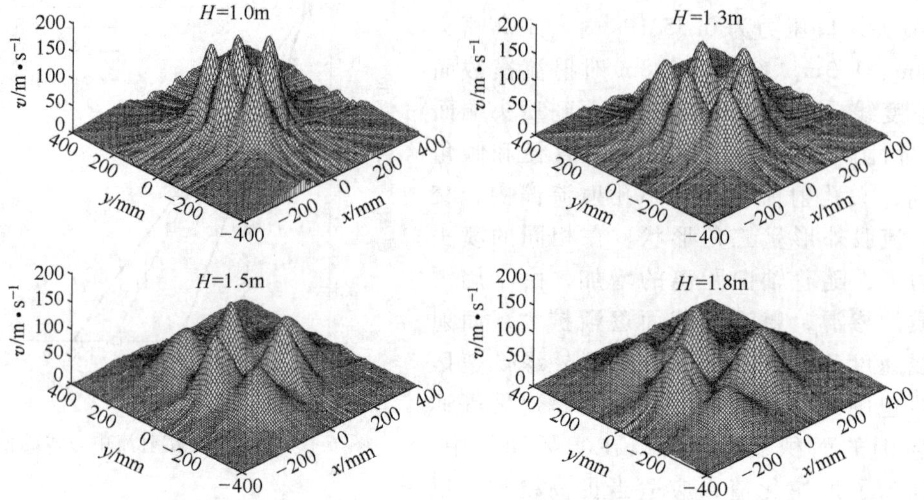

图 6-103　射流速度立体表面图

射流中心线上的速度值最大，由此可以计算出在操作枪位下射流冲击熔池的凹坑深度。由于所用公式不同，计算结果也有差异。宝钢 300t 转炉熔池深度约为 1.2m，计算出两种喷枪氧射流冲击熔池的凹坑深度及其与熔池深度的比值列于表 6-17。

表 6-17　射流冲击熔池的凹坑深度及其与熔池深度的比值

项　目	数　据					
喷头入口压力/MPa	0.85	0.85	0.85	0.95	0.95	0.95
操作枪位/m	2.1	2.4	2.6	2.1	2.4	2.6
小孔射流中心线速度/m·s⁻¹	163	142	128	187	156	1.39
小孔熔池凹坑深度/m	0.27	0.20	0.16	0.35	0.24	0.19
与熔池深度比值/%	22	17	14	29	20	16
大孔射流中心线速度/m·s⁻¹	153	129	118	169	143	126
大孔熔池凹坑深度/m	0.23	0.17	0.14	0.29	0.20	0.16
与熔池深度比值/%	20	14	12	24	17	13

选择熔池凹坑深度比值在炼钢过程中有重要作用，比值过小，即熔池穿透深度不足，搅拌能量小，会造成渣中氧化铁过高，熔池成分和温度不均匀，脱碳反应减弱；比值过大，氧射流对熔池冲击力大，会对炉底造成损伤，也易于产生喷溅。宝钢 300t 转炉吹炼初期枪位 2.6m，该比值约为 14%，吹炼中期枪位 2.4m，该比值约为 17%，终点前降枪位为 2.1m，该比值约为 22%，对炉底无损害。

多孔喷头与每股射流自喷孔流出后，随着轴向距离的增加，边界不断扩张，射流之间发生相互抽引，使得射流中心线向着喷头轴线方向偏移，大孔距喷头端面 1.3m，小喷孔 1.1m，射流中心线开始偏移。因喷孔倾角不同，喷孔倾角大，射流中心线位于外侧，喷孔倾角小，射流中心线位于内侧，从射流中心线的偏移可以确定在相应枪位下熔池凹坑中心距熔池中心的实际位置。根据测试结果计算可知，对宝钢 300t 转炉，在操作氧压

0.85MPa 枪位 2.1m、2.4m 和 2.6m 时，大孔射流冲击熔池凹坑中心距熔池中心约分别为 0.66m、0.73m 和 0.78m，小孔分别为 0.54m、0.61m 和 0.66m。

宝钢 300t 转炉熔池半径为 3.376m，熔池表面积为 35.81m²。将在操作枪位下射流等速度线所包围的面积及其与熔池面积的比值列于表 6-18。

表 6-18　射流等速度线冲击面积及其与熔池面积比（p_0 =0.85MPa）

枪位/m	项　目	等速度线 /m·s⁻¹							
		≥20	≥40	≥60	≥80	≥100	≥120	≥140	≥160
2.1	冲击面积/m²	2.061	1.602	1.161	0.738	0.459	0.261	0.117	0.009
	面积比/%	5.77	4.49	3.25	2.07	1.29	0.73	0.33	0.03
2.4	冲击面积/m²	2.340	1.836	1.260	0.666	0.324	0.063	0	0
	面积比/%	6.55	5.14	3.53	1.86	0.91	0.18	0	0
2.6	冲击面积/m²	2.664	2.232	1.368	0.612	0.216	0.036	0	0
	面积比/%	7.46	6.25	3.83	1.71	0.60	0.10	0	0

由于喷头两组喷孔大小和夹角均不同，大孔射流偏外，小孔射流偏内，交错排列，与熔池接触面积扩大，凹坑个数增加，火点反应区增大，对化渣和脱碳有利，从表 6-15 中可以看出，在相同喷头入口压力下，随着轴向距离的增加，由于周围环境介质的掺混，射流横截面逐渐扩大，而射流中心线速度逐渐减小，因此射流外缘低速区等速度线所包围的面积扩大，而高速区（80m/s 以上）等速度线所包围的面积缩小。所以在氧枪实际操作过程中，在冶炼初期为了加快化渣，适当提高枪位，以增加氧射流与熔池接触面积；在冶炼中后期，适当降低枪位，减小低速区面积，增加高速区面积，使射流对熔池保持一定冲击能量，以利于脱碳。本次测试喷头入口压力为 0.85MPa 时，氧射流 20m/s 等速度线所包围的面积在操作枪位 2.1～2.6m 范围约占熔池表面积的 5.77%～7.46%，射流 20m/s 等速度线距熔池中心不超过 1.5m，与熔池半径比为 1∶2.3，因此不会冲刷炉壁。

6.4.3.4　*应用效果*

该喷头于 1998 年 3 月在宝钢 2 号和 3 号转炉进行生产实验，试用了 3 只喷头，共冶炼 494 炉。因当时还不能提供“三脱”铁水，实验按原生产条件进行。根据喷头冷态射流特性测试结果，氧枪操作参数为：

工作氧压	0.90MPa
氧气流量（标态）	60000m³/h
操作枪位	开始 2.5～2.6m；中期 2.3～2.4m；终点 2.1～2.2m
冷却水量	330t/h

在工作氧压 0.90MPa，操作枪位 2.1～2.6m 时，由测试结果计算，射流冲击熔池凹坑深度与熔池深度之比，小孔为 22%～14%，大孔为 20%～12%，20m/s 射流速度线所包围的面积与熔池表面积之比为 5.77%～7.46%。射流中心线大孔从 1.3m，小孔从 1.1m 开始偏移喷孔中心线，在操作枪位 2.1m、2.4m 和 2.6m 时，大喷孔射流冲击熔池凹坑距熔池中心分别约为 0.66m、0.73m 和 0.78m，小喷孔分别为 0.54m、0.61m 和 0.66m，射流 20m/s 等速度线距熔池中心最大不超过 1.5m，与熔池半径比约为 1∶2.3，不会冲刷炉壁。

表6-19为进口喷头（A）、大流量喷头（B）以及新设计6孔喷头（C）冶炼指标比较。从宝钢实际冶炼效果看，双角度喷头起渣早，化渣效果好，纯吹氧时间进一步缩短，耗氧量减少。由于未能提供“三脱”铁水，条件具备时，应该继续进行这方面的工业试验，另外也可进行喷头夹角适当减小的工业试验。

表6-19　三种喷头冶炼指标比较

项　目	数　据					
炉　号	2	3	1	3	2	3
喷　头	A	B	B	C	C	C
供氧量/$m^3 \cdot h^{-1}$	52489	59376	60053	60000	60000	60000
实验耗氧量/m^3·炉$^{-1}$	15455	15720	15139	14578	14319	14332
纯吹氧时间/min	18.2	16.3	15.9	15.2	14.9	14.9
供氧强度/$m^3 \cdot (t \cdot min)^{-1}$	2.83	3.12	3.17	3.18	3.19	3.21

6.4.4　聚合射流喷头

6.4.4.1　聚合射流技术在转炉上的应用

在电弧炉炼钢工艺中开发的聚合射流技术（Cojet）现又移植于转炉炼钢。对于典型的转炉钢厂而言，每年有可能带来约1500万美元的经济效益[39]。Cojet技术用于电弧炉炼钢，目的是将分散布置的碳粉喷枪、氧气喷枪、氧燃烧嘴与二次燃烧喷嘴等集中于一起，减少电弧炉附属设备，从而降低设备投资并提高生产率。此外，该项技术还能明显降低炼钢能耗。

通过水力学模型和对电弧炉观察，聚合射流具有相当大的熔池穿透深度，与底吹气体搅拌的效果相似。这可使转炉在不安装底部供气元件的情况下具有复吹转炉的搅拌效果。由于转炉氧枪喷头喷孔大都在3个以上，且供氧强度大，应用聚合射流氧枪技术难度大。目前仅有美国内陆公司印第安纳港钢厂和美国钢铁公司加里厂进行了应用。结果表明，使用聚合射流提高了铁、锰的金属收得率，减少了铝的消耗；能处理含硅量更高的铁水，提高了转炉的废钢比；降低了补吹率。

氧气转炉聚合射流技术的关键在于氧枪与喷头设计，使喷头产生围绕超声速氧气主射流的环状火焰。此项独有技术于1998年取得专利。多孔喷头小孔内吹出的聚合气流在钢水熔池上方可保持152～1830mm的距离。与常规氧枪喷头不同，在这段距离中，氧气流股的直径与速度保持不变。氧气流股外面的火焰用于保持流股的聚合性，即保护流股不受炉内湍流的影响而发散，因此可以在长距离内保持其速度、流股直径与冲击力。这样，可以获得更大的熔池穿透深度与更好的熔池搅拌效果。

聚合射流在其外围火焰的保护下可获得比常规氧气射流高5倍的射程并保持其不发散的特性，即在同样的喷枪高度上，其冲击力比常规射流大得多，这样可以避免它像常规射流那样过早地卷入周围气体而造成迅速衰减。由于上述特性，转炉使用聚合射流技术可以获得类似于复吹转炉底搅拌的效果与经济效益，可以省去消耗式的炉底喷嘴，也就省去了过去每3000～4000炉需要更换炉底的麻烦，使炉衬寿命保持在15000炉的水平。

氧气转炉采用聚合射流技术需要下列装备：带有聚合氧气主射流的聚合射流喷枪；用

于各种气体流量控制的可编程逻辑控制器（PLC）系统。聚合射流系统可以在转炉原有的氧枪系统上加以改造，可以保留原有喷头的氧气主射流设计，但要增加每股射流周围的环状氧燃火焰保护。某些情况下氧枪小车也要随之改造。

气体控制阀组承担天然气与二次氧的流量控制与显示，用一台显示器可以反映所有阀门的工作状态。整个系统的设计安全可靠，所有的连锁与允许开关都纳入转炉总的安全体系之中。

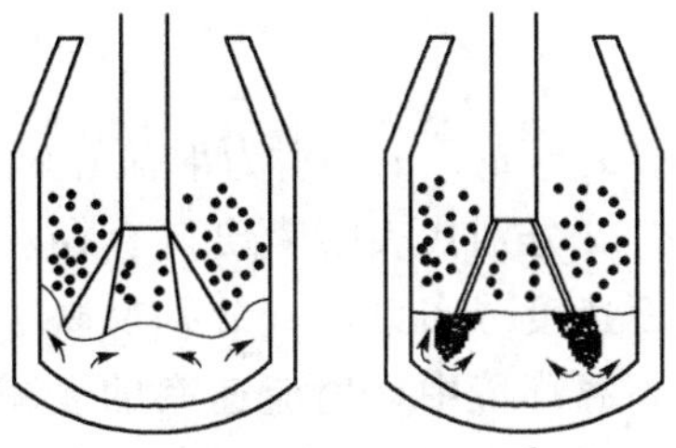

图 6-104　氧气射流与钢液熔池作用
a—传统射流（产生凹坑）；
b—Cojet 射流（不产生凹坑）

氧气流股与钢水熔池的相互作用制约着转炉炼钢过程中的许多重要环节，诸如喷溅现象、金属液滴生成、泡沫渣、渣钢混合与炉内二次燃烧等。在水模型试验与电炉炼钢过程中的观察表明，超声速聚合射流对熔池穿透更深，但并不形成常规喷头所产生的凹坑，如图6-104所示。这个特点大大减少了凹坑周围气泡容易得到大的动能而造成喷溅的可能性。

在氧气转炉中以聚合射流技术改造传统氧气喷枪，增大了氧气射流对熔池的穿透深度，强化了熔池搅拌，显著减少喷溅现象，使得氧气流股的搅拌效果可与底吹搅拌相比美，从而可在转炉上取消底搅拌设备，既可节省设备投资与维护费用，免去更换炉底的麻烦，又能保证搅拌效果。

转炉使用聚合射流聚合射流喷枪可以在以下几方面带来效益：更高的铁、锰收得率；更低的脱氧用铝消耗；提高脱碳速率；喷溅减少，从而维护炉坑的工作量减少；喷少喷枪结瘤；改善炉内重型废钢的熔化；有利于转炉终点控制，降低补吹率。

聚合射流技术一直是在电炉炼钢中应用，现在使用该技术的电炉已超过 40 座。然而，用于氧气转炉的工业试验分别开始于 2000 年 7 月与 2000 年 9 月，试验厂家为美国钢铁公司（US Steel）的加里（Gary）厂与内陆公司（Ispat Inland）的印第安纳港厂。美国贝里金属（Berry Metal）公司可以制造电炉或转炉用聚合射流喷头。Praxair 公司最近开发了集束喷枪用于转炉生产，并取得了良好的效果[39]。该氧枪采用超声速环形氧燃火焰包绕的氧气主射流，将紊流起点后移，使气流在较长的距离内保持原始直径和稳定的速度，以获得对熔池更大的穿透深度和搅拌力，从而达到提高终点 Fe、Mn 收得率，强化脱碳，减少喷溅的冶金效果。

6.4.4.2　聚合（集束）射流（Cojet）特性[40]

通常超声速氧气射流的喷射长度受环绕气体气氛的影响，由于高温燃烧气体的密度非常低，从而降低了喷射气体的质量，使聚焦的氧气射流变得更长[41, 42]。而常规多孔氧枪喷头几何轴线上的速度分布具有多股射流边界相互掺混的时间和掺混程度大小的复杂特征。因为对高温环境下多孔轴线上的速度分布研究得较少，所以研究高温聚合氧枪射流特征，对提高转炉高效冶炼有重大的实用价值。

设等径多孔喷头，则各喷孔单股射流的速度分布可表示为：

$$\frac{u_m}{u_e} = k_j \frac{d_e}{x}$$

$$\frac{u_r}{u_m} = \exp\left[-\lambda_j\left(\frac{r}{x}\right)^2\right] \tag{6-51}$$

式中，u_m，u_e，u_r分别为射流在轴向 x 处线速度、喷嘴出口处速率和径向距离 r 处线速度；d_e，r，x 分别代表喷嘴出口直径、径向距离和射流轴向距离；k_j，λ_j分别为动量传递系数和断面速度分布系数，分别反映了单股射流中心线上速度衰减和径向扩张特征。

高温环境中，射流速率的衰减与射流和火焰间的交换密度关系甚大，射流被火焰燃烧产物高温 CO_2和 CO 气流所包围，故在高温束流条件下，还需考虑氧射流与周围高温气流的动量守恒问题，则经推导射流的速度分布可做如下修正：

$$\frac{u_m}{u_e} = k_j\sqrt{\frac{\rho_{O_2}}{\rho_{CO_2}}}\frac{d_e}{x}$$

$$\frac{u_r}{u_m} = \exp\left[-\lambda_j\left(\frac{\rho_{O_2}}{\rho_{CO_2}}\right)\left(\frac{r}{x}\right)^2\right] \tag{6-52}$$

其中：

$$\rho_{O_2} = \frac{p_0}{R_{O_2}T_0},\ \rho_{CO_2} = \frac{p_g}{R_{CO_2}T_g}$$

式中，p_0，T_0 分别为滞止压力和温度；p_g 为 CO_2 气体压力，近似设定为炉气压力（0.103MPa）；T_g为火焰燃烧温度。又因为 $\lambda_j = 2k_j$，对于多股高速射流，在一定射程范围内，可对多股射流（n 股）的流场做一阶近似，即认为流场中任一点的动量等于各股射流单独作用在该点的矢量和。因径向速率非常小可忽略不计，经推导得：

$$u_x = m_0 n k_j u_e \frac{d_e}{x_i}\sqrt{\frac{\rho_{O_2}}{\rho_{CO_2}}}\cos\alpha \tag{6-53}$$

式中，u_x为射流 x_i处的衰减速度；α 为喷嘴出口夹角；n 为喷孔数；m_0 为计算常数。

由于周围气流温度升高而引起密度明显降低，使聚合射流速度衰减比常温超声速射流衰减慢。这样，聚合射流在一定距离前仍处于等速核心区，即等速核心区重心后移。随后的射流将在一定的温度下按速度式（6-53）到达熔池表面。

如果采用煤粉燃烧，同样影响对聚合射流的特性，煤粉的加入引起气体介质温度升高，从而明显提高射流初始速度。

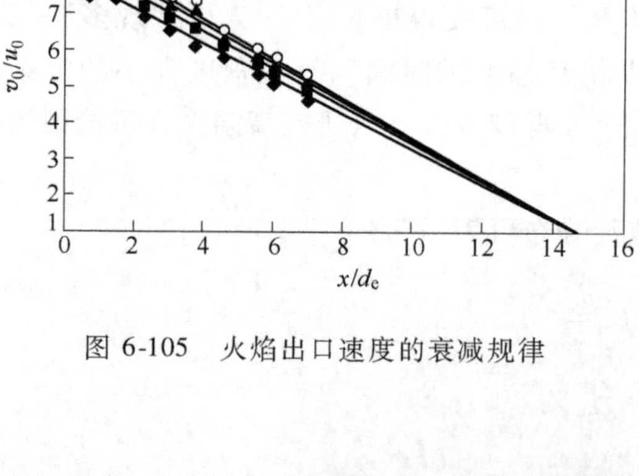

图 6-105　火焰出口速度的衰减规律

射流在喷煤燃烧高温介质的初始速度 v_0与燃烧气体介质温度成正比：

$$v_0 = u_0\frac{T_g}{273 + 25} \tag{6-54}$$

火焰出口速度的衰减规律如图 6-105 所示。各种喷煤比率 R 引起射流速度衰减速率均相差不大，可统一按以下回归公式计算：

$$v_0/u_0 = -0.4853(x/d_e) + 8.1638 \tag{6-55}$$

宝钢转炉喷嘴出口直径 d_e为 66mm，从上式计算可知，当射流核心到 $x=14.9d_e$时，该射流的速度与原出口速度相同。根据喷头的速度衰减规律，可推算聚合射流喷头的速度衰减分布如图 6-106 所示。在滞止压力 0.85MPa 和 0.95MPa 条件下，出口射流核心（$u_m/u_e=1$ 时）分别在 $x_1=11.74d_e$，$x_2=15.74d_e$处，这样喷煤聚合射流的等速核心又分别为 $x_3=11.74d_e+14.9d_e=26.64d_e$和 $x_4=15.74d_e+14.9d_e=30.64d_e$位置处。

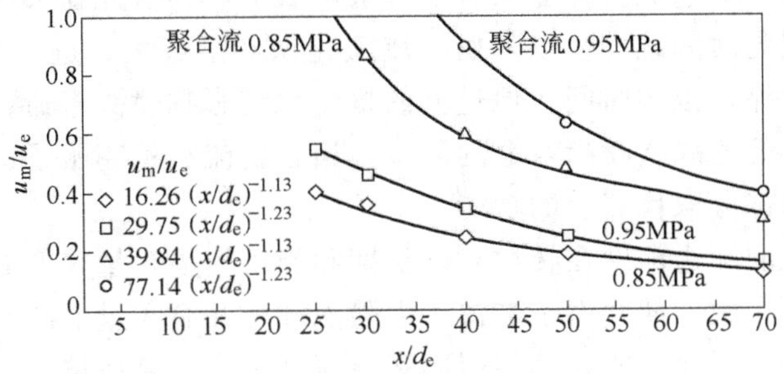

图 6-106　常规与聚合氧枪射流速度衰减的比较

射流在等速核心位置以下开始衰减，设氧流和燃烧产物 CO_2气流温度一致，且 $p_{CO_2}=0.103$MPa，则：

$$\sqrt{\frac{\rho_{O_2}}{\rho_{CO_2}}}=\sqrt{\frac{19.26}{26.49}\frac{p_0}{p_{CO_2}}}=2.66\sqrt{p_0} \tag{6-56}$$

式中，p_0为喷嘴出口的滞止压力，而燃烧束流气体介质的密度之比与滞止压力相关。

用宝钢转炉喷头的参数计算可以得出，由于喷煤火焰燃烧引起射流气流间密度比的变化，喷煤射流速度衰减明显延缓。由常规回归方程计算结果可得：（1）在相同条件下聚合射流喷头比目前使用喷头速度衰减要慢，但趋势相同；（2）原枪位位于在 $x=(35\sim40)d_e$，相当于 $H=2.3\sim2.6$m，聚合射流仍保持原出口速度对熔池形成强大的冲击。

在实际吹炼过程中，同一喷头，滞止压力越高，则同一轴向距离上响应速度值也越大。一般在喷头出口附近速度趋向较一致，而随轴向距离的增加，速度会逐渐偏移轴向。因此，应用聚合射流喷吹既可降低喷头的滞止压力，又能达到射流的聚合效果。

根据日本钢铁协会发表论著推荐使用的顶吹射流对熔池搅拌能的推算式为[40]：

$$\varepsilon_r=0.137\frac{\cos\alpha}{V_m}\frac{Q^3M_r}{n^2d_e^3H} \tag{6-57}$$

式中，ε_r为顶吹气体射流搅拌能，W/(m^3·s)；n 为顶吹氧枪喷孔数；Q 为顶吹气体流量，m^3/min；α 为顶枪夹角；M 为气体分子量；H 为氧枪枪位，m；V_m为熔池中钢液体积，m^3。

上述公式适用于一定的出口速度和流量下的自由射流，然而，聚合射流实质上相当于射流核心被延长的自由射流。在计算搅拌能时，有效枪位 H'应等于原枪位减去聚合射流长度。宝钢如果改用喷煤聚合射流氧枪可产生射流长度 $14.9d_e=0.98$m，所以 $H'=H-0.98$。由于搅拌能与枪位成反比，根据式（6-57）计算聚合射流在宝钢现有氧枪高度使用时，可提高搅拌能60%～75%。

混匀时间的计算式为：

$$\tau = 4132L_{m}^{2/3}(0.1\varepsilon)^{-0.5} \tag{6-58}$$

式中，L_m为转炉熔池深度，m。这样混匀时间可减少21%～25%。

氧气射流对熔池的搅拌能量在正常操作枪位下，主要被金属熔池所吸收，而在转炉渣层泡沫化程度较高时，则射流搅拌能只有部分被金属吸收，因此在大型转炉冶炼中需要提高搅拌能，使熔池混匀时间减少，以降低终渣氧化铁和溶解氧，进一步提高金属收得率。较低枪位和底吹气可缩短混匀时间，但过低的枪位也将影响喷头寿命，以及底吹元件的不稳定性将难以保证炉龄与底吹喷嘴寿命的同步，聚合射流氧枪克服了这些缺点和不足，其射流的特性效果将可部分取代底吹的功能。

氧气射流对熔池的穿透深度在转炉吹炼初期和当熔池碳含量较低的吹炼后期的冶金反应有较大的影响；但在脱碳期，由于炉内产生强烈沸腾并有大量泡沫渣存在，真实的穿透深度却难以准确计算。因此，所计算的熔池穿透深度是决定氧在炉气、炉渣和金属之间分配比的重要参数。经计算，宝钢喷头聚合射流的熔池冲击深度是现有喷头冲击深度的61～64倍，有利于熔池扩散传热传质反应的进行，减少喷溅的产生。

通过上述对射流的分析表明，聚合射流具有速度衰减小、搅拌能大、混匀时间短和冲击深度深等优点，能适用于大型转炉生产的需要，但是，实际应用还有许多研究工作需要验证。

6.4.5 日本顶吹氧枪射流特性[33]

通过冷态模拟实验研究了异常膨胀条件下射流特性，在6t转炉上进行了热态模拟试验，探讨射流速度与生成的炉尘之间的相互关系。生成的炉尘与射流速度有很大的关系，利用异常膨胀软吹可以减少炉尘产生。

6.4.5.1 概述

在顶吹转炉氧枪中，使用拉瓦尔喷头，可以使进口压力能转化为高效射流动能。喷头工作时，喷头的设计状况决定了适宜的马赫数、压力和流速。反之，如果喷头偏离合适的工作条件，产生激波或膨胀波（异常膨胀）导致射流能量损失增加。

随着转炉复吹的应用，顶吹射流作为搅拌源作用减弱，可以更好地发挥顶吹氧气射流的作用[43, 44]。关于正常膨胀条件下射流特性报道较多，而异常膨胀下的射流特性的研究很少[45]。

为了减少吹炼过程中的喷溅、粉尘以及渣壳产生，转炉通常采用可实现软吹的多孔氧枪。多股射流到达金属熔池前相互交叉合并，并没有明显降低射流速度，其速度与单孔时几乎相等。以前的研究提出了影响射流交叉特性一些参数，例如交叉系数、凹坑重叠率（喷孔夹角和射流冲击面积），但另外一些因素像喷孔间距、喷孔个数、喷枪与金属熔池间距等，影响不是很明显。因此，用这些因素探究射流冲突特性的方法还未确定，最佳氧枪设计还是由经验决定。

通过冷态模拟试验研究了异常膨胀条件下射流特性和多股射流冲突特性，测定了射流速度。为了研究射流速度与生成的炉尘之间的相互关系在6t转炉上还进行了热态模拟试验。

6.4.5.2 试验装置及步骤

冷态模拟测试实验装置如图 6-107 所示。由全压管（皮托管）测得动压导出全压管等式，利用此等式计算射流速度，实验气体采用压缩空气。

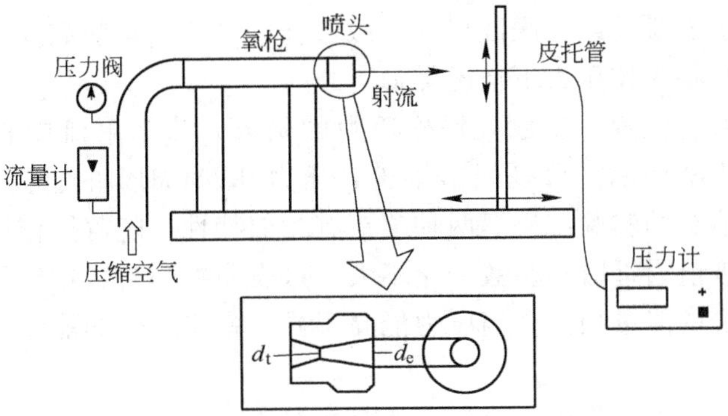

图 6-107 冷态模拟实验测试装置

研究异常膨胀时射流特性所用的喷嘴规格如表 6-20 所示。实验喷嘴的入口压力范围为 0.157 ~ 0.883MPa（绝对压力），测定了中心线上射流速度的衰减。

在多股射流冲突特性试验中，用两个单孔喷枪模拟双孔喷枪。通过调整参数布置改变射流冲击的影响因素。逐个改变参数来研究因素对射流冲击的影响。

表 6-20 冷态实验的喷头设计参数

喷头类型	d_t/mm	d_e/mm	p_{0p}/MPa	Ma_{0p}
直筒型	4.00	4.00	0.186	1.00
拉瓦尔型	4.00	4.39	0.392	1.54
拉瓦尔型	4.00	4.82	0.588	1.81
拉瓦尔型	4.00	5.19	0.784	2.00
拉瓦尔型	4.00	5.51	0.980	2.14

注：d_e为喷头出口直径；d_t为喷头喉口直径；p_{0p}为合适的喷头入口压力；Ma_{0p}为适宜的出口马赫数。

在 6t 转炉内进行脱碳试验吹炼过程中，每隔 2min 取集尘水样，利用水中粉尘沉积及其流速来计算粉尘产量。由于开吹及终点吹炼不稳定，试验分析得到碳含量在 0.4% ~4% 之间。

6.4.5.3 实验结果

各操作压力下，测得的射流衰减特性如图 6-108 所示。喷头工作压力（p_{0p}）为 0.186MPa，图中 x 为测点到喷嘴顶端距离；d_t为喷头喉口直径；Ma 为马赫数。

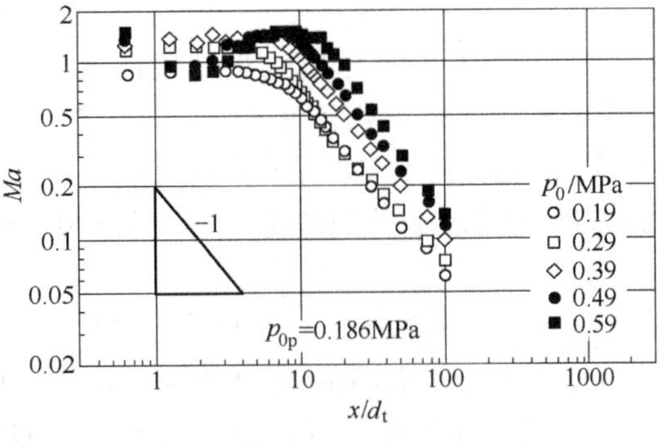

图 6-108 射流衰减特性

射流衰减带走周围气体，靠近喷头顶端气体射流区域成为势核区。在此区域中心线上射流速度没有衰减，在势核区末端下游，射流转变成完全展开区域。用马赫数表示的射流核心速度衰减与测点到喷嘴顶端的距离成反比。在此试验中，0.186MPa 为正常膨胀条件，其余为异常膨胀。正常条件下，在势核区轴线上马赫数几乎不变，但偏离正常压力条件时，马赫数增大，由于激波或膨胀波出现导致势核区轴线上马赫数变得不稳定。但是，势核区下游衰减特性与各操作压力下情况类似。

用势核区下游特定位置马赫数（操作压力的函数）表示射流中心线速度，测得射流中心线速度如图 6-109 所示。分别列出了正常压力 0.186MPa 的直筒型喷头和 0.392MPa 拉瓦尔型喷头两种喷头的实验结果。两种喷头有相似特性。随着操作压力增加，马赫数增大，操作压力达到极值附近时马赫数变化不大。这表明在马赫数稳定区域，增加的操作压力能与异常膨胀损失的能量相当。当压力能高于异常膨胀损失的能量时，压力能继续增加时，马赫数也增大。

需要指出的是，尽管操作压力增加仍然存在射流速度稳定区域，说明射流核心速度与气体流速没有稳定的对应关系。因为当气体流速随着操作压力成比例增加时，射流速度并不总是增大的。

当操作压力偏离正常范围时，直筒型喷嘴的射流速度大于拉瓦尔型喷嘴的射流速度。但是，人们往往认为拉瓦尔喷嘴射流速度高于直筒型喷嘴。

多孔喷头的多股射流干扰特性是复杂的，当图6-110所示的参数变化时，多股射流干扰特性如图6-111所示。

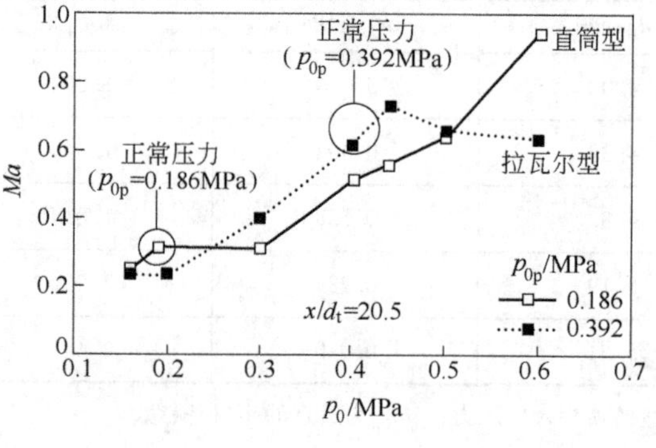

图 6-109 操作压力和马赫数的关系

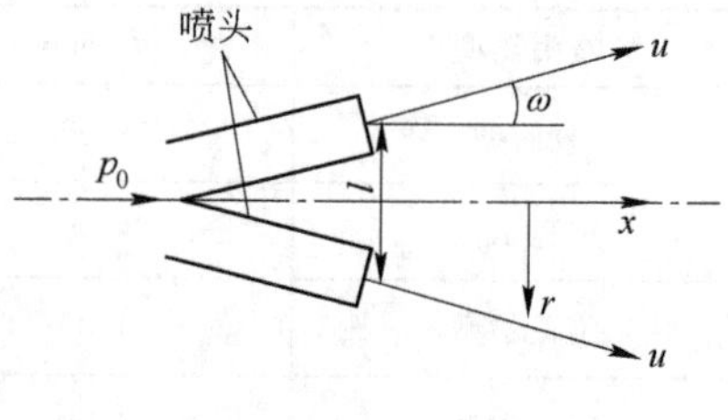

图 6-110 喷头参数的示意图
（r 为测点离中心轴线的距离；u 为射流速度；l 为喷孔间距；ω 为喷嘴倾角；p_0 为喷嘴入口操作压力；x 为测点离喷嘴顶端的距离）

在图 6-111 中，标出点是试验测量值，曲线是模型计算值，当喷孔间距变小（l = 60→30mm）以及喷嘴倾角变窄（ω = 5°→0°）时，射流流股自然有合并的趋势。相反，很难预测当喷嘴入口处操作压力变大（p_0 = 0.2→0.4MPa）时，射流流股有分离趋势，当测点离喷嘴顶端的距离变大（x = 300→600mm）时，气体流速增加，射流流股有合并的趋势。

6.4.5.4 异常膨胀射流模型

为了估计异常膨胀时射流速度，从前面的实验结果可知，有必要考虑异常膨胀能量损失。用以前工作的参数（例如干扰系数、凹坑重叠率）不能充分地解释这些结果，说明射流流股间存在着一定的相互关系，而不是由于射流流股分散引起的几何交叉。

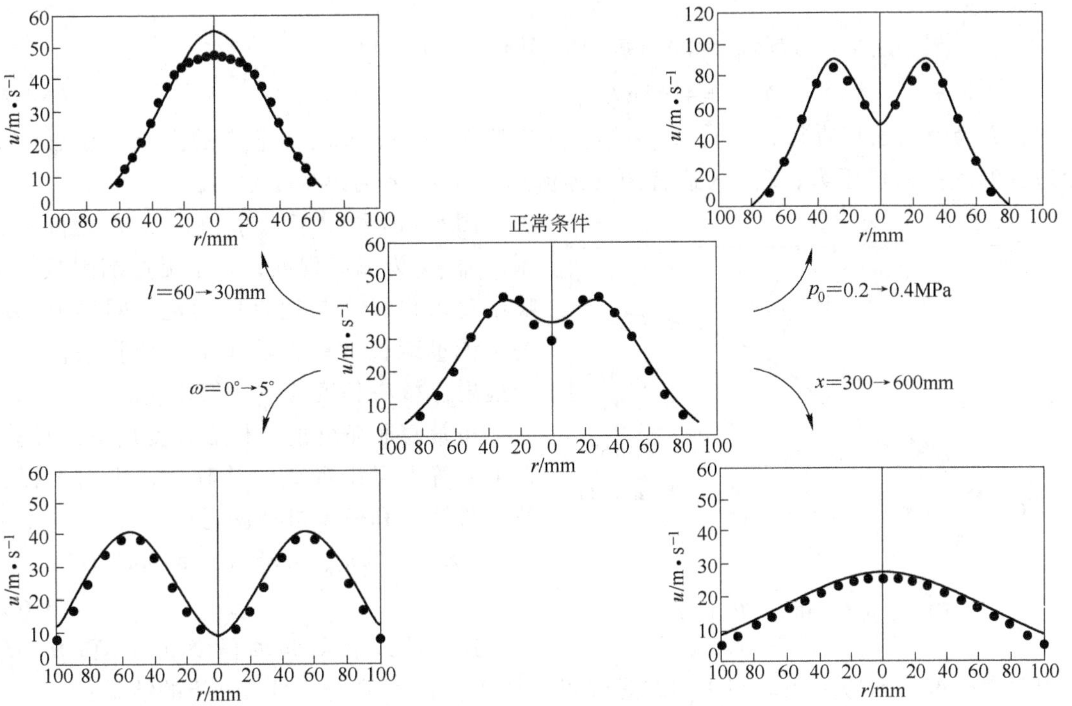

图 6-111 多股射流干扰特性

首先，考察了射流衰减模型，如图 6-112 所示。由于中心线上速度衰减与到势核区喷嘴顶端下游距离成反比，中心线上到势核区喷嘴顶端下游任一距离的速度通过两个参数计算，势核区长度和喷嘴出口速度。中心线上的速度表示式如下：

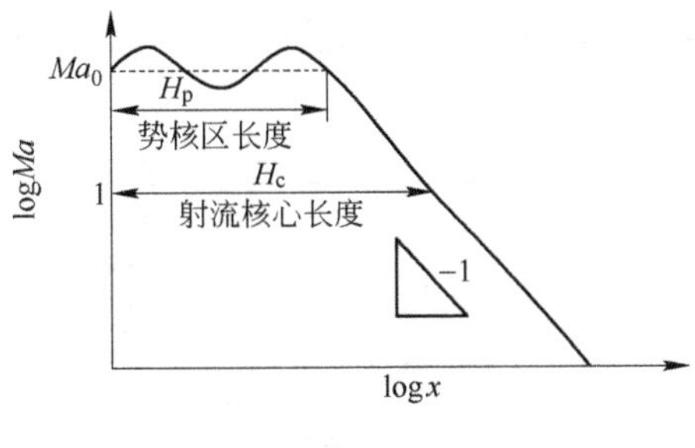

图 6-112 射流衰减模型示意图

$$Ma/Ma_0 = H_p/x(x > H_p) \qquad (6\text{-}59)$$

式中，Ma_0为出口马赫数；H_p为势核区长度。

但是，由于激波或膨胀波的产生导致皮托管测量不稳定，很难准确测得出口马赫数和势核区长度。因此，射流中心线上速度用下式表示：

$$Ma = H_c/x(x > H_p) \qquad (6\text{-}60)$$

式中，射流核心长度 $H_c = Ma_0 H_p$。

表示射流核心长度能够作为一个替代参数，这个参数的测定相对于出口后射流马赫数和势核区长度的测定是比较容易的。

因此，如果在异常膨胀条件下可以估算射流核心长度，从喷嘴顶端起的势核区下游的任意距离处的中心线速度就可能计算得到。尽管当马赫数出口后小于稳定值时射流核心不存在，同样的处理方法可推广到完全展开区射流速度。定义喷嘴顶端到马赫数达到稳定位置时距离为实际的射流核心长度。

拉瓦尔喷管的适宜马赫数、适宜压力及流速理论计算式如下：

$$d_e/d_t = [1/Ma_{0p}\{(1+0.2Ma_{0p}^2)/1.2\}^3]^{\frac{1}{2}}$$
$$Ma_{0p} = [5\{(p_{0p}/0.1013)^{\frac{2}{7}}-1\}]^{\frac{1}{2}}$$
$$F_{O_{2}p} = 4.65nd_t^2p_{0p} \qquad (6\text{-}61)$$

式中，d_e为喷嘴出口直径，mm；d_t为喷嘴喉口直径，mm；Ma_{0p}为适宜的出口马赫数；p_{0p}为适宜的喷头入口压力；$F_{O_{2}p}$为适宜的气体流速，m/s；n 为喷嘴个数。

图 6-113 给出了 p_0/p_{0p}和 H_c/H_{cp}之间的关系。p_0/p_{0p}为偏离程度，是个无量纲因数，喷嘴给定入口压力与适宜压力比。同样 H_c/H_{cp}是个无量纲长度，它是在正常膨胀条件下非合适射流核心长度与适宜值之比。

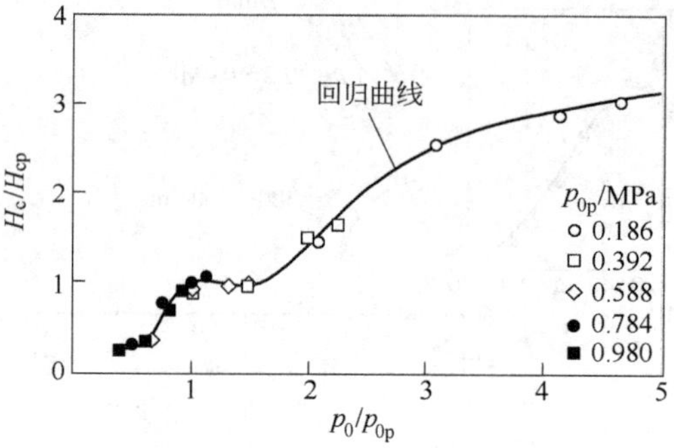

图 6-113　p_0/p_{0p}和 H_c/H_{cp}的关系

正常膨胀条件射流核心长度用下式计算，在 Lau 等人得出等式的基础上，用前面提到的实验结果和模型进行修正：

$$H_{cp} = Ma_{0p}(5.88 + 1.54Ma_{0p}^2)d_t \qquad (6\text{-}62)$$

这一曲线表明偏离程度 p_c/p_{cp}和 H_c/H_{cp}之间存在很好的对应关系。图中曲线是经过下述等式计算并进行回归分析的结果：

$$H_c/H_{cp} = 0.571f - 0.043 \quad (0.4 < f \leqslant 0.7) \qquad (6\text{-}63)$$

$$H_c/H_{cp} = -1.935f^4 + 12.65f^3 - 29.28f^2 + 28.78f - 9.21$$
$$(0.7 < f \leqslant 2.1) \qquad (6\text{-}64)$$

$$H_c/H_{cp} = 0.078f^3 - 1.023f^2 + 4.737f - 4.54 \quad (2.1 < f \leqslant 5.0) \qquad (6\text{-}65)$$

其中：

$$f = p_0/p_{0p}$$

因此，依照先前得到的结论，射流中心线上速度用下式来描述：

$$u_{max} = u_s(H_c/H_{cp})Ma_{0p}(5.88 + 1.54Ma_{0p}^2)d_t/x \qquad (6\text{-}66)$$

式中，u_{max}为射流中心线的速度；u_s为声速。

图 6-114 示出射流中心线速度 u_{max}的实验值和计算值的比较。这使在异常膨胀的情况下预测射流中心线速度成为可能。

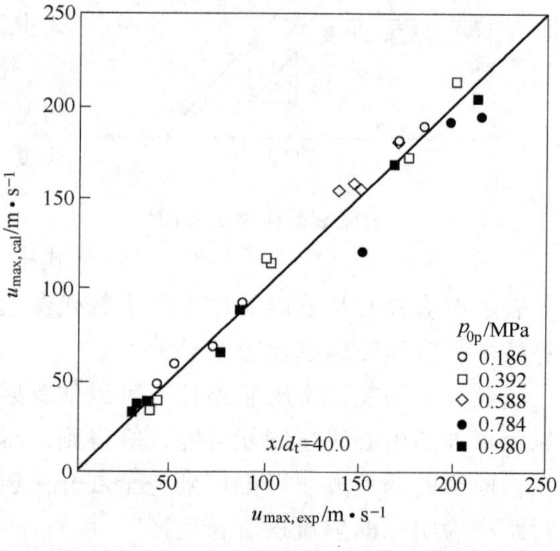

图 6-114　u_{max}的实验值和计算值的比较

6.4.5.5 多孔射流的干涉模型

以前面提到的结论为基础，图6-115给出了多孔射流的简单模型，这一模型是建立在两个假设的基础上的。

假设1：使大气进入喷嘴，不同流股之间产生了压差并且两两之间产生相互影响，因此流股相互吸引以至射流的方向发生改变。这一模型的提出是假设射流的方向是由单孔射流本身的惯性力和射流间压差力（阻止力）的合力决定的。

如图6-116所示，当假设一个长度为 dx 和直径为 2R（R 为扩散射流的半径，和喷嘴顶端的距离大小成比例）的单孔射流单独喷吹，气流流束的惯性矢量（M_1：kg · m/s（动量））由下式来计算：

$$M_1 = (\rho\pi R^2 \mathrm{d}x C_1 u_{max}\cos\theta|_x,\ \rho\pi R^2 \mathrm{d}x C_1 u_{max}\sin\theta|_x) \tag{6-67}$$

式中，ρ 为气体密度；C_1 为指表示气体平均速度和 u_{max} 比率的比例常数；$\theta|_x$ 为流股方向与 x 处中心轴线的夹角。

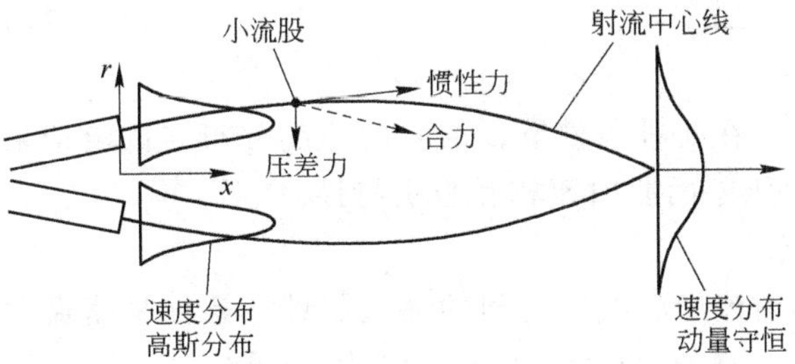

图 6-115 多孔射流的简单模型

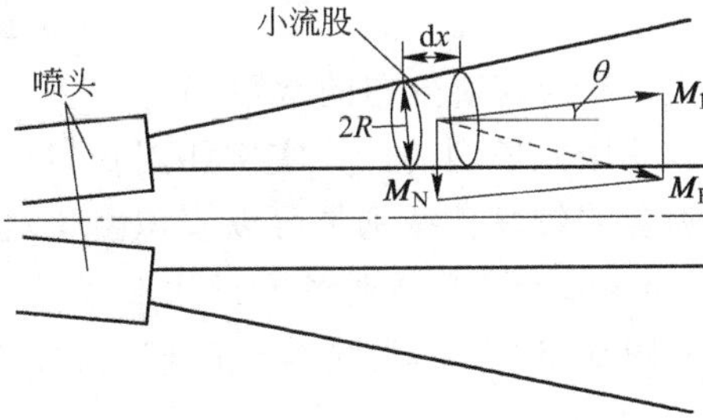

图 6-116 气流流束的惯性矢量图

对气流流束产生影响的压力差矢量如下式所示：

$$\boldsymbol{M}_N = (0,\ -p_N R\mathrm{d}x\mathrm{d}t) = (0,\ -p_N R\mathrm{d}x\mathrm{d}x/(C_1 u_{max})) \tag{6-68}$$

式中，p_N 为压力差；dt 为气流流束通过长度 dx 所用的时间，dt 可以用 dx/($C_1 u_{max}$) 代替；Rdx 为压力差影响的气流流束的喷射面积。

气流流束的惯性力矢量和压力差矢量的合矢量用式（6-69）表示，气流流束的方向用式（6-70）表示：

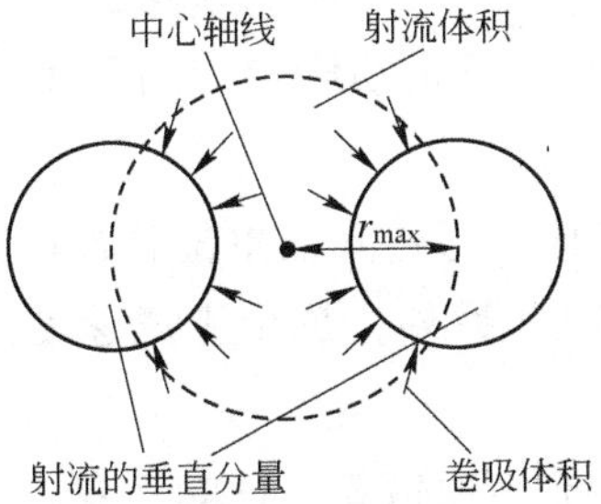

图 6-117 各流股间产生压力差的机理

$$\begin{aligned} M_R &= M_1 + M_N \\ &= (C_1\rho\pi R^2 \mathrm{d}x u_{max}\cos\theta|_x,\ C_1\rho\pi R^2 \mathrm{d}x u_{max}\sin\theta|_x - \\ &\quad p_N R\mathrm{d}x^2/(C_1 u_{max})) \end{aligned} \tag{6-69}$$

$$\tan\theta|_{x+\mathrm{d}x} = \tan\theta|_x - p_N \mathrm{d}x/(C_1^2\rho\pi R u_{max}^2\cos\theta|_x) \tag{6-70}$$

式中，$\theta|_x$ + dx 为增加距离 dx 后气流流束的方向和中心轴线的夹角。

另外，如图6-117所示，当假设各流股间产生的压力差和带走的气体体积成比例关系。卷吸气体体积用式（6-71）表示，产生的压力差用式（6-72）表示：

$$dQ/dx = C_2 u_{max} x \tag{6-71}$$

$$p_N = C_3 p_e \{dQ/(\pi r_{max}^2 dx)\} = C_2 C_3 p_e u_{max} x/(\pi r_{max}^2) \tag{6-72}$$

式中，r_{max}为在 r 方向上的射流中心线位置；$\pi r_{max} dx$ 为流股间的气体体积；dQ 为当气流流束增加长度 dx 后卷吸气体体积；C_2，C_3为比例常数；p_e为气体压力。

从上式可知，R 随 x 增大而成比例增加，射流流股方向用下式表示：

$$d\tan\theta/dx = C/(u_{max}\cos\theta r_{max}^2) \tag{6-73}$$

式中，$C = -p_e C_2 C_3/(C_1^2 C^4 \rho\pi^2)$。每个包括 C 的常数都是未知的，可由实验结果拟合得到。

假设 2：不同流股的交界区域，假设单股射流的速度分布 u 用高斯分布来描述，各射流的动量在各流股互相干扰前后是守恒的，射流的速度分布在干涉之后用下式来计算：

$$u = \exp\{-K[(r - r_{max})/x]^2\} u_{max}$$

$$u_{int} = (\Sigma u^2)^{\frac{1}{2}} \tag{6-74}$$

式中，K 为高斯分布的常数。

使用此模型的计算实例如图 6-111 所示。在每种条件下，估算的速度分布与试验结果都吻合的较好，特别是可以模拟由于流股间压差两股射流相互吸引特性。

6.4.5.6　射流特性和炉尘生成量的关系

图 6-118 所示为喷嘴出口直径和计算的射流中心线速度间的关系。计算条件是喷嘴喉口直径为 12mm，氧气流量（标态）为 $1200m^3/h$。喷嘴入口压力为 0.441MPa，从氧枪顶点到金属熔池的距离为 850mm，喷嘴数量为 4 个。从喷嘴中喷出射流的倾斜角度为 20°，以确保流股间不会互相干扰。在图 6-117 中，有两个区域的射流中心线速度是非常低的，说明在这两个区域可以实现软吹。在区域 1，偏离程度（p_0/p_{0p}）大约是 1.5，它处于不完全膨胀状态。相反，在区域 2，偏离程度（p_0/p_{0p}）大约是 0.7，它处于过度膨胀状态。根据计算，软吹影响区域 2 比区域 1 明显。但是，由于喷嘴出口直径的过度扩张，导致射流不稳定，如流股分离，有必要进行更多的研究。

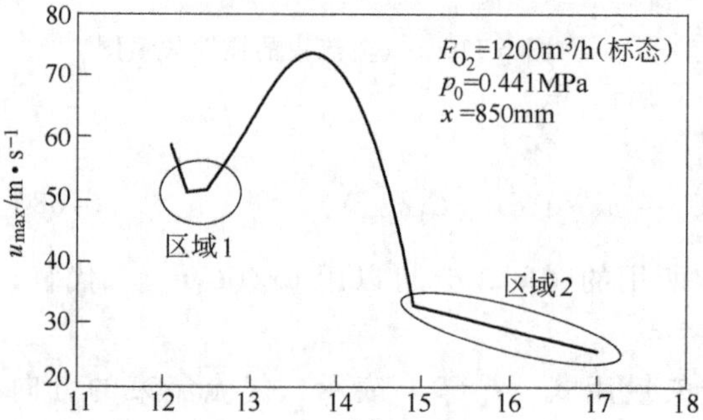

图 6-118　喷嘴出口直径和射流中心线速度的关系

炉尘生成速度与碳的浓度无关，而主要与脱碳速度成正比。通过降低单位碳含量对应的炉尘生成速度来估算炉尘生成量（W_d：kg/(t·%)([C])）。另外，炉尘生成速度还受喷嘴特性的影响[46]。

如前所述，在转炉中从氧枪喷出的射流特性已经能够很准确地估算，再就是有必要考虑在转炉中射流特性和炉尘生成量的关系。基于上述的计算结果，利用异常膨胀为软吹设计的氧枪如表 6-21 所示。

表 6-21　喷头设计条件和炉尘生成量

喷　头	d_t/mm	d_e/mm	n	p_{0p}/MPa	F_{O_2p}(标态)/$m^3 \cdot h^{-1}$	p_{0p}/MPa	F_{O_2}(标态)/$m^3 \cdot h^{-1}$	x/mm	W_d/kg·(t·%)$^{-1}$
常　规	12.0	13.5	4	0.441	1186	0.441	1200	1108	2.85
								865	3.94
								695	4.23
不完全膨胀	12.0	12.5	4	0.294	797	0.441	1200	1100	2.88
								850	3.63
								706	4.66
过度膨胀	12.0	15.6	4	0.794	2130	0.441	1200	1098	2.41
								863	3.05
								597	3.40

计算得到的中心线射流速度和炉尘生成量的关系如图 6-119 所示。图中反映出炉尘生成量和射流中心线速度间存在着明显的关系，软吹时使用异常膨胀炉尘减少。特别是在过度膨胀状态下，炉尘明显减少，软吹时效果更好。

众所周知，炉尘生成机理分为两种：气泡破裂炉尘和烟气炉尘。这里通过检测炉尘中沉积相的途径分离炉尘，与 Hirai 等人使用的方法相同。炉尘分离结果如图 6-120 所示。在每种条件下气泡破裂炉尘量几乎一样，但烟气炉尘量根据氧枪喷嘴特点而发生变化。

射流速度的损失降低了过热点处的温度，抑制了产生烟气炉尘金属的蒸发。

通过冷态模拟试验，对异常膨胀射流特性和多股射流干涉进行了研究。为了研究射流速度和炉尘量间的关系，进一步使用 6t 转炉进行了热态模拟实验。偏离程度（p_0/p_{0p}）和无量纲射流核心长度（H_c/H_{cp}）间存在明显关系。而且，已经估算出了包括异常膨胀时射流的中心线速度。在假设各流股间压力差和动量守恒的条件下，建立了多股射流相互干扰的简单模型，并模拟了两股射流间逐渐吸引特性，同时估算的速度分布和对应实验结果吻合较好。炉尘量和射流速度相关，软吹中使用异常膨胀，炉尘量减少。射流速度的损失

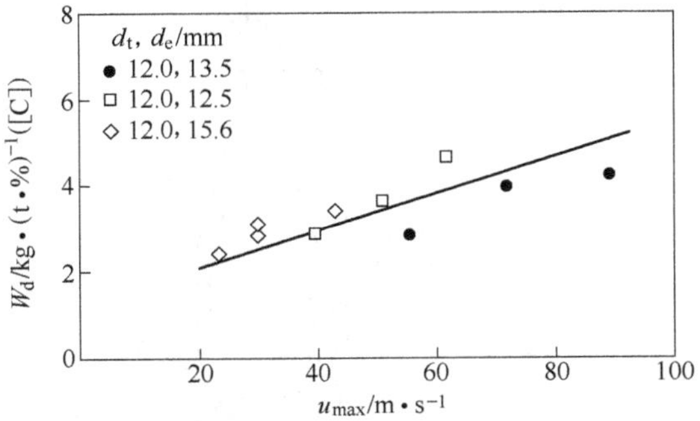

图 6-119　中心线射流速度和炉尘生成量的关系

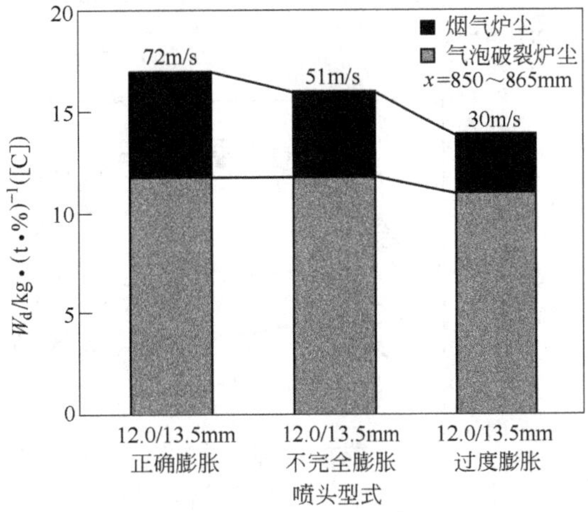

图 6-120　炉尘的分离结果

降低了过热点处的温度，抑制了产生烟气炉尘金属的蒸发。

6.5　转炉二次燃烧氧枪喷头的设计

3 孔和多孔氧枪的出现，使得顶吹转炉的容量进一步增大到超过 300t，并使吹炼机能有了重大改善。追溯演进史，使人们不能不认识到氧枪对于转炉具有举足轻重的地位。它不仅改善了转炉吹炼机能[47, 48]，还与其他热补偿技术[49]，成为转炉发展的技术核心。

转炉二次燃烧氧枪的出现，被认为是继 3 孔、多孔氧枪普及应用之后的又一重要改进，它不但可以改善转炉的热效率，且可以促进化渣。另外，顶喷和底喷煤粉[50, 51]也均离不开二次燃烧氧枪，如果不能把炉内的碳烧成 CO_2，获得的热量是极微的，从而使转炉煤氧炼钢技术[52]失去应用价值。

6.5.1　二次燃烧氧枪的发展及基本机理

6.5.1.1　普通顶枪呈现的二次燃烧现象

早在 OBM、Q-BOP 等氧气底吹转炉问世后不久，人们便发现氧气底吹转炉所能达到的废钢比要较顶吹转炉低 2% ~3%。当研究原因时，除发现渣中 FeO 减少之外，还发现如图 6-121 所示的那样，排出的炉气中 CO_2 明显低于 LD 顶吹转炉，即底吹转炉的二次燃烧率 $CO_2/(CO+CO_2)$ 低。

在转炉吹炼条件下，当[C] >0.3% 时，炉气中的 CO 和 CO_2 比例保持相当稳定；当[C] <0.3% 以后，CO_2 量明显增加。CO/CO_2 的急剧变化，是由金属熔池碳活度降低产生二次燃烧引起的。底吹转炉为埋入式吹氧，不可能有二次燃烧现象发生。顶吹转炉为顶枪射流供氧，在氧流股表层与炉内 CO 气接触，靠抽引和混卷作用，发生了局部的 CO 二次燃烧。顶枪射流的二次燃烧示意图如图 6-122 所示。顶吹转炉正是靠此种表层二次燃烧现象，使炉子热效率得到提高的。表层的二次燃烧率为 5% ~10%，其大小与射流特性和枪位等有密切关系，因为流股数增多，必然带来流股表面积增加，而枪位的提高会延长射流长度，这样必然引起二次燃烧量的增加。例如西伯利亚钢厂 160t 转炉，枪位由 1.0m 提至 1.6m，炉气中的 CO_2 量由 11.59% 增加到 16.95%，而 CO 量由 88.26% 降至 81.45%。

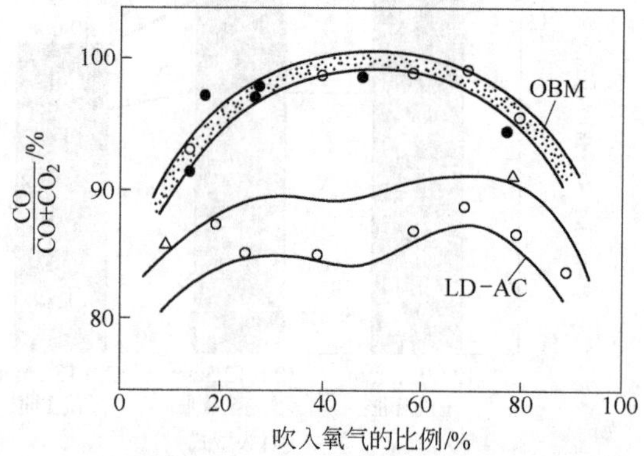

图 6-121　顶吹和底吹转炉烟气中 CO 含量的比较

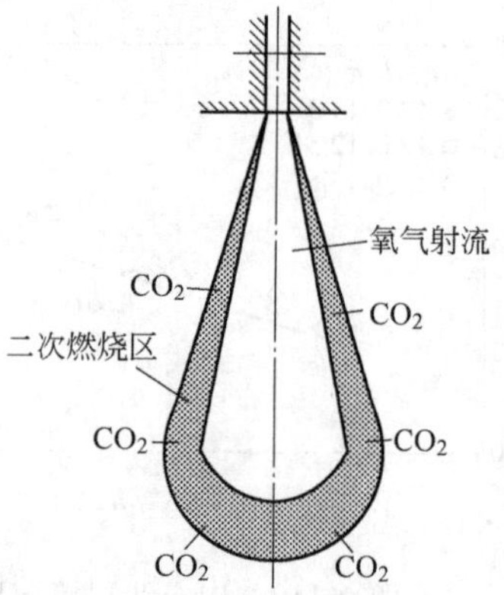

图 6-122　顶吹氧枪二次燃烧示意图

6.5.1.2　二次燃烧氧枪的发展

顶枪射流能促使炉内 CO 得到一定程度二次燃烧，从而使炉子热工效率得到改善，促使人们去进一步开发提高二次燃烧率的方法和研究二次燃烧热向金属熔池传递机理。20 世纪 70 年代末，联邦德国和日本等发达国家开始研究底吹氧转炉的二次燃烧问题，并于 80 年代初正式开发成功带有炉顶喷嘴（在炉帽的两侧加装两根供氧喷嘴）的底吹氧转炉（K-OBM 转炉）。此种转炉的炉顶喷嘴供氧量如果能达到占总氧量的 40%，约有 20% CO 可进行二次燃烧，废钢加入比可增加 6% 左右。氧气经由安装在炉帽上呈一定角度的喷嘴，射入充满 CO 气的炉膛内，会使二次燃烧量得以增加的这一经验，提醒人们去考虑在转炉的顶枪上布置专供二次燃烧 CO 的氧流。于是，大约在 1981 年，荷兰的 Hogovens 公司首先开发了可以提高二次燃烧率的双流道氧枪。利用具有独立的双系统供氧管路的特殊氧枪，在普通氧枪喷孔的上方一定高度上，设置若干呈一定角度的二次燃烧氧气喷孔，如图 6-123 所示。将主氧和副氧分开的目的主要是为了防止相互掺混和加大副氧的射流行程。

实践表明，供二次燃烧用的氧流出口速度越小，喷孔距离氧枪枪端越长，对炉内二次燃烧越有利。但是，距离过长，则会降低钢液熔池对二次燃烧热的吸收和加速转炉炉帽的损坏。

此种台阶式双氧喷枪构造比较复杂，设计、制作的难度也比较大。另外，拉开主、副氧距离，实际上是一种主要为增加二次燃烧功能的喷枪，对增加转炉冶炼机能的作用比较小。日本等国家开发了构造较简单兼有改善冶炼机能的双氧喷枪。如图 6-124 所示的几种类型，其中 B、C 两种喷枪，主、副氧距离较近，最大设计难度是如何组织氧流使之尽可能避免相互抽引和混卷，并具有高的二次燃烧的能力。

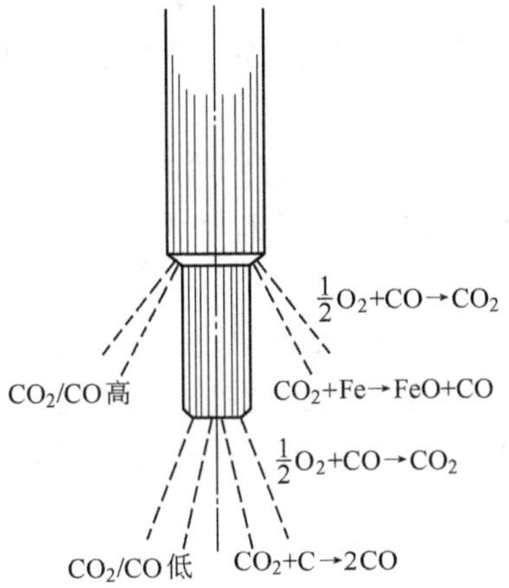

图 6-123　双流道氧枪的二次燃烧示意图

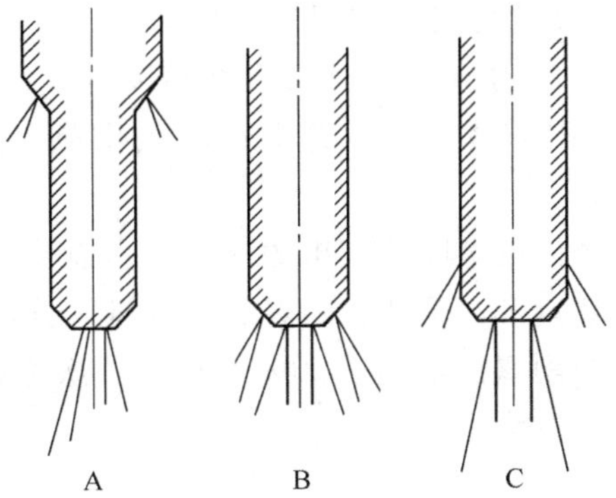

图 6-124　双氧氧枪喷头的类型

由于射流技术的不断改进，以及出于简化喷枪结构和供氧系统的目的，又出现了所谓单供氧路双氧喷枪。此种类型喷枪尽管在调控性能上不及双供氧路喷枪，但由于简单易行也得到了一定发展。

6.5.1.3　炉内二次燃烧特性[53]

转炉内二次燃烧现象的发生，是靠射入炉内的氧流抽引、混卷炉气引起的。转炉内二次燃烧率，取决于射入炉内流股的形态和钢液脱碳反应后的 $CO+\frac{1}{2}O_2=CO_2$ 和 $CO_2+C=$

2CO 反应的平衡，因此，在转炉内容易产生不稳定的、复杂的、不均匀的反应群，包含以下几个主要特征：

（1）卷入氧气自由射流中的 CO 气体，十分迅速地进行 $CO+\frac{1}{2}O_2 \rightarrow CO_2$ 反应；

（2）到达钢液的 CO_2 全部用于脱碳，发生 $CO_2+C \rightarrow 2CO$ 反应（包括 $CO_2+Fe \rightarrow FeO+CO$，$FeO+C \rightarrow CO+Fe$ 反应）；

（3）从自由射流中，流速小的表层部分逸散 CO_2；

（4）大量泡沫渣的存在，会妨碍与氧气射流发生反应的 CO 气体的卷入和妨碍燃烧生成的 CO_2 气体从射流中逸散出来；

（5）在吹炼初期，二次燃烧率高，随着吹炼的进行，二次燃烧率有所降低，但吹炼末期，二次燃烧率又重新升高；

（6）二次燃烧的热力学研究获得了一些有意义的结果，最重要的是 CO 转变不受热力学限制，即只要有氧用来二次燃烧，它将按化学计算量进行，当[C] < 0.3% 时，二次燃烧会严重地受氧气和炉渣之间的化学反应平衡和物理作用的限制。

在空间很小并充满泡沫渣的炉膛内，实现二次燃烧的过程是很复杂的。迄今对二次燃烧的一些机理还不十分清楚，然而，利用好二次燃烧反应热，是解决转炉热补偿的重要途径。因此，如何进一步提高二次燃烧量，将是转炉技术发展重要的研究课题。

6.5.1.4　喷头结构对二次燃烧的影响

拉开主、副氧之间的距离（对 A 种类型枪），会明显增加二次燃烧量。例如，前苏联经验是，主、副氧间距为 1.2m 时，排出炉气 82.75% CO + 15.0% CO_2，每炉二次燃烧热为 1.84×10^7 kJ；当主、副氧间距增大到 2.5m 时，炉口烟气为 73.27% CO + 24.0% CO_2，每炉二次燃烧热为 2.73×10^7 kJ。

副氧射流角度对二次燃烧率和冶金效果均有影响，一般认为以 30°为好，小于 30°二次燃烧变坏，并促进降碳反应。日本试验得出的射流角与废钢比关系如图6-125所示。

经由副氧喷孔流出的氧量，占总供氧量（主氧量 + 副氧量）的百分比，直接影响二次燃烧量和废钢比，随着副氧流量百分比的增加，二次燃烧量和废钢比均有增加趋势。但是，当副氧流量超过 20% 以后，二次燃烧量增加变得不明显。因此，一般认为副氧率以 20% 左右为宜。

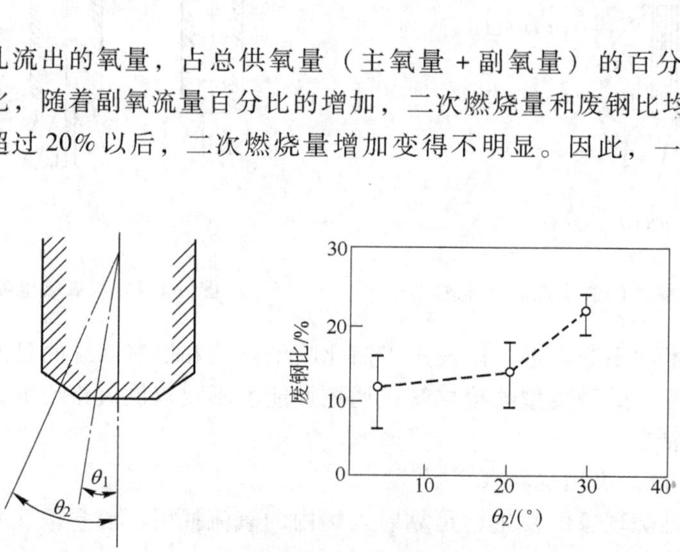

图 6-125　副氧射流角与废钢比的关系

日本川崎公司水岛厂经反复试验得出结论认为，要提高副氧射流的二次燃烧率，增加传向钢液的二次燃烧热，就必须创造条件使二次燃烧区带，处于喷孔之下钢液面之上两侧各距炉壁大约1.0m左右的位置上。要达到此目的，必须使副氧射流出口速度在100m/s以内，到达燃烧区带的速度应不超过10m/s。图6-126为合适的二次燃烧区域的示意图。

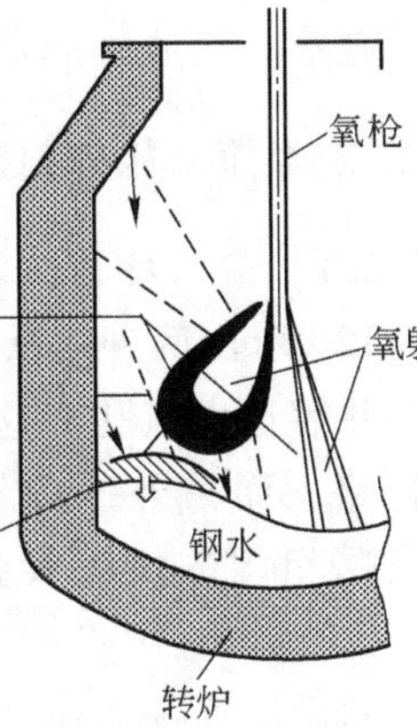

图 6-126 转炉内二次燃烧区的示意图

6.5.1.5 双流氧枪的冶金效果

起初人们担心双流氧枪的采用，会引起渣中TFe的增加。然而，许多转炉的实践经验表明，在有底气搅拌的情况下，TFe含量与普通氧枪吹炼基本相同，所供二次氧量主要用于脱碳和二次燃烧。也有人认为[54]，由于双流氧枪的采用，会使炉膛烟气氧势增加，从而引起渣中Fe^{3+}的增加，日本STB转炉采用双流氧枪后的渣中Fe^{3+}增加情况如图6-127*a*所示。

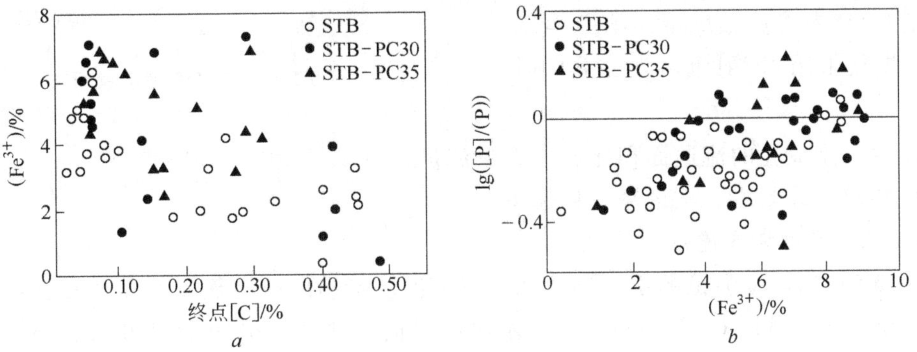

图 6-127 双流氧枪的冶金效果

a—渣中Fe^{3+}的增加情况（PC30、PC35为二次燃烧氧流射角）；

b—渣中Fe^{3+}含量与脱磷能力的关系

由于炉渣氧化能力的增加，也促使转炉的脱磷能力得到改善，日本在试验中得出的渣中Fe^{3+}增加与［P］的分配比关系如图6-127*b*所示。从图中看出，随着渣中Fe^{3+}含量强加，脱磷状况有明显改善。

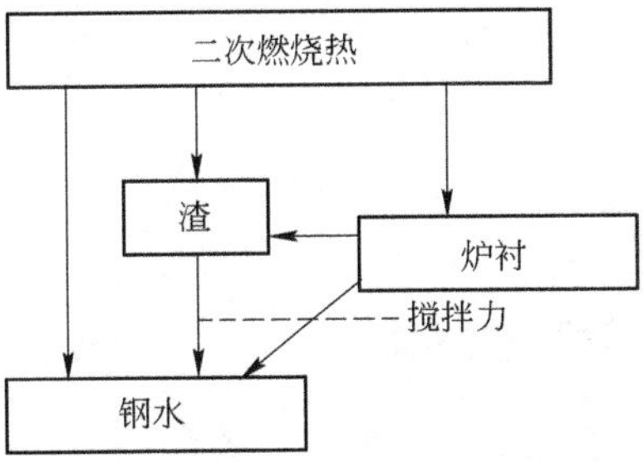

图 6-128 二次燃烧热的传递途径

6.5.1.6 二次燃烧热的传递途径和效率

二次燃烧产生的热量，必须被钢液所吸收，才能达到热补偿的目的。通常认为的二次燃烧热的传递途径如图6-128所示，热量除直接传给钢液外，大部分是通过炉渣进行传递。炉渣的受热机会比较多，可以通过泡沫渣对燃烧区带的围裹，也可以通过与被加热炉内壁的接触，来进行二次燃烧热的传递。

转炉钢液对二次燃烧热的吸收率较高。对于100t以上转炉一般都能达到60% ~70%。炉子容量越小，吸收率越高，15t转炉的吸热率，几乎接近100%。

6.5.2　二次燃烧氧枪的射流特性

6.5.2.1　喷头结构及动力学特征

图6-129示出两种二次燃烧氧枪喷头，属于图6-123中的C种类型，副氧孔布置在喷枪侧面，并靠近主氧孔。这两种喷头的主要不同点在于双道双氧喷头是采用互相分开的单独供氧管路，而另外一种氧枪的主氧和副氧是采用相同的供氧管路，即单道双氧喷头。

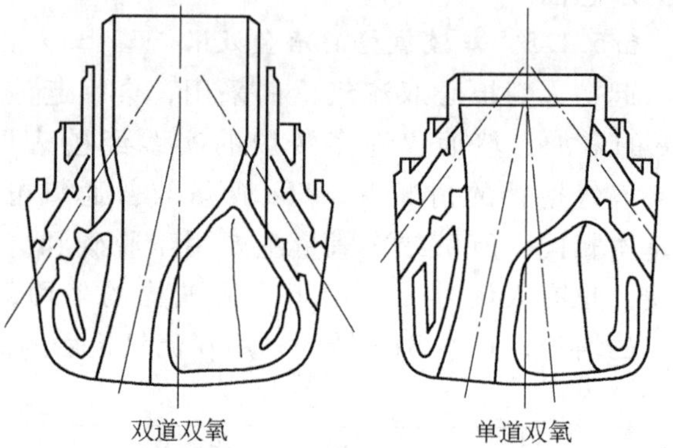

图6-129　双氧喷头示意图

喷头的设计原则为：

（1）采用特殊设计的副氧喷孔，使副氧流股轴向速度衰减迅速，铺展面大；

（2）在正常枪位下，熔池表面上的副氧流速度不超过10 ~20m/s；

（3）采用两种副氧孔角度，30°为着重反应型，45°为着重燃烧型，动力学试验表明，即使采用45°射流角，也不会损害炉衬；

（4）主、副氧孔的流通面积比，按副氧流量占总流量20% ~30%考虑；

（5）要求设计紧凑、重量轻、耗铜少。

6.5.2.2　实测喷头速度场情况

图6-130示出新型喷枪的主、副氧孔布置情况。给出的纵向氧流速度场是在喷头的剖视位置处获得的。从图6-130 ~图6-132示出的纵向氧流速度分布情况可以看出，当枪位为500mm时，在0.5MPa压力下，副氧流速度仅剩下10 ~30m/s，这说明此种副氧流股的轴向速度衰减是极为迅速的。从图6-132的主、副氧合成纵向速度场可以明显看出，它的速度分布，几乎与图6-131仅有主氧流时的分布没有任何差别，说明副氧流的存在并没有改变主氧射流对熔池的冲击作用。

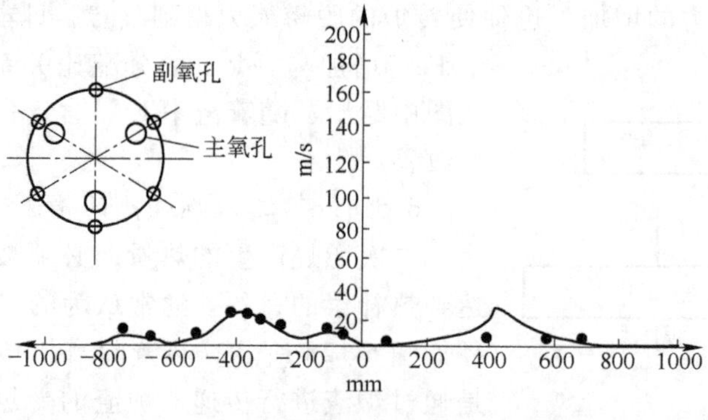

图6-130　副氧流在枪位500mm处速度分布

（主氧压力为零；副氧压力为0.5MPa；枪位500mm）

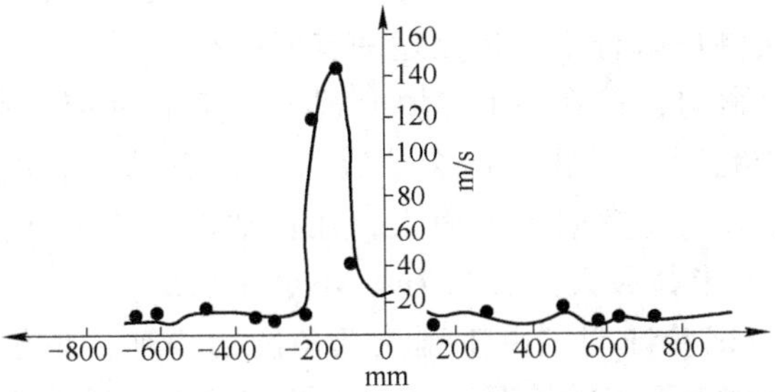

图 6-131　主氧流在枪位 500mm 处速度分布
（主氧压力为 0.6MPa；副氧压力为零；枪位 500mm）

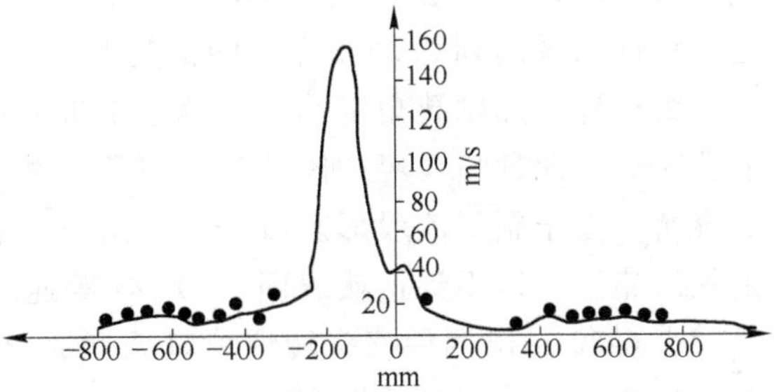

图 6-132　主、副氧流在枪位 500mm 处速度分布
（主氧压力为 0.6MPa；副氧压力为 0.5MPa；枪位 500mm）

图 6-133 和图 6-134 分别给出带特殊副氧孔喷枪与普通直筒形副氧孔喷枪的横向速度场比较。从图 6-133 可以看出，带特殊副氧孔喷枪的氧气流股由于轴向速度衰减快，实际上对主氧流股冲击熔池的作用没有影响。相反，图 6-134 所示的直筒形副氧孔枪由于氧流速度高，与主氧一起冲击熔池，使冲击范围加大，改变了冲击熔池速度场形状，在促进降碳的同时，由于火点区面积增加，化渣略有改善，但二次燃烧作用降低，并增加铁的汽化损失量。

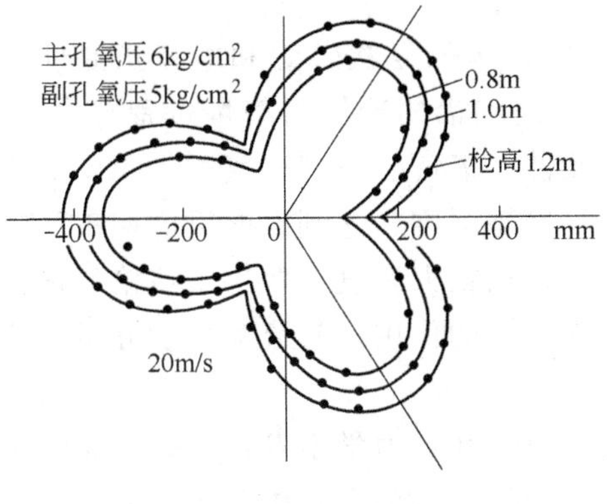

图 6-133　30°角特殊副氧孔双氧喷头作用熔池表面的速度分布

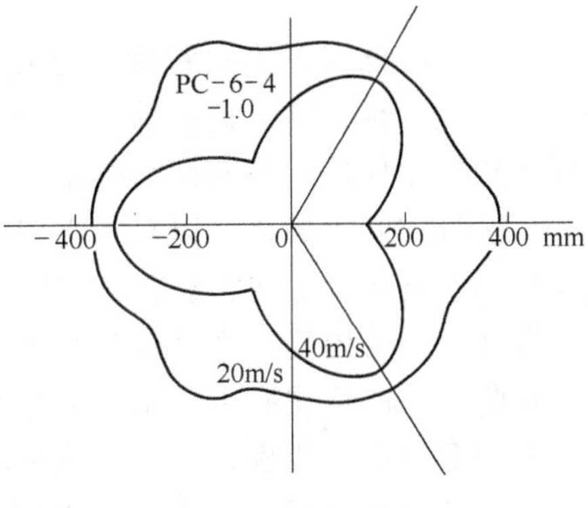

图 6-134　30°角直筒形副氧孔双氧喷头作用熔池表面的速度分布
（主氧压力为 0.6MPa；副氧压力为 0.4MPa；枪位 1000mm）

6.5.2.3　应用情况

两种不同副氧流孔角度的新型喷头，经在某厂 20t 转炉上试验，取得了各具不同特长的良好冶金效果。

30°副氧孔喷头经事先冷态动力学测试，认为此种喷头将具有比较好的化渣性能，因此，设计中适当放大了主氧孔尺寸，以便能在保证良好精炼效果的前提下缩短吹氧时间、提高产量和降低消耗。试验结果表明，炉子热效率明显提高，废钢比约可提高 3%。最突出的是炉子精炼机能有明显改善。在与过去大致相同的枪位下，一般都能在开吹 2min 内化渣，而且萤石加入量可由过去的 80kg/炉减少到 20kg/炉，有的炉次甚至无需加萤石。

纯吹氧时间，由过去平均15min27s，缩短到9min30s，平均约缩短40%。特别应指出的是，在铁水磷高到0.25%左右的情况下，一次倒炉磷合格率还比过去有所提高。

为试探增加副孔角度给炉子热效率带来的影响，曾在20t转炉上试用了倾角为45°副氧孔喷头。此种喷头经中国科学院过程工程研究所（原化工冶金研究所）冷态动力学测试表明，由于副氧流股形态改变，轴向速度衰减快，横向扩展面大，在正常操作枪位下，副氧射流已经达不到钢液表面，20m/s等速线的半径最大只有0.7m，不会影响炉衬。

表6-22示出两种喷头转炉炉口烟气成分。试验证明，由于副氧孔角度的增加，炉子热效率有了十分明显的提高。例如，在装入废钢量不变的情况下，加入炉内的矿石量平均增加约500kg，最多达600kg，折合废钢量为1.5～1.7t/炉，相当增加废钢比7%～9%，即使在这种情况下，出钢温度仍然偏高，个别炉次达1730℃。

表6-22　炉口烟气成分（%）

序号		CO	CO_2	O_2	序号		CO	CO_2	O_2
试验喷头	1	55.2	15.3	5.2	普通喷头	1	85.0	8.5	
	2	43.4	22.8			2	81.0	9.5	
	3	51.6	19.4	4.6		3	79.4	12.6	

6.6　转炉底吹喷嘴的设计

等截面喷枪在现代钢铁冶金过程中被广泛应用，例如复吹转炉和电弧炉底吹、AOD炉精炼、铁水预处理、钢包精炼、中间包冶金以及铜和铝的冶炼与精炼过程等[55]，除多孔耐火砖型元件外，等截面喷枪是最常见的供气元件，氧气、氩气、氮气、CO_2、CO、天然气等浸没式吹入熔体，以获得强烈的搅拌，提高冶炼强度，达到高的反应速率。喷吹的操作技术经济指标、耐火炉衬和喷枪本身的寿命等，在很大程度上取决于喷枪的设计和性能，因此，喷枪内气体力学参数和流动特性起着决定性的作用，其流动特性分析对喷枪设计及喷吹工艺的优化有十分重要的意义。

利用等截面管流理论，可以从可压缩气流的动力学和热力学出发，对等截面喷枪内气体流动特性进行分析，并已有不少研究报道[56]。但是，这类研究中，即使热态喷吹都是将等截面喷枪内气体的流动简化为绝热摩擦流。事实上，在所有这类吹炼过程中，喷枪在整个处理期间始终与高温熔体相接触，受到来自熔体和耐火炉衬的热流的直接加热，即喷枪在使用过程中始终受到外热源的作用。这里所涉及的是与传热耦合在一起的可压缩流体流动问题，热源的存在直接影响流体流动特性。对于双层套管式喷枪的环缝内气体的流动，热源的作用将更为明显。因此，绝热摩擦流来分析等截面喷枪内气体流动特性，所得的结果与实际情况必定会有相当大的偏差。

6.6.1　转炉底吹供气元件的类型及主要特点

6.6.1.1　喷嘴型供气元件

早期使用的供气元件是单管式喷嘴。使用单管式喷嘴当气体出口速度小于声速时，将出现气流脉动引起的非连续性气流中断，造成钢水黏结喷嘴和灌钢，而且气体流股射向液体金属会产生非连续反向脉冲，将加速对元件母体耐火材料的侵蚀。于是又出现了由底吹氧气转炉引申来的图 6-135 所示的双层套管式喷嘴[57]。此时外层套管是引入速度较高的气浪而不是冷却气体，以防止内管的黏结堵塞。双层套管的工作好坏不仅与环缝和内管间的压力和面积有关，而且与管壁厚度有关，其相互关系如下：

压力关系：$p_{内}/p_{缝} \geqslant 1.89$ 或 $2.5 \geqslant p_{内}/p_{缝} \geqslant 1.0$

面积关系：$1 \leqslant f_{内}/f_{缝} \leqslant 3$

壁厚关系：$\delta_{缝}/\delta_{内} \leqslant 3$

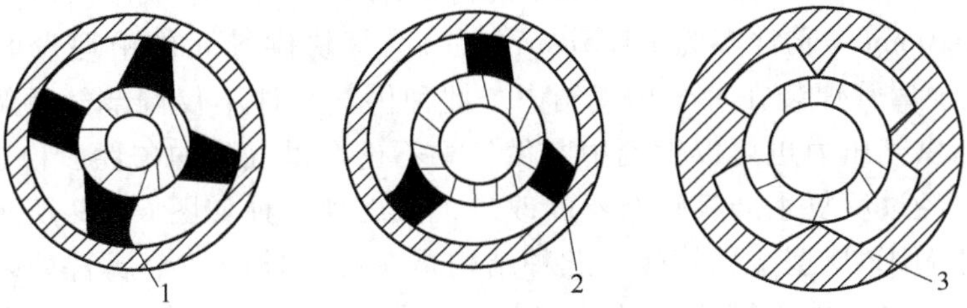

图 6-135 双层套管喷嘴结构示意图

1—内管外壁拉筋；2—固定块；3—外管内壁拉筋

由于双层套管式喷嘴的主要缺点是气量调节幅度很小，冶炼中、高碳钢时脱磷困难，因此出现了一种可以较大范围调节气量环缝式喷嘴（也称 SA 型喷嘴——Single Ammular Tuyere）。此种喷嘴由双层套管式喷嘴将内管用泥料堵塞，只由环缝供气，环缝宽度一般 0.5～5.0mm，与套管喷嘴相比，最大气量与最小气量比值由 2.0 增加至 10.0，喷嘴蚀损速度由 0.7～1.2mm/炉降为≤0.6mm/炉。环缝式喷嘴的主要问题是如何保持双层套管的同心度，以使环缝均匀，保证供气稳定。

6.6.1.2 砖型供气元件

最初的砖型供气元件是由法国 IRSID 和卢森堡 ARBED 联合研制成功的弥散型透气砖。砖内为许多呈弥散分布的微孔（约 0.147mm 左右）组成。因砖的气孔率高，致密度差，气流绕行阻力大，故寿命低，后又研制出砖缝组合型供气元件（也称钢板包壳砖），它是由多块耐火砖以不同形式拼凑成各种砖缝并外包不锈钢板而成（图 6-136），气体经下部气室通过砖缝进入炉内。由于耐火砖比较致密，寿命比弥散型高。但存在炉役期内钢壳易开裂漏气以及砖与钢板壳间的缝隙不均造成供气不均匀，供气不稳定的缺点。

在发展钢板包壳砖同时，奥钢联及北美相继出现直孔型透气砖，图 6-137 的砖内分布很多贯通的直孔道。此孔道是在制砖时埋入的许多细的易熔金属丝，在焙烧过程中熔出而

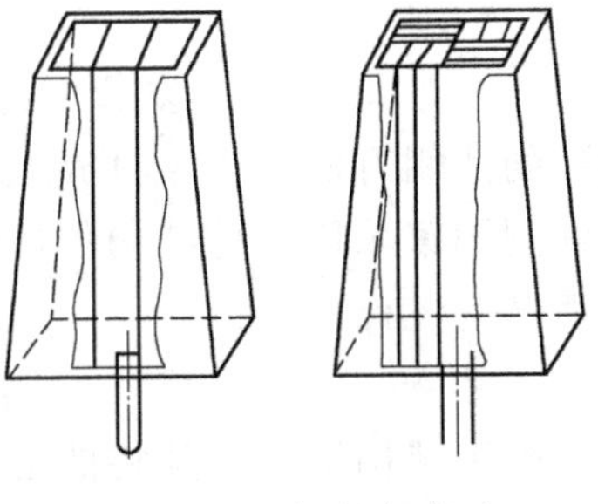

图 6-136 钢板包壳砖

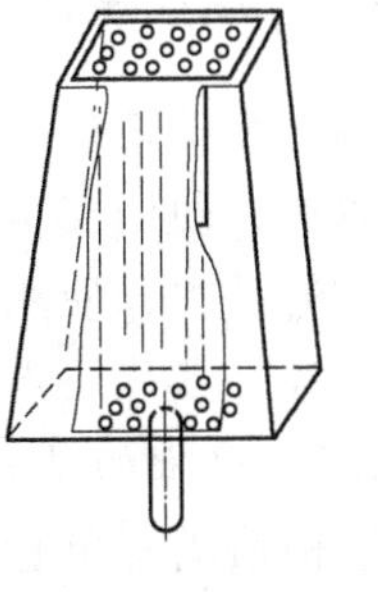

图 6-137 直孔型透气砖

形成的。因此砖的密度比弥散型好，同时气流由直孔道进入炉内，比通过砖层的阻力要小。

砖型供气元件的最大优点是可调气量范围大，具有能允许气流间断的优点，故对吹炼操作有较大的适应性，在生产中得到应用。但不适用于吹氧及喷粉。

6.6.1.3　细金属管多孔塞式

最早的多孔塞型供气元件（Mulutiple Holeplug）是由日本钢管公司研制成功的，如图6-138所示。它是由埋设在母体耐火材料中的许多细不锈钢管组成。所埋设金属管的内径一般为 ϕ0.1～3.0mm（通常多为 ϕ1.5mm 左右）。每块供气元件中埋设的细金属管数为10～150根。各金属管焊装在一个集气箱内。此种供气元件不仅调节气量幅度比较大，而且通过适当控制供气压力也可以做到中断供气。不论在供气的均匀性、稳定性和使用寿命方面都比较好。经过反复生产实践及不断改进，又出现一种如图6-139所示的新式细金属管砖式供气元件MHP-D型金属管砖。此种结构是在砖体外层细金属管处多增设一个专门供气箱，因而把一块元件分别通入两路气体，在用 CO_2 气源供气时，可在外侧通以少量Ar气，以减轻多孔砖与炉底接缝处由于 CO_2 气体造成的腐蚀。

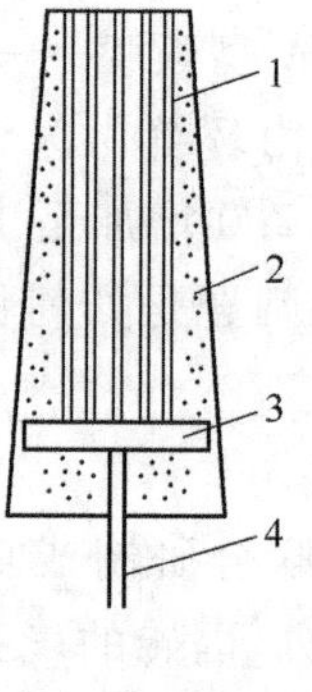

图 6-138　多孔塞砖剖面图

1—细金属管；2—母体耐火材料；
3—集气箱；4—进气箱

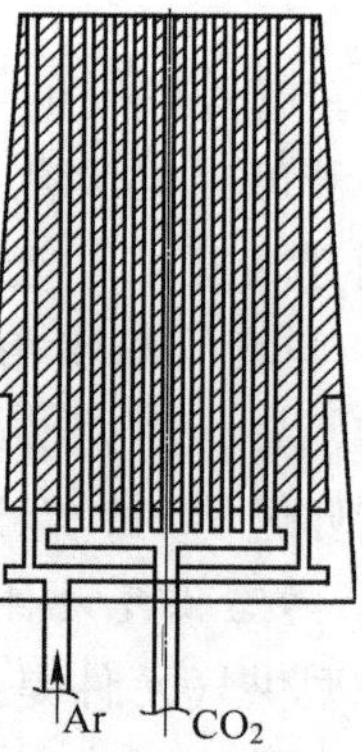

图 6-139　细金属管砖式供气元件

细金属管多孔砖的出现是喷嘴型和砖型两种基本元件综合发展的结果。它既有管式元件的特点，又有砖式元件的特点。细金属管型供气元件是比较好的一种类型的供气元件。

6.6.2　底吹喷嘴的设计

底部供气装置是顶底复合吹炼技术的关键设备之一。它既要满足复合吹炼工艺特点，又要结构简单，使用安全可靠，并且具有与炉衬同步的使用寿命。当今世界上采用复合吹炼技术最多的日本，使用管式喷嘴结构，而法国等欧洲国家采用特殊结构的透气砖型供气元件。两者各有其优缺点，下面着重介绍管式结构喷嘴的设计。

6.6.2.1　喷嘴的结构设计

管式结构喷嘴有单管、套管、环缝等多种形式。由于结构不同，其特性也不同。通过水模型试验可以观察流股特性及测定流股对喷嘴四周耐火材料的侵蚀，并对各类喷嘴进行热模型对比试验。经分析，管式结构喷嘴以套管、环缝形式为最佳。这两种结构都是由两层同心套管组成的。套管式喷嘴的内管与外管间环缝以及内管都是通气道。这种喷嘴在环缝出口处使气流形成屏障而保护内管。根据有关专利报道，外管面积 A_m 与环缝面积 A_s 之比为 $1 \leqslant (A_m/A_s) \leqslant 3$ 时，环缝气流速度能达到声速，才能形成气流屏障，保护内管，而且对四周耐火材料冲刷作用最小。环缝式结构喷嘴的内管是用耐火材料填充的实心体，只有内管与外管构成的环缝是通气道。这两种结构喷嘴的特点如下：

(1) 在合适压力范围内，流股对四周耐火材料的冲击次数低。因此，耐火材料承受的冲刷轻，对喷嘴的保护作用好，喷嘴的使用寿命长。套管式喷嘴环缝和内管使用压力可以单独控制，一般 $p_{环} > p_{内}$。并且 $\Delta p = p_{环} - p_{内}$ 愈大，愈能清除流股对四周耐火材料的冲刷作用。环缝式喷嘴的 $\Delta p = p_{环}$（因为 $p_{内} = 0$），所以理论上比套管式喷嘴结构更合理，具有更好的使用特性。

(2) 环缝式结构流量调节范围（最小流量/最大流量）比双层套管式大。而且风口结瘤少，流量稳定。

(3) 环缝式结构喷嘴比双套管结构简单，这样可简化配管、计量等设备。

(4) 环缝式结构喷嘴，只适用于惰性气体或弱氧化性气体，而双套管结构还可适用于吹氧及粉状材料的喷吹，扩大了复合吹炼的使用范围。

6.6.2.2 喷嘴流量计算及尺寸的确定

A 等截面喷嘴（单管喷嘴）

在炼钢条件采用的等截面管中的气流，由于几何压头在全压中占的比例很小，可以忽略不计，在任一时刻，可作为连续稳定流动处理，并且近似于完全气体的绝热运动。

根据等截面喷管中气体流动的经典微分方程式（假定完全气体流动存在摩擦损失）：

$$\frac{\mathrm{d}Ma^2}{Ma^2} = \frac{\kappa Ma^2\left(1 + \frac{\kappa - 1}{2}Ma^2\right)}{1 - Ma^2}\frac{\lambda \mathrm{d}L}{D} \tag{6-75}$$

$$\frac{\mathrm{d}p}{p} = \frac{1 + (\kappa - 1)Ma^2}{2Ma^2\left(1 + \frac{\kappa - 1}{2}Ma^2\right)}\mathrm{d}Ma^2 \tag{6-76}$$

式中，Ma 为马赫数；κ 为气体的绝热指数，即定压比热容 c_p 与定容比热容 C_V 之比，氧气为 1.399、氮气为 1.400、空气为 1.402、氩气为 1.66、甲烷为 1.319、二氧化碳为 1.301；λ 为喷管中气流沿管长的平均摩擦系数，量纲为 1，对于光滑的铜管和钢管 $\lambda = 0.025 \sim 0.035$；$L$ 为喷管等截面段的长度，m；D 为喷管等截面段的水力学直径，m；p 为压力，kgf/cm²。

参看图 6-140 对等截面管从进口截面 Ⅰ—Ⅰ 到出口截面 Ⅱ—Ⅱ 沿管长对式（6-75）和式（6-76）进行积分（积分时假定沿管长近似地为一常量）：

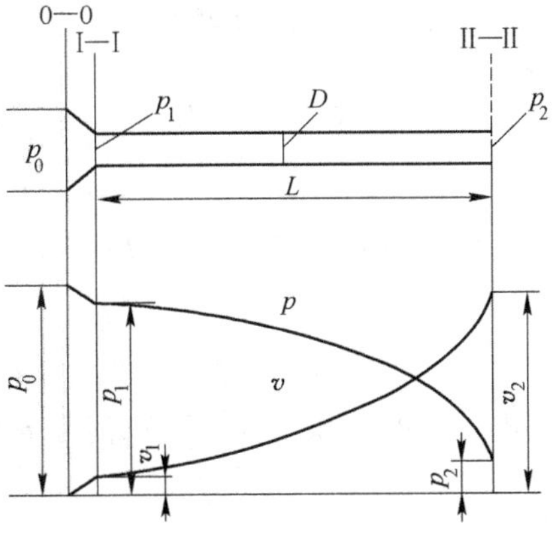

图 6-140 等截面圆筒形喷管及管中气流压强 p 和速度 v 沿长度变化

$$\int_0^L \frac{\lambda}{D}\mathrm{d}L = \int_{Ma_1}^{Ma_2} \frac{1 - Ma^2}{\kappa Ma^4\left(1 + \frac{\kappa - 1}{2}Ma^2\right)}\mathrm{d}Ma^2$$

$$\int_{p_1}^{p_2} \frac{\mathrm{d}p}{p} = \frac{Ma_2}{Ma_1} - \frac{1 + (\kappa - 1)Ma^2}{2Ma^2\left(1 + \frac{\kappa - 1}{2}Ma^2\right)}\mathrm{d}Ma^2$$

积分得：

$$\frac{\lambda L}{D} = \frac{1}{\kappa}\left(\frac{1}{Ma_1^2} - \frac{1}{Ma_2^2}\right) - \frac{\kappa - 1}{2\kappa}\ln\left(\frac{Ma_2^2}{Ma_1^2}\frac{2 + (\kappa - 1)Ma_1^2}{2 + (\kappa - 1)Ma_2^2}\right) \tag{6-77}$$

$$\frac{p_1}{p_2} = \frac{Ma_2}{Ma_1}\sqrt{\frac{2 + (\kappa - 1)Ma_2^2}{2 + (\kappa - 1)Ma_1^2}} \tag{6-78}$$

式中，Ma_1，Ma_2分别表示等截面管Ⅰ—Ⅰ截面和Ⅱ—Ⅱ截面上气流的马赫数；p_1，p_2分别表示等截面管Ⅰ—Ⅰ截面和Ⅱ—Ⅱ截面上气流的静压力；L为等截面管的总长度。

为了实际计算上的方便，将上式中的马赫数Ma_1、Ma_2换算为速度系数Ma_{*1}和Ma_{*2}，即气流速度v与临界声速a_*之比，$Ma_* = v/a_*$；气流速度系数Ma_*与同一地方的马赫数之间的关系为：

$$Ma = \frac{\frac{2}{\kappa + 1}Ma_*^2}{1 - \frac{\kappa - 1}{\kappa + 1}Ma_*^2}$$

得出：

$$\frac{\kappa + 1}{2\kappa}\left(\frac{1}{Ma_{*1}^2} - \frac{1}{Ma_{*2}^2}\right) = \frac{\lambda L}{D} \tag{6-79}$$

$$\frac{p_1}{p_2} = \frac{\left(1 - \frac{\kappa - 1}{\kappa + 1}Ma_{*1}^2\right)Ma_{*2}}{\left(1 - \frac{\kappa - 1}{\kappa + 1}Ma_{*2}^2\right)Ma_{*1}} \tag{6-80}$$

通常，设计合理的喷枪和管路，从0—0截面至Ⅰ—Ⅰ截面的这一段管路不长且气流速度小，管路内摩擦阻力可忽略不计，即把此段中气体的流动近似地看成等熵流动，其压力比为：

$$\frac{p_0}{p} = \left(1 + \frac{\kappa - 1}{2}Ma^2\right)^{\frac{\kappa}{\kappa - 1}} \tag{6-81}$$

用p_1取代上式中的p，用Ma_{*1}置换式（6-79）中的Ma，则：

$$\frac{p_0}{p_1} = \left(1 - \frac{\kappa - 1}{\kappa + 1}Ma_{*1}^2\right)^{-\frac{\kappa}{\kappa - 1}} \tag{6-82}$$

由式（6-80）和式（6-82）消去p_1得出：

$$\frac{p_0}{p_1} = \frac{\left(1 - \frac{\kappa - 1}{\kappa + 1}Ma_{*1}^2\right)^{\frac{1}{1-\kappa}}Ma_{*2}}{\left(1 - \frac{\kappa - 1}{\kappa + 1}Ma_{*2}^2\right)Ma_{*1}} \tag{6-83}$$

根据连续性方程，气体的质量流量为：

$$q_{\mathrm{m}} = fv\rho = fv_2\rho_2 = fv_2 \frac{p_2}{RT_2} = \frac{fv_2 p_2}{RT_0\left[1 - \frac{\kappa - 1}{\kappa + 1}Ma_{*2}^2\right]} \tag{6-84}$$

式中，q_{m}为气体的质量流量；ρ 为气体的密度；T_0为气体进入喷枪前 0—0 截面处的气流的滞止温度；R 为气体常数，氧气为 259.8J/(kg · K)、二氧化碳为 188.9J/(kg · K)；F 为等截面管的截面积。

T_0与 T_1之间的关系为：

$$\frac{T_0}{T_1} = 1 + \frac{\kappa - 1}{2}Ma_2^2 = \left(1 - \frac{\kappa - 1}{\kappa + 1}Ma_{*2}^2\right)^{-1} \tag{6-85}$$

临界声速 a_* 与 0—0 截面处气流的滞止参数的关系为：

$$a_* = \sqrt{\kappa RT_*} = \sqrt{\frac{2\kappa}{\kappa + 1}RT_0} \tag{6-86}$$

式中，T_*为临界温度。

式（6-79）、式（6-83）和式（6-84）适用于冶金中等截面管声速和亚声速喷出的计算。当用于声速喷出计算时，可将式中的 $Ma_{*2} = 1$ 和 $v_2 = a_* = \sqrt{\frac{2\kappa}{\kappa + 1}RT_0}$ 代入，此时，p_2 改写成 p_{*2}（称为临界压力），将上述等式简化成如下的形式：

$$\frac{\kappa + 1}{2\kappa}\left[\frac{1}{Ma_{*1}^2} - \ln\frac{1}{Ma_{*1}^2} - 1\right] = \frac{\lambda L}{D} \tag{6-87}$$

$$\frac{p_0}{p_{*2}} = \frac{\frac{\kappa + 1}{2}\frac{1}{Ma_{*1}}}{\left(1 - \frac{\kappa - 1}{\kappa + 1}Ma_{*1}^2\right)^{\frac{1}{1-\kappa}}} \tag{6-88}$$

$$q_{\mathrm{m}} = fp_{*2}\sqrt{\frac{\kappa(\kappa + 1)}{2RT_0}} \tag{6-89}$$

设底部供气强度为 $q(\mathrm{m^3/(t \cdot min)})$，炉容量为 $T(\mathrm{t})$，则底部供气量为：

$$q_{\mathrm{m}} = \frac{qT\rho}{60} \tag{6-90}$$

式中，ρ 为底部供气的气体密度，$\mathrm{kg/m^3}$。

令上两式相等，则底部喷嘴总的供氧面积为：

$$f = \frac{qT\rho}{60p_{*2}}\sqrt{\frac{2RT_0}{\kappa(\kappa + 1)}} \tag{6-91}$$

当炉底有 n 个风嘴时，则喷嘴直径为：

$$d = \frac{4f}{n\pi} = \frac{qT\rho}{47Ln\rho_{*2}}\sqrt{\frac{2RT_0}{\kappa(\kappa + 1)}} \tag{6-92}$$

B　套管喷嘴

为了使底吹气体具有足够大的动量和能量，保证熔池充分搅拌，并使供气参数不受喷嘴出口外界压力的影响，要求喷嘴出口处气流速度达到声速。根据高速气流流经等截面管时，喷嘴的压力与流量关系式可计算喷嘴每 1min 喷出的气体量：

$$q_V = 18.6\alpha f p_1 \sqrt{T_1} \tag{6-93}$$

式中，q_V为喷嘴每 1min 喷出气体量，m^3/min；p_1为喷嘴入口处气体绝对压力，N/cm^2；T_1为喷嘴入口处气体绝对温度，K；f为喷嘴出口截面积，cm^2；α 为流量系数，可按如下经验公式求得：

$$\alpha = 0.68\left(\lambda \frac{L}{D}\right)^{-0.18} \tag{6-94}$$

式中，λ 为喷嘴的摩擦系数；L 为喷嘴长度，m；D 为喷嘴水力学直径，m。如喷嘴个数为 n，则单个喷嘴的供气量为：

$$q_{V单} = q_V/n \tag{6-95}$$

当选定底吹供氧强度后，一定炉容量的供气量 q_V 即为已知，因此可按式（6-93）求出喷嘴出口截面积f，并由 $f_{单}=f/n$ 得出单个喷嘴的出口面积。

由于$f_{单}=f_{内}+f_{壁}$，然后根据气体在内管和环缝的气体流量分配比 $1 \leqslant (f_{内}+f_{壁}) \leqslant 3$，及（$\delta_{壁}/\delta_{内}$）$\leqslant 3$ 来选择内管、外管直径。

6.7　氧枪与转炉煤气回收技术

转炉煤气是钢铁企业重要的二次能源，也是我国二次能源回收利用的薄弱环节之一，提高转炉煤气回收量，不仅能有效降低炼钢工序生产成本，为实现“负能”炼钢打下基础，而且能极大降低钢厂污染物排放总量，实现清洁生产[58]。因此，“转炉煤气回收”成为现代转炉炼钢中的重要技术[59]。

6.7.1　转炉煤气回收系统

宝钢二炼钢转炉煤气回收系统是从奥钢联引进的 LT 法煤气回收系统，其工艺流程如图 6-141 所示[60]。该系统主要由烟气冷却、净化回收和粉尘压块等 3 大部分组成，与传

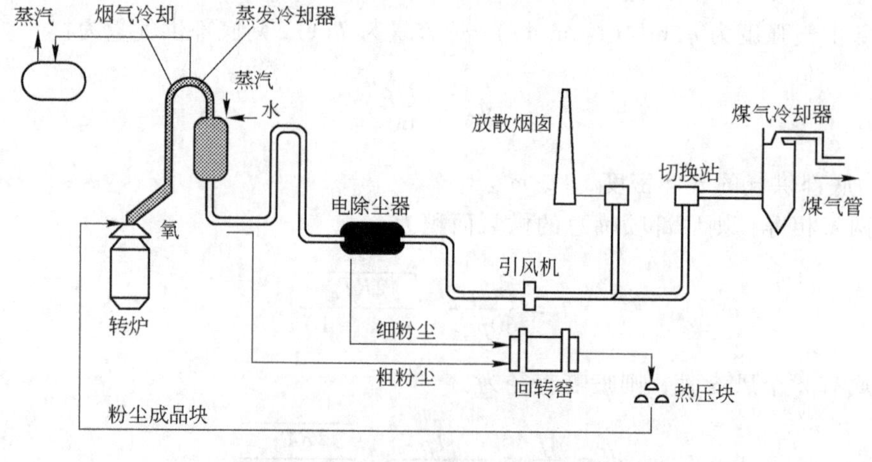

图 6-141　LT 法转炉煤气回收流程

统的湿法除尘相比，其主要技术特点为：(1) 除尘净化效率高，回收的煤气含尘量小于 $10mg/m^3$，可直接供用户使用；(2) 年回收含铁粉尘压块 5 万 t，返回转炉代替铁矿石利用；(3) 不存在二次污染和污水处理，节省能耗；(4) 转炉煤气回收率高。因此，LT 法煤气回收工艺有更高的经济效益和环境效益。

国内绝大部分钢厂的转炉煤气回收利用效果均不理想，截至 2003 年下半年，吨钢煤气回收量多数停留在 $40 \sim 60m^3/t$ 的水平上，与国外先进水平相差甚远，既浪费了大量能源，又严重污染了环境。因此，尽快消化掌握转炉煤气回收技术、充分挖掘设备潜能、安全高效地提高转炉煤气回收水平，已成为国内绝大部分钢厂面临的共同课题。转炉煤气回收量占转炉工序能源回收量近 90% 的比例（以折算为标准煤计），是实现“负能”炼钢的关键环节。

6.7.2　供氧强度等对煤气回收的影响

转炉煤气回收系统管线长，设备复杂，影响转炉煤气回收的因素较多。针对 250t 转炉煤气成分变化曲线从理论上分析了提高煤气回收量的基本途径，总结了氧枪供氧强度、转炉工序设备条件、原料条件、空气吸入量、回收条件等因素对转炉煤气回收量的影响，其中空气吸入量、回收条件、供氧强度等因素的影响尤为显著。

6.7.2.1　供氧强度的影响

转炉冶炼进入冶炼中期后，熔池内碳开始大量氧化，此时炉内反应以脱碳为主，脱碳速度主要取决于供氧强度，供氧强度提高时，可提高 CO 含量在吹炼初期的上升速率和末期的下降速率，从而延长吹炼中期时间，提高转炉煤气回收量[61]。若将二炼钢转炉供氧强度从 $2.9m^3/(t \cdot min)$ 提高到 $3.5m^3/(t \cdot min)$，吹氧时间可缩短到 11min 内，吨钢转炉煤气回收量提高 $7m^3/t$。

6.7.2.2　转炉煤气成分随吹炼时间变化

转炉依靠铁水中 C、Si、Mn、P 等元素的氧化反应放热，完成冶炼过程，并生成大量高温烟气。烟气通过回收系统回收成为可利用的转炉煤气。采集正常生产条件下多炉钢水冶炼过程中转炉煤气中 CO 和 O_2 含量的数据，得到其随吹炼时间变化曲线，如图 6-142 所示。吹炼过程中 CO 和 O_2 含量散点始终分布在图中两条曲线两侧，这两条曲线分别为 CO、O_2 含量变化均值线，代表了转炉冶炼过程中 CO、O_2 含量随冶炼时间的变化规律。在转炉吹炼前期、中期和末期的 3 个时段中，不同时段因反应机理不同，CO 的生成量及其在煤

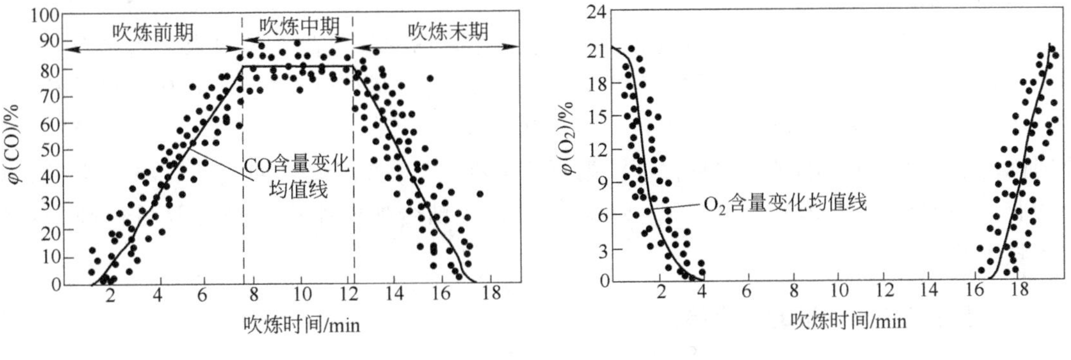

图 6-142　转炉煤气中 CO 和 O_2 含量随吹炼时间变化

气中含量也有所不同，其中冶炼中期产生 CO 含量最多，达到最高水平。

6.7.2.3 煤气回收量的影响因素

转炉煤气是否进行回收，取决于烟气中 CO 和 O_2 含量，一般转炉煤气的回收条件为 CO≥40%、O_2<1%。根据图 6-142 可以得到图 6-143。根据积分原理，将回收时间内 CO 含量变化曲线对吹炼时间进行积分，得到转炉煤气单位体积热值，乘以烟气流量，再进行标准热值（8360kJ/m^3）折算后，所得煤气体积量即为转炉煤气回收量。

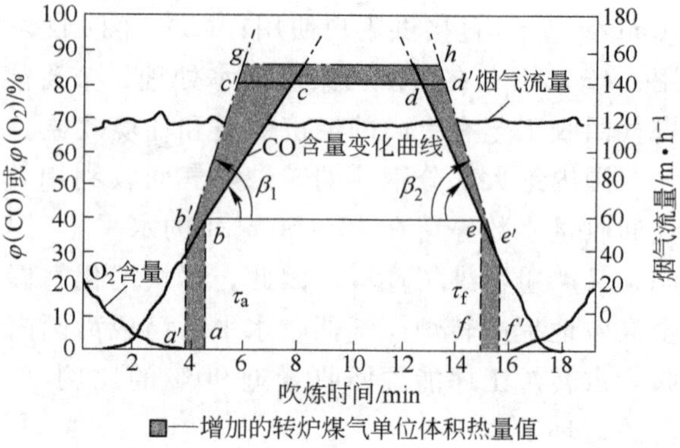

图 6-143 提高煤气回收的分析图

从图 6-143 可知，吹炼过程中烟气流量基本保持不变，因此，通过分析转炉煤气单位体积热值的变化即可知煤气回收量的变化情况。转炉煤气回收量的影响因素较多，因此，结合上述分析图，从转炉设备条件、原料条件、钢水碳含量、空气吸入量、煤气回收条件、供氧强度等方面研究这些因素对转炉煤气回收量的影响。

设备运行状态的好坏直接影响转炉煤气回收水平的高低，特别是煤气柜容量和用户用气量的调配状态。当煤气回收供大于求时，会造成煤气不能回收而无谓放散。同时，煤气成分分析仪中 CO 含量量程若偏低也会影响转炉煤气的回收水平。

转炉煤气主要是由脱碳过程中碳氧反应产生的，经计算得到，原料中铁水比、钢液或原料中的碳含量每变化 0.1%，对转炉煤气回收量的影响分别为 1.02% 和 0.65%，可见，对吨钢煤气回收量的影响十分明显，其中，原料中铁水比变化影响更大。

转炉冶炼中，在活动烟罩与炉口的间隙处会有少量空气进入，易造成煤气二次燃烧、降低煤气品质。这里引入“空气吸入系数”的概念（用 a 表示），是指从转炉炉口吸入的空气量与转炉烟气全部燃尽所需理论空气量之比。a 既影响煤气量又影响煤气的单位热值，若 a 增加，使煤气中 CO 燃烧，导致煤气热值降低，使转炉煤气回收量减少。若 $a=1$ 时，煤气中 CO 已完全燃尽，此时煤气热值为零；若 $a=0$ 时，煤气中 CO 含量最大，其标准热值煤气体积量也最高。宝钢的空气吸入系数在 0.09～0.16，削弱了煤气回收效果。因此，就转炉煤气回收而言，a 越小越好，通过计算可知，若 a 降低 0.01，吨钢煤气回收量可提高 0.92m^3/t。

为了达到煤气回收的安全，同时还要考虑到用户需求煤气品质的要求，需设置相应的回收条件。改善回收条件可延长煤气回收时间，提高转炉煤气回收量。如马钢将其转炉煤气回收条件从（CO）≥30% 且（O_2）<1.5% 改为（CO）≥18% 且（O_2）<1.5%，回收时间增加 0.5min，吨钢煤气回收量提高近 3m^3/t [62]，且能安全回收。若将二宝钢转炉的回收条件改善为（CO）≥30% 且（O_2）<1%，结合实际生产数据计算可得吨钢煤气回收量提高 1.52m^3/t。

6.7.3 提高煤气回收量的综合措施

明确转炉煤气回收量的潜力，对于分析与解决煤气回收中存在的问题、制定相关措施具有指导意义。这里引用“转炉煤气回收理想值”的概念用于描述煤气量的最大潜力，它是指在理想工况下生产1t合格钢液转炉冶炼所回收的转炉煤气量，以宝钢转炉为例，计算其理想工况下的吨钢煤气回收理想值为128.8m^3/t[63]，而目前吨钢煤气回收量实际值106.5m^3/t，因此，需要结合当前生产中存在的不足，制定相关措施，大幅度提高转炉煤气回收量：

（1）完善软硬件设备，实现生产炉数的全回收。煤气回收系统良好运行是煤气高效回收的基本前提，由于LT法转炉煤气成分仪中CO含量满量程仅为85%，造成超过85%的（CO）被忽略不计，因此，需将煤气成分仪中（CO）满量程修改为100%，由计算可知，修改后吨钢转炉煤气回收量可提高1.8m^3/t。同时，可考虑在转炉煤气柜与其他煤气柜之间建一联络管，这样既能解决煤气放散问题，又能缓解其他煤气柜煤气供应紧张的局面。

（2）降罩到位与炉口微差压调控并行，提高回收煤气品质。在生产操作中，空气吸入量主要受活动烟罩与炉口间隙的大小以及炉口微差压的影响。因此，在转炉吹炼过程中，要严格实行降罩操作，尽早将烟罩降至最低位，保持烟罩与转炉的“零”距离，防止空气吸入造成二次燃烧，确保煤气回收的质量；同时，要合理调控炉口微差压，保持炉口0～10Pa微正压，限制空气吸入的不良影响，提高转炉煤气品质。

（3）优化供氧制度，实施高效冶炼。优化供氧制度，合理控制氧枪枪位，兼顾转炉脱碳及煤气回收的关系，减少二次倒炉，提高终点命中率等，都能有效提高转炉煤气回收量。目前宝钢转炉的供氧强度约为2.9m^3/(t·min)，在保障冶炼安全的前提下，若将供氧强度提高至3.5m^3/(t·min)，吨钢转炉煤气回收量约可提高7m^3/t。

（4）延长煤气回收时间。生产实践表明，改进回收方式与操作，可以延长煤气回收时间。由于切换站钟形阀从接受指令到完全动作到位需要一定时间，因此，回收中存在滞后效应，延迟了回收时间，造成部分煤气得不到回收。因此，根据马钢的成功经验[62]，可将煤气回收条件修改为（CO）≥30%且（O_2）<2%，采取回收开始时间提前与结束时间延迟相结合，可赢得回收时间近1min，煤气回收量提高2.52m^3/t。

除此以外，还要加强管理，促进转炉回收系统现场操作人员与能源中心的信息交流与合作，为安全、高效地回收转炉煤气提供重要保证。从完善软硬件设备、实行降罩到位与炉口微差压调控并行、优化供氧制度和提高供氧强度等方面提出的具体措施，可较大幅度提高转炉煤气的回收量，取得很好的节能效果。

参 考 文 献

1 佩尔克 R D，等著．氧气顶吹转炉炼钢．邵象华，等译．北京：冶金工业出版社，1980

2 谭牧田．氧气转炉炼钢设备．北京：机械工业出版社，1983

3 赵荣玖．国外氧枪设计剖析．国外钢铁，1992，(2)：22～27

4 赵国民，佟晓耘，李树贵，等．植物树脂砂在纯铜氧枪喷头生产中的应用，冶金能源，2003，22(5)：14～15

5 赵艳秋，张评，绳艳，等．密封及膨胀装置在转炉氧枪中的应用．鞍钢技术，1997，(11)：52～54

6 潘贻芳，袁章福，李树庆，王宝明，任茂勇．转炉氧枪的水冷结构，申请号：200510087212.9，公开号：CN 1718758 A

7 潘贻芳，袁章福．转炉供氧系统的改造，特殊钢，2005，26 (4)：61～62

8　潘贻芳，李树庆，袁章福，等．天钢转炉氧枪喷头与供氧系统的改造．炼钢，2006；22（4）：44～47
9　赵荣玖．国外氧枪喷头端底结构与冷却．炼钢，1994，(1)：46～50
10　李承祚．组合式锻压五孔氧枪喷头在210t转炉上的应用．炼钢，1998，14（1）：6～10
11　李承祚，张飞虎，孙达庚，等．氧气转炉锻压组合式氧枪喷头的研制与应用．冶金设备，2002，132（2）：47～50
12　麻向军．氧枪喷头冷却水流动特性的数值模拟．华南理工大学学报，2003，31（5）：43～46
13　天津钢铁有限公司、中国科学院过程工程研究所．转炉新型高效氧枪系统节能技术．天津市科技成果鉴定证书，津科成鉴字（2005）215号
14　贾凌云，高留治．转炉氧枪喷头改进设计的探索．上海金属，1989，11（5）：27～34
15　王亚贞，张岩，张红文．氧气顶吹转炉炼钢工艺与设备（第2版）．北京：冶金工业出版社，2004
16　潘贻芳，凌遵峰，袁章福，等．炼钢用氧技术的安全与经验．炼钢，2003，19（6）：15～23
17　袁章福，顾克井，王新江，等．旋流喷头的特性和用于溅渣护炉的分析．钢铁，1998，33(12)：17～20
18　袁章福，徐安军，顾克井，等．旋流喷头的参数确定及其应用研究．炼钢，1998，14（5）：37～41
19　顾克井，田勇，袁章福，等．ϕ168旋流氧枪喷头在转炉炼钢中的应用．钢铁研究，1998，(2)：7～9
20　袁章福，潘贻芳，关璐，杨肖．转炉用多孔轴线旋转的氧枪喷头，申请号：200510086893.7，公开号：CN 1772927A
21　Higuchi Y，Tago Y. Effect of nozzle twisted lance on jet behavior and spitting rate in top blown process. ISIJ International，2003，43（9）：1410～1414
22　謝裕生，鞭岩．純酸素上吹転炉の吹錬中期における最適ランス高さの推算方法．鉄と鋼，1979，65（12）：1812～1813
23　石川英毅，溝口庄三，瀬川清．LD転炉のキャビティ深さとスロッピングに関する研究．鉄と鋼，1972，58（1）：76～84
24　Kakob A A. 转炉双倾角喷孔氧枪的使用效果．国外钢铁钒钛，1990，(2)：68～70
25　Zhong L，Zhu Y，Jiang M，et al. Cold modelling of slag splashing in LD furnace by oxygen lance with twisted nozzle tip. Steel Research Int.，2005，76（9）：611～615
26　钟良才，朱英雄，姜永林，等．旋流氧枪喷头对转炉溅渣护炉效果的影响．炼钢，2000，16（6）：45～48
27　Sakai A，Tani J，Yamada K. Development of a low-spitting lance at Kashima's No. 2 steelmaking plant. I&SM，1994，(12)：19～23
28　Anezaki M，et al. Development history of combined blowing converter. Tetsu-to-Hagane，1990，76（6）：1775～1781
29　Tago Y，Higuchi Y. Fluid flow analysis of jets from nozzle in top blown process. ISIJ International，2003，43（2）：209～215
30　鞭岩，森山昭，著．冶金反应工程学．蔡志鹏，谢裕生，译．北京：科学出版社，1981
31　伊東修三，鞭岩．純酸素上吹転炉操業における超声速ジェットの輸送現象．鉄と鋼，1969，55（13）：1152～1163
32　伊東修三，鞭岩．純酸素上吹転炉操業における超声速ジェット特性の効果．鉄と鋼，1969，55（13）：1164～1175
33　Naito K，Ogawa Y，Inomoto T，et al. Characteristics of jets from top-blown lance in converter. ISIJ International，2000，40（1）：23～30
34　Higuchi Y，Tago Y. Effect of lance design on jet behavior and spitting rate in top blown process. ISIJ International，2001，41（12）：1454～1459
35　Yuan Z，Lu Z，Pan Y，et al. Jet behaviors and metallurgical performance of a innovated double-parameter ox-

ygen lance in BOF. Journal of Iron and Steel Research International, (Accepted)
36 杨肖．氧枪射流特性及转炉溅渣护炉用炉渣黏度的研究［硕士学位论文］．北京：中国科学院研究生院，2006
37 夏皮罗 A H，著．可压缩流的动力学与热力学．陈立子，等译．北京：科学出版社，1966
38 蔡志鹏，梁云，张春霞．化工冶金模型实验研究及其测试技术．北京：冶金工业出版社，2001
39 Cantrell J. Praxair' s BOF Cojet technology attracts attention. I&SM, 2001, (5): 29 ~ 30
40 屠海,洪新,吕朝阳,等．集束氧枪射流特性对转炉炼钢过程的影响．特殊钢,2002,23(3):7 ~ 9
41 Hatta N, Fujimoto H, Ishi R, et al. Numerical study on supersonic flows of gas-liquid particle mixture in a De Laval nozzle. ISIJ International, 1989, 29 (11): 911 ~ 918
42 Peng Y C, Han T. Gas-particle flow in a De Laval nozzle with curved convergent configuration. ISIJ International, 1996, 36 (3): 263 ~ 268
43 Octavio O, Ellas A, Sanchez R, et al. Physical and mathematical of gas-liquid fluid dynamics in LD converters. Steel Research, 2002, 73 (2): 44 ~ 51
44 杨文远，石洪志，丁永良，等．大型转炉多孔喷头射流与熔池作用的水模研究．钢铁，2004，39 (3): 16 ~ 19
45 Koria S C. Nozzle design in impinging jet steelmaking processes. Steel Research, 1988, 59 (3): 104 ~ 109
46 平居正純，辻野良二，大野剛正，等．転炉におけるダスト発生の機構．鉄と鋼，1988，74 (10): 1954 ~ 1961
47 袁章福．转炉内铬矿的熔融还原．江苏冶金，1989，(2): 22 ~ 26
48 袁章福．顶底吹转炉全废钢冶炼的分析．炼钢，1987，2 (2): 72 ~ 75
49 袁章福，万天骥，李华．转炉炼钢热补偿技术分析．炼钢，1991，7 (3): 44 ~ 49
50 万天骥，袁章福．炼钢用煤技术和煤氧炼钢．钢铁，1989，24 (1): 61 ~ 66
51 万天骥，袁章福．煤氧炼钢新技术的开发．炼钢，1989，4 (1): 32 ~ 39
52 袁章福．转炉炼钢用煤技术的发展．江苏冶金，1988，(1): 36 ~ 39
53 赵荣玖．双氧喷枪的发展与新型枪研制．炼钢，1989，4 (6): 21 ~ 27
54 柯玲，崔起洙，阎雪松．30 吨转炉采用旋流二次燃烧喷头的试验研究．首钢科技，1991，(1): 1 ~ 3
55 Luomala M J, Fabritius T M J, Harkki J J. The effect bottom nozzle configuration on the bath behaviour in the BOF. ISIJ International, 2004, 44 (5): 809 ~ 816
56 Luomala M J, Fabritius T M J, Virtanen E O. Splashing and spitting behaviour in the combined blown steelmaking converter. ISIJ International, 2002, 42 (9): 944 ~ 949
57 冯聚和．炼钢设计原理．北京：化学工业出版社，2005
58 王爱华，蔡九菊，王鼎，等．转炉煤气回收分析及其提高措施．钢铁，2006，41 (5): 81 ~ 84
59 俞波．提高转炉煤气回收率的综合措施．中国冶金，2003，(10): 14 ~ 17
60 陈志斌．国内转炉煤气回收利用技术的现状及发展．冶金动力，2003，(1): 9 ~ 12
61 于小方，杨文远，郑从杰．提高转炉的供氧强度．钢铁研究学报，2000，(2): 6 ~ 9
62 史翠华，陈广言，史德明，等．马钢 95t 转炉负能炼钢实践．冶金环境保护，2004，(2): 71 ~ 73
63 郦秀萍，蔡九菊，殷瑞钰，等．转炉炼钢工序最小能耗的研究．钢铁，2003，38 (5): 50 ~ 52

7 氧枪在溅渣护炉中的作用

转炉溅渣护炉技术同样离不开氧枪系统和超声速多孔喷头，其基本原理是将氧气切换为氮气，通过氧枪喷头形成的超声速氮气射流使调节好的炉渣喷溅至转炉内壁表面，烧结形成高熔点的含 MgO 溅渣层，从而使转炉炉龄得到提高。

7.1 转炉溅渣护炉工艺与技术

转炉溅渣护炉工艺与技术是20世纪90年代具有世界性的一项转炉炼钢的重大技术进步。该技术首先在美国实现工业化，在我国转炉上已得到普遍推广，大幅度地提高了转炉炉龄，而且具有投资少、工艺简单、提高钢产量、降低吨钢成本和经济效益等优点。

7.1.1 溅渣护炉的发展

日本在20世纪60~80年代开发出加入白云石造渣工艺和转炉炉衬喷补技术，使转炉炉龄突破1万炉次，创造了当时世界最高记录。1991年，美国 LTV 钢铁公司印第安纳的转炉开始采用溅渣护炉技术，到1994年该公司炉龄达到15000多次，显著提高炉龄和转炉利用系数，并降低了炼钢成本。

1995年开始在原国家经贸委和冶金部的支持和组织下，积极推广转炉溅渣护炉技术，充分结合国内转炉的特点，加强基础研究，开发了适合我国的溅渣护炉技术和工艺，并在大、中、小转炉上都得到推广。该技术不仅适用于普通铁水的转炉炼钢，而且在使用中磷铁水和提钒半钢冶炼的转炉上同样取得了显著的效果。国内已采用溅渣护炉技术的转炉厂生产实践表明，炉龄基本上提高了一倍以上，耐火砖消耗降低60%，补炉料消耗降低40%。取得了显著的经济效益。因此，溅渣护炉技术在我国有广阔的推广前景，其推广的速度之快、范围之广、效益之大，令世界钢铁界瞩目和惊叹[1~3]。

7.1.2 溅渣护炉的理论与工艺

溅渣护炉技术是利用 MgO 含量达到饱和或过饱和的炼钢终点渣，通过高压 N_2 的吹溅，冷却、凝固在炉衬表面上形成一层高熔点的溅渣层，并与炉衬很好地黏结附着。溅渣护炉的微观过程就是：高速氮气由喷枪喷射到炉渣液面上，炉渣在氮气的巨大剪切力作用下迅速微粒化，微粒获得动能离开液体渣系向各个方向飞溅，从不同角度（高度）打在炉衬上。微粒在形成、飞溅、黏结过程中不断被氮气冷却，最后在炉衬上粘附、固化、反应而形成一层炉渣的固体层覆盖住炉衬。溅渣形成的溅渣层耐蚀性较好，可抑制炉衬砖表面的氧化脱碳，又能减轻高温渣对炉衬砖的侵蚀冲刷，从而保护炉衬砖，降低耐火材料损耗速度，减少喷补材料消耗，同时减轻工人劳动强度，提高炉衬使用寿命，提高转炉作业率，降低生产成本。

溅渣护炉的效果，决定于溅渣层与炉衬间的结合状况。即溅起的熔渣如何与炉衬砖有机地结合，并有效地保护炉衬[1]。

7.1.2.1 溅渣层与炉衬砖黏结机理

研究表明，溅渣层与炉衬的结合机理如下[1]：

溅渣初始，流动性良好的高铁低熔点熔渣首先被喷射到炉衬表面，熔渣中 TFe 和 C_2F 沿着炉衬表面显微气孔与裂缝的间隙向镁碳砖表面脱碳层内部渗透与扩散，并与周围 MgO 结晶颗粒反应烧结固溶在一起，形成了以 MgO 结晶为主相，以 MF 为胶合相的烧结层，即所谓的化学烧结层。

部分 C_2S 和 C_3S 也沿残砖表面气孔和裂纹流入砖内冷凝与 MgO 颗粒镶嵌在一起。随着继续溅渣，颗粒状高熔点化合物（C_2S、C_3S 和 MgO 结晶）被气流溅到粗糙的炉衬表面，并在高速气流的冲击下镶嵌在炉衬表面的间隙内形成以镶嵌为主的机械结合，即机械镶嵌化学结合层。

以低熔点 C_2F 和 MgO 砖烧结层为纽带，以机械镶嵌的高熔点 C_2S 和 MgO 渣粒为骨架形成一定强度的渣—砖结合表面。在此表面上继续溅渣，沉积冷却形成以 RO 相为结合相，以 C_2S、C_3S 和 MgO 相颗粒为骨架的溅渣层。

根据溅渣层物相结构分析溅渣层的形成，可知溅渣层对炉衬的保护作用主要表现在以下四个方面：

（1）对镁碳砖表面脱碳层的固化作用。

（2）减轻了高温炉渣对镁碳砖表面的直接冲刷侵蚀。

（3）抑制了镁碳砖表面层的氧化。

（4）新溅渣层有效地保护了炉衬—溅渣层的结合界面。

7.1.2.2 溅渣层损蚀机理

研究认为[4]，溅渣层表面处的 TFe 是以 Fe_2O_3 存在，并形成 C_2F 矿物；在溅渣层与镁碳砖结合处，Fe 以 FeO 形式固溶于 MgO 中，同时存在的矿物还有 C_2S，C_2F 已基本消失，由此推断，喷溅到衬砖表面的熔渣与镁碳砖发生反应过程中，释放出的 CO 从溅渣层向衬砖表面扩散，C_2F 中的 Fe_2O_3 逐渐被还原成 FeO，而 FeO 又能固溶于 MgO 之中，大大提高了衬砖表面结合渣层的熔化温度。倘若吹炼终点温度不过高，溅渣层不会被熔损，所以吹炼后期仍然能够起到保护炉衬的作用。

在开吹 3 ~ 5min 的冶炼初期，熔池温度较低，碱度值低（$R \leqslant 2$），若 MgO 含量在 6% ~7%，接近或达到饱和值时，熔渣主要矿物组成几乎全部为硅酸盐，即镁硅石和橄榄石，有时存在少量铁浮氏体。溅渣层的碱度高约 $R = 3.5$ 时，主要矿物为硅酸盐 C_3S，熔化温度较高，因此初期熔渣对溅渣层不会有明显的化学侵蚀。吹炼终点的熔渣碱度值一般在 3.4 ~4.0，渣中 TFe 含量在 13% ~25%，MgO 含量波动大，多数控制在 10% 左右，已超过饱和溶解度，其主要矿物组成是粗大的板条状的 C_3S 和少量点球状或针状 C_2S，结合相为 C_2F 和 RO 等，约占总量的 15% ~40%；MgO 结晶包裹于 C_2S 晶体中，或游离于 C_2F 结合相中。终点是整个吹炼过程中炉温最高阶段，虽然熔渣碱度较高，但 TFe 含量也高，所以吹炼后期，溅渣层被蚀损主要是由于高温熔化和高铁渣的化学侵蚀。因此，控制好终点熔渣成分和出钢温度才能充分发挥溅渣层保护炉衬的作用，也是提高炉龄的关键所在。

7.1.2.3 溅渣护炉调渣工艺

采用溅渣护炉技术后，冶炼过程中对炉渣调整的目的是减少炉渣对炉衬的化学侵蚀，在不影响脱磷、脱硫反应进行的前提条件下，合理控制终渣中 MgO 含量，使终渣适合于溅渣护炉的要求。吹炼过程中 MgO 的溶解受渣中 MgO 溶解度和渣量两个变量的影响，是一种动态不平衡过程。采用吹炼初期加入全部或大部分含 MgO 渣料，使冶炼过程炉渣中 MgO 始终保持过剩状态，不仅有利于 MgO 的溶解，也可以减缓炉渣对炉衬的化学侵蚀[1,4]。

调渣工艺是指在炼钢结束后，通过炉口观察炉渣状况，判定炉渣是否适宜溅渣。如果炉渣过于黏稠，应加入少量化渣剂稀释炉渣，增强炉渣的流动性；如果炉渣过热度高，炉渣稀流动性良好，应加入少量调渣剂（又称稠渣剂）提高炉渣黏度，使之更适宜溅渣的操作工艺。由于炉子吨位不同以及各钢厂原料条件、冶炼钢种、精炼及浇注方式等方面各异，造成终渣成分和炉渣过热度有很大差别[5~7]，因此，溅渣护炉的调渣工艺也不完全相同，主要有以下两种不同的工艺：

（1）直接溅渣工艺。即以炼钢过程中调整炉渣为主，出钢后基本不再调渣，直接进行溅渣操作。直接溅渣工艺主要适用于大型转炉，要求铁水及原燃料条件比较稳定，吹炼平稳，终点控制准确，出钢温度低。

（2）出钢后调渣工艺。即在炼钢结束后，根据炉渣状况适当加入少量调渣剂用以降低炉渣过热度，提高炉渣黏度，然后进行溅渣。炉后调渣工艺适用于中小型转炉，由于中小型转炉出钢温度偏高，造成炉渣过热度升高；同时，由于原料条件不稳定，往往造成后吹。多次倒炉致使终渣 FeO 升高，渣稀且渣中 MgO 达不到饱和值，不适宜直接溅渣。往往需要在出钢后向炉内再加入少量调渣剂，改善炉渣状态，使之适合于溅渣操作。

7.1.2.4 合理的溅渣工艺参数

合理的溅渣工艺参数，主要是根据具体的转炉炉型尺寸，确定能在尽可能短的时间内将炉渣均匀喷溅涂敷在整个炉衬表面，并对渣线、耳轴两侧等易于熔损的部分能形成厚而致密的溅渣层所要求的喷吹工艺参数[8,9]。它主要包括以下几项：喷吹 N_2 的工作压力或流量、最佳的溅渣枪位、适宜的喷枪结构和尺寸参数（如喷孔数目、喷孔夹角和喉口直径）。

通常，在确定转炉溅渣工艺参数时，往往依据实际转炉的水模试验结果，初步确定溅渣工艺参数；并通过在溅渣过程中不断地观察，总结和比较，确定最佳的溅渣枪位，喷吹 N_2 流量和压力。根据溅渣中出现的问题，修改喷枪设计，逐步达到最佳的溅渣效果。表 7-1 给出各厂溅渣转炉的工艺参数。

表 7-1 各厂转炉溅渣护炉工艺参数

厂 名	转炉参数				喷枪参数			
	公称容量 /t	炉内直径 /mm	炉内高 /mm	H/D	喷孔数目 /个	喷孔喉口直径/mm	喷孔夹角 /(°)	马赫数 Ma
宝 钢	300	6472	10900	1.68	6	41	12	2.1
鞍钢三炼钢厂	180	5400	8000	1.48	4	37.9	14	1.98
首钢二炼钢厂	210	6000	10075	1.68	5	43	16	2.0
LTV 钢公司	250	5791	8900	1.54	4	52.3	12	
本钢炼钢厂	120	4900	8260	1.69	4	38.2		
攀枝花钢铁公司	120			1.78	4	35	13	1.86
太钢二炼钢厂	50	3500	6000	1.71	3	31	10	2.0
马钢三炼钢厂	50	3430	6500	1.90	3	28.285	10	1.97
首钢三炼钢厂	80	3920	6465	1.65	4	38.5	12	1.97

续表 7-1

厂　名	转炉参数				喷枪参数			
	公称容量 /t	炉内直径 /mm	炉内高 /mm	H/D	喷孔数目 /个	喷孔喉口直径/mm	喷孔夹角 /(°)	马赫数 Ma
首钢一炼钢厂	30	2850	6000	2.105	4	27	12	1.97
承钢炼钢厂	20	2400	5050	2.104	3	25	10	1.92
莱芜钢铁公司	25	2440	5523	2.26	3	25	11	1.964
天津铁厂	25	2636	5520	2.09	3	26.4		1.96
三明钢铁厂	15	2305	4460	1.93	3	22.2	10	1.97
上钢一厂	25	2580	5750	2.23	单三式	72.6		

厂　名	造渣工艺				溅渣工艺				
	终渣碱度	终渣 TFe /%	MgO /%	渣量 /kg·t^{-1}	氮压力 /MPa	氮流量 /m^3·h^{-1}	溅渣时间 /min	溅渣枪位 /mm	供氮强度 /m^3·(t·min)$^{-1}$
宝　钢	3.2	19.6		108	0.7～0.85	50000	3	2200	2.78
鞍钢三炼钢厂		8～18	12	110～130	0.8～0.9	24000	2～4	1900	2.45
首钢二炼钢厂	3.4	13	11～13	100	1.1	40000	3～5	2700	3.17
LTV 钢公司		18～30	12～14			37400	3	2530	2.49
本钢炼钢厂						21000	3	2000	2.92
攀枝花钢铁公司	4.3	24.08	11.09		0.95～1.1	20000～23000		1800	
太钢二炼钢厂		12～15	8.58		0.7～0.8	11700	2.5～3	1300	2.079
马钢三炼钢厂	3.5	16～19			1.0～1.1	11000	3	1400	2.096
首钢三炼钢厂	3.4～4.2	12～16	11.3		1.4	15000	3	2200	3.125
首钢一炼钢厂	3	12～17	9～11		0.8～0.95	10020	3	1600	4.175
承钢炼钢厂		24～32	8.98			7500	3	1500	3.96
莱芜钢铁公司			9～10		0.8～1.0	8000	3	1500	4.83
天津铁厂						7920	3	1579	4.4
三明钢铁厂	2.89	17.87	6.51		0.7～1.0	5100	3	1100	4.25
上钢一厂					0	5900	3	1200	3.93

在实际溅渣过程中确定合理的溅渣工艺参数，主要应考虑以下两点：

(1) 炉型尺寸，主要是转炉的（H，D）参数，炉型尺寸通过转炉 H/D 参数表示；

(2) 喷吹参数，包括气体流量、工作压力、喷枪高度和溅渣时间。

溅渣时间是溅渣操作中的一个主要工艺参数，各个厂家应根据自己车间的生产节奏灵活掌握。溅渣时间过短，不能起到溅渣的效果，过长将会浪费氮气、致使炉衬降温过多，影响下炉冶炼。

如表 7-1 所示，目前各厂家的溅渣时间定为 2.5～4min。溅渣时间过短，炉渣没有得到充分的冷却和混匀，炉渣条件比较差，即使溅到炉壁上，也不能很好地挂上，起不到护炉的作用。在渣况正常的条件下，溅渣时间越长，炉衬挂渣越多，但也易造成炉底上涨和粘枪。在留渣量较小时，也会造成炉底磨损增大，炉底寿命下降。尤其是在留渣温度过低或流动性较差的时候，炉渣溅不起来，如果一味地延长溅渣时间，由于渣况不良，溅渣时间再长，也起不到溅渣的效果。反而由于溅渣时间的延长，炉衬温度降得过低，既浪费了氮气也影响了后续的炼钢操作，同时也降低了生产效果。

溅渣频率，即为合理溅渣的间隔炉数，同样也是溅渣护炉的重要操作工艺参数之一。在炉役的中期过于频繁溅渣，对炉型产生较大的影响（如炉型变小），并将影响炼钢操作时间，反而不利。一般应在炉役的前期就开始溅渣，力争炉衬厚度保持在300～400mm，形成动态平衡，有利于形成永久炉衬。关于溅渣频率，可以概括为前期不溅、中期两炉一溅、中后期炉炉溅。掌握好溅渣频率的关键是在中后期炉炉溅渣。只有在炉役中后期坚持炉炉溅渣护炉，才能使炉衬损耗最小并达到动态平衡，是实现炉衬长寿的理想操作。

7.1.2.5　*溅渣护炉工艺操作程序*

普通转炉厂的溅渣护炉工艺操作程序[4]如下：

（1）转炉出钢时，炼钢工应密切注意炉内钢水状况及渣况，保证出净钢水，严禁炉内留残钢（否则易引起溅渣粘枪及金属喷溅）。炼钢工应观察炉渣的颜色及流动性，判断炉渣的温度、黏度等状况，决定是否加入调渣剂。同时，炼钢工应观察炉衬的熔损状况（有条件的厂家可参考激光测距仪的扫描结果），决定是否对炉衬某些部位进行重点溅渣或喷补。

（2）操作工将转炉摇至零位，如需调整渣况，则加入调渣剂。

（3）操作工将氧枪降到预定的枪位，调节氮气流量（或压力）符合规程的要求。

（4）操作工在溅渣的过程中，可适当改变枪位，以求得溅渣量的最大效果或固定某一枪位喷溅一个特定位置。

（5）操作工观察溅渣炉况，如果在正常时间内炉口喷出小渣块，证明溅渣状况良好，可在规程规定的时间内结束溅渣。

（6）溅渣即将结束前，适当降低枪位，进一步提高溅渣量，结束溅渣，提枪、切断氮气。

（7）在结束溅渣提枪的同时，观察氧枪是否粘枪。

（8）在摇炉挂渣结束后，将剩余的炉渣倒入渣罐。

（9）炼钢工观察炉衬，判断溅渣效果。

（10）溅渣完使用刮渣器对喷枪的粘渣进行清除，如果氧枪粘枪严重，则采取措施处理氧枪。

（11）进行下一炉冶炼。

如果在复吹转炉上溅渣，则应注意的问题如下：

（1）注意在溅渣过程中的底吹气体流量的变化情况。

（2）为保证底部供气元件的畅通，可在溅渣过程中适当提高底部供气强度。

（3）在溅渣后，如果发现底部供气元件有堵塞现象，应立即采取复通措施。

7.2　氧枪溅渣护炉过程的物理模拟

通过物理模拟对炉渣喷溅护炉的机理进行大量的研究。通过使用无因次参数以获得定量关系，这样有利于减少试验次数以及消除因为尺寸问题而产生的影响。

7.2.1　溅渣护炉物理模型的建立

在建立溅渣护炉的转炉模型时，主要考虑转炉模型和原型的几何尺寸相似和动力学条件相似。

转炉溅渣护炉的操作工艺主要考察顶吹气体流股对渣液的冲击作用，炉内渣液在顶吹气体流股的冲击作用之下，处于高度紊流状态，故黏性力与表面张力并非影响溅渣量的主要因素，而气体流股的惯性力则是决定溅渣量的根本原因。因此，选择经过气体惯性力和熔渣重力比修正的弗劳德数 Fr' 作为水模试验的定性准数：

$$Fr'_1 = Fr'_2 \tag{7-1}$$

即：

$$\frac{u_1^2}{gd_1}\frac{\rho_{g_1}}{\rho_{l_1}-\rho_{g_1}} = \frac{u_2^2}{gd_2}\frac{\rho_{g_2}}{\rho_{l_2}-\rho_{g_2}} \tag{7-2}$$

可得：

$$Q_1 = m_L^{-\frac{5}{2}}\left(\frac{\rho_{g_2}}{\rho_{g_1}}\right)^{\frac{1}{2}}\left(\frac{\rho_{l_2}-\rho_{g_2}}{\rho_{l_1}-\rho_{g_1}}\right)^{-\frac{1}{2}}Q_2 \tag{7-3}$$

式中，m_L 为模型几何比；d_1，d_2 分别为模型与原型的喷枪出口直径，mm；u_1，u_2 分别为模型与原型的气体流速，m/s；Q_1，Q_2 分别为模型与原型的气体流量，m^3/h；ρ_{l_1}，ρ_{l_2} 分别为模型与原型的液体密度，kg/m^3；ρ_{g_1}，ρ_{g_2} 分别为模型与原型的气体密度，kg/m^3。

用式（7-3）可以计算出在保证模型与原型动力学相似的条件下，模型所要求的气体流量。

黏性力虽然不是影响溅渣的主要因素，但考虑到熔渣黏度对溅渣的影响，实验中采用不同的液体介质（如不同体积比的甘油—水溶液）研究黏度（运动黏度大于 6.67×10^{-5} m^2/s）对溅渣的影响。

7.2.2　溅渣护炉的水模试验

建立转炉溅渣护炉模拟试验时，首先要保证模型与原型几何尺寸相似；至于动力学条件相似，一般都是用压缩空气模拟高压氮气，用水、盐水、甘油、液体石蜡或水玻璃模拟熔渣。在溅渣过程中影响熔池熔渣动力学特性的因素有：气流出口速度 u、喷枪出口的直径 d_e、溅渣枪位 h_1、熔池直径 D、气体密度 ρ_g、液体密度 ρ_l、液体表面张力 σ_l、运动黏度 υ 等。因此，只要保证模型和原型之间的弗劳德数 Fr、韦伯数 We 和雷诺数 Re 相等，就能模拟溅渣过程。由于现场操作的限制，通常采用水模试验的方法，测定炉内溅渣量的分布规律，优化溅渣工艺参数。

试验用压缩空气模拟高压氮气，用水、饱和盐水和甘油模拟熔渣。介质物性参数如表7-2所示。试验模型用有机玻璃，按原转炉尺寸，按一定的模型比例制成。在炉衬不同高度上安装 7（或 8）个有机玻璃取样槽。每次喷吹气体 3min，吹完后，称量每个取样槽中的液体质量。试验装置如图 7-1 所示，原型和模型的参数如表 7-3 所示。

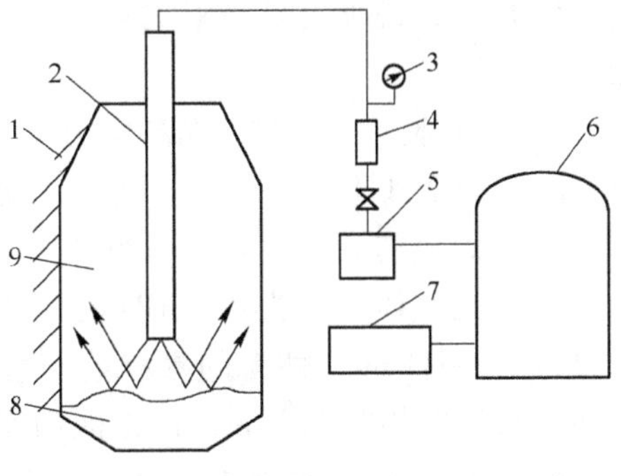

图 7-1　试验装置示意图

1—取样管；2—氧枪；3—压力表；4—流量表；5—稳压装置；6—储气罐；7—空压机；8—模拟熔渣；9—转炉有机玻璃模型

表 7-2　喷溅物质物性参数

物　质	密度 ρ/t · m^{-3}	黏度 η/Pa · s	表面张力 σ/N · m^{-1}
熔　渣	3.0 ~ 3.5	0.4 ~ 0.6	0.4 ~ 0.5
水	1.0	1.01×10^{-3}	0.0725
饱和盐水	1.15	2.65×10^{-3}	0.0353
甘　油	1.26	8.32×10^{-2}	0.0628

表 7-3　原型和模型的参数

厂　家		公称容量/t	炉　型	熔池直径/mm	炉膛高度/mm	炉身高度/mm	炉帽高度/mm	喷枪喉口直径/mm	喷枪出口直径/mm	设计出口马赫数	喷枪孔数/个	喷孔夹角/(°)
太钢	原型	50	平底形	3500	6000	4300	1700	31	40.5	2.0	3	10
	模型		平底形	670	1150	824	326	5.94	7.75	2.0	3	10
马钢	原型	50	筒球形	3430	5898	3136	1647	28.5	36.8	1.97	3	10
	模型		筒球形	650	1117	594	312	5.40	6.97	1.97	3	10
武钢①	原型	80	筒球形	3770	6340	2975	2146	35.48	45	1.95	3	11
	模型		筒球形	650	1093	513	370	5.96	7.56	1.95	3	11
唐钢	原型	30	截锥形	2890	5904	3265	1845	25	32	1.96	4	11
	模型		截锥形	700	1430	790	447	6.05	7.74	1.96	4	11
宝钢	原型	300	筒球形	6472	10900	5130	3700	41.0	54.6	2.06	6	12
	模型		筒球形	650	1093	513	370	4.10	5.40	2.06	6	12
北台	原型	30	截锥形	2670	5500	2990	1850	25.5	33	1.99	3	9
	模型		截锥形	700	1430	790	447	7.00	8.65	1.99	3	9

①复吹转炉。

以宝钢转炉溅渣护炉工艺水模试验为例，试验结果如下：

(1) 炉衬下部溅渣最大，随着炉衬高度增加，溅渣量减少。

(2) 氧枪高度对溅渣量的影响存在极值点。低枪位时，溅渣部位高；气体压力高时，枪位相应提高。

(3) 气体压力低时，提高压力，炉衬下部溅渣量增加，气体压力高（0.9 ~ 1.0MPa）时，溅渣量增加不明显。对于炉衬上部，气体压力增加时，溅渣量明显增加。

(4) 熔渣初始深度增加，溅渣量增加。

(5) 当气体压力为0.9MPa时，喷头喷孔均匀分布的溅渣量高于喷孔交错布置的；当压力为1.1MPa时，两者的溅渣量较为接近。当枪位高度为3.0m时，夹角为16°喷孔的射流外缘与炉壁相距1.28m，冲击区面积为渣池面积的30%；夹角为12°的喷孔，上述两个值分别为1.53m和21.7%。喷孔夹角为16°时对渣池有较大的冲击。当氮气压力较高时，增加喷孔夹角，对减少溅渣护炉时熔池四周的结渣有益。

水模试验中的溅渣量代表模拟溅渣过程中溅到炉壁上的全部水量，而且这部分水量不再返回熔池。在实际上转炉正常溅渣过程中炉衬上各部分所形成的溅渣层达到一定厚度时，渣层的重量超过炉渣本身的黏结力之后，再溅上去的炉渣就会脱落。所以在炉衬不同高度的溅渣层厚度相差并不多（一般不超过2倍）。水模试验中在炉壁相同间距内，下部的溅渣量比上部要高50～100倍。在实际溅渣中溅到炉衬上的渣量与溅渣的厚度两者并不是成正比关系。两者之间的准确关系可以通过用激光测距仪测量溅渣前后炉衬不同部位的厚度变化来确定。这样可以把水模试验结果更为可靠地用于转炉的溅渣操作。

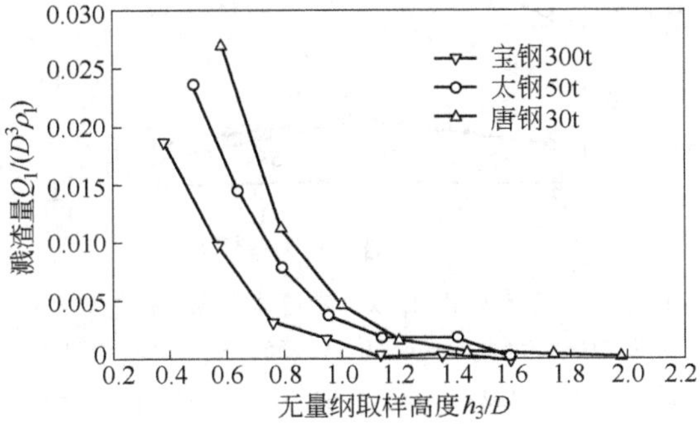

图7-2 转炉炉衬溅渣量的分布

7.2.2.1 溅渣枪位的影响

由水模试验知，转炉炉衬各部位的溅渣量是很不均匀的，炉衬下部的溅渣量很大，随着炉衬高度的增加，溅渣量越来越少，而且炉衬下部溅渣曲线斜率大，炉衬上部溅渣曲线斜率小。这说明炉衬下部溅渣量随高度变化大，而炉衬上部则变化小。对炉型尺寸不同的转炉出现相似的溅渣量分布如图7-2所示。

溅渣枪位指喷枪到渣层表面的距离或者转炉底部到喷枪的距离。溅渣枪位是影响溅渣的重要参数，影响溅渣形成洞穴的形状以及炉渣波动形状。降低枪位在洞穴处形成更大的回旋区，气体射流冲击熔渣的面积小，但是冲击深度大，气体射流供给的能量较大部分消耗于穿透渣池上，导致溅渣量降低。如图7-3所示，枪位较低时，炉衬各部位所获渣量都较少；提高枪位，炉衬各部位溅渣量都增加；当枪位增加到一定值（即最佳溅渣枪位）时，溅渣量达到最大值；如果此时再提高枪位，炉衬各部位溅渣量反而下降。这是因为枪位过高射流速度衰减大，射流有效能量降低；二是渣池受冲击面积大，接受冲击的渣量大，对于每个渣滴来说，得到的能量减少，因而渣滴飞溅高度降低，致使溅到炉衬上的渣量减少。炉衬不同部位，渣线、下部炉衬、上部炉衬、耳轴以及炉帽其变化规律都是相同的[1,12～14]。

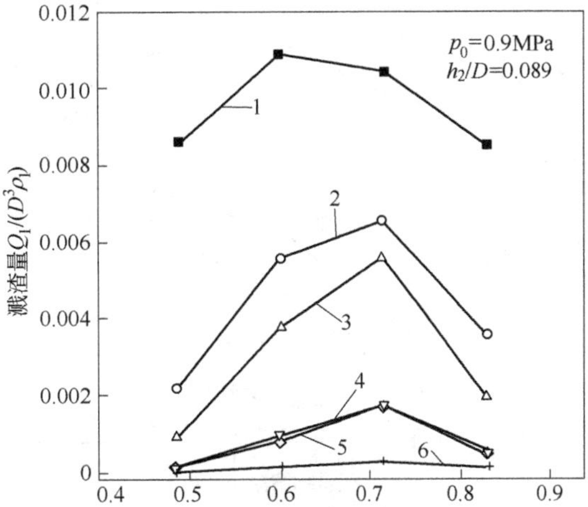

图7-3 溅渣枪位对溅渣量的影响（太钢）

1—$h_3/D=0.567$；2—$h_3/D=0.756$；3—$h_3/D=0.944$；4—$h_3/D=1.132$；5—$h_3/D=1.357$；6—$h_3/D=1.593$

7.2.2.2 气体滞止压力（或流量）对溅渣量的影响

对于绝大多数转炉炼钢厂来说，溅渣所用的喷枪和炼钢用的是同一根枪。根据可压缩流理论，有：

$$p_0 = p\left(1 + \frac{Ma^2}{5}\right)^{\frac{7}{2}} \tag{7-4}$$

式中，p_0为氧气（氮气）的滞止压力；p为氧枪出口截面上射流的静压力。

气体出口静压力要求等于周围介质压力，这样有利于溅渣。从图7-4可以看出，炉衬各部位溅渣量是随着气体流量（或滞止压力）的增加而呈增大的趋势。气体流量较大时，炉衬各部位的溅渣量也较大；气体流量较小时，炉衬各部位的溅渣量也较少。这是因为当气体流量较大时，气体射流冲击熔池的能量较大，致使更多的渣滴被溅起飞到炉衬上。结合现场溅渣护炉的实际气源情况，在供气设备所能提供的最大压力范围内，并结合氮气成本考虑尽可能提高氮气压力对溅渣是有利的。超过设计工作压力较多时也会对溅渣效果有不利的影响[1,15~17]。

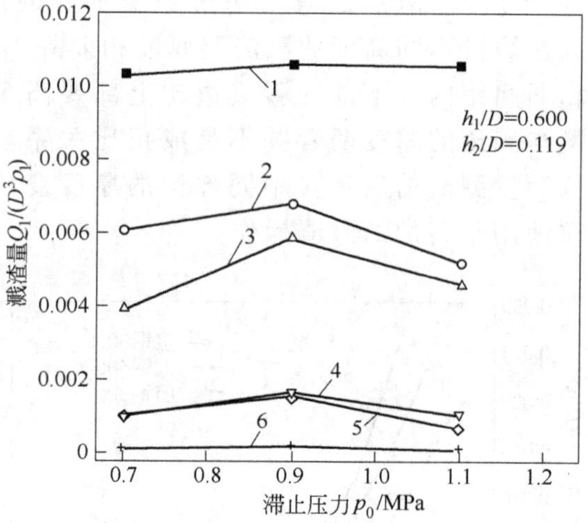

图 7-4　气体滞止压力对溅渣量的影响（太钢）

1—$h_3/D=0.567$；2—$h_3/D=0.756$；3—$h_3/D=0.944$；4—$h_3/D=1.132$；5—$h_3/D=1.357$；6—$h_3/D=1.593$

7.2.2.3　合理的留渣量

保证足够的渣量，使熔渣均匀地喷溅涂敷在整个炉衬表面，形成一定厚度的溅渣层；随着熔池留渣量的增加，熔渣可溅性增强，有利于快速溅渣。

试验结果表明[18,19]，熔池初始深度（留渣量）加大，炉衬各部位溅渣量增加。这是因为当熔池较浅时，由于留渣量不足，致使气体射流的部分能量未能得到充分利用，吹气12min后，熔池中熔渣所剩无几，在剩余的吹气时间内喷吹气体只是一种无谓的浪费。当熔池初始深度（留渣量）加大时，一是炉衬上部到熔池液面的距离缩短，溅起的渣滴在较小的动能下便可飞溅到炉衬上；二是气体射流的能量得到较充分的利用，使更多的渣滴溅到炉衬上，在吹气3min后停止吹气，炉底仍剩余部分熔渣。如图7-5所示，在充分发挥气体射流能量的同时，应适当增大留渣量，增加幅度因炉型和公称容量而异。根据冷态模拟实验研究，提出合理的留渣量以金属量11%为宜。

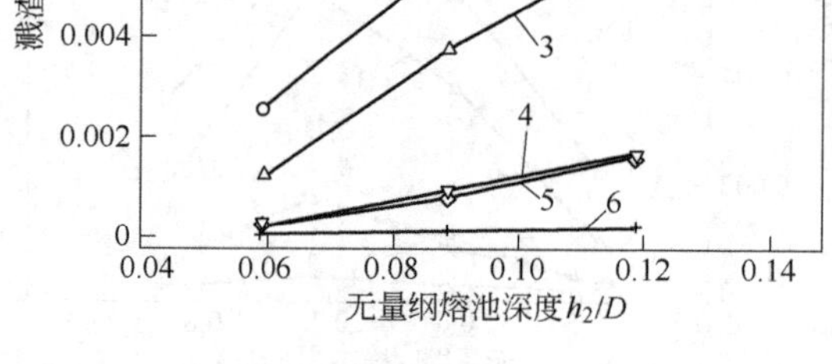

图 7-5　熔渣初始深度或留渣量对溅渣量的影响（太钢）

1—$h_3/D=0.567$；2—$h_3/D=0.756$；3—$h_3/D=0.944$；4—$h_3/D=1.132$；5—$h_3/D=1.357$；6—$h_3/D=1.593$

根据水模试验研究，合理的留渣量主要影响以下因素：

（1）熔渣的可溅性；

（2）溅渣层的厚度与均匀性；

（3）溅渣时间的长短；

（4）溅渣的成本。

7.2.2.4　喷孔分布及喷孔夹角对溅渣量的影响

采用两种分布形式的喷孔进行对比，一种是均匀分布的（喷孔夹角相同为12°），另一种是不均匀分布的（喷孔夹角为12°与16°）。如图7-6所示，试验结果表明，当气体压力为0.9MPa时，喷孔均匀分布时溅渣效果明显好于不均匀分布的。

首先溅起的渣量明显多于喷孔不均匀分布的，其次溅渣量在炉衬上的分布也更加均匀。当气体压力为 1.1MPa 时，在炉衬下部，两种喷孔溅渣效果差别不大。但在炉衬中上部，喷孔均匀分布时溅渣量要多于喷孔分布不均匀的。从总体来看，喷孔均匀分布的溅渣效果要比喷孔不均匀分布的要好[1]。

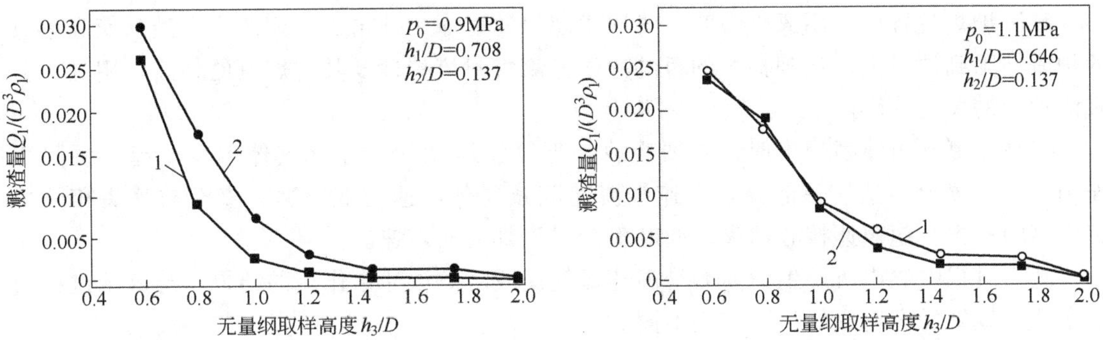

图 7-6 不同喷孔分布溅渣效果比较

1—均匀分布；2—不均匀分布

随着喷头夹角的增大，溅渣量逐渐增加，夹角增大到 12°，溅渣量最大，随后再增大角度，溅渣量反而减少。图 7-7 为氧枪喷孔夹角对溅渣量的影响。从图可知，当喷孔夹角从 12°增加到 16°，炉衬中上部溅渣量明显减少，炉衬下部溅渣量则略有增加。分析认为当夹角小时，熔池渣滴受气流冲击所获得的垂直方向的分量大，使大部分渣滴溅起又回落到熔池，从而喷溅到炉衬上的渣滴少。随着夹角变大，改善了渣滴喷溅方向，使渣滴能向炉衬上喷溅，溅渣量增多。当夹角超过 12°时，由于渣滴所获得的垂直方向分速度减少，渣滴很难喷溅起来。

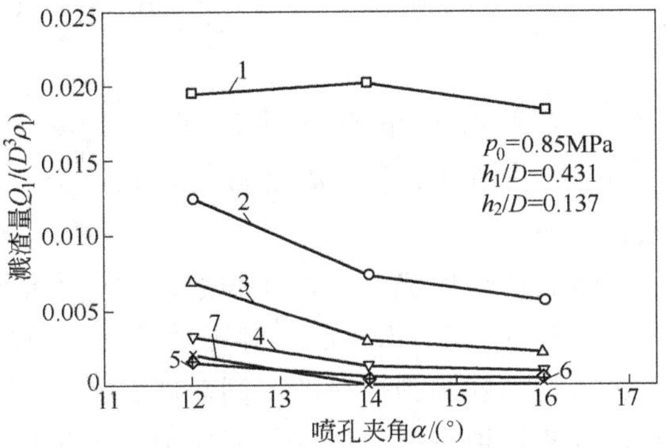

图 7-7 氧枪喷孔夹角对溅渣量的影响

1—$h_3/D=0.479$；2—$h_3/D=0.636$；3—$h_3/D=0.793$；4—$h_3/D=0.950$；5—$h_3/D=1.142$；6—$h_3/D=1.397$；7—$h_3/D=1.601$

7.2.2.5 熔渣黏度对溅渣量的影响

采用甘油、饱和盐水和水为介质，形成不同黏度的液态，模拟稀渣、正常渣、稠渣、黏渣进行转炉溅渣护炉试验。不同介质对溅渣量的影响如图 7-8 所示，试验结果表明，介质黏度较小时易溅，较大时难溅。因为黏度小的稀渣，表面张力也小。喷射气体的能量，一部分消耗在形成渣滴的表面能，另一部分转变为渣滴的动能，

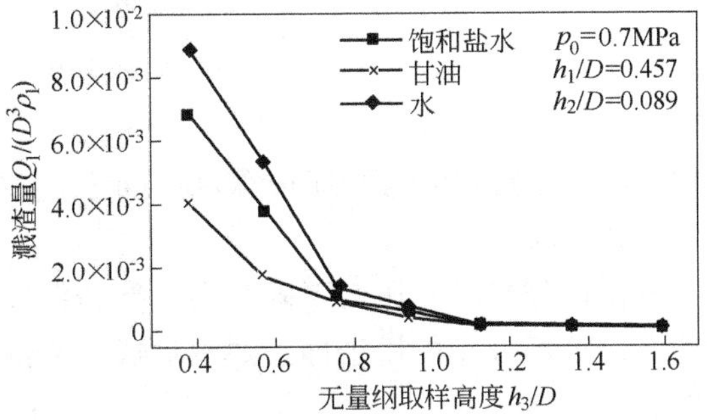

图 7-8 介质黏度对溅渣量的影响

使渣溅上炉壁。因此，黏度小的渣，形成渣滴消耗的能量小，渣池活跃，溅渣量大。稠渣难以溅到炉衬的表面上，然而流下来的量也少。希望溅渣的炉渣在高温下流动性好，黏度小随着溅渣过程中炉渣温度的降低，黏度提高，有利于溅渣[1,20,21]。

7.2.3　溅渣护炉用喷头射流特性与熔池的作用[22~24]

溅渣护炉过程中，用氧枪喷吹氮气产生超声速射流，冲击炉渣而产生飞溅，使高熔点的炉渣粘附到炉衬上，达到护炉的目的。研究氮气射流特性及其与熔渣的相互作用是改善溅渣护炉的关键一环。

当高压氮气由喷嘴喷出时，它要吸收邻近缓慢运动的气体（气体本身也起一种阻力作用）产生紊流，这使一部分超声速气流速度减弱到声速与亚声速，直至与喷头相隔一定距离的地方，超声速核心消失，此时整个射流都为亚声速。

溅渣过程中炉内所发生的喷溅是高速氮气流股对炉渣冲击作用的结果，与炼钢过程由于激烈的碳氧反应造成的喷溅完全不同。

氮气射流对熔渣的作用：

（1）射流对熔渣的冲击能量。射流对熔渣的冲击能量是决定炉渣的喷溅高度和喷溅量的重要参数。射流对熔渣的冲击能量可用下式计算：

$$\varepsilon = \frac{6.32 \times 10^{-7}}{V_1} \cos\theta \frac{Q_t^3 M}{n_2 d_e X} \tag{7-5}$$

式中，ε 为射流对熔渣的冲击能量，W/m^3；V_1 为炉渣体积，m^3；Q_t 为氮气流量，m^3/min；n 为喷孔数目；d_e 为喷孔出口直径，m；X 为枪位高度，m；M 为气体分子量；θ 为喷孔夹角，(°)。

溅渣时氮气射流对单位体积熔渣的冲击能量是很高的，相当于转炉炼钢时氧气流对熔池冲击能量的3.5~4.0倍。射流对熔渣的冲击能量主要用于把黏稠的炉渣击成液滴并使其以较高的速度溅到炉衬的不同高度，另一部分能量则被渣液吸收和消耗于气流膨胀的无用功。溅渣护炉所需的氮气气源压力、流量的选择应以满足溅渣所需的射流冲击能量为依据，而不是以炼钢用氧为准。如果气源压力、流量选择不当，将满足不了溅渣的工艺要求。

（2）氮气射流对渣层的穿透深度。喷吹前的炉渣宏观上具有液体的性质，可以用弗林公式计算射流对熔池的穿透深度，再用炉渣与钢液的密度差加以修正：

$$h = 340 \frac{p_d d_i}{\sqrt{H}} + 3.81 \tag{7-6}$$

式中，h 为射流对熔池的穿透深度，cm；p_d 为滞止压力，MPa；d 为喷管喉道直径，cm；H 为枪高，cm。

枪位增加或滞止压力下降都会使穿透深度下降。氮气流股在击穿渣层后还有一定的穿透能力，这部分动能用于冲击炉渣形成飞溅的渣滴、使熔池搅动以及使反射气流具有一定速度。

以宝钢为例，宝钢溅渣时氮气射流可以击穿渣层，其剩余能量由反射气流带走。当溅渣后期，渣层变薄，射流与渣层的能量交换条件变差，氮气射流能量的有效利用率下降。宝钢的溅渣枪位应不大于3.5m。如能提高氮气压力，采用高马赫数喷头，增加射流出口动量，可以降低氮气消耗。

(3) 氮气射流对渣层的冲击面积和渣层厚度。溅渣护炉的炉渣深度约为炼钢熔池的1/3，在溅渣护炉过程中，渣层深度还不断减小，氮气射流的能量只有一部分被渣层吸收，用来把熔渣击成尺寸不等的渣滴，并使其飞溅到一定高度，射流把能量传递给熔渣需要有较大的冲击面积和足够的渣层厚度。氮气流股截面上的高速气流对溅渣护炉是有效的。枪位过低，射流对熔渣的冲击面积小；枪位过高，射流速度衰减大，流股有效动能降低。合适的枪位可通过喷头射流流场测定、水模试验及现场试验相结合而得到。

渣层有足够的深度可使射流能量得到充分利用。但溅渣时渣层厚度与炼钢操作、终点炉渣状况、炉衬厚度等有关。渣层过薄，氮气流股击穿渣层后形成反射气流而散失，射流能量不能得到有效的利用；渣层过厚，将增加调渣剂的用量，溅渣时间延长，成本增加。在溅渣过程中渣层逐渐减少，溅渣速度降低。当渣层深度达到一定限度时应停止喷吹氮气。把少量炉渣倒出或采用摇炉挂渣的方法，使其黏结在炉衬上。

通常，在确定溅渣工艺参数时，往往先根据实际转炉炉型参数及其水模试验的结果，初步确定溅渣工艺参数；再通过溅渣过程中炉内的实际情况，不断地总结、比较、修正后，确定溅渣的最佳枪位、氮压与氮气流量。针对溅渣中出现的问题，修改溅渣的参数，逐步达到溅渣的最佳结果。表7-1为一些钢厂溅渣工艺参数，可供参考。

7.3 溅渣护炉氧枪与氮气系统

7.3.1 溅渣护炉氧枪

我国多数炼钢厂溅渣与吹炼使用同一支喷枪操作。吹炼溅渣两用喷枪的使用兼顾吹炼与溅渣护炉，对于它的设计也应同时考虑吹炼与溅渣护炉的要求。

溅渣的时间要求3min左右，要在炉衬的各部位形成一定厚度的溅渣层，最好采用溅渣专用喷枪[25]。溅渣用喷枪的出口马赫数应稍高一些，这样可以提高氮气射流的出口速度，使其具有更高的能量，在氮气低消耗情况下达到溅渣要求。不同马赫数时氮气出口速度与动量如表7-4所示。

表7-4 不同马赫数氮气出口速度与动量

马赫数 *Ma*	滞止压力/MPa	氮气出口速度 /m·s^{-1}	氮气出口动量 /(kg·m)·m^{-3}
1.8	0.583	485.6	606.4
2.0	0.793	515.7	644.7
2.2	1.084	542.5	678.1
2.4	1.488	564.3	705.4

7.3.2 溅渣护炉氧枪的设计与维修

转炉炼钢是在氧气射流对熔池的冲击作用下进行的。它依靠氧气射流向熔池供氧并搅动熔池，以保证转炉炼钢的快速进行。氧枪设计就是要保证提供适合于转炉炼钢的氧气射流。

溅渣护炉要求氧枪应能保证在3min左右的溅渣时间内，在炉衬各部位形成所要求的溅渣层厚度，还要有较长的枪龄和低的氮气消耗量。

如果炼钢与溅渣采用同一氧枪，则喷头参数应主要按满足炼钢工艺要求进行设计。我国中小型转炉大多数都采用同一氧枪进行炼钢与溅渣操作[26,27]。

氧枪设计主要是应用可压缩流理论来计算氧气喷管的参数。氧枪是由喷头、枪身和尾部结构三部分所组成。氧枪的设计内容包括：(1) 喷头设计；(2) 枪身设计；(3) 冷却水系统设计；(4) 氧枪的升降机构和更换装置设计。

喷孔出口马赫数是指喷孔出口处气流的无因次速度，它与氧气射流的出口冲击力成正比。把喷孔出口马赫数 Ma 提高到2.0～2.3，可以提高射流的出口速度，使单位体积的氮气具有更高的能量。采用高马赫数喷枪可使溅渣护炉氮气消耗量下降20%。由表7-4可知，当 Ma 由1.8提高到2.4，每 $1m^3$ 氮气的出口射流动量增加16.3%。高动量射流的速度衰减慢，斜率高。

采用高马赫数射流，需要提高滞止压力。目前宝钢溅渣护炉用喷枪 $Ma=2.1$。当氮气气源压力提高后马赫数还可进一步提高。

下面分别讨论几个问题：

(1) 喷头的喷孔数。随着炉子容量增加，应适当增加喷头的喷孔数，这样可以使溅渣层厚度更均匀。喷孔数目增加会使每孔的氮气流量下降，因此要与提高喷孔出口马赫数结合起来进行考虑。

(2) 喷孔夹角。专用溅渣氧枪喷孔的夹角可取12°～14°。LTV钢公司250t转炉使用12°喷孔夹角效果最好。宝钢300t转炉使用过14°的喷孔夹角也有较好的效果。国内多数转炉厂的氧枪喷头在9°～14°范围。喷孔的夹角与炉子高宽比（H/D）有关，高宽比小的炉子，夹角可大些。例如，鞍钢转炉的高宽比为1.17，其喷孔夹角为14°；宝钢转炉高宽比为1.59，其喷孔夹角为12°。一些转炉经过扩容后其 H/D 值下降，对于同一座转炉新砌炉衬与中后期炉衬的 H/D 可相差15%～20%。在实际操作中可以通过调整喷吹压力与枪位对溅渣情况加以调节，喷孔夹角并非只在12°为最好，可以在一定范围内选取。

(3) 氧枪冷却。溅渣护炉过程中氧枪的热负荷低于炼钢过程（大约相当于炼钢热负荷的25%～30%），但氧枪喷头及枪体下部粘渣严重，需要加强局部冷却。

(4) 增设刮渣器。在未采用溅渣护炉时，有些转炉即已应用刮渣器来清除氧枪结渣。尤其是在利用中磷铁水炼钢的转炉，渣量大、易粘枪，采用刮渣器清理氧枪收到了良好效果。采用溅渣护炉技术之后粘枪现象加重，应提倡采用刮渣器清理氧枪。为得到足够的刮渣能力，需要加固或改造氧枪提升系统。

(5) 氧枪的维护。采用溅渣护炉后，氧枪粘渣严重，给氧枪正常使用增加困难。根据经验，有以下几种方法可以解决此问题。

1) 采用专用溅渣喷枪，避免烧枪；

2) 出钢时出净钢水，防止氧枪黏结冷钢；

3) 安装刮渣器经常清理氧枪；

4）对氧枪端部结渣部位喷水，使其快冷，脱落；

5）在枪体喷涂耐火涂料，减少粘钢和黏结物，使其易于清理。

7.3.3　溅渣护炉供氮系统与用氮量的计算

溅渣护炉用氮气气源，要求流量大，压力稳定，水分含量低，而且严格禁止含油。同时由于炼钢车间各种用途的氮气源，一般由总管道统一供应，所以氮气的品质，除能满足溅渣护炉的要求外，也应能满足炼钢如复吹等其他用途。氮气气源的品质，应符合表 7-5 要求。

表 7-5　溅渣用氮气的品质要求

性　质	干燥无油	纯度/%	>99.95
温　度	常　温	露点/℃	常温下低于 -40

转炉溅渣护炉要求要有足够的氮气供应，保证所用的氮气具有足够的流量和压力。一个完整的溅渣护炉用氮气气源系统，一般应包括的主要设备如下：（1）氮气增压机；（2）储气罐；（3）输送管线；（4）压力、流量及温度等参数的检测仪表；（5）具有严密的调节、控制阀门及电器控制系统；（6）相应的防泄漏系统。氮气气源系统的合理设计，是溅渣护炉技术能够顺利通过安装、调试及设计氮气供应系统和进行主要设备选型及管道设计，应包括前提条件如下：（1）以保证供应溅渣护炉的平均氮气用量为原则，选择增压机供应能力；（2）储气罐必须能够储存在一个使用周期内，超过平均供气量的峰值用气量。

炼钢车间转炉溅渣护炉平均用氮量 $Q_{平}$，可采用式（7-7）计算：

$$Q_{平} = WPTGF/24 \tag{7-7}$$

式中，$Q_{平}$ 为平均用氮量（标态），m^3/h；W 为转炉装入量，t；P 为转炉溅渣供氮强度（可与炼钢供氧强度相似取 3～4，大炉子取下限，小炉子取上限），$m^3/(t \cdot min)$；T 为每次溅渣供氧时间，min；G 为全车间每昼夜平均炼钢炉数；F 为系数，考虑管道的泄漏等因素，将理论计算的氮气量适当加大，一般取 1.2～1.4。

以 30t、80t 和 150t 转炉的 3 吹 3 的车间为例，计算溅渣护炉的平均用气量、计算所需参数如表 7-6 所示。

表 7-6　30t、80t 和 150t 转炉溅渣平均用氮气量计算参数表

转炉公称容量/t	30	80	150
平均装入量/t	40	80	150
吹炼方式	3 吹 3	3 吹 3	3 吹 3
溅渣吹氮强度（标态）/$m^3 \cdot (t \cdot min)^{-1}$	3.5	3	3
溅渣时间/min	3	3	3
冶炼周期/min	30	40	40
每昼夜炼钢数	144	108	108
溅渣间隔炉数	每炉溅 1 次	每炉溅 1 次	每炉溅 1 次

将表7-6中的有关数据代入式（7-7）中，其中系数 F 选取1.2，可计算出30t、80t及150t转炉3吹3炼钢车间溅渣护炉的平均用氮气量（标态）分别为：3024m³/h、3888m³/h、7290m³/h。氮气增压机的选型，应以保证溅渣护炉的日常平均用气量为原则，根据上面对平均用氮量的计算，可分别选3000m³/h、4000m³/h和7500m³/h增压机各一套（两台一用一备）。增压机主要技术指标如表7-7所示。

表7-7　溅渣护炉用氮气增压机主要技术指标

项　目	30t转炉炼钢车间	80t转炉炼钢车间	150t转炉炼钢车间
数　量	1套	1套	1套
形　式	活塞式，无油润滑	活塞式，无油润滑	透平式，无油润滑
容量（标态）/$m^3 \cdot h^{-1}$	3000	4000	7500
入口压力/MPa	≥0.002	≥0.002	≥0.002
出口压力/MPa	>2.5	>2.5	>2.5
入口气体温度	常温	常温	常温

对于大吨位转炉炼钢厂，如资金条件具备，应选用透平式氮气压缩机，其运转平稳、能耗低及作业率高。

溅渣护炉的氮气使用，为典型的间歇式用气方式。所以必须采用合适的高压储气罐，用来调峰。调峰用储气罐的功能是，可以在系统不用气或用气量较少时，用来储存氮气；而在用气高峰时，则向系统供气。

调峰用储气罐的选择依据是应保证在一个使用周期内，可以储存并向系统供应超过平均供气量的峰值氮气量。储罐水容积容量可由式（7-8）来计算，计算储气量所用的压力，以储气罐允许的最大压降作为计算值：

$$V_R = \frac{Q_{储}(T+t)p}{\Delta p T} \tag{7-8}$$

式中，V_R 为储罐容量（水容积），m³；$Q_{储}$ 为系统调峰用所需的球罐储气量（pt），m³；Δp 为储罐允许压力降；T 为绝对温度，K；t 为气体温度，℃（一般取40℃）；p 为大气压，MPa。

参考图7-9可知，$Q_{储}$ 可以采用式（7-9）计算：

$$Q_{储} = \frac{(Q_{max} - Q_{供})T}{60} \tag{7-9}$$

式中，$Q_{储}$ 为系统调峰用所需的球罐储气量（标态），m³；Q_{max} 为几炉同时溅渣时，车间的高峰用氮气量（标态），m³/h；$Q_{供}$ 为氮压机供气能力（标态），m³/h；T 为几炉同时溅渣时间，min。

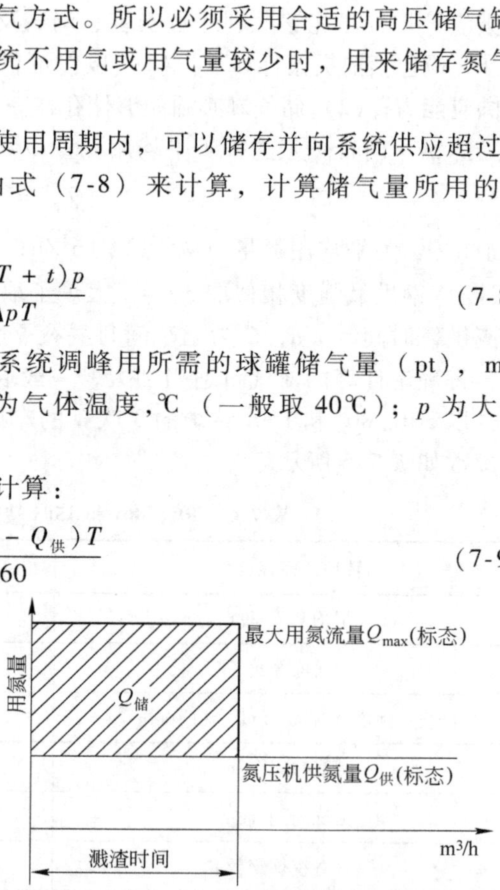

图7-9　转炉溅渣峰值用氮量示意图

Q_{max} 为一个3吹3的炼钢车间3座或2座炉子同时都在溅渣的情况下，所需的最大氮气量。Q_{max} 可根据表7-7所给出的各项条件，采用式（7-10）计算：

$$Q_{max} = 60FWPM \tag{7-10}$$

式中，Q_{max}为车间溅渣用最大氮气流量（标态），m^3/h；W 为转炉装入量，t；P 为转炉溅渣供氮强度（标态），$m^3/(t \cdot min)$；M 为同时溅渣炉数；F 为系数，取 1.2。

一个 3 吹 3 的炼钢车间，有可能出现 3 座炉子同时溅渣的情况（概率极小），也有可能出现 2 座炉子同时溅渣的情况。对这两种情况分别做计算，企业在进行工程设计时，可根据自身的具体情况进行处理。

如果车间的 3 座炉子同时溅渣，则 M 取 3，并将表 7-7 所示其他各项条件分别代入式（7-10），得 30t、80t 和 150t 转炉炼钢车间的溅渣用氮气的最大峰值流量（标态）Q_{max}分别为 $30240m^3$、$51840m^3$、$97200m^3$。

将上述计算值 Q_{max}代入式（7-9），可分别计算出 30t、80t 和 150t 转炉炼钢厂所需的调峰罐储气量（标态）$Q_{储}$ 分别为 $1362m^3$、$2392m^3$、$4485m^3$。

设储气罐压力为 2.5MPa，氮气使用压力为 1.3MPa，输送管道阻力损失 0.2MPa，则罐压允许下降值为 1.0MPa。

将上述各值代入式（7-8），可分别计算出 30t、80t 和 150t 转炉炼钢厂的储罐水容积 V_R 为 $157.7m^3$、$277m^3$、$519.4m^3$。可选用 V_b 分别为 $150m^3$、$300m^3$、$520m^3$（水容积）储气罐。实际工厂的储气罐的容量 V_b，由于种种原因往往比理论计算值更大一些。

如果设车间 2 座炉子同时溅渣，采用与上述类似的计算过程，可得对于 30t、80t、150t 转炉炼钢厂可分别选用 $100m^3$、$200m^3$、$350m^3$（水容积）储气罐。从上述对比计算中可以看出，如果只考虑有 2 座炉子同时溅渣的情况下，基建投资会节省一些。

本节的各计算结果汇总于表 7-8。

表 7-8 30t、80t、150t 转炉 3 吹 3 炼钢厂溅渣护炉设备选型各计算结果

计算项目	30t 转炉	80t 转炉	150t 转炉	同时溅渣炉数
溅渣平均用氮量 $Q_{平}/m^3 \cdot h^{-1}$	3024	3888	7290	
氮压机容量 $Q_{供}/m^3 \cdot h^{-1}$	3000	4000	7500	
溅渣最大用氮流量 $Q_{max}/m^3 \cdot h^{-1}$	30240	51840	97200	3
	20160	34560	64800	2
调峰所需储气量（标态）$Q_{储}/m^3$	1362	2392	4485	3
	858	1258	2865	2
计算调峰罐容量（水容积）V_R/m^3	157.7	277	519.4	3
	99.3	177	331.7	2
实际选用调峰罐容量（水容积）V_b/m^3	150	300	520	3
	100	200	350	2

7.4 顶底复吹溅渣工艺与底部供气

7.4.1 溅渣护炉的复吹冶炼工艺

顶底复合吹炼转炉的底部供气元件寿命一般在 1000 ~ 3500 炉次。自从应用溅渣护炉技术以来，炉龄不断刷新创出新记录；可是由于炉底上涨供气元件堵塞严重，使用寿命降低，有的一次性寿命降到1000炉次以下；虽然采取了一些措施，但供气元件的寿命提高幅度不大，所以复吹比仍在不断下降。复吹转炉溅渣工艺应注意以下几点：

（1）调整好溅渣的熔渣成分。渣中TFe含量过高，容易与底部供气元件中的不锈钢管发生脱铬反应，损坏钢管，同时还容易与包裹在不锈钢管周围的镁碳砖发生脱碳反应，这样就会加速底部供气元件的蚀损，所以要控制合适的TFe含量。

（2）选择合理的溅渣参数。溅渣过程要确定喷枪喷吹的最佳位置和底部供气流量，可以使底吹气体上升涌起的熔渣喷溅到耳轴部位。

（3）控制炉底覆盖渣层厚度。溅渣过程随炉温下降容易在炉底供气元件上面形成有微细孔的透气渣层覆盖。要防止覆盖渣层过厚；同时底部应有足够的供气强度，避免供气元件堵塞；倘若溅渣时需加入镁质调渣剂时，应先通入氮气随后再加入调渣剂，以免先加冷料裹住熔渣堆聚于底部，影响底部供气。

（4）掌握好溅渣时间。应根据炉温控制合适的溅渣时间。溅渣完成后，立即倒出剩余的熔渣，以免即将冷凝的熔渣堆积于炉底，引起炉底上涨。

（5）疏通与维护好底部供气元件。可采取措施保护底部供气元件，如出钢过程提高底部供气强度避免堵塞；还可以在出钢以后留少量炉渣，用顶吹氧枪吹氧熔化炉底；此外，底部供给弱氧化性气体以疏通轻微堵塞等。当然，最理想的办法是开发更好的底部供气元件，与炉衬寿命同步，提高复吹比例。目前有的厂家采用了中途更换底部供气元件的办法，以增加复吹比，即使如此也很难做到与炉衬寿命同步。

开发应用溅渣护炉技术以来，大幅度提高炉龄，炉衬砖的消耗大大降低[28]。例如，首钢1999年与1995年相比，耐火材料的吨钢消耗由2.97kg/t降低到0.61kg/t；炉役检修时间减少了，降低了成本，提高了经济效益。

转炉溅渣护炉配合炉衬局部喷补，加强了维护，在炉役的中后期炉衬可以保持“零侵蚀”状态。炉衬修砌和转炉检修能够实现按计划进行。溅渣护炉技术应用后也出现一些问题，有待进一步研究解决，如炉底上涨，熔渣粘枪以及转炉系统设备的寿命与转炉炉龄不相匹配等；有的厂家研究在烟道内壁表面加涂层以延长其使用寿命。再有，通过溅渣护炉等措施，炉龄是否越高就越好，仍需进一步开展经济炉龄的探讨研究。

7.4.2　底吹对溅渣护炉的影响

在复吹转炉溅渣过程中，由于底吹射流的介入，熔池中炉渣的搅动增强。底吹气体射流涌起熔渣高度与底吹气体射流搅拌能有关[1]：

$$\varepsilon_{V\cdot b} = 2 \times \frac{371KQT_L}{V_m}\ln\left(1 + \frac{9.8\rho_L}{p}\right) \tag{7-11}$$

式中，$\varepsilon_{V\cdot b}$为底吹气体射流的搅拌能，$W/(m^3 \cdot s)$；K为气体体积增加率，%；Q为底吹气体流量（标态），m^3/min；T_L为底吹气体温度，℃；V_m为熔池体积，m^3；ρ_L为熔池液体（熔渣）密度，kg/m^3；p为大气压力，Pa。

理论上分析增加底吹气体流量Q，即增大底吹搅拌能$\varepsilon_{V\cdot b}$，有利于溅渣。

水模试验中底吹气量对溅渣的影响如图7-10所示。由图中可见，底吹气体流量的变化对炉衬溅渣总量影响不大。虽然底吹气体使渣滴在同顶吹气体碰撞前已具有了一定速度和能量，但同顶吹气体的搅拌能相比，该值较小，所以对溅渣量的影响不大。底吹气体的主要作用是改变渣滴溅出的方向，影响溅渣分布的均匀性[29~32]。

工业试验中发现，适当的底吹气量可防止底枪堵塞，有利于保证底枪正常操作。

水模试验中还观察到，顶吹气体射流在不同枪位时，冲击熔渣形成的冲击与底吹气体上升射流形成三种不同的相对关系。在低枪位操作时，顶吹气体射流冲击渣池形成的冲击区小，远离底吹气体上升射流。气流溅起熔渣的方向虽然与底吹气流溅起熔渣的方向大致相同，但它们之间有距离，所以不产生影响。在最佳枪位操作时，底吹气体射流上升涌起熔渣的方向沿着顶吹气体射流冲击渣池的作用区外沿上升，由于顶吹气体射流作用于熔渣的反作用力的水平分力大，对底吹气体射流垂直向上涌起深度熔渣推动力大，二者合力有利于增大溅渣量和溅渣高度。超过最佳枪位时，随着枪位增高，顶吹气体射流对渣池的冲击区大，对熔池的搅拌能下降，顶吹射流的能量一部分被底吹涌起的渣滴抵消，一部分被渣滴吸收。因此，底吹的复吹转炉溅渣的总量略高于顶吹转炉，溅渣量主要增加在下部炉衬上。

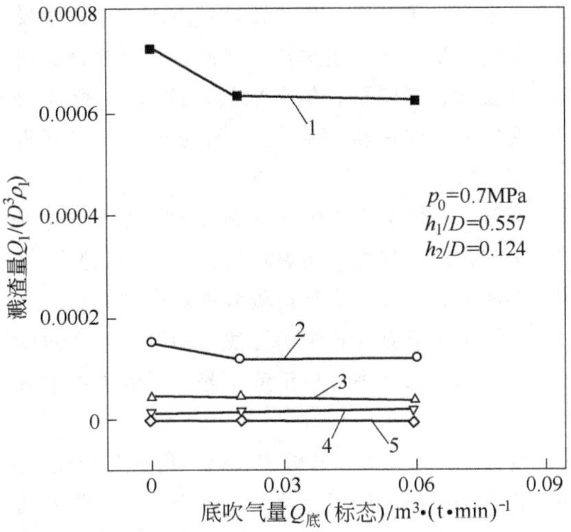

图7-10 底吹气量对溅渣量的影响

1—h_3/D=0.636；2—h_3/D=0.793；3—h_3/D=0.950；4—h_3/D=1.142；5—h_3/D=1.397

总之，在复吹转炉溅渣时，顶枪枪位、顶吹气体流量和底吹气体流量之间应有良好的配合，使渣滴有一个合适的飞溅高度。

参 考 文 献

1 苏天森，刘浏，王维兴．转炉溅渣护炉技术．北京：冶金工业出版社，1999

2 Kenneth C Mills, Yuchu Su, Alistair B Fox, Zushu Li, Richard P Hackeray, Tsai H T. A review of slag splashing. ISIJ International, 2005, 5 (45): 619~633

3 杨文远，郑从杰．转炉溅渣护炉技术的现状及其在我国的应用前景．炼钢，1997，9：68~71

4 武钢第二炼钢厂，编著．复吹转炉溅渣护炉实用技术．北京：冶金工业出版社，2004

5 蔡廷书．转炉溅渣护炉工艺技术的进步及优缺点．钢铁，1998，4：50~53

6 杜锋，译．转炉溅渣法的攻关、工艺和效果．世界钢铁，1996，3：18~20

7 刘浏，杜昆．关于转炉溅渣护炉的几个工艺问题．钢铁，1998，6：65~68，72

8 周俐，朱本立，程维骅，等．顶吹转炉溅渣护炉实验研究．炼钢，1998，14 (3)：44~46

9 唐山森，蒋叶舟，卢灼洪，等．溅渣护炉技术在转炉上的应用．冶金丛刊，2005，5：23~25

10 王安仁，杨守礼．转炉溅渣护炉模拟研究．北京科技大学学报，1998，3：234~237

11 Peas K D，吴荆卉．氧气转炉溅渣的物理模拟．国外钢铁，1997，9：20~23，53

12 刘浏，丁永良，郑丛杰．转炉溅渣动力学水模型研究．北京：钢铁研究学报，1998，10：6~9

13　刘浏，丁永良，郑从杰．转炉溅渣动力学水模型研究．钢铁研究学报，1998，5：6～10
14　丁永良，郭培民．顶吹转炉溅渣工艺水力学模型的研究．钢铁研究学报，1999，2：10～13
15　周俐，朱本立．复吹转炉溅渣护炉水模试验研究．华东冶金学院学报，2000，4：282～284
16　金友林，王建军．50t 复吹转炉溅渣护炉水模试验研究．炼钢，2004，5：47～50
17　倪红卫，阎建新．90t 转炉溅渣护炉水模试验研究．武汉科技大学学报，自然科学版，2002，2：120～123
18　崔健，杨文远．宝钢 300t 转炉溅渣护炉工艺研究．钢铁，1998，10：15～18，39
19　王安仁，杨守礼．转炉溅渣护炉模拟研究．北京科技大学学报，1998，3：234～237
20　邹冰梅，周继刚．转炉溅渣护炉中"粘枪"、"烧枪"问题探讨．炼钢，1999，4：46～48
21　对转炉炉壁溅渣护炉的方法．中国专利，99125019.2
22　杨文远，郑从杰，付正荣，等．溅渣护炉中氮气射流特性及其对熔池的作用．炼钢，1998，2：12～20
23　杨文远，等．大型转炉多孔喷头射流与熔池作用的水模研究．钢铁，2004，3：16～19
24　转炉溅渣护炉用喷枪及其喷溅方法．中国专利，00106297.2
25　袁章福，顾克井．旋流喷头的特性和用于溅渣护炉的分析．钢铁，1998，12：17～20，24
26　王军，杨林浩．吹炼/溅渣两用喷枪的模型研究与设计．钢铁，1999，2：14～16，24
27　戴耀君．冶炼、溅渣两用型喷枪的改进和应用．上海金属，2000，3：39～43
28　徐静波，喻承欢，刘浏．武钢二炼钢复吹转炉溅渣护炉工艺技术．炼钢，2004，4：5～8
29　李静，张凤清．顶吹转炉溅渣护炉工艺冷态模型实验研究．冶金能源，2001，4：31～33
30　刘承军，朱英雄．180t 顶吹转炉溅渣护炉工艺冷态模拟试验．东北大学学报（自然科学版），1999，1：46～49
31　佟溥翘，崔淑贤．溅渣护炉小型热模拟试验研究．钢铁，1998，11：23～25，22
32　于华财，马春生，朱英雄．本钢 120t 转炉单底枪复吹水模研究．炼钢，1995，10：40～44，49

8　电弧炉用氧技术

烧嘴、氧枪和二次燃烧是重要的电弧炉炼钢用氧技术，它们的结合使用对于改善电弧炉炼钢的技术经济指标，如降低电耗、缩短冶炼时间和提高生产率等起到了重要的作用。作者分别在原理、功能、特点及应用等方面对这些技术进行了概述，并分析了用氧制度。聚合射流氧枪新技术的使用效果明显，是今后发展的重点。目前，我国的电弧炉强化用氧技术仍不完善，合理的吸收和发展先进技术及优化用氧制度是推动技术进步的关键。

强化用氧技术主要有氧燃烧嘴、吹氧助熔和熔池脱碳、炉门喷碳粉和吹氧机械手、底吹氧气和二次燃烧技术等[1]。近年来，强化用氧技术的发展和应用对电弧炉炼钢经济指标的改善起到了重要的作用。其中氧燃烧嘴、氧枪和二次燃烧是主要的用氧方式，将它们结合使用可起到改善熔池搅拌效果、促进冶金反应、降低电耗以及提高生产率等作用。强化用氧具有最佳值，目前电能与氧之间的消耗比例还远未达到最佳值。高效、节能是21世纪电弧炉炼钢工艺的指导思想，合理利用能源已成为发展电弧炉炼钢新技术的主攻方向。探讨氧燃烧嘴、氧枪和二次燃烧这三种用氧方式的原理、特点及应用，并对合理的用氧制度进行分析具有重要意义。

8.1　多功能氧碳枪与 Consteel 电弧炉

8.1.1　多功能氧枪[2]

氧枪技术是强化电弧炉冶炼的重要手段，主要具有以下功能：（1）氧气射流穿入熔池搅动钢液；（2）切割废钢，提高废钢熔化速度，使熔池温度均匀；（3）改善渣钢动力学条件，快速脱磷；（4）泡沫渣操作，屏蔽弧光对炉衬的辐射，有利于提高电热效率、升温速度和缩短冶炼时间。

表 8-1 列出了三种吹氧技术的特点。其中，多功能氧枪技术效果较理想。

表 8-1　三种吹氧技术的特点

吹氧类型	优　　点	缺　　点
人工吹氧	有利于切割废钢和缩短熔化时间	氧气利用率较低，劳动强度大，安全性差
炉门氧枪	造泡沫渣、脱磷效果好	因氧枪直径太大而难以穿过废钢，只可用于精炼期降低能量消耗和改善炼钢反应；氧气和碳的利用率较低
多功能氧枪	氧枪位置可调整，枪管可准确定位；在喷吹燃料的同时可实现熔池搅拌；氧气和其他固体燃料利用率高，泡沫渣易控制，脱磷、脱碳效果好，操作安全	

炉门氧枪分水冷式和自耗式两种。水冷式炉门碳氧枪具有氧气利用率高，泡沫效果好，脱碳、脱磷效果稳定以及自动化程度高等优点。缺点是在钢铁料温度低时需要与氧燃烧嘴配合使用。使用这种氧枪后，吨钢节约氧气 $5m^3$，电耗降低 31kW · h。德国 BSE 公司曾开发自耗式炉门碳氧枪。这种氧枪优点是能无危险地穿过和切割废钢，缺点是不能连续吹氧以及吹氧程度不易控制。

从国外引进的多功能氧枪技术主要有德国 Fuchs 公司和美国燃烧公司开发的技术。目前，国内已有多家科研单位开发出这种氧枪系统，并在生产中得到了广泛应用，并取得了良好的效果。该系统包括氧枪系统和自动控制系统，其中，氧枪系统由炉门水冷氧枪、炉壁烧嘴氧枪、炉壁喷碳氧枪组和自动控制系统组成。多功能氧枪技术应注重在电弧炉 EBT 区安装氧枪。EBT 区是超高功率电弧炉最大滞后熔化区，会出现冷区废钢一直到后期才熔化及因 EBT 区温度低出钢时不能自流等现象。

根据氧枪的类型和安装位置制订出合理的供氧制度对提高电弧炉生产率有利。冶炼初期以熔化废钢为主，主要发挥烧嘴功能；当废钢红热后，提高氧压，增加氧气流量，充分发挥氧气切割废钢的作用；熔清后，氧枪的主要作用在于造好泡沫渣，视脱碳量和温度的情况来调整吹氧氧压，决定吹氧时间，而且要注意调整喷枪的位置和吹氧角度，以提高氧气利用率；冶炼后期，主要是根据熔池碳含量来控制供氧量，此时氧枪多采用低流量或防堵方式。

在 150t 电弧炉的 1∶10 有机玻璃模型进行了水力学模拟实验和吹氧管的射流特性测定。水力学模拟实验包括熔池混匀时间、传质及乳化现象、射流与熔池的作用和废钢熔化等内容。射流特性测定包括射流中心线上速度和压力的变化、射流中心线对于喷孔几何轴线的偏移和喷管出口不同距离横截面上的等速度剖面线等[3,4]。

8.1.1.1　电弧炉用氧的模拟实验

几何相似：根据天津钢管公司 150t 超高功率电弧炉内侧尺寸，按 1∶10 比例制作有机玻璃模型；

物理相似：在混匀过程中主要保持修正弗劳德数一致，即 $Fr_{实} = Fr_{模}$。

模拟实验中喷吹气体流量：

$$Q_{模} = Q_{原}\sqrt{\left(\frac{r_{模}}{r_{原}}\right)^3 \frac{\rho_{水}}{\rho_{钢液}} \frac{\rho_{氧}}{\rho_{空气}}} \tag{8-1}$$

式中，$Q_{模}$，$Q_{原}$分别为模型和原型喷吹气体流量，m^3/h；$r_{模}$，$r_{原}$分别为模型和原型熔池直径，m；$\rho_{水}$，$\rho_{钢液}$分别为水和钢液的密度，kg/m^3；$\rho_{氧}$，$\rho_{空气}$分别为氧气和空气的密度，kg/m^3。

根据式（8-1）和工艺参数计算出的水力学模拟实验所用操作参数列于表 8-2。

表 8-2　水模实验的操作参数

$Q_{模}/m^3 \cdot h^{-1}$	$Q_{原}/m^3 \cdot h^{-1}$	吹氧点距炉壁的距离/m	氧枪与水平面的夹角/（°）
7.61	6000	0.80	35
6.34	5000	0.75	30
5.08	4000	0.70	25

测量熔池混匀时间的模拟装置如图 8-1 所示。实验是用电导法测定熔池混匀时间，示踪剂为饱和氯化钠，用熔池的电导率来反映其浓度的变化，以确定混匀程度。混合度为 ±0.05，将测定的数据进行回归分析，得到混匀时间与操作参数的关系为：

$$t_{mix} = 1.648 \times 10^3 Q^{-2.35} L^{0.6} \theta^{0.2} \tag{8-2}$$

式中，t_{mix} 为熔池混匀时间，s；L 为吹氧点距炉壁的距离，m；θ 为氧枪与水平面的夹角，(°)。

图 8-2 为气体流量和夹角对熔池混匀时间的影响。采用大气体流量喷吹可明显地缩短熔池混匀时间，另外，随着 θ 在 25° ~ 35°范围内降低，也就是氧枪越水平，熔池混匀时间越短。

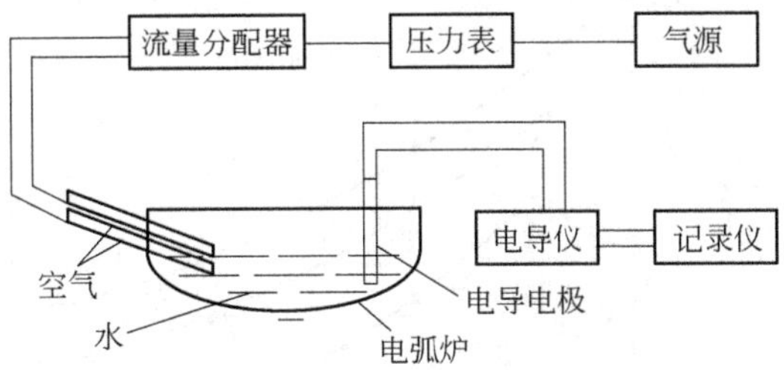

图 8-1　测量混匀时间的模拟装置

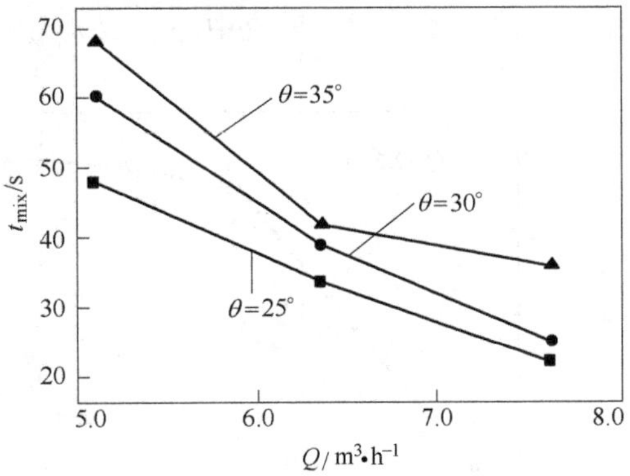

图 8-2　流量和夹角对混匀时间的影响

8.1.1.2　传质和乳化实验

传质实验所用实验装置与熔池混匀时间实验装置相同。用修正的弗劳德数作相似准数。以水模拟钢液，用液态石蜡油模拟渣层。将苯甲酸作为试剂加入水中，观察苯甲酸从水向石蜡油的传质过程。由于喷吹气体过程中的界面面积较难确定，所以采用传质系数与界面面积的乘积（kA）来描述传质过程。每隔 3min 取一次水样，分析水样中苯甲酸的浓度，从而决定传质系数。改变喷吹气体流量，测量不同喷吹气体流量下的传质系数，用这种方法能较准确地反映传质过程。

图 8-3 示出水中苯甲酸浓度与原始浓度之比（C_{BT}/C_0）与喷吹时间的关系。

喷吹气体流量大时苯甲酸从水向油中传质的速度大，对于实验数据进行统计分析后可得出：

$$k_B A = 9.6Q^{0.4} \tag{8-3}$$

式中，k_B 为苯甲酸从水到石蜡的传质系数，m/min；A 为界面面积，cm^2。

分别用水和 20 号机油模拟钢液和渣层，来研究渣钢液之间的乳化现象。以不同气体流量喷吹搅拌，再对渣层取样，最后通过

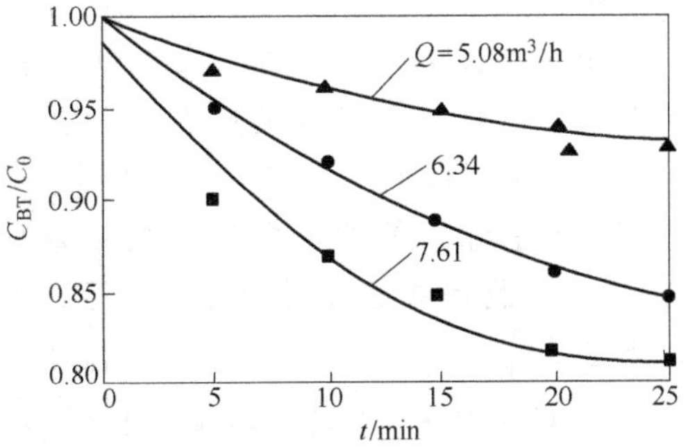

图 8-3　C_{BT}/C_0 与喷吹时间的关系

油、水分离，测定油与水体积比（$V_{油}/V_{水}$）来确定乳化情况。图 8-4 示出油、水乳化量与喷吹时间的关系。可见，在喷吹前 10min，乳化作用不断加强，当喷吹时间超过 10min 后，乳化过程逐渐趋于平衡。当采用不同喷吹气体流量进行乳化实验时，在同一喷吹时刻，喷吹气体流量大时乳化效果好。

8.1.1.3　射流特性对熔池的影响

采用 $6000m^3/h$、$5000m^3/h$ 和 $4000m^3/h$ 的 3 种喷吹气体流量，对两支相距 300mm 互相平行的直筒型喷氧枪进行实测。测试距离（即测试点距喷枪出口的距离）为 $H=(10\sim45)\ d_e$，其中 d_e 为氧枪出口内径（取 4.1cm）。采用双枪喷氧时，喷吹气体流量 Q 为 $6000m^3/h$，射流出口动量达到 $704kg\cdot m/s$，比单枪喷氧提高 1 倍，射流出口动量增加使熔池获得更高的动能，改善了熔池反应的动力学条件。图 8-5 示出射流中心速度衰减规律。气体流量越大，射流中心速度 $v_{中}$ 越快。

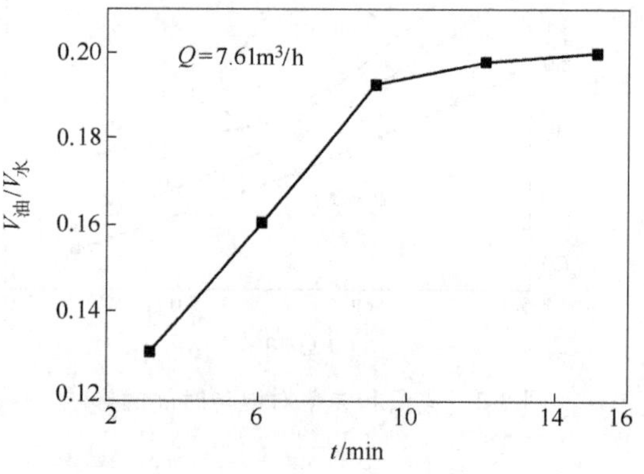

图 8-4　乳化量与喷吹时间的关系

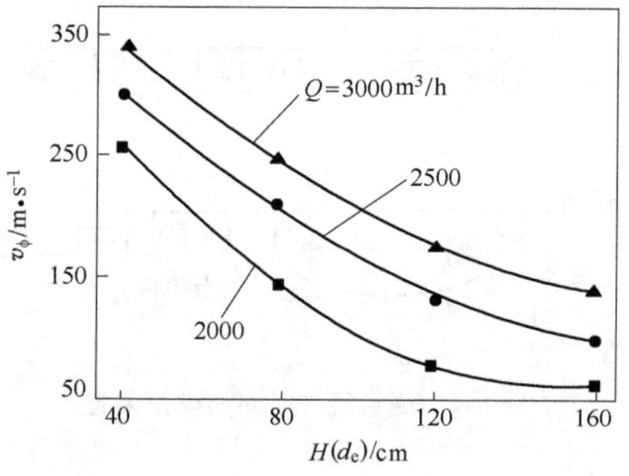

图 8-5　射流中心速度的衰减规律

射流中心压力的变化规律与射流速度的变化规律相同。在给定的喷吹气体流量范围内，两流股的射流中心线未发生偏移，这是由于两流股之间的距离比较大。测定距喷枪出口不同距离的射流等速度线分布的结果表明，在距喷枪出口 $20d_e$ 之前，30m/s 的射流等速度线都不相交；在距喷枪出口 $30d_e$ 平面上，60m/s 的射流等速度线不相交，而 30m/s 的射流等速度线却已经相交，这表明射流外围低速度部分有少量掺混作用。从总体情况看，在工作距离范围内，两股射流是独立的，射流的变化规律与以往所测的转炉喷头射流特点很相似。

利用电导法测定射流对熔池的冲击深度，在改变喷吹气体流量和喷枪喷吹角度的条件下，测定射流对熔池水平方向（y 坐标）和垂直方向（z 坐标）的冲击深度，其结果如图 8-6所示。对测得数据进行统计分析后，可得出以下公式：

$$L_y = 0.62Q^{1.2}d_e\cos\theta + 6.2 \qquad (8\text{-}4)$$

$$L_z = 0.61Q^{1.6}d_e\cos\theta + 3.1 \qquad (8\text{-}5)$$

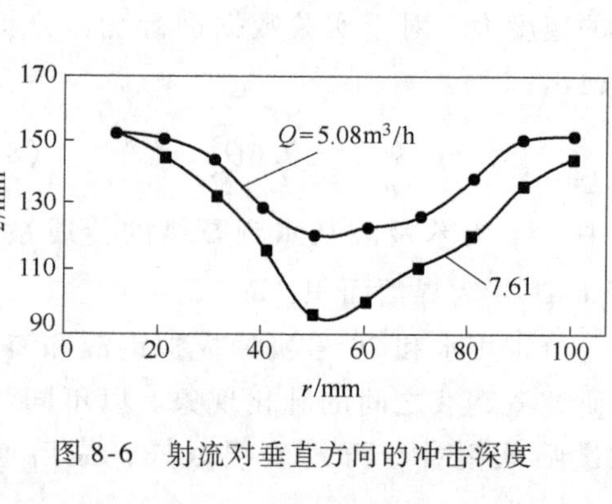

图 8-6　射流对垂直方向的冲击深度

式中，L_y，L_z 分别为射流在熔池水平和垂直方向的冲击深度，cm。

8.1.2 Consteel 电弧炉炼钢技术

8.1.2.1 Consteel 电弧炉炼钢概况

电弧炉炼钢具有许多特点，如较低的投资、较大的生产灵活性、对环境影响较小等。Consteel 工艺结合加铁水可大大降低电耗、物耗，提高生产率。在美国 Wheeling Pittsburgh 厂正在建造的最大电弧炉上，这些特点将保证在一台电弧炉上可达到 200 万 t 以上的年产量，它可以加生铁、铁水、直接还原铁和热压铁块。

目前，有 16 家钢厂的 Consteel 系统在运转[5]，按投产顺序为：Ameristeel（美国夏洛特）、Nucor（美国达林顿）、Kyoei（日本名古屋）、Costeel（美国 Sayreville 市）、NSM（泰国 Bowin）、ORI Martin（意大利布雷西亚）、西宁（中国）、贵阳（中国）、Ameristeel（美国诺克斯维尔）、Nucor（美国哈德福）、韶关（中国）、无锡（中国）、石横（中国）、鄂城（中国）、通化（中国）和 Wheeling Pittsburgh（美国）。有 3 座厂处于设计建设阶段：恒力（中国）、Sonasid（摩洛哥）和嘉兴（中国）。

Consteel 系列用一传送带把废钢从废钢场连续加入电弧炉。用废钢场吊车把废钢装上传送带。然后靠一特殊的振动运动来输送废钢，这是一种慢进、快退的运动。这样废钢随着传送带向电弧炉前进，而传送带向后振动时废钢则在表面滑过去[6]。

在进入电弧炉前，废钢要经过预热段。这时废钢由 EAF 出来的与废钢运动方向相反的废气所加热。在预热段，炉气中的一氧化碳由自动控制加入的空气所氧化，以回收更多的能量。

连续加料时电弧炉内总有熔池，加入的废钢沉入熔池而熔化，所以电弧是打在熔池而不是固体废钢上。这样电弧非常稳定，不会像在常规电弧炉内因有固体废钢使电弧受到影响（不管废钢是否经过预热）。

这里有两个主要特征使 Consteel 系统有别于其他大多数电弧炉熔化废钢的工艺，即预热和连续加料。预热对节能非常重要。连续加料对用户有更多的效益，包括：很快回收投资；低的生产成本；高的生产率；生产灵活；减少对环境的影响；确保操作人员的安全。

炉料预热可降低 EAF 的电耗。假定预热温度介乎 400～600℃之间，而总的熔炼效率为 70%～80%，则可得到吨钢钢水节电 80～120kW · h 的效果。现有 Consteel 设备的操作实践已证实了这些效果。

8.1.2.2 Consteel（康斯迪）电弧炉

康斯迪电弧炉是具有独特的连续熔化和冶炼工艺，节能降耗和环境保护方面的综合优势，将预热后的废钢和炉料连续喂入电炉，同时又全程控制废气排放的炼钢工艺。这种组合使其成为在不损害环境的前提下最为经济的炼钢工艺。经过预热的金属炉料被连续地送入电弧炉和钢水中迅速熔化。这可以保证恒定的平熔池操作，这是康斯迪工艺优于由电极直接熔化废钢工艺的关键所在。电弧能够稳定地在平熔池上工作，可以最大限度地减少电能和电极消耗，显著地降低闪烁和谐波，提高钢水的纯净度和质量。康斯迪电弧炉炼钢系统，既可生产普通钢，也可生产特殊钢，还可以配有铁水添加系统。图 8-7 所示的 Consteel 电弧炉的主要设备[7]为：（1）电弧炉；（2）加料段和预热段；（3）连接小车；（4）水冷碳氧枪；（5）除尘系统；（6）电气设备及其自动化。

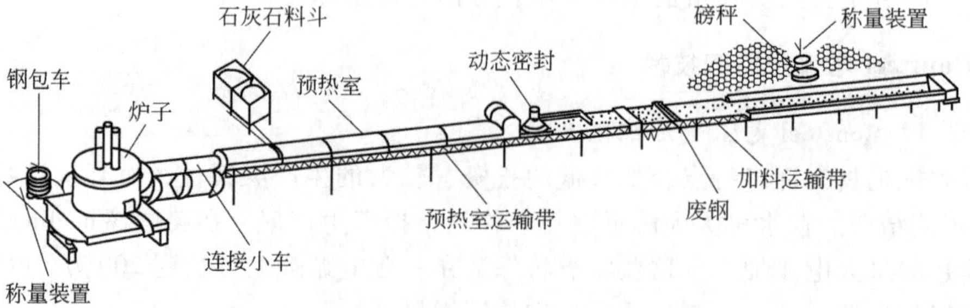

图 8-7　Consteel（康斯迪）电弧炉示意图

目前，在全世界已投产或在建的 19 套 Consteel 电弧炉中，我国就有 9 台，年生产设计能力为 500 万 t，详见表 8-3。

表 8-3　我国已投产或在建的 Consteel 电弧炉情况

单　位	西宁特钢公司	贵阳特钢公司	韶关钢铁公司	无锡钢铁公司	石横特钢公司	鄂城钢铁公司	通化钢铁公司	宁夏恒力钢铁	嘉兴钢铁公司
出钢量/t	60	55	90	70	65	61	65	75	75
变压器/MW	36	25	60	36	36	25	36	45	45
冶炼时间/min	60	60	51	55	60	58	60	51	51
启用年月	2000-02	2000-06	2000-12	2001-09	2002-02	2002-09	2003-01	2004-06	2004-12

西钢 60tConsteel（康斯迪）超高功率交流电弧炉的原料以废钢为主，没有使用铁水，电弧炉公称容量为 90t，偏心底出钢量为 60t，变压器额定容量为 36MW。设计出钢量为 60t，冶炼周期约为 60min，炉壳高度为 4650mm、电极直径为 500/550mm，极心圆直径为 1100mm，熔池深度为 1070mm（90t）、600mm（30t），电弧炉炉容直径为 5200mm。碳氧枪吹炼时，氧压为 0.5～1.4MPa，流量（标态）为 300～3000m^3/h，采用阶段性调节氧气压力和流量的工艺方法。喷粉量视炉内情况，用阀门控制调节。吹氧时间长短视钢水中的含碳量而定，喷碳粉与吹氧同时进行。输料带能力：2t/min（最大），0.6t/min（最小）；进料速度 0～6m/min；连接小车功率、振幅、频率分别为 18.7kW、25mm、4.33Hz。除冷启动外，电弧炉在连续生产状态下，前一炉出钢后，炉子回倾到原位，输料带开始送料，连接小车将料逐渐送入炉内，变压器开始工作，电极送电，同时炉前自动水冷碳氧枪将碳粉和氧气喷入炉中，造成泡沫渣，进行埋弧作业[8]。

Consteel 电弧炉一般电耗 325kW · h/t，电极消耗 1.7kg/t，氧气消耗 35～37m^3/t，碳粉消耗 18kg/t，废钢收得率 94%，电弧利用率 90%～91%。Consteel 电弧炉与西宁特钢三炼钢 1 号普通电弧炉的技术参数对比如表 8-4 所示。

Consteel 电弧炉操作要点：

（1）在 Consteel 电弧炉操作过程中，碳含量应当保持在 0.15%～0.30%，一方面防止熔池过氧化，另一方面，[C] + (FeO) ═ CO + [Fe] 反应不会在高温下激烈进行，避免产生大沸腾。

表 8-4 Consteel 电弧炉与普通电弧炉技术参数的比较

技术参数	Consteel 电弧炉	普通电弧炉①
冶炼时间/min	≤60	162
电能消耗/kW · h · t^{-1}	≤325	473
电极消耗/kg · t^{-1}	1.7	4.1
氧气耗量/m^3 · t^{-1}	35 ~ 37	30
碳粉耗量/kg · t^{-1}	18	定性加入
烟尘量	11	16
溅渣方法	软件	定性加入
吹氧方式	单根水冷式碳氧枪	3 根自耗式氧枪

①均为西宁特钢三炼钢 1 号电弧炉 2002 年平均值。

(2) 熔池温度保持在 1575 ~ 1590℃，使 $2[C] + O_2 = 2CO$ 反应充分进行，保证炉内产生大量的 CO 气泡，为预热废钢提供了热量来源，同时还造成了良好的泡沫渣。另外，此温度下 [C] 与 (FeO) 反应平稳进行，既不会导致 (FeO) 含量增高，也避免了大沸腾的产生。其次，脱磷反应能顺利进行，从而提高了脱磷的效果。

(3) 泡沫渣具有非常重要的作用，首先，泡沫渣是通过渣优化方案实现高效的泡沫渣，使电弧利用率得到提高，达到 90% ~91%；其次，具有典型渣成分的熔渣，有利于脱磷，可提高冶炼效率。

(4) 为实现炉内负压 (-9.8 ~ -11.76Pa)，预热道上设有动态密封系统，防止冷风进入除尘系统。

(5) 操作碳氧枪时，枪头不得插入钢液中，防止枪头烧坏。

(6) 为保证钢铁料顺利通过动态密封，钢铁料的尺寸不能过大，这是良好预热废钢的前提。

(7) 除尘系统在操作过程中有很重要的作用，除尘系统如出现故障，电弧炉要停止生产。

在 Consteel 原工艺中，要求废钢比例为 75%，生铁为 25%，而且生铁在前期通过输料道进入炉中，生铁进完后，废钢开始入炉，通过分析，发现这种配料方式并没有保证炉中的 [C] 含量，当炉料的 70% 入炉后，分析钢液中 [C] 与 [O] 含量，平均分别为 0.06% 和 0.123%，钢水出现过氧化。通过实验，将废钢的比例调为 65%，生铁的比例为 35%，生铁与废钢混合装入输料道，二者同时入炉，这样做不仅没有延长冶炼时间，而且降低电耗 21kW · h/t，当炉料的 70% 入炉后，分析钢液中 [C] 与 [O] 含量，平均分别为 0.22% 和 0.0340%。

在炼钢温度下，当熔池中 [C] > 0.20% 时，吹入氧气的 65% 用来氧化 [C]；[C] = 0.40% 时，约有 90% 的氧气与 [C] 反应；当 [C] < 0.20% 时，则以铁的氧化为主。而当 [C] = 0.04% 时，约有 85% 的氧气用来与熔池中的铁反应生成 FeO，是使熔池中氧含量不断增高。Consteel 电弧炉原工艺中，氧气流量始终为 $3000m^3/h$。经调整为：送电初期钢液中 [C] 含量低，且钢铁料没有进入炉中，故使用最小流量 $500m^3/h$；待炉中形成泡沫渣之后，再用最大流量 $3000m^3/h$；后期升温阶段，考虑到熔池中 [C] 含量降低，氧气流量使用 $2000m^3/h$ 或 $2500m^3/h$。全程氧枪氧气流量如图 8-8 所示。

向炉中喷碳的主要作用是回收渣中的氧化铁和造成良好的泡沫渣，Consteel 电弧炉送电初期，渣中氧化铁含量高，大量喷入碳粉，可以快速形成良好的泡沫渣。冶炼过程中，由于熔池中的碳氧反应产生足量的 CO，可以适当降低喷碳量。后期升温时，因停止向炉中进料，钢液中碳含量降低，增大喷碳量有利于保持泡沫渣的厚度及快速升温，全程碳枪喷碳流量如图 8-8 所示。为保证冶炼过程中炉渣的碱度和炉渣具有良好的去磷效果，要求从输料道随炉料一起加入造渣用的石灰。由于生铁加入量增加，需加入较多的石灰来提高碱度和脱磷。

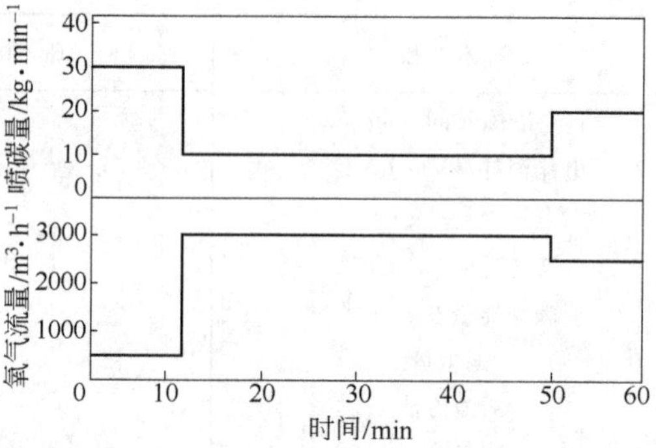

图 8-8　Consteel 电弧炉吹氧量和喷碳量曲线

西钢 Consteel 电弧炉的供电变压器为 36MV · A，电压分 25 级，送电初期，由于炉中钢液面低，没有形成良好的泡沫渣进行埋弧操作，选用低电压大电流短弧操作，减弱弧光对炉壳的辐射侵蚀。形成泡沫渣后，将工作点换到大电压小电流长弧操作，此时，功率因数达到 0.80 以上。

8.1.2.3　Consteel 电弧炉喷头射流特性[8~11]

首先，对三种喷头（表 8-5）的出口马赫数进行测试。为了能够应用压力探头测出的激波后总压与激波前静压来计算流速，由正激波理论得到的激波关系式中可以导出下列关系式[12]：

$$\frac{p_{0y}}{p_x} = \frac{\kappa - 1}{\kappa + 1}\left[\frac{(\kappa + 1)^2}{2(\kappa - 1)}\right]^{\frac{\kappa}{\kappa-1}} \frac{Ma^2}{\left(\dfrac{2\kappa}{\kappa - 1} - \dfrac{1}{Ma^2}\right)^{\frac{1}{\kappa-1}}} \tag{8-6}$$

式中，p_{0y} 为激波后总压；p_x 为激波前气流静压。

由式（8-6）看到，只要测定了激波前静压 p_x 和激波后总压 p_{0y} 即可算出气流马赫数，根据马赫数定义则可算出流速。对于表 8-5 中的三种喷头，测量及计算结果如表 8-6 所示。由表中数据可以看到，喷头出口马赫数的实际值略低于设计值。

表 8-5　各喷头几何参数

喷头编号	XG-35	XG-25	XG-15
喷氧孔类型	单孔拉瓦尔型	单孔拉瓦尔型	单孔拉瓦尔型
喷碳孔类型及直径/mm	直孔，46	直孔，46	直孔，46
喷氧孔喉口直径/mm	28	28	27
喷氧孔出口直径/mm	33	33	33
夹角 α/（°）	35°	25°	15°
设计马赫数 Ma	1.75	1.75	1.85
氧孔与碳孔中心线距/mm	90	90	90
枪头外形尺寸/mm	598 × 262 × 152	598 × 262 × 152	598 × 262 × 152
碳氧枪总长/mm	3400	3400	3400

表 8-6 喷头出口马赫数 *Ma*

喷 头	测试压力/MPa	$\frac{p_{0y}}{p_x}$	实测 *Ma*	设计 *Ma*
XG-35	0.6	3.8860	1.620	1.75
	0.8	4.3989	1.740	
	1.0	4.2368	1.703	
	1.2	4.3284	1.724	
XG-25	0.6	4.2281	1.701	1.75
	0.8	4.4478	1.751	
	1.0	4.4433	1.750	
	1.2	4.3945	1.739	
XG-15	0.6	4.8129	1.831	1.85
	0.8	4.8692	1.843	
	1.0	4.8881	1.847	
	1.2	4.9117	1.852	

高压气流从喷头喷出后，气体由压力能转变为流股动能，由于射流的周围气体存在能量的交换，流股动能不断衰减，射流中心线上速度不断减小。了解射流速度的衰减规律，以确定实际操作中氧枪的枪位，对进一步保证流股对熔池有足够的搅拌作用是非常重要的。图 8-9 ~ 图 8-11 分别为三种喷头射流中心线上速度随出口距离以及喷头入口压力的变化曲线。由图可知，喷头入口压力越大，射流速度越大，但同时速度随距离增大的衰减趋势越大，压力越小，射流速度虽小，

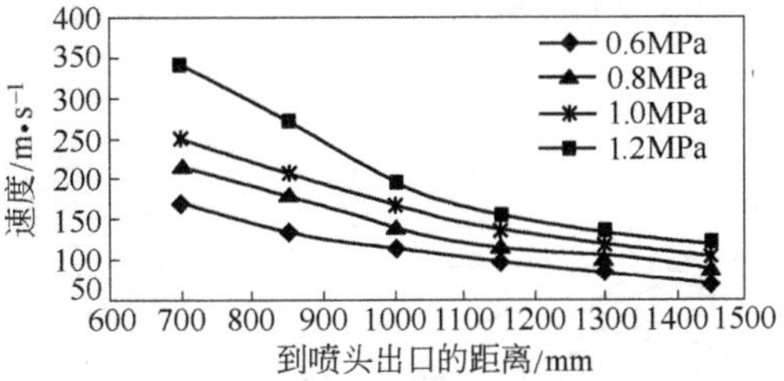

图 8-9 XG-35 喷头射流中心线速度分布

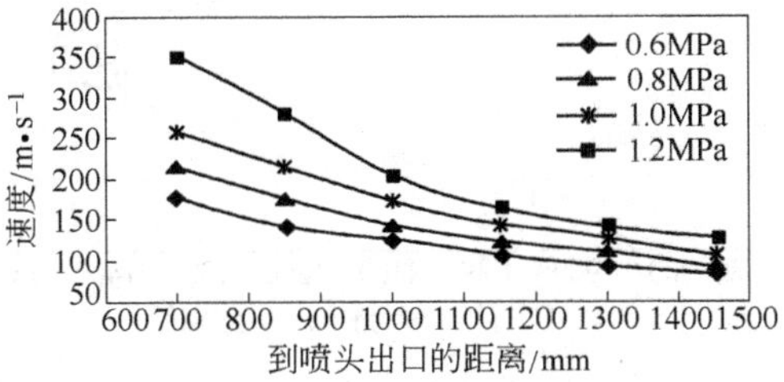

图 8-10 XG-25 喷头射流中心线速度分布

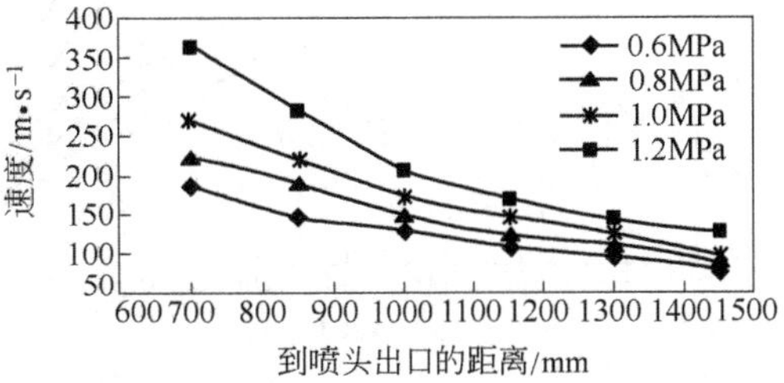

图 8-11 XG-15 喷头射流中心线速度分布

但衰减更为平缓。吹氧孔倾斜角对射流速度也有一定的影响，倾斜角越大，喷出的氧气射流速度越小，但随出口距离增大，倾斜角对速度的影响逐渐减小，如 1000mm 以后，影响可忽略不计。

氧气射流自喷孔喷出后，随着轴向距离的增加，边界不断扩张，速度逐渐减小。通过测量不同轴向距离横截面上射流速度值，可以得到射流轴向纵剖面的等速度线。图 8-12 ~ 图 8-14 分别描述了在相同喷头入口压力 0.8MPa 下，从三种喷头喷出的射流轴向纵剖面的等速度线，可以很好地描述射流的运动轮廓。图中可以看出，与前文所述的转炉多孔喷头射流类似，碳氧枪单股射流的射流中心线也存在轻微的偏移，这是由于电炉内环境气体掺混的影响。随着出口距离增大，偏移的程度也逐渐增加。

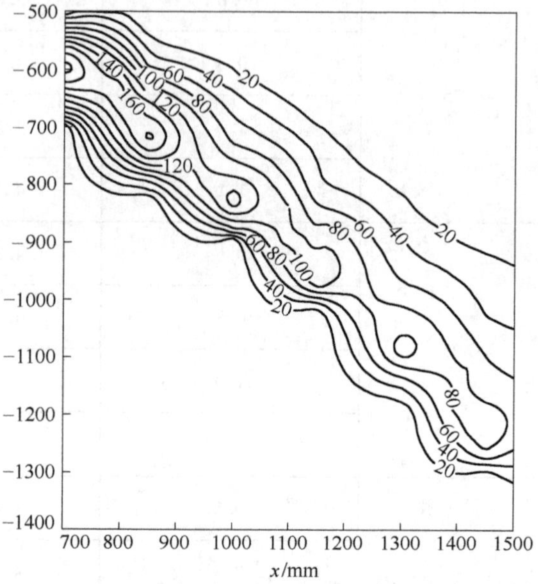

图 8-12 XG-35 喷头射流轴向纵剖面等速度线

图 8-15 ~ 图 8-17 为喷头入口压力同为 0.8MPa 时，使用三种喷头的不同射流横截面等速度线，图中 *H* 表示横截面到喷头出口的距离。从图中可以观察到射流横截面等速度线随距离增加的变化，在相同的喷头入口压力下，随着出口距离增大，由于周围环境介质的掺混，射流横截面积不断增大。其中，XG-15 喷头的射流截面扩张程度小于另外两喷头，这

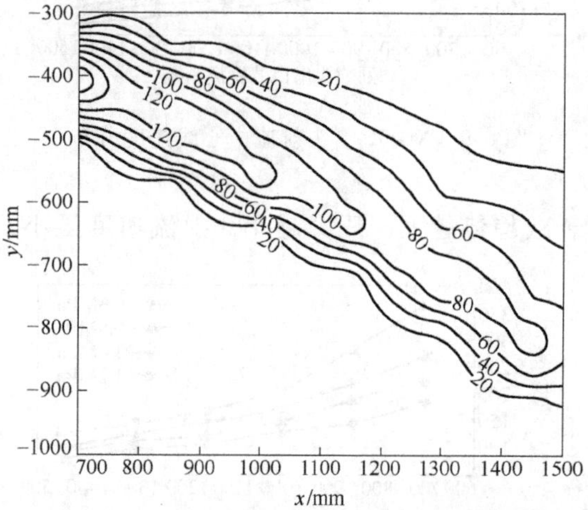

图 8-13 XG-25 喷头射流轴向纵剖面等速度线

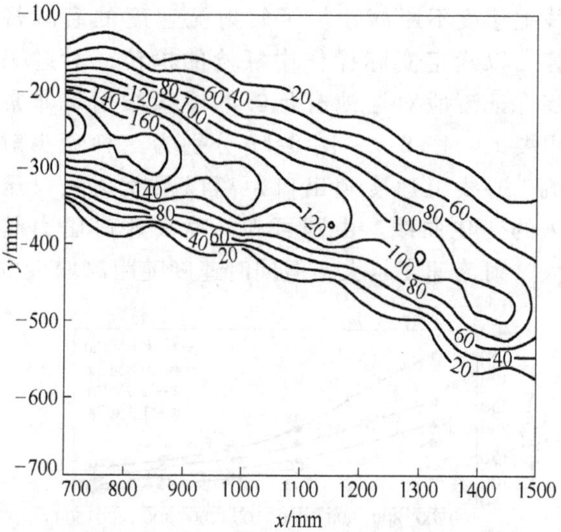

图 8-14 XG-15 喷头射流轴向纵剖面等速度线

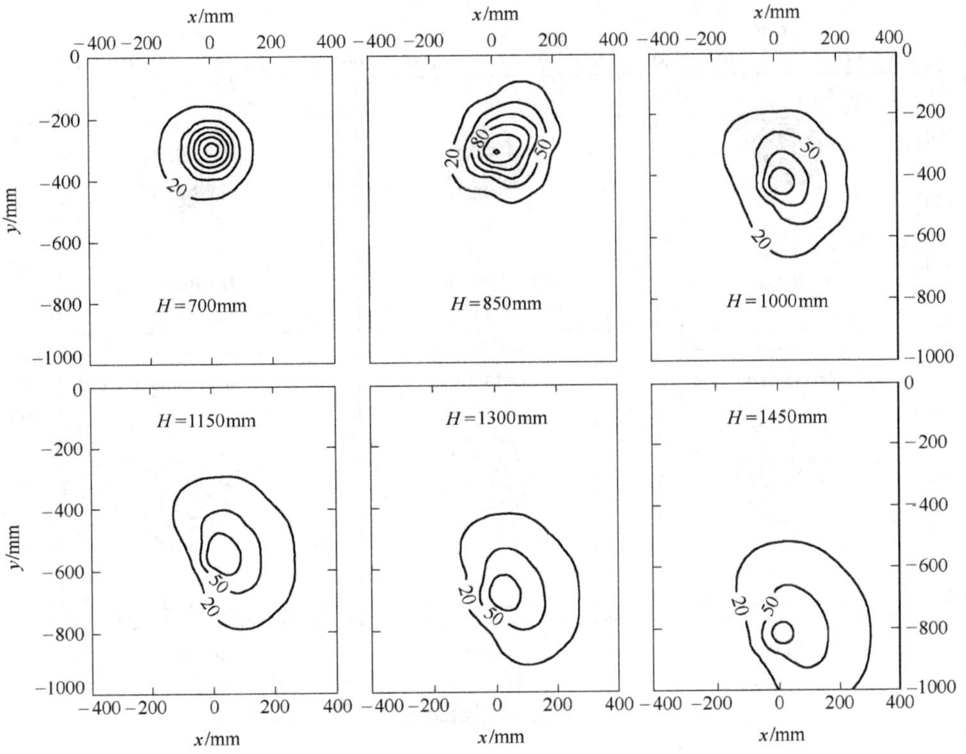

图 8-15 XG-35 喷头射流横截面等速度线

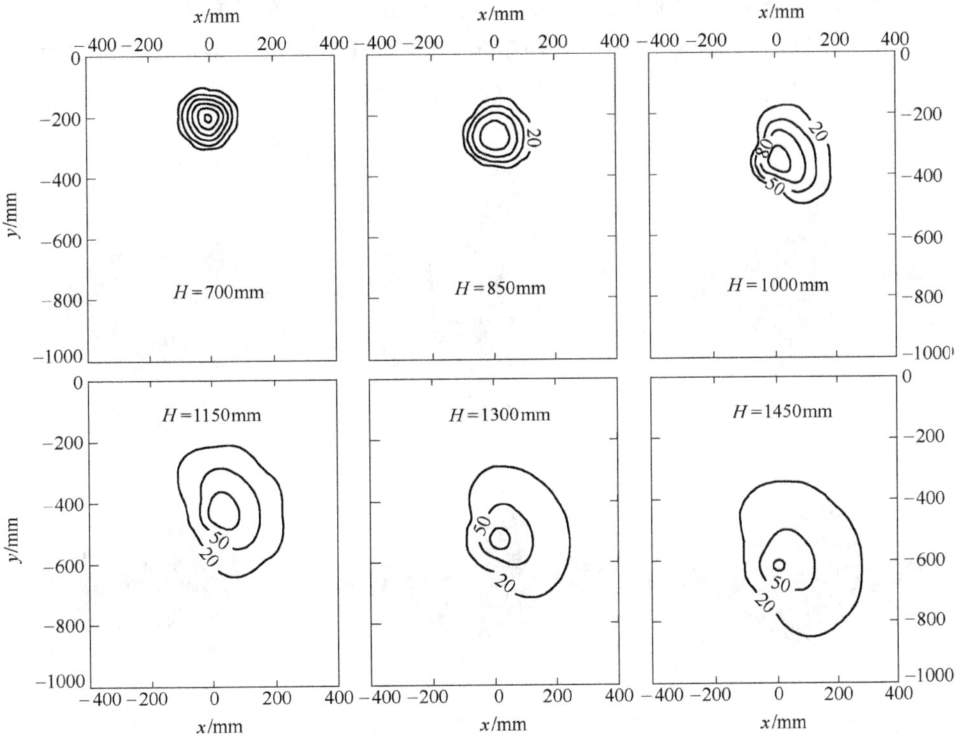

图 8-16 XG-25 喷头射流横截面等速度线

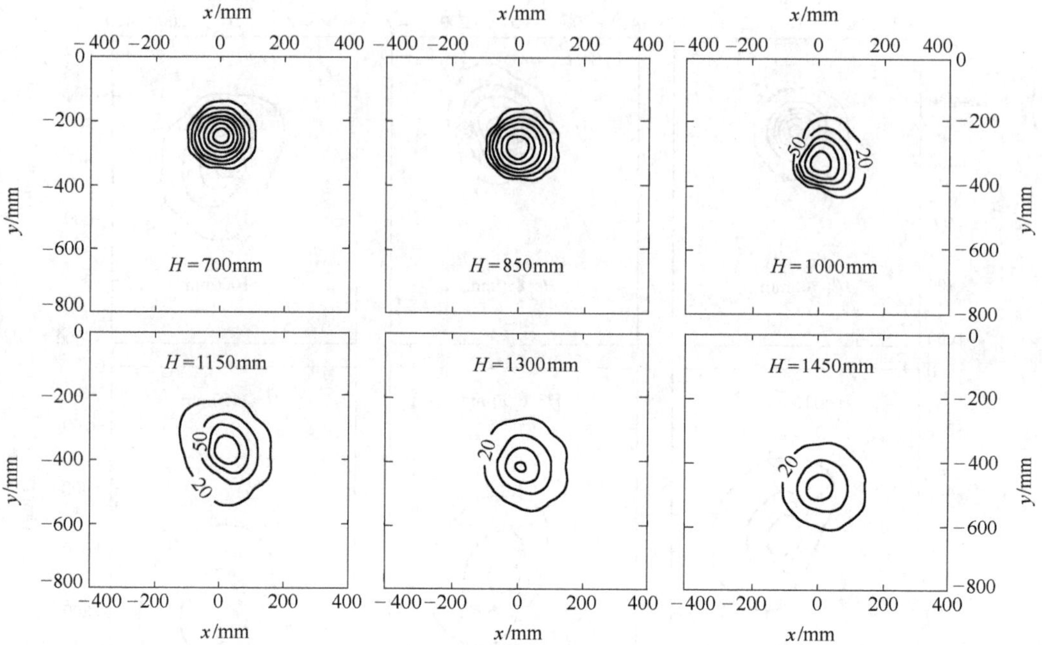

图 8-17　XG-15 喷头射流横截面等速度线

是由于 XG-15 喷头具有更大的出口马赫数，在相同的出口距离下，其射流速度更大，横向扩散程度最小。对于氧气射流的运动可更形象地用三维立体表面图表示，如图 8-18 ~ 图 8-20 所示。由图可直观地看出某一截面射流速度的分布情况，由沿 z 轴各“山峰”逐渐变粗变矮可知，射流冲击速度越小，对应的冲击面积越大。

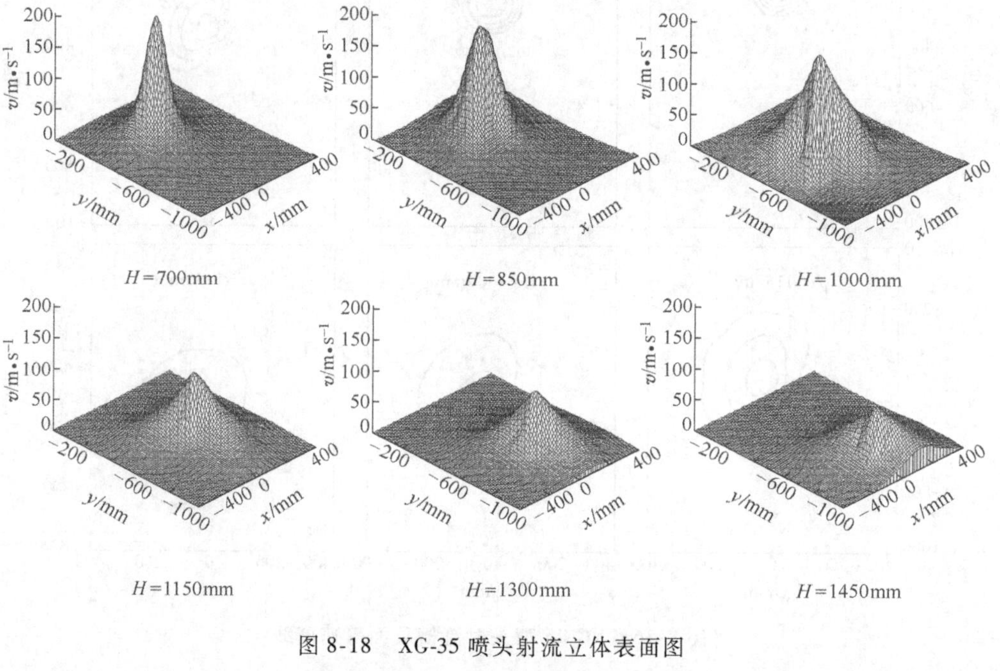

图 8-18　XG-35 喷头射流立体表面图

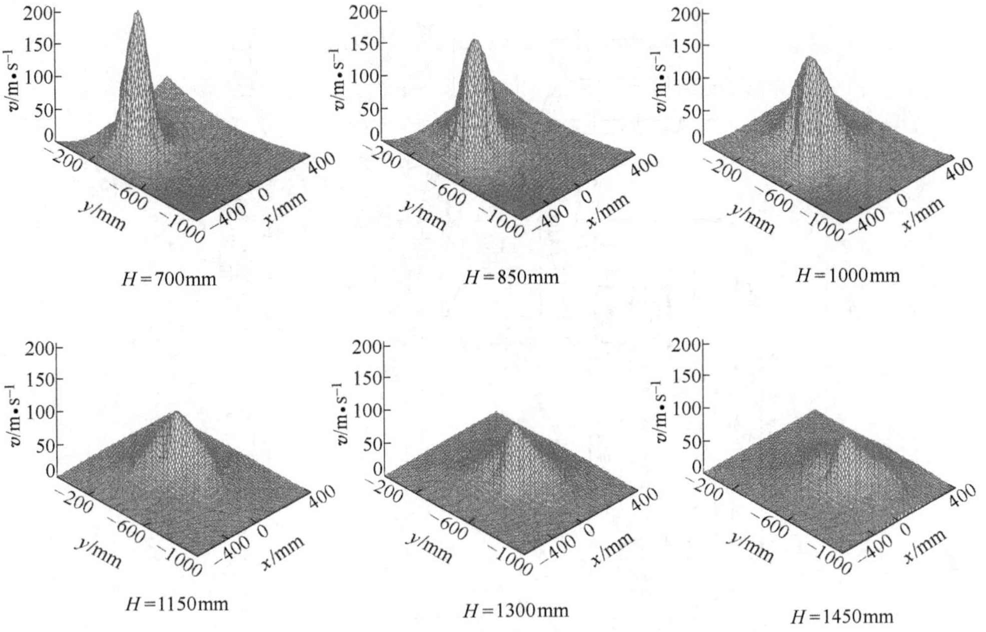

图 8-19 XG-25 喷头射流立体表面图

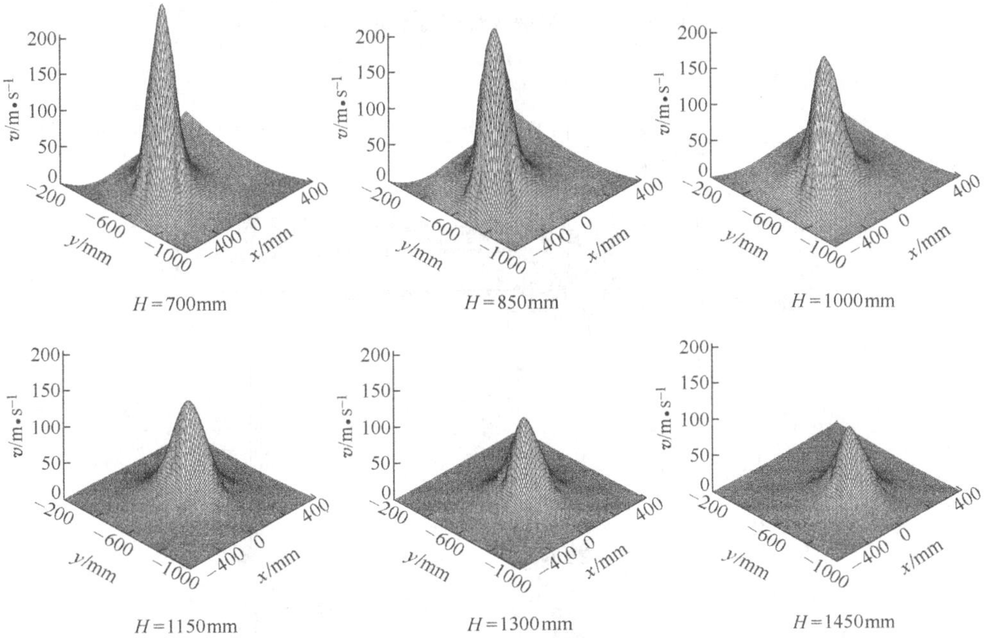

图 8-20 XG-15 喷头射流立体表面图

8.1.3 炉门碳氧枪[13~18]

图 8-21 为西钢 60t 电炉碳氧枪装置的布置图。图 8-22 为碳氧枪工作位置图。图 8-23 为碳氧枪放置位置图。

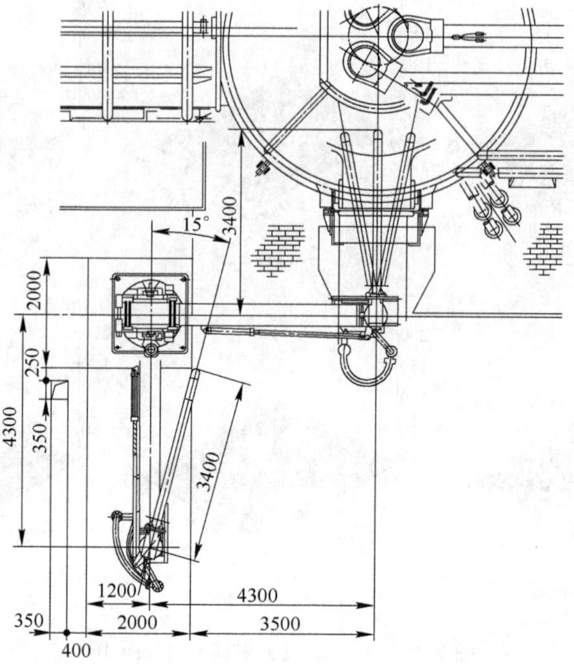

图 8-21　炉门碳氧枪装置的布置图

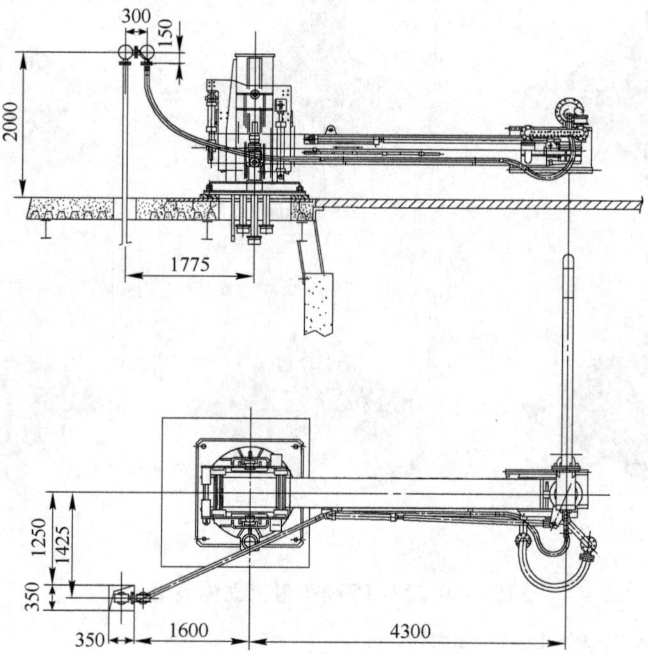

图 8-22　炉门碳氧枪工作位置图

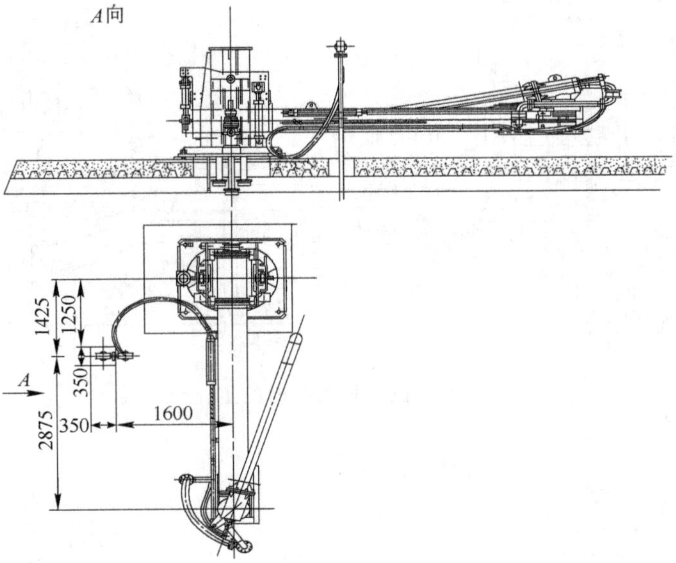

图 8-23　炉门碳氧枪放置位置图

图 8-24～图 8-27 为碳氧枪在电炉内喷吹的各种工况图[8]。碳氧枪原始放置位置上的旋转手臂的油缸位为零位，升降油缸位置为图 8-24 中旋臂高度 780mm。启动立柱旋转油马达，此时旋转油缸工作臂伸长，在枪头快到炉门时使旋臂旋转 12°，使枪杆水平，枪杆摆动油缸缩短，在旋臂随立柱旋转 70°时，枪头近炉门，枪杆与旋臂成近 74°，枪头到准备工作位置，如此时枪头与炉门相对位置不对，可由升降油缸来校正。碳氧枪工作中，立柱的旋转、旋臂的转动、摆动油缸的伸缩、升降油缸上下，都是为枪头的工作位置同步工作的。以枪头为指示工作点，靠人工指示（或操控）在以上同步工作中使其到达工作点位。工作完成后，枪头退出炉门，在立柱回位过程中，旋转油缸，摆动油缸，升级油缸同步工作，使机械臂回图 8-23 放置位。图 8-23 中有立柱旋转油马达；有使旋臂转动 25°角的油缸，使枪杆可上下摆动；滚轮和滚轮滑道，为保证整个旋臂上升和下降的轨道，使图 8-24 中旋臂从 780mm 上升到 1080mm；有旋臂升降油缸；有使枪杆摆动油缸。

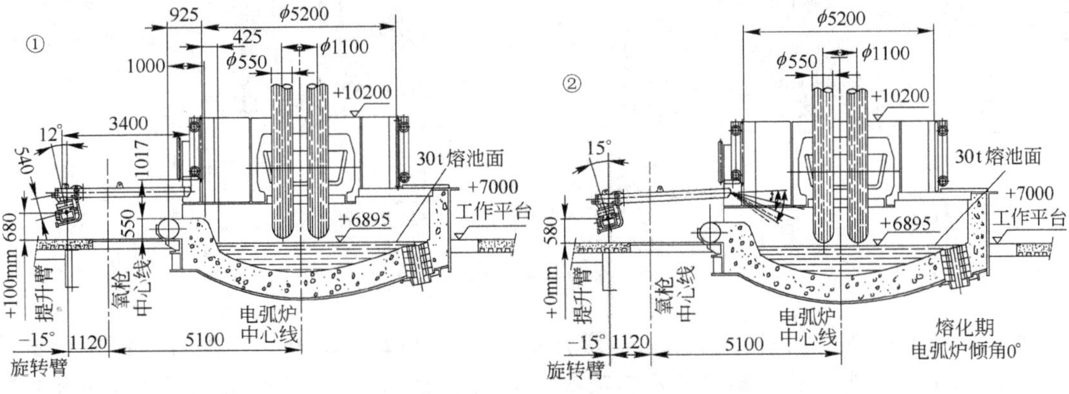

图 8-24　碳氧枪喷吹时的工况图

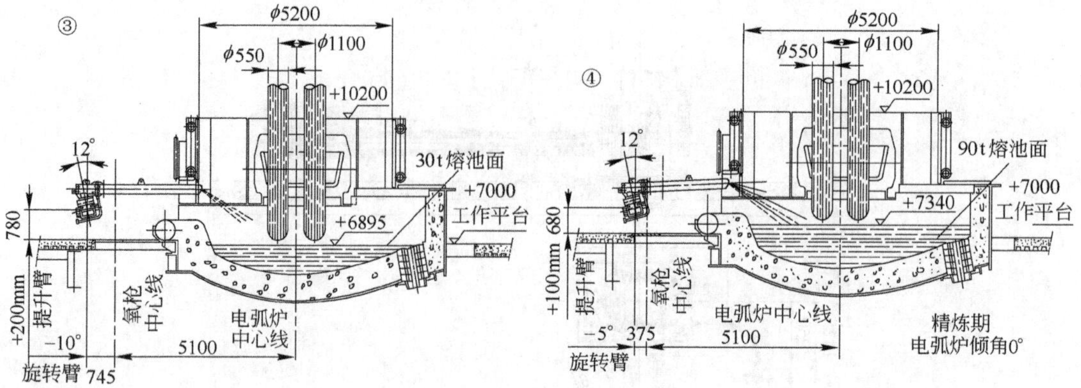

图 8-25　碳氧枪喷吹时的工况图

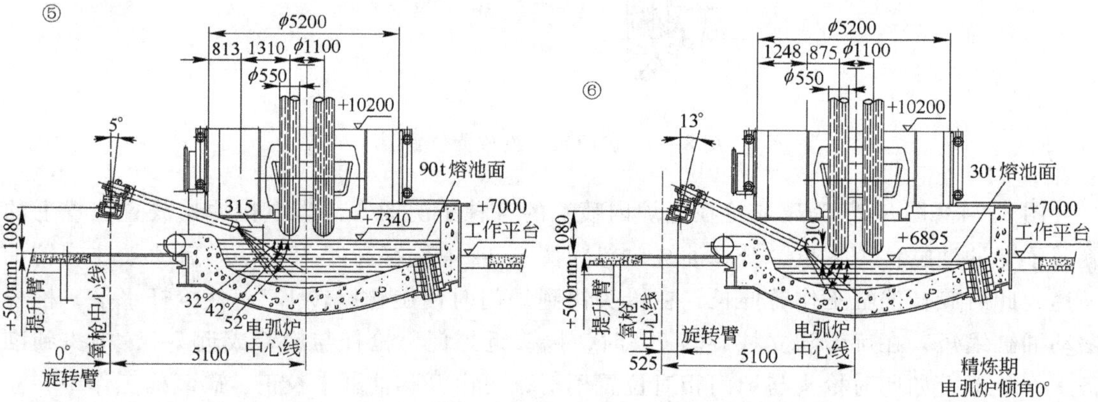

图 8-26　碳氧枪喷吹时的工况图

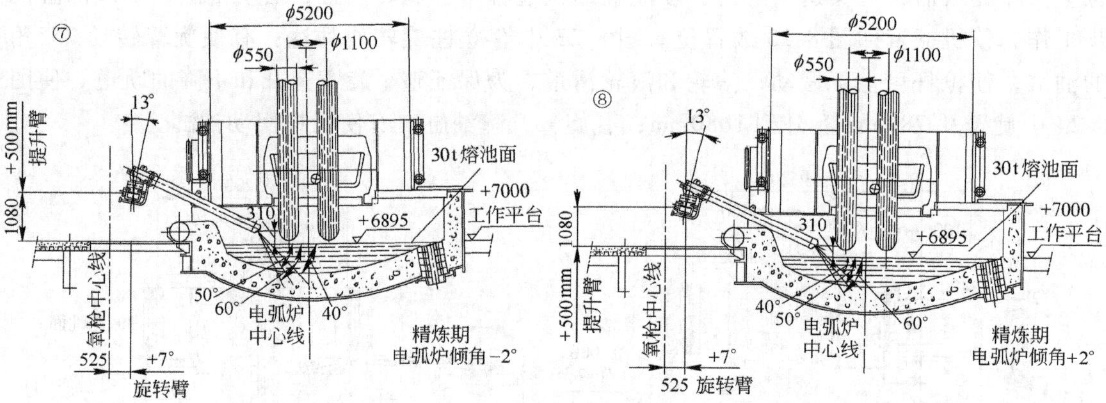

图 8-27　碳氧枪喷吹时的工况图

水冷氧枪是一支专门设计的，由三层钢管（外径 $\phi122 \sim 219$mm）配合，镶接紫铜喷头的水冷氧枪。喷头上有可卸式拉瓦尔喷嘴（意大利 Danieli、Elti 产品无可卸式拉瓦尔喷嘴），喷嘴射流轴线与氧枪轴线有 20° ~ 50°下倾角，喷嘴马赫数设计范围，根据厂方供氧条件一般选择出口速度范围 $Ma=1.6\sim2.2$，氧气流量（标态）$Q=1800\sim4000\mathrm{m^3/h}$。安装在电弧炉炉口旁侧的氧枪机械手，其结构有一个旋转手臂，安装在炉子平台上的机座上，如图 8-28 所示。1 个转向轴承、1 个杠杆系统、3 个液压缸完成氧枪装置的旋进、旋出、氧枪在炉内的水平移动、氧枪的上下倾动，如图 8-28 所示。在进入工作时，启动机构旋转，且带动喷枪进入炉口，吹炼终止，返回至炉口旁侧的停留区。超声速水冷氧枪与喷碳枪相结合用于熔化期的废钢切割与助熔，用于精炼期的脱碳和泡沫渣加热升温。由于电弧炉实行埋弧操作，枪壁受热量大，因此在喷头的后方配置一段较长的紫铜管，并采用较大的冷却水量（一般为 $40\sim100\mathrm{m^3/h}$）来获得理想的冷却效果，保证水冷氧枪的正常工作。

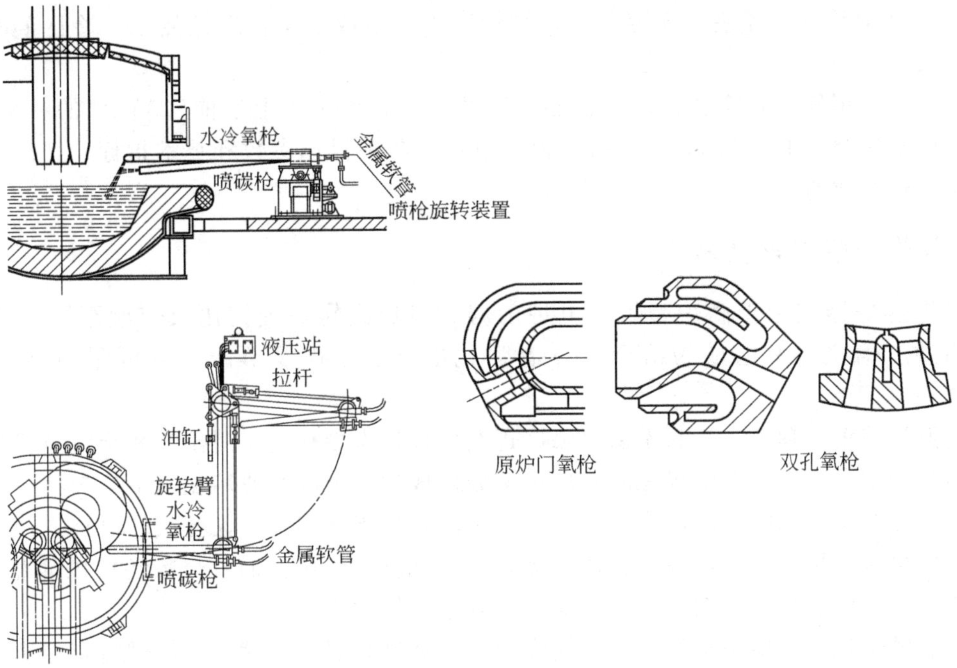

图 8-28 炉门水冷氧枪

8.1.4 炉墙碳氧枪

广东省韶关钢铁集团有限公司（以下简称韶钢）从意大利得兴公司引进了一座具有世界先进水平的 90tConsteel 超高功率交流电炉，于 2001 年 12 月投产。原料以废钢为主，加入部分铁水（最大铁水加入量 30%）。该电炉设计出钢量为 90t、冶炼周期约为 51min、设计电耗约为 330kW · h/t、氧耗（标态）约为 $35\mathrm{m^3/t}$。电弧炉炉熔直径为 6100mm、熔池深度为 1025mm。碳氧枪喷头设计为拉瓦尔单孔式，喉口直径为 30mm、出口直径为 35mm、马赫数 $Ma=1.73$、中心夹角为 15°。碳氧枪枪身机架轨道与熔池的水平面形成调节度 7°～35°，吹炼时枪头离液面高度为 200～300mm，碳氧枪伸进熔池的位置与炉子的中心偏 1313mm。吹炼时，氧压为 0.5～1.4MPa，流量（标态）为 $500\sim5000\mathrm{m^3/h}$，采用阶段性调节氧气压力和流量的工艺方法。喷碳粉时，采用 0.2MPa 的风压，视炉内情况，用阀门控制调节喷粉量。从加料 7t 以后开始吹氧，吹氧时间长短以钢水中的含碳量而定，喷碳粉与吹氧同时进行。

喷碳吹氧系统（碳氧枪装置）是韶钢炼轧厂 90tConsteel 电炉的关键设备，该设备为全套进口，包括碳氧枪、支撑装置和控制系统。由于外方在设备设计上与控制软件设计的一些缺陷，在投产初期，该系统故障率高、备件消耗量大、工作效率低。主要问题有：

（1）部分消耗备件价格昂贵，交货周期长；

（2）更换费时，驱动油缸位移检测装置易损；

（3）枪角位实时调节控制误差大，直接影响枪头使用寿命，导致冶炼周期过长、电耗增加、氧气及碳粉利用率偏低，还因氧流股对钢水的搅拌作用差而间接影响产品质量；

（4）碳氧枪和支撑装置固定在电弧炉炉壳上，造成了操作工艺复杂、冷区问题不能有效解决。

经过韶钢炼轧厂和萍乡北科冶金器材厂的努力，解决了上述前（3）项的一些问题。但是，要解决第（4）项问题，并有效提高电炉的各项操作参数和技术指标，必须对喷碳吹氧系统进行改造。

8.2 氧燃烧嘴助熔技术[19~24]

氧煤燃烧器应用于高炉喷煤、电炉助熔、对提高转炉废钢比及熔融还原等冶金过程具有重大意义，并已成为冶金工作者强化冶炼、增产及节能降耗的最有效的开发内容之一。

电弧炉炼钢过程中，炉料是由电弧区逐渐向外依次熔化的。对于三相交流电弧炉，尤其是超高功率电弧炉，在电极之间对应炉壁处形成的 3 个冷区使熔化呈不均匀状况，因而延长了熔化时间。同时，冷区未熔的炉料还可能发生废钢崩落，甚至损坏电极。使用氧燃烧嘴技术可保证炉料的同步熔化，使电极更有效地发挥作用。而且烧嘴还可以强化 CO 的二次燃烧，因此能有效地缩短冶炼时间，提高电弧炉的生产效率。

氧燃助熔技术主要包括氧天然气烧嘴、氧油烧嘴和氧煤烧嘴。所用燃料有天然气、柴油、重油和煤粉等。各种类型烧嘴的特点和氧燃理想配比如表 8-7 所示。

表 8-7　各种类型烧嘴的特点和氧燃理想配比

烧嘴类型	特　点	氧燃理想配比
氧—油烧嘴	需配置油处理及汽化装置，氧、油量通过节流阀调节，自动控制水平较高。从设备投资、使用和维护方面比较，轻柴油优势较明显	一般氧油比为 2∶1。为使烧嘴达到最佳供热量，应注意根据投入电量来改变均匀熔化时所需的最佳烧嘴油量
氧—煤烧嘴	需配置煤粉制备装置。虽然煤资源丰富，价格低，但装备复杂、投资大。其热效率可达到 60% ~70%	氧煤比控制在 2.5 左右时，吨钢电耗最低
氧—天然气烧嘴	天然气发热值高，易控制，污染小，是良好的气体燃料。设备投资少、操作控制简便、安全性能高	理想配比为 2∶1 时，火焰温度及操作效率最高；理想配比小于 2∶1 时，火焰温度降低，废气温度提高；理想配比大于 2∶1 时，碳及合金氧化显著，电极消耗量增加，化学成分可控性降低

烧嘴的安装位置取决于工艺要求。为了配合水冷氧枪熔化初期废钢，将其安装在炉门口，但是受喷吹角度的限制，使用效率不高；如果为了均匀熔化，解决冷区问题，则采用炉壁安装。烧嘴安装在靠近冷区处传热效率较高，高温火焰依次切开冷区处的废钢，直达电极三角区。考虑到维修方便，烧嘴的安装位置既不可与炉体外辅助机构冲突，也不可使喷射火焰直接冲刷电极。火焰来自炉体侧壁较低的位置对预热和切割废钢最好。但安装位置过低时，废钢会落在烧嘴前面使火焰回弹，并可能发生飞溅或浸没燃烧器，而且不利于烟气中大量可燃气体的二次燃烧。因此，为使效率达到最佳，烧嘴的安装位置既要保证使用和维修方便，更应考虑炉内各期反应的特点。

8.2.1 氧燃烧嘴助熔原理

8.2.1.1 燃烧

工业上，一般燃烧所需的氧气靠空气提供，但是，由于空气中的氮也被加热到了炉内的温度，当它离开炉子时带走了大量的热量，降低了燃烧效率和损耗了熔化炉料所用的能量。而用纯氧代替空气有两大优点：

(1) 提高了火焰温度。如图 8-29 所示，随着助燃空气中氧气量的增加，火焰温度也增加，在纯氧条件下，火焰温度可达 2700~2800℃。

(2) 提高了燃烧率。随着烟气温度的升高，空气燃烧率迅速下降，而在用纯氧的情况下，燃烧率降低很少，因而，对于 1600℃的烟气温度，纯氧的燃烧率超过 70%，而空气燃烧率仅为 20% 左右（图 8-30）。

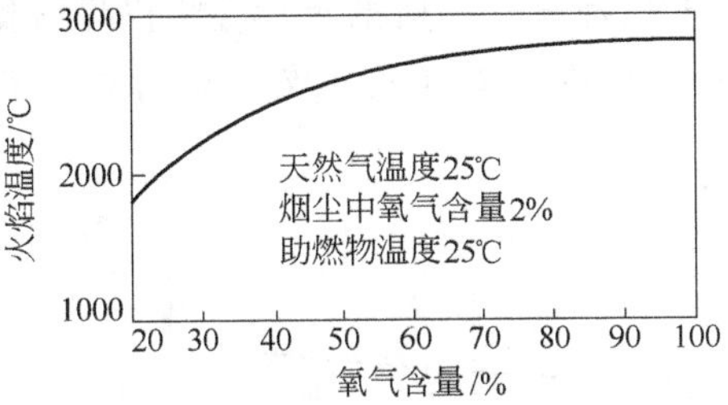

图 8-29 火焰温度与氧气含量的关系

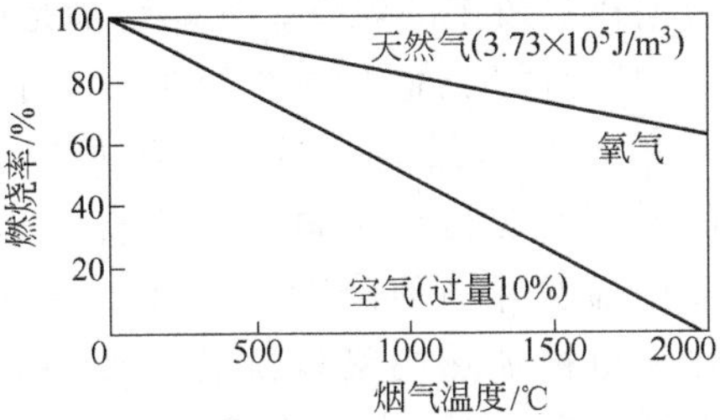

图 8-30 燃烧率与烟气温度的关系

8.2.1.2 热传输[19]

对流传热是氧燃烧嘴主要的热量传输方式。保证氧气与燃料的充分混合和迅速点燃将有利于提供最高的火焰温度和氧气出口速度，从而增大对流传热系数。但为实现均匀熔化(减少高温区的吸热损失)，应根据炉中状态和供电量来改变所需的燃油量。在熔化开始阶段，火焰与废钢之间的温差最大。此时，使氧气和燃料以理想配比进行完全燃烧对熔化废钢很有利，烧嘴的传热效率也最大。随着废钢温度升高，炉料会因熔化而下沉并被压缩，高热燃气穿过炉料的距离缩短，使热交换效率值降低，烧嘴的传热效率下降。当炉料上部的废钢熔化掉 1/2 以上时，大部分热量将从熔池表面反射出去，传给废气。因此，氧燃烧嘴合理的使用时间应该是废气温度突然升高之前的这段时间。

氧燃烧嘴提供的高温火焰的燃烧效率和火焰对废钢的传热效率决定了炉料的熔化速率。从热传输的角度看，热量通过三种形式传给废钢：

（1）强制对流。完全燃烧的氧燃烧嘴火焰主要以强制对流的形式传输热量。强制对流用下式描述：

$$q = h\Delta TA$$

式中，q 为热流；h 为对流传热系数；ΔT 为火焰与废钢之间的温差；A 为废钢的表面积。

选择最佳的热流量，以便更有效地利用氧燃烧嘴输入的能量，为此：

1）使传热系数 h 达到最大值。传热系数随着火焰温度的升高而增大，随着烧嘴出口动量的增加（即火焰掠过废钢表面速度加快）而提高。因此，氧燃烧嘴的设计必须保证氧气与燃料的充分混合，迅速点燃，以提供最高的火焰温度，同时提高氧气的出口速度，使火焰具有切割能力，这样能最有效地强化对流传热。

2）使废钢的表面积 A 达到最大值。重废钢和轻废钢混合使用，可使火焰具有较好的穿透能力，从而保证暴露在氧燃烧嘴火焰中的废钢的表面积最大。

3）使火焰与废钢炉料之间的温差 ΔT 达到最大值。熔化开始，火焰与废钢之间的温差最大。尽早使烧嘴点燃，并使氧气和燃料以理想的配比进行完全燃烧，形成高温火焰对加速熔化废钢是十分有利的。

（2）辐射。在高温条件下，辐射传热是主要的。在燃烧温度下，火焰表现出红外线辐射的特性。由于辐射传热与相当于火焰温度的四次方有关，因此火焰温度达到最大，对辐射传热是至关重要的。

（3）传导。由过量氧气引起的废钢氧化将会产生热能，它直接传导给炉料。

8.2.1.3　氧燃烧嘴加热和电极加热的配合及供热时间

根据传热效率的观点，氧燃烧嘴是电弧加热的理想补充。一般的氧燃烧嘴操作应提供电炉炼钢所需的全部功率的 25%。除了烧嘴在布置上应对准炉子冷区外，烧嘴的传热效率在每炉开始为最大。当废钢温度升高以后，电极的加热就变得更为重要，而烧嘴传热效率随着废钢温度升高而降低。因此，寻求氧燃烧嘴加热和电极加热的最佳配合，要视每个炉子的情况制定出合理的供能制度。

确定最佳供热时间的方法是绘出废气温度与供热时间的关系曲线。熔化初期，氧燃烧嘴火焰的传热效率较高。而随着废钢不断熔化，传热的表面积减小，传热效率降低。一旦炉料接近完全熔化时，大部分热量将从熔池表面反射出去，传给废气。因此，烧嘴应当供热至传热效率显著降低为止，具体表现为废气温度突然升高之前的那段时间（如图 8-31 所示）。这通常发生在 75% ~85% 的废钢已熔化和沉入熔池表面以下的时候。

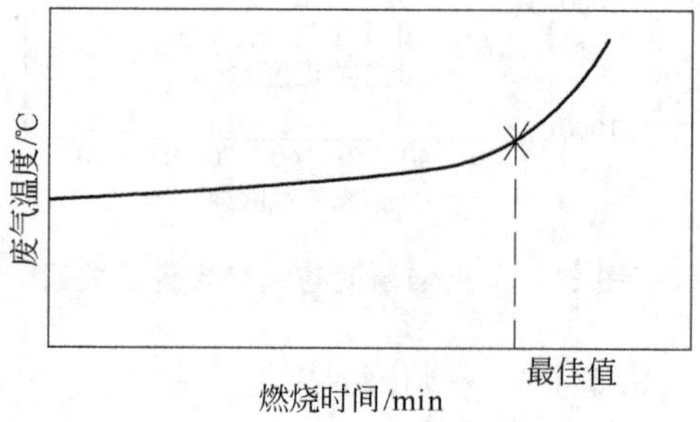

图 8-31　根据传热效率降低点确定烧嘴供热时间

8.2.2　氧燃烧嘴的设计

8.2.2.1　结构

氧燃烧嘴的结构取决于使用的燃料。对于轻油、重油、天然气和煤粉，烧嘴结构可采用完全不同的型式。图 8-32 表示一种油烧嘴的结构图。其技术条件为：

型　式	JB3 型
烧嘴形式	650mm × ϕ65mm
油及空气烧嘴	10mm × 1 孔
氧气烧嘴	5mm × 3 孔
烧嘴容量	油最大 500L/h（196.13kPa）
	氧气 1000m^3/h（686.46kPa）
	空气 150m^3/h（392.26kPa）

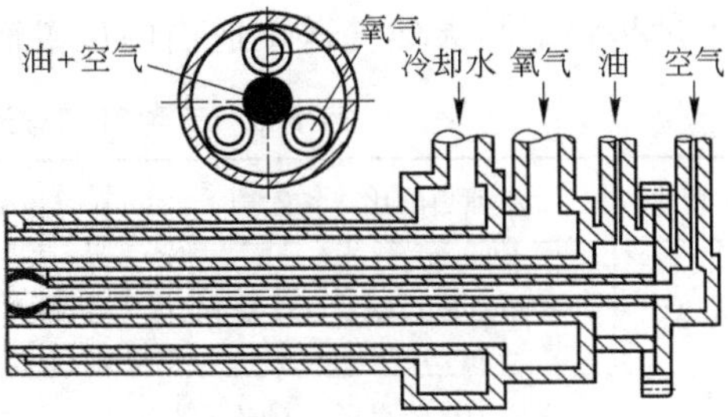

图 8-32　燃油烧嘴的结构示意图

对氧气—天然气烧嘴的试验研究表明，燃烧效率主要取决于氧气与天然气进行混合的预混合室的长度。如图 8-33 所示，预混合室中存在一个最佳长度，可使烧嘴效率最高。

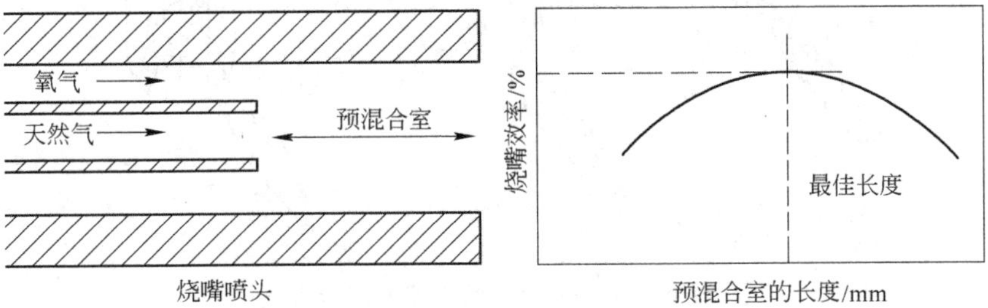

图 8-33　燃气烧嘴的预混合室长度与燃烧效率的关系

8.2.2.2　安装位置

要使氧燃烧嘴效率达到最佳值，烧嘴的安装位置是很重要的。在电弧炉这个特定的环境中，烧嘴位置应考虑炉内各期反应的特点，本着有利于炉料熔化、烧嘴的自身安全和安装维修方便等原则。烧嘴可安装在炉门、炉壁或炉盖上。但由于炉门和炉盖安装均有很大的局限性和缺点，所以大多数电弧炉都采用炉壁安装形式。

炉壁安装的烧嘴可提供穿透冷区的最佳角度。烧嘴安装在靠近冷区处，传热效率最高，高温火焰迅速切开冷区处的废钢，可直达电极三角区。图 8-34 示出了法国 BSW 的克尔厂炉壁烧嘴的氧枪位置。每个烧嘴喷头朝下，与水平方向成 20°，距熔池表面 600mm。

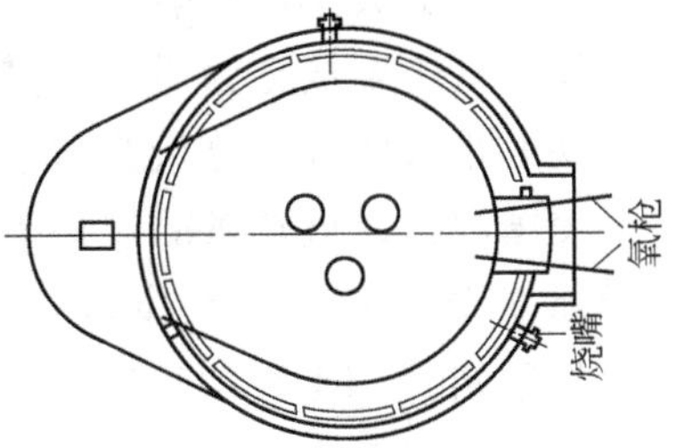

图 8-34　烧嘴和氧枪的位置

8.2.2.3　氧燃比的选择

由于氧燃烧嘴操作的目的是以最经济的方法向电弧炉内供热，所以氧气与燃料的最佳燃烧比应是其理想配比。以氧气与天然气烧嘴为例，其理想配比为 2∶1 。表 8-8 总结了各种燃烧比的优缺点。

8.2.2.4　氧—天然气燃烧器设计

A　混合方式

氧及天然气可在燃烧器内部混合（Premixing），也可在燃烧器外混合（Postmixing），如在燃烧器出口界面处混合，则称为界面混合（Face mixing），如图 8-35 所示。转炉及平炉顶用的燃烧器，多为器外混合式。实际上，炼钢炉的全部炉膛即为燃烧室，燃烧器的功用不过是将氧与天然气送至适当的位置而已。

表 8-8　三种氧气与天然气体积流量比优缺点的比较

流量比	亚理想配比（< 2∶1）	理想配比（= 2∶1）	超理想配比（> 2∶1）
优 点	富裕燃料；碳及合金氧化少	火焰温度最高；操作效率最高	富氧切割废钢；能更好穿透密实的炉料
缺 点	降低了火焰温度；提高了废气温度		碳及合金氧化较高；增加了电极消耗；降低了化学成分可控性

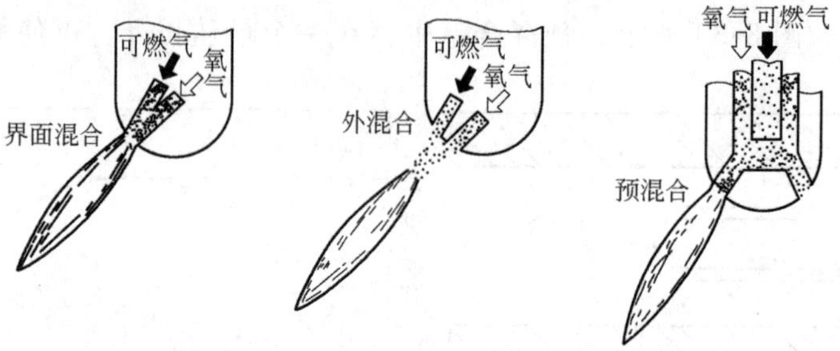

图 8-35　氧—天然气燃烧器的混合方式

B　设计必要条件

炼钢炉内温度极高，氧与天然气在此环境下，自可稳定燃烧，不会发生熄火问题。故燃烧器的构造较为简单，但必须满足下列条件：（1）氧与天然气的适当体积比例；（2）氧与天然气各自的适当速度（直线速度）；（3）氧流股与天然气流股的适当布置；（4）噪声不可超出一定范围。

C　放热量

燃烧器的大小以放热量的大小而定。设计燃烧的第一步即确定放热量。

天然气主要成分为甲烷，其高发热值随其成分少有变化。但为设计的方便，常假定每标准立方米天然气的热量为 37.28MJ/m^3。

美国习惯，放热量的规格为每小时若干 Btu/h。设计时，计算天然气时则常用每分钟若干标准立方英尺（ft^3/min）。例如，放热量为 18991.08MJ/h = 18.0MBtu/h，每分钟的天然气量则为：$18 \div (37.28 \div 1055) \div 0.0283 \div 60 = 300ft^3$。

D　氧/天然气比例

为方便起见，计算氧与天然气比例时，假定天然气的成分为 100% CH_4，并与氧按下式化合：

$$2O_2 + CH_4 \xlongequal{\quad} 2H_2O + CO_2$$

按此式完全燃烧时，氧与天然气之比当为 2∶1，即 300ft^3 的天然气需要 600ft^3（17m^3）的氧。在炼钢炉内预热废钢，为避免在钢块表面生成 FeO，有时采用还原焰，氧与天然气比例可为 1.8∶1。

E 气体的速度

火焰长短及宽度由氧及天然气的直接速度及混合快慢等因素决定。在美国，根据使用经验，氧速多在 $Ma=1$ 左右，而天然气的速度在 $Ma=0.5$ 左右。倘若二者速度相等，则混合效力反而低。

F 气体流股的布置

前面说过，氧与天然气的混合情况及直线速度决定火焰的形态。炼钢炉所用的燃烧器身，都由同心套管构成（水冷构造，如同氧枪）。气体流道不外中心管道及环夹道两种，只是哪种气体在中央流道。如果分析常用的燃烧器就会发现，各种布置都被采用。不过，当高速的氧流在中心时，火焰较紧凑，扩散较小，可向废钢块上集中热力。因此，以下所谈的设计，都将氧流放置于中心。为便于氧流及天然气流在燃烧器外混合，它们各自又分为数小股。再者，燃烧器在大型转炉内的枪位在 200in（5.08m）左右，其受热程度较氧枪为低，故使用寿命较长。

G 燃烧器设计

燃烧器的构造与氧枪的构造极相似。氧枪枪身由 3 个同心套管组成。燃烧器的枪身由 4 个同心管组成。按照氧枪结构分割办法，燃烧器也可分为：（1）上部结合头（上部组件）；（2）枪身；（3）燃烧头。

（1）、（2）两项已在氧枪设计中说明，在此不再赘述。下面仅介绍燃烧头的设计。

a 气体孔道形式

前面说过，氧速可用声速，天然气速则宜用亚声速。因此，二者的孔道都是圆筒式的。

氧流孔道截面积的计算

因 $Ma=1$，可利用下式计算氧流孔道截面积：

$$A_* = F\sqrt{T_0}/(406p_0)$$

此式在氧枪喷头设计时曾介绍过，应用时可做以下的假设：

$$p_e = p_a = 0.1\text{MPa}(\text{出口压力,绝对压力})$$

$$T_0 = 70 + 460 = 530\text{R}(293\text{K})$$

由等熵流函数表，在 $\kappa=1.4$，$Ma=1$ 时，可得 $p_e/p_0=0.5283$，则

$$p_0 = 14.7/0.5283 = 27.8\text{lbf/in}^2(0.19\text{MPa},\text{绝对压力})$$

若 $F=600\text{ft}^3/\text{min}$（$17\text{m}^3/\text{min}$），则利用上式可计算流孔面积为：

$$A_* = 600\sqrt{530}/(406\times27.8) = 1.22\text{in}^2(7.74\times10^{-4}\text{m}^2)$$

天然气流孔道截面积的计算

取 $Ma=0.5$，由等熵流函数表（$\kappa=1.3$）可得：$A/A_*=1.348$（A_* 为流速等于声速时的孔道面积，此时 $p_*/p_0=0.5457$）；$p_e/p_0=0.8526$；$T_e/T_0=0.9638$；$p_e/p_0=14.7/p_0=0.8526$；则：

$$p_0 = 17.24\text{lbf/in}^2(0.119\text{MPa 绝对压力})$$

由 $T_e/T_0=0.9638$ 得：

$$T_e = 530\times0.9638 = 510.8°\text{R}(10.6℃)$$

计算天然气流孔道面积有以下方法：

（1）利用 A/A_* 比例。前述天然气的滞止压力为 $p_0 = 17.24 \text{lbf/in}^2$（0.119MPa，绝对压力），对出口压力 $p_e = 14.7 \text{lbf/in}^2$（0.1MPa，绝对压力）而言，天然气流为亚声速。但假想将出口压力减至 $17.24 \times 0.5457 = 9.4 \text{lbf/in}^2$（0.065MPa，绝对压力）时，则可获得声速，在此情况下，孔道面积即可由前式计算（注意常数不同）：

$$A_* = F\sqrt{T_0}/(537p_0) = 300\sqrt{530}/(537 \times 17.24) = 4.84 \times 10^{-4} \text{m}^2$$

$$A = A_* \times 1.348 = 0.75 \times 1.348 = 6.25 \times 10^{-4} \text{m}^2$$

（2）利用标准体积（相当重量）守恒关系。当 $Ma = 0.5$ 时，查等熵流函数表（κ = 1.3）得：

$$Ma = 0.5264$$

声速　　　$a = (1.3 \times 32.2 \times 92.71 \times 510.8)^{0.5} = 492.16 \text{m/s}$

天然气速度　$v = 1408 \times 0.5 = 704 \text{ft/s}$（214.58m/s）

天然气压力　$p_e = 14.7 \text{lbf/in}^2$

天然气温度　$T_e = 510.8°\text{R}$（10.6℃）

在此温度与压力下：

天然气体积 $V = 300 \times (14.7/14.7)(510.8/530)(1/60)$

$= 4.82 \text{ft}^3 (0.14 \text{m}^2)$

孔道面积　$A = 4.82 \times 144/704 = 0.99 \text{in}^2 (6.39 \times 10^{-4} \text{m}^2)$

此结果与前种方法的计算结果基本相同。

b　枪身管道与布孔

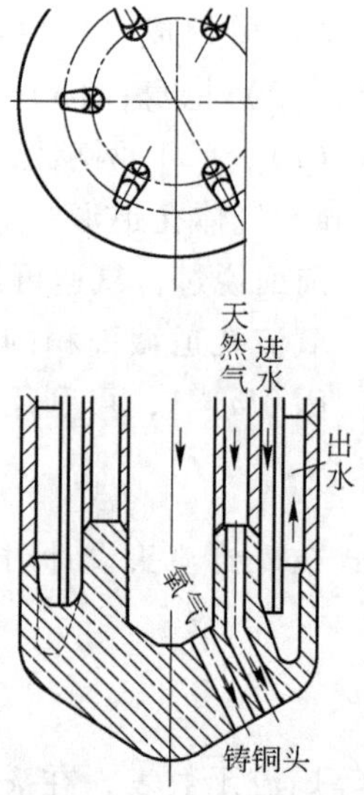

图 8-36　燃烧头结构

前面曾提到，燃烧器的枪身由 4 个同心管组成，氧在中心，次为天然气，再次为进水，外为出水。

各管的直径必须参照各流股的合适速度，选择配合成最经济的一套。

为提高氧流及天然气在燃烧器出口外的混合效率，各自可分为 6 个小股，如 3、4、6、8 细股等，以保持对称。图 8-36 即为一例，氧流及天然气各分为 6 个小股（其总截面积与前所计算者相近）。此燃烧器放热量较小，为平炉顶装所用，孔道角颇大（0.52rad）。如果用于小型转炉，此角度当酌量减少，以火焰不伤炉衬为要。

大型转炉预热废钢所用燃烧器的放热量可高至 320GJ/h。图 8-37 显示此类燃烧器的结构。枪身由内径为 5in、8in、10in、12in（127mm、203mm、254mm、305mm）的钢管构成。燃烧头设计，氧在内，天然气在外，各分为 6 小股。两种气体分界处设有扰流凸块，以增加两气流的混合功效。

燃烧器为预热废钢所用。废钢有轻型和重型之别，其在炉内的体积也大小不同。因此，燃烧器的枪位有高低，设计枪身长短必须考虑此点。再者，在预热过程中，放热量有时也需要变化。也就是说，天然气及氧流量并非固定不变。一般规格多指明放热量的高限及低限。设计流孔截面时，当用中腰数字。

c　压力计算

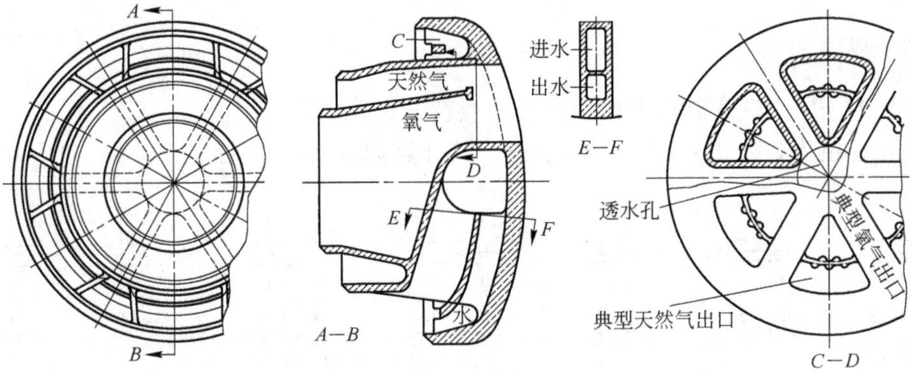

图 8-37 预热废钢的燃烧器结构

现在讨论冷却水、氧气和天然气在其管道中所需要的压力。

水流管道压力损耗 Δp

普通管道采用 Darcy 公式计算：

$$\Delta p = \frac{\rho f L v^2}{288 D g} \tag{8-7}$$

其中：

$$D = 4R_H (\text{水力半径})$$

$$R_H = \frac{\pi(R_2^2 - R_1^2)}{\pi(R_2 + R_1)} = R_2 - R_1 \tag{8-8}$$

式中，Δp 为压力差，lbf/in^2（绝对压力）；ρ 为流体的质量密度（或单位质量），lb/ft^3；v 为流股的平均速度（截面上的平均），ft/s；L 为管道长度，ft；f 为摩擦系数；D 为管道直径，ft；g 为重力加速度，(32.2ft/s^2)。

管道有时由大径变为小径，或由小径变为大径。忽大忽小，损耗压力，则 Darcy 公式可写成：

$$\Delta p = \frac{\rho K v_{d_1}^2}{288 g} \tag{8-9}$$

将此式与前式对比，可见 $K = fL/D$，K 称为阻力系数。其值随（d_1/d_2）比例而变，如图 8-38 所示。以管壁厚度系列 40 为例，管径从 6in（152mm）突然扩大到 12in（305mm），基于 6in 管径$\left(\frac{d_1}{d_2} = \frac{6.065}{11.938} = 0.51\right)$的阻力系数 K 为 0.55。管径从 12in（305mm）突然收缩到 6in（152mm），基于 6in 管径$\left(\frac{d_1}{d_2} = \frac{6.065}{11.938} = 0.51\right)$的阻力系数 K 为

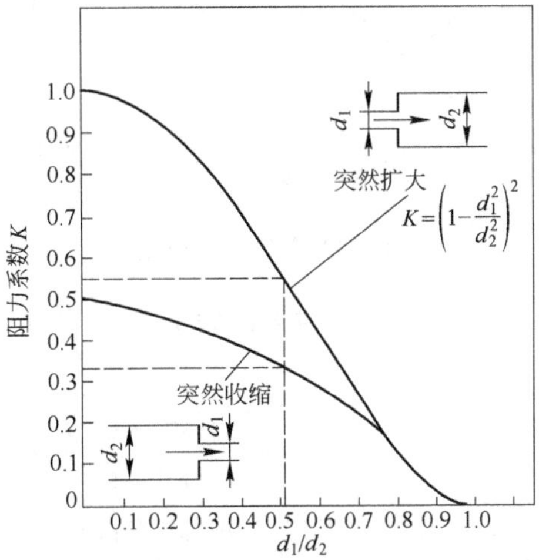

图 8-38 突然扩大和突然收缩管道的阻力系数

0.33。注：阻力系数 K 是基于小管径内的流速确定的。为确定较大直径的 K 值，需将图表查得的 K 值乘以 $\left(\frac{d_2}{d_1}\right)^4$。

式（8-9）中，v_{d_1}是根据小径计算的，当特别注意。

流体在管道入口及出口处，遇有阻力，其计算如图 8-39 所示。

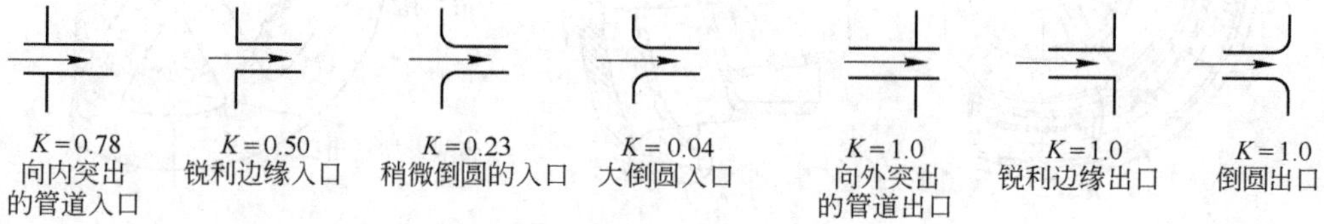

图 8-39　管道进出口的阻力系数

此外，管道内的弯曲及阀件都有阻力。其计算方法为“折合成当量管长”（管长/直径）法。图 8-40 和图 8-41 说明常遇到的情形。

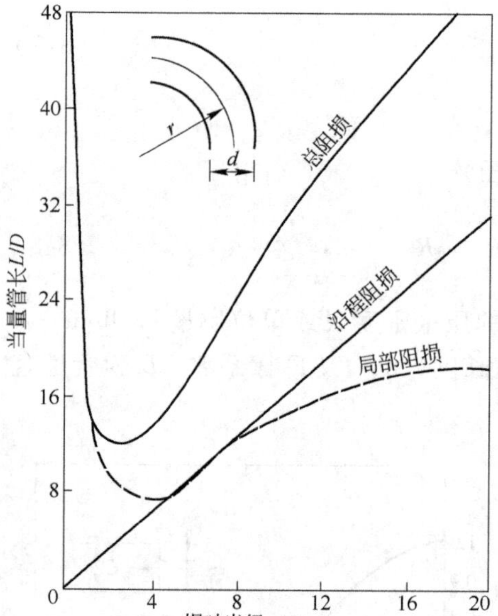

图 8-40　90°弯管阻力损失

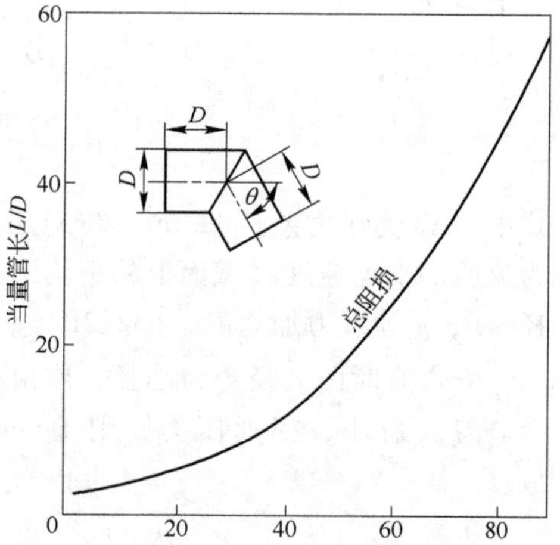

图 8-41　斜接弯管阻力损失

90°弯管流体流动的阻力损失用直管的当量长度表示。对于大于 90°的弯管阻力损失可用下式求得：

$$\frac{L}{D} = R_t + (n-1)\left(R_L + \frac{R_b}{2}\right)$$

式中，n 为弯管中拐弯 90°的数目；R_t 为一次 90°拐弯的总阻损，L/D；R_L 为一次 90°拐弯的沿程阻损，L/D；R_b 为一次 90°拐弯的局部阻损，L/D。

例如，对于相对半径为 12 的一次 90°拐弯和一次 270°拐弯的当量长度（以管径表示），由“总阻损”曲线，查出一次 90°拐弯的当量长度为 34.5 管径长，270°拐弯的当量长度为：

$$L/D = 34.5 + (3-1)[18.7 + (15.8 \div 2)] = 87.7$$

注：这项阻损值比由直线管段隔离的3次90°拐弯的阻损总和值小。

d 氧气与天然气在管道中的阻力

水是液体，其体积不受普通压力的影响，在管道中的速度是不改变的（稳定操作情况下）。氧气与天然气为气体，其体积与压力成反比。因此，在同一直径的管道中，因上游与下游的压力不同，速度也有别。计算气体在管道中所遇阻力的方法，按压力的大小有许多种。下面的公式可以应付一般情形。

可压缩流体的公式：

$$W^2 = \left[\frac{144DA^2}{V_1 fL}\right]\left[\frac{(p'_2)^2 - (p'_1)^2}{p'_2}\right]$$

$$W = \frac{pV}{RT(60)} \tag{8-10}$$

其中：

$$R = \frac{1545}{144M}$$

式中，W 为质量流量，lb/s；D 为管道内径，ft；A 为管道横截面积，ft^2；V_1 为流体比容，ft^3/lb；f 为摩擦系数；L 为管道长度（$=\Delta L$），ft；p'为压力，lbf/in^2（绝对压力）；p 为绝对压力，lbf/in^2；V 为体积，ft^3；T 为绝对温度，℃；M 为分子量。

8.2.2.5 氧—油燃烧器设计

预热废钢所用的油料为比较便宜的重油（美国称为6号重油）。按照雾化油料的方法，燃烧器可分为两大类：第一类用机械力将油雾化，第二类用水蒸气将油雾化。蒸汽雾化可得长度大的火焰，平炉两端的燃烧器多采用，现在暂不讨论。转炉及平炉顶装的燃烧器多用机械力雾化法，现在的讨论限于利用高速氧流的动能将油滴击碎而雾化。此种燃烧器的设计颇为简单，只需以适当速度将油流送入高速的氧流冲即可（见图8-42）。

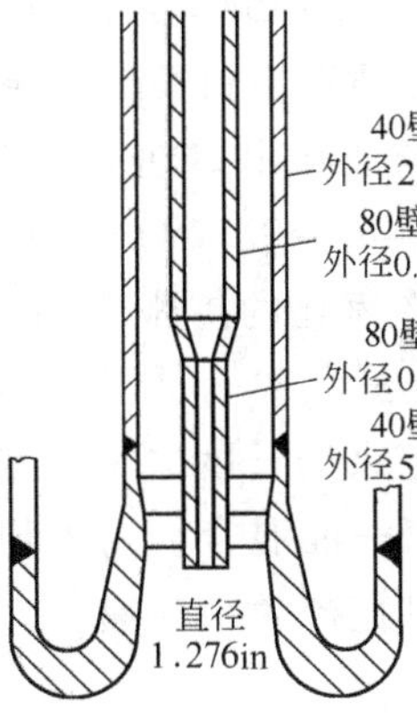

图8-42 氧—油燃烧器简图（1in = 2.54mm）

设计氧—油燃烧器的步骤与设计氧—天然气者相似，从放热量入手。6号重油的热值为设计上的方便取为41.81MJ/L。燃烧此油所需的纯氧量（标态）约为$2246m^3/m^3$。

假设一燃烧器的放热量规格为31.65GJ/h，则油量为（$31.65 \times 10^3 \div 1055$）÷（$41.81 \div 1055 \times 3.785$）= 30/0.15 = 200gal/h（757L/h），氧量为（2246×0.1337）× 200 = 300 × 200 = $60000ft^3/h$ = $1000ft^3/min$（$28.32m^3/min$，标态）。

A 油管选择

油的出口速度可取为15ft/s（4.57m/s）左右，$1gal = 0.1337ft^3$，则油管截面积 $A = 200 \times 0.1337 \div 3600 \div 15 \times 144 = 0.007428 \div 15 \times 144 = 0.0713in^2$（$46mm^2$），管道内径 $D =$

$\sqrt{0.0713/0.7854}=0.301\text{in}$（7.65mm）。

查阅“商用钢管尺码表”，可用 80 壁厚系列 1/4in 管：外径 = 0.540in（13.72mm），内径 = 0.302in（7.67mm），内截面积 $=0.7854\ (0.302)^2=0.0716\text{in}^2$（$46.2\text{mm}^2$），外截面积 $=0.7854\ (0.540)^2=0.229\text{in}^2$（$147.7\text{mm}^2$）。

B　氧孔直径

燃烧器头材料为铸铜，氧射流孔道颇似氧枪孔道。氧射流速度设计为声速或超声速。油管位于氧孔内，油的出口在氧孔的扩张段而接近喉节。油股出口后，即为高速的氧流所击碎，同时接受氧流的动能而增高速度。经此作用之后，氧流即变为氧气与油雾的混合物，速度较设计值低。在目前尚无方法能准确计算此混合物的速度。很明显的是，此混合物的速度为决定火焰长度的主要因素，可变化氧流的滞止压力而对其进行调节。

仍以图 8-42 设计举例，采取氧流的马赫数 $Ma=1.5$，由等熵流表可得：

$$p_e/p_0=0.2724$$

$$p_0=14.7/0.2724=54\text{lbf/in}^2\ （绝对压力）$$

$$A/A_*=1.176$$

$$T_e/T_0=0.6897T_e=530\times0.6897=365.5°\text{R}$$

$$A_*=1000\ \sqrt{530/\ (406\times54)}=155.48\text{mm}^2$$

$$a_e=\sqrt{1.4\times32.2\times48.3\times365.5}=892\text{ft/s}$$

设计氧速 = 892 × 1.5 = 1338ft/s。

此速为无油管时的设计速度。与油混合后，混合物的速度低于此速度甚多。

因油管在内，氧流的孔道实为环缝。环缝截面积 $A_*=1.05\text{in}^2$，则喉节的直径 $d_t=\sqrt{(1.05+0.229)\ /0.7854}=1.276\text{in}$（32.4mm）。

氧孔出口直径按油管出口位置，有两种情形：

（1）油管出口与氧孔出口在同一截面。油的雾化完全在燃烧器外进行。设氧孔出口直径为 d_e，则 $0.7854d_e^2-0.2290=1.05\times1.174$，$d_e=1.395\text{in}$（34.67mm）。

（2）油管出口在氧孔的扩张段内，油的雾化在燃烧器内进行。高速氧流与油交换能量后，速度降为亚声速。氧—油混合物的体积由其温度与所受压力所决定。一旦体积与所需的出口速度（决定火焰长度之一因素）选出后，即可算出氧孔出口的直径。前面提过，目前尚无方法计算氧—油混合物的体积，换言之，即混合后的温度与压力尚难计算。可实际上，只能遵守出口直径大小与速度大小成反比的原理，斟酌一个数量，然后根据使用结果逐步改进。

氧—油燃烧器的枪身及上部结合头的构造与氧—天然气燃烧器者相似。枪身可由 4 管组成，油管在氧管之内。有时油管之外多加一管，其目的有二：（1）防止油受氧气的冷却而变稠；（2）增加安全，以避免油管破裂时氧油混合。大型燃烧器多由 5 管组成。

8.2.2.6　固定式和可伸缩式炉壁烧嘴的比较

最早使用氧燃烧嘴的是日本东伸钢公司姬路厂 100t 电炉。所用的烧嘴是可伸缩式烧嘴，其缺点是需经常维护且每炉都必须检查和清理烧嘴孔。水冷炉壁的迅速发展以及提高生产率的需要，导致了新一代炉壁烧嘴的产生。这种烧嘴固定在水冷炉壁上，其主要优点是无运动系统，从而大幅度降低了维修费用，提高了生产率。表 8-9 示出了这两种烧嘴的比较。

表 8-9　烧嘴种类的比较

烧嘴类型	伸缩式烧嘴	固定式烧嘴
优　点	1. 烧嘴不使用时缩回，故烧嘴受到了保护； 2. 每次使用后易于检查	1. 技术简单，使用方便； 2. 维修费用低； 3. 工作效率高； 4. 装料和烧嘴点火之间的间隔短
缺　点	1. 炉子的环境使操作困难； 2. 维修费用高； 3. 炉子周围设备过于拥挤； 4. 必须检查并清理烧嘴孔	1. 堵塞的危险大； 2. 烧嘴停用时，需不断地吹入气体（空气或天然气加氧气）

固定式烧嘴有水冷式和非水冷式两种。水冷式固定烧嘴的冷却是靠一个水冷套进行的。水冷套和烧嘴可以是一体的，也可以是独立的。烧嘴采用水冷后，其寿命得到很大提高。国外已建立了一套研究烧嘴冷却效率的数学模型，它考虑了烧嘴受到金属和渣的喷溅、火焰冲击和电弧辐射的影响。此模型还计算了喷头的几何形状、喷头金属的特性，所需金属的厚度和理想的冷却水流量。该模拟计算表明，如果金属附着在喷头上，那么铜喷头比不锈钢喷头更能经受住炉内环境。非水冷式固定烧嘴没有水冷套，靠高速气流和烧嘴处的水冷炉壁进行冷却。由于精炼期在喷头前有大量的热流和密集的喷溅，会造成烧嘴被烧蚀和堵塞，因此必须靠高速气流连续不断地冲洗烧嘴，以有效地冷却其头部或仍保留较小的烧嘴火焰，以确保烧嘴的正常使用。

8.2.3　煤氧枪助熔技术与工艺

电弧炉煤氧枪助熔技术与工艺是我国具有独立的知识产权的技术，已有近 30 余年的发展历史，十几家钢厂采用该技术取得了良好的效果。该技术的关键是煤氧枪结构和安装方式。纵观发展过程，煤氧枪经历了初期研究、实用开发和完善改进三个阶段。现正由单一功能型向复合型转变。它在电弧炉上的安装方式随炉子容量和相关参数而定，小型电炉选用炉门式安装，大中型电弧炉采用炉壁式安装，炉顶安装方式则是炉壁安装方式的补充形式。采用煤氧枪助熔技术后的节电增产的效果是显著的，但需弄清煤氧助熔对钢水成分的影响、与泡沫渣工艺的关系、与废钢预热和二次燃烧的关系、环保问题等，为进一步开发和推广电弧炉煤氧枪助熔技术奠定基础。

8.2.3.1　电弧炉用煤氧枪结构的发展

电弧炉炼钢方法已成为当今与转炉炼钢法呈对峙状态发展的主要方法，其得以持续发展的原因除了自身优点之外，还与近年来出现的相关技术密切相关，主要包括 UHP、氧燃烧嘴助熔、强化用氧、水冷炉壁、偏心底出钢和废钢预热等。尽管如此，电弧炉本身仍然存在一个难以彻底改变的缺点，即耗电量巨大。电能属于二次能源，若采用火力发电，煤转化为电能的效率为 30%，电能在电弧炉中转化为热能的效率为 70%，从煤到热能熔化废钢的总热效率只有 20%。而利用煤与氧气的直接燃烧热熔化废钢，热效率可达 43%。可见，以煤代电、降低电弧炉炼钢电耗、提高能源利用率，是十分重要的。我国借鉴国外发展和应用氧燃烧嘴助熔技术的经验，以煤粉作为燃料，自 1982 年后期开始试验电弧炉煤氧枪助熔技术，在唐山钢铁公司电炉炼钢厂进行工业性试验取得成功后，又相继在石家庄钢厂、抚顺钢厂、上钢五厂、大冶钢厂、张家港等地建立了工业化的煤氧枪助熔装置，投产效果良好。经过十几年的努力，我国的煤氧助熔技术的研究和应用已接近先进工业国家水平。

电弧炉煤氧枪助熔技术的关键在于煤氧枪结构，自煤氧枪问世以来，其结构变化经历了4个阶段[24]：

（1）初期阶段——采用辅助点火装置。最早的煤氧枪沿用了传统煤粉燃烧器的基本概念，根据煤粉点火温度高、燃烧过程长等燃烧过程特征，力求全面地考虑影响煤氧燃烧的各种因素，采用电加热氧气点火、固定大旋流和扩张口稳焰三项技术，结构如图8-43所示。枪体的氧气通道内安装热电阻丝，接通220V电源，氧气通过时被加热到700～800℃，于枪口处与煤粉相遇混合燃烧。此外，通道内部的旋流器使氧气出口时呈旋流状态，旋流与扩张口综合作用，使火焰稳定燃烧。冷态研究表明，该型式的煤氧枪具有典型的强旋流特征，气流的轴向出口速度呈双峰马鞍形分布，其旋转则建立起径向和轴向反向的压力梯度，使枪口前沿的流股内部形成反向回流区，回流区加剧了煤粉与氧气的掺混和对环境高温烟气的卷吸，有利于点火、火焰稳定和煤粉完全燃烧。热态试验表明，即使在室温下，使用该煤氧枪也能顺利实现煤氧燃烧。但电加热装置使枪体的安装十分困难，在实际应用中甚至有较大的危险性。同时枪体也过于笨重，应用受到限制，仅应用于实验室研究阶段。

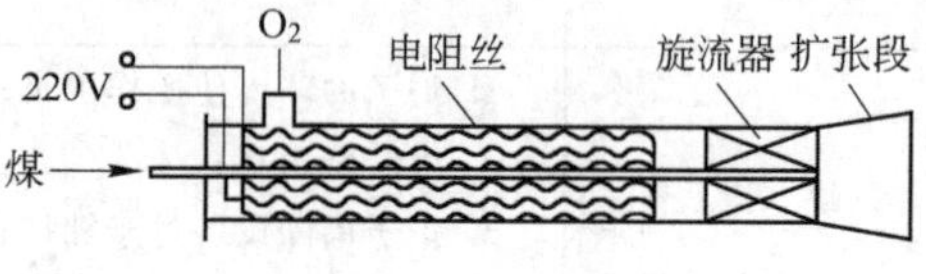

图8-43　电点火煤氧枪的示意图

（2）实用阶段——煤氧气流自点火的实现。考察电弧炉废钢熔化过程即可发现，电极通电开始废钢熔化大约5min后，炉内的烟气温度可达到800℃左右，满足了煤粉燃烧的点火温度要求。此时需要做的工作只是利用反向回流营造枪口前的稳定高温气氛，实现煤氧气流的自点火。因此，在煤氧助熔实用阶段，取消了枪体内部的电阻丝，大大简化了枪体结构（如图8-44所示）。在自点火煤氧枪设计上保留初期阶段煤氧枪的空气动力学特征，取得了较好的应用效果。我国开发的第一套煤氧助熔技术装置所采用的就是该型式的煤氧枪。但在实际应用中，暴露出一个关键性问题，即氧气旋流虽然有利于自点火和火焰稳定，但轴向速度衰减过快，导致火焰短，刚性差，不能满足废钢熔化过程的需要。

（3）改进阶段——具有调节功能的煤氧枪。可调节功能主要是为了解决这样一对矛盾：煤氧火焰稳定完全燃烧—提高火焰刚性和长度。基本指导思想为：熔化初期，炉内温度较低，需解决的主要问题是煤氧气流的点火和稳定燃烧，可用大旋流维持枪口前的回流区；熔化中后期，炉内温度升高，枪口前废钢熔化完毕，要求增加火焰的长度和刚性，可减小旋流，增大气流轴向速度。为此，在煤氧枪实用阶段的基础上，提出了可调节式双流

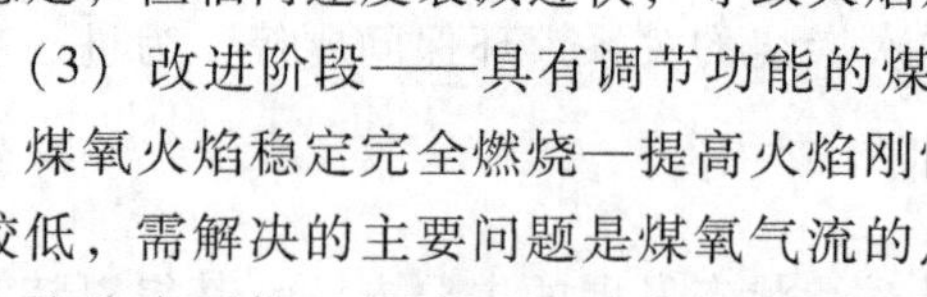

图8-44　自点火式煤氧枪结构示意图

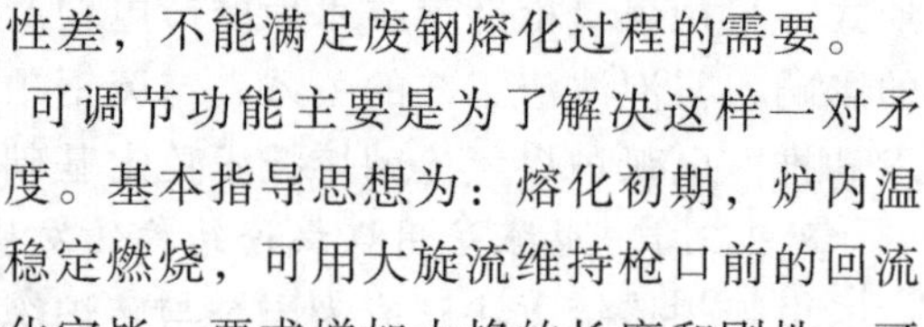

图8-45　双流煤氧枪结构示意图

煤氧枪，如图 8-45 所示。

其特征是氧气从两个通道进入枪体——直流流道和旋流流道，通过调节两个通道气流的比例即可实现回流区和轴向速度的大小调节。通过冷态实验曾得出下述关系：

$$L/D = 4.22 + 2.35S + 0.69\sin\beta - 9.7f \tag{8-11}$$

式中，L 为回流区长度；D 为煤氧枪出口直径；S 为一次氧旋流强度；F 为直流氧比率；β 为出口扩张角。

后来，在石家庄钢厂、大冶钢厂建立的煤氧助熔系统中，均采用了该型式的结构。

（4）深入开发阶段——两个转变：

1）外燃向内燃的转变。上述三种煤氧枪均属外燃型式，煤粉与氧气在枪口外部混合时，需要一定的空间供煤粉的完全燃烧，但废钢熔化前期，在枪口前并不存在要求的燃烧空间，大大减弱了煤氧枪的应用效率。为创造这一空间，出现了高压内燃式煤氧枪结构，如图 8-46 所示。其特点是在原来的枪体前部加上一个预混燃烧段，煤粉和氧气在其中充分混合燃烧后再以高速喷出。在合适的设计参数下，可得到温度大于 2300℃，长度为 2.0 ~ 3.0m，速度接近声速的强劲火焰。由于点火、预混段冷却、枪体笨重等技术问题，故该型式还需进一步完善。

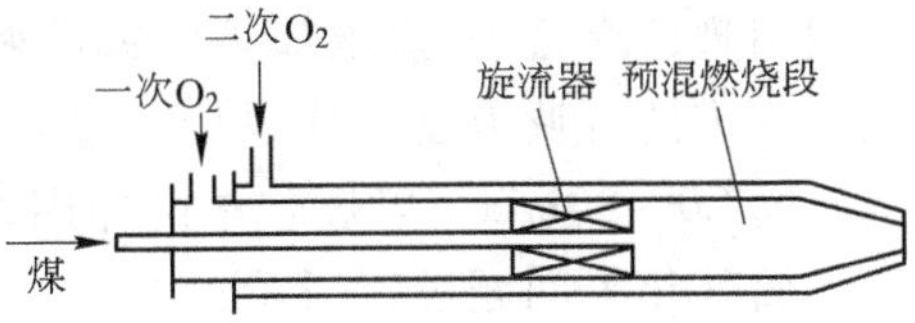

图 8-46 内燃式煤氧枪结构示意图

2）单一型向复合型的转变。现有的煤氧枪的功能均是单一的，只能进行煤氧燃烧，煤氧燃烧助熔和电弧炉操作中的吹氧工艺还是分开的。从技术上讲，二者可以合二为一，随着电弧炉原料中含碳量的增加（如 DRI 的采用）和泡沫渣工艺，吹氧操作的广泛采用，将煤氧燃烧喷吹和吹氧结合起来的必要性更加突出，因此，未来的煤氧枪应该是复合型结构。

8.2.3.2 煤氧枪的安装方式

煤氧枪的安装主要有三种方式（见图 8-47）：

（1）炉门安装方式。适用于小型电弧炉，可以使煤氧燃烧火焰达到炉内废钢熔化的各个冷区，有效地弥补电弧供热的不足。无需对炉体改动、流量控制装置简单、管路布置方便使该方式的投资最少。其最大的优点是能够根据炉料熔化的具体情况灵活调整喷吹的角度和枪体位置，保护其不被烧毁。缺点是需要专用的支撑装置，其安装往往与炉前操作平台发生冲突，因此必须有良好的协调设计。另外，有时还需要人力调节枪位，增加了现场操作人员的劳动强度。

（2）炉壁安装方式。在炉壁上合适的位置安装煤氧枪直接对准炉内两电极间的三个

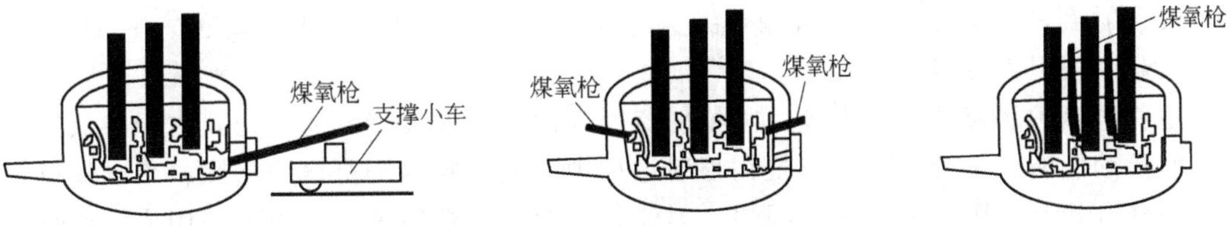

图 8-47 煤氧枪三种安装方式示意图

冷区加热废钢，可以实现废钢的同步熔化模式。其优点是支撑、调节装置可实现自动化，减轻了劳动强度，直接穿透冷区，且燃烧废气通过废钢后离开电弧炉，传热效率高，除尘效果好，噪声小。缺点是枪口的灌渣钢现象不能完全避免，喷吹的角度调节余地小。通过选定合适的安装高度和良好的煤氧枪调节装置，上述缺点是可以减少的。对大多数电弧炉（尤其是大型电弧炉）来讲，此安装方式最妥。

（3）炉顶安装方式。主要适用于由于设备干扰、场地狭窄等原因而不能安装炉壁煤氧枪的大中型电弧炉。由于枪口位置相对较高，即使使用大量泡沫渣冶炼，也能避免枪口的灌渣钢现象。缺点是热效率低，对电极氧化性消耗大，炉顶热负荷大。因为安装空间的原因。该方式不适合于小型电弧炉。安装方式依炉容量大小、炉子结构、除尘设备、炉料情况、资金投入等而定。

我国现已有近 10 家电弧炉炼钢厂采用了煤氧助熔技术，所采用的煤氧枪结构系自点火型和改进的可调节型，均采用炉壁安装方式，可实现降低电耗 70～100kW · h/t，缩短冶炼时间 20～30min，以煤代电的作用，减少成本 5 元/t。

下面就相关问题进行讨论：

（1）对钢水成分的影响。应用煤氧助熔技术后，喷吹煤粉的成分、进入电炉煤粉的行为和过剩氧气量等因素影响钢水成分。若煤粉直接进入熔池，对成分的最大影响是［C］、［S］的增加，但应用煤氧助熔时，煤粉先与氧气混合燃烧。$C + O_2 \rightarrow CO$、CO_2，$S + O_2 \rightarrow SO_2$，在合理的氧煤比和良好的燃烧条件下，煤粉是不能进入熔池的，因此不会导致钢水中［C］、［S］的增加；过剩氧气的存在，会增加炉内元素的氧化程度。但考虑煤氧喷吹效应，适当减少配碳量和吹氧量，是不会形成钢水成分的异常变化的。

（2）与泡沫渣工艺实施的关系。在电弧炉冶炼的适当阶段配合造泡沫渣工艺适当调整氧气和煤粉量，可以将煤氧喷吹与造泡沫渣结合起来。但泡沫渣的出现可能造成钢渣对煤氧枪的灌渣（尤其是炉壁安装方式），在实际操作中应予以注意。

（3）与废钢预热和二次燃烧的关系。炉内煤氧燃烧会增加炉气量和炉气温度，其中包含的物理热和化学热大大高于煤氧助熔引入前的水平，这就增加了采用废钢预热和二次燃烧技术的可能性。因此，煤氧喷吹、废钢预热和二次燃烧应该是配合使用的一个技术整体。

（4）环境保护。电弧炉冶炼产生的烟尘量和烟气成分严重影响环境。为加快熔化而进行的大流量吹氧使烟尘中含有大量的氧化铁。采用煤氧助熔后，减少了纯吹氧时间和吹氧量，其任务由煤氧喷吹取而代之，氧化铁减少，从这一角度讲，煤氧枪有利于除尘。至于烟气成分中的 CO 可以通过二次燃烧消除，SO_2则不可避免地会有所增加，这实际上是电厂排放 SO_2的转移，必须采取相应的措施。

8.3 聚合射流氧枪技术

聚合射流（Coherent Jet）氧枪是由美国普莱克斯公司开发的新型氧枪[25]，是 20 世纪钢铁工业一项引人瞩目的新技术。

随着电弧炉用氧技术的发展，喷枪射流速度由亚声速发展到超声速。由于主氧气流喷吹速度及动能高，传统超声速氧枪在喷射过程中不断卷吸周围空气而膨胀，难以保持较长距离的聚合状态，因此氧气流衰减快，射流长度短。聚合射流氧枪技术是用另一种介质来引导氧气。高温低密度的介质可很好地对主氧气流形成封套作用，使其很难卷吸周围空气，从而减缓氧气射流速度的衰减，使氧枪向熔池提供的超声速射流达到了高聚合度，聚合气流长度增加。在距喷嘴出口相同的距离上，聚合射流流股内的径向速度变化率比传统超声速射流大，即射流的聚合度大，其凝聚距离能达到1.2~2.1m。这种聚合射流氧枪技术在电弧炉炼钢过程中应用，取得了良好的效果[26]。

聚合射流能量集中，穿透能力极强。氧气可喷入到熔池更深的地方，延长了与钢液接触的时间，而且最终分散为气泡的流股还会增加与钢液接触的面积。因此，这项技术加强了熔池搅拌强度，促进了钢渣反应，有效地提高了氧气利用率，降低了冶炼成本。由于穿透能力增强，枪位可适当提高到炉壁上部，以延长喷枪的使用寿命。通过调整喷头的工艺参数来控制聚合射流核心区长度、射流扩散和衰减速度，可解决一系列氧枪和烧嘴的使用问题。

8.3.1 聚合射流氧枪的特点

聚合射流氧枪的原理是在拉瓦尔喷管的周围增加烧嘴，使拉瓦尔喷管氧气射流被高温低密度介质所包围，减缓氧气射流速度的衰减，在较长距离内保持氧气射流的初始直径和速度，能够向熔池提供较长距离的超声速聚合射流[27]。由图8-48中聚合射流与普通超声速射流对熔池作用的比较可见，普通超声速射流仅使钢液熔池表面形成凹坑，氧气流股不能有效地作用于熔池搅拌。而聚合射流在氧枪喷头与熔池间距离大于普通超声速射流喷头与熔池间距离的条件下，氧气流股能够射入熔池，形成较大的穿透深度，与底吹气体搅拌的效果相似，改善了对熔池的搅拌效果。同时射入熔池的流股最终分散为气泡，明显增加了氧气与熔池的接触面积，改善了炼钢化学反应的动力学条件，提高了氧气的利用率[28]。

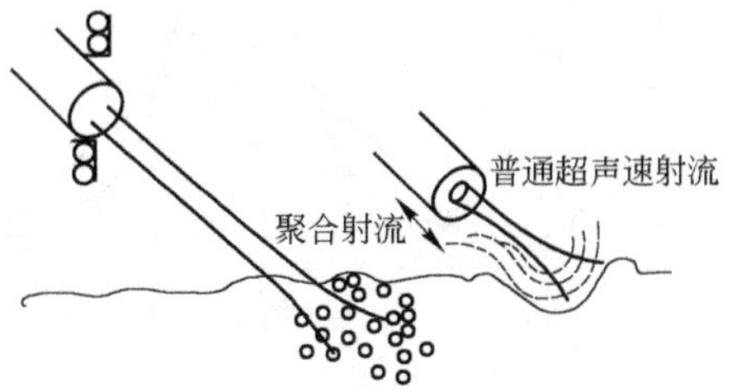

图8-48 聚合射流与普通超声速射流对熔池的作用

图8-49a为聚合射流与普通超声速射流沿喷头出口轴线距离流股速度变化的示意图。可见，聚合射流流股衰减明显低于普通的超声速射流，其核心区长度可超过喷头出口直径的70倍，射流的扩散速度也明显降低。同时可以通过调整氧枪喷头工艺参数控制聚合射

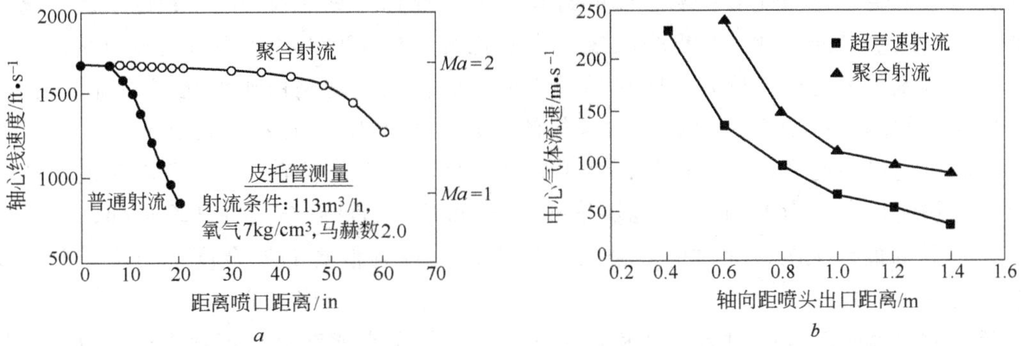

图8-49 聚合射流与普通超声速射流速度的变化趋势

（1ft=0.3048m，1in=25.4m）

流的核心区长度、射流的扩散和衰减速度[29]。

图 8-49*b* 所示为在射流轴向上传统超声速射流和聚合射流中心气体流速的变化情况。其测试条件为：中心射流空气压力为 0.7MPa；对于聚合射流试验，射流外有气体保护，保护气体的流量为 $80m^3/h$。可知，出口气体流速和压力相同条件下，在射流中心，聚合射流比同一点的传统超声速射流具有更高的气体流速，在距喷嘴出口 1.4m 处，聚合射流仍然保持着较高的气体流速。

图 8-50 示出在射流径向上的超声速射流和聚合射流气体流速分布情况。在距喷嘴出口相同的距离上，聚合射流流股内的速度变化率比传统超声速射流流股内的速度变化率大。这说明聚合射流具有较高的聚合度，而且这种较高的聚合度能够在较长的距离内一直保持。在距喷头端部 1.0m 和 1.2m 处聚合射流仍有特别高的聚合度，而传统超声速射流已比较发散。

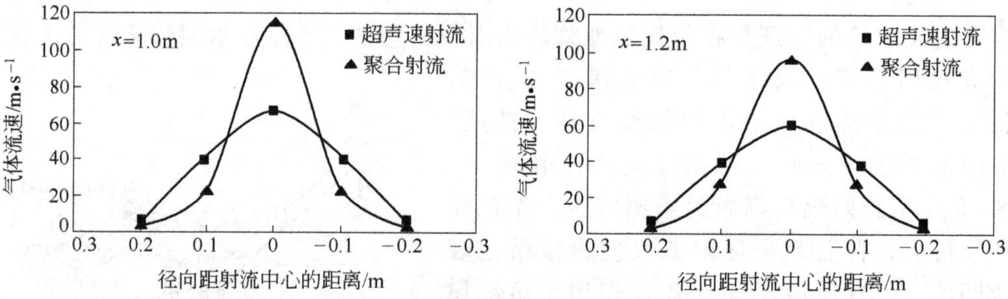

图 8-50　两种射流径向气体流速的分布

传统超声速射流氧枪试验的工况条件为：液化气流量 $120m^3/h$，主氧气流量 $550m^3/h$。从传统超声速射流氧枪（无二次氧气）火焰特征的数码相机照片看到，燃烧火焰较为发散，而且长度较短，约为 0.5m，其火焰温度约为 2200℃。由于在喷射过程中不断卷吸入周围空气而膨胀，并且动能下降，射流火焰就显得特别发散而且长度较短。

在使用聚合氧枪时，当液化气流量 $40m^3/h$，主氧气流量为 $300m^3/h$ 的工况下，由于引导介质气体，液化气与二次氧气燃烧而形成的封套作用，氧枪的射流长度得到增大（约 0.8m）和聚合度提高，火焰温度约为 2300℃。但由于液化气流量较小，在很短的距离内就完全燃烧了，因此对主氧气流的封套作用就较弱，使主氧气流在超过一定距离后仍然能够卷吸入空气而发散，长度也较短。当液化气流量 $120m^3/h$，主氧气流量为 $300m^3/h$ 时，聚合射流氧枪的射流聚合度明显得到了很大的提高，这是由于液化气的流量增大了，使引导介质气体流量增大，就能对主氧气流形成封套作用，主氧气流很难卷吸入周围空气，从而达到很高的聚合度。但是，由于主氧气流量较小，射流无法达到较长的距离，该工况下的射流长度约为 1.3m，火焰温度约为 2550℃。当液化气流量 $120m^3/h$，主氧气流量 $550m^3/h$ 的最佳工况，此时的聚合射流氧枪射流具有很高的聚合度，长度达到 2.0m，火焰温度约为 2600℃。

聚合射流氧枪较大的射流长度和较高的聚合度使得它能够比传统超声速射流氧枪具有更大的冲击强度，这样就能够增加射流对熔池的搅拌作用，提高钢液成分和温度的均匀性[30]。另外，由于氧气能够喷入到熔池更深的地方，增大了与熔池中钢液的接触时间，所以可以有效地提高氧气利用率和节能降耗。

8.3.2 聚合射流氧枪在电弧炉上的应用

当前，国外已有成熟的聚合射流氧枪技术，并有数十个电弧炉厂安装了聚合射流氧枪系统，而且使用效果良好（见表8-10）。国内的部分厂家也已经开始使用聚合射流氧枪喷头，但还需结合冶炼实践来加强此项技术的开发和研究。

表8-10 国外聚合射流氧枪使用情况

国 家	厂 名	使用情况	使用效果
意大利	LSP钢厂 Siderea厂	在76t电弧炉的侧壁安装了3个聚合射流氧枪喷头聚合射流氧枪系统	生产率提高12% 生产率提高20%
美 国	伯明翰钢铁公司 西雅图厂	125t电弧炉上安装了3个聚合射流氧枪喷头	吨钢电耗下降29kW·h，电极消耗量降低15%
德 国	BSW厂	在偏心炉底出钢口安装了聚合射流氧枪喷头，还在炉侧壁安装了聚合射流氧枪系统	生产率提高30%

电弧炉炼钢由于大多数采用单孔喷头氧枪供氧，与转炉相比，聚合射流氧枪喷头应用较容易，所以该技术在电炉炼钢厂首先获得成功应用。根据电弧炉冶炼要求，可沿炉壁四周安装多个聚合射流氧枪，代替传统的氧燃烧嘴。可设定不同的喷吹模式进行加热和熔化原料，分阶段的火焰模型使烧嘴产生不同的火焰形状。开始加热时，使用长火焰加热和熔化废钢，熔化后期使用穿透性火焰，废钢熔化完毕，自动转入喷吹脱碳模式。与传统喷头相比，聚合射流氧枪喷头是固定在炉壁上且可以自动控制，不需要传统喷枪那样移入移出炉门。由于喷头不是集中于渣门口区域，可以在炉内均匀地提供燃烧、喷吹和二次燃烧等化学能。可安置多个喷头，降低了单个喷头的供氧量，减轻了喷溅，提高了炉衬寿命，耐火材料消耗低。整个冶炼过程可保持炉门关闭，减少了空气的入炉量。能够大幅度提高供氧强度。目前在世界范围内，已在40余个电炉钢厂安装使用聚合射流氧枪系统，取得了良好的效果[31]。

意大利LSP钢厂在76t电弧炉侧壁安装3个聚合射流氧枪喷头代替原有的侧壁燃烧器和单管氧枪，单支聚合射流氧枪喷头的供氧量（标态）为1200m^3/h，燃烧能力为3MW，二次燃烧用的流量（标态）为500m^3/h，使电弧炉生产率提高了12%，热耗降低到300kW·h/t。Siderea厂在原料使用海绵铁的电弧炉应用聚合射流氧枪系统，吨钢用氧量（标态）提高到39m^3，提高电弧炉生产率20%，节能达到11%。

美国伯明翰钢铁公司西雅图厂在125t电弧炉上安装了3个聚合射流氧枪，代替原来的氧燃烧器和水冷炉门氧枪，使每吨钢电耗下降了29kW·h，电极消耗降低15%，显著降低耐火材料消耗，产钢量提高11.4%，脱碳曲线重复性好，提高了氧枪喷嘴寿命，减少了炉体维修时间，渣泡沫化程度好[32]。

德国BSW厂首先在偏心炉底出钢口区安装了聚合射流氧枪喷头，解决了因偏心炉底出钢口吹氧清理和出钢时碳过高等延长冶炼时间的问题。而后又沿炉侧壁安装了聚合射流氧枪系统提高电弧炉生产率，创造了日产50炉钢的世界记录[33]。

8.3.3　聚合射流氧枪技术在国内的应用前景

国内电弧炉用氧以炉门插入铁管吹氧为主，供氧强度低，工人劳动强度大。氧枪烧嘴虽然可安装在炉壁上，但由于烧嘴火焰短，安装的位置低，吹炼时金属和炉渣会溅到烧嘴上。在造泡沫渣的过程中，炉渣也可上升到足以灌入烧嘴的高度。熔化时必须在烧嘴前的废钢中快速切开一条通道，否则烧嘴会有逆燃的危险，同时在烧嘴的喷头上还会出现反复打弧现象。装料时的废钢塌落、火焰侵袭、金属与废钢喷溅，摇炉出钢时钢水可能灌入烧嘴等，都会影响烧嘴的寿命。如果采用聚合射流氧枪喷头，产生的氧气流股和火焰可保持较长的距离，可将喷头安装在炉壁上部，则能够解决上述问题。国外已有成熟的经验，国内氧枪厂家已经初步具备了生产电弧炉用聚合射流氧枪喷头的能力。应加强国内聚合射流氧枪系统的开发研究，尽快在电弧炉上试验应用，以期达到提高电弧炉氧气利用率、脱碳速度和生产率，减少喷溅，延长氧枪烧嘴和炉衬寿命，降低氧耗、电耗和耐火材料消耗的效果。

国内转炉供氧系统总体水平与先进国家之间存在着一定的差距，部分钢厂供氧指标落后，特别是国内转炉普遍采用溅渣护炉技术，使转炉炉龄大幅度提高，而转炉炉底的底枪寿命与转炉炉龄长寿不相适应。虽然武钢、宝钢等钢厂已经解决了溅渣后底部供气问题，但仍然还有许多钢厂从提高炉龄角度出发，放弃了转炉底吹；或从底吹效果出发，放弃溅渣护炉提高炉龄寿命[34]。如果能够在转炉上应用聚合射流氧枪，则可在不采用底吹而采用溅渣护炉保持炉龄长寿的条件下，取得顶底复吹的搅拌好、铁损少、喷溅少、深脱碳等效果。与顶底复吹供气系统相比，聚合射流氧枪系统具有设备简单、操作方便、控制程度高、寿命长等特点。因此，应当开展聚合射流氧枪在转炉上的开发应用工作。

8.3.4　聚合射流氧枪技术在电弧炉中的应用效果

在电弧炉中应用 Cojet 技术是通过改善电弧炉中化学能的供给效率、提高电弧炉生产率并降低生产成本。Cojet 喷枪安装于电弧炉炉壁，易于自动控制，它可以同时起到烧嘴、二次燃烧氧喷嘴以及碳—氧枪的作用。自 1996 年 9 月至今，世界上已有 40 个电弧炉注册使用 Cojet 技术。

Cojet 技术的要点是保持氧气射流聚合，即在很长的距离内保持射流的直径与气流速度。与传统超声速喷头相比，对熔池钢水的冲击凹坑较浅，但冲击深度大。其优点是：在超过 60 倍喷孔直径的距离内（1 ~2m）保持射流的初始速度、直径、气体浓度与冲击力；对熔池的穿透深度比常规射流大出约 80%；可以达到与底吹惰性气体搅拌同样的熔池混匀时间；大大减少冶炼过程中的喷溅现象。

通常电弧炉可在侧墙上安装 1 ~4 支 Cojet 喷枪以取代原有的氧燃烧嘴，但可以保留其氧气与天然气（或油）的管路与阀门系统。每支 Cojet 喷枪可以通过 PLC 在操作室内单独控制。Cojet 喷枪装在 EBT（偏心底出钢）电弧炉的偏心区域可有利于消除炉内冷区，同时也有利于在熔池后部造泡沫渣，起到炉门碳氧枪的作用。除此之外，Cojet 喷枪还可以用于炉内废气的二次燃烧，既提高电弧炉生产率，又可降低电耗。总之，聚合射流技术可以高效地向电弧炉提供各种形式的化学能。

根据需要，Cojet 可有三种不同的操作模式：

（1）烧嘴模式：目的是快速加热与熔化废钢。熔化初期采用宽火焰方式全面预热废钢；熔化末期采用穿透式火焰加速废钢熔化；

（2）碳氧枪模式：熔清之后，Cojet 喷嘴可自动转换成氧枪脱碳方式；

（3）二次燃烧模式：每个喷嘴可以独立地向熔池上方喷吹二次燃烧氧，既可以在废钢熔化期，也可以在氧化期带有泡沫渣的熔池上方喷吹。二次燃烧的节电效果为 3.0 ~ 4.5kW · h/m^3（O_2，标态）。

8.3.5　Cojet 技术的优越性及推广应用

电弧炉炉壁安装带 Cojet 喷嘴的喷枪，在冶炼过程中无需伸入或抽出电弧炉，也无需操作工人管理，可完全自动控制；可以沿电弧炉周边均匀地向炉内供应化学能，不像原来那样主要集中于渣门附近；Cojet 喷嘴喷出的氧气其流量低于传统碳氧枪，因此炉内喷溅明显减少，炉衬侵蚀也随之降低；能以较低的供氧量得到更高的脱碳速率，氧气利用率高；能以更低的喷碳量获得良好、持续的泡沫渣；电弧炉在操作过程中可关闭渣门，减少空气渗入；不同炉次的操作结果更趋稳定，重现性好。

目前世界上使用 Cojet 技术的电弧炉现已达到 40 座，电弧炉吨位从 45t 至 125t，年产量从 12 万 t 到 100 万 t 不等，炉料结构可从 100% 废钢到 100% DRI。典型实例如表 8-11 所示。

表 8-11　使用 Cojet 技术的典型实例

国　家	厂　名	炉子容量/t	炉座数	年产量/万 t
美国（西雅图）	伯明翰钢厂	125	1	75.5
美国纽柯公司	克劳福兹维尔厂	125	2	160
德国	巴登钢厂	80	2	152
西班牙	恩可瓦斯罗厂	120	1	90
西班牙	鲁布斯日库尼多斯厂	100	1	60
西班牙	斯勒萨厂	120	1	100
意大利	鲁奇尼厂	76	15	2.5

以美国伯明翰钢厂 125t AC 电弧炉为例，自 1999 年 2 月引入 Cojet 技术以后，与以往传统工艺对比在技术经济指标方面取得了明显的进步：电耗节省 29kW · h/t；电极消耗下降 15%，即节省 0.3kg/t；炉盖寿命平均提高 150 次；钢产量从 105t/h 提高到 117t/h。

使用 Cojet 技术以后，强化了熔池搅拌，渣中 FeO 含量降低，金属收得率可以提高 0.5%，值得一提的是钢中氮含量可以下降 0.0010% ~0.0015%。

为了进一步研究集束射流氧枪在工业上的使用效果，在山东莱钢特钢厂 50t 超高功率电弧炉上进行集束射流氧枪的工业试验。

该集束射流氧枪的设计参数为：氧气流量 788m^3/h，压力 0.7 ~0.9MPa，冷却水流量 10。外层钢管的尺寸为 ϕ102mm ×4mm，枪体长度为 1m，材质为热轧无缝钢管。氧气通过输氧管进入集束射流氧枪后，自动分流为主氧气流和二次氧气流，分流比根据具体情况可以调节。引导介质气体为焦炉煤气。

通过对 50 炉次的生产数据进行统计分析，使用集束射流氧枪后，电弧炉冶炼电耗降低 20kW · h/t，氧气消耗降低 15%，生产作业率提高 5%，吨钢成本降低 10 元左右。目前该氧枪使用情况良好，但试验中发现有些参数设计得还不尽合理，有待在今后的氧枪设计中加以改进。

8.4　电弧炉用二次燃烧技术[35~40]

在典型的电弧炉炼钢中，炉气中的 CO 约为 15 ~ 20m^3/t，炉气分析表明，CO 总量的 60% ~70% 未经炉内燃烧而直接进入除尘系统，并在除尘系统的水冷套管处同野风混合而燃烧，不但浪费能源，而且给沉降室的使用维护和除尘装置的温度控制带来一系列的难度。二次燃烧技术就是通过采用向炉内一定区域吹入额外量的氧气，使炉内的 CO 进一步同氧气反应生成 CO_2，由此反应生成的热量被传至炉料或熔池，来加快废钢的熔化速度或加热钢液，以充分地利用这部分能源的一项技术。

8.4.1　二次燃烧的基本原理

钢液中的碳元素产生能量时分两步进行：第一步，$C + 1/2O_2 \rightarrow CO$ 反应几乎完全在熔池内进行，每 1kg 碳可产生热量 5.04×10^6J；第二步，$CO + 1/2O_2 \rightarrow CO_2$ 反应一般在炉内上部空间及废气管道中进行，每 1kg 碳可产生热量 20.88×10^6J。可见，第二步放出的热量是第一步的 4 倍。由于熔池上方氧气不足，导致废气温度提高。这不但损失了预热废钢所需的可用化学能，还增加了废气管道的热负荷。

废气能量损失可以分为两种：高温废气带走的显热和炉气可燃成分带走的化学能。另外，氧碳喷吹被越来越多地采用，以通过泡沫渣操作手段提高电弧炉生产率。然而，相当大一部分废气的燃烧是不完全的，产生 H_2 和 CO（碳氢化合物分解）。根据电弧炉的密闭度，空气可以进入炉内，部分或完全燃烧掉这些气体。二次燃烧发生在电弧炉内部或电弧炉管道系统，或者最坏的情形是发生在布袋收尘室。所有这几种情况都是比较难控制的。

图 8-51 为 *PC* 值与产生热量的关系。*PC* 值为 0% 相当于碳燃烧成 CO，*PC* 值为 100% 相当于碳完全燃烧成 CO_2。可见，分别设定入口温度和出口温度为 25℃ 和 1500℃，根据实际值不同，1kg 碳与纯氧燃烧反应可产生 1.43kW · h（$PC = 0\%$）和 7.49kW · h（$PC = 100\%$）的能量。比较起来，同空气的燃烧反应当 *PC* 值为 0% 时为吸热反应，而当 *PC* 值为 100% 时仅产生 3.16kW · h/kg 碳能量。

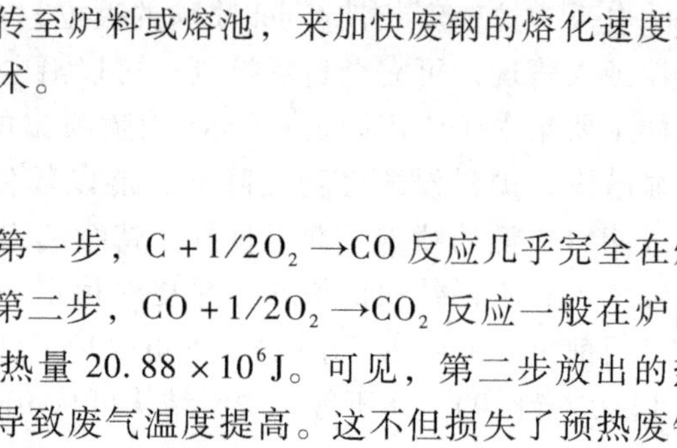

图 8-51　碳与纯氧及空气燃烧产生的热量
（设定入口温度为 25℃，出口温度为 1500℃）

若考虑到 H_2 的燃烧，二次燃烧率 *PCR* 定义为：

$$PCR = \frac{CO_2 + H_2O}{CO + CO_2 + H_2O} \times 100\% \qquad (8\text{-}12)$$

二次燃烧产生热量后，如何传递给熔池吸收是很关键的问题，因此，二次燃烧热效率定义为：

$$\mu_{PC} = \left(1 - \frac{\text{废气过热}}{\text{二次燃烧生成热}}\right) \times 100\% \qquad (8\text{-}13)$$

PC 值越高，炉气带走的热损失增加，传热效率下降。

经过上述分析，可以得出：(1) 含碳化合物的燃烧值决定热损失；(2) 在炉内使用纯氧进行二次燃烧具有潜在的优点。

电弧炉二次燃烧技术是通过炉内 CO 和 H_2 的再燃烧，可使废气中的潜在化学能有效回收利用；同时，生成 CO_2 和 H_2O 的热辐射传递大于前者，可大幅度提高炉内传热效率，收到节能降耗和提高生产率的效果。

8.4.2 二次燃烧的系统组成及技术特点

二次燃烧系统主要由二次燃烧 PC 枪、氧气流量控制系统、炉气分析仪三个部分组成：

(1) 二次燃烧 PC 枪。在原有的超声速氧枪并不改变其现有功能的基础上，在主氧枪上复合 PC 枪的功能，即在主枪体内再套入一根管道，用于 PC 枪吹氧，好处是炉门结构和部分外部尺寸几乎不作改变，唯一的变化是主枪的内部结构和部分尺寸通过实施的方案把主氧枪和二次燃烧枪结合在一起。

(2) 氧气流量控制。用氧气流量控制阀组和 NC 调节器对 PC 枪氧气流量进行控制，并且两个分属不同系统的二次燃烧枪和原 MORE 氧枪的控制系统的两支枪，通过 PIC 调节器纳入了一个协调的操作系统之中。

(3) 炉气分析仪。由一个探头、一条送样线和一个气样处理分析柜组成，该分析仪能够做快速分析，并自动冲洗探头和送样线。通过从炉气中取气样并连续分析炉气中 CO、CO_2、O_2 含量，能够显示炉内的二次燃烧程度。一般用于在调试时测定 CO 生成模型，以便建立 PC 枪的用氧曲线。

8.4.3 二次燃烧用氧技术要点

二次燃烧技术不是简单地向炉内吹入更多的氧气，一系列控制电弧炉能量参数的技术诀窍，必须配备连续废气分析系统和测温体系，关键技术则是吹氧枪的设计研制以及安装位置，技术措施采用以流体力学和燃烧传热模型计算研究为基础，结合钢厂电弧炉生产的实测，从而选择吹氧条件和流量，确定喷嘴的数量、分布、位置和角度。

为取得最佳用氧效果，并最有效地提高生产效率，应注意以下几点：

(1) 通常采用装在炉膛部位的亚声速氧枪。低速逆流供氧可使炉内气流呈漩涡状，促使氧气与 CO 充分混合，并使产物滞留时间延长。

(2) 二次燃烧用氧量是有限度的。吹氧量过大会导致熔池增氧和电极氧化。因此，应根据电弧炉的冶炼特点，分析炉气成分，在线控制用于熔池反应和二次燃烧的氧量，达到理想的二次燃烧比和热效率。

(3) 炉气中 CO 含量控制在 10% 最合适。如果废气中 CO 含量小于 5%，在废气系统中加入稀释空气使其完全燃烧很困难。从环境保护角度考虑，电弧炉排出 CO 的经济下限为 5% ~10%。

(4) 尽可能正压操作，否则渗入的空气与炉气发生反应，氮气会带走大量的热。

(5) 二次燃烧产生的附加能量使炉气温度升高，增加了水冷炉壁和炉顶的负担，应适当提高水冷强度。

8.4.4 二次燃烧技术进展

从1991年法国瓦炉雷克·圣索沃厂使用二次燃烧技术到现在，该技术已广泛应用于各个国家，如法国空气液化公司为BSW公司电弧炉装配的二次燃烧装置、德国巴蒂斯赫钢厂与德国Air Liquide公司合作开发的ALARC-PC技术。表8-12为部分国外厂家使用二次燃烧技术后电耗降低的情况。国内二次燃烧技术也在迅速发展。如江苏淮钢有限公司与美国Praxair公司合作，引进电弧炉二次燃烧技术。该技术的特点是：二次燃烧枪复合在原电弧炉主氧枪内（MORE型）与主氧枪同步进出，枪头区域的高浓度CO能及时、有效地与二次燃烧枪喷吹的氧气反应。同时，热量被废钢或熔池吸收，提高了生产率。

当前，二次燃烧技术的发展趋势是在不同时间控制空气和氧气的喷吹。首先尽可能喷射空气，然后仅在大量产生CO时喷入纯氧。应用结果表明：该技术的燃烧效率很高，熔化过程更加安全、稳定。

目前，采用该技术的第一套设备已在卢森堡Profi larbed公司的迪弗丹日厂投入使用。

表8-12 国外二次燃烧技术的应用效果

国 家	钢 厂	电弧炉吨位/t	电耗降低量 /kW·h·t^{-1}
美 国	Nucor	60	40
法 国	Vallourec Aint-Saulve	96	43
日 本	Tao Steel-鹿岛制造所	150（直流）	100

8.5 Conarc炼钢法与Danarc技术

8.5.1 交替使用氧枪和电极的Conarc炼钢法

Conarc全能炼钢法是一种可以交替使用氧枪及电极的双炉体炼钢炉，可保证铁水与固体炉料配用比率的极大灵活性。用这种炼钢炉可生产品种繁多的碳钢及不锈钢。

Conarc炼钢法一方面可根据最终钢产品的要求来选择原料，另一方面又可按可用原料及能源的经济性来确定原材料。它提供了一个具有高度灵活性的解决方案。当产品要求用80%或更高比例的铁水作为原料时，采用顶吹氧气转炉工艺经济效果最好。而对于入炉原料中铁水比例在30%以下的情况，则应选用电炉工艺。

8.5.1.1 生产碳钢用的Conarc-CS炼钢法[41]

Conarc-CS法（图8-52）能用铁水、废钢、生铁及DRI等各种原料进行碳钢冶炼。这种双炉体炼钢炉冶炼工艺采取顶吹氧枪与电极联合作业方式，可在两个相同炉体中交替使用氧枪及电极。Conarc-CS法具有以下特点：（1）原料方面的极大灵活性；（2）能源（电力、煤、燃气）方面的极大灵活性；（3）产能可达180万t/a。根据最终产品的要求，在此双炉体炼钢炉后面分别设有双钢包炉及真空脱气装置。

目前有两家炼钢厂已投产的Conarc-CS法，分别是南非的萨尔丹赫（Saldanha）钢厂和印度的伊斯帕特工业公司。萨尔丹赫钢厂建有两个170t炉体于1998年投产，钢产量约为135t/a，在原料灵活性方面呈现优势。伊斯帕特工业公司设有两个180t炉体，最高年产量为300t/a，共有两套Conarc-CS炼钢设备。

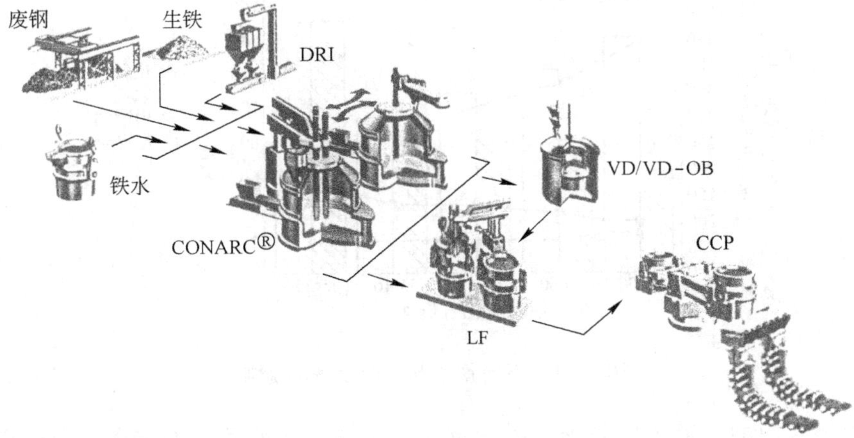

图 8-52 Conarc-CS 法双炉体全能炼钢工艺

图 8-53 所示为 Conarc-CS 法双炉体炼钢炉操作原理图。冶炼工艺是从吹氧阶段开始，此后是电弧冶炼阶段。整个冶炼过程可以在两个炉体中交替地进行冶炼操作，但每个炉体都是先装入铁水，然后使用氧枪就位开始吹炼。吹炼阶段一结束则往炉里装入固体原料、废钢及 DRI，然后将电极旋转到操作位置，开始用电极冶炼。在电极拉弧结束时进行出渣，最后出钢。其特点为：（1）各操作步骤在转炉 1 及电弧炉 2 中交替进行；（2）每个生产周期出钢两次。

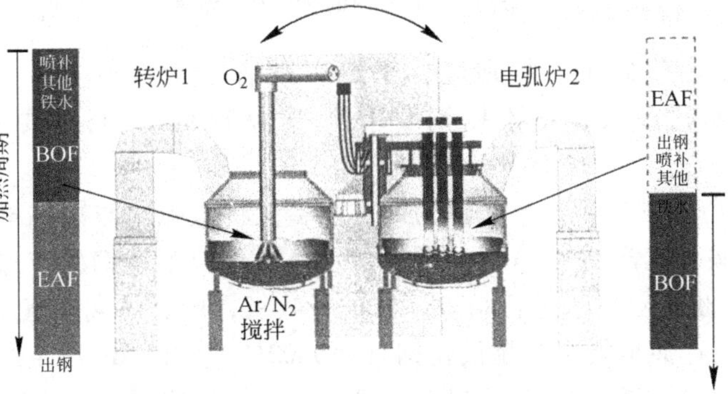

图 8-53 Conarc-CS 法双炉体炼钢炉的示意图

萨尔丹赫钢厂铁水与 DRI 的入炉比例可从 30：70 到 75：25 的范围进行调整。从图 8-54可知：（1）可使电耗低于 200kW · h/t；（2）可根据铁水量来调高氧气用量；（3）当铁水与 DRI 的比例为 40：60 及更高时，可保持冶炼时间固定不变。因此，这种生产优质碳钢的新工艺现已进入市场，并为扩大使用范围开辟出新的途径。

8.5.1.2 冶炼不锈钢的 Conarc 炼钢法

Conarc 炼钢法生产优质碳钢的成功业绩使这一新思路，还被用到不锈钢的生产上。

传统的不锈钢生产流程所用原料可以是废钢或高炉铁水，外加铁合金。用高炉铁水

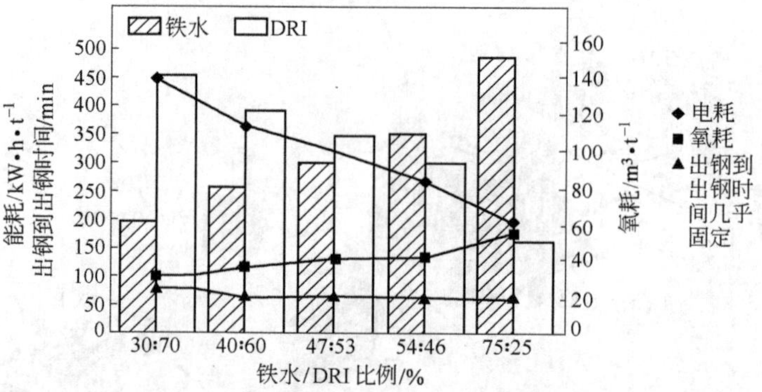

图 8-54　不同铁水与 DRI 比率的影响

时，铁水需经专门的一道工序脱碳、脱硅及脱硫装置，才能满足不锈钢生产要求。然后根据最终产品种类及产品平均含碳量需要选用双联或三联流程（图 8-55）。

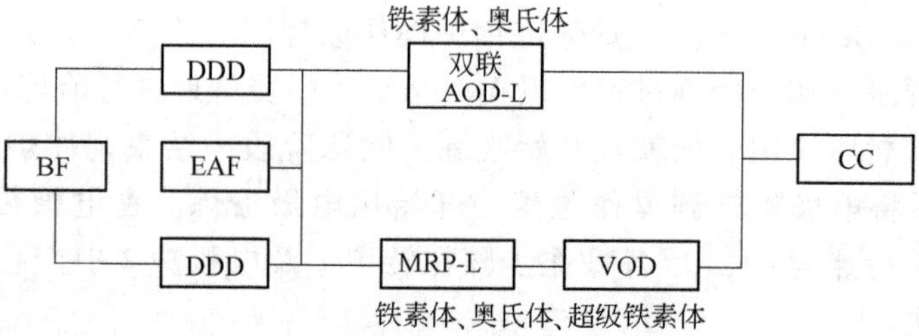

图 8-55　不锈钢的传统生产流程

双联流程采用一步脱碳，特别适合于钢中碳含量大于 0.04% 的场合。当要求是超低碳含量（例如超级铁素体不锈钢要求小于 0.02%），则需要采取两步脱碳的三联流程。

图 8-56 示出 Conarc 法生产不锈钢的新工艺，是将电弧炉与冶炼不锈钢的转炉合为一体。与图 8-52 的碳钢生产流程 Conarc 不同，它是像传统不锈钢生产那样，从熔炼废钢与铁合金开始，第二步是对钢水进行精炼，即进行吹氧，同时炉底吹氩或氮进行搅拌，利用 VOD 真空罐脱气装置甚至能生产超低碳钢（<0.02%）。Conarc 法生产不锈钢的流程具有以下特点：(1) 原料方面有很大灵活性（废钢/铁合金/铁水）；(2) 各种不锈钢产品、特别是 ELC<0.02% 的生产极为经济。

Conarc 法生产不锈钢的工艺特点如下：(1) 电弧炉 1 及 MRP-L 炉 2 这两个炉体的操

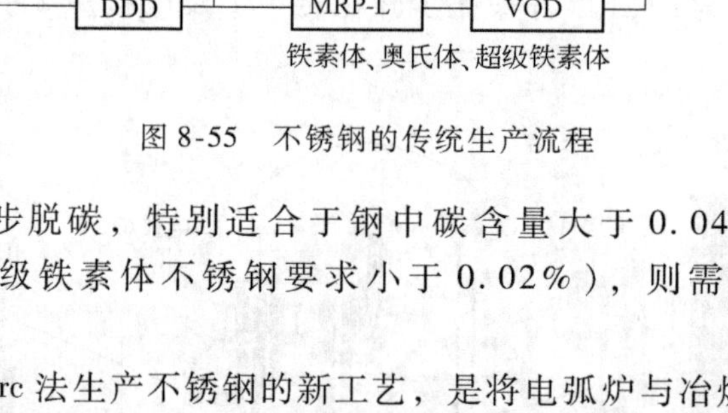

图 8-56　Conarc 法生产不锈钢的流程

作步骤可相互交换；（2）每一个生产周期出钢两次；（3）采用 VOD 操作步骤。如图 8-57 所示，与传统的双联或三联不锈钢冶炼流程相比，Conarc 法的整个冶炼过程较短，因而可达到较高的生产率，最高可超过 30%，以 150t 设备产能计算，产量可达 120t/a；可节约生产成本 50 美元/t，同时可降低单位设备投资约 20%。

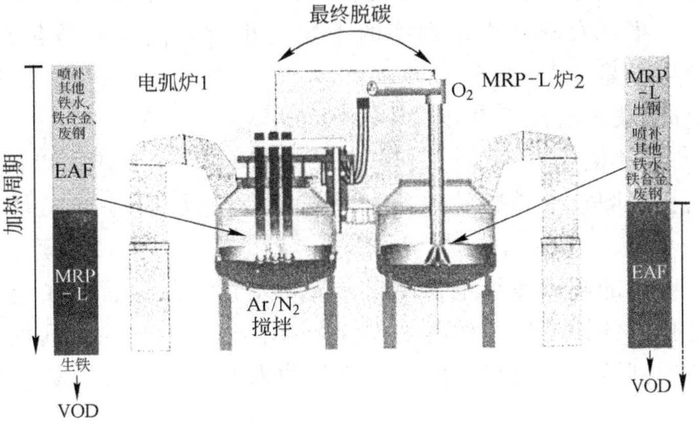

图 8-57　Conarc 法生产不锈钢的示意图

8.5.1.3　洁净钢的生产技术

Conarc 双炉体全能炼钢法的第三个技术亮点是可以进行洁净钢的生产，如汽车车身外露部件及海洋平台用钢。前者要求有优良表面质量，后者要求高物理性能。这些洁净钢产品对整个生产过程都有特殊要求。对钢水的要求是：保证极高的洁净度；精确控制连铸结晶器内钢水温度及化学成分均匀性。

洁净钢生产工艺由各种各样技术手段组成，以满足炼钢设备上述各种苛刻的要求：（1）炼钢车间（包括连铸机）洁净钢冶炼自动化软件包；（2）用 EBT 挡渣系统及惰性气体氛围满足电弧炉无渣出钢及保护浇注要求；（3）钢包炉装设于惰性气体炉顶（SMS-Demag 专利），保证整个处理过程在惰性气氛中完成，避免有 O_2 及 N_2 吸入；（4）在炉外精炼方面，VD/VOD 真空罐脱气装置及 RH 循环脱气装置配有超低碳钢生产工艺及自动化软件包；（5）全炼钢过程钢水温度跟踪系统是洁净钢生产的另一重要工艺手段。

从电弧炉和顶吹氧气转炉着手，对后面的钢包炉、真空处理及连铸，甚至钢包预炼站都精确计算其整定值并实施监控。整个炼钢车间是用工艺过程计算系统及钢包跟踪系统（含红外线钢包识别及定位子系统）来实施控制。邯钢用这些成套辅助装备进行调试，结果创造出世界钢厂投产的新记录。

Conarc 法无论对碳钢，还是对不锈钢生产都能做出降低成本的贡献，并可极大地扩展炼钢的灵活性，使钢厂能按照市场需求进行调整，而不必再花巨大的精力及巨额投资。

8.5.2　Danarc 电弧炉技术

Danarc 达涅利电弧炉技术是带有喷吹氧和碳用的炉底风口的高阻抗技术，同时配有氧枪，以及供传统操作和二次燃烧用的侧壁烧嘴。Danarc 概念在能源的选择上提供了充分的灵活性，具有高效的电能和可选能量的供给系统。从 Danarc 电弧炉在意大利的 Ferriere Nord 公司操作结果表明，作为电能的替代，喷入非常大量的氧和碳是可能的，由于渣中的铁氧化物含量是受喷入的碳在渣中的平衡值控制的，原料中金属回收率不受吹氧量的影响。甚至在高电压、低电流状况下操作也能得到稳定的电弧，所以高阻抗操作会带来低的电极消耗、减少电损耗及降低供电网络的干扰（也就是闪烁）等优点，通过一个固定的或饱和的电抗器供电是有益的。

8.5.2.1 Danarc 技术特点[42,43]

迄今，冶金工作者提出并研究了不同办法以优化冶炼工艺，以降低生产成本，提高生产率和效益。其共同特点是：主要能源输入为电能、可选能量由氧枪和氧燃喷嘴提供。

吹氧：通过炉壁侧的超声速氧枪，使喷入氧量增加，从而提高了能量效率和脱碳率，也提供了除透气砖提供的搅拌以外的附加搅拌效果，尽管氧气在炉内的分布是不均匀的，这种不均匀包括喷射到的区域是局部的，并产生炉内温度不平衡，增强了冷点和热点的负面影响。

烧嘴：氧燃烧嘴技术提供的能量是有上限的，原因是烧嘴的使用仅限于加料后的熔化期。

废钢预热：对降低电耗、提高生产率有显著的作用。如果在炉外进行预热，高的二噁英在废气中的含量需要很大的烟气处理投资。此外，反应在炉内进行没有开发利用，预热反应没有回收利用。在任何情况下，附加的烧嘴必须与烟气处理同时工作，炉外预热最大的能量利用率不高于 45 ~ 50kW · h/t。

废钢连续加料：处理好的废钢连续加入是目前在利用的另一个办法。但是，必须解决在通电期间，熔池中长期加料的危险性，它使炉壁和废气的热损失增加，另外连续加料使熔池冷却，不利于泡沫渣生成。

DRI 的使用：DRI 替代废钢，在电炉配料时占 10%。连续加料在渣中熔化，减少冶炼时间的限制条件是加料速度，相反，它与能量供应和 DRI 的脱碳率有关，受到它本身的局限。必须提到的是熔炼 DRI 需要更多的能量，这是因为铁氧化物及脉石的存在，仍需进一步还原。

双炉壳概念：提供双炉壳和一个电力部分（一个变压器），其主要优点是使降低断电时间成为可能，其结果可以提高电弧炉炼钢的生产率。

以上冶炼工艺改进的共同点是在脱碳过程中产生的 CO，在炉内燃烧放出的能量没有被开发利用，导致生产能量的浪费，并增加了烟气处理负荷。

8.5.2.2 替代能量的供给

Danarc 技术利用炉底风口喷入氧碳，进行二次燃烧产生的附加能量。在传统的电弧炉中，碳产生的大部分化学潜能被废气带走损失，CO 在炉内中进行二次燃烧是利用此能量进行熔炼的强有力途径。风口的应用有利于熔池搅拌，有利于能量向废钢的传递。风口允许吹氧早启动，与氧枪相比，增大了反应面积。

在 Danarc 电弧炉概念中，能量供应是指带有饱和或固定电抗器的电弧炉。人们普遍认为附加电抗器的效果是，饱和电抗器可以随着电弧条件不断变化，控制系统电抗。整流器系统、炉底电极系统以及外部电流导电系统使控制电弧在任何方向上随时间的偏移成为可能。带有有载抽头切换开关装置的电弧炉变压器可使电弧炉减少谐波的产生，又免除了调谐过滤器尺寸过大的问题。

如图 8-58 所示，在炉底安装吹氧口的作用是使炉内的氧均匀分布，不仅用氧枪吹氧，而且通过炉底氧口和二次燃烧器吹入，其目的是最大限度地增加脱碳率。产生的 CO 离开熔池时，在炉内 CO 二次燃烧。炉底吹氧口在炉内冷点区的位置非常重要，它与烧嘴和二次燃烧器的位置有关。二次燃烧嘴的喷射通常呈切线方向，必须达到 CO 存在区域，在最接近熔池的位置进行二次燃烧，部分在埋弧渣中进行。

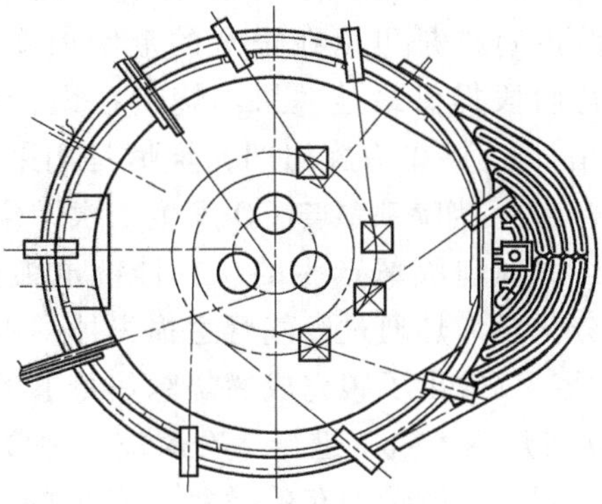

图 8-58　Danarc 电弧炉中烧嘴、吹氧口及碳氧喷枪的布置

安装炉底吹氧口的优点如下：（1）增加了脱碳能力；（2）有效地搅拌熔池，把热量传递给尚待熔化的废钢；（3）适合渣泡沫化；（4）CO 二次燃烧提供热量；（5）增大接触面积，有利于氧与钢液之间的反应。

炉底喷氧和天然气是由两层同心管组成，如图 8-59 所示。氧气由内管吹入，天然气与 CO_2 或氮气由两层同心管的间隙里吹入，天然气和氧气的比例，随着不同工艺阶段可以精确控制在 0.1～0.3 之间变化。喷入的天然气用于冷却风口端部，其裂解吸热导致风口上部冷凝，因而降低了耐火材料的磨损，整个炉底的磨损大约为每炉 0.5mm。如图 8-60所示，在风口出口周围产生的“蘑菇状”多孔结瘤，可以避免底吹风口及耐火材料的磨损。

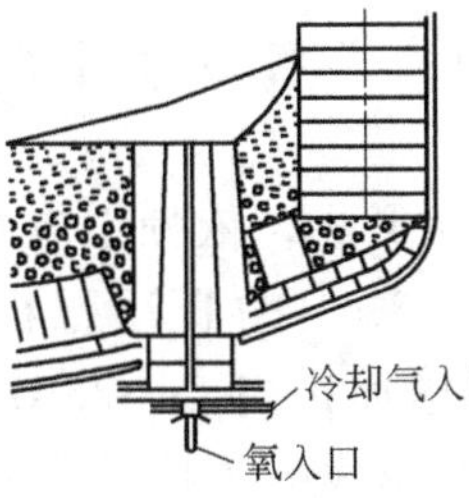

图 8-59　底吹氧口示意图

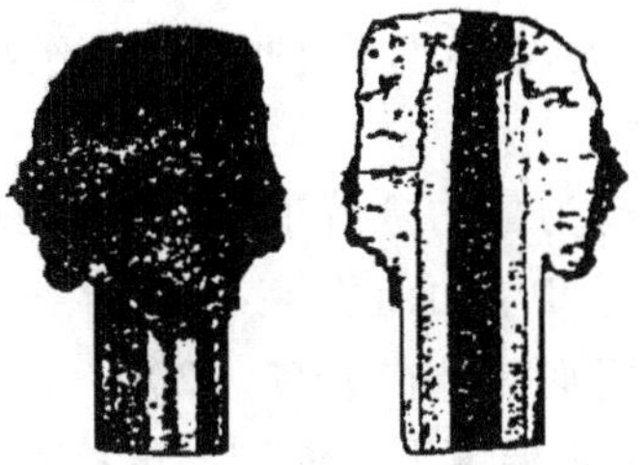

图 8-60　在底吹出口形成的多孔结瘤

侧吹喷炭系统通过一个安装在耐火材料制成的块体上的陶瓷管，以压缩空气为载体，从炉子侧炉衬直接向熔体吹入炭粉，如图 8-61 所示。碳加入可以降低铁氧化物在渣及金属熔池中的含量，碳和氧在钢水中直接反应，增加 CO 并释放热量。特别是在精炼阶段，控制渣的氧化，泡沫渣的形成允许以长弧操作，降低了对炉壁耐火材料的侵蚀。

氧枪为脱碳及废钢中元素的氧化提供主要的氧气来源及能量，氧枪和炉底吹氧的同时使用是非常重要，它提高了脱碳率，并且为 CO 充分的二次燃烧提供了可能性。吹氧伴随喷炭枪，同时有侧吹炭风口，保证了泡沫渣的厚度足以埋弧操作以及熔清后向电弧炉输入最大的电功率。

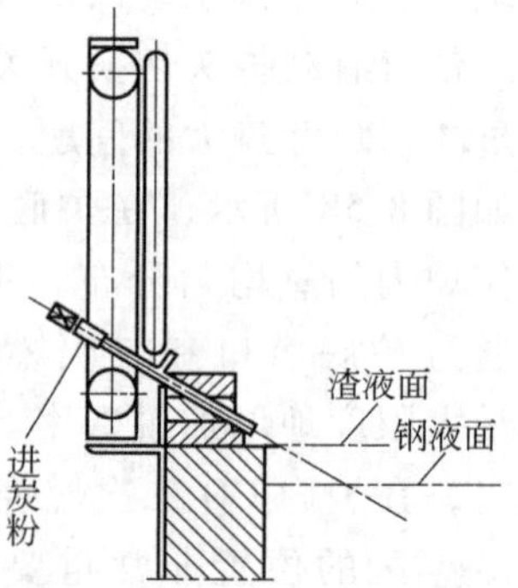

图 8-61　侧吹喷炭示意图

烧嘴的作用是为冶炼和废钢的熔化提供辅助能量。其燃烧的特点是可以在很宽的范围内变化，因而在不同的熔炼阶段提供最佳效果。烧嘴在设计时要完成两种不同作用：（1）在冶炼初期，烧嘴是用来预热和部分熔化废钢；（2）烧嘴喷氧与 CO 发生二次燃烧，而 CO 是由氧枪和炉底风口喷氧产生的。在传统电弧炉中由碳产生的大部分化学潜热通过废气管道损失掉，因为 CO 在熔池中形成时，仅放出了碳完成燃烧总热量值的 1/3。通过喷氧使 CO 在炉内气氛下进行二次燃烧，为废钢熔炼阶段提供了充分利用其能量的有效途径。发生的反应是 $2CO + O_2 = 2CO_2 + E$，其反应释放能量的理论值为 $7kW \cdot h/m^3$（O_2，标态）。在炉内发生二次燃烧，节省电能能耗为 $4kW \cdot h/m^3$（O_2，标态），其能量利用率几乎是 60%。这种高利用率主要通过二次燃烧器的优化设计、适当位置和方向来获得，最好的布置是使喷氧尽可能接近渣线，适当倾斜且与喷枪成切线方向，使炉内产生大的湍流，增大 CO 和 O_2 的充分混合，反应生产 CO_2。二次燃烧器的切线布置带来的额外好处是可以避免了电极的过渡氧化。

Danarc 工艺还具有一套综合的自动控制系统，所有的喷射设备（烧嘴/氧燃烧嘴、氧枪、侧墙及炉底风口）必须有一个可重复的操作程序，使工艺过程尽可能适应原材料的配比变化。向炉内喷入氧和碳的总量必须控制在保持生产成本最低的范围内。烟气的成分和温度必须连续测定，通过在线数学模拟，有利于选定适合的操作参数。

当需要无渣出钢时，留渣操作是必要的。熔融的渣与氧化渣在炉子中的存在，为渣泡沫化以及在全熔炼过程中脱磷，提供了良好条件，在熔炼初期也可以提高电弧稳定性，使平均功率增加，提高控制稳定性且减少供电系统的干扰。此外，留渣操作有利于耐火材料的保护。实践经验表明，最佳留渣量为占总熔池重量的 10% ~ 15% 范围内。

泡沫化行为最初是由于 C 与 FeO 或氧反应，生成 CO 气泡而形成，依赖于渣的物理性质，随着渣黏度增加而提高，随着渣表面张力的降低而提高。渣中的悬浮颗粒（CaO、MgO）能稳定泡沫，在 15% ~20%（FeO）范围内，泡沫厚度增加；当 CaO/SiO_2 比值约为 2.5，在一定温度下，泡沫厚度将达到最大值。由泡沫化行为形成的渣层从电弧中捕获更多辐射能，并把它传给熔池，会缩短冶炼时间和降低由水冷炉壁带走的能量损失。而且，如果渣有足够的覆盖面，二次电压和功率可增加，缩短热循环，即减少了总热量损失及吨钢能耗，而且电极的消耗量减低，另外，由于产生的谐波降低，可听到的电噪声也减少。Danarc 技术由于碳的均匀分布，有利于泡沫渣得到了最大功效。侧吹喷枪与超声氧枪相结合的碳枪、二次燃烧烧嘴喷入的氧使渣中铁氧化物不断形成，保持形成泡沫渣的适宜条件。

电极之间的电流将使熔池运动，氧枪射流也能对熔池进行搅拌，但是还不能完成消除熔池温度梯度存在，因而大块废钢经常熔化缓慢。此外，由于钢液表面与渣温度比钢液温度高，热损失趋于升高。为避免上述问题，采用炉底搅拌，从多孔塞吹入氩气或从风口吹入氧气，由于炉底气泡的存在导致物质的传递或混合，在温度和化学成分上使熔池均匀分布，因此，在钢液中发生的化学反应被加速，更接近平衡值，使渣中含有较低的氧和FeO。

炉中的氧必须与适量的碳相平衡，碳可以喷入或由焦炭作为原料带入，另外，生铁中可以供给碳外，还含有硅也可以提供热量。以DRI为原料的传统电弧炉工艺，替代能量的应用受到限制；相反，Danarc工艺可以用替代能量部分代替电能，带来经济效果。

双炉壳电弧炉主要优点是减少了断电时间，当一个炉体用于冶炼时，另一个炉体用于废钢预热。如果采用留渣操作，在所有阶段都可以从炉底喷入氧气，甚至在电弧熔炼之前，二次燃烧反应也可以发生，这样能量再利用比传统的双壳电弧炉方法更高。

参考文献

1 本則庄夫，津野雅英，新貝元．電気炉におけるバーナー利用技術．電気製鋼．1999，70（2）：163～171
2 贺庆，郭征．电弧炉炼钢强化用氧技术的进展．钢铁研究学报．2004，16（5）：1～4
3 杨文远，于平，周峻，等．大型电弧炉炼钢用氧的模拟实验及其工业应用．钢铁研究学报．2002，14（1）：1～5
4 徐德红，于平，杨文远，等．大型电弧炉提高氧量的研究．钢铁．2002，（6）：9～11
5 王中丙，帝·卡佩尼亚，李晶，等．CONSTEEL®国际学术研讨会论文集．北京：冶金工业出版社，2004
6 王三武，谭英，唐日升．90t CONSTEEL电炉炼钢工艺的应用．南方金属．2001，122：8～11
7 马登德，山增旺．西宁特钢60tConsteel交流电弧炉．特殊钢．2000，21（3）：37～38
8 袁章福，等．用于电弧炉的碳氧枪及复合喷头．鉴定会材料．西宁：青海省科学技术厅组织鉴定，2004
9 袁章福，等．CONSTEEL电弧炉炼钢用碳氧枪水模型冷态试验和应用．特殊钢，2005，26（2）：9～11
10 袁章福，张永利，梁海宏，等．用于电弧炼钢炉的碳氧枪复合喷头．中国专利：02104089．3，2002
11 Mark Lee，Grant Caffery，Neil Molloy．Metallurgical performance of the water-cooled lance at the BHP Sydney Steel Mill（A physical modeling study）．Scandinavian Journal of Metallurgy，2001，30：220～224
12 夏皮罗 A H，著．可压缩流的动力学与热力学．陈立子，等译．北京：科学出版社，1966
13 朱荣，仇永全，孙彦辉，等．电弧炉多功能炉门枪装置的研制及实践．钢铁，1999，34（11）：26～28
14 刘文亮．大型电炉炼钢用超音速水冷氧枪．江苏冶金．1998，（2）：19～25
15 刘文亮．电弧炉氧枪的研制与开发．江苏冶金．1999，（5）：13～15
16 张义才，戴洪祥，戴志国．UHP－EAF新型氧枪研制及应用．炼钢，2003，16（3）：20～23
17 刘晓，杨宝权，顾文兵．宝钢电炉用超音速氧枪气动特性计算．宝钢技术，1999，（5）：22～26
18 朱荣，仇永全，刘艳敏，等．莱钢特钢50t电弧炉用氧技术的实践．工业加热，2002，39（2）：28～30
19 沈颐身，范光前，孔祥茂，等．氧燃烧嘴助熔技术在电弧炉上的应用及现状．特殊钢，1993，14（5）：1～6
20 赖柳祥．DC60T电炉上氧燃烧嘴的设计及实践．冶金丛刊．2002，（4）：28～31
21 欧阳光，陈海平，徐华瀚，等．电炉内燃式煤氧枪助熔技术的研究与应用．江西冶金，1997，17（6）：10～13

22 万天骥，沈颐身．煤氧枪强化电炉冶炼．钢铁，1988，23（8）：11～16
23 朱荣，仇永泉，欧阳光，等．电炉煤氧熔化废钢的工业试验．特殊钢，1998，19（5）：54～55
24 徐安军，田乃媛，许中波．我国电炉煤氧喷枪技术的变革和相关问题．炼钢，1997，(2)：35～38
25 Anderson J E, Mathur P C, Selines RJ. Method for introducing gas into a liquid. U. S. patent No. 5, 814, 125, Sept. 29, 1998
26 程长建，沈明钢，苏在静．聚合射流氧枪技术的特点及其应用．炼钢，2002，18（5）：47～49
27 杨文远，郑丛杰，崔健，等．我国炼钢用氧技术的现状及今后工作建议．炼钢，2001，17（3）：1～3
28 Sarma B, Mathur P. C, Selines R J, et al. Fundamental aspect of coherent jet technology. Proceedings Electric Furnace Coherence, Iron and Steel Society, Warrendale, Pa, 1998
29 Concsics D, Mathur P C, Engle D. Results of oxygen injection in the EAF with praxair coherent jet injector: a novel technology. Proceedings Electric Furnace Conference, Iron and Steel Society, Warrendale, Pa, 1997
30 李桂海，朱荣，仇永全，等．电弧炉炼钢集束射流氧枪的射流特征．特殊钢，2002，23（1）：11～13
31 Mathur P C. CoJet™ Technology-Principles and Actual Results from Recent Installations. AISE Steel Technology: 21～25
32 Lyons M, Bermel C. Operational results of coherent jet at Birmingham Steel-Seatle Steel Division. Proceedings Electric Furnace Conference, Iron and SteeI Society, Warrendale, Pa, 1999
33 Schwing R, hamy M, Mathur P C, et al. Maximizing EAF productivity and lowering operating costs with praxair's cojet technology-results at BSW. Proceedings Metec. Conference, Dusseldorf, Germany, 1999
34 李士琦，李伟立，刘仁刚，等．现代电弧炉炼钢．北京：原子能出版社，1995
35 韩建淮．二次燃烧技术在70t超高功率电弧炉上的应用．钢铁，2002，37（2）：11～13
36 韩建淮，张琪渔．电弧炉炼钢用氧量分析和热装铁水的用氧效果．江苏冶金．1997，(3)：55～56
37 茅洪祥．二次燃烧技术在电弧炉炼钢中的应用．钢铁，1998，33（7）：61～64
38 陈延东，蔡冬林．淮钢-Praxair电弧炉二次燃烧技术．特殊钢，2001，22（6）：52～53
39 Vonesh F A, Perrin N G. 用于电弧炉的二次燃烧技术．国外钢铁，1996，(3)：42～44
40 袁章福，刘润藻，兰德年．电弧炉炼钢的二次燃烧技术，炼钢，1997，13（2），57～61
41 Urstocer G. Conare 炼钢法．世界钢铁，2002，(3)：45～47
42 de Cecco C, Samuelsson P, Gensini G. DANARC 技术．冶金丛刊，1998，(5)：13～21
43 Fritz-Peter Pleschiutschnigg, et al. The Dolvi-based CSP plant of Ispat Industries Ltd. India: developments, state-of-the-art and production targets. Journal of Steel and Related Materials, 2003, 1（5）：324～331

9 煤氧炼钢技术与炉外精炼用氧枪技术

9.1 煤氧炼钢技术

煤占世界总能源储量的75%以上，是可供选择的最便宜的能源，随着能源结构的变化，直接有效地使用煤是钢铁工业技术进一步发展的主要目标。

近年来，随着能源结构的变化，国内外广泛开展了直接用煤炼钢及增补其过程供热能的研究。在此基础上，国外又成功地开发了像EOF炉、KS法等新型的炼钢技术，即“煤氧炼钢”技术。其原理是利用廉价煤或含碳材料的完全燃烧，以提供加热、熔化钢铁炉料或直接还原铁所需的热量。这种以煤代电代油、高效率、低能耗的炼钢法，必然对传统工艺产生有力的冲击。

下面简述炼钢直接用煤技术和煤氧炼钢的发展，并结合我国钢铁工业发展实况，就如何开发煤氧炼钢新技术进行探讨。

9.1.1 炼钢用煤技术

向转炉内直接加入煤块或焦炭的简易方法至今还在一些炼钢厂使用[1]。但直接加入的煤料被渣包裹，利用率较低，另外，煤中的绝大多数硫进入熔池，影响钢的质量。煤粉通过顶吹或底吹喷入熔池有较好的效果，但要求专门的喷吹设备和由于部分煤粉或煤气直接从炉口排出，需要与二次燃烧技术相结合。

9.1.1.1 炉顶喷吹煤粉

这种方法的基本原理是在转炉吹炼过程中将煤粉借助双流道氧枪喷入金属熔池内，产生热量来熔化大量废钢。为了能经济和大量地熔化废钢：（1）氧枪出口速度须保证将煤粉浸入钢液内；（2）为使煤粉快速溶于钢液内，须搅拌熔池和保持一定的炉渣厚度；（3）喷入的煤氧比应适当；（4）氧枪应确保最大的二次燃烧量；（5）设备应具有防爆装置。

卢森堡研制的ALCI装置已用于两座180t转炉，完全满足上述要求[2]，每喷煤1kg可以多消费废钢为7kg，每吨钢喷入10kg含硫量高于0.5%的煤粉时，转炉钢水平均只增硫0.002%，若高于此值时，可通过提高渣中碱度来抑制。日本众多大公司已致力于类似ALCI法的研究，住友金属在二次燃烧技术（STB-PC）基础上进行了顶吹煤粉加二次燃烧法（TAPS—Triple Action Process of STB）的试验，取得较好的效果。

9.1.1.2 炉底喷吹煤粉

德国克勒科纳公司在底吹氧和喷石灰粉的K-OBM转炉基础上，增加了能从炉底喷煤的装置后，使废钢比明显提高，从而导致了KMS法的开发。不久，对KMS法进行了改进和发展，终于建成了可以用100%废钢进行冶炼的120t转炉，即KS法。1986年德国的

KMS 和 KS 法已消耗了大约 30 万 t 褐煤和无烟煤，生产了 200 万 t 以上的高级钢和特殊钢。

底吹煤粉的基本原理是从炉底喷吹粉煤溶解于钢液内，并能保证熔池的碳在稳定范围内，煤的灰分渣化上浮，挥发物分解为碳和氢。由于炉顶不断供氧，钢中的碳氧化生成 CO 气体，提供大量热量，CO 和 H_2 在气相区的二次燃烧也提供了相当大的额外能量。底吹喷煤法同样要求设法尽可能提高炉内的二次燃烧率，如图 9-1 所示的吨钢耗煤量、二次燃烧率与废钢熔炼能力的关系。

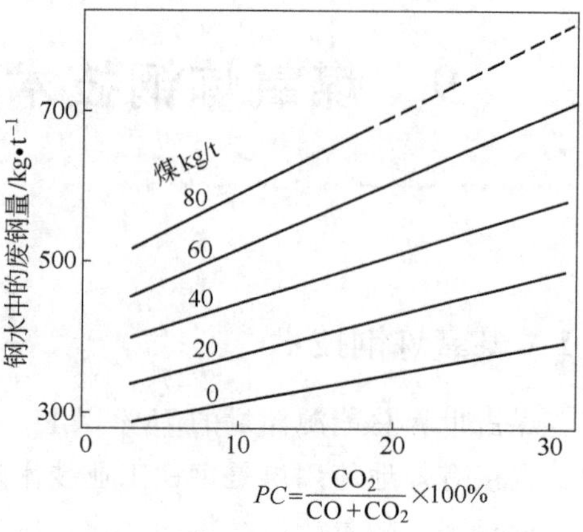

图 9-1　KMS 法的废钢熔炼能力

就煤的添加方式而言，主要有直接加入法、顶喷法和底喷法 3 种，其工艺参数与指标如表 9-1 所示。

9.1.1.3　电弧炉用煤代电强化冶炼

北京钢铁学院从 1982 年着手进行以煤代油的煤氧枪的研制，生产结果表明，同国外普通油氧枪一样，煤氧枪也具有良好的加热和熔化废钢的能力，完全可以作为强化电弧炉冶炼的有效工具。

利用煤氧枪强化电弧炉冶炼，实现了以煤代电的目的。电是二次能源，由煤转化电的热效率只有 30%，利用电加热炉料的热效率为 70%，这样，总热效率只有 20%。尽管试验远未达到最佳状态，但煤粉燃烧加热炉料的热效率达 43%，仍为电热效率的 2 倍，总能耗约降低 8%。煤氧枪是一种新技术，其结构、布置和功率以及喷吹工艺均远未达到最佳状态。

9.1.2　煤氧炼钢方法

煤氧炼钢和炼钢用煤是既相互关联，又有本质不同的两种技术。炼钢用煤是在炼钢过程中加入煤块或喷入煤粉与氧反应，产生大量热作为炼钢的补充热源。如顶吹转炉喷煤可使废钢比提高、电弧炉采用煤氧枪助熔，可使电炉钢电耗降低，生产率提高。但冶炼过程所需的热量仍主要依靠原来的热源，如转炉铁水的物理热、化学热和电弧炉炼钢消耗的电能。

煤氧炼钢是钢铁冶金中一个新的概念，是近年来在炼钢用煤技术发展的基础上，形成的一种新型、经济和有效的方法。它是以煤氧燃烧产生的热量为炼钢的主热源，熔化废钢、生铁块或直接还原铁等固体原料后，进一步精炼成钢。煤氧炼钢法日益引起世界冶金工作者的兴趣和重视，德国、日本、前苏联等国都竞相开发研究，取得了较大的进展[3~5]。现简介如下。

9.1.2.1　KS 法

德国克勒科纳公司在 KMS 法的基础上继续完善，1981 年利用 3 座 275t 平炉改成可用 100% 全废钢冶炼的 120tKS 转炉，即 KS 法。KS 法转炉有两种操作方式，第一：（1）在出钢时保留一部分钢液，然后加入约 30t 废钢；（2）由炉底喷吹煤氧熔化废钢；（3）分两

表 9-1 转炉用煤工艺比较

工艺名称	开发单位	顶吹氧气				底吹氧气		底吹惰性气体流量	加煤方法		废钢比	置换比	特征
		主氧		副氧									
		比率 /%	流量 $/m^3 \cdot (t \cdot min)^{-1}$	比率 /%	流量 $/m^3 \cdot (t \cdot min)^{-1}$	比率 /%	流量 $/m^3 \cdot (t \cdot min)^{-1}$	$/m^3 \cdot (t \cdot min)^{-1}$	底部	顶部	/%	$\left(\frac{废钢}{煤粉}\right)$ $/kg \cdot kg^{-1}$	
KMS	克勒科纳			40		60 ~ 100	4.5 ~ 5.5	0	粉		25 ~ 75	6	用天然气保护底枪，煤、氧分别从底部喷入熔池，加入煤 50 ~ 55kg/t，增加氧耗40 ~ 50m³/t，用于提高废钢比
COIN	德国克虏伯研究所					100	4.5	0	粉		25 ~ 75	4.5	采用煤粉，保持底枪的煤、氧同时吹入熔池，废钢熔化速度为 22kg/(t·min)，不能同时用于精炼
ALCI	阿尔贝特	100	4 ~ 4.5	20	0.8 ~ 0.9	0	0	0.03		粉	30 ~ 40	7	顶喷煤粉粒度为 0 ~ 5mm，喷煤为 10kg/t，增加废钢量 51kg/t
TAPS	日本住友	100	2.2 ~ 3.1	20	0.9	0	0	0.09 ~ 0.16		粉	30	3.5 ~ 5.0	喷煤 30kg/t，可提高废钢比 10%，15t 转炉废钢比达到 30%
瑞典法	米福斯研究所	100	3.0	20	0.5	0	0	0.10		粉	23	2.5 ~ 4.0	采用含 Si 为 0.2% 的铁水，二次燃烧率为45%时，喷煤40kg/t，增加废钢量 156kg/t（铁水）
苏联法	叶那基耶沃冶金工厂	100	3 ~ 3.5			0	0			块	10	2.5 ~ 3.6	煤量 <10kg/t，装料前先加入炉内，冶炼时间延长2.2 ~ 3.2min，生产能力下降 4.5% ~ 6.0%
BSC	霍戈文	100	3.33	17	0.55	0	0	0.01 ~ 0.07		块	30	3.5	顶部加入粒度为 3 ~ 10mm 的煤块 10kg/t，增加废钢用量 35kg/t
LTV	科利维伍德钢厂	100	2.5 ~ 3.3	20	0.5	0	0			块		2.6 ~ 4.0	

批各加入 50t 废钢，继续喷煤熔化；（4）精炼成所需钢种；（5）出钢。第二：是在吹炼中期，分出部分高碳钢液倒入保温钢包内，下炉继续利用这些钢液，重复上述操作工艺。

KS 法的煤粉利用率较高，炉龄可达 300 ~ 874 炉。该公司仍在进一步完善 KS 法的各个环节，并采用回转窑固体还原铁矿石工艺与 KS 法转炉工艺相结合的方法，获得良好的效果，开辟了全废钢转炉炼钢新途径。其不足之处是喷入熔池的煤粉的化学热和物理热没有充分利用，煤耗量高达 247kg/t，氧耗量为 $280m^3/t$。

由于 KS 法能利用 100% 废钢，所以它对包括转炉在内的传统炼钢工艺都是一个挑战，引起众多国家的兴趣和关注，例如加拿大、美国先后购买了 KMS/KS 专利。

9.1.2.2　能源最佳利用炉（EOF）

EOF（Energy Optimizing Furnace）是德国 Korf 工程公司开发的一种能源最佳利用的炼钢炉。EOF 炼钢首先在巴西试验成功，1982 年 5 月在巴西帕因斯钢铁公司的平炉车间建成一座 28t 中试 EOF 炼钢炉。1985 年底，第二座 EOF 炉建成投产，取代该厂年产 40 万 t 的 3 座平炉。

EOF 炼钢具有许多现代炼钢工艺特征。其中包括：水冷炉壁、废钢预热器、煤氧喷嘴、滑动水口式的炉底出钢等。EOF 炉由熔炼炉本体和一个废钢预热装置构成，如图 9-2 所示。其冶炼特点是用埋入式喷嘴向熔池喷吹氧气和碳粉，利用熔池中碳氧反应放出的热量，以加热熔化预热到 850℃后加入熔池的废钢。熔池产生的 CO，在熔池上部炉膛内用热风（富氧）二次燃烧成 CO_2，所产生的热量，一部分传给熔池，一部分预热废钢。从废钢预热出来的废气，用于预热二次燃烧用的空气。EOF 法喷入熔池碳粉燃烧出的物理热和化学热得到最充分利用，二次燃烧不是用纯氧，而是用热风，同 KS 法比，能耗低（吨钢耗煤 80kg 左右）和氧耗低（吨钢耗氧约 $80m^3$）。EOF 法由于能源得到充分利用，目前已引起世界各国的关注，预期这一类型的煤氧炼钢法将会得到发展。

9.1.2.3　日本的反应器（Reactor）法

日本大同特钢厂曾致力于用廉价能源代替昂贵电能的研究，并且开发了以燃煤产生的热量，加热和熔化废钢提供热源的反应器煤氧炼钢法。

图 9-3 所示试验炉的容量为 1t。其特点为：向熔池喷入煤粉和氧气，燃烧产物 CO 在熔池上部再与氧反应生成 CO_2，从而为熔化废钢提供了足够的热源；还有利用废气热量预

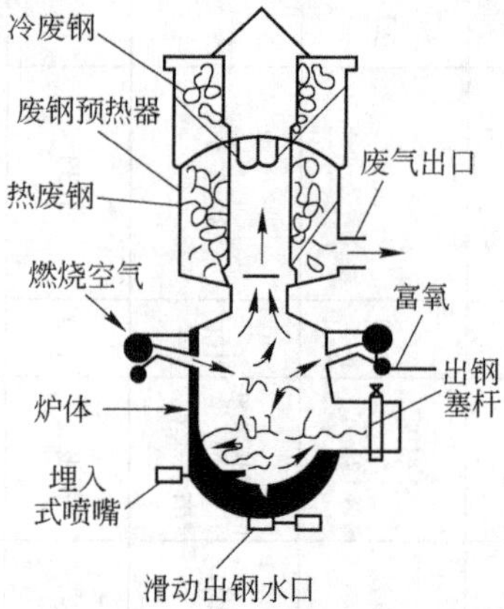

图 9-2　EOF 炉示意图

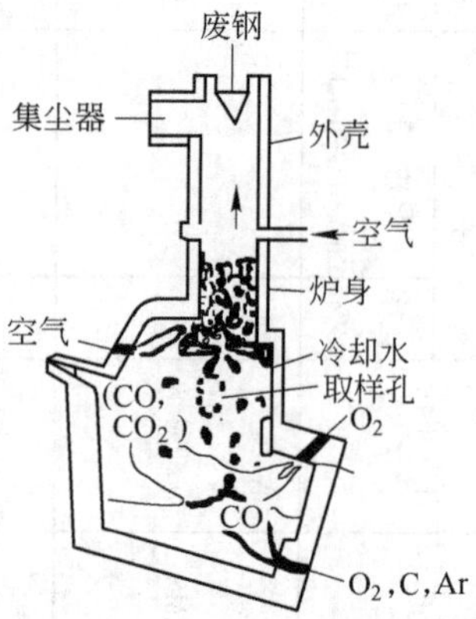

图 9-3　反应器法示意图

热入炉前废钢的设施。出钢时，留下适量钢水作为母体，以利于废钢的熔化。试验结果表明，粉煤的收得率大于95%；顶吹氧气越多，CO_2/（CO_2 + CO）值越大；若以碳完全燃烧产生的热量为100%计，则该试验炉的热效率达到32%。热支出的比例：钢液热增值为32%；废气显热为30%；废气化学热为13%；炉体热损失为25%。这对试验用的小炉子来说，已得到了较理想的结果。

在此基础上，经进一步完善产生了新反应器法(图9-4)。该法在许多方面已优于EOF炉，除可用直接还原铁（DRI）为原料外，还为直接还原、煤氧炼钢和炉外精炼相结合的新工艺流程提供了启示。

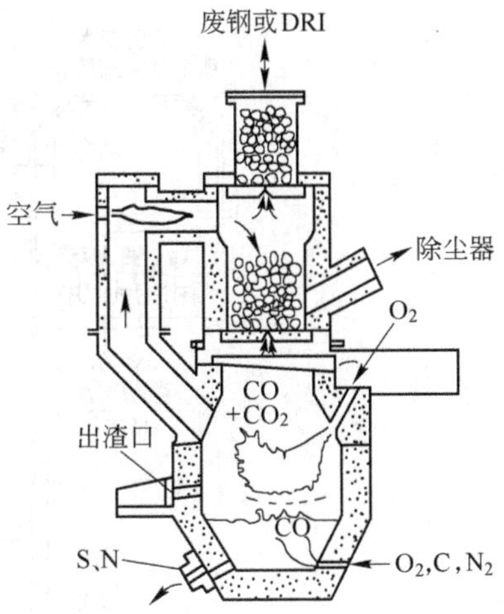

图9-4 新反应器法示意图

9.1.2.4 转炉式的煤氧炼钢法

转炉式煤氧炼钢法除了上述的KS法之外，文献还报道了如下三种方法：

(1) STB全废钢法。1985年，日本住友金属成功地在顶底复吹转炉内进行100%废钢的冶炼操作。该法以应用STB技术为主，即预先向转炉内加入焦炭、底吹氧并点火燃烧、向炉内加入废钢、顶底供氧至炉内达到赤热状态、连续加入块煤、提供熔化废钢所必需的热量。STB法操作简单，熔化以钢坯切头为主的7t废钢只需30min。扣除回收的CO气体潜热后，煤炭的热效率可达50%，而耐火材料消耗与通常冶炼方法并无差异。

(2) 川崎全废钢法。1986年，日本川崎制铁所成功地进行了顶底复吹转炉全废钢的操作试验。其特点为：通过炉顶插入一根特制的煤氧燃烧枪，可产生高达1600～2000℃的高温火焰对废钢进行加热、熔化。为了保护炉底耐火材料，延长转炉寿命，在装废钢前预先加入0～150kg焦炭和石灰。半小时后，就能熔毕5t废钢，得到3%～4%［C］、1500℃的半钢，然后再进一步冶炼成钢。当［C］控制在大于3%时，就能得到［S］< 0.03%的金属液。煤中硫将有68%被弥散至气相。

(3) 顶、底、侧三向供热的转炉法。前苏联的几个单位联合开发了一种顶、底、侧三向吹氧供热的新转炉炼钢法。此法的块煤是随废钢同时加入的。当采用100%废钢操作时，无烟煤耗量为70kg/t；天然气耗量为33～40m^3/t；一般冶炼时间约为60min；燃烧的有效利用系数可达60%～70%。

转炉吃100%废钢的各种操作方法如图9-5所示。

9.1.3 煤氧炼钢与电弧炉炼钢的比较

各种煤氧炼钢炉的主要技术经济指标如表9-2所示。从炉气的物理、化学热是否能充分利用，有无预热废钢功能来看，在转炉内进行煤氧炼钢是不合理的，只有能量得到最佳利用，类似EOF和日本反应器方法的煤氧炼钢炉才具有生命力和竞争力[5,6]。

由于我国电弧炉容量小，技术装备落后，电耗很高，每年用于电弧炉炼钢的电力消耗约占全国年发电总量的2%以上，因而很大程度上限制了电弧炉的发展。

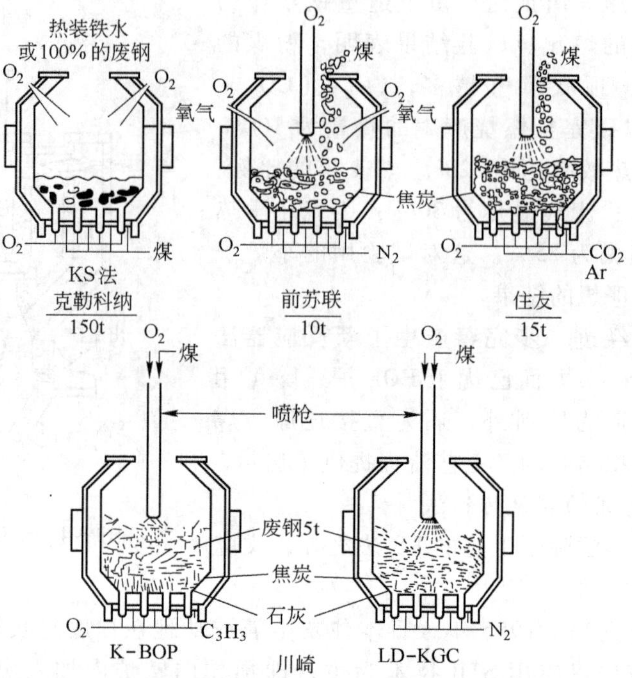

图 9-5　转炉吃 100% 废钢的示意图

表 9-2　各种煤氧炼钢炉的主要指标

名　称	研究单位	废钢比 /%	氧气消耗 /$m^3 \cdot t^{-1}$	燃料消耗 煤油/$kg \cdot t^{-1}$ 天然气/$m^3 \cdot t^{-1}$	冶炼周期 /min	说　明
KS	克勒科纳-CRA技术集团	≈100	180～200	煤：160～240	60	将100%固体料操作的KMS转炉，于1981年建成2座125tKS转炉，年产特殊钢100万t，炉龄374炉
EOF	科夫公司	≈100	86	油：11 煤：82	68～80	1985年建成25tEOF炉：投产时平均炉龄160炉，钢铁料消耗为1120kg/t，耐火材料消耗为23kg/t，有废钢预热设施
STB 废钢法	住友金属	≈100	180～200	煤：200～250	100	废钢和焦炭一同装入炉内，用总氧5%的氧量点火，顶底供氧，其中底$O_2$5%。可冶炼含Cr20%的不锈钢
顶、底、侧三向供热转　炉	前苏联	≈100	100～120	天然气：33～40 煤：58～80	50～55	采用复合吹炼，用喷枪从转炉顶部、底部和侧部喷吹燃料。采用天然气和煤两种燃料，系10t转炉实验
川　崎 全废钢法	日本川崎制铁所	100	150～200	煤或焦炭：150～250	35～45	在转炉炉顶插入一根特制的煤氧枪，产生高达1600～2000℃火焰，加热熔化废钢。底部供氧量占30%，另外，还吹入惰性气体
反应器式煤氧炉	日本大同特殊钢厂	100%废钢或DRT	该法类似EOF炉，但不用油做燃料，只喷煤或炭粉，某些设备和指标已优越于EOF炉			

电弧炉与煤氧炉（以 EOF 法为例）的经济比较如表 9-3 所示。可见，煤氧炼钢炉的能耗费用降低 72.1 元/t。此外，煤氧炼钢的能源只需电弧炉能耗的 48.8%，并可节省 80% 电力，故采用煤氧炼钢，无疑对缓和我国电力紧张的状况有重大意义。

表 9-3 煤氧炉与电弧炉炼钢的经济比较

项目	电弧炉			煤氧炉		
	实际消耗 /kW·h·t^{-1}	折成标准煤消耗 /kg·t^{-1}	计算能耗费用 /元·t^{-1}	实际消耗 /kW·h·t^{-1}	折成标准煤消耗 /kg·t^{-1}	计算能耗费用 /元·t^{-1}
电耗	600	244.2	54	30	12.21	2.7
电极消耗/kg·t^{-1}	6	7.3	36			
氧气消耗/m^3·t^{-1}	30	9.77	3.6	90	29.3	10.8
煤耗/kg·t^{-1}				100	86	8
合计		261.27	93.6		127.5	21.5

EOF 法同电弧炉炼钢相比，具有表 9-4 所示的许多优点，其设备费用比电弧炉约少 26 美元/t，操作费用少 24 美元/t。若以年产量 40 万 t 计算，EOF 炉的投资要比电弧炉炼钢节省 100 万美元。

表 9-4 EOF 与电弧炉炼钢的比较

项目	投资	废钢利用	总能耗	废钢预热	电力或电极消耗	氧耗	渣量	冶炼时间	耐火材料消耗	环境保护
EOF 炉	少	相同	少	优	少			短	相同	优
电弧炉		相同				少	优		相同	

9.1.4 双膛煤氧炼钢炉

借鉴国外煤氧炼钢的先进技术，曾经提出了两个设想方案：

（1）双膛煤氧炼钢炉。双膛煤氧炼钢炉的操作类似双床平炉，即：一炉熔化精炼，所产生的废气用于加热另一炉内的废钢；炉盖可以开启，炉料由顶部装入；预热到 800 ~ 1000℃ 的炉料，利用煤氧枪去进一步加热与熔化，其燃料可用无烟煤或烟煤；化清后再用氧枪吹氧精炼。

煤氧枪的设计，必须既要保证能产生 2000℃ 的高温火焰，利于提高废钢的加热、熔化速度，又能控制火焰的速度和氧化性，防止其熔化过程的过氧化。另外，为利用好氧化、精炼期熔池反应所产生的 CO 的化学热，应适时鼓入热风使之完全燃烧，并对废钢进行预热，而此热风是利用从预热室排出的高温煤气通过换热器而产生的。

此种双膛煤氧炼钢炉与国外的 EOF 炉相比，具有以下特点：

1）炉子结构简单，炉龄问题易于解决，既吸取了双床平炉的优点，又采用了电炉装料的特点。

2）同 EOF 炉一样，熔池 [C] 和燃料中的碳所生成 CO 的化学热均可得到充分利用，既能预热废钢，又能加热冷风，故有节省氧耗的优点。

3）KS 煤氧炼钢用的煤粉，当吹入熔池并增碳后，虽 [C] 会再氧化放热，但炉气的物理热、化学热并未能得到利用，煤粉中的硫也几乎全部进入熔池。与此相比，双膛煤氧炉的煤粉则可完全燃烧成 CO_2，这样，既充分利用了潜热与显热，硫也能大部分被氧化进入炉气，从而为冶炼工艺带来好处。

4）废钢预热效果差，操作复杂，是其主要缺点。

（2）双层煤氧炼钢炉。双层煤氧炼钢炉是以 EOF 和反应器炉为基础，结合煤氧枪技术而提出的，它是一种新型、高效、节能的煤氧炼钢炉。该设备是将废钢预热段和熔炼分成两层，且前者居上方。当废钢经预热段上升的高温烟气预热 600 ~ 800℃后，再加入熔炼炉中。它与 EOF 炉的不同之处在于增设了多功能的煤氧枪装置，既可用来加热、熔化废钢等固体炉料，又可做供氧精炼之用。

同双膛煤氧炼钢炉相比，双层炉具有以下特点：

1）操作方便、工艺简单；

2）废钢等固体炉料的预热效率较高；

3）该煤氧枪的寿命比 EOF 炉的煤氧底喷嘴的寿命长，且煤粉不喷入熔池，故有利于减少金属液的含硫量；

4）缺点是预热装置的结构复杂，是该装置的关键技术。

煤氧炼钢炉两种操作方案的热平衡和物料平衡的情况，如表 9-5 和表 9-6 所示。

表 9-5　煤氧炼钢炉的热平衡

收入项	100%废钢		铁水：废钢 = 60：40		支出项	100%废钢		铁水：废钢 = 60：40	
	热量/MJ	比例/%	热量/MJ	比例/%		热量/MJ	比例/%	热量/MJ	比例/%
铁水物理热			702.9	34.08	钢液物理热	1114.6	51.87	1081.1	52.53
元素氧化热	98.7	4.60	920.1	44.62	炉渣带走热	128.9	6.00	175.3	8.52
煤粉燃烧热	2050.2	95.40	439.3	21.30	炉气带走热	180.7	8.41	90.4	4.39
					热损失	724.7	33.72	715.5	34.56
总　计	2148.9	100.00	2062.3	100.00	总　计	2148.9	100.00	2062.3	100.00

表 9-6　煤氧炼钢炉的物料平衡

收入项	100%废钢		铁水：废钢 = 60：40		支出项	100%废钢		铁水：废钢 = 60：40	
	重量/kg	比例/%	重量/kg	比例/%		重量/kg	比例/%	重量/kg	比例/%
废　钢	1000.00	75.96	400.00	34.00	钢　液	981.69	74.57	952.00	80.94
铁　水	0	0	600.00	51.00	炉　渣	66.22	5.03	90.10	7.66
石　灰	35.00	2.66	52.40	4.45	煤　气	268.52	20.40	134.04	11.40
煤　粉	70.00	5.32	15.00	1.30					
氧　气	211.43	16.06	109.51	9.25					
总　计	1316.43	100.00	1176.14	100.00	总　计	1316.43	100.00	1176.14	100.00

9.2　炉外精炼用氧枪技术

氧枪技术不仅是转炉和电弧炉炼钢中不可缺少的关键技术和装置，而且在其他冶金炉（例如 RH、CAS 等精炼炉）逐步被广泛的使用。

9.2.1　氧枪在 RH 精炼炉的应用[7~10]

9.2.1.1　RH-O 真空吹氧技术

1969 年德国蒂森钢铁公司开发了 RH 顶吹氧技术，第一次用水冷氧枪从真空室顶部向真空室内循环着的钢水表面吹氧。其目的是将电弧炉或转炉的精炼任务转移到 RH 中来，强制脱碳，缩短真空处理周期，降低脱碳过程中铬的氧化损失。在工业生产中，RH-O 真空吹氧技术用的是单孔拉瓦尔喷头，氧枪由顶部插入真空室。经 RH-O 真空吹氧处理后，可以将［C］＝0.0450% 的初始钢水，经 12min 脱碳后，得到［C］≤0.0050% 的钢水。但是由于吹氧时喷溅严重。致使真空室结瘤及氧枪粘钢严重，所以 RH-O 真空吹氧技术未能得到发展。

9.2.1.2　RH-OB 真空侧吹氧技术

根据 VOD 生产不锈钢的原理，1972 年新日铁室兰厂开发了 RH-OB 真空侧吹氧技术。吹氧（OB）枪是由吹氧枪本体和供氧控制系统组成。吹氧枪本体是双层套管，内层在吹氧时通入氧气，非吹氧状态就通入氩气或氮气（见图 9-6）。RH-OB 枪真空侧吹氧技术加速脱碳反应，效果十分显著。宝钢使用 300tRH-OB 真空侧吹氧技术成功地冶炼出超低碳低硅电工钢、无间隙原子（IF）钢、冷轧深冲造币钢等超低碳系列钢种。

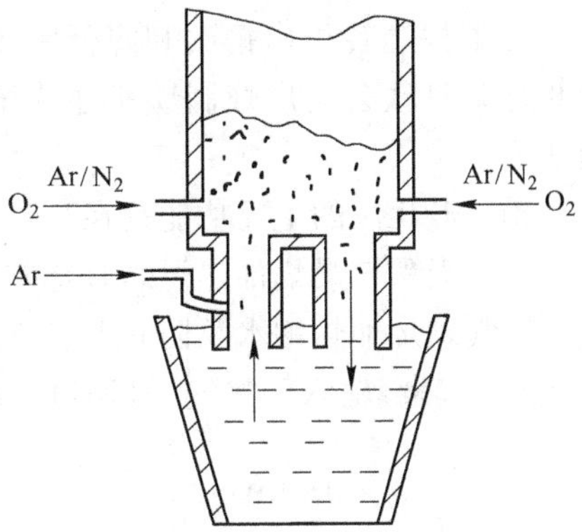

图 9-6　RH-OB 装置

根据钢包温度、钢水自由氧 F[O] 量及初始碳的不同情况，采用新开发的强制降碳、加铝升温或不吹氧降碳等三种处理模式，过程温降仅为 20℃，是不吹氧降碳时的一半，这意味着可大大减轻转炉负荷，降低转炉出钢温度。

对 RH-OB 处理去除钢中夹杂物的研究，明确了钢中氧化物夹杂含量与 RH 循环时间的一级反应式，也明确了经 RH 处理、投铝脱氧合金化后，循环时间必须大于 7min，才能有效地把钢中大部分氧化物夹杂去掉，使其达到 0.008% 以下。经 RH-OB 处理的钢水，夹杂物不仅多，而且尺寸较大，在连铸中间包内发现有直径为 30~45mm 的夹杂物。必须进行一次轻处理（循环时间大于 10min）才能去除由于升温产生的大型夹杂物。因此，对高质量钢，应慎用 RH-OB 升温处理。通过对 300tRH-OB 真空侧吹氧的研究，得出钢液中全氧量 T［O］与氧化物夹杂含量间存在线性关系；据此就可以利用测定全氧含量 T［O］来迅速掌握钢水氧化物夹杂的去除效果。RH-OB 真空侧吹氧技术在处理过程中，由于饱含循环氩气的钢液进入真空室后，再遇到 OB 吹入的氧气，伴随着气泡的破裂和激烈的碳氧反应，就产生剧烈的钢液飞溅。在真空室槽壁上粘附着大量冷钢，严重影响下一炉精炼超低碳钢。更换下部槽后清理槽壁上的冷钢用人工切割，劳动强度大，工作安全性差。RH-OB 的喷嘴寿命低，下部槽寿命总是在 150 炉左右，作业率很低。

9.2.1.3　RH-KTB 真空顶吹氧技术

为减少真空处理过程的温降，1986 年日本川崎制铁株式会社开发了 RH 真空顶吹氧技术，简称 RH-KTB 法，即在 RH 真空处理装置上安装可升降的顶吹水冷单孔拉瓦尔氧枪。在吹氧快速脱碳的同时，对真空室内产生的 CO 炉气进行二次燃烧：

$$CO + \frac{1}{2}O_2 \xlongequal{\quad} CO_2 \quad \Delta H_{CO_2} = 3.94\text{kJ/kg(CO)} \tag{9-1}$$

依靠二次燃烧提供的热量补偿精炼过程中的温度损失。据有关资料介绍，RH-KTB 真空顶吹氧技术最主要的工艺特点为：（1）不需额外添加热源（如铝、硅等），成本低；（2）不需延长处理时间，生产作业率高；（3）热效率高，在吹氧脱碳期的前 10min 内，炉气中含 CO_2 量高达 60.5%（而普遍 RH 仅为 3.5%）。RH-KTB 法可以在高碳低氧位区脱碳，使整个精炼过程在低氧位下进行。

9.2.1.4　RH-MFB 真空多功能氧枪

为了提高转炉出钢碳和降低钢水氧含量，并可加热真空室和进行钢水温度补偿，1993 年 8 月新日铁公司广畑制铁所建成第一台 RH 多功能枪设备，简称 RH-MFB 真空装置（见图 9-7）。

RH-MFB 法的主要功能是在真空状态下的吹氧强脱碳、铝化学加热钢水；在大气状态下吹氧气、天然气燃烧加热烘烤真空室及清除真空室内壁形成的结瘤物；在真空状态下吹天然气，氧气燃烧加热钢水及防止真空室顶部形成结瘤物。MFB 氧枪是由四层钢管组成，中心管吹 O_2，环缝输入天然气（LNG）或焦炉煤气（COG），外管间通冷却水（见图9-8）。

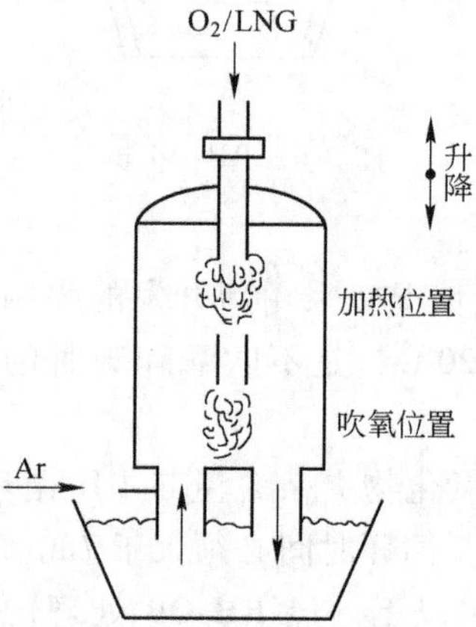

图 9-7　RH-MFB 装置

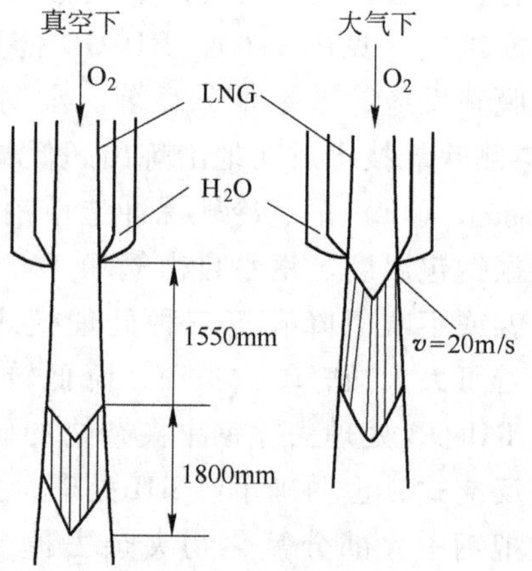

图 9-8　MFB 燃烧状态

在真空状态下，火焰将大大延长，因此 MFB 枪在真空处理过程中可在较高枪位下进行吹氧脱碳、铝加热或用煤气燃烧加热真空室，防止处理过程中结瘤物的形成。

攀钢在 1997 年 11 月建成投产 RH-MFB 真空处理装置，在试生产期间测试了该装置所具备的各种冶金功能。攀钢 RH-MFB 采用吹氧和焦炉煤气加热烘烤真空室，真空室温度最高可达 1300℃（检测点距内壁表面 80mm），升温速度可达 37.5℃/h。在转炉终点碳 [C] = 0.04% ~0.06% 的条件下，经过 MFB 吹氧 1 ~ 3min，深度脱碳处理 15 ~ 19min，可获得 [C] = 0.0010% ~0.0020% 的超低碳钢。同时在脱碳前期可加入廉价的高碳锰铁，进行锰的成分调整。

MFB 铝化学加热钢水的升温速度可达 6.2 ~ 6.9℃/min，耗铝量为 0.030 ~ 0.034 kg/(t · ℃)，耗氧量 0.020 ~ 0.028 m^3/(t · ℃)，钢水中 C、Mn、Si 元素烧损分别为 7%、2.5%、3.2%（质量分数）。采用 MFB 铝化学加热钢水，最高可升温 80℃。

MFB 真空下，采用较高枪位进行氧气，煤气燃烧加热，对钢水的升温速度为 0.6℃/min，提高废气温度约 300℃。这种方式对钢水升温的效果不明显，但可明显减少真空室内壁结瘤物的形成。在非处理期间，MFB 采用较大流量的氧气/煤气燃烧加热，可以明显地清除真空室内壁上积累的结瘤物。结瘤物熔化后，从浸渍管内流淌下来。为纯净钢和超低碳钢的生产创造了良好的真空室环境。

RH-MFB 多功能喷头是用氧气、液化天然气（LNG）燃烧加热的。攀钢引进后只能使用氧气/焦炉煤气。但因焦炉煤气的发热值为 18.41GJ/m^3（4400kcal/m^3），只是液化天然气 33.47GJ/m^3（8000kcal/m^3）的一半，所以加热钢水显得不够。分析了引进 RH-MFB 的喷头结构和气体燃烧性能，认为两种气体燃烧的理论温度相近：天然气为 2020℃、焦炉煤气为 1998℃。因此，加大焦炉煤气流量，可以达到相同的加热温度。故对引进的 RH-MFB 喷头进行了改进设计，由上海沪菱冶金研究所进行研制。通过生产实践表明，国产 RH-MFB 多功能喷头的技术性能满足了生产需要，能很好的替代进口喷头。

9.2.1.5 真空处理用氧的意义

真空脱气处理技术在冶金上的应用，特别是 RH 真空用氧技术的不断改进，为超低碳深冲钢、低碳高强度钢、超低碳不锈钢及超低碳电工钢的发展提供了条件。

早在 1949 年 Comstock 最先提出，当在普通低碳钢中加入足够量（含碳量 4 ~5 倍）的钛，钢中的碳、氮原子完全被固定成 Ti（C，N），则该钢具有优异的深冲性能。这便成为 IF 钢发展的基础。普通低碳钢 [C] = 0.05%、[N] = 0.03%，那么，固定碳、氮所需的钛约为 0.25% ~0.35%（质量分数），由于成本高，IF 钢发展受挫。

直到 20 世纪 60 年代末，真空技术在冶金上应用，钢中碳、氮含量可降到 0.01%、0.003%，而只需加 0.10% 的钛就可以炼出 IF 钢。但由于成本仍较高，只用于为数很少的特殊零件。到 20 世纪 80 年代，随着冶金技术的改进，真空用氧后，就可以经济地生产出 [C] ≤ 0.005%，[N] ≤ 0.003%，[Ti] ≈ 0.05%，具有优异深冲性能的廉价 IF 钢了。

所以说，在冶金上真空处理用氧技术促使 IF 钢的成功开发，它具有非时效性和超深冲性，能满足汽车用钢板所提出的各种性能要求，如深冲性、高强度、防磨性等。真空处理用氧技术还在不断改进中，攀钢正在研究在 RH-MFB 设备中喷粉处理，使其在提高现有产品质量和开发新钢种的研究中发挥更大的优势。

9.2.2 CAS-OB 精炼炉用氧枪技术[11~16]

CAS-OB 法为新日铁最早推出，为最具有代表性的化学加热法，特点是采用底吹氩搅拌。浸渍罩呈锥形。它是在 CAS 法的基础上发展起来的，在浸渍罩内增设了氧枪吹氧，利用加入的铝或硅铁与氧反应所放出的热量直接对钢水加热，其目的为对转炉钢水进行快速升温，补偿 CAS 法工序的温降，为中间包内的钢水提供准确的目标温度，使转炉和连铸协调配合。其设备示意如图 9-9 所示。

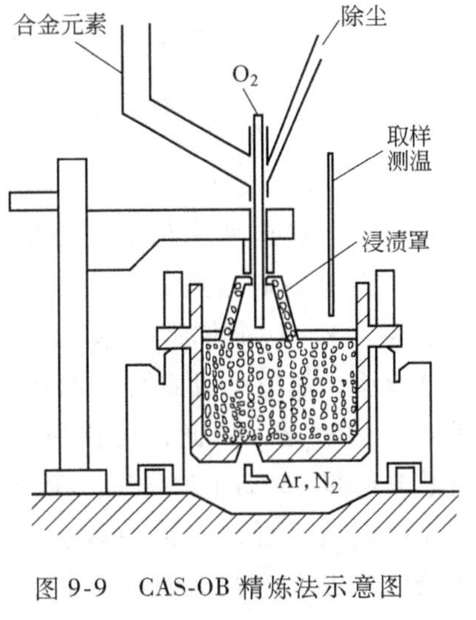

图 9-9 CAS-OB 精炼法示意图

CAS-OB 是 CAS 基础上增加了加铝丸吹氧燃烧（OB）升温功能的一种钢水化学加热技术，由于其装置简单，加热速度快，成本低，操作简便，已日益受到冶金工作者的重视。CAS-OB 通过底吹气将钢包上部的覆盖渣排开。然后插入浸渍罩，在罩内无渣或少渣的条件下进行发热剂的燃烧升温、合金微调等处理，以满足连铸钢水快节奏生产要求。

9.2.2.1　工艺原理

CAS-OB 精炼技术的基本原理是在钢包底吹氩气搅拌钢水的条件下，在排开渣的钢水中浸入一个耐火材料制的浸渍罩，使浸渍罩内部钢水表面少渣或无渣。浸渍罩内形成低（或无）氧化性的氩气气氛，以防止空气进入浸渍罩内。这为进行 CAS 处理时添加脱氧剂和合金提供了方便，同时也为 OB 升温、减少热损失、提高热效率提供了良好条件。图 9-10为 CAS-OB 装置的工作原理图。

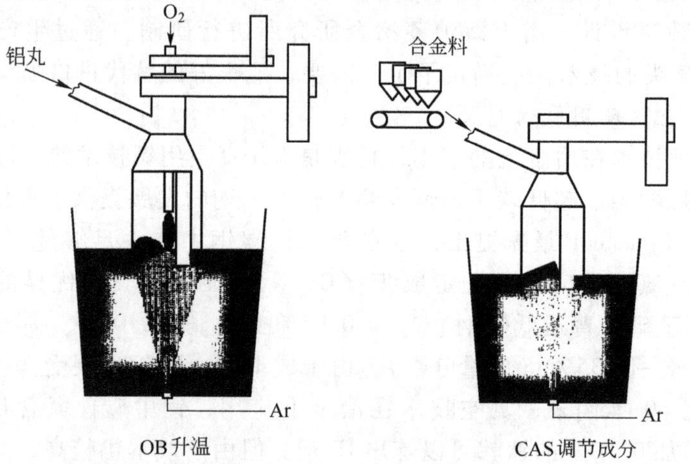

图 9-10　CAS-OB 工作原理图

CAS-OB 升温工艺主要用于加热出钢后的低温钢水和连铸中返回的低温钢水。OB 升温主要采用铝丸及 FeSi 等作为发热剂，在浸渍罩中这些发热剂与氧枪喷出的氧气发生反应，产生热量使熔池升温。熔池内铝、硅的氧化放热反应为：

$$2Al(s) + \frac{3}{2}O_2 = Al_2O_3(s) \qquad \Delta H_{Al} = 30932J/kg \tag{9-2}$$

$$Si + O_2 = SiO_2 \qquad \Delta H_{Si} = 29260J/kg \tag{9-3}$$

9.2.2.2　吹氧工艺

由于加热是采用化学加热法，故升温速度快，大大地快于电弧加热法，同时省掉电弧加热设备。吹氧加热时的热、氧平衡关系如图 9-11所示。从图可以看出，吹氧时有 70% 的氧用于铝的氧化。如此，可使钢液升温 11.6℃，占总升温量 15℃的 77.3%。可见，主要是靠铝氧化使钢液升温的。铝一般加入浸渍罩中，由于浸渍罩内无渣又有氩气保护，如此可提高铝

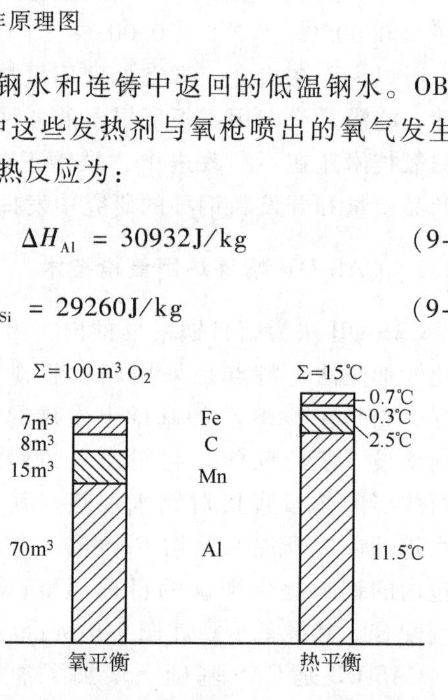

图 9-11　CAS-OB 精炼时氧、热平衡关系

的收得率，减少铝的消耗量。铝的加入量由最初取的第一个钢样中氧含量而定。

在相同供氧速率下，采用硅加热仅为铝加热的60%。小钢包的吨位占据浸渍罩容积要大些，因而供氧强度可略高于大型钢包。据经验，200～300t钢包供氧强度为11～20 $m^3/(h \cdot t)$（升温速度5～13℃/min），160t钢包平均14 $m^3/(h \cdot t)$（相当于7～10℃/min）。住友提供的20t小钢包供氧速度为33～45$m^3/(h \cdot t)$（升温速度可达15℃/min）。表9-7为不同钢包吹氧烧铝情况下的加热速度。

表9-7 不同钢包吹氧烧铝情况下的加热速度

钢包容量/t	吹氧速度		加热速度	30℃温升的耗量	
	$/m^3 \cdot min^{-1}$	$/m^3 \cdot (h \cdot t)^{-1}$	$/℃ \cdot min^{-1}$	$Al/kg \cdot t^{-1}$	$O_2/m^3 \cdot (min \cdot t)^{-1}$
10	6.8	41	22	1.5	0.94
25	20	48	26	1.5	0.93
160	29	11	7	1.1	0.79

9.2.2.3 氧枪枪位的控制

实际操作中，氧枪枪位的控制对升温过程是相当关键的因素，氧枪枪位的高低对升温效果有一定影响，特别是对钢水成分影响很大。氧枪枪位过低，易造成钢水中硅、锗元素的烧损。氧枪枪位的高低对钢渣喷溅也有影响。武钢的实验表明，低的枪位可以获得高的提温速度。分析原因是增加了射流的冲击强度，被钢水包围的热点区热损失少。但枪位过低时氧枪的熔损加剧，枪位控制困难、提温效果也受影响。日本专利文献称，在50～800mm可控枪位范围内，200～500mm的枪位是比较理想的。另外，影响提温速率的因素还有钢包容量、发热剂种类、原始钢水成分和浸渍罩尺寸等。

在实际操作中对于吹氧操作必须考虑3个方面的问题：

（1）钢水的过氧化和有益元素的损失；

（2）氧枪的烧损；

（3）浸渍罩的寿命。

对于第（1）个问题，通常的解决方法是增加底吹氩流量、控制顶吹氧流量和增加铝的过量系数。对于第（2）个问题，一般要求使用不锈钢管外衬高铝质的耐火材料，这样在操作过程中就可以忽略氧枪熔损的问题，枪位控制即操作中降枪速度，以上一炉的氧枪熔损量和本炉预定吹氧时间确定。对于第（3）个问题，要求控制合适的枪位防止喷溅过量，尽可能将点火区包围在钢水中减少对罩衬的直接辐射和在吹氧前先加部分铝，减少表面FeO的大量富集。

一般在化学加热法中多采用顶吹氧枪，常见吹氧枪为消耗型，用双层不锈钢管组成，外衬高铝耐火材料，套管间隙一般为2～3mm。外管通以氩气冷却，氩气量大约占氧量的10%左右。氧枪的烧损速度大约为50mm/次，寿命为20～30次。为提高升温速度，将顶吹氧枪下端置于由底吹气体和顶吹氧在浸渍罩内形成的发泡钢水中进行吹氧。最合理的方法是把枪头埋入发泡的钢水中，在起泡的钢水中吹氧可以实现高的热效率和快速升温。

最佳吹氧模式为：氧气流股对钢液面的冲击以钢液飞溅量少，氧流股集中于反应区域内，利于铝氧化反应的穿透。穿透深度和钢液深度比值应选择在0.2～0.3之间。浸渍管的插入深度与钢液深度之比以0.1为宜。

9.2.3　一种可滑动的烧嘴及组合氧枪

用于处理冶金炉中液态熔融金属，尤其是在 RH 精炼炉中承受真空条件的钢以及在处理阶段前或处理阶段过程中加热 RH 精炼炉的喷枪，它具有一个用于输送气体（尤其是氧气）的并具有一个送风用枪头喷枪口的内导管，并且它在其整个长度范围内具有第一冷却套并在底端与一个气体和冷却介质供应源相连。其中，喷枪为实现烧嘴功能，具有开设于第一冷却套的外周上，用于把燃气送往成型于枪头喷枪口区内且相对喷枪轴线倾斜的燃烧喷嘴的流道，燃气流道被第二外冷却套包围着。在吹送氧气时，通过具有拉瓦尔管形状的喷枪口的内导管吹送氧气，而在烧嘴工作时，给燃气流道供应燃气，从而在喷枪口区域内，在形成所需火焰的情况下，随着氧气也出现在烧嘴区内而产生了燃烧反应。

已知的多功能喷枪具有以下缺点，即在吹氧过程及随后的深度真空处理过程中，由于要处理的熔融金属有些会发生强烈反应，所以出现了熔渣和/或金属的飞溅，结果损耗了在多功能喷枪末端上的燃烧喷嘴并且它无法再被用于后续的燃烧工作。为避免这种现象，众所周知地在整个过程中借助通入燃气流道内的惰性气体而使燃烧喷嘴保持空闲状态，这相应地是成本高昂。

可滑动的烧嘴及组合氧枪，不仅彼此独立地实现了吹氧工作，而且烧嘴工作时燃烧喷嘴不会因熔渣或钢水飞溅引起堵塞，不必给燃烧喷嘴供应惰性气体。

具有第一冷却套的内导管被设计成第一喷枪体，具有第二冷却套的燃气流道被设计成第二喷枪体，第一喷枪体在第二喷枪体中可滑动地设置在一个升起的烧嘴功能位置上和一个降低的送风位置之间，燃烧喷嘴在降低的送风位置上被向下突出于第二喷枪体端部外的第一喷枪体遮盖住。

该喷枪的优点是，通过简单地在第二喷枪体中移动第一喷枪体而使喷枪从吹氧功能转入烧嘴功能，其中在吹氧工作中，具有燃烧喷嘴的第二喷枪体一直被第一喷枪体遮盖住了，从而第一喷枪体完全遮住了相对其纵轴倾斜的燃烧喷嘴并通过机械方式防止了飞溅的影响。因此，实现了操作容易且有效的燃烧喷嘴保护。被视为另一个优点是，借助推到其上的第二喷枪体来中心装备现存的且目前仅适用于吹氧工作的喷枪，并且它可以被用作送风和烧嘴工作用的组合喷枪。另外，第二喷枪体成环形包围着第一喷枪体，从而烧嘴喷枪工作和吹氧枪工作可以与 RH 炉轴线同轴地进行。

第一喷枪体可以在第二喷枪体内无级滑动，以便调整燃烧喷嘴距第二喷枪体的烧嘴口的变化距离。与之有关的优点是，由于变化调节燃烧喷嘴距氧气出口的喷枪口的距离，所以可以获得最佳的送入燃气的燃烧。由于在烧嘴工作时一般必须通过喷枪内导管送入1/5 ~1/10的氧气量，所以在喷枪口区域内形成了拉瓦尔喷嘴是没有作用的，结果在此产生了与吹氧工作相比是完全不同的氧气流动情况。在考虑了氧气与燃气的化学计量学比例的情况下，可以通过调整出燃烧喷嘴距喷枪口的最佳距离而获得上述效果。由于大部分水是随着燃气与氧气反应而出现的，所以可以通过使燃烧喷嘴距氧气出口地点的距离的最佳化来减少加热过程中必然出现的水量。

至于第一喷枪体的升降固定及其在第二喷枪体中的可移动性，可以规定第一喷枪体可以由一个与第二喷枪体相连的升降机构而移动。第二喷枪体可以被设计得相应较短。或者，第二喷枪体分布在第一喷枪体的整个长度范围内并且为第一喷枪体和第二喷枪体设置分开安装的升降机构。在这种情况下这两个喷枪体可以被插入装在处理炉炉盖中的填料套中，从而相应的升降机构在此在烧嘴工作时承担了两个喷枪体间距的任务。

图 9-12 以侧视图表示一个可变的组合喷枪，图 9-13 表示处于工作位置上的图 9-12 所示的可变的组合喷嘴[17]。

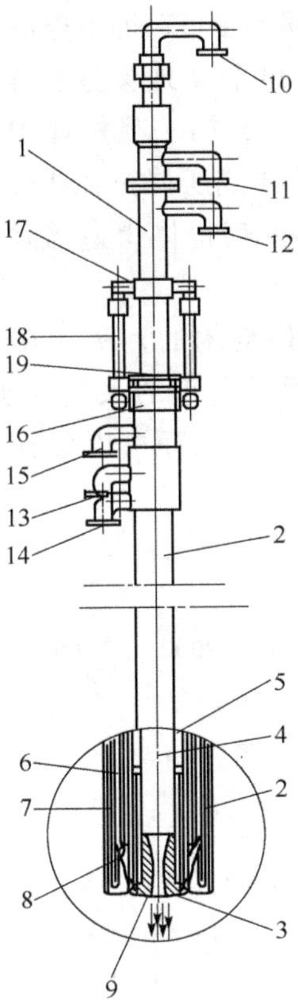

图 9-12　可变的组合喷枪侧视图

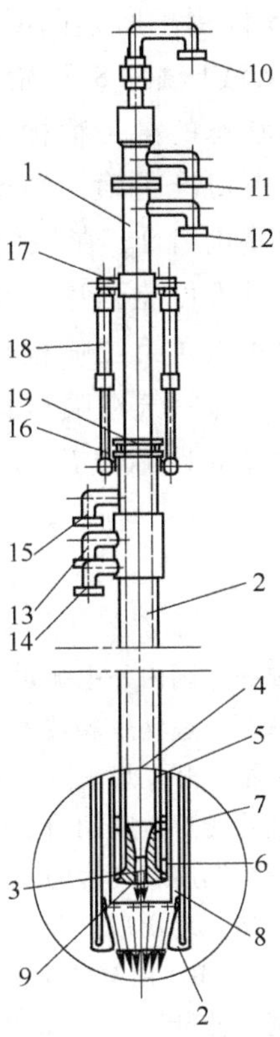

图 9-13　工作位置上的可变组合喷嘴

如图所示，组合喷枪首先具有第一喷枪体 1，它分布在喷枪的整个长度范围内并且具有一个尤其是用于输送熔融金属处理用氧气的内导管 4。一个拉瓦尔喷嘴 3 位于第一喷枪体 1 的自由端上，氧气通过所述喷嘴被吹送到熔池表面上。在其上端上，第一喷枪体 1 具有一个氧气管接头 10。为冷却第一喷枪体 1，内导管 4 被第一冷却套 5 包围住，在第一喷枪体 1 的上区域内，为所述冷却套配设了一个冷水进口 11 和冷水出口 12。在第二喷枪体 2 中，可滑动地设置着第一喷枪体 1，其中第二喷枪体 2 或其冷却套 7 成环形地包围着第一喷枪体。在第二喷枪体 2 中成型有燃气流道 6，它在其下端通入相对喷枪纵轴倾斜设置的燃烧喷嘴 8 中。第二喷枪体 2 具有第二外冷却套 7，为第二外冷却套设了一个进水口 13 和一个出水口 14。燃气流道 6 与一个燃气供应管 15 相连。这两个喷枪体 1、2 都被插入一个在图中未具体示出的且在 RH 处理炉炉盖中的填料套中，其中喷枪组件在吹氧或烧嘴工作的开始或结束时借助一个在图中未画出的升降机构而经过长约 4 ~ 5m 的垂直移动路线移入上停留位置或下工作位置。在这种情况下，第二喷枪体 2 与冷却套 7 的外管及一个在图中未详细标明的升降机构的喷枪部粘接在一起。

这两个喷枪体 1、2 可以相对移动并因此在第一喷枪体 1 的外套与第二喷枪体 2 的内套间出现了环缝，从而在喷枪体 2 上端上形成了一个真空密闭的且包围喷枪体 1 的填料套 19。

为了把第一喷枪体 1 固定在第二喷枪体 2 上，在第二喷枪体 2 上设置了一个凸缘 16，两个液压缸 18 作用于所述凸缘，液压缸 18 支撑着通过所属凸缘 17 而相连的第一喷枪体 1，从而通过从液压缸 18 开始的驱动机构，第一喷枪体 1 可滑动地设置在第二喷枪体 2 中。处于下降状态的第一喷枪体 1 位于图 9-12 所示的位置上，第一喷枪体 1 的端部在这样的下降状态下对准了第二喷枪体 2 的端部，从而由内导管 4 或所属拉瓦尔喷嘴 3 形成了吹送氧气用的喷枪口 9。在该位置上，燃烧喷嘴 8 完全被第一喷枪体 1 遮盖住，因而最终飞溅的部分材料不可能到达燃烧喷嘴 8。

燃烧喷嘴 8 当在第二喷枪体 2 中升高第一喷枪体 1 时是空闲的，从而在又出现氧气时，产生了燃气与氧气在喷枪口 9 区域内的反应并由此出现了所需的火焰。通过缸 18 实现了对燃烧喷嘴 8 距氧气出口的喷枪口 9 的距离的无级调整，从而可以最佳地控制燃烧反应。

参 考 文 献

1　姜茂发，金成姬．国内外电弧炉炼钢技术现状与发展趋势．工业加热，2000，37（5）：4～10

2　万天骥，袁章福．炼钢用煤技术与煤氧炼钢．钢铁，1989，24（1）：61～66

3　万天骥，袁章福．开发煤氧炼钢新技术．炼钢，1989，5（1）：32～39

4　袁章福．顶底吹转炉全废钢冶炼的分析．炼钢，1987，2（2）：72～75

5　袁章福．转炉炼钢用煤技术的发展．江苏冶金，1988，（1）：36～39

6　戚以新，万天骥，袁章福．开发废钢资源发展煤氧炼钢．废钢铁，1990，（3）：2～8

7　赵启云，李炳源．RH 用氧技术的发展与应用．炼钢，2001，17（5）：54～58

8　张春霞，刘浏，杜挺．RH-KTB 及其 RH 真空精炼方法．炼钢，1996，34（1）：53～59

9　刘浏，孙仁．RH-KTB 真空精炼中炉气二次燃烧的动力学研究．钢铁，1999，34（5）：19～22，70

10　陈义胜，贺友多，苍大强，等．KTB 氧枪位置在 RH 真空室气体流动的影响．包头钢铁学院学报，2002，21（3）：237～241

11　何平，白瑞国，刘浏，等．CAS-OB 钢水在线精炼工艺．钢铁研究学报，2001，13（2）：18～23

12　周清，高泰荫，张桂莲，等．ANS-OB 氧枪等温流场模拟研究．东北大学学报，1998，19（4）：402～404

13　Yamaguchi K，Kishimoto Y，Sakuraya T，et al. Effect of refining conditions for ultra low carbon steel on decarburization reaction in RH degasser. ISIJ International，1992，32（1）：126～135

14　何平，米谷明，白瑞国，等．CAS-OB 精炼炉计算机监控技术的开发．钢铁研究学报，2001，13（3）：57～61

15　张鉴．炉外精炼的理论与实践．北京：冶金工业出版社，1999

16　赵沛．炉外精炼及铁水预处理实用技术手册．北京：冶金工业出版社，2004

17　瓦格纳 F，卢文 A. 可变化装入的且带可滑动的烧嘴体及喷枪体的组合喷枪．授权公告号 CN1214120C，专利号 ZL99807187.0

附　　录

附录 1　激波前马赫数与$\frac{p_{0y}}{p_x}$的关系表（$\kappa = 1.4$）

Ma	p_{0y}/p_x	*Ma*	p_{0y}/p_x	*Ma*	p_{0y}/p_x	*Ma*	p_{0y}/p_x	*Ma*	p_{0y}/p_x
1.00	1.8929	1.34	2.8444	1.68	4.1379	2.02	5.7434	2.36	7.6524
1.01	1.9152	1.35	2.8778	1.69	4.1807	2.03	5.7952	2.37	7.7131
1.02	1.9379	1.36	2.9115	1.70	4.2238	2.04	5.8473	2.38	7.7741
1.03	1.9610	1.37	2.9455	1.71	4.2672	2.05	5.8997	2.39	7.8354
1.04	1.9845	1.38	2.9798	1.72	4.3108	2.06	5.9523	2.40	7.8969
1.05	2.0083	1.39	3.0144	1.73	4.3547	2.07	6.0052	2.41	7.9589
1.06	2.0325	1.40	3.0493	1.74	3.3989	2.08	6.0584	2.42	8.0207
1.07	2.0570	1.41	3.0844	1.75	4.4433	2.09	6.1118	2.43	8.0830
1.08	2.0819	1.42	3.1198	1.76	4.4880	2.10	6.1655	2.44	8.1455
1.09	2.1072	1.43	3.1555	1.77	4.5330	2.11	6.2194	2.45	8.2083
1.10	2.1328	1.44	3.1915	1.78	4.5783	2.12	6.2736	2.46	8.2714
1.11	2.1588	1.45	3.2278	1.79	4.6238	2.13	6.3280	2.47	8.3347
1.12	2.1851	1.46	3.2645	1.80	4.6695	2.14	6.3827	2.48	8.3983
1.13	2.2118	1.47	3.3011	1.81	4.7155	2.15	6.4377	2.49	8.4622
1.14	2.2388	1.48	3.3382	1.82	4.7618	2.16	6.4929	2.50	8.5262
1.15	2.2661	1.49	3.3756	1.83	4.8083	2.17	6.5484	2.51	8.5904
1.16	2.2937	1.50	3.4133	1.84	4.8551	2.18	6.6042	2.52	8.6549
1.17	2.3217	1.51	3.4512	1.85	4.9022	2.19	6.6602	2.53	8.7198
1.18	2.3499	1.52	3.4894	1.86	4.9498	2.20	6.7163	2.54	8.7850
1.19	2.3786	1.53	3.5279	1.87	4.9974	2.21	6.7730	2.55	8.8505
1.20	2.4075	1.54	3.5667	1.88	5.0453	2.22	6.8299	2.56	8.9162
1.21	2.4367	1.55	3.6058	1.89	5.0934	2.23	6.8869	2.57	8.9821
1.22	2.4662	1.56	3.6451	1.90	5.1417	2.24	6.9442	2.58	9.0482
1.23	2.4961	1.57	3.6847	1.91	5.1904	2.25	7.0018	2.59	9.1146
1.24	2.5263	1.58	3.7245	1.92	5.2394	2.26	7.0597	2.60	9.1813
1.25	2.5568	1.59	3.7645	1.93	5.2886	2.27	7.1178	2.61	9.2481
1.26	2.5876	1.60	3.8049	1.94	5.3381	2.28	7.1762	2.62	9.3154
1.27	2.6187	1.61	3.8456	1.95	5.3878	2.29	7.2348	2.63	9.3829
1.28	2.6500	1.62	3.8866	1.96	5.4378	2.30	7.2937	2.64	9.4507
1.29	2.6816	1.63	3.9278	1.97	5.4880	2.31	7.3529	2.65	9.5187
1.30	2.7135	1.64	3.9693	1.98	5.5385	2.32	7.4123	2.66	9.5869
1.31	2.7457	1.65	4.0111	1.99	5.5894	2.33	7.4720	2.67	2.6553
1.32	2.7783	1.66	4.0531	2.00	5.6405	2.34	7.5319	2.68	9.7241
1.33	2.8112	1.67	4.0954	2.01	5.6918	2.35	7.5920	2.69	9.7932

续附录 1

Ma	p_{0y}/p_x	Ma	p_{0y}/p_x	Ma	p_{0y}/p_x	Ma	p_{0y}/p_x	Ma	p_{0y}/p_x
2.70	9.8625	2.78	10.426	2.86	11.006	2.94	11.603	4.00	21.068
2.71	9.9320	2.79	10.498	2.87	11.080	2.95	11.679	4.50	26.539
2.72	10.0017	2.80	10.569	2.88	11.154	2.96	11.755	5.00	32.654
2.73	10.0718	2.81	10.641	2.89	11.228	2.97	11.831	6.00	46.815
2.74	10.1421	2.82	10.714	2.9	11.302	2.98	11.907	7.00	63.552
2.75	10.212	2.83	10.787	2.91	11.377	2.99	11.984	8.00	82.865
2.76	10.283	2.84	10.860	2.92	11.452	3.00	12.061	9.00	104.753
2.77	10.354	2.85	10.933	2.93	11.527	3.50	16.242	10.00	129.217

附录 2　气体绝热函数表

Ma	p/p_0	ρ/ρ_0	T/T_0	A/A_*	Ma	p/p_0	ρ/ρ_0	T/T_0	A/A_*
0	1.00000	1.00000	1.00000	∞	0.30	0.93947	0.95638	0.98232	2.0351
0.01	0.99993	0.99995	0.99998	57.874	0.31	0.93554	0.95352	0.98114	1.9765
0.02	0.99972	0.99980	0.99992	28.942	0.32	0.93150	0.95058	0.97993	1.9218
0.03	0.99937	0.99955	0.99982	19.300	0.33	0.92736	0.94756	0.97868	1.8707
0.04	0.99888	0.99920	0.99968	14.482	0.34	0.92312	0.94446	0.97740	1.8229
0.05	0.99825	0.99875	0.99950	11.5915	0.35	0.91877	0.94128	0.97608	1.7780
0.06	0.99748	0.99820	0.99928	9.6659	0.36	0.91433	0.93803	0.97473	1.7358
0.07	0.99658	0.99755	0.99902	8.2915	0.37	0.90979	0.93470	0.97335	1.6961
0.08	0.99553	0.99680	0.99872	7.2616	0.38	0.90516	0.93129	0.97193	1.6587
0.09	0.99435	0.99596	0.99838	6.4613	0.39	0.90044	0.92782	0.97048	1.6234
0.10	0.99303	0.99502	0.99800	5.8218	0.40	0.89562	0.92428	0.96899	1.5901
0.11	0.99157	0.99398	0.99758	5.2992	0.41	0.89071	0.92066	0.96747	1.5587
0.12	0.98998	0.99284	0.99714	4.8643	0.42	0.88572	0.91697	0.96592	1.5289
0.13	0.98826	0.99160	0.99664	4.4968	0.43	0.88065	0.91322	0.96434	1.5007
0.14	0.98640	0.99027	0.99610	4.1824	0.44	0.87550	0.90940	0.96272	1.4740
0.15	0.98441	0.98884	0.99552	3.9103	0.45	0.87027	0.90552	0.96108	1.4487
0.16	0.98228	0.98731	0.99490	3.6727	0.46	0.86496	0.90157	0.95940	1.4246
0.17	0.98003	0.98569	0.99425	3.4635	0.47	0.85958	0.89756	0.95769	1.4018
0.18	0.97765	0.98398	0.99356	3.2779	0.48	0.85413	0.89349	0.95595	1.3801
0.19	0.97514	0.98217	0.99283	3.1122	0.49	0.84867	0.88936	0.95418	1.3592
0.20	0.97250	0.98027	0.99206	2.9635	0.50	0.84302	0.88577	0.95238	1.3398
0.21	0.96973	0.97828	0.99125	2.8293	0.51	0.83737	0.88092	0.95055	1.3212
0.22	0.96685	0.97621	0.99041	2.7076	0.52	0.83166	0.87662	0.94869	1.3034
0.23	0.96383	0.97403	0.98953	2.5968	0.53	0.82589	0.87227	0.94681	1.2864
0.24	0.96070	0.97177	0.98861	2.4956	0.54	0.82005	0.86788	0.94489	1.2703
0.25	0.95745	0.96942	0.98765	2.4027	0.55	0.81416	0.86342	0.94295	1.2550
0.26	0.95408	0.96699	0.98666	2.3173	0.56	0.80822	0.85892	0.94098	1.2403
0.27	0.95060	0.96446	0.98563	2.2385	0.57	0.80224	0.85437	0.93898	1.2263
0.28	0.94700	0.96185	0.98456	2.1656	0.58	0.79621	0.84977	0.93696	1.2130
0.29	0.94329	0.95916	0.98346	2.0979	0.59	0.79012	0.84513	0.93491	1.2003

续附录 2

Ma	p/p_0	ρ/ρ_0	T/T_0	A/A_*	Ma	p/p_0	ρ/ρ_0	T/T_0	A/A_*
0.60	0.78400	0.84045	0.93284	1.1882	1.01	0.52213	0.62866	0.83055	1.00008
0.61	0.77784	0.83573	0.93074	1.1766	1.02	0.51602	0.62339	0.82776	1.00033
0.62	0.77164	0.83096	0.92861	1.1656	1.03	0.50994	0.61813	0.82496	1.00074
0.63	0.76540	0.82616	0.92646	1.1551	1.04	0.50389	0.61288	0.82215	1.00130
0.64	0.75913	0.82132	0.92428	1.1451	1.05	0.49787	0.60765	0.81933	1.00202
0.65	0.75283	0.81644	0.92208	1.1356	1.06	0.49189	0.60243	0.81651	1.00290
0.66	0.74650	0.81153	0.91986	1.1265	1.07	0.48595	0.59722	0.81368	1.00394
0.67	0.74014	0.80659	0.91762	1.1178	1.08	0.48005	0.59203	0.81084	1.00512
0.68	0.73376	0.80162	0.91535	1.1096	1.09	0.47418	0.58685	0.80800	1.00645
0.69	0.72735	0.79662	0.91306	1.1018	1.10	0.46835	0.58169	0.80515	1.00793
0.70	0.72092	0.79158	0.91075	1.09437	1.11	0.46256	0.57655	0.80230	1.00955
0.71	0.71448	0.78652	0.90842	1.08729	1.12	0.45682	0.57143	0.79944	1.01131
0.72	0.70802	0.78143	0.90606	1.08057	1.13	0.45112	0.56632	0.79657	1.01322
0.73	0.70155	0.77632	0.90368	1.07419	1.14	0.44545	0.56123	0.79370	1.01527
0.74	0.69507	0.77119	0.90129	1.06814	1.15	0.43983	0.55616	0.79083	1.01746
0.75	0.68857	0.76603	0.89888	1.06242	1.16	0.43425	0.55112	0.78795	1.01978
0.76	0.68207	0.76086	0.89644	1.05700	1.17	0.42872	0.54609	0.78507	1.02224
0.77	0.67556	0.75567	0.89399	1.05188	1.18	0.42323	0.54108	0.78218	1.02484
0.78	0.66905	0.75046	0.89152	1.04705	1.19	0.41778	0.53610	0.77929	1.02757
0.79	0.66254	0.74524	0.88903	1.04250	1.20	0.41238	0.53114	0.77640	1.03044
0.80	0.65602	0.74000	0.88652	1.03823	1.21	0.40702	0.52620	0.77350	1.03344
0.81	0.64951	0.73474	0.88400	1.03046	1.22	0.40171	0.52129	0.77061	1.03657
0.82	0.64300	0.72947	0.88146	1.03046	1.23	0.39645	0.51640	0.76771	1.03983
0.83	0.63650	0.72419	0.87890	1.02696	1.24	0.39123	0.51151	0.76481	1.04323
0.84	0.63000	0.71890	0.87633	1.02370	1.25	0.38606	0.50670	0.76190	1.04676
0.85	0.62351	0.71361	0.87374	1.02067	1.26	0.38094	0.50189	0.75900	1.05047
0.86	0.61703	0.70831	0.87114	1.01787	1.27	0.37586	0.49710	0.75610	1.05419
0.87	0.61057	0.70300	0.86852	1.01530	1.28	0.37083	0.49234	0.75319	1.05810
0.88	0.60412	0.69769	0.86589	1.01294	1.29	0.36585	0.48761	0.75029	1.06214
0.89	0.59768	0.69237	0.86324	1.01080	1.30	0.36092	0.48291	0.74738	1.06631
0.90	0.59126	0.68704	0.86058	1.00886	1.31	0.35603	0.47823	0.74448	1.07064
0.91	0.58486	0.68171	0.85791	1.00713	1.32	0.35119	0.47358	0.74158	1.07502
0.92	0.57848	0.67639	0.85523	1.00560	1.33	0.34640	0.46895	0.73867	1.07957
0.93	0.57212	0.67107	0.85253	1.00426	1.34	0.34166	0.46436	0.73577	1.08424
0.94	0.56578	0.66575	0.84982	1.00311	1.35	0.33697	0.45980	0.73287	1.08904
0.95	0.55946	0.66044	0.84710	1.00214	1.36	0.33233	0.45527	0.72997	1.09397
0.96	0.55317	0.65513	0.84437	1.00136	1.37	0.32774	0.45076	0.72707	1.09902
0.97	0.54691	0.64982	0.84162	1.00076	1.38	0.32319	0.44628	0.72418	1.10420
0.98	0.54067	0.64452	0.83887	1.00033	1.39	0.31869	0.44183	0.72128	1.10950
0.99	0.53446	0.63923	0.83611	1.00008	1.40	0.31424	0.43742	0.71839	1.1149
1.00	0.52828	0.63394	0.83333	1.00000	1.41	0.30894	0.43304	0.71550	1.1205

续附录 2

Ma	p/p_0	ρ/ρ_0	T/T_0	A/A_*	Ma	p/p_0	ρ/ρ_0	T/T_0	A/A_*
1.42	0.30549	0.42869	0.71261	1.1262	1.83	0.16622	0.27756	0.59888	1.4723
1.43	0.30119	0.42436	0.70973	1.1320	1.84	0.16369	0.27453	0.59626	1.4837
1.44	0.29693	0.42007	0.70685	1.1379	1.85	0.16120	0.27153	0.59365	1.4952
1.45	0.29272	0.41581	0.70397	1.1440	1.86	0.15874	0.26857	0.59105	1.5069
1.46	0.28856	0.41158	0.70110	1.1502	1.87	0.15631	0.26563	0.58845	1.5188
1.47	0.28445	0.40738	0.69823	1.1565	1.88	0.15392	0.26272	0.58586	1.5308
1.48	0.28039	0.40322	0.69537	1.1629	1.89	0.15156	0.25984	0.58329	1.5429
1.49	0.27637	0.39909	0.69251	1.1695	1.90	0.14924	0.25699	0.58072	1.5552
1.50	0.27240	0.39498	0.68965	1.1762	1.91	0.14695	0.25417	0.57816	1.5677
1.51	0.26848	0.39091	0.68680	1.1830	1.92	0.14469	0.25138	0.57561	1.5804
1.52	0.26461	0.38687	0.68396	1.1899	1.93	0.14247	0.24862	0.57301	1.5932
1.53	0.26078	0.38287	0.68112	1.1970	1.94	0.14028	0.24588	0.57054	1.6062
1.54	0.25700	0.37890	0.67828	1.2042	1.95	0.13813	0.24317	0.56802	1.6193
1.55	0.25326	0.37496	0.67545	1.2115	1.96	0.13600	0.24049	0.56551	1.6326
1.56	0.24957	0.37105	0.67262	1.2190	1.97	0.13390	0.23784	0.56301	1.6461
1.57	0.24593	0.36717	0.66980	1.2266	1.98	0.13184	0.23522	0.56051	1.6597
1.58	0.24233	0.36332	0.66699	1.2343	1.99	0.12981	0.23262	0.55803	1.6735
1.59	0.23878	0.35951	0.66418	1.2422	2.00	0.12780	0.23005	0.5556	1.6875
1.60	0.23527	0.35573	0.66138	1.2502	2.01	0.12583	0.22751	0.55310	1.7017
1.61	0.23181	0.35198	0.65858	1.2583	2.02	0.12389	0.22499	0.55064	1.7160
1.62	0.22839	0.34826	0.65579	1.2666	2.03	0.12198	0.22250	0.54819	1.7305
1.63	0.22501	0.34458	0.65301	1.2750	2.04	0.12009	0.22004	0.54576	1.7452
1.64	0.22168	0.34093	0.65023	1.2835	2.05	0.11823	0.21760	0.54333	1.7600
1.65	0.21839	0.33731	0.64746	1.2922	2.06	0.11640	0.21519	0.54091	1.7750
1.66	0.21515	0.33372	0.64470	1.3010	2.07	0.00460	0.21281	0.53850	1.7902
1.67	0.21195	0.33016	0.64194	1.3099	2.08	0.11282	0.21045	0.53611	1.8056
1.68	0.20879	0.32664	0.63919	1.3190	2.09	0.11107	0.20811	0.53373	1.8212
1.69	0.20567	0.32315	0.63645	1.3282	2.10	0.10935	0.20580	0.53135	1.8369
1.70	0.20259	0.31969	0.63372	1.3376	2.11	0.10766	0.20352	0.52898	1.8529
1.71	0.19955	0.31626	0.63099	1.3471	2.12	0.10599	0.20126	0.52663	1.8690
1.72	0.19656	0.31286	0.62827	1.3567	2.13	0.10434	0.19902	0.52428	1.8853
1.73	0.19361	0.30950	0.62556	1.3665	2.14	0.10272	0.19681	0.52194	1.9018
1.74	0.19070	0.30617	0.62286	1.3764	2.15	0.10113	0.19463	0.51962	1.9185
1.75	0.18782	0.30287	0.62016	1.3865	2.16	0.09956	0.19247	0.51730	1.9354
1.76	0.18499	0.29959	0.61747	1.3967	2.17	0.09802	0.19033	0.51499	1.9525
1.77	0.18220	0.29635	0.61479	1.4071	2.18	0.09650	0.18821	0.51269	1.9698
1.78	0.17944	0.29314	0.61211	1.4176	2.19	0.09500	0.18612	0.51041	1.9873
1.79	0.17672	0.28997	0.60945	1.4282	2.20	0.09352	0.18405	0.50813	2.0050
1.80	0.17404	0.28682	0.60680	1.4390	2.21	0.09207	0.18200	0.50586	2.0229
1.81	0.17140	0.28370	0.60415	1.4499	2.22	0.09064	0.17998	0.50361	2.0409
1.82	0.16879	0.28061	0.60151	1.4610	2.23	0.08923	0.17798	0.50136	2.0592

续附录2

Ma	p/p_0	ρ/ρ_0	T/T_0	A/A_*	Ma	p/p_0	ρ/ρ_0	T/T_0	A/A_*
2. 24	0. 08784	0. 17600	0. 49912	2. 0777	2. 65	0. 04639	0. 11154	0. 41589	3. 0359
2. 25	0. 08648	0. 17407	0. 49689	2. 0964	2. 66	0. 04568	0. 11032	0. 41406	3. 0647
2. 26	0. 08514	0. 17211	0. 49468	2. 1154	2. 67	0. 04498	0. 10911	0. 41224	3. 0938
2. 27	0. 08382	0. 17020	0. 49247	2. 1345	2. 68	0. 04429	0. 10792	0. 41043	3. 1233
2. 28	0. 08252	0. 16830	0. 49027	2. 1538	2. 69	0. 04361	0. 10674	0. 40863	3. 1530
2. 29	0. 08123	0. 16643	0. 48809	2. 1734	2. 70	0. 04295	0. 10557	0. 40684	3. 1830
2. 30	0. 07997	0. 16458	0. 48591	2. 1931	2. 71	0. 04230	0. 10442	0. 40505	3. 2132
2. 31	0. 07873	0. 16275	0. 48374	2. 2131	2. 72	0. 04166	0. 10328	0. 40327	3. 2440
2. 32	0. 07751	0. 16095	0. 48158	2. 2333	2. 73	0. 04102	0. 10215	0. 40151	3. 2749
2. 33	0. 07631	0. 15916	0. 47944	2. 2537	2. 74	0. 04039	0. 10104	0. 39976	3. 3061
2. 34	0. 07513	0. 15739	0. 47730	2. 2744	2. 75	0. 03977	0. 09994	0. 39801	3. 9801
2. 35	0. 07396	0. 15564	0. 47517	2. 2953	2. 76	0. 03917	0. 09885	0. 39627	3. 3695
2. 36	0. 07281	0. 15391	0. 47305	2. 3164	2. 77	0. 03858	0. 09777	0. 39454	3. 4017
2. 37	0. 07168	0. 15220	0. 47095	2. 3377	2. 78	0. 03800	0. 09671	0. 39282	3. 4342
2. 38	0. 07057	0. 15052	0. 46885	2. 3593	2. 79	0. 03742	0. 09566	0. 39111	3. 4670
2. 39	0. 06948	0. 14885	0. 46676	2. 3811	2. 80	0. 03685	0. 09462	0. 38941	3. 5001
2. 40	0. 06840	0. 14720	0. 46468	2. 4031	2. 81	0. 03629	0. 09360	0. 38771	3. 536
2. 41	0. 06734	0. 14557	0. 43262	2. 4254	2. 82	0. 03574	0. 09259	0. 38603	3. 574
2. 42	0. 06630	0. 14395	0. 46056	2. 4479	2. 83	0. 03520	0. 09158	0. 38435	3. 6015
2. 43	0. 06527	0. 14235	0. 45851	2. 4706	2. 84	0. 03467	0. 09059	0. 38268	3. 6359
2. 44	0. 06426	0. 14078	0. 45647	2. 4936	2. 85	0. 03415	0. 08962	0. 36102	3. 6707
2. 45	0. 06327	0. 13922	0. 45444	2. 5168	2. 86	0. 03363	0. 08865	0. 37937	3. 7085
2. 46	0. 06229	0. 13768	0. 45242	2. 5403	2. 87	0. 03312	0. 08769	0. 37773	3. 7413
2. 47	0. 06133	0. 13616	0. 45041	2. 5640	2. 88	0. 03262	0. 08674	0. 37610	3. 7771
2. 48	0. 06038	0. 13465	0. 44841	2. 5880	2. 89	0. 03213	0. 08581	0. 37448	3. 8133
2. 49	0. 05945	0. 13316	0. 44642	2. 6122	2. 90	0. 03165	0. 08489	0. 37286	3. 8498
2. 50	0. 05853	0. 13169	0. 44444	2. 6367	2. 91	0. 03118	0. 08398	0. 37125	3. 8866
2. 51	0. 05763	0. 13023	0. 44247	2. 6615	2. 92	0. 09071	0. 08308	0. 36965	3. 9238
2. 52	0. 05674	0. 12879	0. 44051	2. 6865	2. 93	0. 03025	0. 08218	0. 36806	3. 9614
2. 53	0. 05586	0. 12737	0. 42856	2. 7117	2. 94	0. 02980	0. 08130	0. 36648	3. 9993
2. 54	0. 05500	0. 12597	0. 43662	2. 7372	2. 95	0. 02935	0. 08043	0. 36490	4. 0376
2. 55	0. 05415	0. 12458	0. 43469	2. 7630	2. 96	0. 02891	0. 07957	0. 36333	4. 0763
2. 56	0. 05332	0. 12321	0. 43277	2. 7891	2. 97	0. 02848	0. 07872	0. 36177	4. 1153
2. 57	0. 05250	0. 12185	0. 43085	2. 8154	2. 98	0. 02805	0. 07188	0. 36022	4. 1547
2. 58	0. 05169	0. 12051	0. 42894	2. 8420	2. 99	0. 02764	0. 07706	0. 35868	4. 1944
2. 59	0. 05090	0. 11918	0. 42705	2. 8689	3. 00	0. 02722	0. 07623	0. 35714	4. 2346
2. 60	0. 05012	0. 11787	0. 42517	2. 8960	3. 10	0. 02345	0. 06852	0. 34223	4. 6573
2. 61	0. 04935	0. 11658	0. 42330	2. 9234	3. 20	0. 02023	0. 06165	0. 32808	5. 1210
2. 62	0. 04859	0. 11530	0. 42143	2. 9511	3. 30	0. 01748	0. 05554	0. 31466	5. 6287
2. 63	0. 04784	0. 11403	0. 41957	2. 9791	3. 40	0. 01512	0. 05009	0. 30193	6. 1837
2. 64	0. 04711	0. 11278	0. 41772	3. 0074	3. 50	0. 01311	0. 04523	0. 28986	6. 7896

续附录 2

Ma	p/p_0	ρ/ρ_0	T/T_0	A/A_*	Ma	p/p_0	ρ/ρ_0	T/T_0	A/A_*
3.60	0.01138	0.04089	0.27840	7.4501	4.70	0.00270	0.01465	0.18457	19.583
3.70	0.00990	0.03702	0.26752	8.1691	4.80	0.00240	0.01343	0.17833	21.264
3.80	0.00863	0.03355	0.25720	8.9506	4.90	0.00213	0.01233	0.17235	23.067
3.90	0.00753	0.03044	0.24740	9.7990	5.00	0.00189	0.01134	0.16667	25.000
4.00	0.00658	0.02766	0.23810	10.719	6.00	0.000633	0.00519	0.12195	53.180
4.10	0.00577	0.02516	0.22925	11.715	7.00	0.000242	0.00261	0.09259	104.143
4.20	0.00506	0.02292	0.22085	12.792	8.00	0.000102	0.00141	0.07246	190.109
4.30	0.00445	0.02090	0.21286	13.955	9.00	0.0000474	0.000815	0.05814	327.189
4.40	0.00392	0.01909	0.20525	15.210	10.00	0.0000236	0.000495	0.04762	535.938
4.50	0.00346	0.01745	0.19802	16.562	∞	0	0	0	∞
4.60	0.00305	0.01597	0.19113	18.018					